Statusseminar
im Auftrag des Bundesministeriums für Forschung und
Technologie (BMFT)
vom 24. bis 26. November 1980 in Bad Neuenahr

Keramische Komponenten für Fahrzeug-Gasturbinen II

Herausgeber:
Projektträgerschaft „Metallurgie, Werkstoffentwicklung,
Rückgewinnung" des BMFT bei der DFVLR, Köln
Wissenschaftliche Leitung und Redaktion:
W. Bunk und M. Böhmer

Springer-Verlag Berlin Heidelberg New York 1981

Professor Dr. rer. nat. Wolfgang Bunk
Direktor des Instituts für Werkstoff-Forschung
der Deutschen Forschungs- und Versuchsanstalt für Luft- und Raumfahrt e.V., Köln-Wahn

Dr.-Ing. Manfred Böhmer
Wissenschaftlicher Mitarbeiter am Institut für Werkstoff-Forschung
der Deutschen Forschungs- und Versuchsanstalt für Luft- und Raumfahrt e.V., Köln-Wahn

Mit 352 Abbildungen und 48 Tabellen

CIP-Kurztitelaufnahme der Deutschen Bibliothek

Keramische Komponenten für Fahrzeug-Gasturbinen II: Statusseminar im Auftrag des Bundesministeriums
für Forschung und Technologie vom 24.–26. 11. 1980 in Bad Neuenahr / Hrsg.: Projektträgerschaft „Metallurgie,
Werkstoffentwicklung, Rückgewinnung" bei der DFVLR, Köln. Wissenschaftliche Leitung und Redaktion:
W. Bunk und M. Böhmer. – Berlin, Heidelberg, New York: Springer 1981.

ISBN-13: 978-3-540-11029-3   e-ISBN-13: 978-3-642-93192-5
DOI: 10.1007/978-3-642-93192-5

NE: Bunk, Wolfgang (Red.); Deutsche Forschungs- und Versuchsanstalt für Luft- und Raumfahrt ⟨Köln⟩ /
Projektträgerschaft „Metallurgie, Werkstoffentwicklung, Rückgewinnung"

INHALTSVERZEICHNIS

V o r w o r t

Das Programm "Keramische Bauteile für Fahrzeug-Gasturbinen" wird
seit 1974 vom Bundesministerium für Forschung und Technologie
(BMFT) in der Keramik- und Kraftfahrzeug-Industrie sowie an verschiedenen Forschungsinstituten gefördert mit dem Ziel, eine Gasturbine unter Verwendung keramischer Komponenten zu entwickeln.

Bedingt durch teurer werdende Treibstoffe, größer werdende Um-
weltverschmutzung und knapper und teurer werdende Rohstoffe sind
weltweite Bestrebungen nach der Entwicklung alternativer, wirtschaftlicher Fahrzeugantriebe zu verzeichnen. Neben Elektroan-
trieb, Stirlingmotor und verbesserten Dieselmotoren ist die Entwicklung von Kleingasturbinen mit durch Erhöhung der Arbeitstemperaturen verbesserten Wirkungsgraden einer der eingeschlagenen Wege.
Da aus Kostengründen beim Kraftfahrzeug-Antrieb eine Bauteil-
kühlung ausscheidet, soll die ertragbare Bauteiltemperatur durch
Verwendung der keramischen Hochtemperaturwerkstoffe Siliziumnitrid
und Siliziumkarbid erhöht werden.

Im Frühjahr 1978 wurde über die erste dreijährige Förderungsphase
des Programms bereits auf einem Status-Seminar in Bad Neuenahr
berichtet. Vorträge wurden in dem Buch "Keramische Komponenten
für Fahrzeug-Gasturbinen" zusammengefaßt. Der vorliegende zweite
Tagungsband enthält die während des Status-Seminars vom 24. bis
26. November 1980 in Bad Neuenahr von den am Projekt beteiligten
Firmen und Instituten gehaltenen Vorträge, welche über den Stand
der Entwicklungsarbeiten nach einer sechsjährigen Laufzeit des
Projekts und über die Abschätzung der Zielerreichung drei Jahre
vor Programmende berichten.

Ausrichtung und Organisation des Seminars lagen im Auftrag des
Bundesministeriums für Forschung und Technologie beim Projektträger
und Projektbegleiter des Programms, dem Institut für Werkstoff-
Forschung der Deutschen Forschungs- und Versuchsanstalt für Luft-
und Raumfahrt.

Köln, im Juli 1981   W. Bunk, M. Böhmer

<u>Eröffnung und Begrüßung</u>

W.-J. Schmidt-Küster
Bundesministerium für Forschung und Technologie
Bonn

Meine sehr verehrten Damen und Herren,

Im Namen des Bundesministers für Forschung und Technologie be-
grüße ich Sie zum 2. BMFT-Status-Seminar "Keramische Bauteile
für Fahrzeug-Gasturbinen" in Bad Neuenahr.

Sie werden in den folgenden Tagen über die Fortschritte eines
Programms berichten und diskutieren, das ich als "Klein aber
Fein" bezeichnen möchte. Das Programm ist klein, wenn man die
vom BMFT dafür aufgewendeten Mittel - es sind pro Jahr ca.
5 Mio DM - in Relation setzt zum Gesamtbudget des BMFT, das in
diesem Jahr insgesamt 5,6 Mrd. DM beträgt. Das Programm ist jedoch "fein", wenn man es von seiner Zielsetzung mit den zahlreichen diffizilen Einzelaufgaben und Zusammenhängen betrachtet.

Das Programm "Keramische Bauteile für Fahrzeug-Gasturbinen" gehört in den Bereich der Abteilung "Energie, Umwelt, Rohstoffe"
des Bundesministeriums für Forschung und Technologie und wird
hier vom Referat Werkstoffe und Metallurgie in der Gruppe Rohstoffe und Geowissenschaften betreut.

Diese Gruppe baut ihre Arbeit im wesentlichen auf das "Rahmen-
programm Rohstofforschung" auf. Das Referat 333 "Werkstoffe und
Metallurgie" betreut neben dem Keramikprogramm das gesamte Gebiet

- Erzaufbereitung
- Eisen- und Stahlforschung
- Nichteisenmetallurgie
- Werkstoffentwicklung
- Rückgewinnung
- Korrosion
- Reibung und Verschleiß

Für diesen Bereich werden in diesem Jahr insgesamt 137 Mio DM
aufgewendet.

Obwohl das Keramikprogramm nur etwa 4 % dieser Summe beansprucht,
wird ihm und damit Ihrer Arbeit im BMFT eine erhebliche Bedeutung zugemessen. Das war nicht immer so und vor allem zu Beginn
des Programms im Jahre 1974 durchaus nicht uneingeschränkt der
Fall, denn das Risiko, das wir eingingen, als wir dieses Programm begannen, war sehr hoch. Manchem schien es zu hoch, um
einen Einstieg in dieses Gebiet zu wagen.

Bei der Förderung der Werkstofforschung ist man im BMFT stets
davon ausgegangen, daß ein Gebiet mit einem erheblichen tech-
nisch-wissenschaftlichen Risiko verbunden sein muß. Allerdings
dürfen die Erfolgsaussichten auch nicht zu klein sein, denn
dann läßt sich ein Einsatz von Steuermitteln nicht ernsthaft
vertreten.
Wenn wir uns dennoch zu einer Förderung entschlossen haben,
hatte das im wesentlichen zwei Gründe:

1. Sollte das Programm zum Erfolg führen, wären die Vorteile
   dieser Technologie für einen geringen Treibstoffverbrauch,
   höhere Umweltfreundlichkeit, Rohstoffsubstitution, humane
   Bedingungen am Arbeitsplatz des Betreibers etc. ein solcher
   Vorteil gegenüber anderen Systemen, daß in diesem Fall auch
   ein hohes Erfolgsrisiko den Versuch rechtfertigt.

2. Der zweite Grund war Ihre Bereitschaft, sich zu einer Art
   Arbeitsgemeinschaft zusammenzuschließen und bei einer erheblichen finanziellen Eigenbeteiligung das Programm gemeinsam
   durchzuführen.

Inzwischen wurden beachtliche Erfolge erzielt. Nachdem in der
Anfangsphase die eigentliche Werkstoffentwicklung im Vordergrund stand, liegen jetzt bereits Bauteile vor, die beeindrucken.
Diese können zwar noch nicht mit der notwendigen Wirtschaftlichkeit hergestellt werden, ihre Eigenschaften versprechen jedoch
in vielen Fällen für die künftige Anwendung in der Gasturbine
große Chancen.

Die Ergebnisse der Forschungs- und Entwicklungsarbeiten haben
in der Fachwelt bereits Beachtung gefunden. Dabei spielt auch
eine Rolle, daß die Zeit für uns gearbeitet hat:

Die Versorgungsprobleme beim Öl, die sich in den enormen Preis-
steigerungen ausdrücken, sind in den vergangenen Jahren ständig
größer geworden. Zusätzlich wurden Engpässe bei der Versorgung
mit bestimmten metallischen Rohstoffen deutlich. Auch unter
diesem Aspekt - nämlich der künftigen Substitution metallischer
Werkstoffe - gewinnt die Entwicklung hochwertiger technischer
keramischer Materialien und Bauteile immer mehr an Bedeutung.
Besonders dieser Aspekt hat uns bewogen, das Programm um eine
dritte Phase für weitere drei Jahre zu verlängern. Wenn Sie
in letzter Zeit die Entwicklung des Bundeshaushalts mit den
notwendig gewordenen Einsparungsmaßnahmen verfolgt haben, werden Sie mir sicherlich glauben, daß diese Entscheidung nicht
einfach war.

Ich bin sicher, daß ein großer Teil Ihrer Forschungsergebnisse
im Zusammenhang mit der Keramikturbine auch in anderen technischen Bereichen Anwendung finden kann oder auch bereits gefunden hat. Ich würde es begrüßen, wenn darüber auch über diesen Kreis hinaus berichtet werden würde, um gerade unter dem
Aspekt Rohstoffsicherung eine möglichst große Breitenwirkung
der Forschungsergebnisse zu erreichen.

Ich sagte schon, daß Ihre Arbeiten in der Fachwelt Resonanz gefunden haben. Dabei freut mich insbesondere, daß diese Resonanz
nicht nur auf Deutschland beschränkt blieb, sondern daß auch
ein Vertrag in Form eines "IEA - Implementing Agreement" mit
dem Department of Energy der Vereinigten Staaten von Amerika
über eine Zusammenarbeit auf diesem Gebiet abgeschlossen werden
konnte. Eine Delegation unserer amerikanischen Partner nimmt an
diesem Status-Seminar teil, und ich möchte unsere amerikanischen
Gäste sehr herzlich hier in Bad Neuenahr willkommen heißen. Mein
besonderer Willkommensgruß gilt ebenso den übrigen ausländischen
Teilnehmern an dieser Veranstaltung.

Ich wünsche dieser Veranstaltung einen guten Erfolg, damit die
künftigen Arbeiten neuen Auftrieb erhalten.

Ihnen Herr Professor Bunk, sowie Ihren Mitarbeitern, danke ich
für die Organisation der Veranstaltung. Ich bin sicher, daß sie
auch dieses Mal bei Ihnen wieder in den besten Händen liegt.

Status-Bericht der Projektbegleitung
über das BMFT-Förderungsprogramm
"KERAMISCHE BAUTEILE FÜR FAHRZEUG-GASTURBINEN"

W. Bunk, M. Böhmer
DFVLR Deutsche Forschungs- und Versuchsanstalt
für Luft- und Raumfahrt e.V.
- Institut für Werkstoff-Forschung -
Köln-Porz

"Keramische Bauteile für Fahrzeug-Gasturbinen" - das erschien
den Turbinenbauern bereits vor vielen Jahren als Lösungsmöglich-
keit für den wirtschaftlichen Einsatz ungekühlter Kleingasturbinen in Fahrzeugen. Aber schon die ersten Versuche mit konventionellen Keramiken (wie Aluminiumoxid) waren vor allem wegen
deren schlechter Thermoschockbeständigkeit zum Scheitern verur-
teilt. Erst die Weiterentwicklung der nichtoxidischen Keramiken
stimmte die Konstrukteure wieder so optimistisch, daß im Jahre
1974 das von Keramik- und Fahrzeugindustrie gemeinsam getragene
Programm begonnen wurde. Es war jedoch ein langer Lernprozeß
nötig, um die Konstrukteure an den spröden Werkstoff "Keramik"
zu gewöhnen. Aber auch die Keramiker mußten lernen, die Anforderungen des Maschinenbaus zu erfüllen. Sie kennen alle den viel
zitierten "Graben" zwischen "Werkstoff" und "Konstruktion", den
es zu schließen galt (Bild 1).

Durch intensive Zusammenarbeit, u.a. im Arbeitskreis "Strukturmechanik keramischer Bauteile", konnten Brücken über den Graben
geschlagen werden, geschlossen ist er sicher noch nicht. Das
Bild zeigt jedoch, daß werkstoffgerechte Konstruktion, verbesserte Prüfmethoden, die Anwendung der Bruchmechanik und statistischer Auswertemethoden und die Entwicklung zerstörungsfreier
Prüfverfahren wesentliche Hilfen geleistet haben.

Beim vorigen Status-Seminar im Frühjahr 1978 hatten sich die am
Projekt beteiligten Entwicklungsstellen für die Jahre bis 1980
die in Bild 2 genannten Ziele gesetzt. Inwieweit konnten diese
realisiert werden, was gab es in den letzten Jahren an Schwierig-

keiten, was gibt es heute noch für Probleme, wie ist der Stand
der Werkstoff- und Bauteilentwicklung? Diese Fragen soll dieser
Status-Bericht beantworten.

Der Bericht gliedert sich in die beiden Hauptaufgabengebiete
des Programms, die "Werkstoffentwicklung" und die "Bauteilentwicklung".

1. Werkstoffentwicklung

Nachdem sich vor zwei bis drei Jahren abzeichnete, daß der bis
damals für viele Teile der Turbine favorisierte Werkstoff RBSN
unter thermischer Langzeitbeanspruchung (kontinuierlich und
diskontinuierlich) stark an Festigkeit einbüßte, verlagerte
sich als Konsequenz davon das Bestreben mehr und mehr auf die
Bauteilherstellung aus Siliziumkarbid. Eine weitere Folge war
aber auch die intensivierte Weiterentwicklung des Werkstoffs
RBSN auf seiten der Keramikindustrie, was zu verbesserten Werkstoffeigenschaften und zu einer erneuten Bauteilentwicklung aus
RBSN führte. So kann zunächst festgestellt werden, daß die gesamte Werkstoffpalette der Si_3N_4- und SiC-Gruppe weiterhin ak-
tuell ist. Im folgenden soll über die einzelnen Werkstoffweiter-
entwicklungen der letzten Jahre berichtet werden. Bild 3 gibt
zunächst eine Übersicht darüber, welcher Werkstoff in welcher
Firma innerhalb des Programms entwickelt wird.

1.1 Siliziumnitrid

1.1.1 Reaktionsgesintertes Siliziumnitrid RBSN

Beim reaktionsgesinterten Si_3N_4 kam es wegen der geschilderten
Gründe in den letzten Jahren zu einer verstärkten Materialwei-
terentwicklung in den meisten der beteiligten Firmen. Wie im
folgenden gezeigt wird, konnten dabei wesentliche Werkstoffverbesserungen erzielt werden.

Biegeprüfkörper (3,5 x 4,5 x 45 mm) aus spritzgegossenem RBSN
mit einer Raumtemperatur-Biegefestigkeit von $\sigma_B \geq 300$ N/mm^2 bei
einer Dichte von 2,58 g/cm^3 zeigten auch nach 3000 Stunden Glühbehandlung bei 900 $^\circ$C an Luft keinen signifikanten Festigkeits-

abfall (<u>Bild 4</u>). Dies stellt insofern einen entscheidenden
Schritt in der Entwicklung dieses Werkstoffs dar, als hierdurch erstmalig realistische Aussichten auf die Einsetzbarkeit
des porösen reaktionsgesinterten Siliziumnitrids als langzeitstabiler Turbinenschaufelwerkstoff bestehen.

An gleichzeitig mit Laufschaufeln gespritzten Biegestäben wurden bei einem anderen Hersteller σ_B-Mittelwerte bei RT - "as
fired" - bis zu 330 N/mm^2 bestimmt. Die Streuung der Einzelwerte
der Prüfserien ergaben Weibull-Werte von m = 10 - 20. Raumtempe-
raturschleudertests an den Laufschaufeln erreichten bei einer
Reihe von Schaufelserien die spezifizierten Werte.

Die Oxidationsstabilität der RBSN-Werkstoffe konnte ebenfalls
verbessert werden. Nach einer Glühdauer von 1000 Stunden bei
1260 ^{o}C wurde ein Festigkeitsabfall von 50 - 100 N/mm^2 gemessen,
während nach ebenfalls 1000-stündiger Glühung bei 900 ^{o}C sogar
noch ein Festigkeitsanstieg festgestellt wurde (<u>Bild 5</u>).

Frühere RBSN-Qualitäten zeigten ein überaus unbefriedigendes
Kriechverhalten. Durch geeignete Rohstoffauswahl hinsichtlich
der Zusammensetzung und der Verunreinigungen, sowie durch geeigneten Kornaufbau, der zu etwas höheren Raumgewichten um
2,5 g/cm^3 führte, konnte dieser Nachteil beseitigt werden. Eine
weitere Verbesserung erfolgte durch Maßnahmen, die zu noch höheren Dichten um 2,7 g/cm^3 führten, so daß diese RBSN-Werkstoffe
bei vergleichbaren Temperatur- und Spannungsbelastungen ein
günstigeres Kriechverhalten zeigten. Mit diesen Maßnahmen konnten
gleichzeitig auch andere nachteilige Eigenschaften beseitigt bzw.
minimiert werden. So konnte der Festigkeitsabfall bei Raumtemperatur nach Oxidationsbehandlung stark reduziert werden, so daß
nun die Festigkeiten nach Glühung etwa gleich liegen wie bei unbehandelten Proben. Die Fortschritte sind im Zusammenhang mit
der Erscheinung der Oxidation und mit Maßnahmen zu deren Beseitigung zu sehen. Eine besondere Rolle spielt dabei die innere
Oxidation, die wiederum stark von der Porenstruktur abhängig ist.

Das Festigkeitsniveau konnte ebenfalls um einiges gesteigert
werden. So sind Werte um 300 N/mm^2 und darüber bei Raumgewichten

von 2,5 g/cm^3 schon des öfteren erreicht worden. Noch höhere
Festigkeiten sind bei den dichteren Qualitäten bei entsprechender Gefügeoptimierung zu erwarten.

Diese Werkstoffverbesserungen führten in den einzelnen Her-
stellerwerken zu erneuten Bauteilentwicklungen aus RBSN. Besonders gespritzte Laufschaufeln haben sich bewährt, aber auch
Leitschaufeln komplizierter Formgebung.

Wie bei der Diskussion der Gasturbinenentwicklung noch gezeigt
werden wird, scheinen die verbesserten Materialqualitäten sogar die Entwicklung eines monolithischen Axialrades zuzulassen
(<u>Bild 6</u>).

1.1.2 <u>Heißgepreßtes Siliziumnitrid HPSN</u>

Das "konventionelle" heißgepreßte Siliziumnitrid mit MgO als
Sinterhilfe konnte hinsichtlich des Materials und der Technologie zur Herstellung von Bauteilen weiter optimiert werden.
Frühere Qualitäten zeigten aufgrund der schlechten Pulverqualitäten und der nicht angepaßten Heißpreßtechnologie an das jeweilige Si_3N_4-Pulver hinsichtlich der Gasturbinenanwendung unbefriedigende Eigenschaften. Eine sukzessive Anpassung und Optimierung ließ ein Material entstehen, das sich bei guten Biegefestigkeiten bei Raumtemperatur von 700 N/mm^2 und bei 1200 ^{o}C
von 500 N/mm^2 durch hinreichenden Kriech- und Oxidationswiderstand sowie durch eine hervorragende Homogenität mit Weibull-
Faktoren von m > 30 auszeichnet. Damit kann für diesen Werkstoff
eine Zugfestigkeit von 400 N/mm^2 garantiert werden.

Ein neu entwickelter Werkstoff mit Y_2O_3 als Sinterhilfe führte
bisher zu keinem der aus der Literatur bekannten negativen Oxi-
dationseffekte. Die verbesserten Eigenschaften gegenüber dem
MgO-haltigen Material zeigen sich außer bei der mittleren Raumtemperaturfestigkeit (800 N/mm^2) hauptsächlich bei der Festigkeit bei hohen Temperaturen (1200 ^{o}C : 680 N/mm^2; 1400 ^{o}C :
590 N/mm^2), bei der Temperaturwechselbeständigkeit (nach 96 h
Schockglühung entsprechend einem von der Kfz-Industrie festge-
legten Zyklus noch 760 N/mm^2) und bei der Kriechgeschwindigkeit

(1250 ^{o}C, 80 N/mm^2 : 2 x 10^{-6}h^{-1}; 1300 ^{o}C, 120 N/mm^2 :
5 x 10^{-6}h^{-1}). Dies gilt auch für die Unempfindlichkeit gegen
langsames Rißwachstum sowie für den Oxidationswiderstand. Nach
einer kaum feststellbaren Gewichtszunahme nach jeweils 100 h
Glühung im Temperaturbereich von 500 bis 1300 ^{o}C zeigt sich kaum
ein Abfall der Raumtemperaturfestigkeit der geglühten Proben.

Es gilt auch in Zukunft, die HPSN-Qualitäten weiter zu verbessern, das Hauptaugenmerk aber auf andere Technologien, wie
z.B. Sintern und heißisostatisches Pressen zu legen, die eine
wirtschaftlichere Herstellung von Gasturbinenbauteilen zu erlauben versprechen.

1.1.3 <u>Gesintertes Siliziumnitrid SSN und heißisostatisch ge-
preßtes Si$_3$N$_4$ HIPSN</u>

Die Werkstoffe SSN und HIPSN stehen erst am Anfang der Entwicklung. Vor allem für die Entwicklung des SSN (<u>Bild 7</u>) mußte zunächst ein sinteraktives Pulver entwickelt werden, welches es
gestattet, mit möglichst geringen Mengen an Sinterzusätzen eine
Dichtsinterung zu erzielen. Durch Optimierung der Pulverzusammen-
setzung und -aufbereitung, wobei die Sinterhilfsmittel in gelöster Form mittels Sprühtrocknung im Si$_3$N$_4$-Pulver homogen verteilt werden, gelang es, Sinterdichten von $\geq$ 95 % theor.
Dichte bei einer Zugabe von nur 2 Gew.% MgO zu erzielen. Eine
so geringe Konzentration an Sinterhilfsmitteln ist zur Erzielung optimaler mechanischer Eigenschaften bei hohen Temperaturen
anzustreben.

Die speziellen Pulver wurden in den vergangenen Jahren gezielt
entwickelt. Verschiedene Pulverqualitäten, welche zum Sintern
und Heißpressen verwendet werden, zeigt <u>Bild 8</u>. Beim SSN lassen
sich heute Dichten von 95 - 98 % der theor. Dichte erreichen.
Eine Möglichkeit, dieses auf 100 % nachzuverdichten, bietet die
HIP-Technik, mit der es weiterhin möglich zu sein scheint, als
Kombination von Reaktionssinterung mit der guten Formgebungsmög-
lichkeit und dem Heißpressen mit seinen hohen Festigkeitswerten
kompliziert geformte Bauteile hoher Festigkeit zu fertigen. Voraussetzung dafür ist jedoch eine geeignete Kapseltechnologie,

9

die das poröse RBSN vom druckübertragenden Medium trennt. Solche
Kapseltechniken sind in der Entwicklung. Da eine geeignete An-
lage zur Verfügung steht, ist zu hoffen, daß bald entsprechende
Werkstoffe und erste Bauteile getestet werden können.

1.2 Siliziumkarbid

Bald nach Beginn der Förderung der Entwicklung von Keramik-Werk-
stoffen und Gasturbinenbauteilen für die Anwendung im Kraftfahrzeug durch das BMFT wurde von verschiedenen Firmen mit der Weiterentwicklung des Werkstoffs SiC begonnen. Dadurch ist mit allen
Werkstoffvarianten des SiC ein breites Know-how vorhanden. Nach
dem erwähnten vorübergehenden Rückschlag beim RBSN kam vor allem
der freies Silizium enthaltende Werkstoff SiSiC stark in den
Vordergrund.

1.2.1 Siliziumkarbid mit freiem Silizium SiSiC

Die entwickelten Werkstoffe zeigen ausgezeichnetes Hochtemperaturverhalten (Festigkeit, Kriechen, Oxidation). Die Raumtemperaturfestigkeit liegt bei 300 bis 400 N/mm^2. Zur Herstellung von
Bauteilen wurde ein spezielles Schlickergießverfahren entwickelt,
das es gegenüber dem für die Massenproduktion letztendlich anzu-
strebenden Spritzgießverfahren gestattet, auch recht komplizierte
Bauteile relativ wirtschaftlich herzustellen. Damit wurde ein
brauchbarer Weg zur Vorprüfung sowohl der Werkstoffeignung als
auch des Designs eingeschlagen (Bild 9).

SiSiC ist in den mechanischen Eigenschaften und vor allem in
deren Streuung noch verbesserungsfähig. Nach positiv verlaufener
Tauglichkeitsprüfung müssen nunmehr wirtschaftlich vertretbare
Bauteilherstellungsverfahren entwickelt werden (Bild 10).

1.2.2 Drucklos gesintertes Siliziumkarbid SSiC

Drucklos gesintertes Siliziumkarbid konnte zu hohen Raumgewichten gesintert werden. Die Festigkeiten sind jedoch noch recht
unbefriedigend. Die Technologie zur Herstellung von Prototypbau-
teilen ist noch nicht weit fortgeschritten.

Es wurde in erster Linie an der werkstofflichen Weiterentwicklung gearbeitet mit dem Ziel, die Raumgewichte bei gleichzeitig
feinkörnigem äquiaxialen Gefüge weiter zu steigern. Als Ergebnis
dieser Arbeiten wurden Werkstoffe mit 97 bis 99 % theor. Dichte
erreicht (Bild 11). Die Festigkeiten liegen durchschnittlich bei
320 bis 350 N/mm^2, im Maximum bei 400 N/mm^2. Parallel mit der
Werkstoffentwicklung erfolgte die Entwicklung sinterfähiger
Pulver. Art und Menge der Sinteradditive sind optimal auf den
Formgebungs- und Sinterprozeß abzustimmen. Die Qualität der undotierten Pulver (Bild 12) zeichnet sich trotz hoher Pulverfeinheit durch hohe Gründichte von typischerweise 65 % theor. Dichte
und in letzter Zeit durch verringerte Sauerstoffgehalte aus.
Beide Faktoren beeinflussen die Schwindung, den Gewichtsverlust
und die erreichbare Sinterdichte positiv. Zum drucklosen Sintern
und Heißpressen haben sich α- oder β-SiC-Pulver von 13 - 17 m^2/g
Oberfläche als günstig herausgestellt. Noch feinere Pulver sind
herstellbar, aber der Vorteil der höheren sinteraktiven Oberfläche wird durch den Nachteil höherer Sauerstoffgehalte aufge-
wogen.

1.2.3 Heißgepreßtes Siliziumkarbid HPSiC

Ähnlich wie auch beim Si$_3$N$_4$ weist beim SiC das HPSiC das höchste
Festigkeitspotential auf. Jedoch auch hier liegt der Nachteil
in der aufwendigen Formgebung, so daß für die nähere Zukunft die
Entwicklung von Bauteilen aus HIPSiC angestrebt werden muß. Beim
HPSiC zeigte sich, daß sich SiC-Pulver feinster Teilchengröße
mit geringen Zusätzen zu höchsten Dichten und Festigkeiten heißpressen lassen. Es wurde ferner erkannt, daß die Festigkeit und
der K$_{Ic}$-Wert der SiC-Formkörper mit interkristallinem Bruchmechanismus bei Erhöhung der Temperatur abfällt, während die gleichen Eigenschaften weitgehend unabhängig von der Temperatur sind,
wenn ein transkristalliner Bruchmechanismus beobachtet wird. Der
Bruchmechanismus hängt einerseits von der Art und Menge des sinterfördernden Zusatzes ab, andererseits von der Modifikation des
gewählten SiC-Ausgangspulvers. Als besonders interessant für den
Einsatz in der Kraftfahrzeug-Gasturbine kann demnach die Entwicklung von HPSiC mit transkristallinem Bruchverhalten angesehen werden.

1.2.4 Heißisostatisch gepreßtes Siliziumkarbid HIPSiC

Beim heißisostatischen Nachverdichten von heißgepreßtem und drucklos gesintertem SiC wurde neben einer geringfügigen Verbesserung der mechanischen Eigenschaften insbesondere die Streuung dieser Werte eingeengt.

Für die heißisostatische Verdichtung von SiC-Pulvern steht ebenfalls zur Zeit die Entwicklung geeigneter Hüllverfahren im Vordergrund.

1.3 Begleitende Arbeiten an Werkstoff-Forschungsinstituten

Neben den Werkstoffherstellern und den Anwendern sind einige Institute am Förderprogramm beteiligt, welche grundlegende Werkstofforschung betreiben und an neutraler Stelle Kennwerte aller bei der Industrie entwickelten Werkstoffe ermitteln und diese allen am Programm Beteiligten zur Verfügung stellen (Bild 13).

Das Max-Planck-Institut für Werkstoffwissenschaften untersuchte in den vergangenen Jahren die Möglichkeiten der Optimierung von Mischkeramiken auf Basis SiC und Si_3N_4. Hauptziel der Arbeiten war vor allem die Verbesserung der mechanischen Hochtemperatureigenschaften. Ein Beispiel für die Entwicklung zeigt das Fünfstoffsystem mit ZrO_2-Einlagerung in SiAlON-Matrix (Bild 14). Solche relativ aufwendigen Untersuchungen werden durch Rechnerprogramme für thermodynamische Berechnungen unterstützt.

Die Arbeiten der TU Berlin konzentrieren sich auf grundlegende Untersuchungen der Pulverherstellung und des Sinterverhaltens von SiC und Si_3N_4. Die wesentlichen Ergebnisse wurden bereits bei der Besprechung der Werkstoffe erwähnt.

Die bei der Universität Karlsruhe und bei der DFVLR durchgeführten Arbeiten im Rahmen des "Assessment" haben zum Ziel, an den von der deutschen Keramikindustrie hergestellten Werkstoffen Hochtemperatur-Zug- und -Biegewerte, Kriecheigenschaften (Bild 15) sowie Langzeit- und Oxidationsverhalten zu ermitteln und den Anwendern vergleichbare Ergebnisse für ihre Optimierungsarbeiten zur Verfügung zu stellen. Die bei der DFVLR durchgeführten HIP-

Versuche zur Herstellung von HIPSN laufen außerhalb des Programms, jedoch an einer vom BMFT finanzierten Anlage, so daß
alle am Programm beteiligten Firmen und Institute Zugriff zur
HIP-Kapazität haben.

2. Bauteilentwicklung

Nachdem während der ersten Phase des Programms der Schwerpunkt
der Arbeiten auf dem Gebiet "Werkstoffentwicklung" lag und allenfalls Vorkörper oder beispielsweise unprofilierte Scheiben geprüft wurden, änderte sich die Zielsetzung der zweiten Phase mehr
und mehr in Richtung auf Bauteile und erste aerodynamisch profilierte Schaufeln und Kränze. Es sei zunächst an die Ziele der
Arbeiten der drei am Programm beteiligten Gasturbinenfirmen erinnert (Bild 16).

2.1 Statische Bauteile

Das wohl am weitesten entwickelte und der Realisierung am nächsten liegende Bauteil ist die Brennkammer (Bild 10). Nachdem bereits während der ersten Phase Brennkammern aus verschiedenen
Materialien im stationären Betrieb ohne Druck gute Ergebnisse
erzielten, konnte mit einer Brennkammer aus SiSiC unter Druckbe-
dingungen bei zyklischer Belastung eine Laufzeit von 22,3 Stunden
ohne Schaden beobachtet werden, während bei atmosphärischen Tests
zyklisch 250 Stunden ohne Schädigung ertragen wurden. Entsprechende Versuche wurden mit gesteckten Einlaufkonen durchgeführt,
Risse wurden nicht beobachtet (Bild 17).

Weitaus größere Probleme bereitet schon rein aus konstruktiven
Gründen, vor allem aber unter Berücksichtigung der im Betrieb
auftretenden Wärmespannungen die Einlaufspirale (Bild 9).

Die Leitkranzentwicklung führte wegen recht unterschiedlicher
Ergebnisse während der vergangenen Jahre häufig zu überarbei-
teten Konstruktionen. Von keinem Bauteil liegen soviel verschiedene Modifikationen vor, die mal positive, mal negative Ergebnisse erbrachten (Bilder 18 und 19). Von gesteckten und einge-
schlickerten Einzelschaufeln, verbundenen Leitradsegmenten über
monolithisch gegossene Kränze bis zu Bauarten mit geschlitzten

Innen- oder Außenringen und zuletzt sogar hohlen Schaufeln
reicht die Palette der Bauformen und umfaßt zahlreiche Werkstoffvarianten

Leitkranzvarianten werden atmosphärisch bis 1375 $^{\circ}$C erprobt.
Bei Leitkranzsegmenten traten keine Schäden auf. Integrale
Leitkränze hatten Risse im Deckband.

Nach Tests von Leitkränzen der ersten Generation mit typischen
Brüchen in der Mitte der Schaufelhinterkante und im äußeren
Deckring erfolgte eine Neuauslegung der Leitkränze mit Hilfe
von FEM-Berechnungen. Eine Ausführung mit gezieltem Wärmeab-
fluß von den dünnen Leitkranzschaufeln in die Deckplatten zeigte,
daß Zugspannungen von < 100 N/mm^2 zu erwarten sind. Als Werkstoff wird RBSN der neueren Qualität bevorzugt. Erste Heißtests
bei Temperaturen bis 1225 $^{\circ}$C (Dauerbetrieb) zeigten nach
20 Stunden noch keine Ausfälle. Mit Turbinenleitkränzen der
zweiten Generation wurde das Zwischenziel 100 Stunden in kombinierten Testzyklen erreicht. Bei maximalen Gastemperaturen
von 1325 $^{\circ}$C zeigte sich nur der Ausfall von einer Schaufel durch
ungenügendes Durchnitrieren. Weitere Versuche unter verschärften
Betriebsbedingungen im Demonstrator sind vorgesehen.

2.2 Turbinenlaufrad

Bei der Entwicklung des Rotors werden verschiedene Konzepte
verfolgt.

2.2.1 Hybridrad

Das hybride Turbinenradkonzept - metallische Scheibe mit eingesetzten Keramikschaufeln - der ersten Programmphase wurde aufgrund überarbeiteter Auslegungsdaten modifiziert. HPSN-Schaufel-
Dummies haben im Kaltschleuder-Langzeittest 5000 Lastwechsel
von 0 auf > 500 m/s Umfangsgeschwindigkeit, bezogen auf die
Blattspitze, ohne Schaden überstanden. Laufschaufeln aus HPSN
und RBSN wurden heißgeschleudert (maximale Gastemperatur 2200 $^{\circ}$C).
Bei der PKW-Turbine liegen die gemessenen Umfangsgeschwindigkeiten, bezogen auf den Schaufelmittelschnitt, mit den neueren
RBSN-Materialqualitäten über der Auslegung von 382 m/s. Die

Vorbereitungen für Heißversuche mit kompletten Hybridrädern
sind getroffen. Zuvor sollen die Räder im "proof test" bis
ca. 300 m/s erprobt werden.

2.2.2 Monolithisches RBSN-Axialrad

Der nur mäßige Fortschritt bei der Entwicklung von "duo density"
Laufrädern, im wesentlichen bedingt durch Fertigungsprobleme,
führte zu neuen Überlegungen mit Blickrichtung integrales Laufrad aus RBSN. Nach FEM-Berechnungen könnte ein RBSN-Rad ohne
Zentrumsbohrung realisiert werden, wenn die heutigen Materialqualitäten von > 350 N/mm^2 Biegefestigkeit im Bauteil verwirklicht werden könnten. Fertigungstechnische Schwierigkeiten sind
dann zu erwarten, wenn in der Spritzgußtechnik größere Volumina
zu homogenen Bauteilen verarbeitet werden müssen. Erste Bauteile, maschinell aus einem Block herausgearbeitet, stehen für
Kalttests zur Verfügung.

2.2.3 Monolithischer HPSN-Rotor

Im Rahmen der bisher vorliegenden Erfahrungen haben sich mono-
lithische Turbinenräder aus HPSN bewährt (Bild 20. Bild 21 zeigt
einen HPSN-Rotor im Temperaturwechselversuch). Die Herstellung
dieser Räder erfolgt durch Ultraschall-Bearbeitung von Rohlingen,
die von der keramischen Industrie zur Verfügung gestellt werden.
Als maximale Drehzahlen wurden bisher rund 60.000 min^{-1} bei einer
Gastemperatur von 1250 $^{\circ}$C und 50.000 min^{-1} bei 1350 $^{\circ}$C erreicht.

2.2.4 Radialrad

Neben der Weiterentwicklung an den Axialrädern wurde mit der
Entwicklung eines Radialturbinenrades begonnen. Die Radgröße
ist für eine Abgasturbine ausgelegt. Ziel ist es, bei erfolg-
reichem Abschluß der Arbeiten eventuell einen Radialradtyp zu
entwickeln, der für eine Fahrzeug-Gasturbine mit ca. 100 kW
Triebwerksleistung ausgelegt ist. FEM-Berechnungen zeigten, daß
unter den gegebenen Randbedingungen einer Abgasturbine SiSiC
als Werkstoff den Anforderungen besser gerecht wird als RBSN.
Nach mehreren Iterationsschritten wurde das Zwischenziel 400 m/s,
bezogen auf den Schaufelaußendurchmesser, im Kaltversuch er-

reicht. In ersten Heißtests wurden bei Beschleunigungsversuchen
unter realistischen Betriebsbedingungen einer Abgasturbine
ca. 340 m/s erreicht.

2.3 Wärmetauscher

Im Gegensatz zu anderen Keramik-Gasturbinen-Projekten wird in
unserem Programm versucht, einen rekuperativen Wärmetauscher zu
entwickeln, welcher gegenüber einem Regenerator, vor allem wegen
der geringen Leckverluste und der variableren Anordungsmöglich-
keiten, manche Vorteile verspricht (Bild 22 zeigt Testwürfel).

Es zeigte sich, daß sehr eingehende Detailuntersuchungen an
Prüfkörpern notwendig wurden (Dichtheits-, Berstfestigkeits-
und Oxidationsprüfungen). Obwohl Fortschritte erzielt wurden,
waren der Bau und die Erprobung eines kompletten Rekuperator-
elements noch nicht möglich. Der Schwerpunkt der weiteren Arbeiten liegt bei der Fertigungsentwicklung. Eine Aussage, wann und
ob ein Einsatz in einer Turbine in Erwägung gezogen werden kann,
ist zur Zeit noch nicht möglich. Gegebenenfalls muß auf ein
Regeneratorkonzept zurückgegriffen werden.

2.4 Ergänzende Arbeiten an Forschungsinstituten

Neben den bereits bei der Werkstoffentwicklung genannten Instituten sind noch weitere das Projekt begleitende Institute zu
nennen, die vornehmlich an der Entwicklung von Prüfverfahren
arbeiten (Bild 23).

Ein Vorhaben im Rahmen des Programms beinhaltet die Überprüfung
existierender zerstörungsfreier Prüfmethoden auf ihre Anwendbarkeit und die Weiterentwicklung sowie die Neuentwicklung von zerstörungsfreien Prüfverfahren zur Qualitätssicherung keramischer
Werkstoffe und Bauteile (Bild 24).

Für die Qualitätssicherung und Qualitätsverbesserung der Keramikwerkstoffe und -bauteile ist eine leistungsfähige zerstörungsfreie Prüfung unbedingt erforderlich. Die erzielten Ergebnisse
belegen die Fähigkeit der verschiedenen zerstörungsfreien Verfahren, die von den Werkstoffeigenschaften und der Belastung her

geforderten Fehlergrößen nachweisen zu können. Der Entwicklungsstand der einzelnen Verfahren kann zum Teil als anwendungsreif
bezeichnet werden, z.B. die Mikroradiographie. Bei anderen Verfahren sind noch größere Anstrengungen erforderlich, bis die
Methode vor Ort in der Produktionskontrolle eingesetzt werden
kann, z.B. die Hochfrequenz-Ultraschall-Prüfung. Insbesondere
die Objektivierung der Ergebnisse zerstörungsfreier Prüfungen
(Art, Größe, Form und Orientierung von Fehlstellen sowie deren
Relevanz aus bruchmechanischer Sicht) ist wesentliches Stich-
wort für die weitere Entwicklung.

Ein anderes Institut befaßt sich mit der bruchmechanischen Charakterisierung von heißgepreßtem Siliziumnitrid im Temperaturbereich bis 1400 $^{\circ}$C, wobei Zusammenhänge zwischen dem Gefüge
und der langsamen Rißausbreitung im Mittelpunkt des Interesses
stehen.

Im Hinblick auf die geplante Anwendung von HPSN als Konstruktionswerkstoff für Kraftfahrzeug-Gasturbinen können die bisherigen Ergebnisse folgendermaßen gewertet werden:

- Im Falle des MgO-dotierten Materials muß bei Einsatztemperaturen oberhalb von ca. 900 - 1000 $^{\circ}$C trotz relativ hoher
  K_{Imax}-Werte berücksichtigt werden, daß die Rißausbreitung
  schon bei zum Teil erheblich niedrigeren K_I-Werten einsetzen
  kann.
- Das Y_2O_3-dotierte Material zeigt im Vergleich zum MgO-dotierten
  bis 1400 $^{\circ}$C ein besseres Bruchverhalten, wobei sich laut Hersteller die Streuungen der Materialeigenschaften durch Optimierung des Verfahrens zur Einbringung des Sinterhilfsmittels
  verkleinern lassen.

Ein wesentlicher Schritt bei der Realisierung einer Fahrzeug-
Gasturbine ist die Lösung des Problems der Verbindung von Keramik
und Metall, beispielsweise bei der Verbindung von Rotorscheibe
Welle. Probleme bestehen auch bei der Verbindung von Keramikteilen untereinander.

Für eine Verbindungsherstellung wurden von einem Institut folgende Methoden studiert: 1. mechanische Verbindung, 2. Zementverbund, 3. Schlicker- und Nitrierverbund, 4. Heißpreßverschweißen, 5. Diffusions-Schweißen, 6. direktes Löten.

3. Ausblick

Überblickt man die zahlreichen Ergebnisse des Programms, dann
kann man trotz mancher erfolgreicher Versuchsdaten noch nicht
von einem Durchbruch sprechen, weder auf der Seite der Werkstoffe noch der Gasturbinenkomponenten.

Die eingangs erwähnten Entwicklungsziele bis 1980 konnten noch
nicht voll erreicht werden. Dafür war im wesentlichen der Zeitfaktor verantwortlich. Die technischen Ziele brauchten nur unwesentlich modifiziert zu werden (Bild 25). Diese Tatsache, daß
also seit Jahren der richtige Weg verfolgt wurde, machte uns
Mut, die letzte Phase des Programms zu beginnen. Damit ist sowohl das BMFT als auch die Industrie als Partner in der Finanzierung gemeint. Alle Beteiligten haben gelernt, daß die neuen Werkstoffe und Verfahrenstechniken ein großes Potential für den Hochtemperatureinsatz besitzen. Sie wollen sich in der dritten Phase
des Förderprogramms auf die Optimierung der Qualitäten, Verfahren
und Bauteile konzentrieren. Dann ist hoffentlich der Zeitpunkt
gekommen, wo sich das BMFT zurückziehen kann und die Industrie
den Rest des Weges bis zu einer keramischen Gasturbine mit eigenen Mittel weiter geht.

Infolge des Informationsaustausches im Rahmen des Implementing
Agreements mit den USA wissen wir, daß dort ebenfalls mit erheblichen Mitteln an der Realisierung einer keramischen Gasturbine weitergearbeitet wird. Einen Überblick über die dort
herrschenden Vorstellungen und erzielten Ergebnisse werden einige
Vorträge dieses Statusseminars vermitteln.

Auch Japan hat große Pläne und ist in der Entwicklung von keramischen Werkstoffen und Bauteilen recht weit fortgeschritten.
Weiterhin wird auch in Schweden intensiv an einer keramischen
Gasturbine gearbeitet.

Schließlich darf bei einem Statusbericht der Projektbegleitung
nicht unerwähnt bleiben, daß die inzwischen bei den Werkstoffherstellern und Anwendern gewonnenen Erfahrungen mit diesen
neuen keramischen Werkstoffen zu Entwicklungen und Anwendungen
geführt haben, die weit über die Gasturbine hinaus gehen. Dies
war zu erwarten, gehört aber nicht zum Thema dieses Seminars
und soll deshalb zum Schluß nur angedeutet werden.

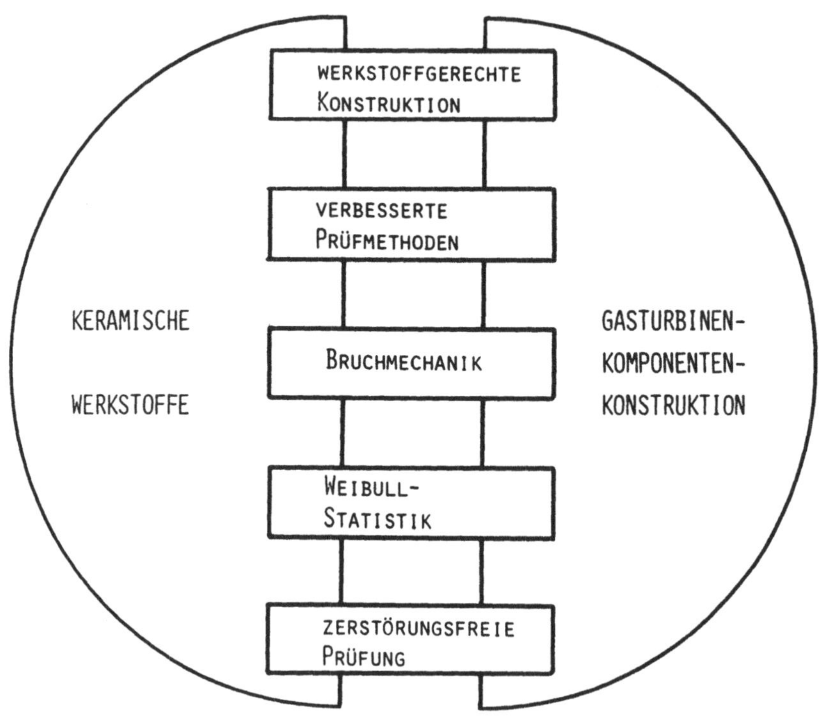

Bild 1
"Materials-Design-Canyon 1980"

ANGESTREBTE ENTWICKLUNGSZIELE BIS 1980
PROJEKT "KERAMISCHE BAUTEILE FÜR FAHRZEUG-GASTURBINEN"

1. STATISCHE BAUTEILE (BRENNKAMMER, EINLAUFSPIRALE, NASENKONUS, LEITAPPARAT, TURBINENRING)

   HERSTELLUNG VON ORIGINAL-BAUTEILEN AUS VERSCHIEDENEN WERK-STOFFEN UND 200 H-ERPROBUNG IM SIMULIERTEN FAHRZYKLUS BEI EINER MAXIMALEN BRENNKAMMERAUSTRITTSTEMPERATUR VON 1625 K UND EINEM BRENNKAMMEREINTRITTSDRUCK VON 5 BAR.

2. WÄRMETAUSCHER

   HERSTELLUNG DES Si_3N_4-REKUPERATORS MIT EINER WANDSTÄRKE VON ZUNÄCHST 0,4 MM (SPÄTER 0,2MM), EINEM DRUCKVERHÄLTNIS VON 5, EINER ZULÄSSIGEN LECKRATE VON 0,5 % UND EINER MAXIMALEN TEMPERATUR VON 1375 K (SPÄTER 1475 K) (WT-EINTRITTSTEMPERATUR). ERPROBUNG IM 10 H-TEST. GGF. ÜBERTRAGUNG AUF SiC.

3. ROTOR

   - METALL-KERAMIK-RAD (PKW + LKW)
     200 H-LAUF IM FAHRZYKLUS
     (TURBINENEINTRITTSTEMPERATUR 1525 K)

   - VOLLKERAMIK-RAD (PKW)
     50 H-LAUF IM FAHRZYKLUS
     (TURBINENEINTRITTSTEMPERATUR 1625 K).

Bild 2

FIRMA	ENTWICKELTER WERKSTOFF	FORMGEBUNGS-TECHNOLOGIE	BAUTEIL
ANNAWERK	RBSN HPSN SiSiC SSiC	SCHLICKERGUSS SPRITZGUSS HEISSPRESSEN	STATOR EINLAUFKONUS ROTORSCHEIBEN
DEGUSSA	RBSN	SPRITZGUSS	KRÄNZE, SCHAUFELN
E S K	HPSiC HIPSiC	HEISSPRESSEN HIP	SCHAUFELN, SCHEIBEN ROTOREN
FELDMÜHLE	RBSN	SPRITZGUSS	SCHAUFELN, KRÄNZE
ROSENTHAL	RBSN SiSiC	BANDGUSS LAMINIEREN SPRITZGUSS	WÄRMETAUSCHER SCHAUFELN SEGMENTE
SIGRI	SiSiC	SPRITZGUSS SCHLICKERGUSS	BRENNKAMMER EINLAUFSPIRALE
H.C. STARCK	SiC Si_3N_4	PULVER	-

Bild 3

Übersicht über die Aufgaben der Keramik-Firmen innerhalb des Programms "Keramische Bauteile für Fahrzeug-Gasturbinen"

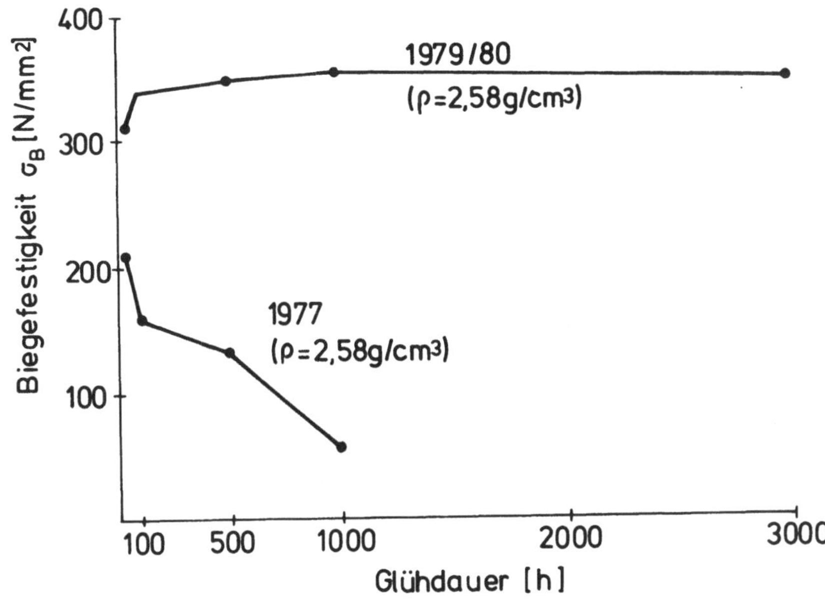

Bild 4

Vergleich der 4-Punkt-Biegefestigkeit von spritzgegossenem
RBSN verschiedener Entwicklungsstufen nach Glühbehandlung
bei 900 °C an Luft

<u>MATERIALDATEN:</u>

Dichte   : $2,5$ g/cm^3 - $2,7$ g/cm^3

Biegefestigkeit   : σ_{B4} 250 - 330 MN/m^2

Weibullwert   : m = 10 - 20

Oxidationsstabilität   : 900 °C; 1000 h:
                                 Festigkeitsanstieg
                                 1260 °C; 1000 h:
                                 Abfall um 50 bis 100 MN/m^2

<u>BAUTEILE:</u>

1. Laufschaufeln - PKW/LKW
   (spez. RT-Festigkeit zum Teil erreicht)

2. Leitschaufeln - PKW/LKW
   (erste Testergebnisse positiv)

3. Laufkränze
   (spez. RT-Festigkeit zum Teil erreicht)

4. Rotoren
   (Testkörper in Entwicklung)

Bild 5: Eigenschaften von RBSN-Spritzguss-Bauteilen (Entwick-
        lungsstand Anfang 1980)

Bild 6

Prototyp eines monolithischen Axialturbinenrades aus RBSN

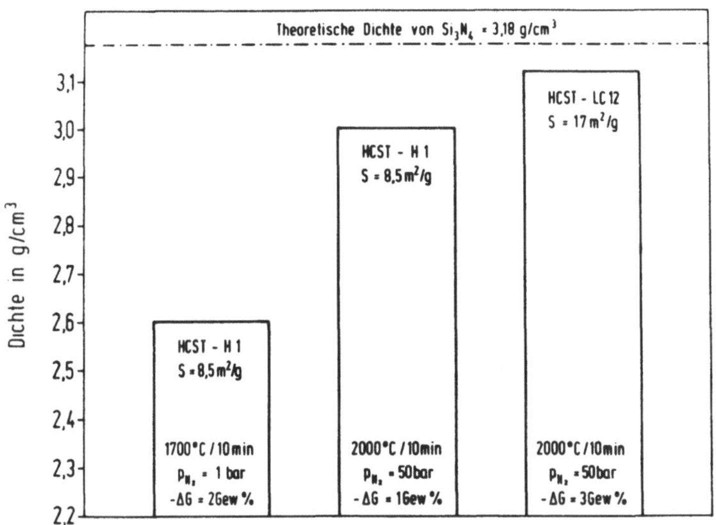

Bild 7

Dichte von gesintertem Siliziumnitrid SSN (Sinterhilfsmittel
2 % MgO) bei verschiedenen Sinterbedingungen und verschiedenen
Ausgangspulvern

Pulver-qualität	Pulverfeinheit		Phasenanteile			Zusammensetzung				
	Spez Oberfl(BET)	Ø-Korngröße(FSSS)	Beta Si_3N_4	freies Si	ber. SiO_2	O	C	Fe	Al	Ca
	m²/g	µm	%	%	%	%	%	%	%	%
H 2	2,5	1,5	4	<0,6	2,4	1,3	0,4	0,08	0,1	0,03
H 1	8	0,7	4	<0,1	2,4	1,3	0,4	0,04	0,1	0,03
LC 1	8	0,7	3	<0,1	2,6	1,4	0,1	0,04	0,1	0,03
LC 10	15	0,5	3	<0,1	3,0	1,6	0,1	0,04	0,1	0,03
LC 12	20	<0,5	3	<0,1	4,1	2,2	0,1	0,03	0,1	0,03

Bild 8

Typische Pulverdaten von speziell zum Sintern und Heißpressen
entwickelten α-Si_3N_4-Pulvern

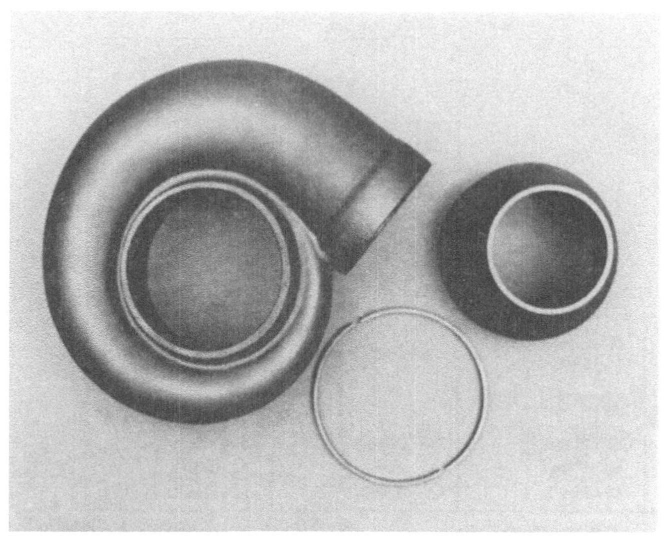

Bild 9
Einlaufspirale aus SiSiC (schlickergegossen)

Bild 10
Verschiedene Entwicklungsstufen von Brennkammern aus SiSiC

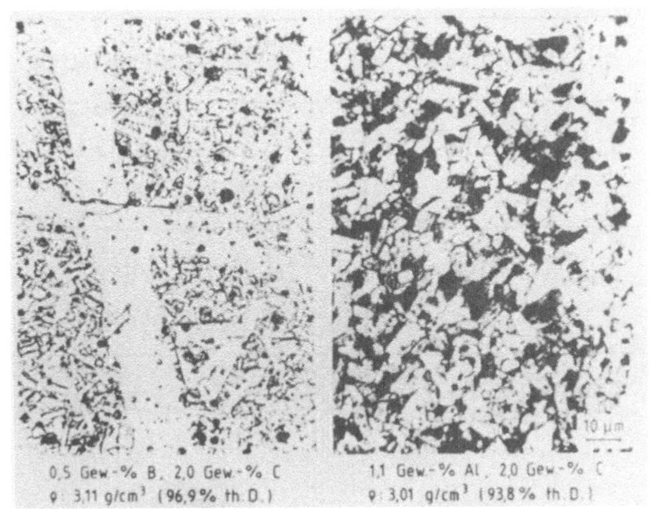

Bild 11

Gefüge von gesintertem Siliziumkarbid SSiC (20 min bei 2090 °C gesintert)

Pulver-qualität	Phase	Pulverfeinheit		Zusammensetzung				
		Spez. Oberfl.(BET) m²/g	Ø-Korn-größe(FSSS) µm	C %	O %	Fe %	Al %	Ca %
A 1	Alpha-SiC	8	0,9	30,3	0,3	0,02	0,02	0,01
A 10	Alpha-SiC	15	0,6	30,3	0,3	0,01	0,02	0,01
B 10	Beta-SiC	15	0,6	30,5	0,4	0,02	0,10	0,03

Bild 12

Pulverdaten von verschiedenen SiC-Pulvern zum Sintern und Heißpressen

INSTITUT	ARBEITSGEBIET
MPI STUTTGART	WERKSTOFFENTWICKLUNG
T.U. BERLIN	- PULVERENTWICKLUNG - SINTERN
UNI KARLSRUHE	- KRIECHVERHALTEN - OXIDATION
DFVLR KÖLN	- HT - BIEGUNG - HIP

Bild 13

Am Programm beteiligte Werkstoff-Forschungsinstitute mit werkstoffbezogenen Aufgaben

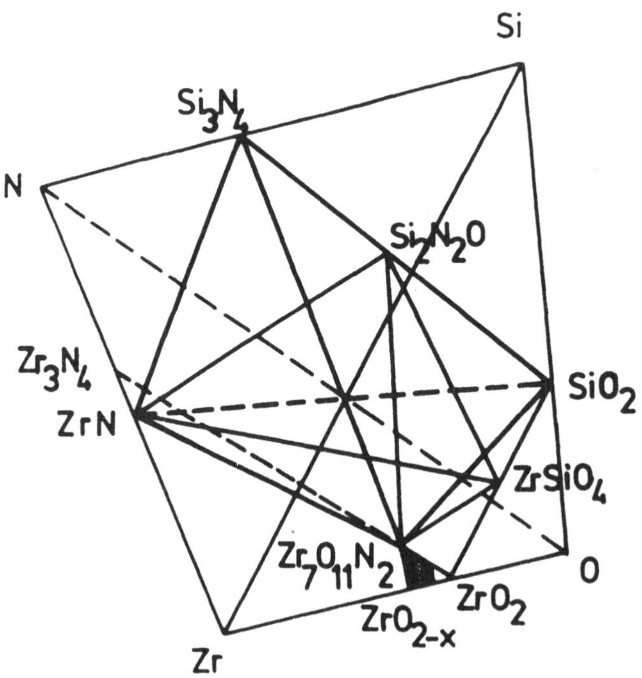

Bild 14

Fünfstoffsystem mit Zr O$_2$-Einlagerung in SiAlON

Material	Temperatur	Spannung	Bereich der minimalen Kriechgeschwindigkeit
RSSN	$1400^{\circ}C$	$100 \ MN/m^2$	$1...50 \cdot 10^{-6}h^{-1}$
HPSN	$1250^{\circ}C$	$100 \ MN/m^2$	$3 \cdot 10^{-6}...1 \cdot 10^{-3}h^{-1}$
SiC-Si-infiltriert	$1200^{\circ}C$	$100 \ MN/m^2$	$20...30 \cdot 10^{-6}h^{-1}$
HPSC	$1500^{\circ}C$	$100 \ MN/m^2$	$20 \cdot 10^{-6}h^{-1}$
SiC,gesintert	$1500^{\circ}C$	$100 \ MN/m^2$	$4...20 \cdot 10^{-6}h^{-1}$

Bild 15

Vergleich typischer Kriechgeschwindigkeiten verschiedener Si_3N_4- und SiC-Werkstoffe

FIRMA	TRIEBWERKS-LEISTUNG	ENTWICKELTE BAUTEILE	ROTORKONZEPT
VOLKSWAGEN-WERK	100 KW	- ROTOR - STATOR - (BRENNKAMMER)	- HYBRIDROTOR - MONOLITH. RBSN-ROTOR
DAIMLER-BENZ	150 KW	- ROTOR - EINLAUFSPIRALE - REKUPERATOR	MONOLITH. HPSN-ROTOR
M T U	300 KW	- ROTOR - STATOR - BRENNKAMMER	HYBRIDROTOR

Bild 16

Ziele der am Programm beteiligten Gasturbinenfirmen

Bild 17
Verschiedene keramische Gasturbinen-Komponenten

Bild 18
Einzel- Leit- und Laufschaufeln aus spritzgegossenem RBSN

Bild 19
Segmente und Einzelschaufeln für Leitkränze

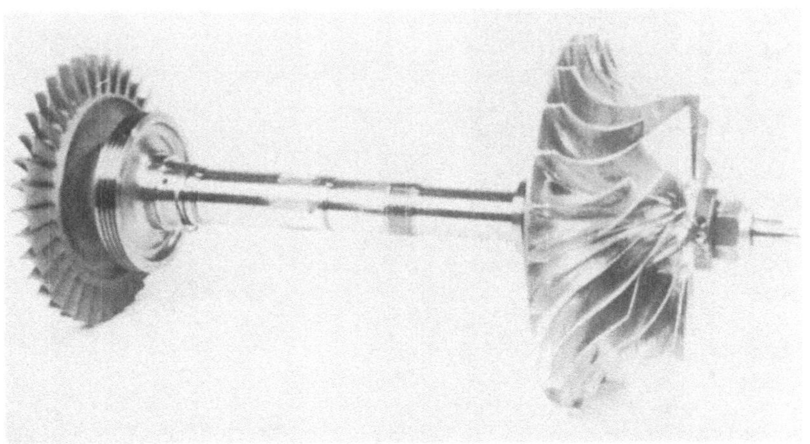

Bild 20
Modellaufbau mit monolithischem HPSN-Rotor

Bild 21

Thermoschock-Prüfstand
mit ausgeschwenktem
HPSN-Rotor

Bild 22

Testwürfel aus RBSN für
die Rekuperator-Ent-
wicklung

INSTITUT	ARBEITSGEBIET
IzFP	ZERSTÖRUNGSFREIE PRÜFVERFAHREN
UNI ERLANGEN	BRUCHMECHANIK
UNI CLAUSTHAL	FÜGEVERFAHREN

Bild 23

Am Programm beteiligte Werkstoff-Forschungsinstitute mit bauteilbezogenen Aufgaben

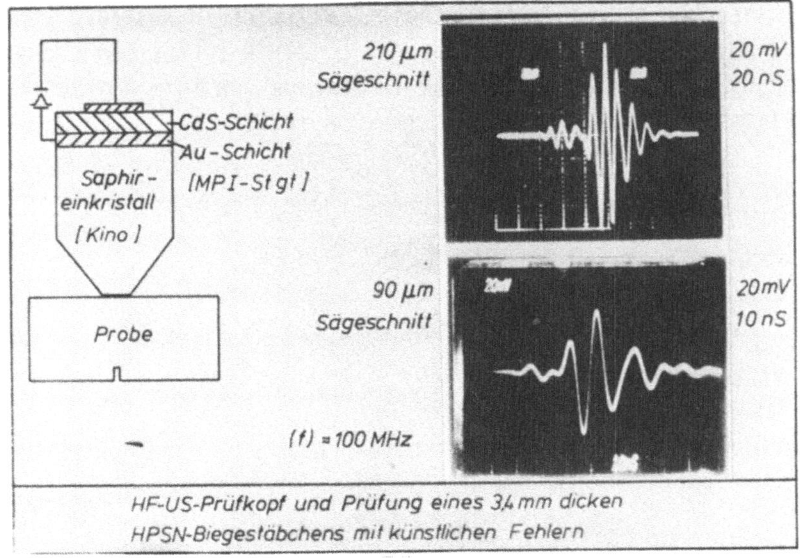

Bild 24

Prüfung eines HPSN-Biegestabs mit künstlichen Fehlern mittels Hochfrequenz-Ultraschall-Prüfung

ENTWICKLUNGSZIELE BIS 1983

PROJEKT "KERAMISCHE BAUTEILE FÜR FAHRZEUG-GASTURBINEN"

1. STATISCHE BAUTEILE (BRENNKAMMER, EINLAUFSPIRALE, NASENKONUS, LEITAPPARAT, TURBINENRING)

   HERSTELLUNG VON ORIGINAL-BAUTEILEN AUS VERSCHIEDENEN WERKSTOFFEN UND 200 H-ERPROBUNG IM SIMULIERTEN FAHRZYKLUS BEI EINER MAXIMALEN BRENNKAMMERAUSTRITTSTEMPERATUR VON 1625 K UND EINEM BRENNKAMMEREINTRITTSDRUCK VON 5 BAR.

2. WÄRMETAUSCHER

   HERSTELLUNG DES Si_3N_4-REKUPERATORS MIT EINER WANDSTÄRKE VON 0,2 MM, EINEM DRUCKVERHÄLTNIS VON 5, EINER ZULÄSSIGEN LECKRATE VON 0,5 % UND EINER MAXIMALEN TEMPERATUR VON 1475 K (WT-EINTRITTSTEMPERATUR), ERPROBUNG IM 10 H-TEST.

3. ROTOR

   - METALL-KERAMIK-RAD (PKW + LKW)
     200 H-LAUF IM FAHRZYKLUS
     (TURBINENEINTRITTSTEMPERATUR 1525 K)

   - VOLLKERAMIK-RAD (PKW)
     50 H-LAUF IM FAHRZYKLUS
     (TURBINENEINTRITTSTEMPERATUR 1625 K).

Bild 25

WARUM KERAMISCHE KRAFTFAHRZEUG-GASTURBINEN

Peter Walzer

Forschung Volkswagenwerk AG.

Ausgehend von einer beim Volkswagenwerk entwickelten metallischen Versuchsgasturbine für 1350 K Turbineneintrittstemperatur
wird die Auslegung einer keramischen Hochtemperaturgasturbine
mit 1620 K Turbineneintrittstemperatur dargestellt. Die
hochgerechneten Fahrleistungen, Kraftstoffverbrauchswerte sowie
Schadstoff- und Geräuschemissionen zeigen, daß ein solches
Triebwerk im PKW die Fahrleistungen des Ottomotors mit den
Verbrauchswerten eines Dieselmotors kombinieren würde bei
gleichzeitig günstigem Umweltverhalten. Entscheidende Bedeutung
kann zukünftig die Vielstoffähigkeit der Gasturbine erlangen,
die es ermöglicht, Primärenergieträger wie Kohle mit einem über
die ganze Energieumwandlungskette betrachteten höheren
Wirkungsgrad in Antriebsleistung umzusetzen, als dies in
konventionellen Motoren möglich ist. Schließlich gewährleistet
Keramik als Werkstoff aber auch eine langfristig sichere
Rohstoffversorgung.

1. Einleitung

Gründe für das Interesse an der Gasturbine als Fahrzeugantrieb
wurden Ihnen bereits auf dem letzten Keramik-Statusseminar von
Prof. Münzberg vorgetragen. Zum Unterschied bzw. in Ergänzung
zu jenem Vortrag möchte ich in meinem Referat folgende Schwerpunkte setzen:

* Die früheren Ausführungen konzentrieren sich auf eine 600
  kW Maschine für schwere Nutzfahrzeuge. Ich möchte mich dagegen auf die Gasturbine im PKW konzentrieren, wo sich die
  Anforderungen an den Antrieb anders, häufiger vielfältiger,
  darstellen. Z.B. hat hier der Teillastbetrieb eine wesentlich größere Bedeutung und es sieht hier die Gesetzgebung
  sehr viel schärfere Vorschriften bezüglich Schadstoff- und
  Geräuschemission vor.

* Da noch keine keramische Hochtemperatur-Gasturbine im Fahrzeug erprobt werden konnte, muß auch ich auf Hochrechnungen
  und Abschätzungen zurückgreifen. Ich kann dies jedoch in
  enger Anlehnung an eine bei uns entwickelte metallische
  Gasturbine tun, so daß ich hoffe, besonders realistische
  Antworten geben zu können.

* Ich arbeite in der Forschung des Volkswagenwerkes. Vielleicht ist es für Sie interessant zu hören, was alles an
  Vorteilen erfüllt sein müßte, bevor wir einem Alternativ-
  antrieb wie der Gasturbine eine echte Marktchance einräumen
  würden.

Die wichtigsten Forderungen,die in Zukunft an den Antrieb eines
PKW's zu stellen sein werden, sind in Bild 1 aufgezählt. Ein
neuartiger Antrieb wird nur dann eine echte Einsatzchance haben,
wenn er möglichst viele dieser Anforderungen deutlich besser
als die konventionellen Motoren erfüllt und wenn er gleichzeitig bei keiner Anforderung schlechter als diese abschneidet.
Dabei sind bei den konventionellen Motoren auch noch erhebliche
Verbesserungsmöglichkeiten mit in die Betrachtung einzubeziehen. Daß hier so vorsichtig vorgegangen werden muß, versteht
sich schon allein aus den vielen Milliarden Mark, die in die
vorhandenen Fertigungseinrichtungen bereits investiert sind.

Ich möchte mein Referat im folgenden so aufbauen, daß ich meine Antworten zu den Eigenschaften der Hochtemperatur-Gasturbine hinsichtlich dieser Anforderungen jeweils von den Ergebnissen ableite, die wir mit der bei uns entwickelten metallischen Versuchsgasturbine erreicht haben.

2. Metallisches Vergleichstriebwerk

Bild 2 zeigt die hier als Vergleichstriebwerk gewählte VW GT-15o. Die Maschine hat eine Nennleistung von 1oo kW. Diese Leistung steht an der Abtriebswelle zur Verfügung, d.h. alle zum Betrieb der Maschine notwendigen Antriebe wie Ölpumpe, Kraftstoffpumpe, sind bereits abgezogen. Werkstoff für die Turbinenbauteile ist eine Superlegierung auf Nickel-Basis, so daß im stationären Betrieb eine maximale Gastemperatur von 1283 K zugelassen werden kann.

Bild 3 zeigt die Installation dieses Triebwerks in einem als Versuchsträger umgebauten Ro 80. Als Getriebe wurde ein serienmäßiger 3-Gang-Automat ohne Wandler eingesetzt. Die Luftführung erfolgt von beiden Seiten durch Jalousien in den vorderen Radkästen. Das Abgas wird in zwei Kanälen am Fahrzeugboden nach hinten geleitet. Zur Heizung wird dem Gas hinter der Nutzturbine Wärme entnommen. Das Triebwerk treibt in der Fahrzeuginstallation die Lichtmaschine, die Getriebeölpumpe und die Pumpe der Servolenkung.

Bild 4 zeigt, daß zur Installation dieser Alternativ-Maschine der aerodynamisch günstige niedrige Motorraum des Ro 80 kaum verändert werden mußte. Mit allen Meßgeräten, vollem Tank, Fahrer und Beifahrer hat das Fahrzeug ein Testgewicht von 17oo kg. Dabei erreicht das Fahrzeug eine Höchstgeschwindigkeit von 176 km/h, beschleunigt aus dem Stand auf 1oo km/h in 13,5 Sekunden und legt innerhalb der ersten 1o Sekunden eine Strecke von 147 m zurück.

Diese Fahrleistungen entsprechen etwa denen eines vergleichbaren konventionell motorisierten Fahrzeugs. Die Hochtemperatur-Gasturbine, die wir hier vergleichen wollen, soll dasselbe Fahrzeug

mit den gleichen Fahrleistungen antreiben können, d.h. es muß
sich also wieder um eine 1oo kW Maschine handeln.

3. <u>Auslegung der Hochtemperatur-Gasturbine</u>

<u>Bild 5</u> zeigt den konstruktiven Aufbau der VW-GT 15o. Es handelt
sich um eine 2 Wellen-Maschine mit zwei seitlich angeordneten
Regeneratorscheiben. Das Triebwerk hat verstellbare Leitschaufeln vor dem Verdichter und vor der Nutzturbine. Eine elektronische Regelung verstellt diese Schaufeln in den verschiedenen
Betriebszuständen immer so, daß bei Vollast die metallischen
Turbinen nicht überhitzt werden, daß bei Teillast der Verdichter nicht in den Pumpbereich fährt und daß Leerlauf mit dem
günstigsten Kraftstoffverbrauch aufrecht erhalten wird.

Beim Übergang auf eine Hochtemperatur-Gasturbine soll die sta-
tionär zulässige Gastemperatur von 1283 K auf 1623 K, also um
34o K gesteigert werden. Diese höheren Arbeitstemperaturen
können nur noch von keramischen Bauteilen ertragen werden.
<u>Bild 6</u> zeigt einige dieser Bauteile.

Thermodynamisch bedeutet diese Temperaturerhöhung, daß etwa das
doppelte Enthalpiegefälle zur Verfügung steht und daß zur
Entwicklung von 1oo kW Nennleistung statt heute o.84 kg nur
noch o.44 kg Luftmasse, also etwa die Hälfte, benötigt werden.
Daraus ergeben sich für die Auslegung des Triebwerks folgende
Konsequenzen:

*   Die Reduzierung des Luftmassenstromes wird zu einer
    Verkleinerung der Strömungskanäle führen. Insbesondere wird
    die benötigte Wärmeaustauschfläche kleiner, so daß Aussicht
    auf ein vom Bauvolumen kleines Triebwerk besteht, das
    diesbezüglich schärferen Anforderungen z.B. aus der
    Fahrzeugaerodynamik, gerecht werden könnte.

*   Die angestrebten höheren Temperaturen können nur noch von
    keramischen Werkstoffen ertragen werden. <u>Bild 7</u> zeigt als
    Beispiel die Auslegung der Beschaufelung der Verdichtertur-
    bine. Um optimale Energieumsetzungswirkungsgrade zu erhal-
    ten, müsste das Verhältnis zwischen Enthalpiegefälle des
    Gases und kinetischer Energie der Umfangsgeschwindigkeit

38

der Beschaufelung, die sog. Enthalpiekenngröße, ungefähr bei 2 liegen. Da wir mit Rücksicht auf einen einfachen Aufbau nicht mehr als 2 Turbinenstufen wählen wollen, andererseits die Zugfestigkeit der keramischen Werkstoffe begrenzt ist, wird im Fall der keramischen Hochtemperatur-Gasturbine diese Kenngröße mindestens auf 3 ansteigen. Gleichzeitig werden ungünstigere Oberflächenrauhigkeiten hingenommen werden müssen. Zusätzlich kommt der ungünstigere Einfluß relativ größerer Spalte und kleinerer Reynoldszahlen. Insgesamt rechnen wir deshalb im Fall der keramischen Hochtemperatur-Gasturbine damit, bei den Turbinen nur noch um 2 bis 3 Punkte niedrigere Einzelwirkungsgrade erreichen zu können, als beim metallischen Vergleichstriebwerk.

* Ändern wird sich schließlich auch die Höhe der Wärmeabgabe über die Gehäusewand und ins Schmieröl. Bei der GT 15o gehen über 3o kW der mit dem Brennstoff zugeführten Energie in Form dieser Wärmeverluste verloren. Obwohl die Hochtemperaturmaschine eine noch sorgfältigere Isolierung erhalten wird, rechnen wir mit einem Ansteigen dieser Verluste.

4. Fahrleistungen

Wie eingangs gesagt wurde, erreicht das Versuchsfahrzeug bereits mit der metallischen Gasturbine die Fahrleistungen des vergleichbaren Ottomotor-PKW's. Das keramische Triebwerk wird sich in den Fahrleistungen vor allem hinsichtlich des häufig diskutierten Ansprechverhaltens unterscheiden. Ansprechverhalten ist die Zeit, die verstreicht, bis aus Leerlauf heraus das volle Drehmoment an den Antriebsrädern angreift. Für diesen Zeitverzug ist entscheidend, wie lange der Gaserzeuger braucht, um von Leerlauf auf maximale Drehzahl zu kommen. Dieser triebwerksinterne Hochlaufvorgang wird im Trägheitsmoment des Gaserzeugers, der Größe der zu überwindenen Drehzahldifferenz und vom Enthalpieüberschuß bestimmt, der während dieses kurzzeitigen Hochlaufvorganges bereitgestellt werden kann.

Bild 8 zeigt, daß beim metallischen Triebwerk mit Hilfe des

Schaufelschwenkprogramms und kurzzeitigem Zulassen von sehr hohen Gastemperaturen erreicht wurde, daß in etwa 1 Sekunde 12o% des Vollastdrehmomentes entwickelt werden. Mit den auf 1/3 reduzierten Trägheitsmomenten des keramischen Turbinenlaufrades verringert sich die für diesen Hochlaufvorgang benötigte Zeit auf etwa o.7 Sekunden. Aus unseren Fahrversuchen glauben wir, daß o.9 Sekunden für ein befriedigendes Fahrverhalten ausreichen. Dabei ist zu beachten, daß die 2 Wellen-Maschine bei stehender Nutzturbine etwa doppelt so hohe Drehmomente entwickelt wie der konventionelle Motor.

5. Kraftstoffverbrauch

Der Kraftstoffverbrauch des Vergleichstriebwerkes wurde im US-City und Highway-Zyklus gemessen. Der dabei verwendete Kraftstoff war Diesel. In Bild 9 sind die Ergebnisse mit dem Verbrauch verglichen, der von der EPA als Durchschnittsverbrauch der 1979 neu auf den Markt gekommenen Fahrzeuge veröffentlicht wurde. Es zeigt sich, daß beim gegenwärtigen Entwicklungsstand das Fahrzeug mit der GT 15o etwa den Verbrauch der Ottomotor-Fahrzeuge erreicht. Bei höheren Geschwindigkeiten ist der Verbrauch bereits heute niedriger, bei kleinen Teillasten - insbesondere bei Leerlauf - noch deutlich höher.

Zur Bestimmung des Kraftstoffverbrauchs der Hochtemperatur-Gasturbine wurde eine Analogsimulation auf der Basis der bekannten Daten des metallischen Triebwerks, der Regelung, des Getriebes und des Fahrzeugs aufgestellt. Es hat sich bestätigt, daß diese Simulation den Verbrauch des ausgeführten Triebwerks in verschiedenen Betriebsphasen und bei Änderung einzelner Komponenten exakt vorausrechnen kann. Für die auf 1623 K gesteigerte Turbineneintrittstemperatur und die geschilderten geänderten Ansätze für die Einzelwirkungsgrade und die Wärmeverluste, ergibt diese Simulation einen Kraftstoffverbrauch,der etwa dort liegt, wo heutige Dieselmotorfahrzeuge vergleichbarer Leistung liegen.

6. Schadstoff- und Geräuschemission

Im kontinuierlichen und mit hohem Luftüberschuß ablaufenden

Verbrennungsprozeß von Fahrzeuggasturbinen entstehen von vornherein weniger Schadstoffe als beim intermittierenden Verbrennungsprozeß in Kolbenmotoren. Außerdem sind Maßnahmen zur schadstoffarmen Führung dieses Verbrennungsprozesses eher möglich. In den USA werden für zukünftige Personenwagen Schadstoffgrenzen angestrebt, nach denen bei einer Fahrt über den FDC-Urban- Cycle nicht mehr als 3,4 g/mile CO, o,41 g/mile HC und o,4 g/ mile NOx emittiert werden dürfen. Die CO- und HC-Werte erreichte das metallische Vergleichstriebwerk bereits mit einer konventionellen Diffusionsbrennkammer. Der NOx-Wert lag dabei noch bei 1,8 g/mile. In einem besonderen Forschungsprogramm wurde eine zweistufige Brennkammer entwickelt, in die der Brennstoff vorverdampft und vorgemischt eintritt. In Prüfstandsversuchen wurde nachgewiesen, daß bei entsprechend angepaßter Regelung das metallischeTriebwerk mit diesem Verbrennungssystem auch den vorgesehenen NOx-Grenzwert erreicht hätte.

Im folgenden soll untersucht werden, inwieweit die höheren Arbeitstemperaturen des keramischen Triebwerks dieses Emissionsverhalten beeinflussen. Für emissionsgünstige Verhältnisse müssen die Temperaturen in der Reaktionszone der Brennkammer zwischen 152o K und 182o K liegen. Dabei entspricht die untere Temperaturgrenze der armen Löschgrenze, sie ist für die CO-Bildung bestimmend, während die obere Temperaturgrenze sich aus der zulässigen NOx-Emission je kg Kraftstoff ergibt. Dabei wird von einem bestimmten Kraftstoffverbrauch ausgegangen. Für den instationären Betrieb wird ein ausreichend großer Bereich zulässiger Kraftstoffluftverhältnisse zwischen diesen Grenzen benötigt. In __Bild 1o__ ist der zulässige Äquivalenzverhältnisbereich in Abhängigkeit von der Brennkammereintrittstemperatur für typische Gasturbinendaten aufgezeichnet. Das Bild zeigt, daß zunehmende Brennkammeraustrittstemperaturen bis hin zu etwa 157o K eher von Vorteil sind, da das Verhältnis max / min zunimmt. Die untersuchte keramische Gasturbine mit 1623 K Turbineneintrittstemperatur hat eine maximale Brennkammereintrittstemperatur von 13oo K. Zulässig ist ein Gesamtmischungsverhältnis zwischen Vollast und Leerlauf von 3.

Der zulässige Betriebsbereich der Brennkammer des keramischen Triebwerks ist damit im Vergleich zu dem der heutigen metallischen Maschine eher ausgedehnt.

Zwecks Geräuschdämmung wird im Vergleichsfahrzeug die Luft im Ansaugkanal durch 3 versetzte 90° Krümmer geführt, außerdem ist der Kanal mit schallschluckendem Material ausgekleidet. Der Motorraum ist nach unten hin weitgehend geschlossen. Das Fahrgeräusch bei beschleunigter Vorbeifahrt beträgt nach ISO-R 362 gemessen in 7,5 m Abstand noch 68 dB(A) und liegt damit deutlich niedriger als das von vergleichbaren Ottomotoren-Fahrzeugen. __Bild 11__ zeigt die Ergebnisse einer Rundum-Geräuschmessung nach DIN 45636. Danach liegt der Geräuschpegel bei Leerlauf mit 58 dB(A) ungefähr so hoch wie der von vergleichbaren Ottomotoren-Fahrzeugen, bei Vollast mit 66 dB(A) liegt das Gasturbinengeräusch dagegen um mehr als 6 dB(A) deutlich niedriger.

7. __Vielstoffähigkeit und Rohstoffabhängigkeit__

Der kontinuierliche mit hohem Luftüberschuß ablaufende Verbrennungsprozeß macht Gasturbinen besonders geeignet für Vielstoffbetrieb:

* An den Brennstoff werden keine nennenswerten Anforderungen hinsichtlich Klopffestigkeit, Dampfdruck- und Siedeverhalten, Zündwilligkeit oder Gemischheizwert gestellt.

* Brennstoffe mit unterschiedlichen Luftbedarfszahlen und unterschiedlichen Reaktionsvolumen können eingesetzt werden.

Dementsprechend konnte die GT 15o bereits problemlos mit Benzin, Keroson, Diesel, Methanol und Flüssiggas betrieben werden.

Diese Kraftstoffe können jedoch auch noch in modifizierten konventionellen Kolbenmotoren eingesetzt werden. Gasturbinen hatten hier allenfalls den Vorteil der raschen Umschaltbarkeit. Ein echter Vorteil wäre jedoch, wenn in Gasturbinen Kohle möglichst direkt als Brennstoff eingesetzt werden kann. Die energieverzehrenden Umwandlungsprozesse, die bei Brennstoffen für konventionelle Motoren notwendig sind, würden damit umgangen.

<u>Bild 12</u> zeigt daß sich bei einem erfolgreichen Einsatz von Kohlestaub als Brennstoff, schon mit den Verbrauchswerten heutiger metallischer Gasturbinen interessante Aussichten für den Gesamtenergieverbrauch gegenüber Elektrofahrzeug und konventionellem Kolbenmotor ergeben würden. Der Nachweis, daß Kohlestaub in Gasturbinen eingesetzt werden kann, muß allerdings noch geführt werden. Keramische Bauteile konnten hier wegen ihrer großen Verschleißfestigkeit die bisher bestehenden Probleme lösen helfen.

<u>Bild 13</u> gibt auch eine Aufstellung der Vorkommen der Rohstoffe, die in den verschiedenen Antrieben verwendet werden. Mit einer Keramikgasturbine stünde demnach ein Antrieb zur Verfügung, der hauptsächlich aus weitverbreiteten Rohstoffen hergestellt werden kann.

8. <u>Herstellkosten</u>

Die Herstellkosten einer Hochtemperatur-Gasturbine einigermaßen zuverlässig abzuschätzen, ist außerordentlich schwierig. Zum einen ist die Technologie der Fertigung keramischer Bauteile noch nicht voll entwickelt, zum anderen sind auch die metallischen Versuchstriebwerke, die als Basis für eine solche Abschätzung herangezogen werden könnten, noch nicht nach fertigungstechnischen Gesichtspunkten optimiert. Schließlich werden solche Überlegungen auch in starkem Maße davon bestimmt, welcher Aufwand für die Entwicklung geeigneter Fertigungsverfahren getrieben wird.

Trotz dieser Schwierigkeiten soll im folgenden versucht werden, Tendenzen für die Herstellkosten einer keramischen Gasturbine abzuleiten. Für eine metallische Fahrzeuggasturbine hatte eine beim Volkswagenwerk durchgeführte Analyse zum Ergebnis, daß die Herstellkosten noch etwa doppelt so hoch wie die eines 4-Zylinder-Ottomotors mit Abgasnachbehandlung sein würden. Dabei wurde eine Serie von 8o.ooo Stück pro Jahr angenommen und weitgehend der heute erreichte Stand der Fertigungstechnologie zugrundegelegt. Danach werden 5o % der Kosten von den Wärmetauschern und von den aus Superlegierungen im Feingußverfahren hergestellten Turbinenbauteilen verursacht. Beim keramischen Triebwerk sollten sich entsprechend dem kleineren Luftdurchsatz Einsparungen durch die kleineren Abmessungen erreichen lassen. So wird insbesondere statt bisher zweier nur eine seitliche Wärmetauscherscheibe mit einem Dichtsystem benötigt. Weitere Einsparungen sollten sich aus den Rohstoffen ergeben. Ebenfalls in Bild 13 sind die Energiekosten für die Gewinnung der keramischen Rohstoffe denen von metallischen Werkstoffen gegenübergestellt. Berücksichtigt man die geringere Dichte der keramischen Bauteile, so wird nur etwa ein Viertel der Energiekosten benötigt. Wenn die Fertigung der keramischen Bauteile aus diesen Rohstoffen nicht teurer wird als das Präzisionsgießen der Superlegierungen, sollten diese niedrigeren Rohstoffkosten zu Kostenreduktionen bei den keramischen Turbinen führen.

Zusammenfassung

Lassen Sie uns zusammenfassend zu den in Zukunft gestellten Anforderungen aus Bild 1 zurückkommen. Wir haben festgestellt:

- Keramische Gasturbinen können gleiche Fahrleistungen wie heutige Ottomotorfahrzeuge erreichen. Bei höher motorisierten Fahrzeugen ist dies eventuell bereits ein Vorteil gegenüber anderen vielstoffähigen Antrieben wie Elektromotoren.

- Keramische Gasturbinen werden die Verbrauchswerte von Dieselmotorfahrzeugen erreichen. Zwar wurde der Vergleich mit heutigen Motoren durchgeführt, jedoch schätzen wir die Verbesserungsmöglichkeiten der konventionellen Motoren etwa gleich hoch ein wie die noch möglichen Fortschritte bei der Gasturbinentechnologie gegenüber dem hier vorgetragenen Stand. Außerdem gelten diese Aussagen für heutige Verkehrsverhältnisse. Manche Voraussagen gehen davon aus, daß es in Zukunft im wesentlichen zwei Arten von Personenwagen geben wird: kleine PKW's für den innerstädtischen Verkehr und große PKW's für den Reiseverkehr. Der Fahrzyklus eines solchen Reise-PKW's würde zu einem erheblichen Teil aus konstanten und hohen Kosten betrieben, bei dem eine Hochtemperatur-Gasturbine noch deutlichere Verbrauchsvorteile aufweisen könnte.

- Hinsichtlich der zukünftigen Vorschriften zu Schadstoff- und Geräuschemission wurde gesagt, daß das ausgeführte Versuchsfahrzeug bereits Werte erreicht hat, auf die die konventionellen Motoren durch aufwendige Maßnahmen erst noch gebracht werden müssen.

- Es wurde abgeleitet, daß keramische Hochtemperaturgasturbinen auch den Forderungen nach Rohstoffunabhängigkeit gerecht werden können und soweit dies heute überhaupt mit Sicherheit abschätzbar ist, auch in den Herstellkosten noch innerhalb vernünftiger Grenzen liegen werden. Hier schneiden z.B. wieder Elektroantriebe wesentlich ungünstiger ab.

- Trotzdem werden die bisher genannten guten Eigenschaften allein m.E. nicht ausreichen, einen serienmäßigen Einsatz der Hochtemperatur-Gasturbine beim PKW zu rechtfertigen. Entscheidend für einen Einsatz wird vielmehr sein, inwieweit es gelingt, alternative Primärenergieträger unter Umgehung der bei den konventionellen Motoren notwendigen Raffinierungsprozesse direkt als Brennstoff zu verwenden. Bei schrumpfender Verfügbarkeit von Rohöl wäre eine insgesamt höhere Energieausbeute bei Kohle sicherlich ein wichtiges Argument für diese Alternativantriebsart.

-heutige Fahrleistungen

-geringer Kraftstoffverbrauch

-Vielstoffähigkeit

-geringe Schadstoff-u. Geräuschemission

-Rohstoffunabhängigkeit

-vergleichbare Herstellkosten

Bild 1
Zukünftige Forderungen an PKW-Antrieb

Bild 2
Versuchsgasturbine VW-GT 150

Bild 3
VW-GT 150 in Ro 80

Bild 4
Ro 80 Gasturbinen-Versuchsfahrzeug

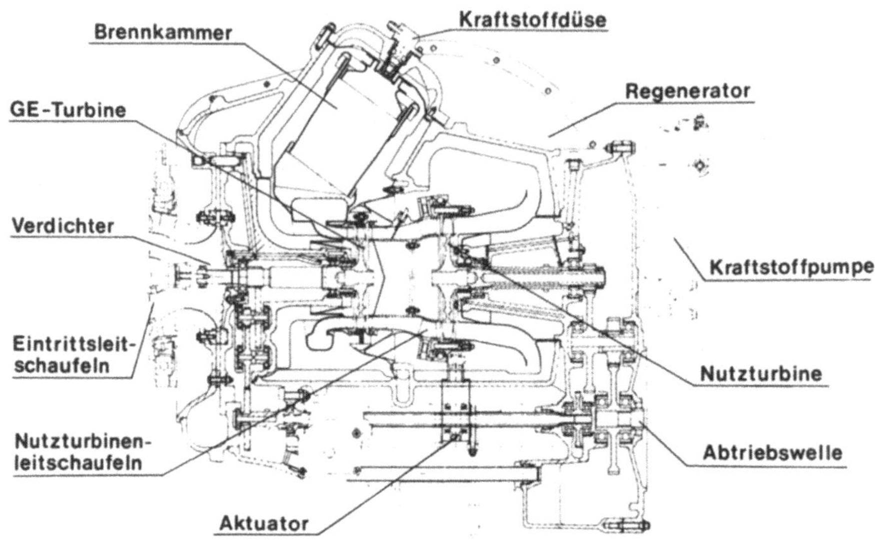

Bild 5
VW-GT 150 Gasturbine

Bild 6
Keramische Bauteile für eine KFZ-Gasturbine

Schaufelprofile:

Schaufelmittelschnitt:

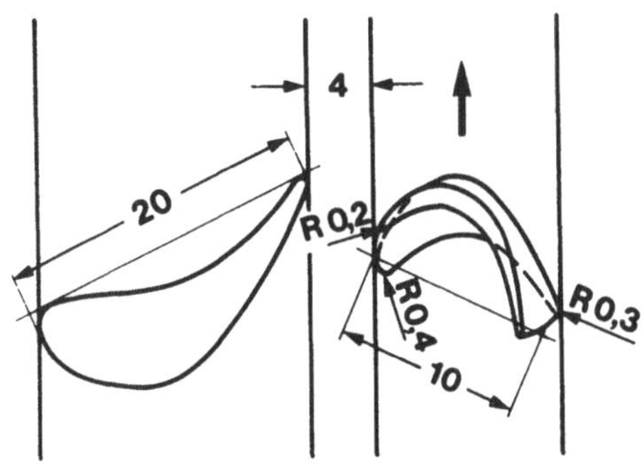

	Leitkranz	Laufrad
Enthalpiekenngröße	3,0	
Durchflußkenngröße	0,58	
Schaufelzahl	16	36
Teilung/Sehne	0,87	0,72
Radialspalt/Schaufellänge	–	0,02
Hinterkantendicke/Sehne	0,0125	0,025
Oberflächenrauhigkeit/Sehne	$6,5 \cdot 10^{-3}$	$13 \cdot 10^{-3}$

Bild 7

Beschaufelungsauslegung der Verdichterturbine

(c_U Schaufelfuß = 360 m/s)

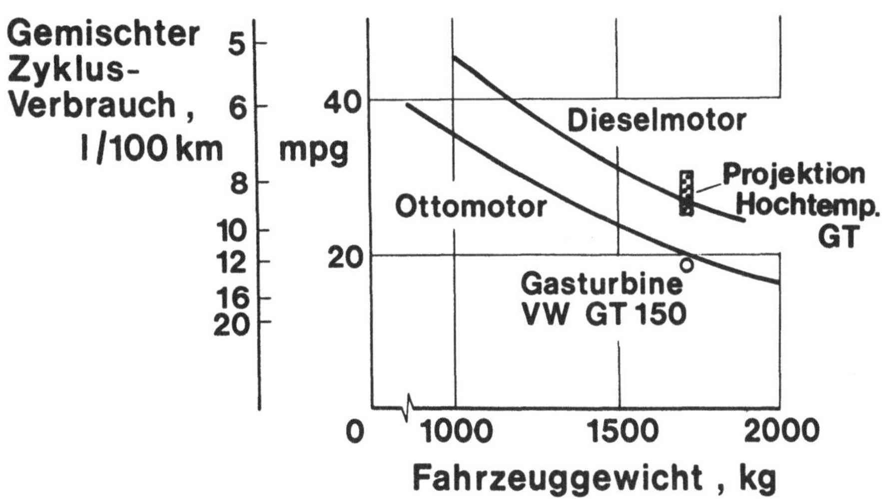

Bild 9

Kraftstoffverbrauch VW-GT 150 und 1979-er Flotte

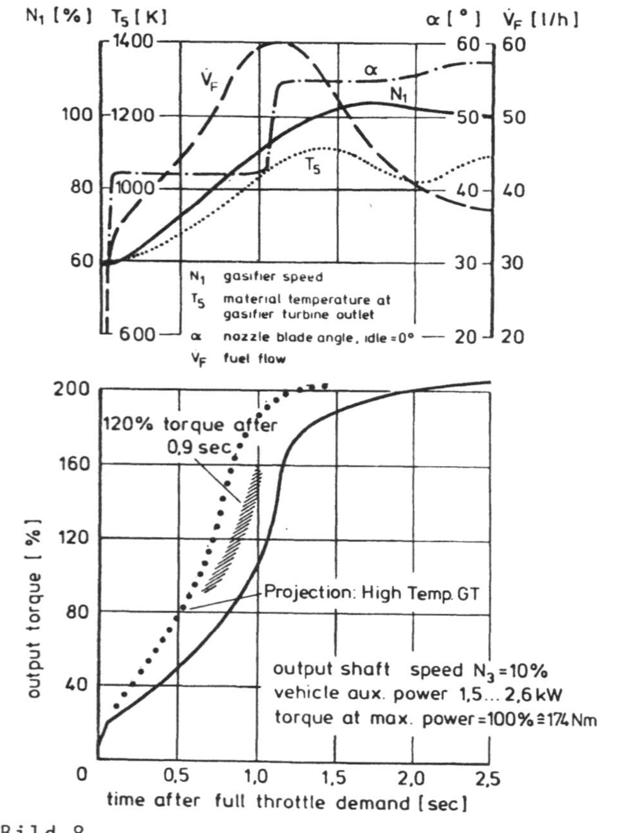

Bild 8
Drehmomentanstieg

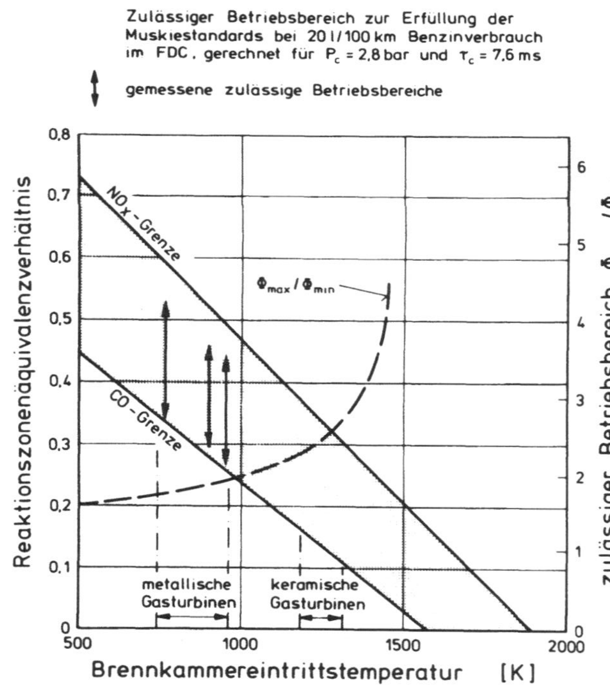

Bild 10
Zulässige Betriebsbereiche für System II

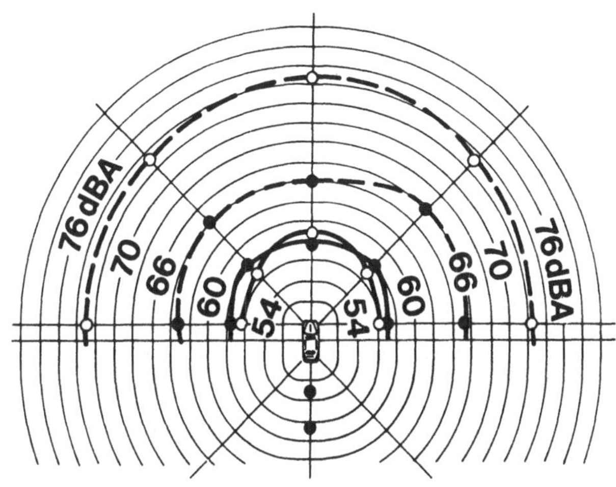

Bild 11
Lärmemissionen

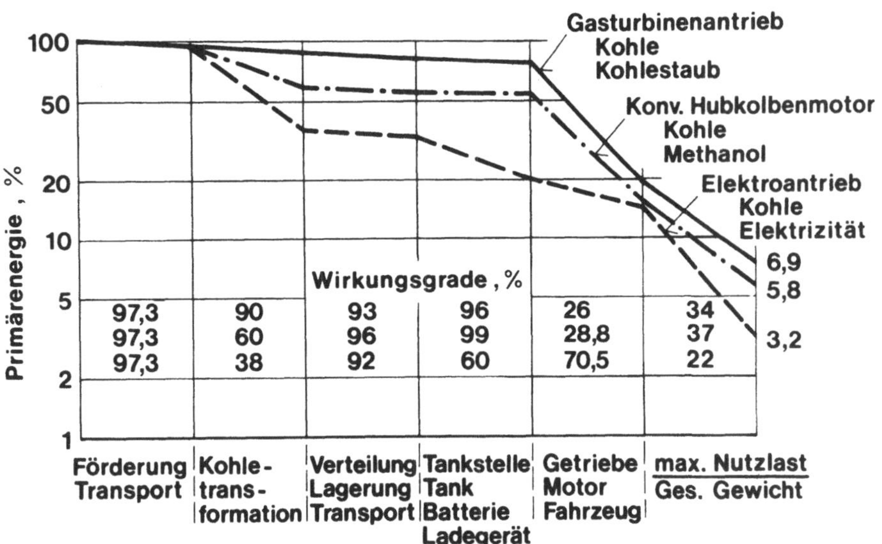

Bild 12
Energieketten: Kohle - Nutzenergie - Antrieb

Rohstoff	Chemische Zusammensetzung in%	Energiebedarf zur Gewinnung kWh/kg	Vorkommen in Erdkruste %von 24	Geographische Verteilung der Vorkommen
Alu-legierung	Si 12 Mg,Mn<1	40	8,1	Gewinnung nicht überall wirtschaftl.
Super-legierung	Ni 53; Cr 20 Co18; Ti 2 Al 1,5	36	0,01 ; 0,02 0,003; 0,44 8,1	nur in wenigen Ländern
Silizium-nitrid	Si 60 N 40	18,7	28 80 %Luft Volumen	weltweit weltweit

Bild 13
Vorkommen und Energiebedarf zur Gewinnung verschiedener Rohstoffe

Übersicht über das Förderungsprogramm
"KERAMISCHE BAUTEILE FÜR FAHRZEUG-GASTURBINEN"
sowie Anmerkungen zur Zusammenarbeit
USA - Bundesrepublik Deutschland

M. Böhmer
DFVLR Deutsche Forschungs- und Versuchsanstalt
für Luft- und Raumfahrt e.V.
-Institut für Werkstoff-Forschung -
Köln-Porz

Als in den Jahren 1973 und 1974 das Förderungsprogramm "Keramische Bauteile für Fahrzeug-Gasturbinen" diskutiert bzw. begonnen wurde, standen in erster Linie energiepolitische Erwä-
gungen sowie Umweltfragen im Vordergrund der Überlegungen. Ziel
des Einsatzes einer Gasturbine als Fahrzeug-Antrieb war, durch
Verwendung keramischer Werkstoffe und die dadurch bedingte Erhöhung der Turbineneintrittstemperaturen den Kraftstoffverbrauch
zu senken, vor allem jedoch die Vielstofffähigkeit der Gasturbine
auszunützen, um dadurch minderwertige und gegebenenfalls neue
und alternative Kraftstoffe einsetzen zu können, was wiederum
dem Umweltgedanken entgegenkam. Diese Ziele, welche selbstverständlich, vor allem unter Berücksichtigung der heutigen Situation auf dem Erdöl-Sektor, auch heute noch Gültigkeit haben,
wurden im Verlauf der Förderung des Projekts in ihrer Wertig-
keit durch die Überlegungen zur Rohstoffsicherung übertroffen.
Einer der wesentlichen Punkte des Rahmenprogramms Rohstoff-
Forschung der Bundesregierung ist die Substitution knapper,
seltener, teurer oder strategischer Roh- und Werkstoffe durch
den Einsatz reichlich verfügbarer Rohstoffe. Die Entwicklung
eines Fahrzeugantriebs unter Verwendung der keramischen Werkstoffe Siliziumnitrid und Siliziumkarbid ist voll unter diesem
Gesichtspunkt zu sehen.

Das Programm "Keramische Bauteile für Fahrzeug-Gasturbinen"
wurde von Anfang an als gemeinsames Programm der beteiligten
Keramik- und Kraftfahrzeug-Firmen so aufgebaut, daß Doppel-
arbeiten weitgehend vermieden wurden, jedoch eine Überlappung

der verschiedenen Arbeitsgebiete gewährleistet ist. So sollte
mit den zur Verfügung stehenden Mitteln ein optimales Arbeits-
ergebnis erzielt werden können. Auch nach einer nunmehr sechsjährigen Laufzeit des Projekts kann eine gute Zusammenarbeit der
beteiligten Firmen und Institute festgestellt werden, außerdem
ist keine der Firmen bzw. keins der Institute bisher aus dem gemeinsamen Programm ausgeschieden.

Die Arbeiten werden vom Bundesministerium für Forschung und
Technologie in den Industrie-Firmen mit 50 % der nachgewiesenen
Kosten bezuschußt, die Hochschul- und sonstigen bundesfinan-
zierten Institute erhalten eine 100 %ige Förderung.

Bild 1 zeigt die seit Beginn der Laufzeit des Programms im
Jahre 1974 aufgewendeten Mittel. Die während dieser sechs Jahre
insgesamt investierten Mittel betragen 63,6 Mio DM, wovon
58,5 Mio DM in der Industrie und ca. 5 Mio DM in Forschungsinstituten aufgewendet wurden. Etwa 34,5 Mio DM wurden vom
Bundesministerium für Forschung und Technologie als Zuschuß
gewährt. In der in Bild 1 aufgeführten maßstäblichen Zeichnung
ist zu erkennen, in welchem Verhältnis die Mittel in den verschiedenen Industriezweigen aufgewendet wurden. Das Bild zeigt
deutlich den relativ großen Anteil der Mittel für die Silizium-
nitrid-Entwicklung, was sich bei Betrachtung der Mittelvertei-
lung während der ersten drei Jahre der Förderungszeit noch ver-
stärken würde.

In Bild 2 sind die für die vor uns liegenden letzten drei Jahre
des Förderungsprogramms bis 1983 geplanten Mittel zusammengestellt. Das Schema zeigt deutlich, daß die für die Entwicklung
von Siliziumnitrid aufgewendeten Mittel gegenüber dem Siliziumkarbid, den Mitteln für die Institute und die Gasturbinen-Industrie deutlich zurückgegangen sind. Dies ist darauf zurückzuführen, daß während der letzten Phase des Projekts selbstverständlich die Aufwendungen in der Gasturbinen-Industrie durch
die Vielzahl von aufwendigen Tests und teuren Bauteilen größer
werden, daß weiterhin infolge der verstärkten Anstrengungen zur
Entwicklung von zerstörungsfreien Prüfverfahren auch der Anteil
der Instituts-Arbeiten vergrößert wurde und daß infolge der be-

kannten zeitweise festgestellten Nachteile des reaktionsgesinterten Siliziumnitrids der Werkstoff Siliziumkarbid mehr in den
Vordergrund der Entwicklungen sowie der Bauteil-Herstellung gerückt ist. Die während dieser 3. Phase insgesamt aufgewendeten
Mittel werden ca. 33 Mio DM betragen, von denen ca. 18,7 Mio DM
Zuschüsse des Bundes sind. Damit wird sich, eine weitere konstante Förderung vorausgesetzt, die Gesamtsumme der aufgewend-
deten Mittel für das Programm "Keramische Bauteile für Fahrzeug-Gasturbinen" auf nahezu 100 Mio DM belaufen. Dabei beträgt
der Anteil der Industrie ca. 45 Mio DM, ein Betrag von 53 Mio DM
wird der Bund zugeschossen haben. Es muß dabei erwähnt werden,
daß die effektiv von der Industrie aufgewendeten Mittel in einigen Firmen wesentlich höher sind.

Wie bereits im Status-Bericht der Projektträgerschaft erwähnt
wurde, wird das Forschungsprojekt seit Beginn im Jahre 1974 von
einem Arbeitskreis "Strukturmechanik keramischer Bauteile" be-
gleitet. Dieser Arbeitskreis wurde von der Projektbegleitung
ins Leben gerufen, um die im genannten Beitrag erwähnten "Ver-
ständigungsprobleme" zwischen Werkstoffleuten und Konstrukteuren
ausräumen zu helfen. Dieses Problem kann sicher, zumindest für
unsere Projektteilnehmer, weitgehend als gelöst betrachtet werden. Wenn ein Bericht über die Tätigkeit des Arbeitskreises
auch nicht Sinn und Zweck dieses Beitrags ist, so ist es doch
vielleicht angebracht, an dieser Stelle auf einige Vereinbarungen einzugehen, die der Arbeitskreis getroffen hat und welche
in den folgenden Vorträgen des Status-Seminars noch häufig erwähnt werden. Dabei wird bewußt von Vereinbarungen gesprochen
und nicht von Normen, obwohl zu hoffen ist, daß der große Zu-
hörerkreis des Seminars und die weite Verbreitung der Proceedings
helfen, die Vorschläge des Arbeitskreises in Normen einfließen
zu lassen.

Bereits zu Anfang des Programms wurden die Bedingungen für den
4-Punkt-Biegeversuch festgelegt und kürzlich nochmals bestätigt
(Bild 3). Wegen der großen Fehlerwahrscheinlichkeit im keramischen Werkstoff und um möglichst exakte Werte zu erhalten, die
für Festigkeitsberechnungen und Konstruktionen Grundlage sein
können, ist die definierte große Prüflänge des 4-Punkt-Versuchs

dem 3-Punkt-Biegeversuch vorzuziehen. Der Probenquerschnitt beträgt 3,5 x 4,5 mm, die Probenlänge mindestens 45 mm. Die Auf-
lageabstände im 4-Punkt-Biegeversuch betragen 40 mm außen und
20 mm innen. Aus dem Bild gehen noch einige andere Vereinbarungen hervor, die hier nicht weiter diskutiert werden sollen,
deren Berechtigung jedoch von Teilnehmern am Arbeitskreis nachgewiesen wurde.

Eine weitere Vereinbarung, welche sich auf das bereits erwähnte
Langzeitverhalten der Werkstoffe bezieht, ist die Festlegung
eines Temperatur-Zeitzyklus, welcher von den Turbinenbauern in
Anlehnung an ihre Fahrzyklen festgelegt wurde. Dieser Zyklus
gestattete es, das Langzeitverhalten der untersuchten Werkstoffe unter simulierten Praxisbedingungen aufzustellen und
half letztendlich, die im Statusbericht der Projektbegleitung
bereits erwähnten Verbesserungen des Werkstoffs Siliziumnitrid
zu erzielen.

Die jüngste Vereinbarung des Arbeitskreises bezieht sich auf
die Festlegung von Werkstoffbezeichnungen und -abkürzungen. Es
ist seit Jahren zu beobachten, daß sowohl unterschiedliche
Namen, vor allem jedoch auch sich stark unterscheidende Abkürzungen für die einzelnen entwickelten Werkstoffe verwendet
werden. So beschloß der Arbeitskreis, die in <u>Bild 4</u> wiedergegebenen Namen und Abkürzungen für die Werkstoffe festzulegen,
welche in unserem Programm als mögliche Werkstoffe für die
Kraftfahrzeug-Gasturbine angesehen werden. Es handelt sich vor
allem bei den Abkürzungen um die Bezeichnungen, welche in der
internationalen Literatur primär Verwendung fanden. Bei den gesinterten und gehipten Werkstoffen ergab sich die günstige
Situation, daß diese Werkstoffe noch relativ neu sind und sich
allgemeine Bezeichnungen noch nicht durchgesetzt haben. Es ist
zu hoffen, daß durch diesen Vorschlag eine Vereinheitlichung
von Werkstoffbezeichnungen ermöglicht wird, auch wenn zu be-
fürchten ist, daß bei dieser Veranstaltung noch nicht alle
Bildunterschriften und Manuskripte diesem neuen Vorschlag angepaßt werden konnten, da die Festlegung gerade erst einige Wochen
alt ist.

Zu Beginn dieser Arbeit wurde auf die förderpolitischen Ziele
der Bundesregierung hingewiesen. Jedoch nicht allein diese ergaben den Anstoß zum Förderprogramm "Keramische Bauteile für
Fahrzeug-Gasturbinen", sondern der Ursprung der Entwicklung
liegt letztendlich darin begründet, daß in den Vereinigten Staaten bereits einige Jahre vor Beginn unseres Förderprogramms mit
erheblichen Mitteln auf diesem Sektor gearbeitet wurde. Dies
hatte zur Folge, daß seit Beginn der Entwicklungsarbeiten ein
reger Erfahrungsaustausch zwischen der Projektbegleitung und den
am Programm beteiligten Firmen einerseits sowie den entsprechenden amerikanischen Regierungsstellen und Firmen andererseits erfolgte. Diese informative und meist auf persönlichen Kontakten
basierende Zusammenarbeit, welche für beide Seiten sicher schon
immer sehr wertvoll gewesen ist, bekam im vergangenen Jahr einen
offiziellen Charakter durch den Abschluß eines Vertrags. Dieser
Vertrag wurde unter der Schirmherrschaft der Internationalen
Energie-Agentur IEA in Paris als sogenanntes Implementing Agreement mit dem Titel "High Temperature Materials for Automotive
Engines" abgeschlossen (Bild 5). Innerhalb dieses allgemeinen
Vertragswerks, welches offen ist für andere Teilnehmer, welche
der Internationalen Energie-Agentur angeschlossen sind, und
welches alle Forschungsaktivitäten beinhalten kann, die sich
mit Hochtemperaturwerkstoffen für Kraftfahrzeugantriebe befassen, ist im Annex 1 mit dem Titel "Ceramic for Automotive Gas
Turbine Engines" die Problematik unseres Programms "Keramische
Bauteile für Fahrzeug-Gasturbinen" als Zusammenarbeitsvertrag
zwischen USA und Deutschland angehängt. Wie das Bild 5 zeigt,
umfaßt dieser Zusammenarbeitsvertrag vier Punkte:

- Technischer Informationsaustausch: Hierbei ist in erster Linie
  der Austausch der Zwischen- und Schlußberichte der am Programm
  beteiligten Firmen und Institute zu sehen, weiterhin die gemeinsame Veranstaltung von Tagungen sowie der gegenseitige Besuch von Konferenzen was auch durch die Teilnahme vieler Kol-
  legen aus den Vereinigten Staaten an diesem Status-Seminar
  dokumentiert wird. Weiterhin soll der gegenseitige Besuch und
  die Besichtigung von Firmen und Forschungsinstituten ermöglicht
  werden.

- Untersuchung von Werkstoffeigenschaften der entwickelten keramischen Werkstoffe: Hierzu gehört insbesondere der Austausch
  von vorliegenden Werkstoff-Kennwerten sowie der Materialaus-
  tausch zur Untersuchung der Werkstoffeigenschaften. Gleichzeitig soll damit auch gegenseitig die Prüfmethodik verglichen
  werden.

- Austausch von Methoden der Lebensdauervorhersage: Hier soll
  zur Zeit primär ein aus den Vereinigten Staaten zur Verfügung
  gestelltes Rechenprogramm zur Lebensdauervorhersage mit aus
  unserem Programm vorliegenden Versuchsergebnissen verglichen
  werden.

- Zerstörungsfreie Prüfung von keramischen Werkstoffen: Da die
  Entwicklung von Prüfmethoden der zerstörungsfreien Prüfung
  Grundvoraussetzung für die Anwendung der fehlerbehafteten und
  spröden keramischen Werkstoffe für hochbeanspruchte Bauteile
  des Maschinenbaus ist, die Entwicklung von Prüfmethoden durch
  die sehr teuren Geräte jedoch außerordentlich kostenaufwendig
  ist, kommt diesem Punkt der Zusammenarbeit eine besondere Bedeutung zu.

Wenn dieses Status-Seminar auch primär den Zweck verfolgt, Geld-
geber und Öffentlichkeit über den erreichten Stand der Forschungs-
und Entwicklungsarbeiten zu unterrichten, so ist doch zu hoffen,
daß bei dieser Gelegenheit auch weitere nationale und internationale Kontakte geknüpft und gepflegt werden können, die letztendlich eine Befruchtung, Beschleunigung oder Vereinfachung der
Bemühungen zur Realisierung einer keramischen Fahrzeug-Gasturbine
bewirken sollen.

In diesem Sinne wünscht die Projektträgerschaft und Projektbegleitung allen Teilnehmern der Tagung und allen am Programm beteiligten Firmen viel Erfolg.

	FÖRDERSUMME	GESAMTMITTEL
INDUSTRIE	29.222	58.444
INSTITUTE	5.205	5.205
G E S A M T	34.427	63.649

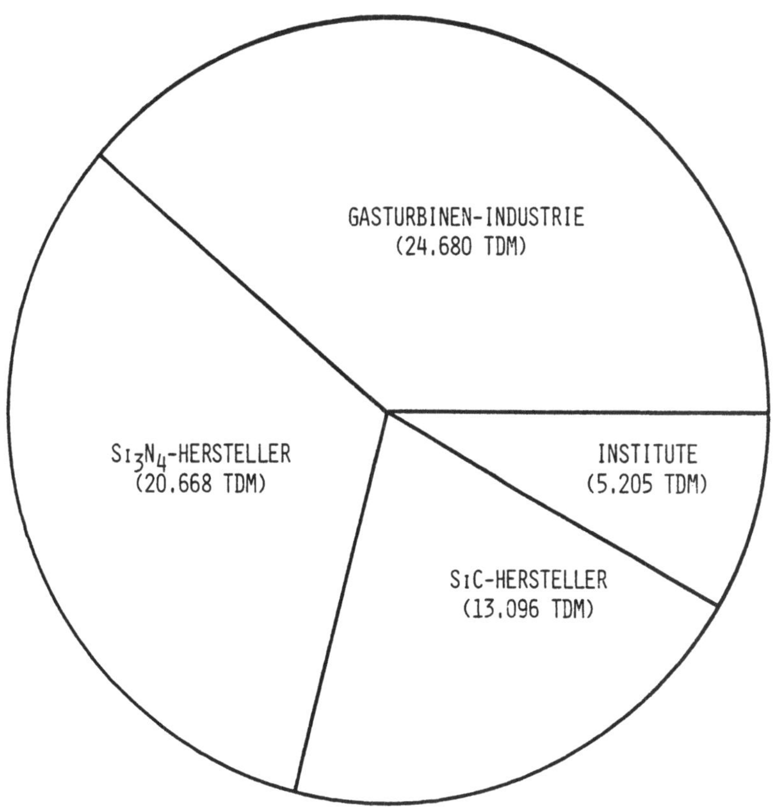

<u>Bild 1</u>: Mittelverbrauch in den Jahren 1974-80 im Programm
"Keramische Bauteile für Fahrzeug-Gasturbinen" in TDM

	FÖRDERSUMME	GESAMTMITTEL
INDUSTRIE	14.569	29.138
UNIVERSITÄTEN UND INSTITUTE	4.146	4.146
G E S A M T	18.715	33.284

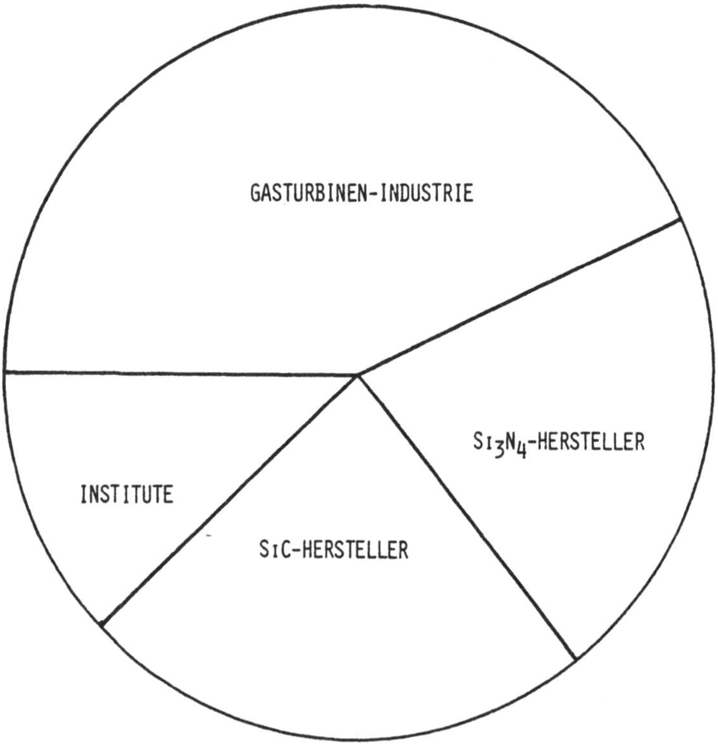

AUFTEILUNG DER GESAMTMITTEL

Bild 2: Mittelverbrauch in der dritten Phase (1980-83) in TDM

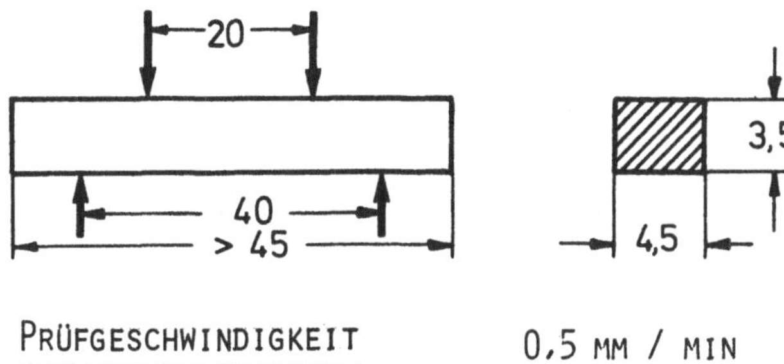

PRÜFGESCHWINDIGKEIT   0,5 MM / MIN

OBERFLÄCHENBEARBEITUNG:

- REAKTIONSGESINTERTE UND GESINTERTE WERKSTOFFE:
  OBERFLÄCHE "AS FIRED"

- HEISSGEPRESSTE WERKSTOFFE:
  RAUHTIEFE R_T = 2 - 3 µm
  SCHLEIFRICHTUNG   LÄNGS
  ANGABEN ÜBER LETZTE BEARBEITUNGSSTUFE
  ERFORDERLICH

Bild 3:   Festlegung von Prüfbedingungen für Biege-
versuche an Si_3N_4- und SiC-Werkstoffen

WERKSTOFF-BEZEICHNUNG	ABKÜRZUNG
HEISSGEPRESSTES Si_3N_4	HPSN
HEISSISOSTATISCH GEPRESSTES Si_3N_4 (GEHIPTES Si_3N_4)	HIPSN
GESINTERTES Si_3N_4	SSN
REAKTIONSGESINTERTES Si_3N_4	RBSN
HEISSGEPRESSTES SiC	HPSiC
HEISSISOSTATISCH GEPRESSTES SiC (GEHIPTES SiC)	HIPSiC
GESINTERTES SiC	SSiC
SiC MIT FREIEM SILIZIUM	SiSiC
REAKTIONSGEBUNDENES SiC	RBSiC
REKRISTALLISIERTES SiC	RSiC

Bild 4: Werkstoffbezeichnungen und -abkürzungen für Si_3N_4- und SiC-Werkstoffe

IEA -IMPLEMENTING AGREEMENT

FOR A PROGRAMME OF RESEARCH AND DEVELOPMENT ON HIGH TEMPERATURE MATERIALS FOR AUTOMOTIVE ENGINES

ANNEX I:

CERAMIC FOR AUTOMOTIVE GAS TURBINE ENGINES

- SUBTASK 1: TECHNICAL INFORMATION EXCHANGE

- SUBTASK 2: INVESTIGATION OF CERAMIC MATERIALS' PROPERTIES

- SUBTASK 3: EXCHANGE OF LIFE ESTIMATE TECHNIQUES AND RESULTS FOR CRITICAL COMPONENTS

- SUBTASK 4: NONDESTRUCTIVE EVALUATION OF CERAMIC MATERIALS

Bild 5: IEA - Implementing Agreement

<u>Kommentare zu den keramischen Wärmemaschinen-Technologie-Programmen</u>

der <u>Vereinigten Staaten</u>

Edward M. Lenoe, Wenzel E. Davidsohn

Army Materials and Mechanics Research Center

Watertown, Massachusetts 02172

Zusammenfassung

Die U.S. Programme, die sich mit Waermemaschinen befassen, die auf
keramischen Komponenten aufgebaut sind, werden in einer kurzen Uebersicht
besprochen. Besondere Aufmerksamkeit wird den Unternehmen der Armee auf
diesem Gebiete gegeben. Die relativen Proportionen des gesamten Programmes,
die generelle Struktur der einzelnen Aufgaben und die letzten Ergebnisse
werden diskutiert. Auf dem Gebiete der Dauerhaftigkeitspruefung von
stationaeren Gas-Turbinen ist bedeutender Fortschritt zu verzeichnen.
Fuer niedrige Turbineneintrittstemperaturen (1900°F) sind tausende von
Betriebsstunden angesammelt worden. Programme, die kuerzlich vom U.S.
Department of Energie begonnen wurden, erfordern jedoch wesentlich
hoehere Turbineneinlasstemperaturen. Eine Uebersicht ueber die Arbeiten
auf den Gebieten der Dauerhaftigkeitspruefungen und der Material und
Fabrikationsentwicklung zeigt, dass trotz der Fortschritte der vergangenen
Jahre noch eine erhebliche Menge Arbeit getan werden muss, um die
Materialien, die fuer den Dauerbetrieb bei 1370°C (2500°F) benoetigt
werden, zu verbessern. Fuer den Erfolg laufender und kuerzlich begonnener
Arbeiten ist die kontinuierliche Entwicklung der Material- und Entwurfs-
technologie und das gruendliche Verstaendnis der Degradierungs-und
Versagensmechanismen unentbehrlich.

Auf dem Gebiete anderer Niedrigtemperatur-Anwendungen wird der
experimentelle adiabatische Motor der U.S. Army und CUMMINS Engine
besprochen. Hier wird ein Bremsenspezifischer Treibstoffverbrauch von
0,285lb/BHR-HR berichtet. Dies wird als ein wichtiger Meilenstein in
der Entwicklung eines leistungsfaehigen Multitreibstoff Motors gesehen.

Hintergrund

In den Vereinigten Staaten wird der Verbrauch des vom Erdoel
gewonnenen und fuer den Transport bestimmten Treibstoffes zu 78% den
Strassenfahrzeugen (Lastkraftwagen, Busse und private Fahrzeuge) zugeschrieben.
Im Durchschnitt liegt der "im Gebrauch" Wirksamkeitsgrad des Automobiles
bei 15%. Der Rest der Energie geht als Waerme und Reibung verloren.
Selbst relativ kleine Erhoehungen des Wirksamkeitsgrades wuerden hier
erhebliche Energieeinsparungen erzeugen. Aus diesen und anderen Gruenden
hat das U.S. Department of Energy Programme begonnen, die Entwicklung
besserer "accessory drives", des "turbo compound" Diesel und verschiedener
Alternativ-Motore zum Ziele haben. Davor hatte das U.S. Verteidigungs-
ministerium, veranlasst durch die Energie Krise, Umweltschutz und
kritische Materialversorgungserwaegungen, die Entwicklung von keramischer
Materialtechnologie fuer Gas-Turbinen gefoerdert. In den letzten zehn
Jahren sind in der Tat zahlreiche erfolgreiche Demonstrationsprogramme
durchgefuehrt worden und Mittel, die sechzig Millionen Dollar ueberschreiten,
sind auf dem Gebiete der keramischen Motoren-Technologie investiert
worden. Es ist wichtig an diese Programme zu erinnern und Arbeiten, die
dem U.S. Programm kuerzlich zugefuegt wurden, aufzuzeigen. Eine Uebersicht
ist in <u>Tabelle 1</u> gegeben.

<u>Program</u>	<u>Motor Type</u>	<u>Haupt Ergebnisse</u>
DARPA/Ford	200 hp regeneriert, axial	• Alle stationaeren Keramischen Komponenten aus reaktionsgebundenem Si_3N_4 zeigten 200 Stunden Lebensdauer im Pruefstand bis zu 2500 F.
		• Duo-Density Si_3N_4 Rotor demonstriert fuer 200 Stunden bei 2200 F TIT, 50,000 RPM
MERADCOM/Solar	10 kw Turbogenerator, Radial 1700 F TIT	• 200 Stunden mit keramischen Fluegeln und Duesen gefahren, 10 kw erzengt
		• Keramische Lager demonstriert
DARPA/AIResearch	1000 hp Einfach Zyklus 3 Stufen 2200 F TIT	• Integration von ueber 100 einzelnen keramischen Bauteilen in einen Hochleistungsmotor. Ueber 2 Stunden bei voller Geschwindigkeit und Temperatur gefahren, einschliesslich zweier Stops und Starts. Keramische Materialien demonstrierten 200 Stunden + hp Anstieg ueber Grundmotor. Etwa 35 Stunden Motorentwicklungs-test erreicht.
DDA/DOE CATE Project	300-400 hp regeneriert 2-Wellen, 2265 F TIT	• Keramische Statoren ueber 6500 Stunden bei 1900 F TIT gefahren. Keramische Fluegel ueber 230 Stunden (6657 Meilen) in Fahrzeng auf Strasse gefahren. Keramische Bauteilfabrikation und Qualifikations Pruefung fuer 2070^0 konfiguration Laeuft.
TACOM/CUMMINS ADIABATISCHER MOTOR	450 hp Diesel	• Spezifischer Treibstoffverbrauch-0.285 lb/bhp-hr at 450 hp.
		• 450 Stunden mit HPSN kolbenkappe bei voller Belastung.

<u>Neue Projekte - DOE fortgeschrittene GASTURBINE</u>

• Chrysler/Williams AGT-102, 82 to 90 HP

• DDA/Pontiac AGT-100, - 100 HP

• AIResearch/Ford AGT-101, - 130 HP

TABELLE I - ZUSAMMENFASSUNG WESENTLICHER
U. S. KERAMISCHER MOTOR PROJEKTE

Wir betrachten zuerst die Programme des U.S. Department of Energy,
Amt fuer Transportsysteme. Die Ergebnisse, die von Detroit Diesel
Allison (DDA) unter dem Projekt "Anwendung von Keramik in Turbinen"
(CATE Ceramic Applications in Turbine Engines) erreicht wurden, sind in
der Tat beeindruckend, wie in Tabelle 1 gezeigt wird. Seit Juli 1976
arbeitet DDA an der Anwendung von keramischen Komponenten, um die
verbesserte "CYCLE efficiency" durch Steigerung der Arbeitstemperatur
des Allison GT 404 Motors (0.45 sfc) zu demonstrieren. Dies fuehrte zu
verbessertem spezifischem Treibstoffverbrauch fuer 1900°F, 2070°F, und
2265°F Konfigurationen durch stufenweise Einfuehrung von (1) Fluegel-
vanes, Umkleidungen-shrouds, Regeneratoren; (2) Schaufeln-blades Luftkammer-
plenum und (3) Turbinenschaufeln-powerturbine vanes und Verbrennungsraum-
combustor. Die Pruefung der urspruenglichen Keramikkomponenten fuer den
1900°F Motor wird gegenwaertig abgeschlossen. Zur gleichen Zeit wurde
ein zweiter Keramik-Motor, der fuer Operation bei 2070°F geignet ist,
entworfen und hergestellt. Dieser Motor wird gegenwaertig geprueft.
Fuer keramische Maschinenteile ist eine Gesamtpruefzeit von 6275
Stunden erreicht worden. Dies schliesst die Regeneratorscheiben (6275
Stunden), Fluegel-vanes (2960 Stunden) und Umkleidungen-shrouds (1666
Stunden) ein. Waehrend des kommenden Jahres wird eine dritte Konfiguration
entworfen, die im darauffolgenden Jahre zur Herstellung der keramischen
Bauteile fuehren wird. Als Beitrag zur Loesung des Energie Problems
unserer Nation werden drei weitere Motoren unter dem AGT (Advanced Gas
Turbine Program) entwickelt. Die Kraftentwicklung dieser AGT Motoren
reicht von 82-90 bis 130 PS. Erste Motor-Entwuerfe und die Fahrzeug-
Systemintegration sind vollstaendig. Der erwartete "composite" Treibstoffverbrauch liegt fuer die verschiedenen Versionen zwischen 36 bis ueber
50 mpg. Zieldatum fuer die Auslieferung der Fahrzeuge und fuer weitere
Demonstrationen ist Mitte 1985.

Es ist klar, dass die Entwicklung von Gas-Turbinen fuer Fahrzeuge
am meisten duch die Programmierung gestaerkt wurde. Figur 1 zeigt
deutlich diese Tendenz durch Vergleich der relativen Finanzierung
der keramischen Waermemaschinen-Technologie fuer 1980 und 1981, wobei
das DOE (Department of Energy) die Mehrheit des Programmes hat. Es ist
nuetzlich, den Charakter dieser Programme zu betrachten. Figur 2
illustriert den allgemeinen Inhalt dieser Programme. Fertigteilentwicklung
dominiert die DOE Aktivitaeten, waehrend ein guter Prozentsatz der DOD-
Projekte auf Material- und Fabrikationsentwicklung, Materialcharakterisierung,
Lebenszeitvorhersage und Nichtzerstoerende Pruefung gerichtet ist. Im
allgemeinen kann man deshalb sagen, dass die DOD Aktivitaeten den DOE
Programmen Grundlagenforschungsunterstuetzung auf dem Gebiete der
Keramik-Technologie geben. Betrachtet man jedoch die Groessenordnung
der Finanzierung und die spezifischen technischen Probleme, die noch auf
Loesung warten, dann wird es klar, dass die Unterstuetzung der keramischen
Grundlagenforschung erhoeht werden muss, um den Erfolg der Fertigteil-
entwicklung zu garantieren. Diese programmatischen Unausgeglichenheiten
unterstreichen die Wichtigkeit internationaler Zusammenarbeit, die zur
Foerderung struktureller Keramik-Technologie unerlaesslich ist.

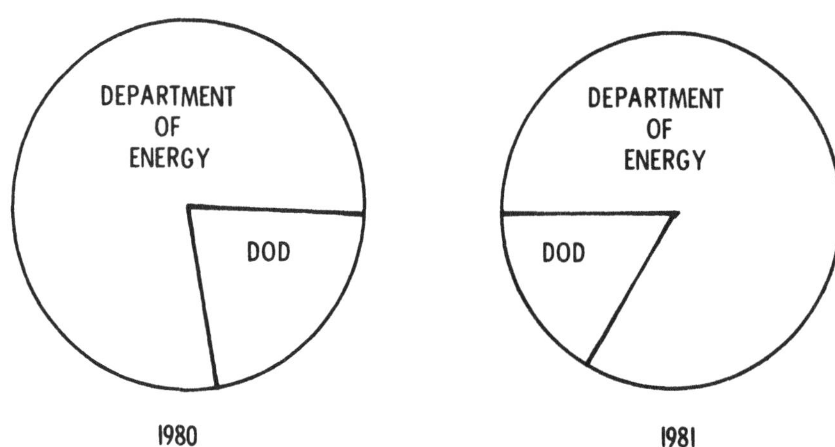

GESCHÄTZTER ANTEIL DES U.S.
VERTEIDIGUNGSMINISTERIUMS AN DER
KERAMISCHEN WÄRMEMASCHINEN-TECHNOLOGIE

FIGURE 1

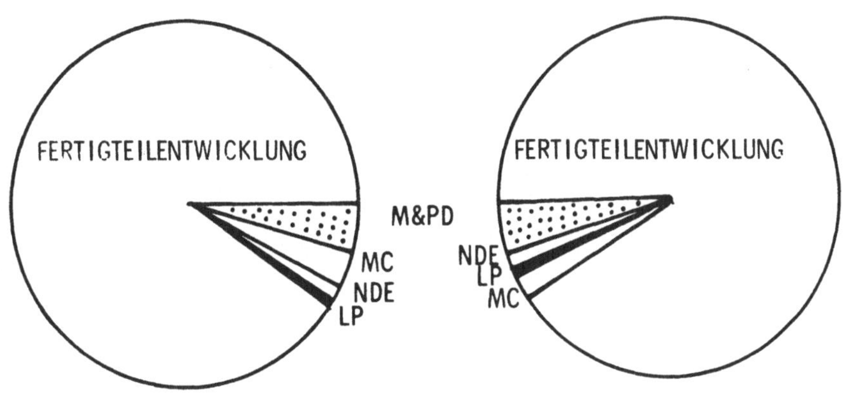

DEPARTMENT OF DEFENSE

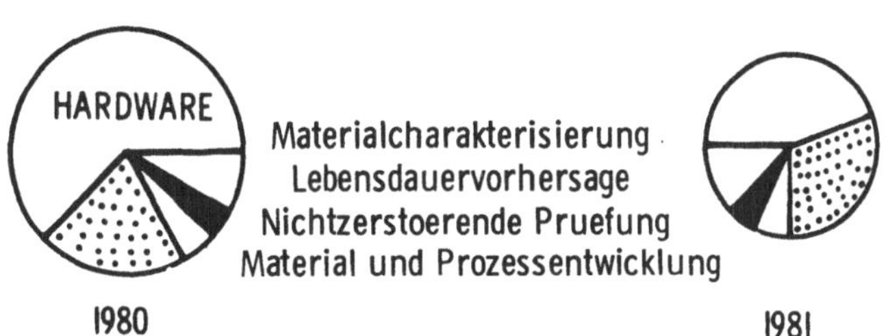

GESCHAETZTER PROGRAMINHALT U. S.
KERAMISCHE WAERMEMASCHINENTECHNOLOGIE

FIGURE 2

ARBEITEN DER ARMEE AUF DEM GEBIETE KERAMISCHER WAERMEMASCHINEN

Als Naechstes betrachten wir das militaerische Interesse an keramischen
Waermemaschinen. Ein typisches Armee Treibstoffverbrauchsprofil ist
durch <u>Figur 3</u> repraesentiert. Luftfahrt, bewegliche elektrische Generatoren,
Verwaltung, und Taktische- und Kampffahrzeuge sind die dominierenden
Treibstoffverbraucher. Eine Diskussion der Anwendung keramischer
Waermemaschinen in der Luftfahrt und einer moeglichen Strategie der
keramischen Motoren ist vor kurzem (1) veroeffentlicht worden und die
Resultate dieser Abhandlung sind immer noch gueltig.

Die Autoren kamen zu dem Ergebnis, dass fuer einige Anwendungen mit
begrenzter Lebensdauer und APU-Anwendungen gegenwaertig existierende
Keramik-Materialien eine gute Chance auf erfolgreichen Gebrauch in
Motorbauteilen haben. Die Festigkeit (sowohl als auch Kriechfestigkeit
und andere zeitabhaengige Eigenschaften) muss fuer andere Anwendungen
verbessert werden. Nach ihrem Urteil werden fuer lange Lebensdauer-
anwendungen (long life man rated applications) Festigkeitserhoehungen
von 20 bis 50% benoetigt, die durch Erweiterung des gegenwaertigen
Wissensstandes erreichbar sein sollten. Aufgrund dieser optimistischen
Bewertung wurde von den Autoren ein "scenario" gegeben, welches beschrieb
zu welchem Zeitpunkt Projekte begonnen werden sollten, um bei Ende
dieses Jahrhunderts einen keramischen Motor fuer Luftfahrzeuge zu haben.
Doch jetzt wollen wir unsere Aufmerksamkeit weniger spektakulaeren
Anwendungen zuwenden.

MOBILITY FUEL CONSUMPTION

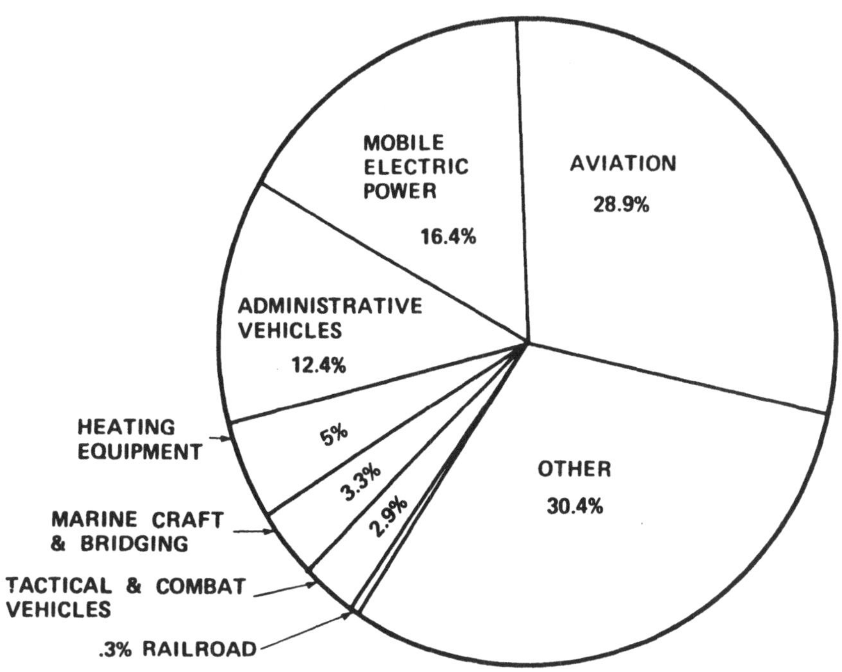

TYPISCHER FRIEDENS TREIBSTOFFVERBRAUCH DER ARMEE

FIGURE 3

FELDELEKTROGENERATOR UND BODENFAHRZEUGE

Die Einfuehrung von keramischen Materialien in die GEMINI RADIAL
GASTURBINE, die in einem transportablen Elektrogenerator verwendet wird,
der von Solar Turbines International entwickelt wurde, ist von J. C.
Napier (2) und F. D. Jordan vom U.S. Army Mobility Equipment Research
and Development Command (MERADCOM) pioniert worden. Keramische Materialien
bieten fuer diese Turbine verbesserte Leistung in sehr staubiger Umgebung,
groessere spezifische Kraftleistung, Wirtschaftlichkeit und moegliche
laengere Lebenszeit. Im vergangenen Jahre wurden zusaetzliche Pruefstunden
angesammelt und die staendige Einfuehrung von Keramikteilen ist unterwegs.
Das langfristige Ziel dieses Projektes ist die Leistung von mit Gas-
Turbinen angetriebenen Generatoren stufenweise von 10 Kw auf 15 Kw und
schliesslich hoffentlich auf 30 Kw heraufzuschrauben. Dies ist selbst
mit Temperaturen unter 2000°F und ohne Wechsel des Motorrahmens moeglich.
Das Hauptproblem bei der Verbesserung ist die Beseitigung der Stauberosion
der Motorenteile. Die Anwendung von heissgepresstem Siliziumnitrid
(HPSN)-Bauteilen vermindert dieses Problem erheblich und senkt gleichzeitig
den motorspezifischen Treibstoffverbrauch. Auf diesem Gebiete waren die
Ergebnisse sehr ermutigend. Mit der fortgesetzten Entwicklung von
keramischen Duesen, Rotoren, Lagern, Verbrennungskammern und Waermeaustauschern
ist es sehr wahrscheinlich, dass die Programmziele erreicht werden. Das
U.S. Army Materials and Mechanics Research Center (AMMRC) wird im Zeitrahmen
1981/1982 Beschichtungstechnologien zur Erhoehung des Oxidationswiderstandes
von reaktionsgebundenem Siliziumnitrid fuer Turbinenduesen und heissgepresstem
Siliziumnitrid fuer Lager erforschen. Diese Arbeit wird mit dem gleichzeitig
von MERADCOM durchgefuehrtem Programm koordiniert.

Auf dem Gebiete "Bodenfahrzeuge" (groundvehicles) konzentriert sich
die AMMRC-Arbeit auf die Reduktion des spezifischen Treibstoffverbrauches
um 35% (mit gleichzeitiger Steigerung der spezifischen Kraftleistung)
und auf die Beseitigung der Wasserkuehlung in der "turbo compounded
adiabatic Diesel engine". Die Beseitigung der Wasserkuehlung hat den
zusaetzlichen Vorteil, dass die Systemzuverlaessigkeit um 100% erhoeht
wird. Dieser "heisse" Motor benoetigt keramische Kolben, Zylinderbeschichtung
(cylinder lining), Abgas-"Manifolds" und Ventile. Heissgepresste Silizium-
nitridbauteile sind von AMMRC fuer Gebrauch im adiabatischen Diesel-
Testprogramm entwickelt worden. Ergebnisse bis Ende 1980 schliessen 700
Stunden angesammelter Operationserfahrung mit keramischen Motorkomponenten
ein. Das schliesst 450 Stunden volle Leistungspruefung von heissgepressten
Siliziumnitrid-Kolbenkappen ein. AMMRC widmete besondere Aufmerksamkeit
der Messung von Hochtemperatur-Festigkeit und thermischem Ermuedungswiderstand
von Keramik fuer den Gebrauch in zukuenftigen Tank- und Bodenfahrzeugsystemen.
Prototyp-Kolbenkappen wurden 1980 hergestellt, um Multizylindermotorentests
durchzufuehren. Im Zeitraum 1981 bis Ende 1982 wird die Fabrikationsmethodik
untersucht, um die Kosten zu senken und die Zuverlaessigkeit zu steigern.
In einem zusaetzlichen Arbeitsgebiet werden Sintermethoden fuer komplizierte
Motorbauteile wie z.B." port liners, caps und cylinder liners" erforscht
werden. Kuerzlich wurde der bisher auf diesem Gebiete gemachte Fortschritt
von W. Bryzik (3) summiert, und es ist angebracht seine Rueckschluesse
etwas genauer zu betrachten.

DIE ENTWICKLUNG DES ADIABATISCHEN MOTORS

Der sogenannte adiabatische Diesel ist das primaere U.S. Army
Forschungsvorhaben auf dem Gebiete der Entwicklung von Dieselmotoren
fuer die Zukunft. Dieses neue "high payoff" Konzept ist ein gemeinsames
Projekt der Propulsion Systems Division des U.S. Army Tank & Automotive
Command (TACOM) und Cummins Engine. Durch die Herstellung von keramischen
Bauteilen, die zusammen mit kommerziell besorgten Teilen geprueft wurden,
hat AMMRC wie schon erwaehnt, das Project unterstuetzt. Der adiabatische
Motor ist ein "turbocharged reciprocating" Motor mit einer Zweitstufen
Turbine, die an die Kurbelwelle angeschlossen ist. Um maximale Erhaltung
der Abgasenergie zu Turbocharger und Turbine zu gewaehrleisten, sind
sowohl Kolben und Zylinderverbrennungsraum als auch die Abgaspassage
isoliert. Die einzige Kuehlung kommt von dem Motoroel an der Unterseite
von Kolben und Zylinderflaeche. Der Zylinderkopf und die Abgasventile
und-oeffnungen sind ebenfalls mit Keramik-Verbundstoffen isoliert.
Bryzik (3) berichtet: "Bisher haben die Arbeiten eine Kombination von
Pruefstand, Einzylinder-Motoren und Multizylinder-Motoren betont. Das
Hauptziel dieser Arbeit war, die Brauchbarkeit des Konzeptes eines
adiabatischen Motors zu demonstrieren. Die Dauerhaftigkeitspruefung
eines Einzylinder adiabatischen Motors war bis zu 160 Stunden erfolgreich.
Die Mehrzylinderpruefung wird fortgesetzt. Die anfaenglichen Leistungs-
resultate sind sehr ermutigend. Die vorlaeufige Leistung des adiabatischen
Demonstrationsmotors ergab einen Bremsenspezifischen Treibstoffverbrauch
von 0.285 lb/BHR-HR bei 450 BHP. Dieser Treibstoffverbrauch ist etwa
30% besser als der von sehr leistungsfaehigen Dieselmotoren und ist
bisher nirgends in der Welt von irgendeinem Fahrzeugmotor erreicht
worden. Der adiabatische Motor ist gegenwaertig der Treibstoffwirksamste
Motor in der Welt. Im Oktober 1980 trat das Programm in eine fortgeschrittene
Prototypentwicklungsphase ein, die Entwurf und Herstellung der naechsten
Generation adiabatischer Motore einschliessen wird. Sowohl Dynamometer-
pruefung als auch begenzte Fahrzeugpruefstandoperation ist geplant. Ein
vereinfachter Querschnitt des adiabatischen Dieselmotors wird in <u>Figur 4</u>
dargestellt. Obwohl der Motor nicht vollstaendig ohne Waermeverlust
arbeitet, ist versucht worden ohne die uebliche Zwangskuehlung auszukommen
und die Waermeverluste auf ein Minimum zu halten. Die isolierten
Verbrennungskammerkomponenten enthalten den Kolben, Zylinderliner,
Zylinderkopf, Abgasventile und Abgasauslass (port). Die Dauerhaftigkeits-
(endurance) Komponenten des voll isolierten Einzylindermotors sind in
<u>Tabelle 2</u> aufgefuehrt:

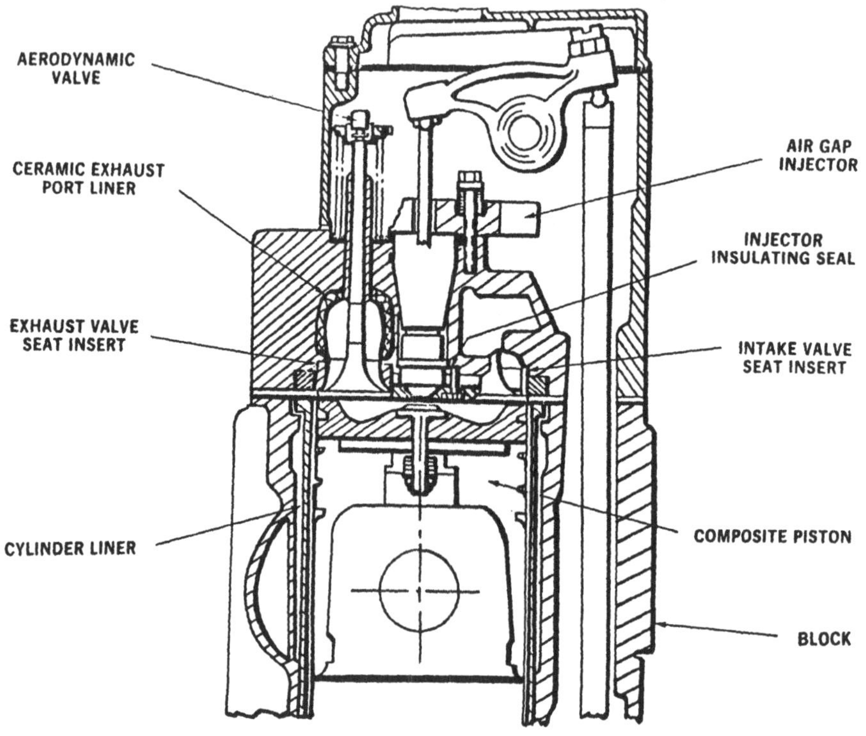

QUERSCNITT DES ADIABATISCHEN DIESEL MOTORS

FIGURE 4

<u>TABLE 2 - KERAMISCHE MATERIALIEN IN EINZYLINDER TESTS</u>

<u>Component</u>	<u>Materials</u>
PISTON	HPSN Cap, with Felt Metal
LINER	ZIRCONIA - CHROME OXIDE COMPOSITE
TOP RING	ALUMINA - TITANIA coated IRON RING
INTERMEDIATE	ALUMINA - TITANIA coated IRON RING
OIL RING	STANDARD - NH - CUMMINS
CYLINDER HEAD	Ni - Resist IRON with cast composite exhaust parts, Zirconia hot plate and valve guides

Fuer die Motoren-Forschungs- und Entwicklungsstrategie der Armee
existieren auf dem Markt keine kompakten kommerziellen Motoren fuer
Fahrzeuganwendungen ueber 1000 HP. Deshalb muessen solche Motoren
weiterhin von der Armee entwickelt werden. Sowohl voll adiabatische
Turbocompound Diesel als auch Gas-Turbinen sind offensichtliche Kandidaten
und werden Aufmerksamkeit erhalten. AMMRC wird fortsetzen an der
Charakterisierung der Bruch-und Waermeermuedungseigenschaften neuer
keramischer Materialien zu arbeiten. Es werden Wege gesucht werden, um
die Festigkeit und Bruchfestigkeit von keramischen Materialien fuer
Turbinen zu optimisieren. Es wird versucht werden, dieses Ziel durch
parametrische Erforschung der Heisspressverfahren zu erreichen. Reaktionsgesintertes Siliziumnitrid wird mit Oxidationswiderstehenden Beschichtungen
versehen und auf Korrosions-und Erosionswiderstand geprueft werden.
Weiterhin werden neue Konzepte wie z.B. Keramische Rollenlager aus
"transformation toughened zirconium" und "high energy beam machining"
von adiabatischen Motorenkomponenten untersucht werden. Die Arbeit an
transportablen Feldgeneratoren wird Untersuchungen von gesintertem
Siliziumnitrid und-carbid fuer kleine "radial inflow" Turbinenrotoren
zum Schwerpunkt haben. Die Technologie der Metall-Keramik-Verbindungen
wird ebenfalls untersucht werden. Ausserdem hat AMMRC kuerzlich mit
einem begrenzten Fertigteilentwicklungsprogramm begonnen, welches im
naechsten Abschnitt behandelt wird.

"LOW COST NET SHAPE" RADIAL-TURBINEN-PROGRAMM

Das U.S. Armee Team fuer fortgeschrittene Konzepte hat kuerzlich
ein Programm finanziert, das die Technologieentwicklung zum Ziele hat,
die notwendig ist um billige "Net Shape Radial Inflow" Turbinenraeder
aus keramischen Materialien zu produzieren. AMMRC hat die Aufgabe, das
Projekt zu ueberwachen und verhandelt gegenwaertig einen Vertrag. Die
erste Phase besteht aus einem 24 Monats-Fabrikationsentwicklungsprogramm
um 1. die "net shape" Fabrikationsfaehigkeit zu erreichen, 2. die
Eigenschaften ausgewaehlter Materialien in dem "as-fabricated" Zustand
zu optimisieren, 3. "Burst Tests" bei Umgebungs-und erhoehter Temperatur
durchzufuehren und schliesslich 4. eine geeignete Rotor-Wellen-Befestigung
zu entwickeln. Das Hauptziel ist, 3 bis 5 inch Durchmesser "radial
rotors" zu erhalten, mit Hochtemperatureigenschaften, die es erlauben
mit einer Hoechstgeschwindigkeit von etwa 2000 feet/Sekunde und Turbineneinlasstemperaturen von 2300°F zu fahren. Die beiden vielversprechendsten
Materialien kommen von den "vollkommen dichten" Si_3N_4 und SiC-Familien.
Besonders bei hohen Temperaturen hat gesintertes Si_3N_4 gegenwaertig
unzureichende mechanische Festigkeit fuer die "radial rotor" Anwendung.
Dieses Programm ist jedoch darauf ausgerichtet, die notwendigen Eigenschaften
innerhalb der naechsten Jahre zu erreichen.

UMGEBUNGSEINFLUESSE UND DAUERHAFTIGKEITSFRAGEN

Die Kurz-und Langzeit-Hochtemperaturumgebungseinfluesse auf die
Biegefestigkeit und Kriechfestigkeit kommerzieller Struktur-Keramiken
sowie auf das Wachsen langsamer Risse in solchen Materialien ist in

zahlreichen Arbeiten behandelt worden (4-7). Quinn (4) und andere haben
nachgewiesen, dass viele Strukturkeramiken bei so niedrigen Temperaturen
wie 1000°C empfindlich gegen statisches Ermuedungsversagen (Kriechen)
sind. Die folgenden Materialien waren in diesen Arbeiten eingeschlossen:
HPSN (NC132,NCX34,NC136), KBI, RBSN, Ford RBSN, NC203, gesintertes alpha
SiC, NC435, SilcompC, und moeglicherweise NC350. Nur SilcompCRC und
NC433 zeigten definitiven Widerstand gegen Versagen bei niedrigen
Temperaturen. Generell gesehen erscheint es, dass reaktionsgebundenes
Siliziumnitrid bei 1000°C mehr versagensempfindlich ist als bei 1200°
Quinn berichtet weiter, dass an Materialien, die nicht wegen excessivem
Kriechreissen oder langsamem Risswachstum versagten, die beobachtete
Hauptursache des Versagens Oberflaechenfehler waren. Dies war vor allem
dann korrekt, wenn das Versagen bei 1000°C oder niedriger auftrat. Die
folgenden Materialien erwiesen sich als empfindlich in Bezug auf Oberflaechen-
porositaet: NC350, KBI, RBSN, Ford RBSN, gesintertes alpha SiC, Silcomp
CRC und moeglicherweise Silcomp CC. Bei einigen dieser Materialien
wurde ein Anstieg in "erhaltener" Festigkeit nach dem Ueberleben von
"stress rupture tests" (Zug-Bruchversuche) beobachtet. Die oxidierende
Umgebung scheint im Biege-Test "mode" Oberflaechenheilung zu foerdern,
wenn man die Raumtemperatur-Biegefestigkeit betrachtet. Bei hoeheren
Temperaturpruefungen ist eine solche Verbesserung nicht immmer der Fall.
Verschiedene Materialien wurden ueber laengere Zeiten bewertet. Die
Ergebnisse, die Carruthers et. al. berichteten, sind in <u>Figur 5 und 6</u>
zusammengefasst.

BASELINE FLEXURE STRENGTH
ALPHA SiC
REFEL
ACC-RBN-101
NCX-34
m=9
m=7
m=10. 4
m=14. 5
EXPOSURES TO 1200°C (2200°F), CYCLIC UNLESS NOTED
350 HOURS
REFEL
ACC-RBN-101
m=7. 6
m=11. 1
350 HOURS - ISOTHERMAL
ALPHA SiC
REFEL
ACC-RBN-101
m=10. 7
m=5. 2
m=13. 0
2100 HOURS
REFEL
ACC-RBN-101
m=6. 1
3500 HOURS
ALPHA SiC
m=12. 5
EXPOSURES TO 1370°C (2500°F), CYCLIC UNLESS NOTED
350 HOURS
ALPHA SiC
ISOTHERMAL-ALPHA SiC
m=14. 8
m=8. 4
1050 HOURS
ALPHA SiC
ISOTHERMAL-ALPHA SiC
m=16. 3
m=9. 3
2100 HOURS
ALPHA SiC
m=12. 0
3500 HOURS
ALPHA SiC
m=11. 4
10   20   40   60   80   100
NOTE: m = Weibull Parameter
FLEXURE STRENGTH AT 1200°C, KSI

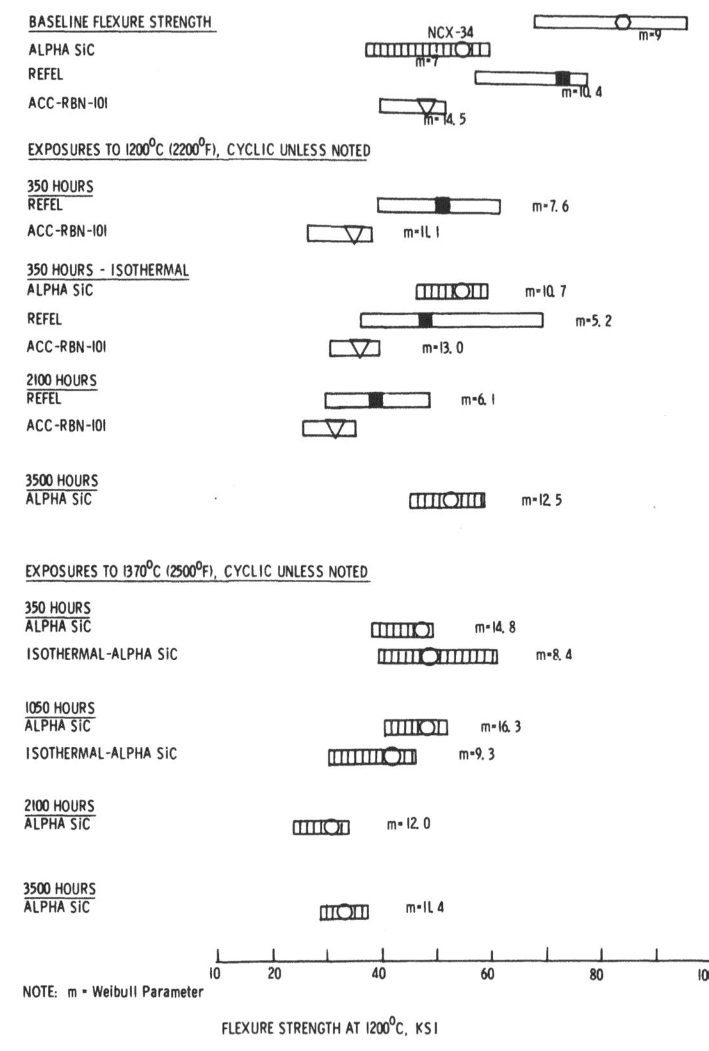

FIGURE 5

BASELINE
NCX-34 HPSN
m=9
ALPHA SiC
m=4.8
REFEL
m=4.9
ACC-RBN-101
m=12.8
350 HOUR - 1750 CYCLE
ALPHA SiC
m=9.7
REFEL
m=7.6
ACC-RBN-101
m=11.1
350 HOUR - ISOTHERMAL 1200°C EXPOSURE
ALPHA SiC
m=10.3
1050 HOUR
ALPHA SiC
m=9.3
REFEL
m=5.2
ACC-RBN-101
m=13.0
1050 HOUR - ISOTHERMAL EXPOSURE TO 1200°C (2200°F)
ALPHA SiC
m=11.6
2100 HOUR - 10,500 CYCLE EXPOSURE TO 1200°C
ALPHA SiC
m=7.1
REFEL
m=6.1
ACC-RBN-101
m=13.0
3500 HOUR - CYCLIC EXPOSURE TO 1200°C
ALPHA SiC
EXPOSURES TO 1370°C (2500°F)
m=11.9
350 HOURS
CYCLIC - ALPHA SiC
m=14.8
ISOTHERMAL ALPHA SiC
m=8.2
ACC-RBN-101
m=9.3
1050 HOURS
CYCLIC - ALPHA SiC
m=16.3
ISOTHERMAL - ALPHA SiC
m=20
ACC-RBN-101
m=9.4
2100 HOURS - CYCLIC TO 1370°C
ALPHA SiC
m=12
ACC-RBN-101
m=12.8
3500 HOURS - CYCLIC TO 1370°C
ALPHA SiC
m=12.8
20   40   60   80   100   120
ROOM TEMPERATURE FLEXURE STRENGTH, KSI

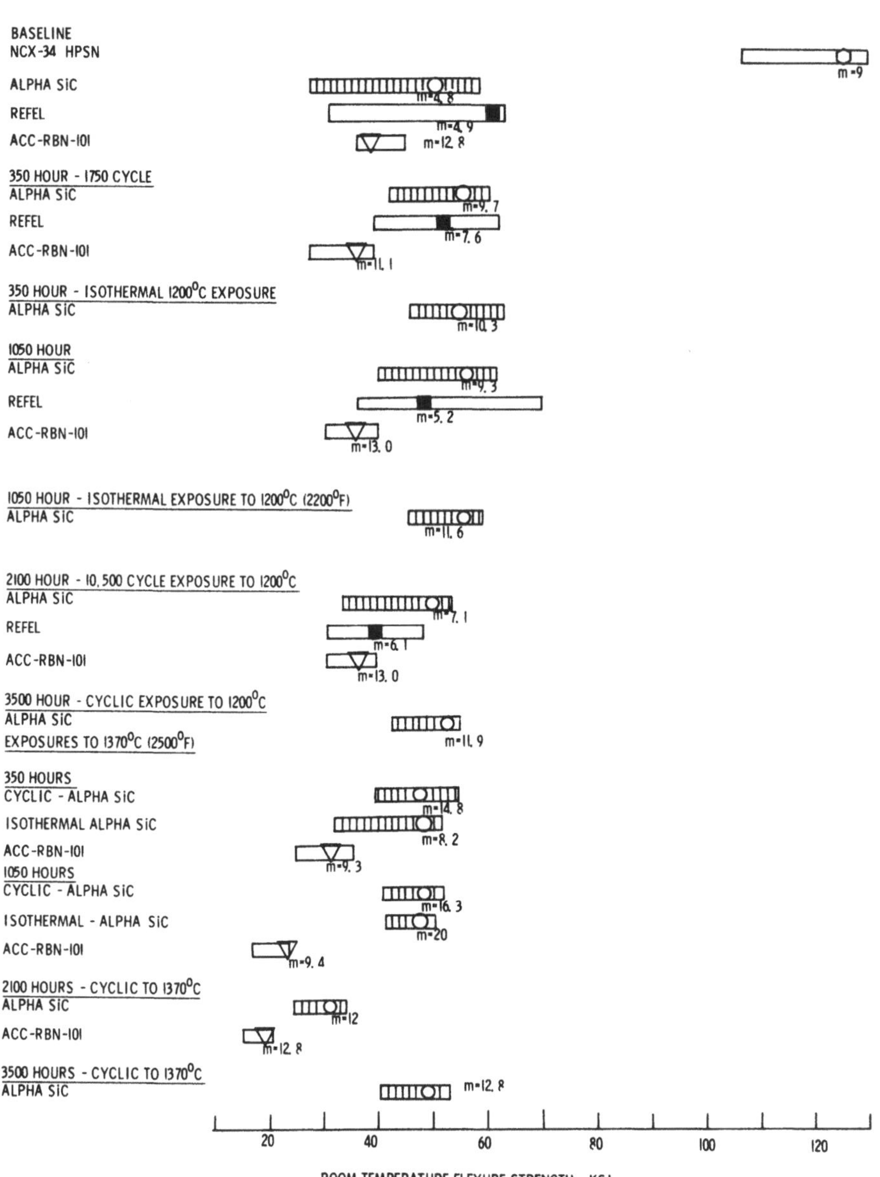

FIGURE 6

Es ist zu bemerken, dass die Norton NCS-34 Versuche auf weniger als 50 Stunden begrenzt waren, weil Risse und Materialdegradierungon bereits in einem Temperaturbereich zwischen 545°C und 890°C auftraten. Refel verlor 33% seiner Festigkeit, nachdem es fuer 2100 Stunden einer Temperatur von 1200°C ausgesetzt war. Waehrend der ersten 350 Stunden bei 1370°C zeigten die Refel Proben das Austreten von Silizium und das Erscheinen von Rissen. Das Ai-Forschungsmaterial ACC-RBN-101-RBSN degradierte schver unter den 1370°C, 2100 Stunden Versuchsbedingungen. Jedoch das gleiche Material behielt nach 2100 Stunden und 1200°C "cyclic testing" 80% seiner "Grundlinienstaerke". Carborundum gesintertes alpha SiC behielt entweder seine Raumtemperaturfestigkeit oder war etwas besser nach 1200°C und 1370°C Versuchen bis zu 3500 Stunden. Ausserdem wurde festgestellt, dass die erhoehte Temperaturfestigkeit zwar nach 3500 Stunden und 1200°C erhalten blieb, 36% der Biegefestigkeit jedoch nach 3500 Stunden und 1370°C verloren gingen.

In dieser Untersuchung (6) wurden die thermischen Versuche in einem Hochgeschwindigkeitsoelbrenner mit einem damit verbundenem Raum ausgefuehrt. Der Probenhalter hatte Platz fuer 24 Proben und rotierte kontinuierlich. Thermisches "cycling" wurde dadurch erreicht, dass der Probenhalter in Intervallen aus dem Ofen entfernt und wieder eingebracht wurde. Waehrend des Entfernens aus dem Ofen wurden die Proben mit Luft auf 200°C gekuehlt. Die Proben wurden nach der Biegepruefung mit einem Rasterelektronenmikroskop untersucht, und an ausgesuchten Proben wurden Roentgendiffraktionsanalysen durchgefuehrt. Die Autoren schlossen daraus, dass weitere Untersuchungen notwendig sind, um bei einigen dieser Materialien den Mechanismus des Festigkeitsverlustes bei hohen Temperaturen zu bestimmen. Es wird von ihnen auch vorgeschlagen, dass RCC-RBN 101 fuer die 1200°C Gas-Turbinen-entwicklung und fuer die begrenzte Anwendung bei 1370°C <350 Stunden geeignet ist. Schliesslich erwaehnen sie auch, dass verschiedene Materialien durch staendige Verbesserungen in der Fabrikationskontrolle und Entwicklung laufend besser werden.

Die Daten, die aus (6) entnommen und in Figur 5 and 6 zusammengefasst sind, zeigen charakteristische Werte und Weibull moduli, die nach der "method of moments" bestimmt wurden. Es ist interessant, einfache statistische Parameter mit der zwei Parameter-Darstellung zu vergleichen; dies sind "kontrastierende" Ergebnisse, die nach der Maximumwahrscheinlichkeit und der "moment" Methode erhalten worden sind. Solche Berechnungen sind vollstaendig und sind fuer ausgewaehlte Daten an alpha SiC in <u>Tabelle 3</u> zusammengefasst.

TABLE 3 - VERGLEICH VON WEIBULL PARAMETERN

<u>Method of Moments [6]</u>		<u>Maximum Likelihood</u>
<u>Raumtemperatur Festigkeit</u>		
m	4.8	5. 29 [3. 63 - 8. 12]*
kennzahl**	50. 0	49. 5 [45. 1 - 54. 5]
Zahlder Pruefungen	12	12
<u>1200°C Festigkeit</u>		
m	7. 3	8. 51 [5. 62 - 13. 11]
kennzahl	54. 8	53. 6 [50. 4 - 57. 13]
Zahlder Pruefungen	11	11
<u>Raumtemperatur Festigkeit nach 350 Stunden 1200°C Belastung</u>		
m	9. 7	9. 56 [6. 3 - 14. 7]
kennzahl	54. 6	54. 5 [51. 5 - 57. 6]
Zahlder Pruefungen	11	11
<u>Raumtemperatur Festigkeit nach 1050 Stunden 1370°C Belastung</u>		
m	16. 3	15. 6 [10. 1 - 24. 6]
kennzahl	48. 3	48. 2 [46. 5 - 49. 97]
Zahlder Pruefungen	10	10

*Zahlen in klammeru sind 90% Vertrauensgrenze

**Festigkeit bei 63. 2% Wahrscheinlichkeit

Eine Pruefung der Tabelle zeigt recht gute Uebereinstimmeung von m mit
den Kennzahlen. Man muss jedoch die eingeklammerten Werte betrachten
die unter dem Titel Maximumwahrscheinlichkeit aufgefuehrt sind. Dies
sind die 90% Vertrauensgrenzen; vor allem da die Zahl der Versuche
zwischen 10 und 12 liegt, erhaelt man eine assoziierte Variation der m
Werte mit einem Faktor 2. Es ist offensichtlich, dass zusaetzliche
Daten notwendig sind, um die Vertrauensgrenzen zu verengen. Diese
grosse Streuung der Vertrauensgrenzenergebnisse verursachen eine aehnlich
grosse Variation in den Vertrauensgrenzen der "geschaetzten schnellen
Bruchwahrscheinlichkeit" des Ueberlebens keramischer Bauteile, die mit
diesen Werten entworfen wurden. Auf der einen Seite ist der Anwendung
von Weibull-Statistiken auf erster Ordnung-Wahrscheinlichkeitsberechnungen
zum Entwurf struktureller Keramiken viel Aufmerksamkeit zugewandt worden.
Auf der anderen Seite ist die Frage der Vertrauensgrenzen, die bei
solchen Berechnungen angewandt werden sollte, voellig ignoriert worden.
Eine Betrachtung vieler Pruefstand- und Motorenversager zeigt, dass
viele Fehler erklaert werden und durch richtige Anwendung statistischer
Analyse verhindert werden koennen.

FOLGERUNGEN

Die Zahl der Fertigteil-Demonstrationsprojekte ist in den vergangenen
Jahren erheblich angestiegen. Bedeutende Niedrig-Temperatur (1900 TIT)
Motor Dauerhaftigkeitsstunden sind an keramischen Komponenten akkumuliert
worden. Vor kurzem begonnene Arbeiten muessen allerdings noch das
Verhalten von nicht nur stationaeren, sondern auch rotierenden Teilen
bei Temperaturen ueber 1200°C demonstrieren, wenn wichtige Ziele in der
Gas-Turbinenentwicklung erreicht werden sollen. Inzwischen haben Dauer-
haftigkeitsversuche an Biegeproben in verschiedenen Brenner-Pruefstaenden
gezeigt, dass viele Keramiken, nachdem sie lange Zeit Temperaturen bis
zu 1370°C ausgesetzt waren, erhebliche Festigkeitsverluste erlitten. Es
ist nicht sicher, dass man diese Beobachtung der Degradation der Biegefestigkeit direkt auf die Gas-Turbine uebertragen kann, wo schliesslich
Gasdruck und -geschwindigkeiten sowie die Verbrennungserscheinungen
verschieden sind. Wichtig fuer den "Design"-Ingenieur ist die Tatsache,
dass der Degradationsmechanismus einer Reihe wichtiger Siliziumnitride
und -carbide noch nicht gruendlich verstanden wird. Ein weiterer Grund
zum Besorgtsein ist die Einheitlichkeit und Qualitaet von Bauteil-und
Probenfabrikation. In vielen Faellen reflektieren die von Biegeproben
erhaltenen mechanischen Eigenschaften in der Tat nicht akkurat die "in
situ" Eigenschaften. Die Uniformitaet der Herstellung ist wirklich ein
kritisches Element, da es gezeigt werden konnte, dass zeitabhaengige
Eigenschaften direkt von Spurenelementen kontrolliert werden, die oft
als Hilfsmittel in der Teilfabrikation verwendet werden.

Bisher beruht die ueberwaeltigende Mehrheit der Eigenschaftsbestimmungen
auf Biegefestigkeitsdaten. Diese Pruefung betont Oberflaecheneffekte.
Es ist deshalb notwendig, den Umgebungseinfluessen auf die Masseneigen-
schaften mehr Aufmerksamkeit zuzuwenden. Wegen unseres fehlenden
Verstaendnisses der Chemie der physikalischen Aenderungen, die in

komplexen Umweltverhaeltnissen auftreten koennen, sind wir nicht in der
Lage mit gegenwaertigen Lebenszeitbestimmungsmethoden die Hochtempera-
turumge bungszustaende ausreichend zu modellieren.   In Bezug auf die
Aussicht auf erfolgreiche Hochtemperaturanwendungen dieser Keramiken ist
trotz dieser Unsicherheiten genug Raum fuer Optimismus.   Es sind erstens
zahlreiche offensichtliche Wege vorhanden, um diese Keramikgruppen durch
Fabrikations- und Materialentwicklung zu verbessern.   Zweitens kann man
erwarten, dass die staendigen Arbeiten, die zum Ziel haben, die grundlegenden
Versagensmechanismen zu bestimmen, schliesslich die Methoden liefern
werden, die noetig sind, um mit dem Phenomen fertig zu werden.

Schliesslich muss man sich daran erinnern, dass viele Niedrig-
temperaturanwendungen entwickelt werden. Der adiabatische Diesel, der
frueher erwaehnt wurde, ist ein hervorragendes Beispiel, in welchem
existierende strukturelle Keramiken angewendet werden koennen, um mit
gegenwaertig erreichbaren Eigenschaften die Leistung einer Waermemaschine
wesentlich zu verbessern.

REFERENCES

1.   R. Nathan Katz and Edward M. Lenoe, "Ceramics for Small Airborne
Engine Applications", in AGARD-CP-276, Ceramics for Turbine Engine
Applications, Oct 1979.

2.   J. C. Napier, "Application of All-Ceramic Nozzle to Radial Flow
Turbine", ASME Paper No. 79-GT-96.

3.   W. Bryzik, "Adiabatic Engine Program, Automotive Technology
Development", Contractors Coordination Meeting, 11-14 November
1980, Dearborn, MI.

4.   George D. Quinn, "Characterization of Turbine Ceramics After Long
Term Environmental Exposure", AMMRC TR 80-15, April 1980.

5.   R. K. Govila, "Ceramic Life Prediction Parameters", AMMRC TR 80-18,
May 1980.

6.   W. D. Carruthers, D. W. Richerson, K. W. Benn, "3500-Hour
Durability Testing of Commercial Ceramic Materials" - Interim
Report DOE/NASA/0027-80/1, NASA CR-159785, July 1981.

7.   W. Bunk and M. Böhmer, "Ceramic Components for Vehicular Gas
Turbines", Springer Verlag 1978, Keramische Komponenten fur
Fahrzeng-Gas Turbinen, Status Seminar in Auftrag des Bundesministeriums
fur Forschung und Technologie.

Entwicklungsergebnisse mit keramischen Brennkammern und Turbinenleitkränzen

R. Eggebrecht
MTU-München GmbH
M. Langer
Volkswagenwerk AG, Wolfsburg

1. <u>Einleitung</u>

Die Entwicklung der keramischen Komponenten einer Hochtemperatur-Gasturbine ist bei VW auf die Anwendung in
einer Pkw-Gasturbine in der Leistungsklasse bis 100 kw
ausgerichtet, während bei MTU eine Lkw-Gasturbine der
Leistungsklasse 250/300 kw als Leitkonzept dient.

Über Ergebnisse des vorhergehenden Programmabschnitts
wurde in [1] und [2] berichtet. Es ist deutlich geworden,
daß zwischen der Werkstofftechnik und Konstruktion einerseits und der praktischen Erfahrung durch den anwendungs-
gerechten Test andererseits ein iterativer Prozeß erforderlich ist. Für Brennkammer, Einlaufkonus und Turbinenleitkranz konnten jeweils technische Grundkonzepte érar-
beitet werden, über deren Entwicklungsstand im folgenden
berichtet werden soll.

2. <u>Aufgabenschwerpunkt für keramische Brennkammern</u>

Für Brennkammern zukünftiger Fahrzeugantriebe werden
hochgesteckte Ziele gesetzt. Die bisher aufwendig ge-
kühlten metallischen Flammrohre aus teuren Nickelbasis-
werkstoffen sollen durch einfache keramische Formen ersetzt werden, die im praktischen Betrieb keine Einbußen
an Lebensdauer zeigen sollen. Die Verbrennung soll schad-
stoffarm und damit umweltfreundlich sein und nicht zuletzt
wird in Zukunft die Notwendigkeit eines Einsatzes von
alternativen Brennstoffen zunehmende Bedeutung erlangen.

Für die erfolgreiche Einführung von Keramik-Technologie bei
Brennkammern müssen zwangsläufig zunächst die Fragen einer
keramikgerechten Gestaltung in den Vordergrund gerückt werden. Die bisherigen Erfahrungen haben gezeigt, daß im
stationären Arbeitsbereich der Brennkammer sowie bei plötz-
lichen Lastwechseln eine möglichst homogene Verbrennung angestrebt werden muß.

In **Bild 1** sind als Übersicht die Entwicklungsaufgaben für
Keramik-Brennkammern dargestellt. Im rechten Bildteil sind
Beispiele von ausgeführten Versuchsbrennkammern abgebildet,
wodurch sich die bisherige Vorgehensweise kennzeichnen läßt.

Die Auslegung erfolgte für die Bedingungen einer Wärme-
tauscher-Gasturbine mit einer Brennkammereintrittstemperatur
von T_2 = 1109 K bei einem Druck von p_2 = 4.98 bar[*]. Der
Auslegungswert der Temperatur am Brennkammeraustritt beträgt
T_{t3} = 1558 K. Es wird ein Druckverlust von 3 % zugelassen.

Um mit möglichst bekannten Auslegungskriterien zu arbeiten,
wurde bisher an einer luftunterstützten Direkt-Einspritzung
festgehalten. Bezüglich "Flammrohr-Gestaltung" ist eine
größere Variationsbreite von Versuchsausführungen erforderlich gewesen. Die obere Reihe der abgebildeten Flammrohre
zeigt die geteilte zylindrische Form und daneben die integrale
Version. Bei der integralen Version ist auch der Kopf zur
Aufnahme von Düse und Zündeinheit in einem Stück ausgeführt.

In der mittleren und unteren Reihe sind die gegenwärtigen
konischen Bauformen für die Anwendung im Keramik-Demonstrator dargestellt. Die vergrößerte Form (unten links)

---

[*] Index "2" bezieht sich nachfolgend auf den Brennkammer-
Eintritt, Index "3" auf die Ebene Leitkranz-Eintritt

berücksichtigt eine Durchsatzerhöhung

$$\text{von } \frac{M_2 \sqrt{T_2}}{P_2} = 5 \, \frac{\text{kg}}{\text{s}} \, \frac{\sqrt{K}}{\text{bar}} \quad \text{auf} \quad 8.5 \, \frac{\text{kg}}{\text{s}} \, \frac{\sqrt{K}}{\text{bar}}$$

Mit der unbelochten Version (unten rechts) soll eine Anpassung der Luftaufteilung bei Erhöhung der Eintrittstemperatur offengehalten werden.

Als Folge von bisherigen Erfahrungen [1] wurden die
Aktivitäten auf die konische Form in integraler Ausführung
mit 4 mm Wandstärke konzentriert. Die nachfolgend beschriebenen Versuche sind mit der vergrößerten Brennkammer durchgeführt worden.

Das "Werkstoff-Feld" überdeckt RBSN und SISIC nach verschiedenen Formgebungsverfahren sowie von verschiedenen
Herstellern geliefert. Die Erprobung unter Triebwerksbe-
dingungen soll in der Fahrzeugturbine MTU 7042 (zylindrische Form) sowie im Keramik-Demonstrator erfolgen.

3. <u>Versuchsaufbauten und Testbedingungen</u>
Die Vorerprobung der Bauteile erfolgte in einem atmosphärischen Test, dessen Aufbau in <u>Bild 2</u> (links) dargestellt ist. Flammrohre und Leitkränze verschiedener Hersteller wurden hier zunächst in einem 50 h - Eingangstest
vorerprobt. Die in die Brennkammer eintretende Luft wird
von einem Wärmetauscher über das eigene Abgas vorgeheizt
und verläßt den Prüfraum über den offenen Abgastrichter.

Versuche unter Betriebsdruck wurden am Brennkammer-Prüf-
stand durchgeführt, dessen Teststrecke rechts im Bild dargestellt ist. Die Luft kann über einen externen Lufter-
hitzer auf maximal 1170 K bei 5 bar aufgeheizt werden.
Man erkennt die zweiflutig angeordneten isolierten Zu-
führungsrohre, das Brennkammergehäuse mit Beobachtungs-
fenster sowie die wassergekühlte Abgasstrecke die eine

verstellbare Austrittsdrossel enthält. Im Vordergrund
ist das Pyrometer zur Messung der Flammrohr-Wandtempe-
ratur abgebildet.

Mit diesem Aufbau wurden Brennkammer, Einlaufkonus und
Leitkranz nach vorgegebenen Zyklen unter Druck getestet.
Das Fahrprogramm mit verschiedenen Zyklen ist in <u>Bild 3</u>
wiedergegeben. Im linken Diagramm ist der Verlauf eines
statischen Dauertests dargestellt. Nach Erreichen der
Vorheiztemperatur von T_2 = 880 K erfolgt bei ca. 1 bar
die Zündung und anschließend die stufenweise Steigerung
des Druckes auf den Maximalwert von 5 bar. Der Verlauf
der Brennstoffzufuhr ist durch den Kehrwert des <u>L</u>uft-
<u>B</u>rennstoff-<u>V</u>erhältnisses (LBV) dargestellt.

Diese Belastung wird in 90 Minuten aufgebracht und anschließend 30 Minuten aufrechterhalten. Nach Sichtkon-
trolle und positivem Befund werden anschließend die Zyklen I und II gefahren. Hierbei wird unter konstanten
maximalen Eintrittsbedingungen die Brennstoffzufuhr im
automatischen Betrieb schlagartig zwischen dem Leerlauf-
und Vollast-Wert mit jeweils 1 Minute Haltezeit variiert.
Im Zyklus II wird die Amplitude der Austrittstemperatur
auf T_3 = 380 K erhöht. Außerdem wird am Ende dieses
Zyklus die Brennstoffzufuhr plötzlich abgeschaltet um
für den nachgeschalteten Leitkranz die Auslegungs-Be-
dingungen einer Schnellverzögerung von T_3 = 1580 K auf
T_3 = 1100 K zu simulieren.

4. <u>Brennkammer-Versuchsergebnisse</u>
Bei der Einführung keramischer Bauteile wird die Qualität
der Verbrennung in erster Linie an der erreichten Gleichmäßigkeit der Gas- und Wandtemperaturen gemessen. Die
im Wechselbetrieb unvermeidlich auftretenden hohen instationären Temperaturgradienten würden sich den aus
schlechter Verbrennung resultierenden Ungleichförmigkeiten

überlagern und zum Bruch führen.

Es wurden deshalb, wie das Schema <u>Bild 4</u> zeigt, in einem
offenen Aufbau ohne Leitkranz mit Hilfe von wasserge-
kühlten Temperatursonden sorgfältige Traversierungen der
Austrittstemperatur vorgenommen.

Die im Austrittsquerschnitt gemessene Temperaturverteilung
zeigt mit nur 4 % Abweichung des Maximalwertes vom Mittelwert eine sehr hohe Gleichmäßigkeit. Die umfangsmäßige
Mittelung dieses Temperaturfeldes und Auftragung über der
Kanalhöhe liefert einen bis in Wandnähe nahezu konstanten
Temperaturverlauf mit dem eine nachfolgende Laufradbeschaufelung beaufschlagt wird.

Die mit dem Pyrometer gemessenen Wandtemperaturen längs
der Flammrohrachse sind unten links dargestellt. Man erkennt die schon in [1] analysierte Verlagerung der Verbrennung stromabwärts mit zunehmender Brennstoffzufuhr
(LBV ⟶ 72). Das Auslegungsziel einer möglichst gleichmäßigen axialen Wandtemperaturverteilung wurde damit auch
für dieses vergrößerte Flammrohr erreicht.

Nach Umbau der Versuchsstrecke auf Druckbetrieb mit Leitkranz und Abgasdrossel ergab sich mit der vergrößerten
Brennkammer bereits im Anfahrzyklus ein erster Schaden.
<u>Bild 5</u> gibt den stark verästelten Bruchlinienverlauf im
Bereich der Primärzone wieder. Der Befund ergab, daß es
in der Brennkammer im Bereich der 1. Lochreihe zu einem
kräftigen, örtlich begrenzten Koksaufbau gekommen war und
man sieht, daß der Verlauf der Bruchlinien weitgehend der
Berandung dieses Gebiets folgt. Anschließende Spritzver-
suche mit der Düseneinheit ergaben ein unsymmetrisches
und intermittierendes Spritzbild. Als auslösende Ursache
dieses Schadens muß man die stark isolierende Koksschicht
ansehen, die im Übergang zur sauberen Innenwand abrupte
Temperaturgradienten verursachte.

Nach Verbesserungen am Brennstoffsystem wurde im weiteren
Versuchsprogramm wiederum eine SISIC-Brennkammer der Fa.
BNFL eingesetzt. Nach dem Anfahrzyklus mit anschließender
Dauerlast wurden mit dieser Brennkammer insgesamt 685 Leer-
lauf-/Vollast-Zyklen I bei 4.9 bar absolviert. Beim anschließenden Versuch, die Brennstoffmenge entsprechend
Zyklus II zu erhöhen, trat ein Schaden auf, der in <u>Bild 6</u>
dargestellt ist. Die Brennkammer war in diesem Zustand
noch voll funktionstüchtig. Die Bruchlinie endet in einem
Flammrohrloch bzw. sie endet im unbeschädigten Material.
An der Trennlinie im Bereich der 1. Mischlochreihe wurde
ein 0.4 mm Versatz der Oberflächenkonturen festgestellt,
der auf freigesetzte innere Materialspannungen schließen
läßt. Um die laufende Leitkranz-Erprobung mit dem vorgesehenen Zyklus II nicht zu unterbrechen, ist anschließend
eine neue SISIC-Brennkammer von Rosenthal eingesetzt worden. Bei etwas reduziertem Druck von 3.9 bar wurde der verschärfte Zyklus II gefahren. Bisher hat diese Brennkammer
insgesamt 110 Wechsel mit anschließendem Abstellen aus
Vollast ohne Schaden überstanden. Die Versuche mußten wegen
eines Schadens am Leitkranz unterbrochen werden.

In Bild 6 sind weiterhin die parallel erzielten Laufergeb-
nisse angeführt, die im atmosphärischen Heißgastest mit
einer Brennkammer des gleichen Typs, hergestellt von der
Fa. SIGRI, erzielt wurden. Diese Brennkammer hat mit
1000 Start-/Stop-Zyklen und 500 Laufstunden bei MTU die
bisher längste Lebensdauer erreicht.

5. <u>Stand der Leitkranz-Entwicklung</u>
5.1 <u>Optimierung der Gestaltung</u>
   Die zunehmenden Kenntnisse über die thermophysikalischen
   Stoffeigenschaften der Keramik sowie die verbesserten
   Verfahren zur Berechnung von örtlichen Randbedingungen
   der thermischen und mechanischen Bauteilbelastungen er-
   öffenen neue Möglichkeiten zur Optimierung der Gestaltung.

Bevor man jedoch darangeht für einzelne Gesamtstrukturen
wie Brennkammer, Einlaufkonus und Leitkranz dreidimen-
sionale FE-Modelle zur Durchrechnung von Lastzyklen auf-
zubauen, sind sorgfältige Kosten-/Nutzen-Betrachtungen erforderlich. Beim Leitkranz stellte sich insbesondere die
Frage, eine geeignete - d.h. ausreichend repräsentative -
Unterstruktur zu definieren.

Bei VW wurde mit Hilfe des MARC-Programms das 3D-Modell
(Bild 7) eines vollständigen Leitkranz-Schaufelsegments
mit innerem und äußerem Deckband aufgebaut. Die Varianten
der inneren und äußeren Deckbandausführung (ob integral
bzw. zwischen den Schaufeln teilweise oder vollständig getrennt) lassen sich hierbei durch Wahl der umfangsmäßigen
Randbedingungen berücksichtigen. Der Profilquerschnitt
muß bei diesem Modell mit nur wenigen Elementen verein-
facht werden.

Mit dem VW-Modell können die Schaufel-Deckband-Übergänge
sowie verschiedene Schaufelverbindungen genauer studiert
werden. Das zweidimensionale MTU-Modell (Bild 7 rechts)
liefert detaillierte Kenntnisse über die örtlichen Wärmespannungen im Profilquerschnitt. Es wurde eine Vollschaufel und ein Hohlprofil untersucht.

In Bild 7 ist außerdem der Verlauf der Gastemperatur und
der örtlichen Wärmeübergangszahlen für den Fall einer Beschleunigung und Verzögerung dargestellt. Beide Firmen
haben im Hinblick auf ihre spezifischen Anwendungen verschiedene Vorgaben gewählt. Bei VW wurde für die Beschleunigung der Fall eines Kaltstarts bis auf Maximalbedingungen
zugrundegelegt, wohingegen die Verzögerung auf Leerlauf
relativ langsam verläuft. Beispielrechnungen haben jedoch
gezeigt, daß auch bei kürzeren Verzögerungszeiten dieser
Kaltstart der kritische Lastfall bleibt. Bei MTU wurde angenommen, daß im Leerlauf zunächst stabilisierte Bedingungen

erreicht werden. Die Beschleunigung auf Vollast erfolgt dann
innerhalb von 2 sec mit einer kurzseitigen Übertemperatur
von 50 K. Bei der Schnellverzögerung fällt die Gastemperatur
innerhalb von 1 sec, während die Wärmeübergangszahlen analog
zum langsameren Abfall der Gaserzeugerdrehzahl zurückgehen.

<u>Bild 8</u> enthält typische Ergebnisse der durchgeführten Be-
rechnungen. Mit dem 3D-Modell ergeben sich für ausgewählte
Knotenpunkte im Austrittsbereich des Schaufelgitters je nach
Ausführung des Deckbandes deutlich unterschiedliche Maximalspannungen. Aus den Ergebnissen läßt sich der Schluß ziehen,
daß für die Einzelschaufel mit integriertem inneren und äußeren Deckband eine konstruktive Lösung mit weitgehender
Trennung oder Sollbruchstelle zwischen den Einzelschaufeln
angestrebt werden sollte. Die Spannungen in den Deckbändern
lassen sich dadurch immerhin um den Faktor 10 reduzieren.
Im rechten Bildteil sind für 3 ausgewählte Punkte der Vollschaufel und der Hohlschaufel die zeitlichen Verläufe der
Spannungen als Ergebnis des 2D-Modells dargestellt. Für die
SIC-Vollschaufel ergeben sich hier bei der Schnellverzögerung Maximalspannungen von fast 300 N/mm^2 an der Vorderkante.
Dabei wurde freie thermische Dehnung und Krümmung des Schau-
felblatts bei einseitiger Einspannung angenommen. Mit dem
gleichen Rechenmodell wurde auch eine hier nicht dargestellte
Vergleichsrechnung mit RBSN durchgeführt, bei der sich aufgrund der günstigeren Stoffeigenschaften ($E \cdot \alpha_T$ = 0.51 N/mm^{2}K
für RBSN gegenüber 1.63 für SIC) nur ca. 1/3 der Maximalspannungen ergeben. Im Vergleich der Werkstoffe bezüglich
der auftretenden Spannungen ist VW zu ähnlichen Rechenergeb-
nissen gekommen.

Das MTU-Rechenmodell für Einzelschaufeln geht von einer
beidseitigen biegefesten Einspannung bei freier radialer
Dehnung aus. Mit dieser ungünstigen Annahme erhält man für
die Vollschaufel in SIC beispielsweise eine Maximalspannung
von 500 N/mm^2 und für RBSN von 130 N/mm^2 (kritische Werte

in diesem Fall an der Hinterkante). Der gestrichelte Verlauf in Bild 8 zeigt, daß dieser Wert bei der Ausführung als Hohlschaufel auf 100 N/mm^2 zurückgeht und damit gegenüber der Vollschaufel nochmals um 23 % abgesenkt ist.

<u>Bild 9</u> zeigt die prinzipiellen Lösungen wie sie bei beiden Firmen zur Ausführung gekommen sind. Dargestellt ist der integrale MTU-Leitkranz ohne Innendeckband sowie die hohle Einzelschaufel. Für den Werkstoffvergleich wurden außerdem volle Einzelschaufeln aus RBSN und SISIC bestellt. Im rechten Bildteil ist der VW-Leitkranz gezeigt. Diese Lösung berücksichtigt die Erkenntnisse der analytischen Untersuchungen. Die auftretenden Dehnungen wurden dadurch berücksichtigt, daß der Verband in Einzelschaufeln aufgelöst wurde, die lediglich an den Stirnzeiten zementiert sind. Zum anderen erkennt man, daß im Bereich der Einmündung des Schaufelblatts in die Deckbandelemente Ausnehmungen angebracht sind. Dadurch entsteht eine Restriktion des Wärmeflußes, wodurch eine Angleichung der Aufheizrate von Schaufel und Deckband angestrebt wird.

5.2 <u>Leitkranz-Versuchsergebnisse</u>

Die Versuche an Leitkränzen wurden bei VW an einem atmosphärischen Zündprüfstand mit automatischer Brennstoffschaltung durchgeführt. Das Fahrprogramm unterscheidet drei Testabläufe, die in <u>Bild 10</u> dargestellt sind. Bei neuen Leitkränzen wird ein stationärer 25 h - Test vorgeschaltet, der ebenfalls in Bild 10 dargestellt ist. Mit dem in <u>Bild 11</u> gezeigten Leitkranz (Hersteller: Degussa, RBSN) wurde ein solches Testprogramm durchgeführt. Im Vortest waren nach 5 h Dauerlast bei 1073 K keinerlei Schäden erkennbar. Nach dem anschließenden 20 h Test bei 1473 K zeigte sich an 2 Verbundstellen eine Trennung durch Oxydation des Zements.

Nach diesem Vortest wurde der Leitkranz den verschärften

Bedingungen von Test I und Test II unterworfen. Dabei wurden im Test I 130 Zyklen mit 13 Kaltstarts und Heißabschaltungen bei einer Laufzeit von 6.4 h gefahren und im Test II wurden in 3.2 h insgesamt 100 Start-/Stop-Zyklen absolviert. Der Test III wurde als Dauertest mit 75 h Laufzeit bei 13 An- und Abschaltungen modifiziert.

Während der Gesamtlaufzeit von 109.6 h und nach 139 Start-/ Stop-Vorgängen mußten insgesamt 4 Schaufeln ausgetauscht werden. Grund dafür war in drei Fällen eine Beschädigung durch Ein- und Ausbau zu Inspektionszwecken. In einem Fall ist eine Einzelschaufel wegen einer ungenügend durchnitrierten Stelle im Bereich der Vorderkante gebrochen.

Es ist geplant, einen Teil der unbeschädigten Schaufeln in einem als Demonstrator geplanten Versuchsaufbau einzusetzen um kumulativ erhöhte Laufzeit zu gewinnen.

Die Leitkranz-Erprobung bei MTU wurde in Verbindung mit den Brennkammer-Tests im gemeinsamen Aufbau von Brennkammer, Einlaufkonus und Leitkranz durchgeführt. Bild 3 zeigt die Testzyklen.

Die Versuchsergebnisse sind in **Bild 12** zusammengefaßt.

Der Leitkranz Typ D aus einzelnen Hohlschaufeln in RBSN (Hersteller: Degussa) zeigte bereits nach dem ersten Versuch unter Dauerlast bei 4.9 bar Ausbrüche an der Stirnseite des äußeren Deckbandes. Ausgehend von dieser Stelle ergab sich bei einer Schaufel ein Bruchverlauf quer durch das Schaufelprofil. Als Ursache des Schadens kann die Art der Umfangsfixisierung der Schaufeln durch Einkerbungen an der Stirnseite des äußeren Deckbandes angesehen werden. Es sind konstruktive Verbesserungen vorgesehen.

Beim integralen Leitkranz Typ A in SISIC (Hersteller: Annawerk) wurde nach einer Gesamtlaufzeit von 19 h und

nach 325 Zyklen I an vier Umfangspositionen ein Bruch im
Deckband festgestellt. An einer Stelle schneidet die
Bruchlinie eine Schaufelhinterkante, wodurch offensichtlich
für diese Schaufel der Bruch in der Nähe des Deckbandes
ausgelöst wurde. Anschließend wurde ein Leitkranz des
gleichen Typs vom gleichen Hersteller eingesetzt, der jedoch vorher an drei Stellen zwischen den Schaufeln bis auf
einen Restquerschnitt geschlitzt wurde. Mit diesem Leitkranz wurden bisher die besten Ergebnisse erzielt. Nach
15 h Laufzeit mit 360 Zyklen I wurden 110 verschärfte
Temperaturwechsel des Zyklus II gefahren. Am Schluß dieses
Programms ist erstmals unter Druck die Brennstoffzufuhr
schlagartig abgestellt worden, wodurch eine Schnellverzögerung mit ΔT_3 = 480 K simuliert wurde.

Die anschließende Inspektion zeigte keinerlei Schäden an den
Schaufeln. Das Deckband war an den drei Sollbruchstellen
durchtrennt. An einer vierten Umfangsposition ergab sich
zwischen zwei Schaufeln ein weiterer Bruchverlauf, der
rechts in Bild 12 dargestellt ist. Der Leitkranz ist noch
voll funktionstüchtig und kann erneut eingesetzt werden.
In Fortsetzung der Versuche soll die durch Thermospannungen
bedingte Schwachstelle dieser Konzeption herausgefunden werden.

Bei allen beschriebenen Versuchen war ein Einlaufkonus in
der sogenannten gesteckten Ausführung aus SISIC im Einsatz. Hierbei wird der Innenkonus und der Außenring für
die freie Wärmedehnung durch zwei über Kreuz angeordnete
Keramikstangen miteinander verbunden. An diesem Bauteil
trat bisher kein Schaden auf.

6. <u>Versuche mit dem Keramik-Demonstrator</u>

Die vorangehenden Ausführungen machen deutlich, daß trotz
der erzielten Fortschritte die Weiterentwicklung der
Einzelkomponenten Vorrang behalten muß. Dies gilt besonders
für die rotierenden Bauteile.

Die Praxis der Entwicklung neuer Technologien im Triebwerk-
bau zeigt, daß ein möglichst früher Einsatz der Komponenten
unter triebwerksähnlichen Bedingungen anzustreben ist, damit die Erfahrungen hieraus rechtzeitig für die Komponentenentwicklung genutzt werden können. Für das Konzept eines
Keramik-Demonstrators kommt es darauf an, einen vernünf-
tigen Kompromiß zwischen "Komponenten-Prüfstand" und "Voll-
triebwerk" zu finden.

Man hat sich deshalb bei MTU für einen selbständigen Gaserzeuger entschieden, bei dem durch einen modularen Aufbau
Keramikkomponenten in verschiedenen Ausführungen erprobt
werden können. Wahl und Anordnung der Baugruppen berücksichtigt die Möglichkeit eines Ausbaus zu einem autarken
Gerät mit Wärmetauscher. Der Längsschnitt ist in <u>Bild 13</u>
dargestellt. Die Turbine treibt über eine Steckverbindung
den direkt an das Traggehäuse angeflanschten Axial-/Radial-
verdichter. Die Welle ist über einen Mittenabtrieb und ein
Getriebe mit Regler und Starter verbunden.

Der Demonstrator wird in seiner bestehenden Form mit Fremd-
luft von der Kompressorstation versorgt. Die im Wärme-
tauscherbetrieb auftretende hohe Eintrittstemperatur in die
Brennkammer wird über eine Vorbrennkammer simuliert. Mit
Hilfe einer variablen Drosselung in der Abgasstrecke der
Turbine kann das Druckniveau im Heißgasstrom bis auf den
Nominalwert von 4.8 bar am Eintritt angehoben werden. Der
Verdichter ist zur Anpassung seiner Leistungsaufnahme am
Ein- und Austritt mit einer motorgetriebenen Drossel aus-
gerüstet. Vorausberechnungen des Betriebsverhaltens haben

gezeigt, daß die Arbeitslinie des Gaserzeugers auch bei
Turbinen unterschiedlicher Kapazität noch im ausreichenden
Abstand zur Pumpgrenze des Verdichters verläuft.

Für die Brennstoffzumessung wurde der vorhandene Regler
einer MTU-Kleingasturbine umgerüstet, dessen Steuerdruck
am Brennkammereintritt entnommen wird. Zur Betriebsüber-
wachung werden Öl- und Lagertemperaturen sowie Drücke und
Temperaturen im Hauptstrom und im sekundären Luftsystem
gemessen. Außerdem wird die Turbineneintrittstemperatur
an zwei Umfangspositionen überwacht.

Der Aufbau am Prüfstand ist im <u>Bild 14</u> dargestellt. Am
rechten Bildrand erkennt man die Vorbrennkammer mit der
zweiflutigen Zuführung in das Brennkammergehäuse. Das Abgas am Turbinenaustritt wurde im dargestellten Aufbau ohne
Drossel direkt in den Abgasschacht geleitet. Oberhalb des
Rigs erkennt man die Zusammenführung des Verdichteraus-
tritts mit der durch Motorantrieb verstellbaren Austrittsdrossel.

Die bisherigen Versuchsläufe hatten vorwiegend eine Funk-
tionserprobung zum Ziel. Brennkammer, Einlaufkonus und
Leitkranz waren vorerprobte Einzelkomponenten aus SISIC.
Der Rotor war im ersten Aufbau komplett mit 37 Metall-
schaufeln aus IN 713 C bestückt. Im zweiten Aufbau wurden
2 Schaufeln durch Keramikschaufeln (HPSN von Annawerk) ersetzt.

Der Erstlauf ging über 2 Stunden Dauerlast bei 1020 K
Turbinentemperatur und 1.7 bar Eintrittsdruck bei einer
Drehzahl von 36000 Min^{-1}. Der Aufbau zeigte keinerlei
mechanische Probleme und die eingebauten Keramikteile
waren nach dem Versuchslauf unbeschädigt. Beim zweiten
Versuchslauf mit 2 keramischen Laufschaufeln wurde zunächst
eine Drehzahl von 30000 Min^{-1} bei 2 bar Eintrittsdruck und

1170 K Eintrittstemperatur eingestellt. Die Inspektion nach
2 Stunden Betriebszeit zeigte keine Schäden. Bei der Fortsetzung der Versuche sollte die Drehzahl auf 36000 Min^{-1}
erhöht werden. Bei 34000 Min^{-1} trat eine plötzliche Ge-
räuschänderung auf, die mit einer erhöhten Schwingungs-
anzeige verbunden war. Der anschließende Befund zeigte,
daß eine Keramik-Laufschaufel am Fuß und die andere in
ca. 80 % der Schaufelhöhe abgebrochen war. Die genaue
Analyse des Bruchs im Schaufelblatt ergab aufgrund von
Oxydationsspuren im Bruchquerschnitt, daß ein Anriß vor-
gelegen haben muß, der wahrscheinlich im Verlauf der
Montage aufgetreten ist. Die insgesamt erzielte Laufzeit beträgt 5 Stunden.

Mit zunehmender Versuchserfahrung sollen unter Einsatz
verbesserter Komponenten und mit schrittweise verschärften
Betriebsbedingungen die Testläufe fortgesetzt werden.

7. <u>Zusammenfassung und Ausblick</u>
Die Entwicklung der keramischen Brennkammer ist mit guten
Ergebnissen bei der zyklischen Druckerprobung sowie mit
500 Stunden Laufzeit bei atmosphärischen Start-/Stop-
Zyklen am weitesten fortgeschritten. Der Einlaufkonus in
gesteckter Version hat alle Tests ohne Schaden überstanden. Beim Turbinenleitkranz wurden gestalterisch optimierte Varianten in RBSN (hauptsächlich VW) und SISIC (hauptsächlich MTU), die von verschiedenen deutschen Keramik-
herstellern geliefert wurden, getestet. Die detaillierten
Versuchserfahrungen zeigen Fortschritte in konstruktiven
Verbesserungen. Gleichzeitig steigen die Qualitätsanfor-
derungen an den Werkstoff.

Im folgenden Programmabschnitt sollen die vollen Ausle-
gungswerte unter Einbeziehung von dynamischen Triebwerks-
bedingungen erreicht werden.

8. <u>Schrifttum</u>

1   KAPPLER, G.   Stand der Entwicklung von Brenn-
    GIESEN, K.   kammern aus keramischen Werkstoffen
                       Statusseminar 1978
                       "Keramische Komponenten für Fahrzeug-
                       Gasturbinen"

2   LANGER, M.   Stand der Entwicklung eines kera-
    KRÜGER, W.   mischen Turbinenleitkranzes
                       Statusseminar 1978
                       "Keramische Komponenten für Fahrzeug-
                       Gasturbinen"

ENTWICKLUNGSAUFGABEN KERAMIK-BRENNKAMMER

AUSLEGUNG	WÄRMETAUSCHER-GASTURBINE FÜR LKW-ANTRIEB				
BRENNSTOFFSYSTEM	LUFTUNTERSTÜTZTE DIREKT-EINSPRITZUNG				
FLAMMROHR-GESTALTUNG	ZYLINDRISCH		KONISCH		
	geteilt	integral	geteilt	integral - 4 mm / 2 mm	integral optimiert
WERKSTOFF / FORMGEBUNGSVERF / HERSTELLER	RBSN, SISIC — ISOSTATISCH GEPRESST, SCHLICKERGUSS — NORTON, BNFL, ROSENTHAL, SIGRI				
EINSATZ-ERPROBUNG	FAHRZEUGTURBINE MTU7042		KERAMIK-DEMONSTRATOR		

mtu MÜNCHEN — Keramische Versuchsbrennkammern — Bild 1

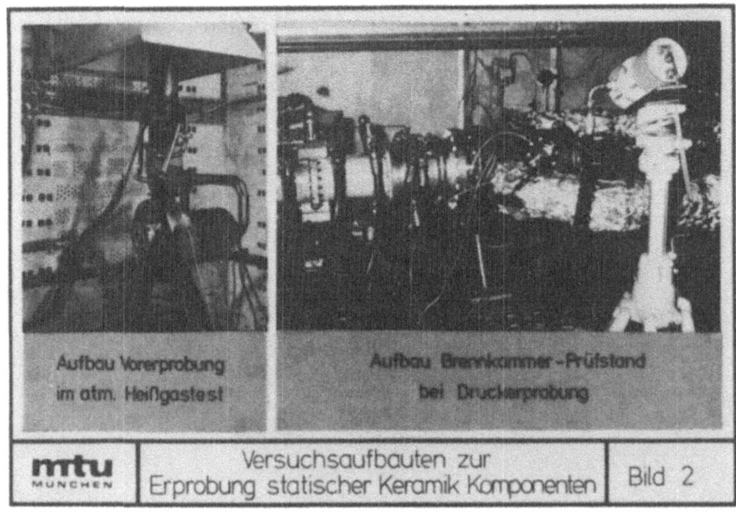

mtu MÜNCHEN — Versuchsaufbauten zur Erprobung statischer Keramik Komponenten — Bild 2

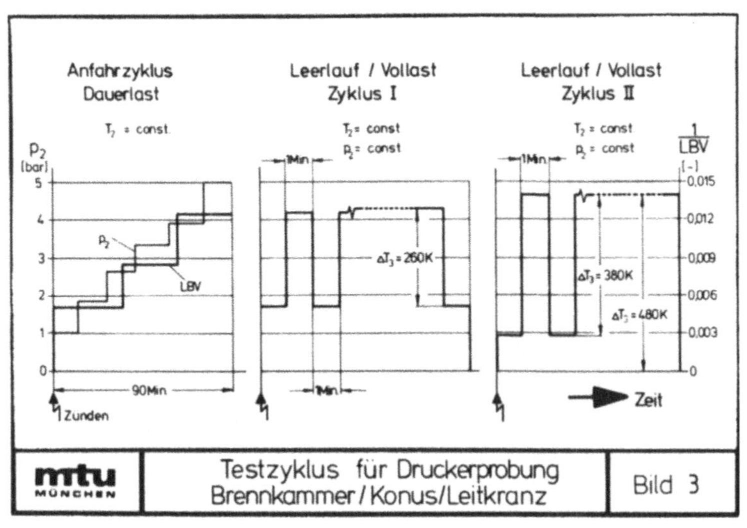

mtu MÜNCHEN	Testzyklus für Druckerprobung Brennkammer / Konus / Leitkranz	Bild 3

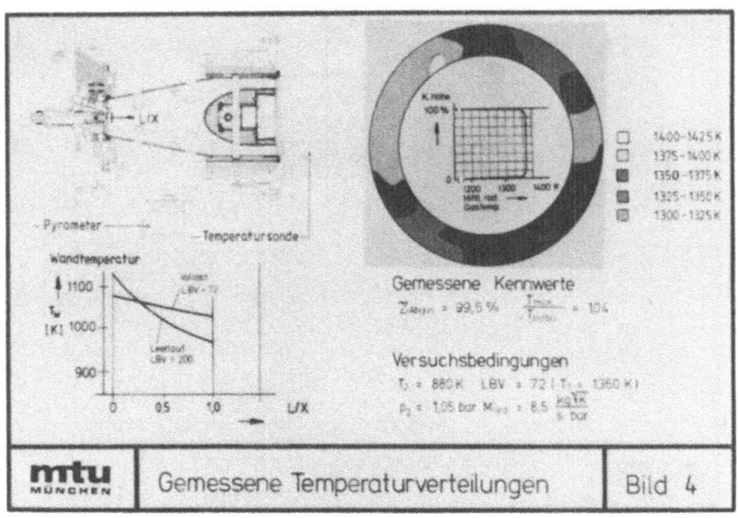

mtu MÜNCHEN	Gemessene Temperaturverteilungen	Bild 4

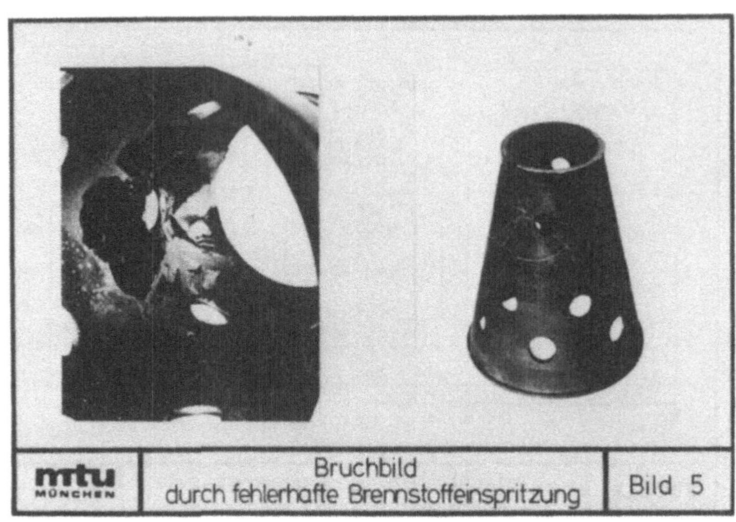

Bruchbild
durch fehlerhafte Brennstoffeinspritzung

Bild 5

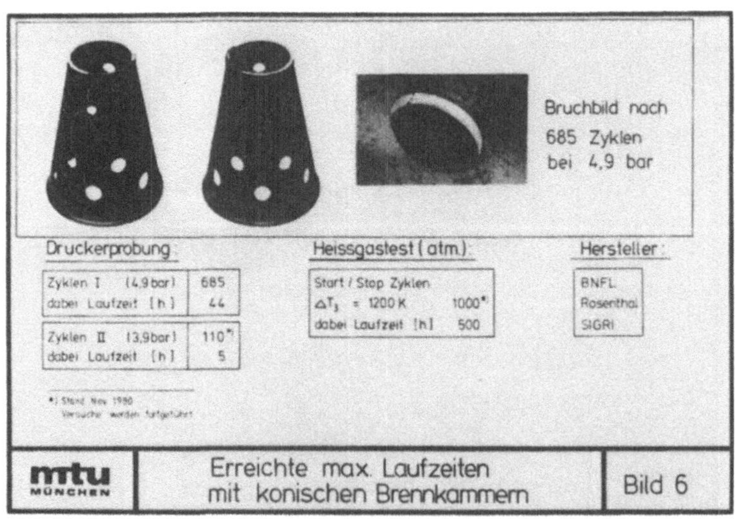

Druckerprobung:

Zyklen I (4,9 bar)	685
dabei Laufzeit [h]	44

Zyklen II (3,9 bar)	110*)
dabei Laufzeit [h]	5

*) Stand Nov. 1980
   Versuche werden fortgeführt

Heissgastest (atm.):

Start / Stop Zyklen	
ΔT_3 = 1200 K	1000*)
dabei Laufzeit [h]	500

Hersteller:

BNFL
Rosenthal
SIGRI

Erreichte max. Laufzeiten
mit konischen Brennkammern

Bild 6

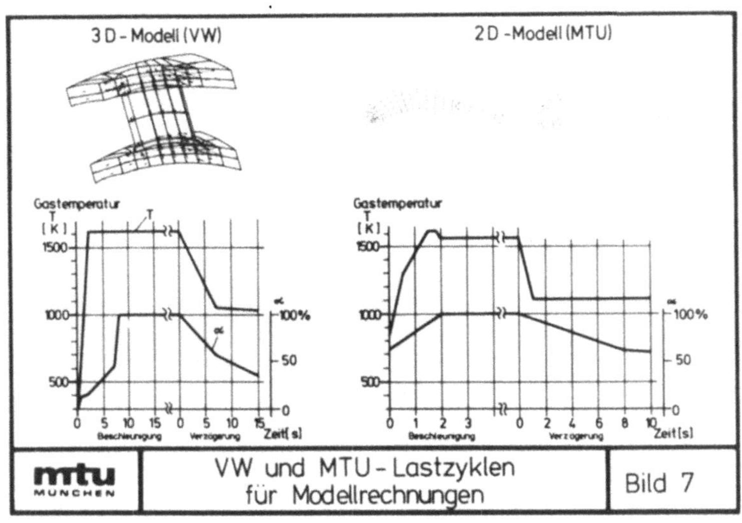

mtu
MÜNCHEN

VW und MTU-Lastzyklen
für Modellrechnungen

Bild 7

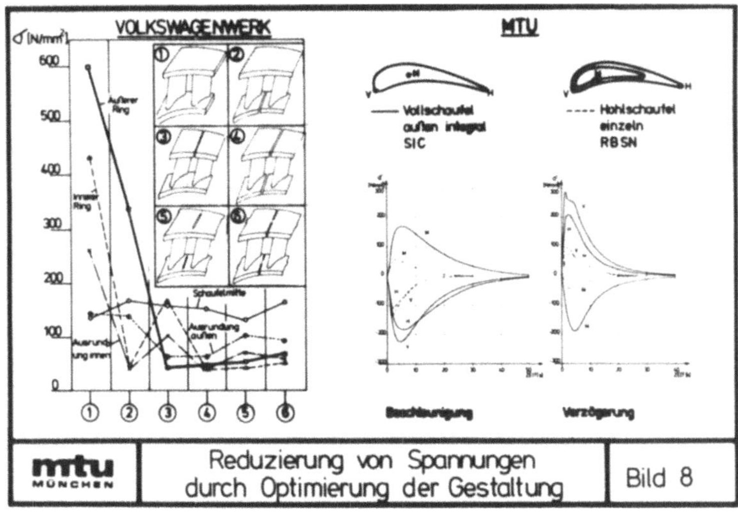

mtu
MÜNCHEN

Reduzierung von Spannungen
durch Optimierung der Gestaltung

Bild 8

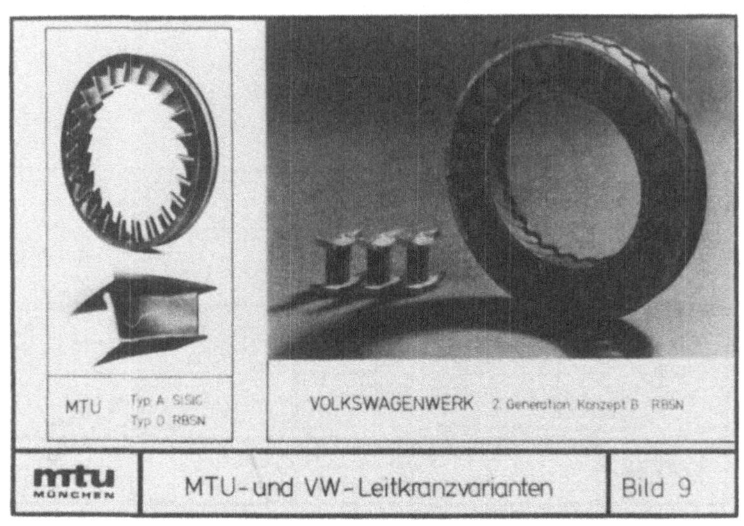

MTU- und VW-Leitkranzvarianten — Bild 9

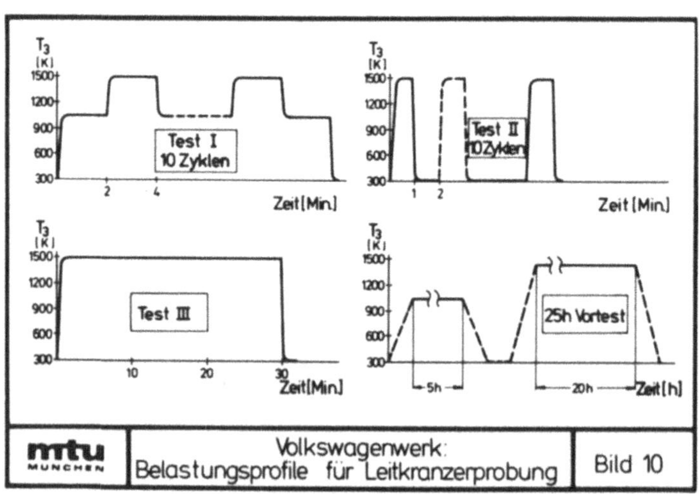

Volkswagenwerk: Belastungsprofile für Leitkranzerprobung — Bild 10

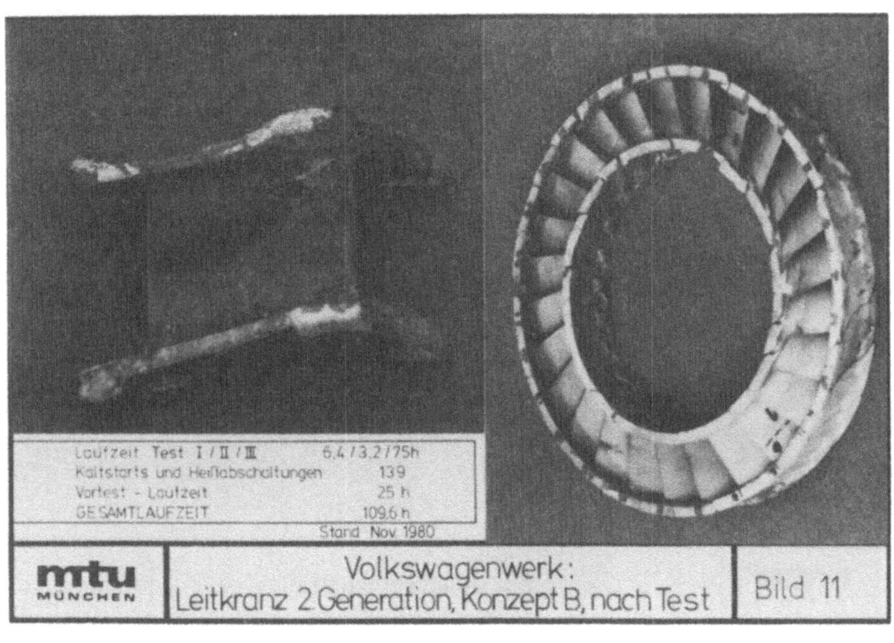

Volkswagenwerk: Leitkranz 2.Generation, Konzept B, nach Test — Bild 11

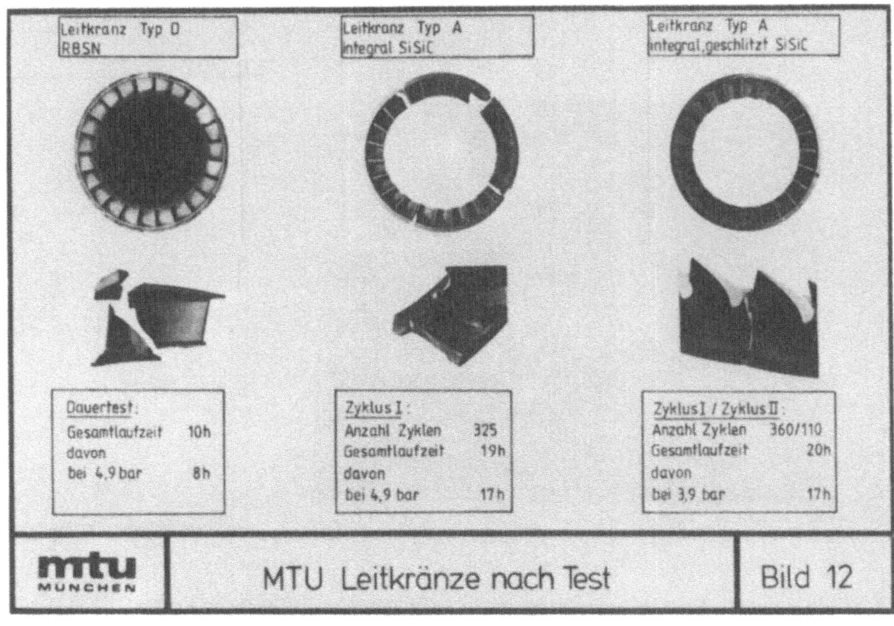

MTU Leitkränze nach Test — Bild 12

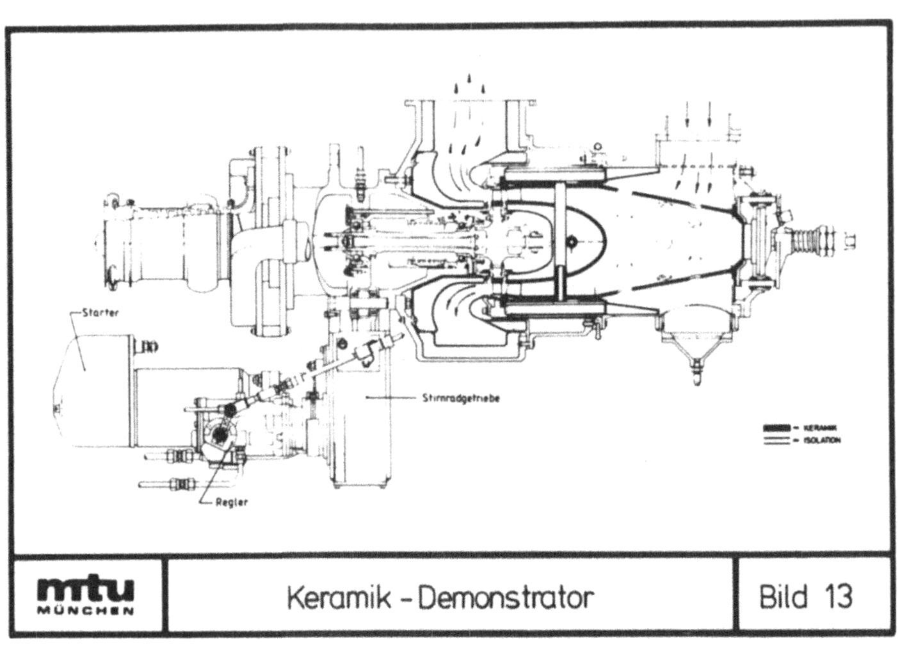

Keramik – Demonstrator | Bild 13

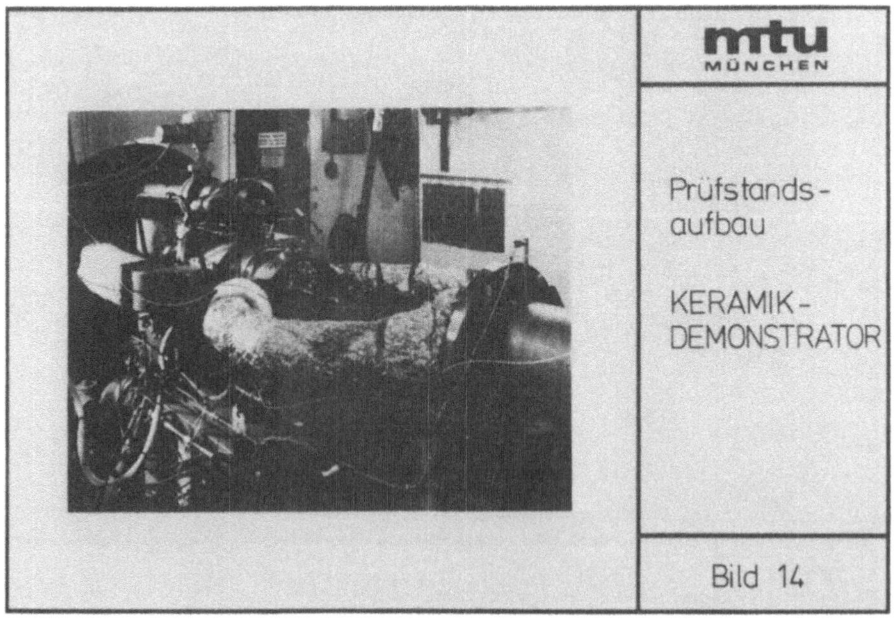

PRÜFUNG VON LAMINIERTEM RBSN-MATRIXMATERIAL
FÜR REKUPERATIV-WÄRMETAUSCHER

R. Heinze und K.D. Mörgenthaler

Daimler-Benz Aktiengesellschaft
Stuttgart-Untertürkheim

Über die Entwicklung eines Rekuperativ-Wärmetauschers aus reaktionsgesintertem Siliziumnitrid wurde 1978 beim Status-Seminar in Bad Neuenahr berichtet. Im Prinzip zeigt <u>Bild 1</u> einen
keramischen Rekuperativ-Wärmetauscher für Fahrzeug-Gasturbinen,
wie ihn Daimler-Benz für optimal hält. Es ist ein Wärmetauscher
mit modifiziertem Gegenstrom der durchströmenden Medien - mit
integrierten, rohrförmigen Luftkanälen.

Ende des 1. Förderungszeitraumes zeichnete sich ab, daß es
nicht möglich sein würde, mit dem an sich sehr eleganten
Strangpreß-Verfahren Elemente für einen derartigen Rekuperator
herzustellen, die den notwendigen Leistungsanforderungen, wie
z. B. Leckverluste max. 0,5 %, entsprechen können. In Absprache
mit der Rosenthal-Technik wird nun eine kombinierte Folien-,
Stanz- und Laminiertechnik verfolgt. Ziel ist auch hier, u. a.
folgende Matrixabmessungen schrittweise anzustreben [1]:

hydraulischer Durchmesser d_{hG}
der Gaskanäle   ca. 0,8 mm

hydraulischer Durchmesser d_{hL}
der Luftkanäle   ca. 0,6 mm

Dicke der Trennwände
zwischen Gas- und Luft-
kanälen   ca. 0,2 mm

Rippenbreite   ca. 0,2 mm

                spezifische Oberfläche
                der Matrix   ca. 2500 m²/m³

In einem ersten Schritt wurden bei Rosenthal aus ebenen und
aus gerippten Silizium-Kunststoff-Folien (siehe Bild 2) Proben
herausgestanzt und durch Laminieren - d. h. durch Zusammen-
fügen von Folienteilen - Einfach-Elemente, wie auch Matrix-
Würfel nach dem Gleichstrom- bzw. Kreuzstromprinzip hergestellt.
Anschließend erfolgte der Nitridierprozeß. An diesen Teilen
aus RBSN sollte zunächst die Funktionsfähigkeit des Wärmetauschers nachgewiesen werden.

Die verschiedenen Probeformen und Untersuchungen sind in Bild 3
wiedergegeben. Bei allen Proben wurden die mittlere Dichte,
die Porosität und das Oxidationsverhalten untersucht. An Rundproben, Berstproben, Luftsammelleitungsstücken und Matrixwürfeln erfolgten Untersuchungen der Luftdurchlässigkeit. Mit Ausnahme der Rundproben wurden an diesen Teilen auch Thermoschock-
untersuchungen durchgeführt. Das Berstverhalten wurde an Berstproben und an Matrixwürfeln und die Biegefestigkeit an Biegeproben mit BMFT-Prüfkörpergeometrie bestimmt.

Nachfolgend soll auf die Ergebnisse der einzelnen Untersuchungen eingegangen werden.

1.   Dichte und Porosität

Bei allen angelieferten Proben wurden nach der Wasserverdrän-
gungsmethode die Dichte, die offene und die Gesamtporosität bestimmt und aus der Differenz die geschlossene Porosität errechnet (Tabelle 1). Die mittlere Dichte der Proben lag zwischen
2,0 und 2,3 g/cm³, bei mit Chrom-Aluminium-Phosphat abgedichteten Proben, bei denen sich der offene Porenraum verringert hat,
wurde eine etwas höhere Dichte als bei nicht abgedichteten Proben gemessen.

2. Oxidationsverhalten

2.1 Isotherme Glühungen

Anhand von Glühungen an Luft wurde der Einfluß einer längeren
thermischen Belastung auf die Oxidationsbeständigkeit von
Rundproben, von laminierten Proben (Berstproben, Biegeproben
und Luftsammelleitungen) und Matrixelementen untersucht. In
Tabelle 2 sind die mittleren Gewichtszunahmen für die Prüfkörper nach einer Glühbehandlung an Luft bei 1000 °C/24 h aufgeführt. Außerdem sind der Tabelle verschiedene Dichten und offene Porositäten zu entnehmen. Eine steigende, oberflächenbezoge-
ne Gewichtszunahme in Abhängigkeit von der zunehmenden offenen
Porosität bzw. der abnehmenden Dichte ist teilweise zu erkennen. Bei Berst- und bei Rundproben zeigte sich für abgedichtete Proben eine deutlich geringere Gewichtszunahme als bei nicht
abgedichteten Proben. Der Unterschied ist auf die Abdichtung
wie auch auf die veränderte Dichte zurückzuführen. Insbesondere
bei den aus Würfeln entnommenen Prüfkörpern deuten die streuenden Werte darauf hin, daß möglicherweise eine ungleichmäßige
Abdichtung und/oder eine unvollständige Verbindung im Laminierbereich stattgefunden hat.

Auffallend sind die hohen, auf die Oberfläche bezogenen Gewichtszunahmen durch Glühen an Luft bei Luftsammelleitungen
und Biegeproben im Vergleich zu Berst- und Rundproben, wie
auch Bild 4 zu entnehmen ist. Das Bild zeigt die zeitliche Gewichtszunahme in g/m² für verschiedene Probekörper. Die relativ hohe Gewichtszunahme bei der Luftsammelleitung und Biege-
probe - die beide einen relativ hohen Anteil an laminierter
Fläche besitzen - ist vermutlich auf die im Vergleich zum
RBSN-Grundmaterial wesentlich größere offene Porosität der Laminierstellen zurückzuführen. Die zusätzliche Oberfläche der
offenen Poren im Laminierbereich wurde in der Auswertung nicht
berücksichtigt.

2.2 Schädigungen nach dem Glühen

Allein durch Glühen an der Luft bei 1000 °C waren an den untersuchten RBSN-Teilen Schädigungen zu verzeichnen. Verschiedene
Rundproben waren nach 100 h Glühzeit an Luft verformt. Bei abgedichteten wie auch bei nicht abgedichteten Berstproben hoben
sich einzelne Schichten voneinander ab. Neben Abplatzern ließen sich auch Risse feststellen. Nahezu alle Luftsammelleitungen und verschiedene Matrixwürfel zerbrachen allein infolge
des Glühvorganges. Als Beispiel zeigt <u>Bild 5</u> eine Luftsammelleitung nach Glühung an Luft (1000 °C/200 h), die an einer
Laminierstelle auseinandergebrochen ist, einen Gleichstromwürfel, der schon nach einer Glühzeit von nur 5 min bei 1000 °C
großflächig an den Laminierstellen aufgebrochen und einen
Kreuzstromwürfel, der ebenfalls nach 5 min auseinandergebrochen ist. Hier hielten die Stege den Belastungen nicht stand.
Bei anderen Matrixwürfeln waren entweder Risse entstanden oder
stärkere grün aussehende Ausschmelzungen an Abdichtmaterial
waren an den Kanalenden herausgequollen.

2.3 Glühungen von Matrixwürfelabschnitten

Nachdem bei verschiedenen Würfeln bei 1000 °C sehr starke Ausschmelzungen auftraten, wurden an Matrixwürfelabschnitten
Glühversuche an Luft zwischen 800 und 1050 °C durchgeführt.
Die Glühzeiten betrugen 1 bis 24 h. Ab 900 °C trat eine grüne
Verfärbung des RBSN-Materials auf, bei 950 °C waren schon nach
1 h grüne Ausschmelzungen in den Kanalöffnungen festzustellen
(siehe <u>Bild 6</u>), die mit zunehmender Temperatur immer stärker
wurden. Die Glühversuche bestätigen die bei den Würfeln nicht
überall gleichmäßig erfolgte Abdichtung, dies ist auch aus den
unterschiedlichen Dichten der Würfelabschnitte (siehe Tabelle 2)
zu erkennen.

2.4 <u>Zyklische Glühungen</u>

Um den Einfluß einer zyklischen Glühung an Luft auf verschiedene Eigenschaften von laminierten und abgedichteten RBSN-Teilen zu untersuchen, wurden Biege- und Berstproben, Luftsammelleitungen und zwei Matrixwürfelhälften wechselweise bei 1000 °
und 800 °C geglüht. Der Glühzyklus - gegenüber dem im BMFT-
Prüfprogramm leicht modifiziert - sowie die mittleren ober-
flächenbezogenen Gewichtszunahmen, sind <u>Bild 7</u> zu entnehmen.

Ausgehend von einer mittleren Biegefestigkeit ungeglühter, ab-
gedichteter Biegeproben von etwa 157 N/mm² - die Festigkeit
unabgedichteter Proben betrug demgegenüber etwa 190 N/mm² -
erlitten die Proben infolge der Glühung an Luft während der
Glühzeit bis zu 88 h nur einen geringen Festigkeitsabfall von
etwa 3 bis 4 %.

Berstproben ließen bis zu einer Glühzeit von 22 h keine Schädigungen erkennen. Nach einer Glühzeit von 88 h zeigte sich
jedoch eine starke Rißbildung.

Bei abgedichteten Luftsammelleitungen traten nach 22 h Glühzeit - d. h. nach einem wie im Bild 7 wiedergegebenen Zyklus -
ebenfalls keine Schädigungen auf. Eine Luftsammelleitung, die
starke Ausschmelzungen nach einer 200stündigen Glühung an Luft
aufwies, erlitt nach einer anschließenden 88stündigen zyklischen Glühung keine weiteren Schädigungen.

Zwei Matrixwürfelhälften, die ebenfalls dieser zyklischen
Glühbehandlung unterworfen waren, zeigten schon nach 2 h bzw.
nach 22 h starke Ausschmelzungen und Rißbildungen. Die Gewichtszunahme wurde nicht bestimmt, da bei diesen Proben im
Ofen Abplatzungen erfolgten.

111

3. <u>Berstprüfung an Matrixelementen</u>

An zweischichtigen abgedichteten und nicht abgedichteten Berstproben (siehe <u>Bild 8</u>) sowie an Proben mit zwei Kanalebenen, die
aus einem Gleichstromwürfel herausgetrennt wurden, wurden die
Berstprüfungen in der ebenfalls in Bild 8 wiedergegebenen Prüfvorrichtung durchgeführt. Mit Hilfe von Drucköl können die
Berstproben mit mehreren 100 bar beaufschlagt werden. Ein Berstdruck von 50 bar entspricht den Mindestanforderungen, die bei
einem Rekuperator mit den anfänglich angegebenen Abmessungen
unbedingt für erforderlich gehalten werden.

Als Beispiel für eine zerborstene Probe zeigt Bild 8 eine
zweischichtige, abgedichtete Berstprobe, bei der der Schadens-
fall bei einem Berstdruck von 54 bar eingetreten ist.

Die Prüfergebnisse an nicht abgedichteten wie an abgedichteten
Berstproben werden in <u>Tabelle 3</u> wiedergegeben. Bei den ersten
4 Proben, die nicht abgedichtet waren, handelt es sich nach
Angabe von Firma Rosenthal um eine nicht völlig einwandfreie
Lieferung. Die Berstdrücke waren völlig unzureichend und lagen
zwischen 2 und 14 bar. Als Bruchursache sind mangelhafte Verbindungen zwischen den einzelnen Schichten anzusehen.

Bei abgedichteten Berstproben aus der Restlieferung lagen die
Berstdrücke deutlich höher, jedoch nur bei 2 von 7 Proben lagen die Berstdrücke über dem geforderten Druck von 50 bar. Die
beiden Proben brachen in den Rippen. Von drei abgedichteten,
zyklisch zwischen 800 und 1000 °C geglühten Proben entsprach
eine der Forderung von 50 bar.

Demgegenüber hielten alle fünf Proben, die aus einem Gleich-
strom-Würfel herausgetrennt wurden, dem geforderten Berstdruck
von 50 bar stand.

4. Luftdurchlässigkeitsmessungen

An einschichtigen Rundproben, an Berstproben, Luftsammelleitungen und Gleichstromwürfelabschnitten sowie an einem Kreuzstromwürfel, wurde die Luftdurchlässigkeit bestimmt. Die Luftdurchlässigkeit wurde für einen Druckunterschied von $\Delta p = 1$ bar und 5 bar bestimmt. Nachfolgend soll nur auf die bei 5 bar Druckunterschied gewonnenen Ergebnisse eingegangen werden.

Bild 9 zeigt in einer Übersicht die Ergebnisse der Luftdurchlässigkeitsmessungen bei einem Druckunterschied von 5 bar. Für eine Wandstärke von 0,2 mm beträgt gemäß der DB-Spezifikation die maximal zulässige Luftdurchlässigkeit $1,25 \times 10^{-1}$ g/m² s. Wie dem Bild zu entnehmen ist, wurde die maximal zulässige Luftdurchlässigkeit nur bei einer einzelnen Berstprobe und teilweise bei Gleichstromwürfel-Abschnitten unterschritten und bei Luftsammelleitungen in etwa erreicht. Bei allen Proben war jedoch die Wandstärke gegenüber der geforderten von 0,2 mm mit 0,6 - 4,2 mm wesentlich stärker und die Ergebnisse somit ungünstiger als im Bild dargestellt. Eine Normierung auf die Wandstärke 0,2 mm ließ sich nicht durchführen, da für die abgedichtete und nicht abgedichtete, für ungeglühte und geglühte, für ebene und gerippte Proben unterschiedliche Gesetzmäßigkeiten gelten.

5. Thermoschockverhalten

Die Thermoschockversuche wurden an Berstproben und Luftsammelleitungen sowie an Matrixwürfeln durchgeführt. Bild 10 zeigt die Thermoschockprüfvorrichtung für Berstproben bzw. Luftsammelleitungen. Die Proben wurden abwechselnd jeweils 1 bis 2 min von Heißgas (1000 und 1200 °C) und Kaltluft (50 °C) umströmt.

Von drei abgedichteten Berstproben, die als Vormuster geliefert wurden, überstanden zwei Proben 300 Temperaturwechsel auf 1000 °C ohne Schädigung, die dritte Probe ging nach zwei Temperaturwechseln zu Bruch. Drei weitere abgedichtete Berstproben, die zu einem späteren Zeitpunkt geliefert wurden, zerbrachen bereits nach 15 sec im Heißgas. In Bild 10 sind die Reststücke dieser Proben noch in der Halterung zu erkennen. Die Proben zerbrachen längs der Probenmitte.

Drei der Luftsammelleitungen, an denen Thermoschockversuche
durchgeführt wurden, zerbrachen nach wenigen Thermoschocks,
zwei weitere gingen nach 193 bzw. 195 Temperaturwechseln zu
Bruch. Die restlichen vier Luftsammelleitungen überstanden die
geforderte Anzahl von 200 Temperaturwechseln von 50 °C auf
1000 bzw. 1200 °C ohne Schaden [2].

Die Thermoschockerprobung von Matrixwürfeln erfolgte in der in
Bild 11 wiedergegebenen Prüfvorrichtung. Die Gas- und Lufttem-
peraturen betrugen 980 °C bzw. 70 °C, die Auf- und Abkühlzeit
etwa 60 sec. Bei den Versuchen wurden die Würfel jeweils 5 min
bei 980 °C gehalten und dann durch die zugeführte Kühlluft auf
ca. 200 °C abgekühlt.

Zwei Gleichstrom- und drei Kreuzstromwürfel wurden untersucht.
Die beiden Gleichstromwürfel gingen nach zwei bzw. drei Temperaturwechseln zu Bruch. Mangelhafte Verbindungsstellen waren
die Bruchursache. Zwei der drei Kreuzstromwürfel überstanden
neun bzw. zehn Temperaturwechsel,bevor eine starke Rißbildung
festzustellen war. Der dritte Kreuzstromwürfel (siehe Bild 11)
wies nach zehn Temperaturwechseln feine Risse auf (im Bild
durch Pfeile angedeutet), die sich nach 50 Temperaturwechseln
nicht weiter ausgebreitet haben. Bei den Kreuzstromwürfeln verliefen die Risse quer durch die Stege. Hier lag der Schwach-
punkt nicht an der Verbindungsstelle, sondern an der Festigkeit
des Werkstoffes.

6. Ergebnis

An verschiedenen Versuchskörpern und aus laminierten Schichten
hergestellten, rekuperatorähnlichen Bauteilen wurden Versuche
durchgeführt, die Aufschluß über Materialqualität und Ferti-
gungstechnik geben sollten.

Als Ergebnis läßt sich feststellen:

1. <u>Dichte, Porosität und Luftdurchlässigkeit des Materials</u>

Im Vergleich zu dem im vorangegangenen Forschungsvorhaben
entwickelten Material konnte die Dichte angehoben werden.
Die Porosität war   dementsprechend verringert.

Die Luftdurchlässigkeit wurde nur unwesentlich verringert.
Mit Ausnahme der Luftsammelleitungen ist bei allen Teilen
die Luftdurchlässigkeit noch wesentlich zu hoch.

Wie bei Luftsammelleitungen gezeigt werden konnte, wird
die Luftdurchlässigkeit kaum durch zyklische Glühbehandlung oder durch Thermoschockbeaufschlagung beeinflußt.
Auch durch Abdichten des Materials in der durchgeführten
Weise wird nur eine geringfügige Verringerung der Luftdurchlässigkeit erzielt.

2. <u>Glühungen an Luft</u>

Im wesentlichen zeigen die Glühversuche an Luft

- daß die Biegefestigkeit laminierter Biegeproben nur geringfügig durch den Glühvorgang herabgesetzt wird,

- daß Luftsammelleitungen und Biegeproben, die einen hohen
  Anteil an Laminierstellen haben, stärkere flächenbezo-
  gene Gewichtszunahmen als z. B. Rund- und Berstproben
  haben,

- daß abgedichtete Proben eine deutlich geringere Gewichtszunahme zeigen als nicht abgedichtete Proben,

- und daß nach unterschiedlichen Glühbehandlungen an Luft
  die untersuchten RBSN-Proben zum überwiegenden Teil
  Schädigungen wie z. B. Risse, Abplatzer, Ausschmelzungen
  usw. aufweisen.

3. Berstfestigkeit

Durch eine Verbesserung der Verbindungstechnik konnte die
geforderte Berstfestigkeit von 50 bar bei einigen Versuchs-
teilen erreicht werden. Die Berstfestigkeit an abgetrenn-
ten Gleichstromwürfelabschnitten lag über dem geforderten
Wert.

4. Thermoschockverhalten

Das Thermoschockverhalten bei verschiedenen Berstproben
sowie bei den Matrixwürfeln entsprach nicht den Anforderungen.

7. Weiterentwicklung am Rekuperator

Bei einer Weiterentwicklung an dem beschriebenen Rekuperator
für Einsatzbereiche über 1000 °C ist eine wesentliche Verbesserung des Oxidations- und Thermoschockverhaltens, z. B. durch
Dichte- und Festigkeitssteigerungen des laminierten RBSN-Materials erforderlich, insbesondere auch im Hinblick auf dünnere
Trennwände. Von der Auslegung her ist eine Wandstärke von
0,2 mm unbedingt notwendig und anzustreben. Ausschmelzungen an
den Matrixwürfeln müssen durch eine optimierte Abdichtungs-
technik vermieden werden. Aufgrund der an den Verbindungsstellen aufgetretenen Schäden sollte auch die Laminiertechnik noch
deutlich verbessert werden.

<u>Schrifttum</u>

[1]   TANK, E.   Entwicklung eines Rekuperator-Wärme-
                          tauschers aus Siliziumnitrid. Status-
                          seminar: Keramische Komponenten für
                          Fahrzeug-Gasturbinen
                          Berlin, Heidelberg, New York,
                          Springer-Verlag 1978

[2]   TIEFENBACHER Bauteile aus Keramik für Gasturbinen
             u. a.   Daimler-Benz AG
                          Abschlußbericht des Förderungsvorhabens
                          BMFT 01 ZC 046 A - ZK / NT / NTS 1006
                          vom 01.03.1977 - 29.02.1980

BEZEICHNUNG	WASSERVERDRÄNGUNGSMETHODE					HG-POROSIMETER		
	DICHTE ρ [G/CM^3]	P$_0$ [%]	P$_{GES}$ [%]	P GESCHL. [%]	PROBEN-ZAHL	P$_{VOL.}$ [CM^3/G]	P$_\emptyset$ [µM]	PROBEN-ZAHL
LUFTDURCHLÄSSIG-KEITSPROBEN								
GERIPPT	2,05	34,1	35,7	1,6	10	-	-	-
EBEN	2,07	33,9	35,2	1,3	10	-	-	-
EBEN, ABGEDICHT.	2,19	25,3	31,8	6,5	10	0,114	0,4	1
BERSTPROBEN								
UNBEHANDELT	2,21	-	-	-	5	0,079	0,4	1
ABGEDICHTET	2,28	18,0	28,5	10,5	5	0,055	0,3	1
ROHRE	2,18	29,8	32,6	2,8	10	0,05	0,2	1
BIEGEPROBEN	2,3	24,3	27,7	3,4	20	0,103	0,15	1
ROSENTHAL (SPRITZGEG.)	2,20	23,0	30,5	7,5	-	0,06	0,25	1
RUNDPROBE (STRANGGEPR., MATERIAL 1976)	1,65	37,0	48,7	11,7	-	0,166	1,3	1

<u>Tabelle 1</u>: Mittlere Dichte und Porosität laminierter Proben und Probekörper aus RBSN

BEZEICHNUNG	DICHTE [G/CM^3]	P$_0$ [%]	ΔG [%]	ΔG [G/M^2]	BEMERKUNG
LUFTDURCHLÄSSIGKEITSPROBEN					
	2,05	34,1	4,23	25,6	GERIPPT, UNABGEDICHTET
RUNDPROBEN	2,07	33,9	4,84	27,9	EBEN, UNABGEDICHTET
	2,19	25,3	2,88	18,0	EBEN, ABGEDICHTET
BERSTPROBEN	2,28	18,0	0,7	6,0	PROBENABSCHNITTE 20 x 20 MM ABGEDICHTET, VORMUSTER, STARK VERGLAST
	2,21	-	5,6	40,0	UNABGEDICHTET
	2,15	30,4	4,21	25,1	
	2,01	35,1	4,32	26,7	ABGEDICHTET
	2,12	26,5	3,93	24,9	
LUFTSAMMELLEITUNG	2,18	27,1	4,2	128	UNABGEDICHTET
	2,07	28,5	4,39	125	ABGEDICHTET
BIEGEPROBE	2,30	24,3	3,57	73,8	UNABGEDICHTET, 1000 °C / 20 H
MATRIXWÜRFEL	2,0	-	2,12	17,7	MATRIXWÜRFEL
	2,22	22,27	0,8	5,8	GLEICHSTROMWÜRFELABSCHNITTE
	2,16	21,86	1,08	12,7	
	1,91	29,88	2,1	13,0	(20 x 20 MM, DREISCHICHTIG)
	1,89	35,15	2,1	22,0	

(P$_0$ = OFFENE POROSITÄT, ΔG = GEWICHTSZUNAHME

<u>Tabelle 2</u>: Oxidationsverhalten (Glühung an Luft bei 1000 °C/24 h)

BERSTDRUCK [BAR]	BEMERKUNG - BRUCHAUSGANG
	ERSTLIEFERUNG (UNABGEDICHTET)
11	AM PROBENENDE, UNTERHALB DER VERBINDUNGSSTELLE
10	VERBINDUNGSSTELLE, RANDVERSCHLUSS TEILWEISE NICHT VERBUNDEN
14	VERBINDUNGSSTELLE
2	VERBINDUNG, GROSSFLÄCHIG KEINE VERBINDUNG
	RESTLIEFERUNG (ABGEDICHTET)
54	STEG, TEILWEISE IN VERBINDUNGSSTELLE
14	VERBINDUNGSSTELLE
48	VERBINDUNGSSTELLE
43	STEG, PROBENENDE
78	STEG
26	VERBINDUNGSSTELLE
40	VERBINDUNGSSTELLE, DANN LÄNGS DURCH STEG
	BERSTPROBEN (ABGEDICHTET) ZYKLISCH GEGLÜHT 1000 °C / 800 °C
42	ABPLATZER, PROBENENDE 2 H
56	BRUCH IM STEG 6 H
40	STEG AM PROBENENDE 22 H
	PROBEN AUS WÜRFEL
52	ABPLATZER, PROBENENDE AUS VOLLEM MATERIAL
64	ABPLATZER, PROBENENDE
76	BRUCH LÄNGS DURCH STEG
128	PROBENENDE UND SEITE MITTE, IN LÄNGSRICHTUNG DURCH STEG
56	STEG NAHE VON EINBETTUNG AUSGEHEND GERISSEN

Tabelle 3: Berstdrücke laminierter Proben aus RBSN

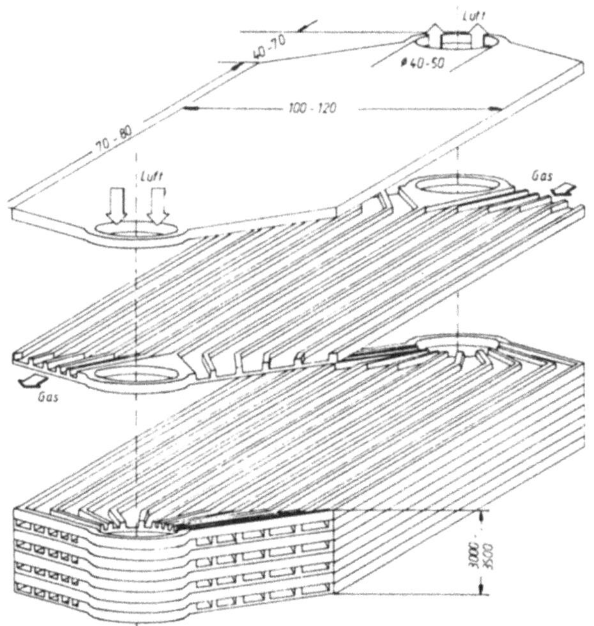

Bild 1: Prinzip eines keramischen Rekuperativ-Wärmetauschers
für Fahrzeug-Gasturbinen

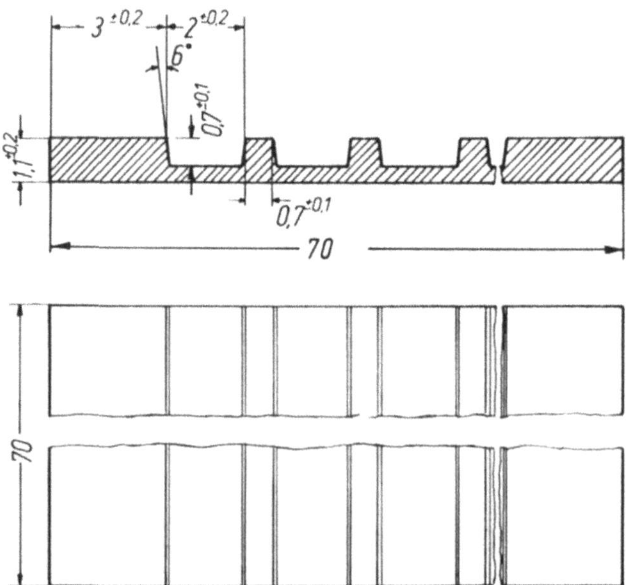

Bild 2: Folien- bzw. Plattengeometrie zur Herstellung von
Matrixkörpern aus RBSN

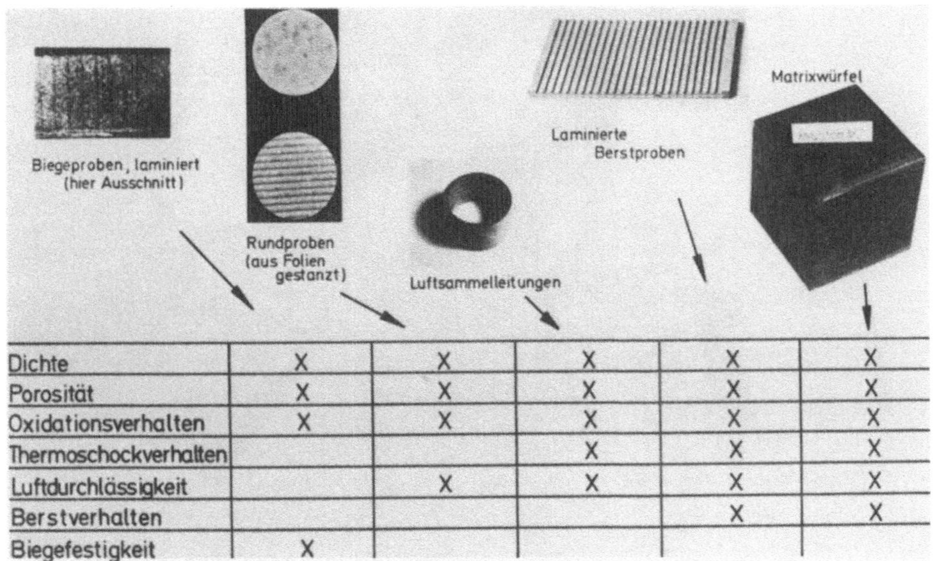

	Biegeproben, laminiert	Rundproben	Luftsammelleitungen	Laminierte Berstproben	Matrixwürfel
Dichte	X	X	X	X	X
Porosität	X	X	X	X	X
Oxidationsverhalten	X	X	X	X	X
Thermoschockverhalten			X	X	X
Luftdurchlässigkeit		X	X	X	X
Berstverhalten				X	X
Biegefestigkeit	X				

Bild 3: Probenformen und Untersuchungsziele

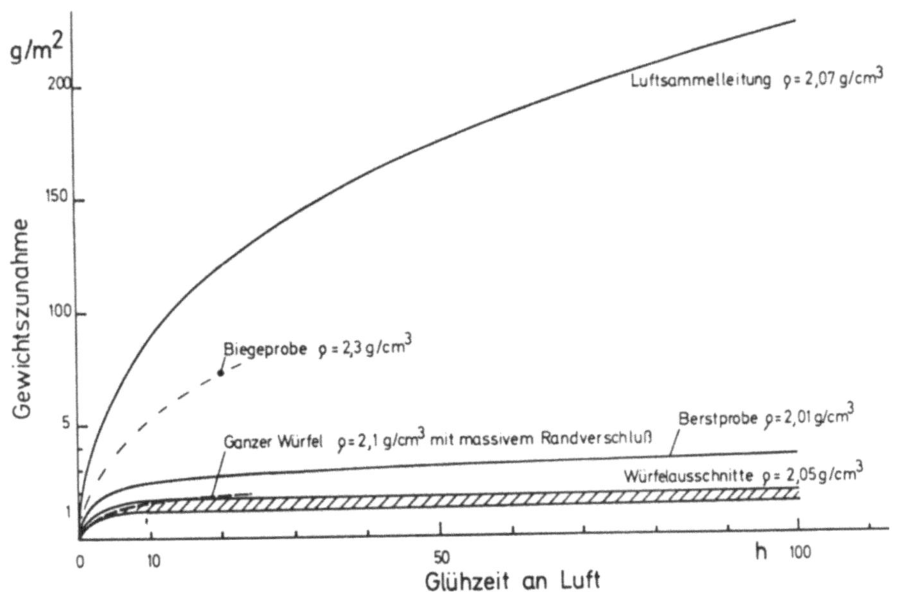

Bild 4: Gewichtszunahme von Probekörpern nach Glühung an Luft
        bei 1000 °C

121

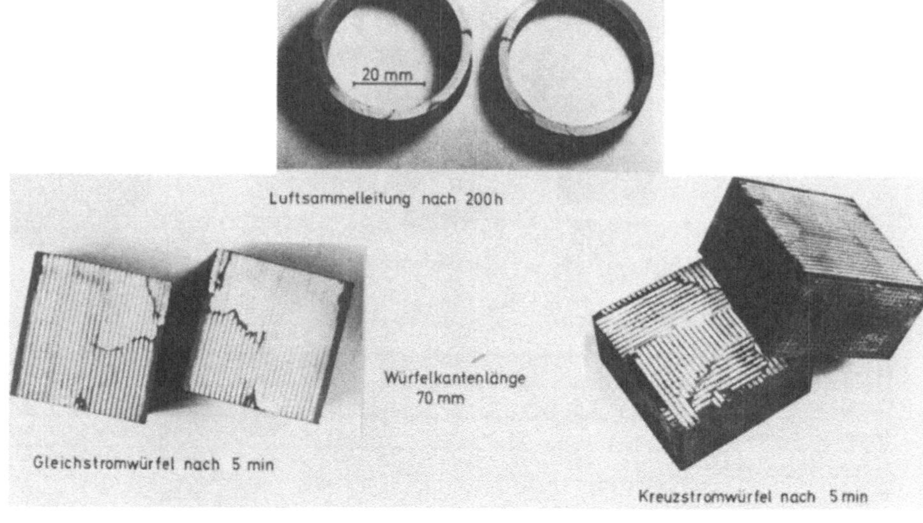

Bild 5: Schädigungen an laminierten Bauteilen nach Glühungen an Luft bei 1000 °C

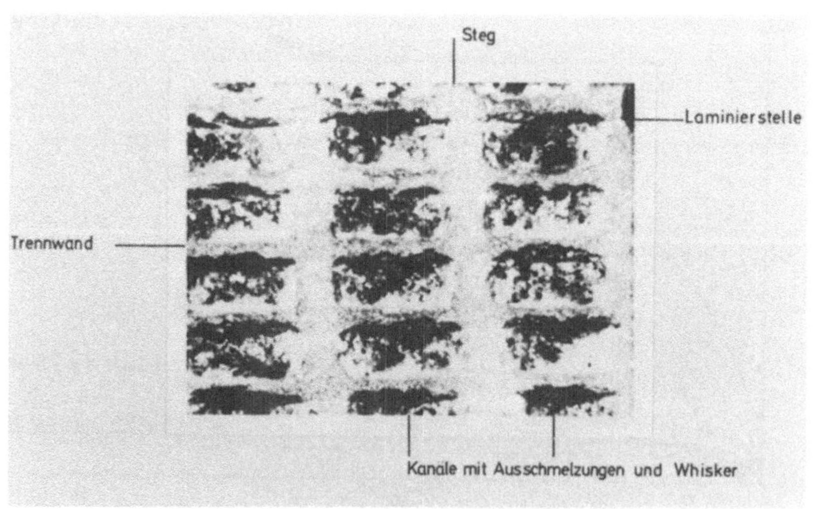

Bild 6: Kanalenden eines Gleichstromwürfelabschnitts nach Glühung an Luft (1 h/950 °C)

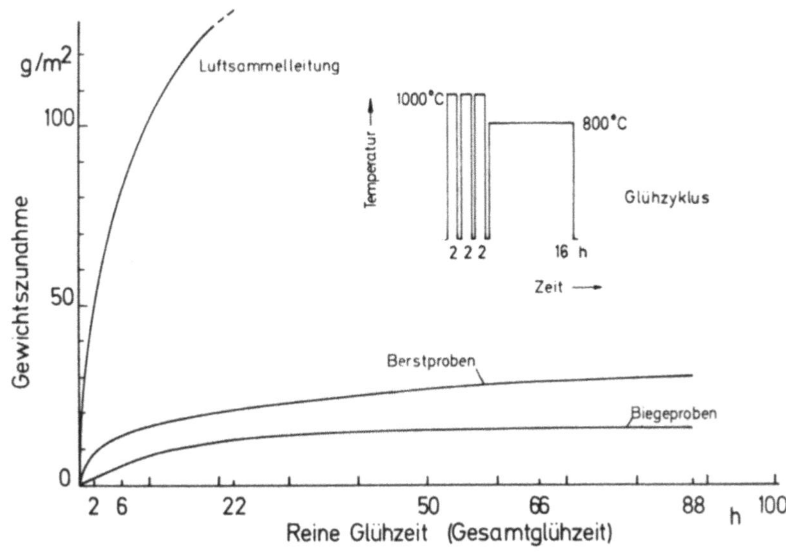

Bild 7: Mittlere Gewichtszunahme laminierter Keramikproben bei zyklischer Glühung an Luft

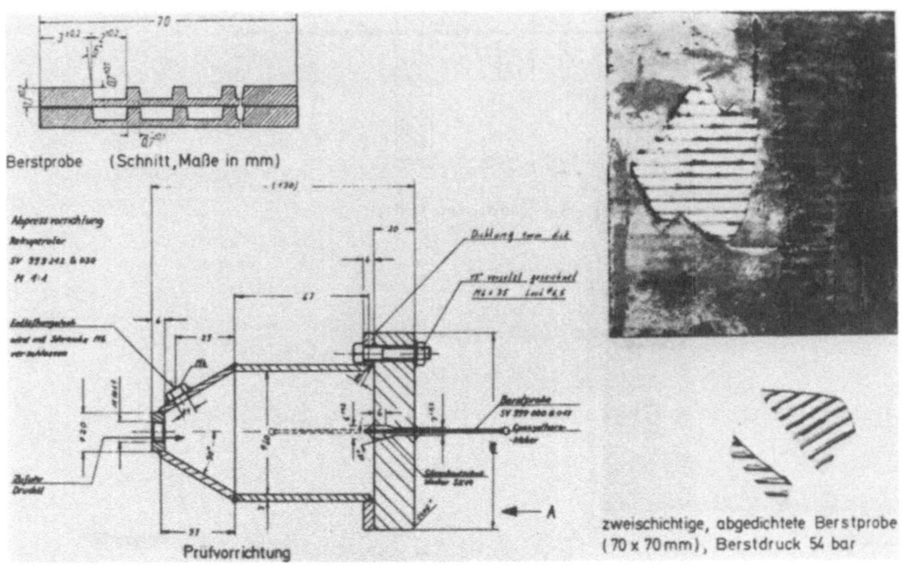

Bild 8: Berstprüfung laminierter Proben

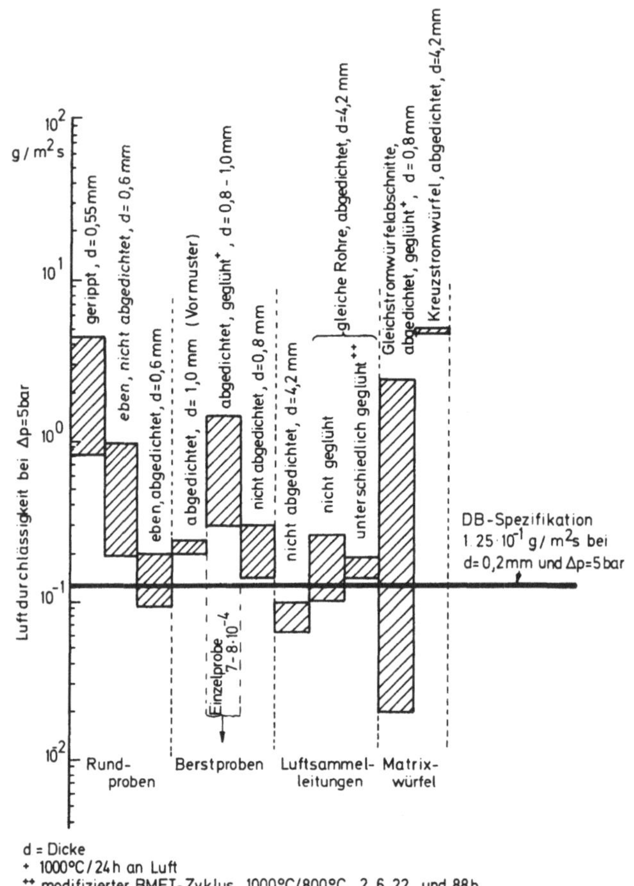

Bild 9: Luftdurchlässigkeit verschiedener RBSN-Probekörper

Thermoschockprüfvorrichtung mit Reststücken
von Berstproben (15 sec nach Heißgasbeauf-
schlagung 1000°C)

Laminierte Luftsammelleitung
(L = 70mm, ∅=46mm, nicht abgedichtet)
Bruch nach 193 Temperaturwechseln
1200°C / 50°C

Bild 10: Thermoschockversuche an Berstproben und Luftsammelleitungen

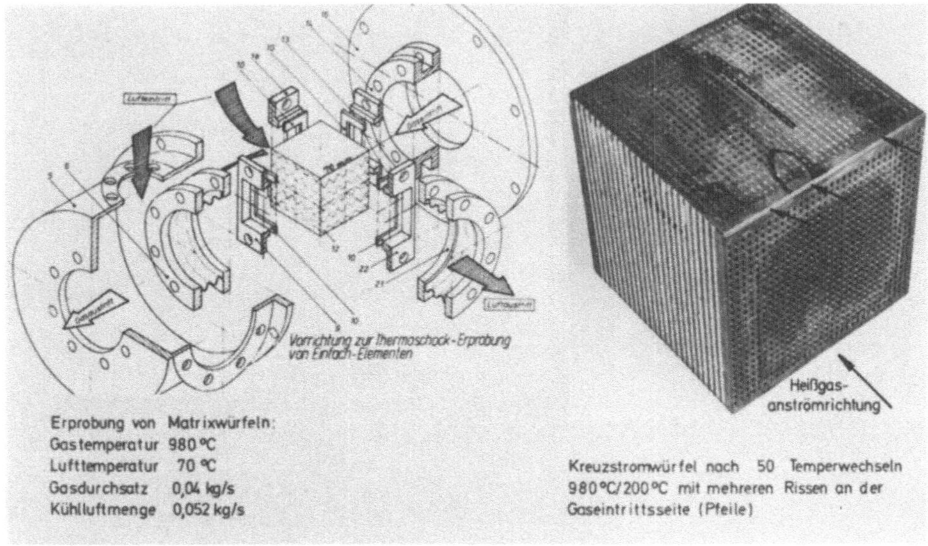

Erprobung von Matrixwürfeln:
Gastemperatur   980°C
Lufttemperatur   70 °C
Gasdurchsatz   0,04 kg/s
Kühlluftmenge   0,052 kg/s

Kreuzstromwürfel nach 50 Temperwechseln
980°C/200°C mit mehreren Rissen an der
Gaseintrittsseite (Pfeile)

Bild 11: Thermoschockerprobung von RBSN-Matrixwürfeln

<u>Ford Ceramic Turbine Programs</u>

Arthur F. McLean
Ford Motor Company
Dearborn, Michigan

<u>Introduction</u>

First, may I express my appreciation to both BMFT and DFVLR for
the opportunity of participating in this second German Seminar
on their Ceramic Turbine Programs. It's certainly an honor for
me to accept DFVLR's invitation to present some our work on
Ceramic Turbine Programs at Ford. Over the past decade or so,
this new technology has been established and has grown on a
worldwide basis.

In the ARPA/Ford Program, the objective of 200 hours durability
(175 hrs. at 1055 $^{\circ}$C and 25 hrs. at 1372 $^{\circ}$C (2500 $^{\circ}$F)) was
successfully met on a multiplicity of ceramic components, both
as individual components (including an all-ceramic rotor) and
as a complete stationary ceramic flowpath. The stationary
components comprised a RBSN nose cone, two stators (both RBSN
and RBSC were successfully demonstrated), a RBSC combustor and
two RBSN tip shrouds. The all-ceramic rotor which met the 200-
hour objective was a duo-density (RBSN blades/HPSN hub) con-
figuration.

Since the ARPA/Ford program, we have continued ceramic technology
development for turbine and other applications. To help present
an overview of Ford's recent work on ceramics for turbines, I've
divided my talk today into several categories comprising research
and development on:

       1. Materials
       2. Time Dependent Strength Considerations
       3. Forming Processes
       4. Components

<u>Materials R&D</u>

We have continued to press for higher strength ceramics, leaning
heavily on our expertise in silicon nitride. An important plateau
in material development was the achievement of injection molded,
reaction bonded silicon nitride (RBSN) with a density of 2.7 g/cc
or 85 % of theoretical. The four-point characteristic bend
strength of this material is about 300 MPa and, in flexural
stress rupture tests, it was shown that no failures occurred
in 200 hours at 210 MPa and 1200 $^{\circ}$C.

A program supported by DOE/NASA has been underway to develop
technology to produce an improved injection molded RBSN with a
density of 2.8 g/cc. The strength of this material was found to
be superior to its 2.7 g/cc predecessor. <u>Figure 1</u> shows a Weibull
plot of the optimized 2.8 g/cc material and shows the characteristic strength to be 359 MPa (superior to 2.7 g/cc material)
with a Weibull modulus of almost 16. Some of the highlights of
this program are:

- An optimum particle size distribution of the starting silicon
  powder was determined to achieve the desired density yet retain
  mold-filling. It was found that only powders processed by dry
  ball milling would yield good moldability at the high density.

- An optimum nitriding cycle was determined to achieve complete
  nitridation and homogeneous fine microstructure of the resultant
  material.

- Both nitriding time and nitriding atmosphere were shown to
  affect nitriding quality. Atmospheres of H_2/N_2 and $H_2/He/N_2$
  were examined at cycle times up to 160 hours. Argon sintering
  prior to nitriding was found to be detrimental.

- The oxidation resistance of this material was evaluated at
  several temperatures. <u>Figure 2</u> shows the results of static
  air oxidation at 1000 $^{\circ}$C for 200 hours and indicates the
  superior oxidation resistance of the 2.8 g/cc material.

We are even more encouraged by recent developments in the post
sintering of reaction bonded silicon nitride (RBSN) to near full

density. As I will discuss later, we're applying this process
to the turbine wheel in the Advanced Gas Turbine program.
Basically, in this approach, the sintering additive is added
to the silicon powder which is then formed into the desired
shape and nitrided. Alternately, the additive can be added to
the compact after it has been nitrided. The RBSN compact is
then sintered to greater than 95 % density at high temperature
(1800 - 2000 ^{O}C) with a nitrogen overpressure of 20 atmospheres.

Besides the higher strength and improved oxidation resistance
expected with a near fully-dense Si_3N_4, a major advantage of
the sintered RBSN approach compared to the sintered Si_3N_4 powder
approach is the low sintering shrinkages. As shown in <u>Figure 3</u>,
linear shrinkages of about 6 - 12 % (vs. ∿ 18 % for powders)
should facilitate more accurate dimensional control of complex-
shaped components. Development has been underway with a number
of additives including MgO and Y_2O_3. The Si_3N_4 - Y_2O_3 system
has been favored in the past for hot pressed materials as it
retains attractive strength at high temperature (> 1200 ^{O}C).
A past problem of severe oxidation of Y_2O_3-doped Si_3N_4 in the
temperature range of 600 - 1000 ^{O}C has been found by your people
at DFVLR to be associated with contamination by W, WC or carbon.
In the absence of these contaminants, Y_2O_3-doped Si_3N_4 appears
to be an attractive high temperature material. <u>Figure 4</u> shows
a Weibull plot of twelve room temperature MOR tests and indicates
a characteristic strength, σ_O, of 741 MPa with a very attractive
Weibull modulus, m, of 17.8. Of course, one should remember that
the confidence of all of our strength measurements is very much
related to the number of samples tested as shown in <u>Figure 5</u>.

Another turbine ceramic under development, primarily at the
Corning Glass Works, is Lithium-Aluminum-Silicate (LAS). In
particular, a derivation of this material, aluminum-silicate,
has been developed by Corning and applied to ceramic regenerator
cores to resolve the sodium/sulfur corrosion problem revealed
with earlier LAS cores. As mentioned earlier by Bob Schulz, the
DOE/NASA/Ford program to demonstrate long-life on such ceramic
regenerators was completed this last year; 5 aluminum silicate

regenerators were each successfully tested for over 10.000 hours
on a duty cycle with regenerator inlet temperatures of 800 $^{\circ}$C.
In addition, 4 cores were tested for over 5000 hours at temperatures up to 1000 $^{\circ}$C. LAS material has also been considered for
solid (non-honeycomb) turbine components. As shown in Figure 6,
it has an extremely low thermal expansion with a total excursion
from RT to 900 $^{\circ}$C of only 340 parts per million. Figure 6 also
shows typical MOR strength versus temperature of this material;
MOR is in the range 9 - 11 ksi up to temperatures of 900 $^{\circ}$C.
While this material does not have the high strength and high
temperature capability of silicon nitride or silicon carbide,
it has excellent thermal shock resistance and, since it is an
oxide, inherent oxidation resistance; it can also be readily
formed into complex shapes by slip casting, injection molding
or glass forming methods. As a result, LAS can be an attractive
material for ceramic components at turbine EXIT conditions.

Time-Dependent Strength Considerations

One of the most critical factors in the structural application
of ceramics is the ability to predict, not merely fast fracture
reliability, but useful life. In this regard, we have been
working on a research program supported by the Department of
Energy and the Army Materials and Mechanics Research Center toward an understanding of time-dependent strength in a typical
"high performance" ceramic. Norton NC-132 hot pressed silicon
nitride was selected for this program since it was probably
the most mature, commercially-available turbine ceramic and
since it was judged to be fairly representative of future sintered
silicon nitrides now under development for complex-shaped engine
components.

Figure 7 depicts an overall idealized program flow chart to
develop ceramic life prediction methodology. It entails material
characterization including fracture mechanics and statistical
approaches and theoretical analyses to predict lifetime reliability. Correlation experiments are conducted on simple and
later complex-shaped components. If correlation does not occur,
then the approaches should be re-examined including materials

characterization (raw data and data representation), development of theoretical analysis, and the validity of the testing procedure.

To date, most of the effort has focused on the determination of NC-132 HPSN material parameters usually associated with life prediction. These parameters include Weibull characteristic strength and modulus, material inherent flaw size, critical stress intensity factor and slow crack growth parameters A and n. Furthermore, these parameters have been determined from different experimental methods such as MOR testing at various strain rates, double torsion testing and MOR testing of indented specimens. In addition, a unique series of verification experiments have been conducted by means of tensile stress rupture testing. Some examples of strength data obtained from this program are cited here to typify the kind of information required to predict lifetime reliability. However, it must be emphasized that much more information is required to generate a full understanding of lifetime strength deterioration and to develop a proven design methodology.

Figure 8 compares Weibull plots from MOR tests of 30 specimens of NC-132 HPSN at 1204 $^{\circ}$C for two applied strain rates: .05 mm/min and .005 mm/min. Note that the material exhibits a higher characteristic strength at faster test rates.

Uniaxial tensile stress rupture testing has been conducted and Figure 9 shows tensile specimens of NC-132 fractured as a result of such testing. Each specimen is fitted with a sacrificial stain gauge over the test section. The test set up for tensile stress rupture testing is shown in Figure 10; the load train is custom adjusted with the load applied to minimize bending stresses to less than 5 %. A furnace is then placed around the specimen and temperature is brought up to the desired level and held for the test duration. Table 1 shows the results of 16 tensile tests conducted at 1204 $^{\circ}$C. At 132.5 MN/m^2 (19.200 psi) uniaxial stress, time to failure varied from 4.7 to 21.0 hours.

Figure 11 shows a plot of applied stress versus time to failure
of a number of MOR and tensile stress rupture specimens. As yet,
we have not been able to predict tensile stress rupture conditions from the Evans-Wiederhorn slow crack growth equation,
$V = AK_I^n$, and Weibull statistical techniques. We are now pre-
paring to conduct high temperature spin testing of NC-132 HPSN
discs to gather more test data as a basis for correlation or
non-correlation. More effort in this area will be used to develop
the basis for a methodology that can be useful to design for
lifetime reliability.

Research & Development of Forming Processes

With respect to forming processes, developments in silicon
nitride hot pressing have continued though emphasis has focussed
on ·those processes amenable to direct forming of complex shapes.
The development of the injection molding process is a prime
example and has involved setting up a completely automated
process using micro-processor controls. Figure 12 shows a picture
of a turbine rotor being removed from the injection molding
machine and Figure 13 shows the console of the microprocessor
control unit. The control system provides for pre-setting
desired values of ram pressure versus time, barrel temperature,
tooling temperatures, hold times, etc. These parameters can
then not only be accurately achieved but also consistently
reproduced from run to run. This is especially important in
ceramics since the resulting properties have to be evaluated
on a statistical basis. We have been working with a one-piece
turbine rotor as a representative shape to develop the molding
process along with binder burnout and nitriding. A sectional
picture of a molded and nitrided rotor is shown in Figure 14.
This is a useful part for molding development since it encompasses
the problem of center gating, complexity of shape, thin-to-thick
sections, turbulent flow with associated voids and flow reversal
with formation of knit lines. The photograph shown is of a rotor
after considerable molding development to improve quality. Even
so, some molding flaws are still present in the thick part of
the hub and also there is still some grayish color in the hub
indicating it is not fully nitrided. Developments are continuing
to resolve these problems.

Development of the slip casting process for forming complex
shapes has also continued. This includes investigation of vari-
ables of the aqueous slip itself such as pH, viscosity, specific
gravity, particle size and particle size distribution and, also,
development of the forming process. The latter has comprised a
patented fugitive wax slip casting technique which begins with
the fabrication of a positive model of the desired part with
due allowance for shrinkage. This model is then repeatedly dipped
into a wax which is soluble in an organic solvent thus forming
a female mold. This wax mold attaches to the plaster portion of
the mold and should have as large an area as possible at the
interface with the plaster. In addition, the wax mold should
have an opening through which the slip can be introduced. After
the mold is filled with slip, the plaster mold draws the water
out of the slip. After the casting has solidified, the wax mold
is dissolved in an appropriate solvent leaving a "green" casting
ready for firing. In a general sense, this process might be
compared with the lost wax process for casting superalloys.

Ceramic Turbine Components

A DOE/NASA Program has been underway to evaluate ceramic stators
under extremely transient operation to temperatures of 1200 ^{o}C.
The stator design remained fixed as exemplified by the picture
of a stator shown in Figure 15 while the stator material and
fabrication process was varied. Testing is being conducted in
a test rig as shown in Figure 16. The stator inlet temperature
is automatically controlled via fuel flow to the combustor to
achieve a severely transient thermal duty cycle comprising one
upshock and one downshock every minute. Each hour the airflow
level is changed to simulate various engine operating power
levels. Figure 17 diagrammatically depicts the duty cycle. A
readily adjustable ultra electronic package has been used to
automatically control test rig conditions. This has led to a
facility for testing ceramics over severely transient conditions
in a consistent manner.

As shown, four different kinds of stators have been made for
this program, comprising two different materials and two different
fabrication processes.

Company	Material	Fabrication Process
Ford	RBSN	Injection Molding
Carborundum	α-SiC	Injection Molding
Norton	RBSN	Slip Casting
AiResearch CC	RBSN	Slip Casting

A 3-D finite element stress analysis of the stator was carried out. Figure 18 shows the elemental model of the stator and where some of the maximum principle tensile stresses occur using properties of the Ford RBSN material.

Test results to date on this program are shown in Table 2 and indicate that the program goal of 500 hours on any one stator was met by the stator tested for 30.000 cycles. Failure analysis is currently incomplete though, at least on a preliminary basis, it appears that the long life fractures are probably connected with the materials propensity to oxidize. For example, as shown in Figure 19, the Ford RBSN stator which had a density of 2.7 g/cc and was therefore about 15 % porous, continued to gain weight throughout the 500 hours of testing. This problem has continued to drive development toward fully dense silicon ceramics and quite recently we started testing a stator made of sintered RBSN material which was discussed earlier. Figure 19 compares the weight gains of this stator with the 500 hour stator and indicates the significant improvements made.

Majority of our ceramic component processing efforts have been aimed at making monolithic components from a high density, high strength ceramic. We have nonetheless continued a small effort on process refinement on the duo-density Si_3N_4 rotor since this concept may still have the advantage over a monolithic rotor of a very low creep/slow crack growth material (RBSN) for the high temperature blades. Of significance is a duo-density rotor hot spin test recently conducted at very severe conditions of 1100 $^{\circ}$C rim temperature and 50.000 rpm. Figure 20 shows a schematic of the hot spin test rig used for this test.

The latest rotor hot tested was a 0.48 in. throat thickness design to favor lifetime reliability as opposed to the 0.3 in. original

design which favored fast fracture reliability. A .0004 in. gold
plating was used as an interface between the metal and ceramic
curvic attachments and the parts were assembled with a bolt load
of 2500 lb. Balancing of the rotor assembly was accomplished
within .001 in. oz. The rotor was gradually brought up to speed
and temperature in a manner similar to that shown in Figure 21.
Since testing was on a single-shift basis, four such starts were
used to complete the 25-hour durability run. Once the rim
temperature of 1100 $^{\circ}$C was reached, it was held steady at that
value for the duration of the run. At this condition, burner
flame temperatures of 1650 $^{\circ}$C were measured along with blade
temperatures of 1315 $^{\circ}$C. The rotor was tested at this condition
on each of four days for a total of 25 hours. The run was with-
out incident and completely successful. Figure 22 shows a
picture of the ceramic rotor/steel shaft assembly after the
durability run indicating no noticeable deterioration. The test
rig itself also suffered no damage and appears ready for extended
testing. Some work will continue with the duo-density rotor,
primarily in the area of researching ceramic-to-ceramic bonding
techniques.

Finally, let's turn to the Advanced Gas Turbine Program. As
discussed by Bob Schulz this morning, the U.S. Department of
Energy through the National Aeronautics and Space Administration
is supporting three major Advanced Gas Turbine Programs, all of
which are based on ceramic turbine engines; one of these is the
Garrett-AiResearch/Ford program in which AiResearch is the prime
contractor with overall program responsibility and Ford as a
subcontractor is responsible for engine-in-vehicle packaging,
the transmission and driveline, the regenerative heat exchanger
system, and materials and process development for critical ceramic
components. This paper will address the area of ceramics development which focusses on three critical components: the ceramic
rotor, the ceramic stator and a ceramic flow separator housing.

Figure 23 shows a schematic of the AiResearch AGT 101 ceramic
turbine engine which is an outgrowth of an engine concept selected
from an earlier Ford/AiResearch design study. Tomorrow at this
seminar, John Mason of Garrett-AiResearch will be giving you

details of the engine design concept. Basically, the engine is
designed for a maximum turbine inlet temperature of 1372 ^{O}C
(2500 ^{O}F) and comprises a radial hot flowpath selected to favor
small engine and part power efficiency. The engine is a single
shaft design which operates at 100.000 rpm at maximum power.

As can be seen, to favor simplicity and low cost, the engine is
a bold design comprising ceramic shrouds and housings to duct
the radial gas flow and, most importantly, one single radial
turbine. The latter offers a challenge to the ceramics developers
since it is designed to run at a tip speed of 2300 ft./sec. to
effect an efficient accommodation of the full cycle expansion
in one turbine stage.

The ceramic turbine rotor is a 13-bladed design of 5-1/4 in.
maximum diameter which rotates at 100.000 rpm. <u>Figure 24</u> shows
preliminary AiResearch calculations of material strength
requirements for the design overspeed condition. To meet the
requirements of such a turbine wheel, the program includes a
substantial effort on material/process research and development.
Based on the last decade of turbine ceramic developments, silicon
nitride and silicon carbide were selected as being the most
likely material candidates to achieve the desired objectives.
In light of the encouraging developments in sintered RBSN as
discussed earlier, we, at Ford, are placing primary emphasis on
this material. The first phase of the AGT 101 rotor program
being pursued is to investigate and develop techniques for
forming a bladeless radial rotor with integrated stub shaft,
a shape like an oversize "doorknob". The fugitive slip casting
method, discussed earlier, is being investigated to make "doorknobs" and <u>Figure 25</u> shows a picture of one in the green "as cast"
form, and one in the "sintered" condition; shrinkage from the
last process is apparent and is about 10 %. As part of the process
development, "doorknobs" will be cut up for destructive and nondestructive evaluation prior to delivery for cold and hot spin
testing.

Ford's current plans are to make the radial AGT 101 stator of
2.7 g/cc injection molded RBSN. <u>Figure 26</u> shows an artist's

impression of the 19 vane stator which is to be made in one piece
with separate slots between stator vanes in one shroud. Injection
molded RBSN was chosen as the material and forming process based
on past experience with the one-piece axial stator discussed
earlier. One problem area with injection molding is the tendency
for flow reversal as the material is being molded resulting in
a "knit" line. Past experience has shown that such "knit" lines
can lead to planar-type flaws and associated local weakening of
the material. Stress analysis of the stator is indicating stresses
somewhat higher than those predicted for the axial stator so after
gaining some test experience, an improved material may be required;
under these circumstances, we would probably recommend investi-
gating sintered RBSN for the stator while retaining the injection
molding forming process.

The flow separator housing is a large-diameter, ceramic structure
which ducts the gas flow to and from the rotating regenerator.
Figure 27 shows a photograph of a wooden pattern of the housing
which also serves to provide a stable platform for the hot side
of the regenerator seals. The maximum temperature of the housing,
as with the regenerator, is caused by the gas flowing from the
turbine exit. In the AGT 101, even this exit temperature can be
high - 1095 $^{\circ}$C and later 1205 $^{\circ}$C. This situation is created at
low load conditions (where the turbine work extracted is low)
with high turbine inlet temperatures. A slip cast lithium-
aluminum-silicate material has been initially selected for this
component since it has inherent oxidation resistance and since
its low expansion characteristics shown earlier contribute to
the requirement of a stable structure and minimum thermal
stresses. Based on our past experience working with other
companies on the development of similar LAS ceramic housings,
the Corning Glass Works has been selected for fabrication
development and fabrication of the AGT 101 separator housing;
slip cast tooling is now being designed and built for initial
fabrication trials which should be underway early next year.

<u>Conclusions and Recommendations</u>

We have seen at Ford over the past decade or so, as at other companies in the field, an establishment and growth of a new "ceramic turbine technology". Improved ceramic materials have evolved which have high strength and high temperature capability and which are thermally shock resistant and oxidation resistant. Formable ceramic materials have now been demonstrated with bend strengths of over 100.000 psi. With regard to forming, processes such as injection molding and slip casting are being applied to silicon nitride, silicon carbide and lithium aluminum silicate in complex thin and thick-walled shapes. Ceramic material characterization has been ongoing and, in parallel, a ceramic design methodology is evolving which, though still in its infancy, has given us tools to handle the statistical nature of fast fracture in inductile materials. In terms of components, some impressive demonstrations have been made. Experimental ceramic components have been operated in rigs, engines and vehicles, and a number of high temperature tests have been successful. For example, at Ford, aluminum-silicate regenerator cores have run for over 5000 hours at regenerator inlet temperatures of 1000 $^{\circ}$C; RBSN stators have been tested for 30.000 severe thermal cycles to temperatures of 1200 $^{\circ}$C; duo-density silicon nitride rotors have been tested for 25 hours with blade temperatures of 1315 $^{\circ}$C. Perhaps as important as these individual developments in ceramic materials, processing, design and test and evaluation is the necessary interrelationship that needs to and has developed between these disciplines. There is undoubtedly a "serendipity effect" through continual interaction between disciplines who are trying to develop ceramic materials for engineering applications.

In considering "where do we go from here", I would like to call out lifetime reliability as the area which needs a concentrated research & development effort. Clearly, we need to learn how to process materials with consistent Weibull modulus and to correlate this with microstructure and NDE signature and actual component testing. Such research efforts should parallel ongoing systems programs to provide an important basis for reliability which is badly needed for ceramic components, be they applied to turbine, diesel or gasoline engines or other structural engineering applications.

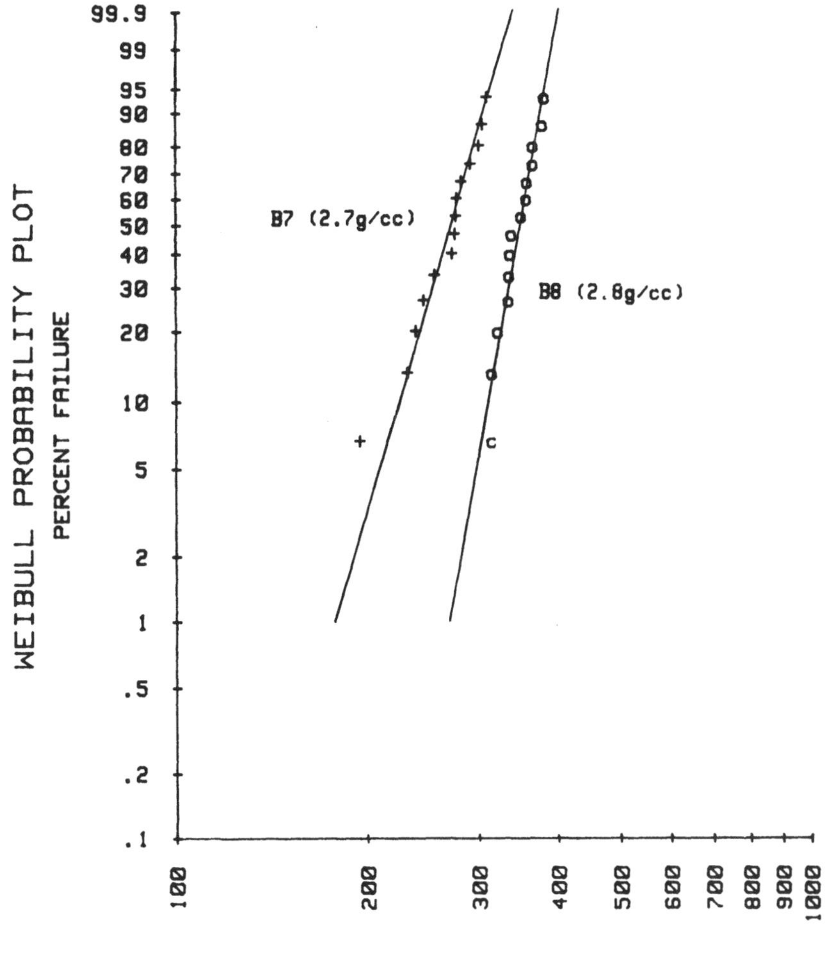

Fig. 1: Weibull plot of two different RBSN-materials

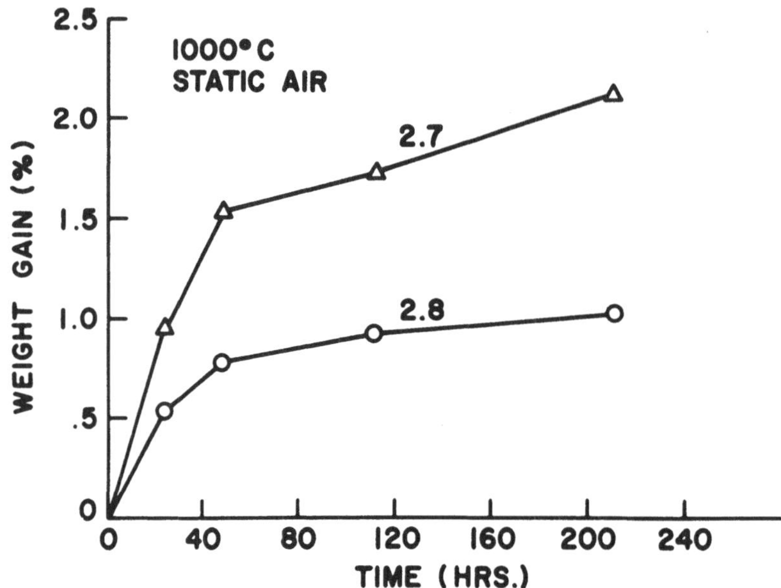

Fig. 2: Oxidation behavior of the 2.8 and 2.7 materials

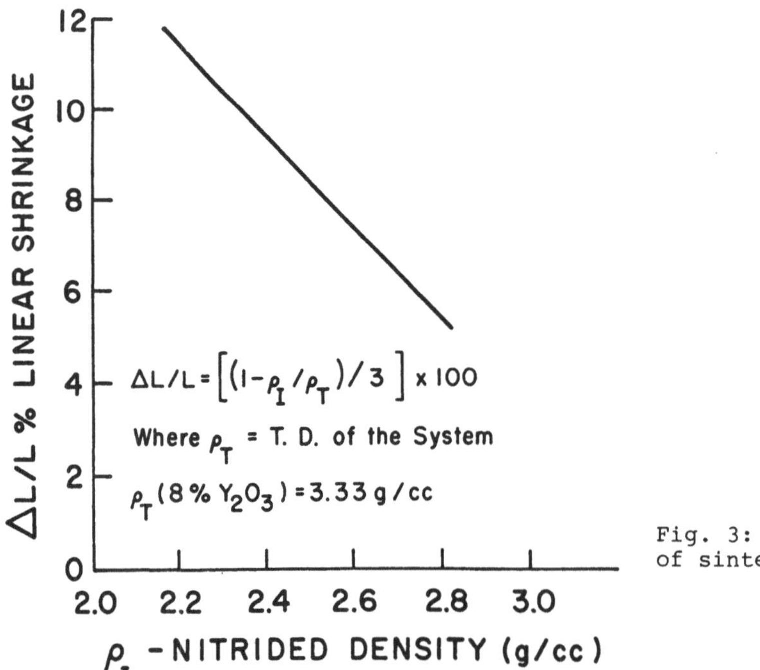

$$\Delta L/L = \left[(1 - \rho_I / \rho_T)/3 \right] \times 100$$

Where ρ_T = T. D. of the System

$\rho_T (8\% \, Y_2O_3) = 3.33 \, g/cc$

Fig. 3: Shrinkage
of sintered RBSN

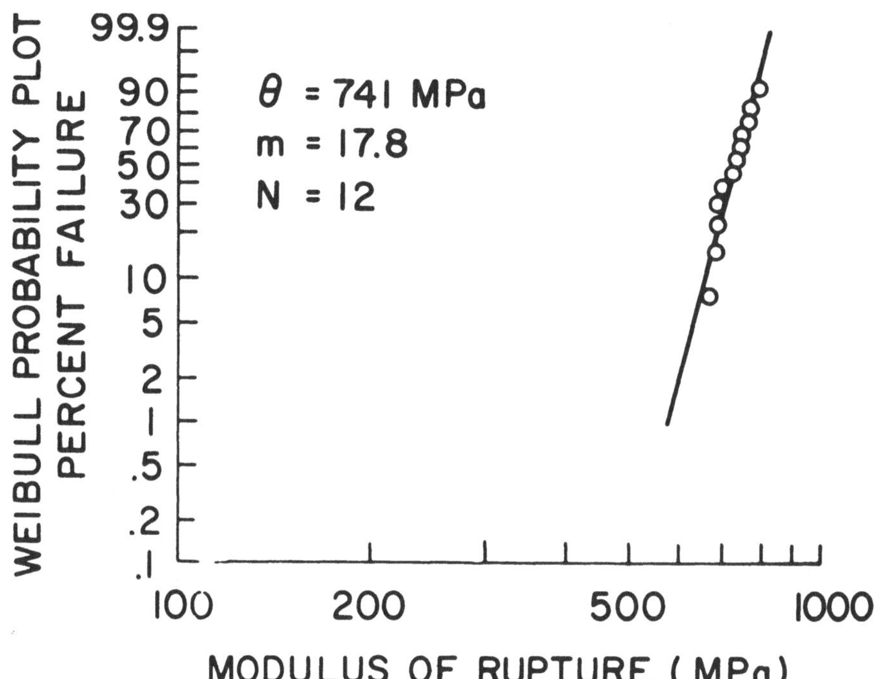

Fig. 4: Weibull plot of sintered RBSN (8% Y_2O_3)

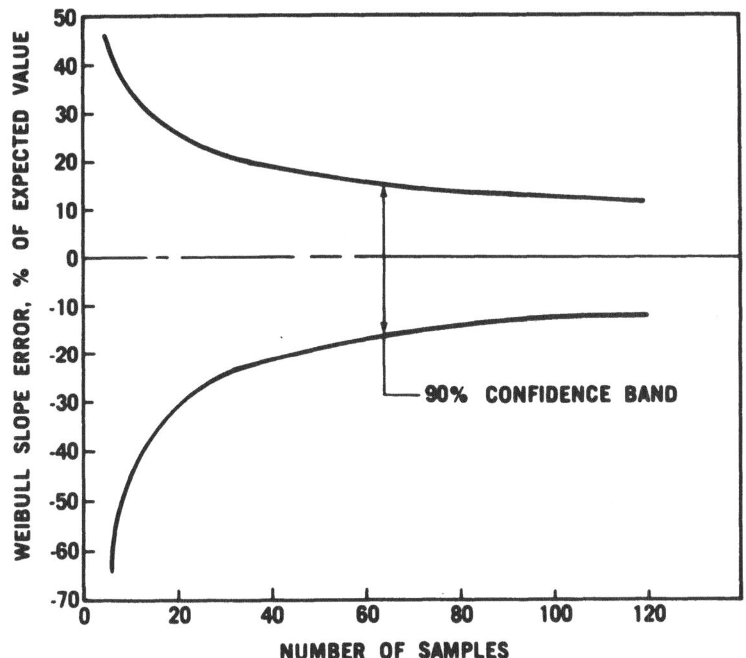

Fig. 5: Weibull slope error vs. sample size

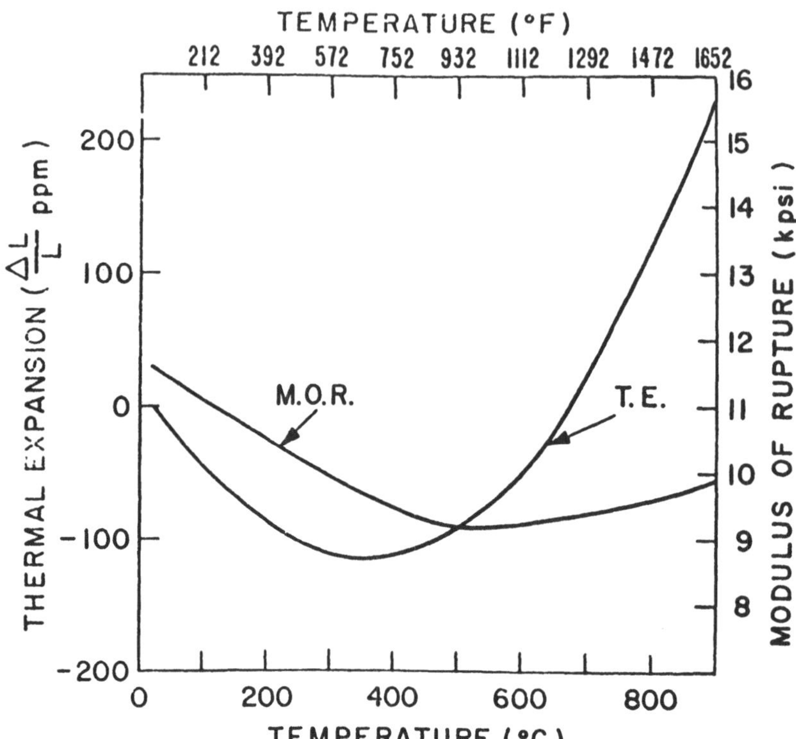

Fig. 6: Strength and thermal expansion of Corning code 9458 LAS

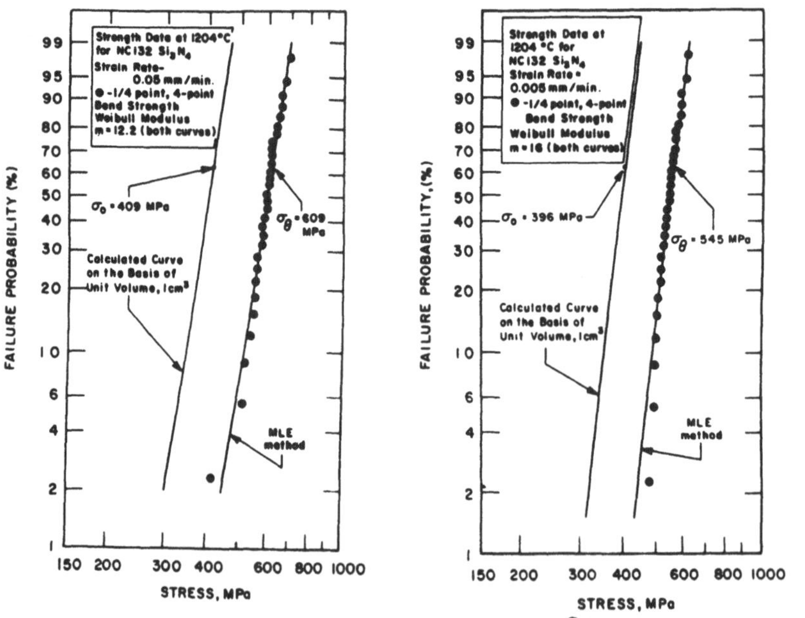

Fig. 8: Weibull plots of NC-132 at 1204 °C for two different strain rates

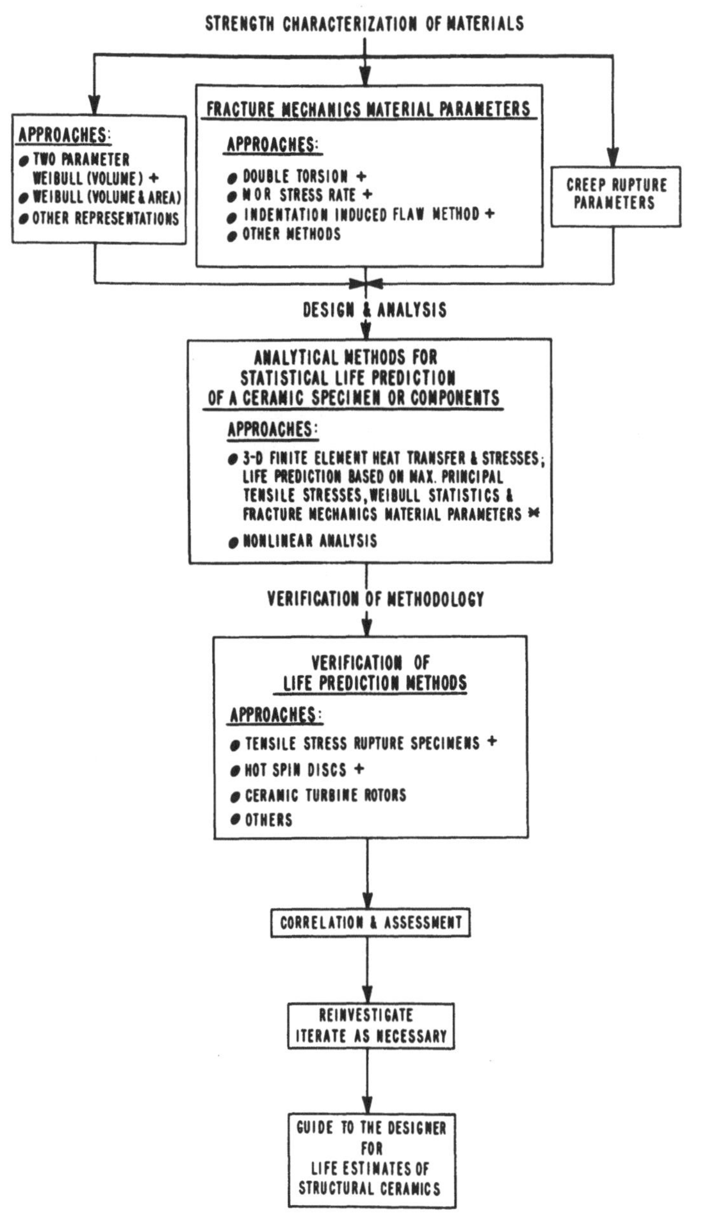

Fig. 7: Idealized program flow chart for the development of ceramic life prediction methodology

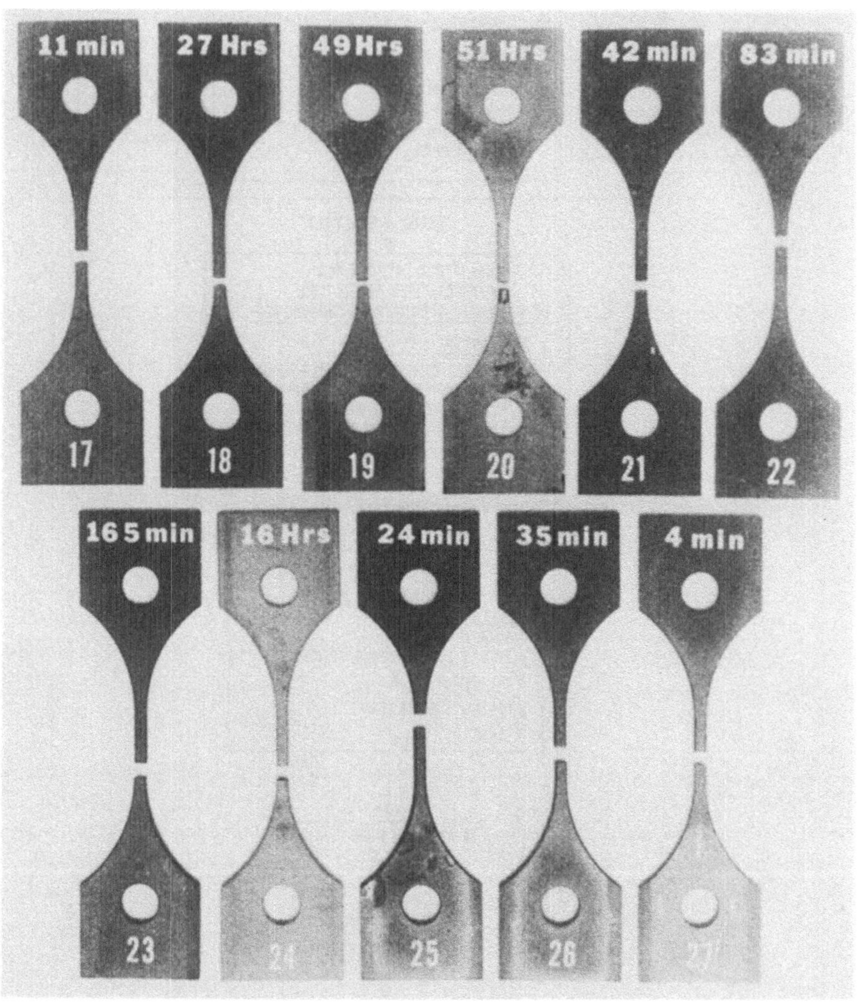

Fig. 9: NC-132 specimens after uniaxial tensile stress-rupture testing

Fig. 10: Test set up for tensile stress-rupture testing

Specimen No.	Applied Stress		Time to Failure	
	p s i	MN/m^2		
1	19,200	132.5	4.7	Hrs.
2	"		8.4	"
3	"		6.1	"
4	'		21.0	'
5	'		5.3	'
6	'		6.1	'
7	'		8.5	'
8	'		5.1	'
9	'		7.7	'
10	'		6.5	'
11	'		4.9	'
12	'		7.4	'
13	21,200	146.3	30 min	
14	25,000	172.5	10 min	
15	30,400	210	Fast Failure	
16	45,760	316	"	

Tab. 1: Tensile stress-rupture data at 1204 $^\circ$C for NC 132

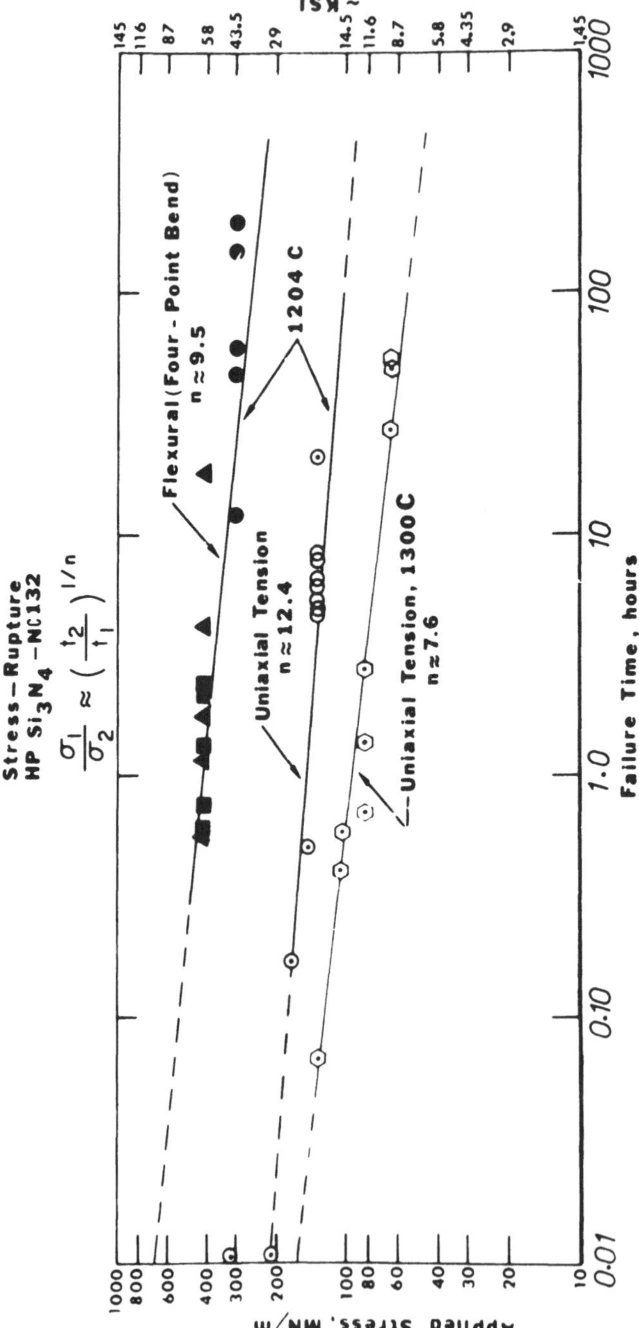

Fig. 11: Plot of applied stress vs. fine to failure of NC-132

Fig. 12: Turbine rotor during removing from injection molding tool

Fig. 13: Control of the microprocessor unit of the injection
         molding machine

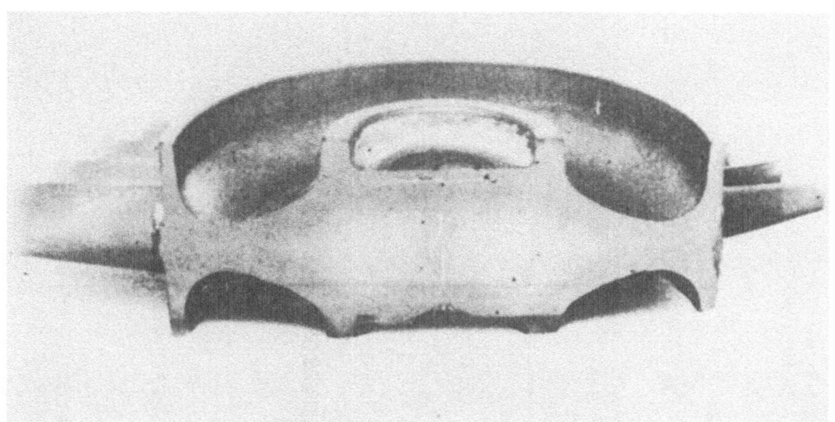

Fig. 14: Injection molded and nitrided rotor

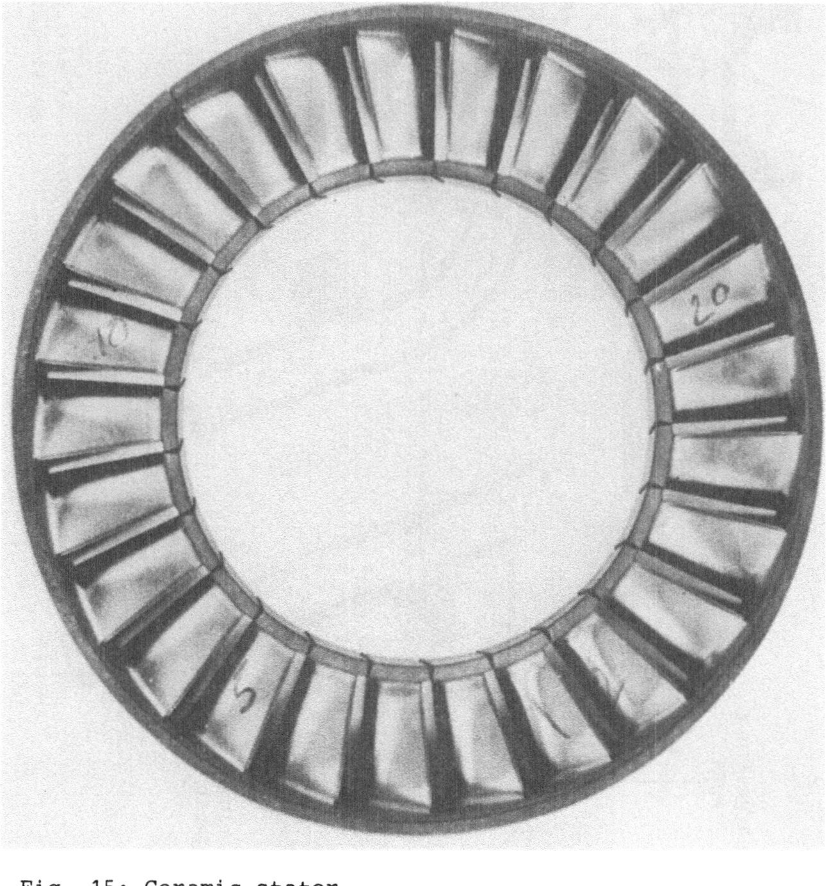

Fig. 15: Ceramic stator

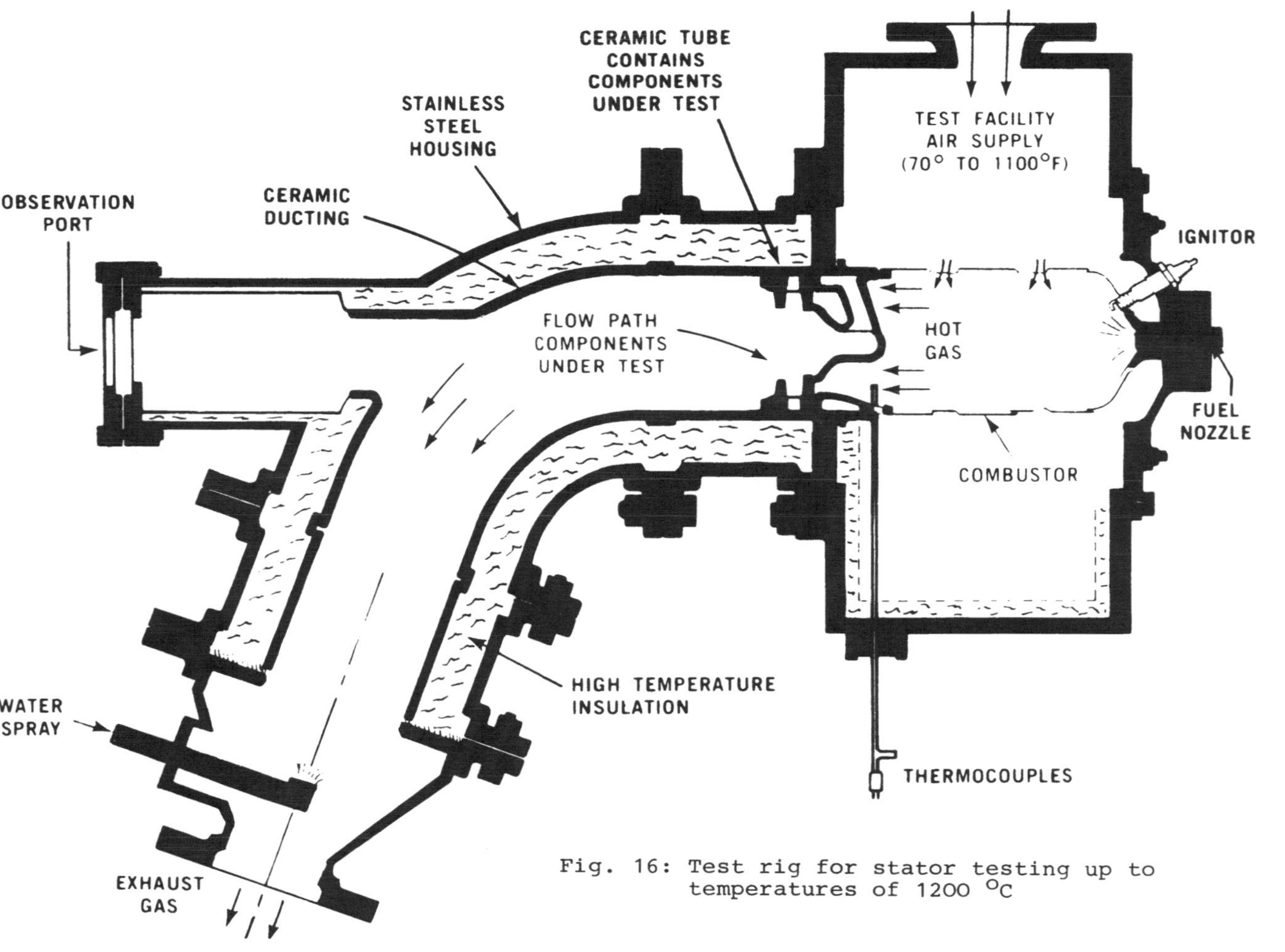

Fig. 16: Test rig for stator testing up to temperatures of 1200 °C

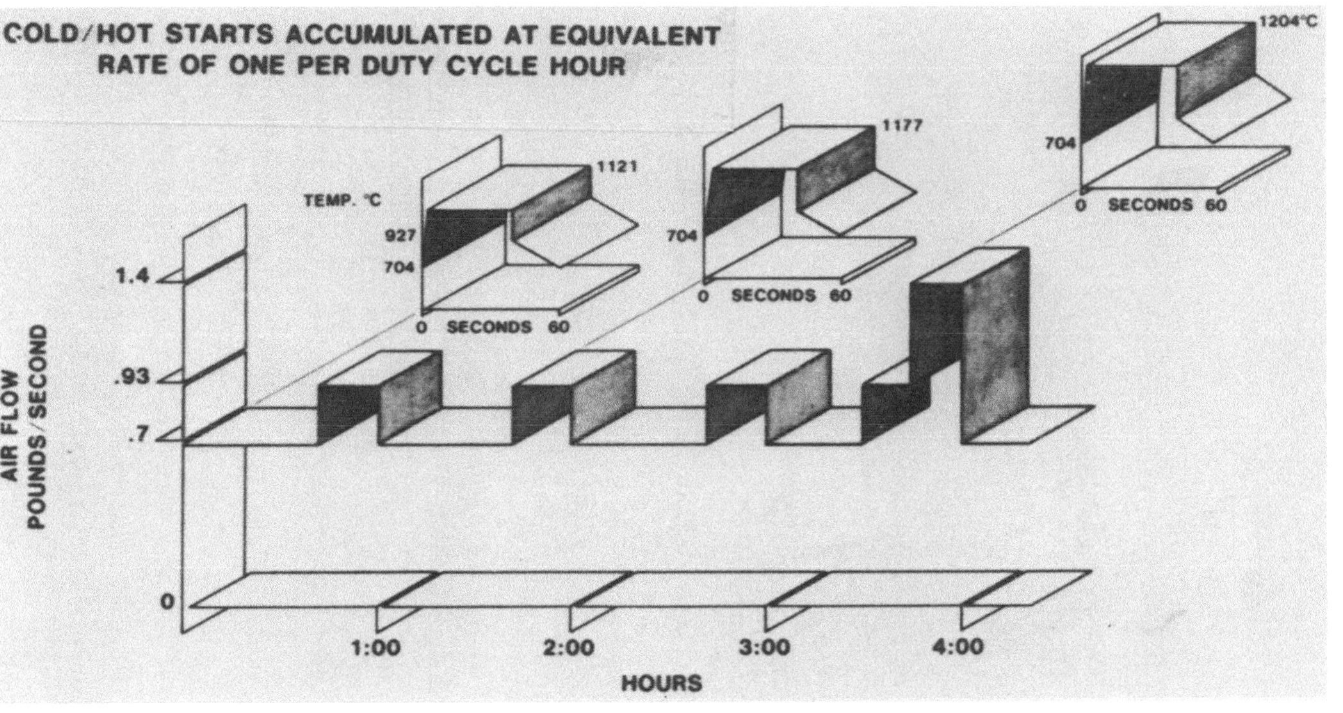

Fig. 17: Duty cycle used for test rig shown in Fig. 16

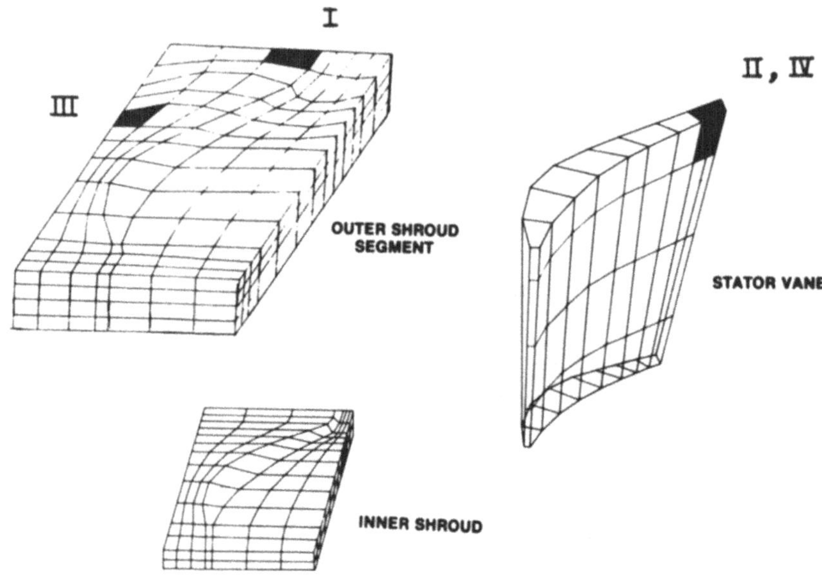

Fig. 18: 3-D finite element stress analysis of the stator

STATOR	RESULTS	
	Cycles	Hours = Mins.
AIRESARCH RBSN	8,286	149:31
CARBORUNDUM α-SIC	3,327	59:38
FORD RBSN	30,046	535:19
NORTON RBSC	4,624	82:13

Tab. 2: Summary of best results to date, duty cycle
durability test

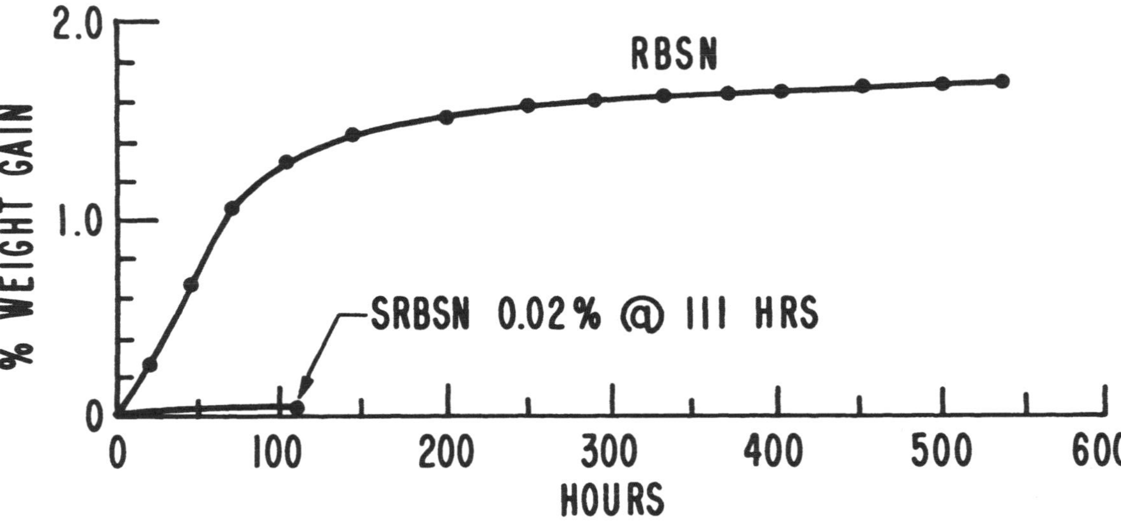

Fig. 19: Weight gain vs. test hours for Ford stators

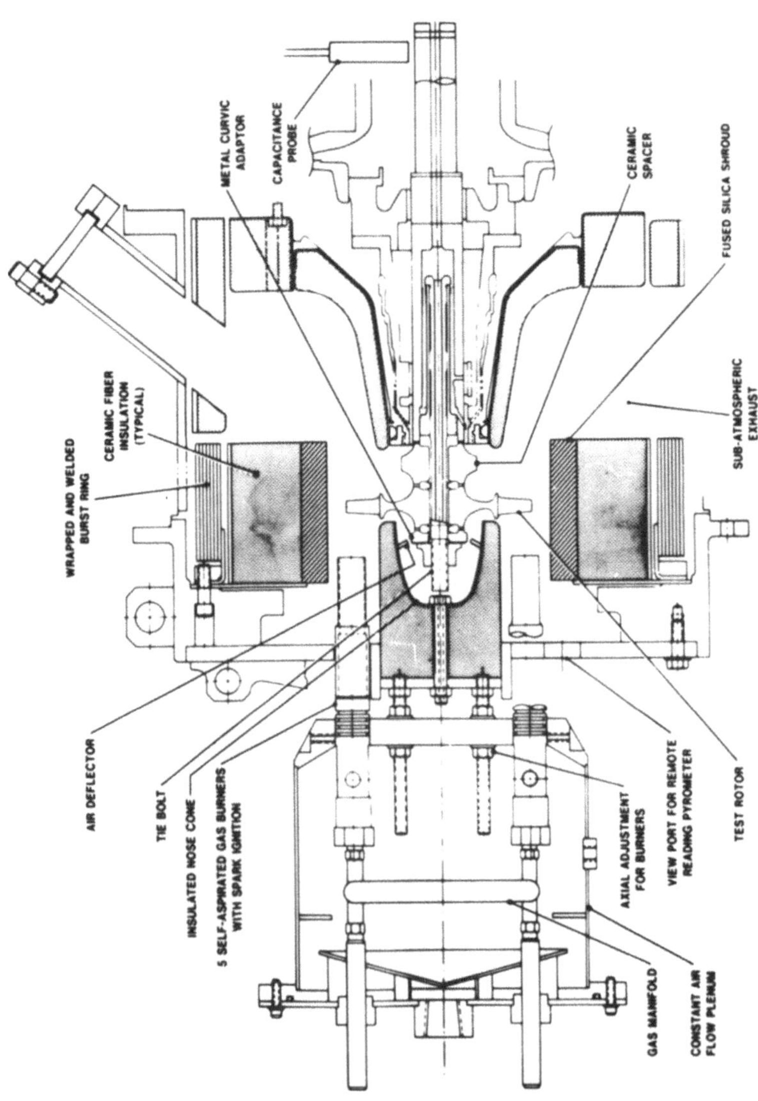

Fig. 20: Ford hot spin test rig (schematic)

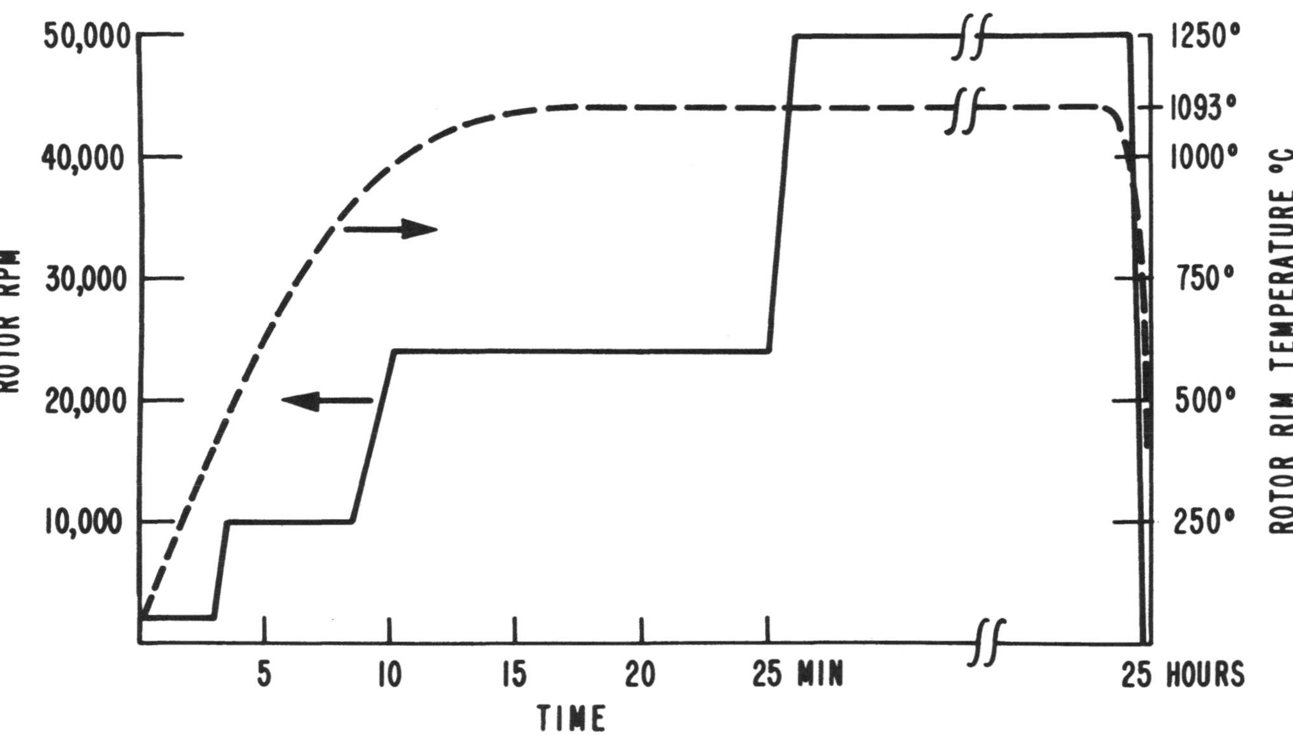

Fig. 21:Rotor No. 1292 tests.Rotor rim temperature and rpm vs. time

Fig. 22: Ceramic rotor/steel shaft assembly after durability
         run

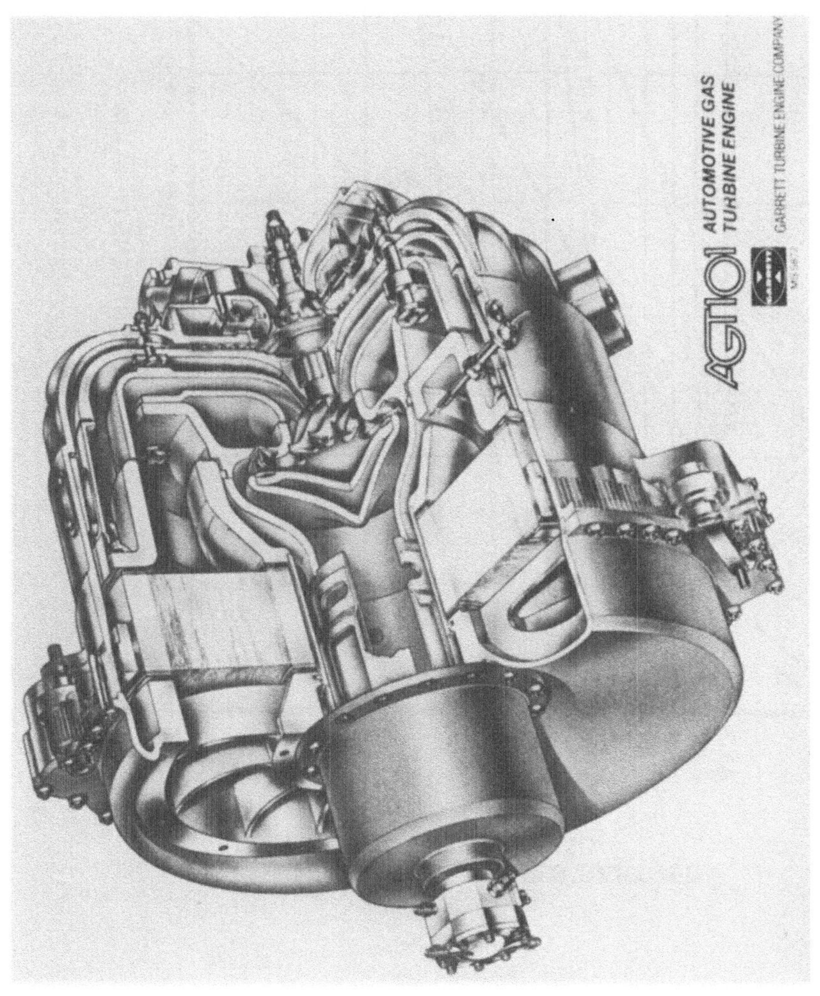

Fig. 23: Schematic of the AiResearch AGT 101 ceramic turbine engine

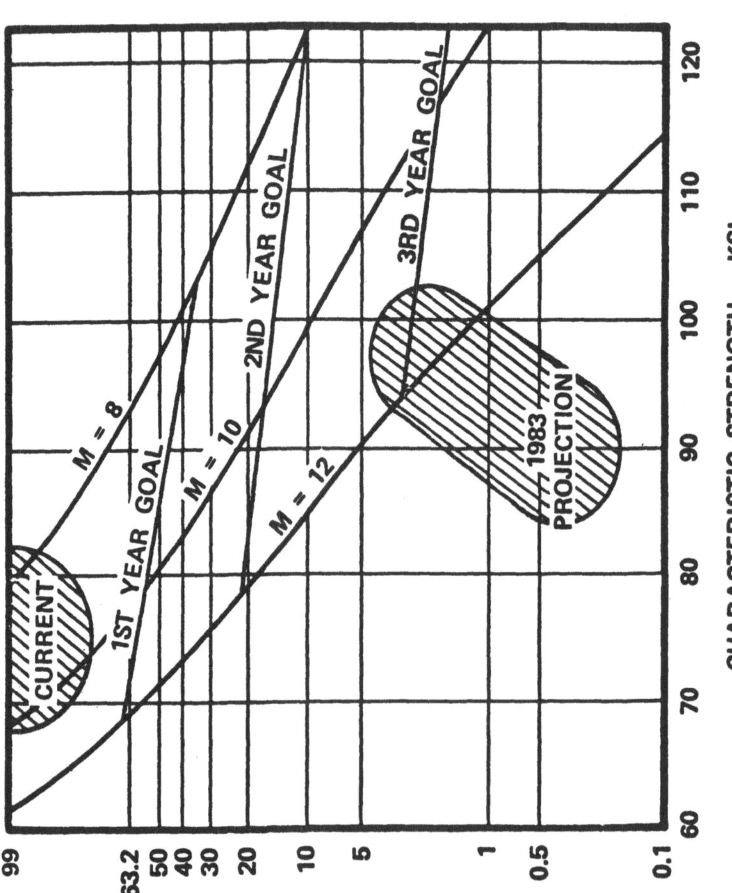

Fig. 24: Ceramic turbine wheel percent of wheels rejected at 115 % speed screening test

Fig. 25: "Doorknobs" in the green "as cast" form and in the "sintered" condition

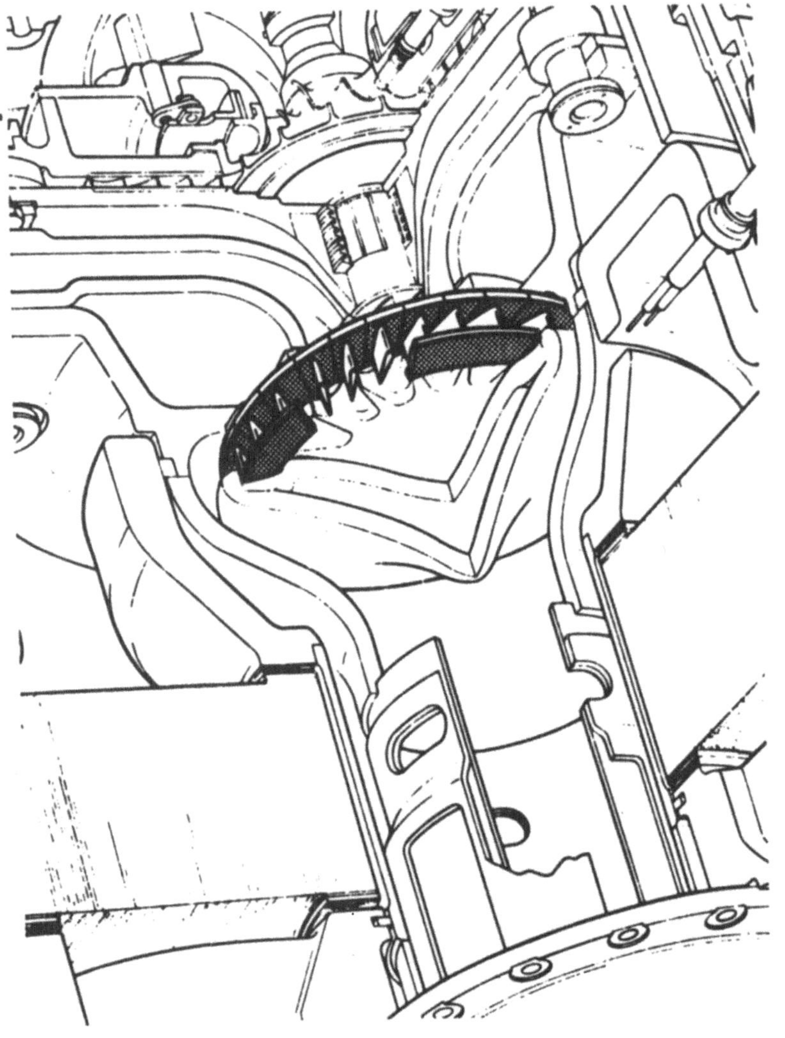

Fig. 26: Artist's impression of the 19 vane stator (injection molded RBSN)

Fig. 27: Wooden pattern of the flow separator housing

ZERSTÖRUNGSFREIE PRÜFVERFAHREN FÜR KOMPONENTEN
DER KERAMIK-GASTURBINE
- ENTWICKLUNGSSTAND, MÖGLICHKEITEN, GRENZEN -

K. Goebbels, H. Reiter
Fraunhofer-Institut für zerstörungsfreie Prüfverfahren,
Saarbrücken

1. Einleitung

Die Qualitätssicherung für Bauteile der Gasturbine auf Keramik-
Basis (insbesondere Si_3N_4 und SiC in reaktionsgebundener und
heißgepreßter Form) erfordert besondere Anstrengungen: die Sprö-
digkeit des Werkstoffs, d.h. ein bis zum katastrophalen Bruch
praktisch rein elastisches Verhalten, verhindert ein Abbauen
von Spannungsspitzen durch plastische Verformung an Fehlstellen
unter Last (Druck, Zug, Temperatur). Damit liegen kritische,
nachzuweisende Fehlergrößen je nach ihrer Art im Bereich
10 - 100 µm, an stark beanspruchten Oberflächenstellen sogar
noch darunter [1]. Zerstörungsfreie Prüfverfahren hierfür sind
nicht Stand der Technik, befinden sich aber in einem fortge-
schrittenen Entwicklungsstadium, wobei drei Ziele angestrebt
werden:

- Nachweis und Beschreibung (Art, Form, Abmessungen) von Einzel-
  fehlstellen unter Berücksichtigung der z.T. komplexen Bauteilgeometrie,

- Charakterisierung des Gefügezustandes (Homogenität, Isotro-
  pie). Insbesondere in der Umgebung von Fehlstellen ist deren
  Bewertung, z.B. nach bruchmechanischen Kriterien, von der
  Gefügeausbildung ebenso beeinflußt wie von der

- Beurteilung des Spannungszustandes. Werkstoff-Herstellung und
  Bauteilfertigung können das lokale Auftreten von Spannungen
  nicht ganz verhindern, so daß einer zerstörungsfreien Analyse
  auch dieses Parameters Bedeutung zukommt.

Der vorliegende Beitrag geht auf die im Rahmen des Gasturbinen-
Programmes erfolgte Optimierung vorhandener, die Entwicklung
verbesserter und neuer zerstörungsfreier Prüfverfahren (zfP-
Verfahren) sowie deren Anwendung auf die Bauteile der Gasturbine ein. Ihrem Potential entsprechend liegt der Schwerpunkt
auf der Durchstrahlungs- und Ultraschallprüfung, während andere
Verfahren, die im Rahmen von Studien auf ihre Anwendbarkeit hin
ebenfalls näher analysiert worden sind (Schwingungsanalyse,
Schallemissionsprüfung, optisch-holographische Interferometrie
und Mikrowellenprüfung), ihrer derzeitigen Bedeutung entsprechend nur am Rande behandelt werden.

2. Grundlagen

Die Wechselwirkung zwischen einer Fehlstelle im Werkstoff und
analysierender Strahlung (mechanische, elektromagnetische
Wellen) bzw. Beanspruchung (Zug, Druck, Impact, Temperatur)
kann auf einige wenige Parameter zurückgeführt werden. Unter
Berücksichtigung der Randbedingungen bzgl. der zfP von Si_3N_4,
SiC sind hierzu in <u>Tabelle 1</u> die wichtigsten Angaben aufgelistet, während <u>Bild 1</u> die dort benutzten Bezeichnungen erläutert. Im wesentlichen sind

- der Unterschied in den physikalischen Eigenschaften von
  Matrix und Fehler (z.B. Röntgenabsorption, elastisches Verhalten) und

- das Verhältnis Fehlerabmessung zu Wellenlänge sowie Fehler-
  querschnitt zu Strahlquerschnitt am Ort der Fehlstelle zu
  nennen.

Maximalwerte für beide Parametergruppen zu erreichen, bedeutet
auch optimales Nachweisvermögen. Dementsprechend können nicht
alle in den Bauteilen der Keramik-Gasturbine möglichen und nach-
zuweisenden Fehlstellen mit einem zfP-Verfahren allein sicher
aufgefunden werden. So läßt sich z.B. ein Si-Einschluß in Si_3N_4
mittels Röntgen-Durchstrahlung (DS) nur schwer nachweisen, da
die Absorptionskoeffizienten für Matrix und Fehlstelle sich

nur geringfügig voneinander unterscheiden, während Mikrowellen
(MW) hierfür als das optimale Analyseverfahren anzusehen sind.

In gleicher Weise spielt auch die Fehlstellenorientierung relativ zur analysierenden Strahlung eine wichtige Rolle: Während
ein Riß senkrecht zur Oberfläche mittels Ultraschall (US) nur
erschwert und mittels DS optimal auffindbar ist, gilt für die
parallel zur Oberfläche orientierte Trennung genau die umgekehr-
te Argumentation. Eine ähnliche Bedeutung kommt schließlich der
Bauteilgeometrie selbst zu, die die Röntgenprüfung auch auf
mikroskopische Fehlstellen nur unwesentlich, die Ultraschall-
und Mikrowellenprüfung dagegen stark beeinträchtigen kann.

Das oben Gesagte gilt ebenso für die Gefügebeurteilung. Während
die Charakterisierung einzelner Körner, Ausscheidungen oder
Poren des Grundgefüges durch keramographische Schliffanalyse
angestrebt werden muß, ist die qualitative Beschreibung des Gefügezustandes (Homogenität, Isotropie) durch insbesondere Ultra-
schall- und Durchstrahlungsprüfung mit den gleichen Parametern
oder Randbedingungen zu kennzeichnen wie die Fehlerprüfung.
Die US-Prüfung - auch für die zf Spannungsanalyse - ist in diesem Bereich jedoch noch um die US-Geschwindigkeits- und US-
Schwächungsmessungen zu ergänzen, da in den elastischen und
anelastischen Werkstoffparametern wesentliche Informationen
über den Gefügezustand enthalten sind.

3. <u>Röntgenprüfung</u>

Die Bedeutung der Röntgenprüfung für die zf Analyse komplex
geformter Bauteile wurde schon genannt. Sowohl Einzelfehler als
auch ausgedehnte Gefügeinhomogenitäten (Dichteschwankungen,
Anisotropie des Gefügeaufbaus) lassen sich, hervorgerufen durch
unterschiedliche Röntgenabsorption, abbilden. Die wesentliche
Frage des Nachweis-, Auflösungsvermögens muß vom Brennfleck
der Röntgenröhre und der Aufnahmetechnik beantwortet werden:
die geometrische Unschärfe U_g, definiert durch [2]

$$U_g = \frac{b}{a} \cdot f$$

ist dem Brennfleckdurchmesser f proportional (kreisförmige
Quelle angenommen; a = Abstand Brennfleck-Probe; b = Abstand
Probe-Aufnahmemedium, z.B. Film oder Leuchtschirm). Somit schei-
det die konventionelle Röntgenprüfung mit f $\approx$ mm zum Nachweis
von Fehlstellen $\gtrsim$ 10 µm aus. Denn die Kompensation von f durch
einen niedrigen b/a-Wert erforderte -neben anderen Nachteilen-
eine aufwendige Nachvergrößerung des aufgenommenen Bildes, um
die mikroskopischen Fehlstellen optisch sichtbar zu machen.

Im Fall der sogenannten hochauflösenden Röntgenprüfung [2] mit
Feinfokusröhren (f < 100 µm) und Projektionstechnik, s. __Bild 2__,
ist eine Nachvergrößerung nicht notwendig. Bedingt durch die
geometrische Anordnung werden auf den Aufnahmemedien alle Details mit einer Direktvergrößerung m von m = (a+b)/a wiedergegeben. Bei b = 2000 mm und a = 100 mm entspricht dies einer
ca. zwanzigfachen Vergrößerung. Fokusdurchmesser von 15 µm sind
heute bei Feinstfokusröhren* kommerziell verfügbar [3], so daß
die geometrische Unschärfe auch bei größeren b/a-Werten keine
wesentliche Beeinträchtigung der Auflösung zur Folge hat. Mit
den der Realität entsprechenden Werten m $\approx$ 20 würde eine Fehlstelle von 50 µm Ausdehnung als 1 mm - Objekt mit 0,3 mm un-
scharfer Berandung abgebildet.

Folgende weitere Vorteile zeichnen die Methode der hochauflösenden Röntgenprüfung mit Projektionstechnik aus:

- Untersuchung großer Querschnitte ($\approx cm^2$) bzw. Volumina ($\approx cm^3$)
  bei gleichzeitig mikroskopischer Auflösung ($\approx$ 20 µm),

- große Tiefenschärfe bedingt durch den kleinen Fokus, eine
  Probe wird über ihre gesamte Dicke von der Oberfläche bis
  zur Rückwand scharf abgebildet,

---

* Hersteller: Wardray Company, Oxford, England.
  Grenzwerte: Fokus-Ø = 15 µm, Öffnungswinkel 18°, 80kV; 0,5mA

- die Projektionstechnik bewirkt eine Erhöhung des Kontrastes
  durch eine weitgehende Verminderung der Streustrahlung (Verbesserung des "Signal/Rausch-Verhältnisses") [4],

- die Direktvergrößerung erlaubt das Verwenden hochempfindli-
  cher Film-Folienkombinationen mit kurzen Belichtungszeiten
  als Aufzeichnungsmedium, wie sie sonst nur in der Medizin
  eingesetzt werden.

Die nicht Mikroradiographie(MR)-spezifischen Vorteile der Rönt-
genprüfung wie Mehrwinkel-Durchstrahlungs- und elektronische
Bildaufzeichnungs-Technik gelten gleichermaßen; damit ist der
Mikroradiographie auch für den praktischen Einsatz eine hohe
Priorität zu geben.

Noch ausstehende Entwicklungsarbeiten können mit dem Fernziel
einer Röntgen-Tomographie von Keramik-Bauteilen gekennzeichnet
werden. Die wichtigste derzeit zu bearbeitende Frage ist die
elektronische, automatische Bildaufzeichnung, z.B. mittels Bild-
verstärkern, röntgenstrahlenempfindlichen Kameras u.a.. Bisher
ist der Film noch als das empfindlichste Medium anzusehen, wie
die **Bilder 3-6** belegen. Mittels Bildverstärker z.B. geht z.Zt.
noch so viel an Nachweis- und Auflösungsvermögen verloren, daß
im Gegensatz zum Film (Details $\geq$ 20 µm erkennbar) der sichere
Nachweis von Fehlstellen erst bei größeren linearen Abmessungen
einsetzt ($\geq$ 100 µm, sehr stark kontrastabhängig).

4. Ultraschallprüfung

4.1 "Niederfrequenz"-Ultraschall

Für den Nachweis von Fehlstellen mittels Ultraschall ist das
Verhältnis d_F/λ (s. Tab.1, Bild 1) wesentlich. Die hohe Schallgeschwindigkeit in den keramischen Werkstoffen erfordert daher
den Einsatz hoher Frequenzen, um eine niedrige Wellenlänge
und somit einen großen Wert d_F/λ zu erreichen. Neben dem Einsatz von Frequenzen f > 100 MHz gibt es aber auch für den "Nie-
derfrequenz"-Ultraschall ($5 \leq f \leq 100$ MHz) Anwendungsbereiche:

- Die Ermittlung der elastischen Kennwerte (Elastizitäts-,
  Schermodul, Poissonzahl) aus Schallgeschwindigkeitsmessungen
  (Longitudinal-, Transversalwellen) kann bei niedrigen Frequenzen ebenso wie bei hohen erfolgen. Gefügeschwankungen,
  wie sie sowohl bei heißgepreßten als auch reaktionsgebundenen
  Komponenten auftreten, lassen sich daher über ihre Korrelation zu den elastischen Eigenschaften auch durch Schallgeschwindigkeitsmessungen nachweisen (Bild 7).

- Während zum Nachweis von Fehlstellen mit freien US-Wellen
  $d_F/\lambda \gtrsim 1$ angestrebt werden muß, ist ein entsprechender Nachweis mit geführten Wellen (Oberflächen-, Platten-, Stab-,
  Rohrwellen) auch noch bei $d_F/\lambda \lesssim 0,01$ möglich [5]. Die physikalische Ursache hierfür liegt in der strengen Führung dieser Wellen, deren Störung auch schon bei geringen Fehlstellenabmessungen meßbar ist. In Bild 8 ist die Wirkung von Fehlstellen in Turbinenschaufeln (RBSN) auf das Kantenecho von
  Rayleighschen Oberflächenwellen (8 MHz, $\lambda_R \approx 0,5$ mm) wiedergegeben. Die Abmessungen der kleinsten nachgewiesenen Fehlstellen entsprechen einem $d_F/\lambda \approx 0,05$.

- Bei ausreichendem Signal-Störabstand sind darüber hinaus mit
  niedrigen US-Frequenzen Beugungssignale z.B. von Rißkanten
  anstelle von Reflexionen an der Rißfläche meßbar, was darüber hinaus noch den Vorteil hat, weniger richtungsempfindlich
  zu sein als beim spiegelnden Reflex. Bild 9 zeigt, daß auch
  ein nur 6 µm tiefer (d_F), 150 µm breiter und 1 mm langer
  (l) Sägeschnitt in RBSN mit 17 MHz-45°-Transversalwellen
  ($d_F/\lambda \approx 0,02$, $l/D_S \approx 0,3$) noch besser als 6 dB über dem Un-
  tergrund nachweisbar ist.

In diesem Sinne hat auch die US-Prüfung mit Frequenzen unter
100 MHz durchaus ihre Bedeutung, insbesondere noch für die reaktionsgebundenen Komponenten, in denen die hohe Porosität (um
20%) ab etwa 50 MHz einen kohärenten Streuuntergrund hervorruft. Dies erschwert den Nachweis von Fehlstellen ≤ 50 µm wesentlich, abgesehen von Oberflächenfehlern, wie sie oben mit
Rayleighwellen angesprochen wurden.

4.2 Hochfrequenz-Ultraschall

Sowohl für das Nachweis- als auch das axiale und laterale Auflösungsvermögen ist ein Arbeiten mit US-Frequenzen im Hochfrequenzbereich > 100 MHz optimal, da hiermit für d_F/λ der Wert 1
angestrebt werden kann:

- Longitudinalwellen, HPSN oder HPSiC: λ(100 MHz) $\approx$ 120 µm;
  λ(400 MHz) $\approx$ 30 um,
- Transversalwellen, HPSN oder HPSiC : λ(100 MHz) $\approx$ 70 µm;
  λ(400 MHz) $\approx$ 20 µm,
- Longitudinalwellen, RBSN oder RBSiC: λ (50 MHz) $\approx$ 160 µm,
- Transversalwellen, RBSN oder RBSiC : λ (50 MHz) $\approx$ 100 µm.

Ziel aller hochauflösenden US-Prüfungen ist es, Fehlstellen
nach Art und Abmessungen zu charakterisieren. In absteigender
Linie bzgl. ihrer Bedeutung lassen sich typische Fehler wie
folgt einordnen [1]:
Oberflächenriß, Si-Einschluß, Pore, C-, Fe-, WC-Einschluß; hierbei besitzt ein Riß an der Oberfläche mit etwa 100 µm Tiefe die
gleiche Bedeutung für das Bauteilversagen wie ein Fe-Einschluß
von 800 µm Durchmesser.
US-Prüfköpfe, die den Frequenzbereich bis etwa 500 MHz abdecken
können, wurden in der Vergangenheit zur zfP der Keramik entwickelt und eingesetzt:

- mit piezoelektrischen Schichten bedampfte Saphir-Einkristalle
  [1],
- mit piezoelektrischen Wandlern beklebte HPSN-Zylinder [6],
- $LiTaO_3$-Einkristalle für eine breitbandige Anregung [7],
- piezoelektrische Folien für eine breitbandige Anregung [3],
- optoakustische US-Wandlung mit Laserpulsen [3],
- akustooptische US-Wandlung ebenfalls mit Laserstrahlen [8],
- rein optisches Senden und Empfangen von Ultraschall mit Laserstrahlen [9].

In <u>Bild 10</u> sind einige der genannten US-Wandler-Typen abgebildet, in <u>Bild 11</u> Impulsechoaufnahmen unterschiedlich tiefer Oberflächenfehler (Sägeschnitte in HPSN, 150 µm breit, 3 mm lang)[3].

Die Frage nach Abmessung und Art der Fehlstellen kann nur durch
US-Messungen bei mehreren Frequenzen, bzw. durch breitbandige
US-Messungen beantwortet werden. Das Reflexions- und Streuver-
halten unterschiedlicher Fehlstellen, als Funktion der Frequenz
f bzw. des dimensionslosen Produktes ka = $\pi d/\lambda$ (a = Radius,
d = Durchmesser des als kugelförmig angenommenen Fehlers) aufgezeichnet, liefert deutlich unterscheidbare Spektren bzw. Streuquerschnitte [10,11]. In <u>Bild 12</u> sind Streuquerschnitte für
charakteristische Fehlerarten dargestellt (hierbei handelt es
sich um den normierten totalen Streuquerschnitt $\gamma/\pi a^2$, der die
gesamte in den Raumwinkel um den einzelnen Fehler abgestrahlte
Intensität wiedergibt). Teilbereiche der in Bild 12 dargestellten Funktionen sind im Experiment zugänglich, sofern alle Prüf-
kopf-spezifischen Einflüsse (Spektrum, Divergenz) eliminiert
werden. Mittels inverser [3] bzw. Wiener-Filterung [6,12] ist
dies möglich und wird auch mit Erfolg praktiziert [1].

4.3 <u>Ultraschall-Abbildung von Fehlstellen</u>

US-Abbildungssysteme sind insbesondere im Bereich der medizini-
schen Diagnose (Compound-Scan, Phased Arrays [13,14]) und der
zfP dickwandiger Komponenten mittels US-Holographie [15] im Einsatz. Die dort genutzten Frequenzen liegen i.a. unter 5 MHz. Das
Scanning Laser Acoustic Microscope (SLAM) dagegen erlaubt mit
den Arbeitsfrequenzen 30 und 100 MHz [8] die Analyse von mm^3-
Volumina wiederum mit mikroskopischer Auflösung (μm) - hiermit
der Mikroradiographie vergleichbar. Das zu untersuchende Objekt,
wobei auch komplexe Geometrien wie z.B. Turbinenschaufeln ange-
koppelt werden können [16], wird mit Dauerschall "beleuchtet"
und die vom Ultraschall hervorgerufene Oberflächenauslenkung mit
einem Laserstrahl über eine Photozelle in die Helligkeitsmodula-
tion eines Bildschirms umgesetzt. Bei 30 MHz (insbesondere für
reaktionsgebundene Komponenten) wird eine 10 x 15 mm^2, bei
100 MHz eine 2,5 x 3,0 mm^2 Fläche abgescannt und abgebildet.
Fehlstellen aus dem Oberflächenbereich oder dem Innern von Proben bis zu ca. 10 mm Dicke mit Abmessungen bis herunter zu $\approx$30
bis 50 μm bewirken eine Helligkeitsschwankung bzw. eine Störung
des Interferenzmusters (in einem zweiten Arbeitsmode), so daß

sie auf dem Bildschirm mit ≈ 20 bis ≈ 80facher Vergrößerung erkannt werden können. Beispiele hierzu [7] enthält <u>Bild 13</u>. Da es sich bei den SLAM-Aufnahmen um Beugungsbilder handelt, sind die ermittelten Abmessungen von Einzelfehlern nicht immer mit den realen Abmessungen identisch. Eventuell kann eine phasenempfindliche Weiterverarbeitung der Bildsignale auf die Originalabmessungen zurückführen.

5. <u>Weitere Prüfverfahren</u>

5.1 <u>Schwingungsanalyse</u>

Bei der Schwingungsanalyse (SA) werden die zu untersuchenden Objekte durch ein kurzes Anschlagen (Impact) zu Schwingungen angeregt, die mittels piezoelektrischer Aufnehmer oder geeigneter Mikrophone gemessen und ausgewertet werden. In der einfachsten Form der SA wird die nach kurzer Zeit dominierende Grundschwingung analysiert und als Kennwert (Schwingungsdauer für zwei Perioden) angezeigt*. Aufwendige Analysen werten das gesamte Frequenzspektrum aus ** bzw. regen definiert eine Reihe von Frequenzen schmalbandig an (Modalanalyse). Bedingt durch die Anregung kann mit der SA nur eine integrale Bauteil- (Biegeproben, Einzel-Turbinenrotor- oder -statorschaufeln, Vollrotoren) Charakterisierung erfolgen, die jedoch in der Beurteilung größerer Lose als das einfachste Mittel der zf Bewertung z.B. der Gleichmäßigkeit einer Charge angesehen werden muß. In <u>Bild 14</u> sind die Schwingungsdauern 2T gegen das Gewicht dreier verschiedener Chargen von RBSN-Schaufeln bzw. die Schallgeschwindigkeit v_L von RBSN-Biegeproben aufgetragen [3,7]. Die unterschiedlichen Streubänder und Tendenzen der Korrelationen sind deutlich erkennbar. Für eine abschließende Bewertung der SA sind jedoch noch umfangreiche zerstörungsfreie und zerstörende (z.B. Schleudertests, Biegefestigkeitsversuche, Hochtemperaturbelastungen) Untersuchungen durchzuführen.

---

* Grindosonic, Fa. Lemmens-Elektronika, Belgien
** Elastomat, Institut Dr. Förster, Reutlingen

171

5.2 Schallemissionsprüfung

Prinzipiell besitzt die Schallemissionsprüfung (SEP) ein hohes
Anwendungspotential bei spröden Werkstoffen, weil die elastische Energie, wie sie bei einer mechanischen Belastung aufge-
prägt wird, nicht in plastische Verformung umgesetzt, sondern
praktisch bis zum Entstehen mikroskopischer Trennungen (Risse)
aufgestaut und dann freigesetzt wird. Insbesondere an oxidischen
Keramiken ist daher auch in der Vergangenheit eine SEP erfolgreich eingesetzt worden [17,18]. In Übereinstimmung mit der
bekannten Literatur [17,18] haben zusammen mit MTU (Motoren-
Turbinen-Union, in [3]) durchgeführte bzw. eigene SE-Messungen
[7] an RBSN-Biegeproben mit und ohne Knoop-Härte-Eindrücken
keinerlei Korrelationen mit der Bruchlast oder Vorschädigung
herausarbeiten können. Die Ursache für das Versagen der SEP
hier wird in der geringen Korn- und Porengröße gesehen (Mittelwerte ≤ 1 µm), die bewirken, daß viele einzelne Barrieren brechen, bevor ausreichend elastische Energie für ein meßbares Signal aufgestaut ist.
Da die hier gemachten Aussagen nur RBSN-Komponenten betreffen,
bei Raumtemperatur belastet, bedarf es zu einer umfassenden
Bewertung der SEP noch weiterer Untersuchungen.

5.3 Mikrowellenprüfung

Analog zur Wirbelstromprüfung bei elektrisch leitenden Werkstoffen kann die Mikrowellenprüfung bei Nichtleitern gesehen
werden. Insbesondere das halbleitende Si als eine der kritischen Fehlerarten in Si_3N_4 ist durch Mikrowellen (MW) eindeutig nachweisbar (Fehlstellenabmessung: ≥ 25 µm) [19]. Umfangreiche Entwicklungsarbeiten haben aber auch die Empfindlichkeit
der MW für andere Fehlertypen wie WC, Fe, BN, Poren und C (Fehlerabmessung ≥ 120 µm) gezeigt [20]. Der hierzu notwendige Frequenzbereich von ≥ 100 GHz kann jedoch störende Signale, die
durch die Geometrie des zu untersuchenden Bauteils (Krümmungen,
Kanten) hervorgerufen werden, nicht unterdrücken.

Untersuchungen der Bundesanstalt für Materialprüfung (BAM),
Berlin *, im Frequenzbereich um 30 GHz [7] waren hiervon noch
stärker betroffen, so daß derzeit den Mikrowellen für die Bau-
teilprüfung keine große Chance eingeräumt werden kann.

5.4 Optisch-holographische Interferometrie

Mit Hilfe der optisch-holographischen Interferometrie (OHI)
können an Proben, die unter mechanischer oder thermischer Belastung stehen, auch Fehlstellen sichtbar gemacht werden, die
im Innern liegen.
Versuche des Bremer Instituts für angewandte Strahltechnik
(BIAS)** haben die Wirkung von Fehlstellen auf die holographi-
sche Abbildung demonstriert [3]. Die Einschätzung der OHI als
zfP-Verfahren für Keramik-Komponenten muß das mangelnde Auflö-
sungs- und auch Nachweisvermögen insbesondere für Innenfehler
berücksichtig en [7].

6. Ausblick

Aus der Sicht der Keramik-Komponenten für die Gasturbine sind
zwei wesentliche Fehlertypen zu berücksichtig en:

- Oberflächenfehler $\geq$ 5 µm und
- Innenfehler $\geq$ 10 - 100 µm je nach Fehlerart.

Für die kritischen Abmessungen beider Fehlertypen sind zfP-Verfahren bereitzustellen. Aus der Palette der Verfahrensentwick-
lungen ragen zwei Verfahren mit dem höchsten Anwendungspotential heraus:

---

* Wir danken Herrn Dr. Wittig, BAM Berlin, für die Durchführung dieser Untersuchungen.
** Wir danken Herrn Dr. Jüptner, BIAS Bremen, für die hierzu
  durchgeführten Versuche.

- hochauflösende Röntgenprüfung (Mikroradiographie) und
- Ultraschallprüfung im Nieder- und Hochfrequenzbereich.

Sie sind noch um eine physikalische Wechselwirkung zu ergänzen,
die aufgrund der besonders geringen Wellenlänge (des Lichtes
im Vergleich zu Fehlstellenabmessungen) das höchste Nachweis-
und Auflösungsvermögen insbesondere für Oberflächenfehler besitzt:

- opto-akustische und akusto-optische Wechselwirkungen, wie
  sie bei entsprechenden US-Wandlern, im Scanning Laser
  Acoustic Microscope und bei der photo-akustischen Spektrosko-
  pie [1] genutzt werden.

Ultraschall- und Röntgenprüfung ergänzen einander, sowohl bei
der Ortung unterschiedlich orientierter Fehlstellen als auch
bei der Charakterisierung von Fehlerart und -form. Das Nach-
weis-/Auflösungsvermögen für beide Verfahren liegt z.Zt. bei
Fehlstellenabmessungen um 20 µm, wobei wiederum in Abhängigkeit
von der Fehlerart nach unten oder oben Korrekturen notwendig
sind. Für eine Anwendung in der Praxis erscheint derzeit die
Mikroradiographie, auch bzgl. Objektivierung und Automatisierung des Prüfvorganges am weitesten entwickelt. Abgesehen von
Problemen der Bauteilgeometrie gibt es jedoch auch für die Ul-
traschall-Prüfung keine prinzipiellen Einschränkungen. Der Bedeutung der Oberflächenfehler folgend, werden Akzente weiterer
Entwicklungen in diesem Bereich zu setzen sein. Ergänzende
zfP-Verfahren wie Schwingungsanalyse, evtl. später auch Schall-
emission, Mikrowellen und optisch-holographische Interferometrie werden nur in Einzelfällen und besonderen Anwendungen von
Gewicht sein. Die innerhalb dieser Darstellung nicht behandel-
te Frage, welche Bauteile bei welcher Belastung und an welcher
Stelle durch welchen Fehler verursacht versagen, wird dagegen
in der Zukunft wesentlich über den Einsatz zerstörungsfreier
Prüfverfahren mit entscheiden.

Schrifttum

[1] KHURI-YAKUB, B.T.:   NDE of Structural Ceramics.
                              Beitrag 420/00118 zur Materials
                              Science Encyclopedia, 1981
                              Pergamon Press, Oxford

[2] REITER, H.   Einsatz der Mikroradiographie als
     GOEBBELS, K.:   hochauflösendes zfP-Verfahren.
                              IzfP-Bericht Nr. 780106, 1978

[3] REITER, H.   ZfP von Hochtemperatur-Keramik-
     GOEBBELS, K.   Bauteilen für Kfz-Turbinen.
     DEUBLE, W.:   1. Phase.
                              IzfP-Bericht Nr. 790204, 1979

[4] SMITH, R.L.:   The Effect of Scattering on Con-
                              trast in Microfocus Projection
                              X-Radiography.
                              British J. NDT, $\underline{22}$ (1980) 236-239

[5] HÖLLER, P.:   in Berichtsband "Internat. Symp.
                              Neue Verfahren der zf Werkstoff-
                              prüfung", Saarbrücken, 1979.
                              Hrsg.: DGZfP, Berlin, S. 13-20

[6] KINO, G.S. et al: Defect Characterization in Ceram-
                              ic Using High Frequency Ultra-
                              sonics
                              Proceedings ARPA/AFML Review of
                              Progress in Quantitative NDE,
                              AFML-TR-78-208, Jan. 1979,
                              S. 242-245

[7] REITER, H. et al.:   ZfP von Hochtemperatur-Keramik-
                              Bauteilen für Kfz-Turbinen.
                              2. Phase
                              IzfP-Bericht Nr. 800305, 1980

[8]   KESSLER, L.W.   Acoustic Microscopy - 1979.
      YUHAS, D.E.:   Proc. IEEE, $\underline{67}$ (1979) 526-536

[9]   KAULE, W.   Ultraschallprüfung bei Frequenzen
      PRIMBSCH, E.:   über 50 MHz.
                            DGZfP-Jahrestagung 1979, Lindau,
                            Vortrag Nr. 33

[10] KHURI-YAKUB, B.T.:   Nondestructive Evaluation of
                            Structural Ceramic Components.
                            1979 IEEE Ultrasonics Symposium
                            Proceedings, S. 309

[11] HIRSEKORN, S.:   unveröffentlichte Ergebnisse,
                            1980

[12] MURAKAMI, Y. et al.: The Application of Adaptive Fil-
                            tering to Defect Characterization
                            Proc. 1st Intern. Symp. Ultras.
                            Mat. Charact., Gaithersburg, MD,
                            1978

[13] SOMER, J.C.:   Ultrasonics, $\underline{6}$ (1968) 153ff

[14] GEBHARDT, W. et al.: Ultraschallfeldsteuerung, Fehler-
                            klassierung und Fehlerrekonstruk-
                            tion mittels "Phased Arrays".
                            Materialprüf., $\underline{21}$ (1979) 437-443

[15] SCHMITZ, V. et al.:   Recent Developments in Ultrasonic
                            Holography. Proc. 9th WCNDT 1979,
                            Melbourne, Paper 4F-1

[16] KUPPERMAN, D.S. et al.: Preliminary Evaluation of NDE Tech-
                            niques for Structural Ceramics.
                            Proceedings ARPA/AFML Review of
                            Progress in Quantitative NDE,
                            AFML-TR-78-208, Jan. 1979,
                            S. 214-227

[17] SCHULDIES, J.J.: The Acoustic Emission Response of
Mechanically Stressed Ceramics.
Mat. Eval., $\underline{31}$ (1973) 209

[18] GRAHAM, L.J.
ALERS, G.A.: Reports AD-745 000, 1972
AD-754 839, 1972
AD-778 015, 1974
Rockwell Science Center, Thousand
Oaks, CA

[19] BAHR, A.J.: Microwave Techniques for NDE of
Ceramics.
Report AD/A-048 582, AMMRC-CTR-77-
29, Nov. 1977, Stanford Research
Institute, Stanford, CA

[20] BAHR, A.J.: Microwave NDE of Ceramics.
Proceedings ARPA/AFML Review of
Progress in Quantitative NDE.
AFML-TR-78-208, Jan. 1979,
S. 236-241

[21] KAULE, W.: Laser Induced Ultrasonic Pulse
Testing.
Eighth World Conference on NDT,
Cannes, 1976, Paper EJ5

Tabelle 1. ZfP-Verfahren und Basisparameter für den Fehlstellennachweis
(Erläuterungen s. Bild 1)

Prüfverfahren	Basisparameter für den Fehlstellennachweis	Charakteristische Zahlenwerte	Bemerkungen
Durchstrahlungsprüfung (Röntgenstrahlen) (DS)	$\mu_F - \mu_W$ $\mu_F d_F / \mu_W d_W$ d_F / D_O (μ = Absorptionskoeffizient)	$\mu(\text{HPSN}) = 2{,}56 \text{ cm}^{-1}$ $\mu(\text{HPSiC}) = 2{,}87 \text{ cm}^{-1}$ $\mu(\text{Pore, Riß}) \approx 0 \text{ cm}^{-1}$ $\mu(\text{Fe}) = 58 \text{ cm}^{-1}$ $\mu(\text{Si}) = 2{,}92 \text{ cm}^{-1}$	μ für 50 kV bzw. 0,38 Å: $\lambda_{min} \approx 0{,}25 \text{ Å}; \lambda_{Imax} \approx 0{,}38 \text{ Å}$ geometrische Unschärfe und Kontrast bestimmen die Qualität der Abbildung eines Fehlers
Ultraschall (US)	d_F / λ d_F / D_S $\rho v \vert_F - \rho v \vert_W$ (ρ = Dichte, v = Schallgeschwindigkeit)	$\rho(\text{HPSN}) = 3{,}2\text{g/cm}^3; v_L = 11\text{mm/}\mu\text{s}$ $\rho(\text{RBSN}) = 2{,}6\text{g/cm}^3; v_L = 9\text{mm/}\mu\text{s}$ $\rho(\text{HPSiC}) = 3{,}2\text{g/cm}^3; v_L = 12{,}5\text{mm/}\mu\text{s}$ $\rho(\text{RBSiC}) = 3{,}0\text{g/cm}^3; v_L = 10\text{mm/}\mu\text{s}$ $\rho(\text{Fe}) = 7{,}8\text{g/cm}^3; v_L = 5{,}9\text{mm/}\mu\text{s}$ $\rho(\text{Si}) = 2{,}9\text{g/cm}^3; v_L = 9\text{mm/}\mu\text{s}$ $\lambda \approx 0{,}05 - 1 \text{ mm}$	Angaben über Art und Größe eines Fehlers sind im Frequenzspektrum sowie in der Signaldynamik enthalten.

Fortsetzung Tabelle 1

Prüfverfahren	Basisparameter für den Fehlstellennachweis	Charakteristische Zahlenwerte	Bemerkungen
Schwingungsanalyse (SA)	V_F/V_W ρ_F/ρ_W (V = Volumen)	Resonanzfrequenz einer einzelnen RBSN-Turbinenschaufel $R \approx 16000$ Hz	integrale Bauteilcharakterisierung, keine Einzelfehlstellenortung
Schallemission (SE)	Summe der aufgestauten Energie pro SE-Ereignis	als SE-Signal freiwerdende Energie pro SE-Ereignis	integrale Charakterisierung, keine Ortung
Optisch-holographische Interferometrie (OHI)	d_F/λ Δ	$\lambda \approx 6328$ Å	Angaben über die Größe eines Fehlers sind wesentlich durch Δ beeinflußt.
Mikrowellen (MW)	d_F/λ d_F/D_S D_S/d_W (d_W = lineare Bauteilabmessung)	$\lambda \approx 3$ mm (f $\approx$ 100 GHz)	Beeinträchtigung durch die Bauteilgeometrie (Kantensignale) und den Werkstoffzustand (Gefügeinhomogenität)

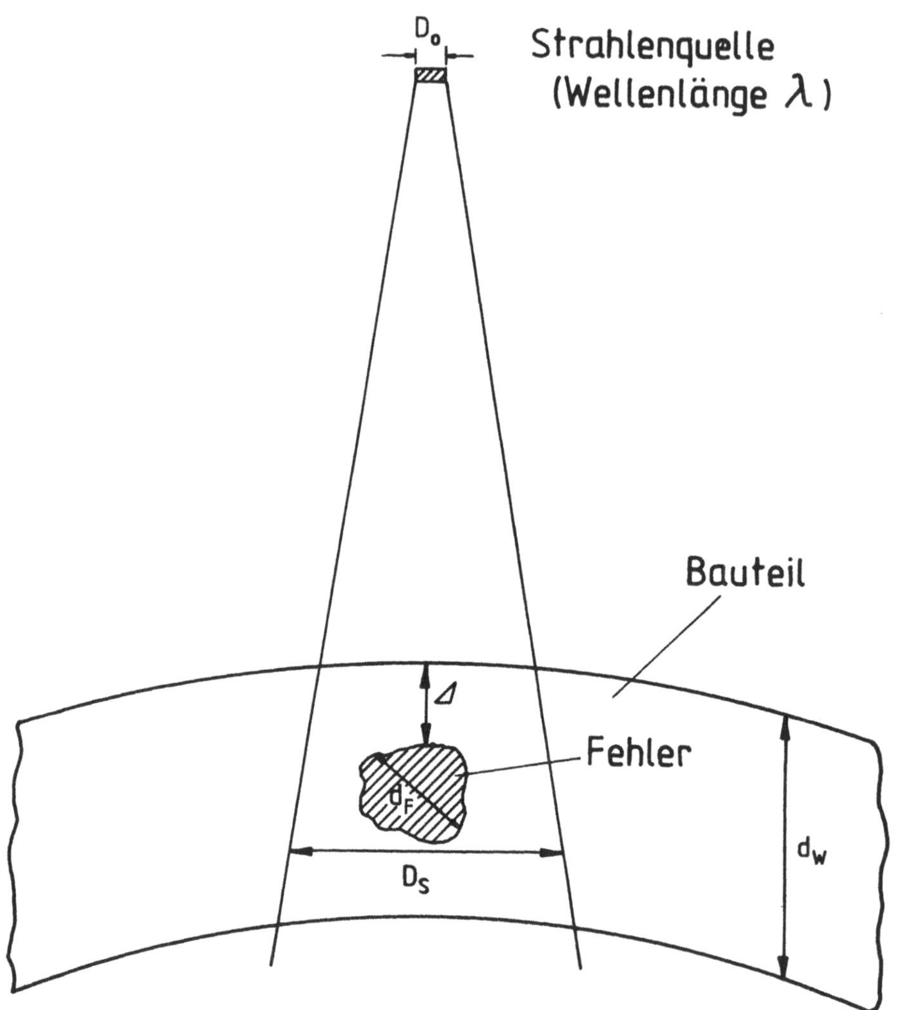

W : Bauteilwerkstoff

F : Fehler

S : Strahlung

Schematische Darstellung der Prüf-
geometrie (s. hierzu auch Tabelle 1)

IzfP

Bild 1

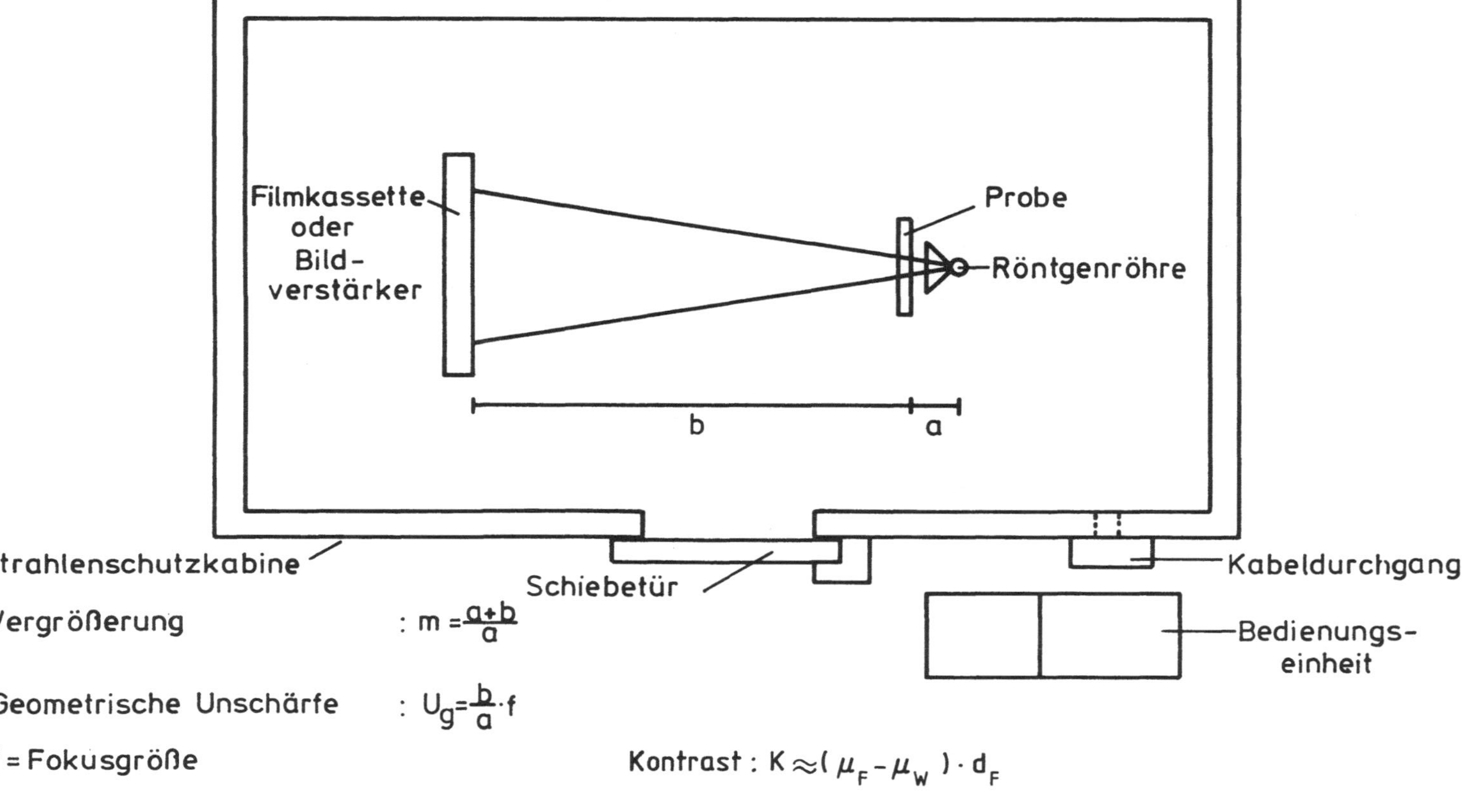

Vergrößerung : $m = \dfrac{a+b}{a}$

Geometrische Unschärfe : $U_g = \dfrac{b}{a} \cdot f$

f = Fokusgröße

Kontrast : $K \approx (\mu_F - \mu_W) \cdot d_F$

IzfP Prinzipskizze Mikroradiographie Bild 2

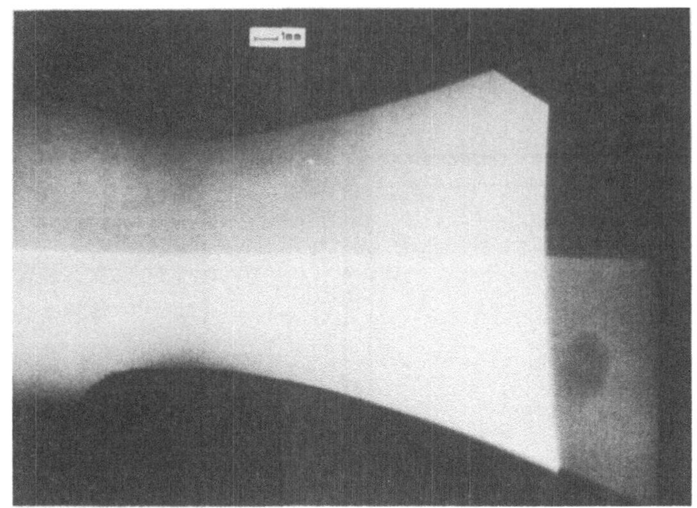

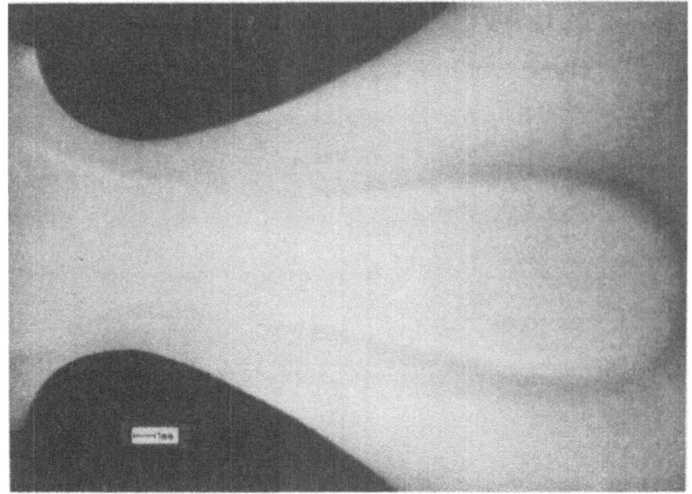

Dichteschwankungen in Proben aus HPSN und HPSiC

IzfP

Bild 3

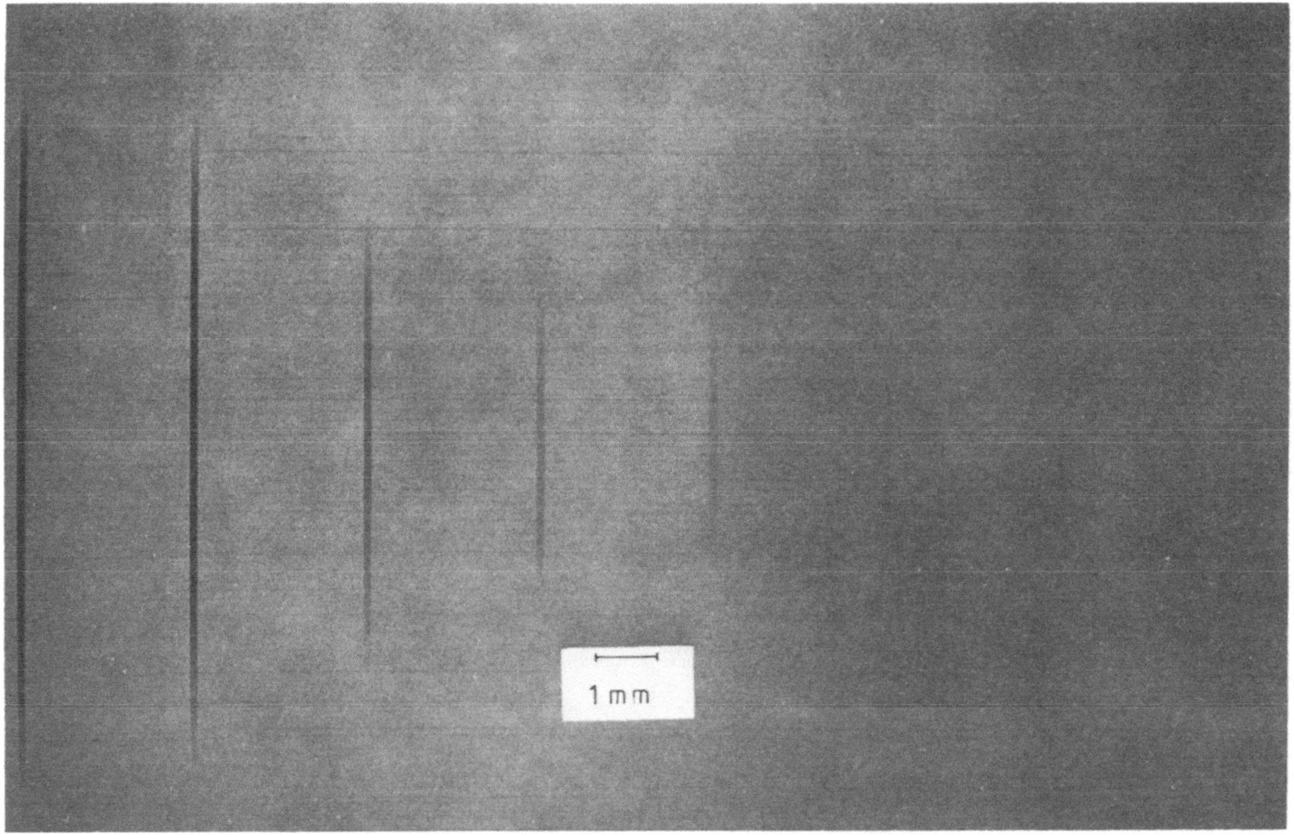

IzfP

Sägeschnitte (150 μm Breite) in einer RBSN - Schleuderscheibe, $d_W = 4{,}5$ mm, $412\,\mu$m $\leqslant$ Tiefe $\leqslant 17\,\mu$m

Bild 4

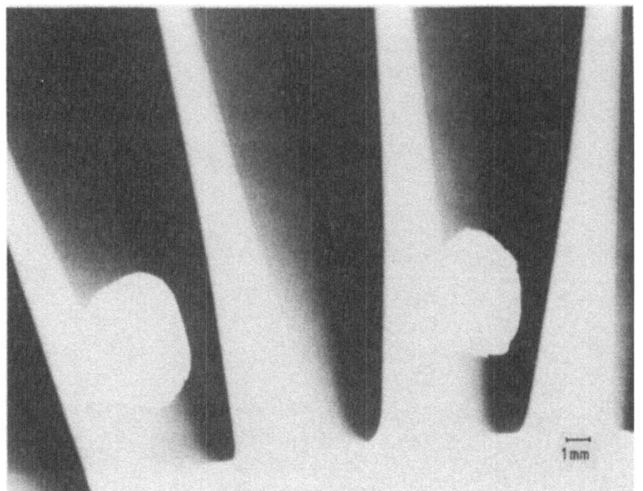

RBSN-Rotor
Oberflächenriss

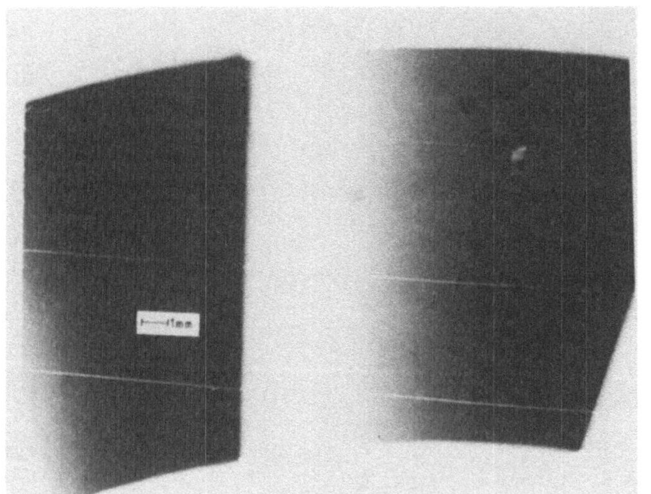

RBSN-Stator
Porosität

Fehlstellen in einem RBSN - Rotor

(Riss) und in einem RBSN -Stator (Poren)

IzfP

Bild 5

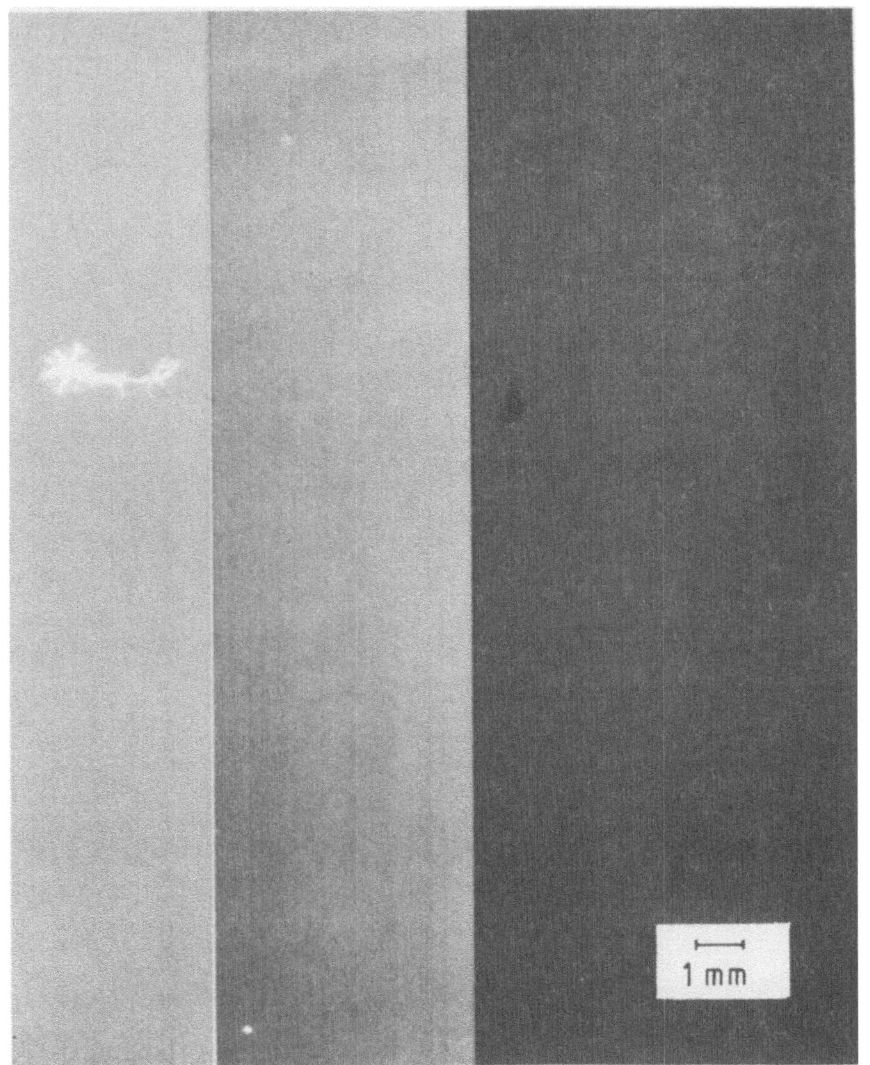

HPSN
$d_W = 3,6\,mm$
Fe-Einschluß

HPSN
$d_W = 3,1\,mm$
Si-Einschluß

HPSiC
$d_W = 3,6\,mm$
C-Einschluß

Künstlich eingebrachte Fehlstellen

in HPSN - und HPSiC - Proben.

IzfP

Bild 6

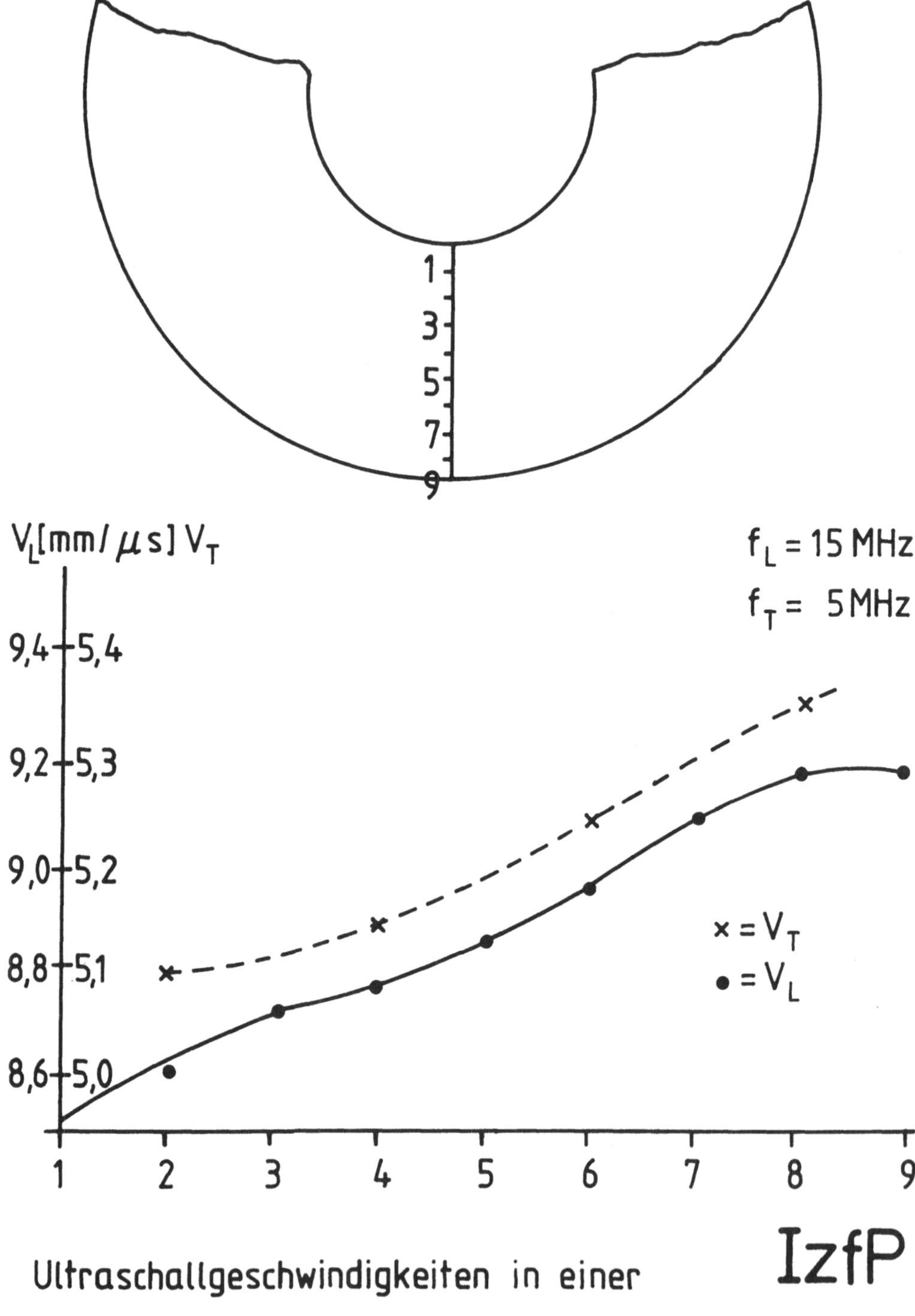

Ultraschallgeschwindigkeiten in einer inhomogenen RBSN - Schleuderscheibe

Bild 7

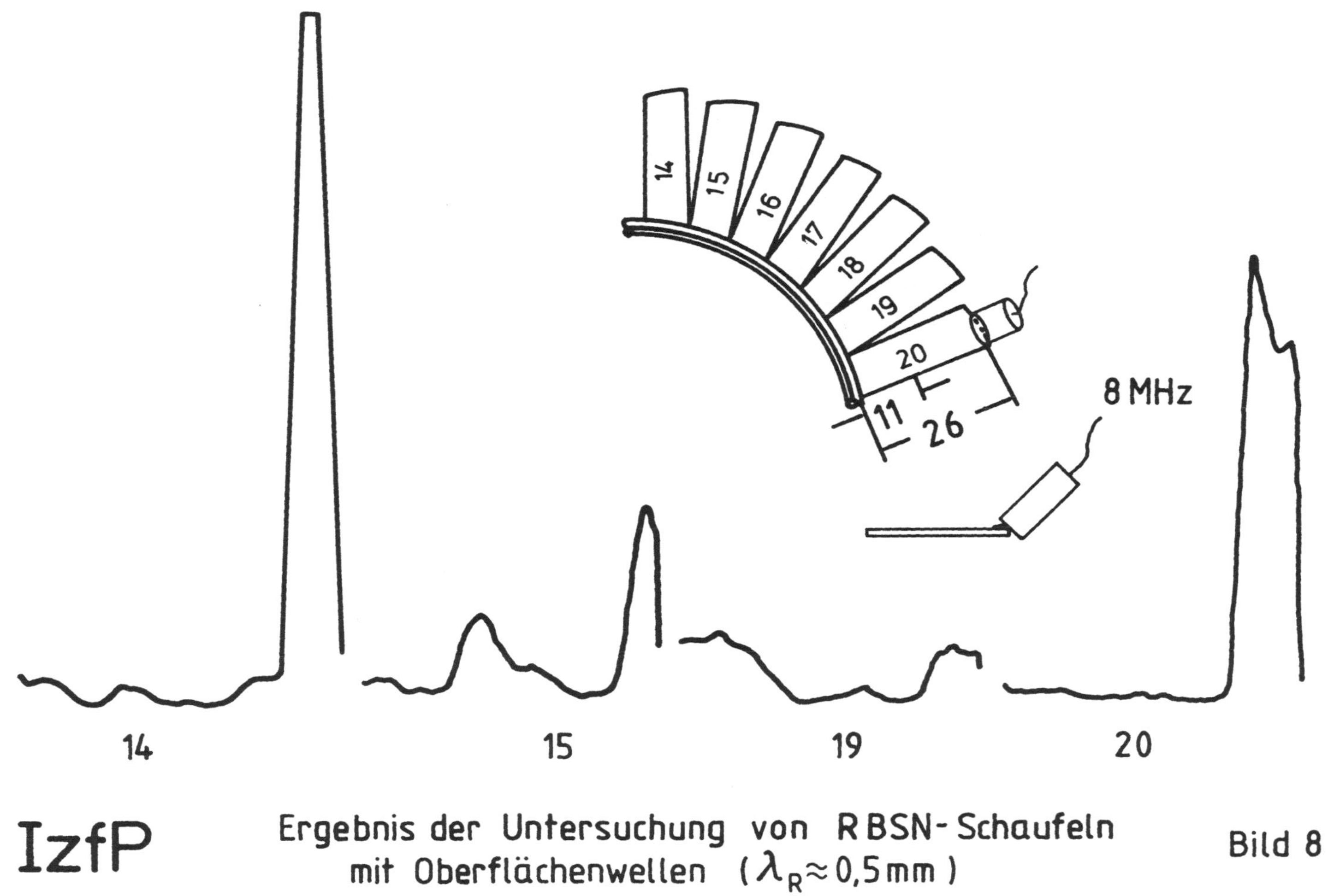

IzfP

Ergebnis der Untersuchung von RBSN-Schaufeln mit Oberflächenwellen ($\lambda_R \approx 0,5$ mm)

Bild 8

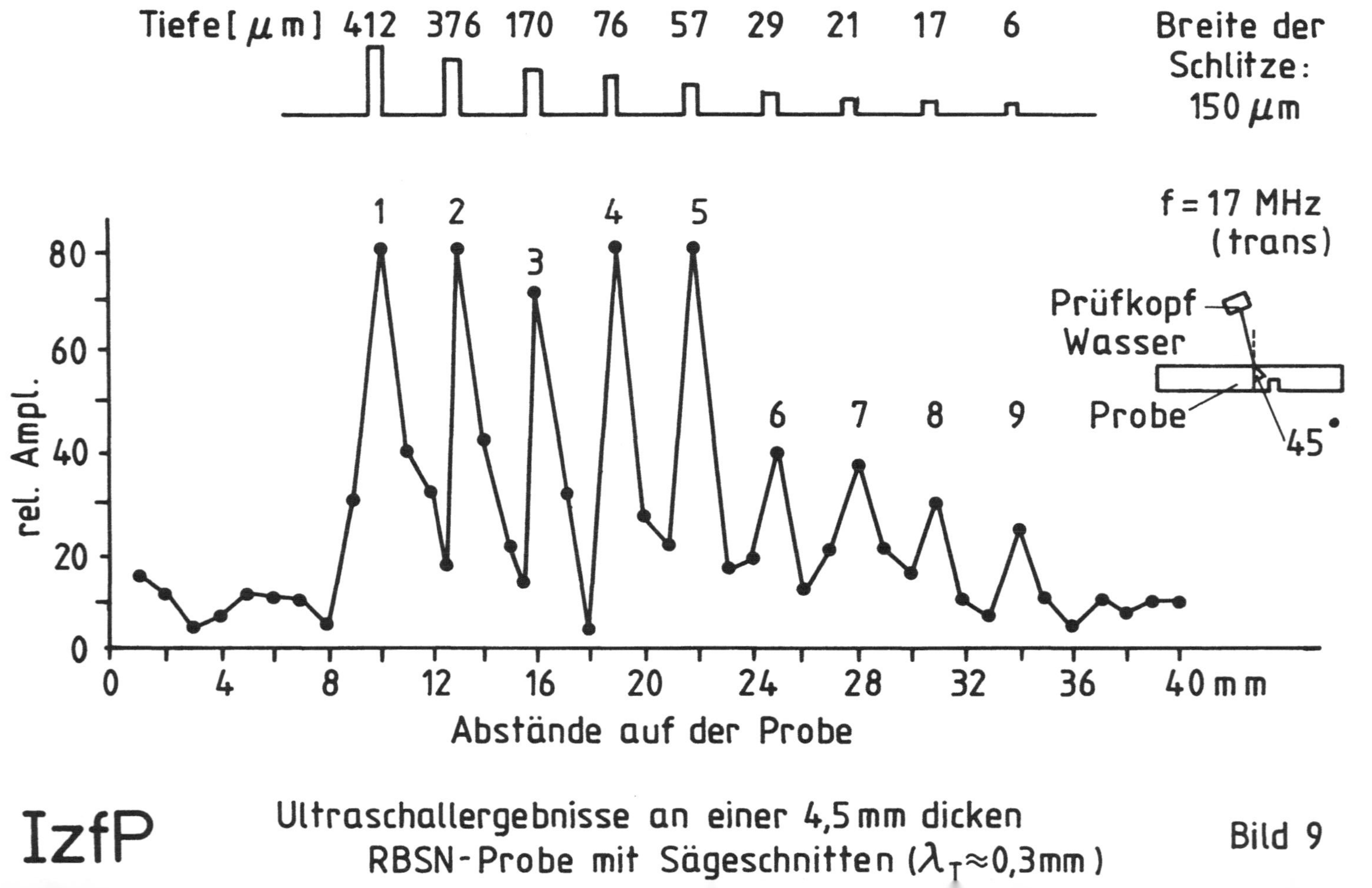

IzfP
Ultraschallergebnisse an einer 4,5 mm dicken RBSN-Probe mit Sägeschnitten ($\lambda_T \approx 0{,}3$ mm)

Bild 9

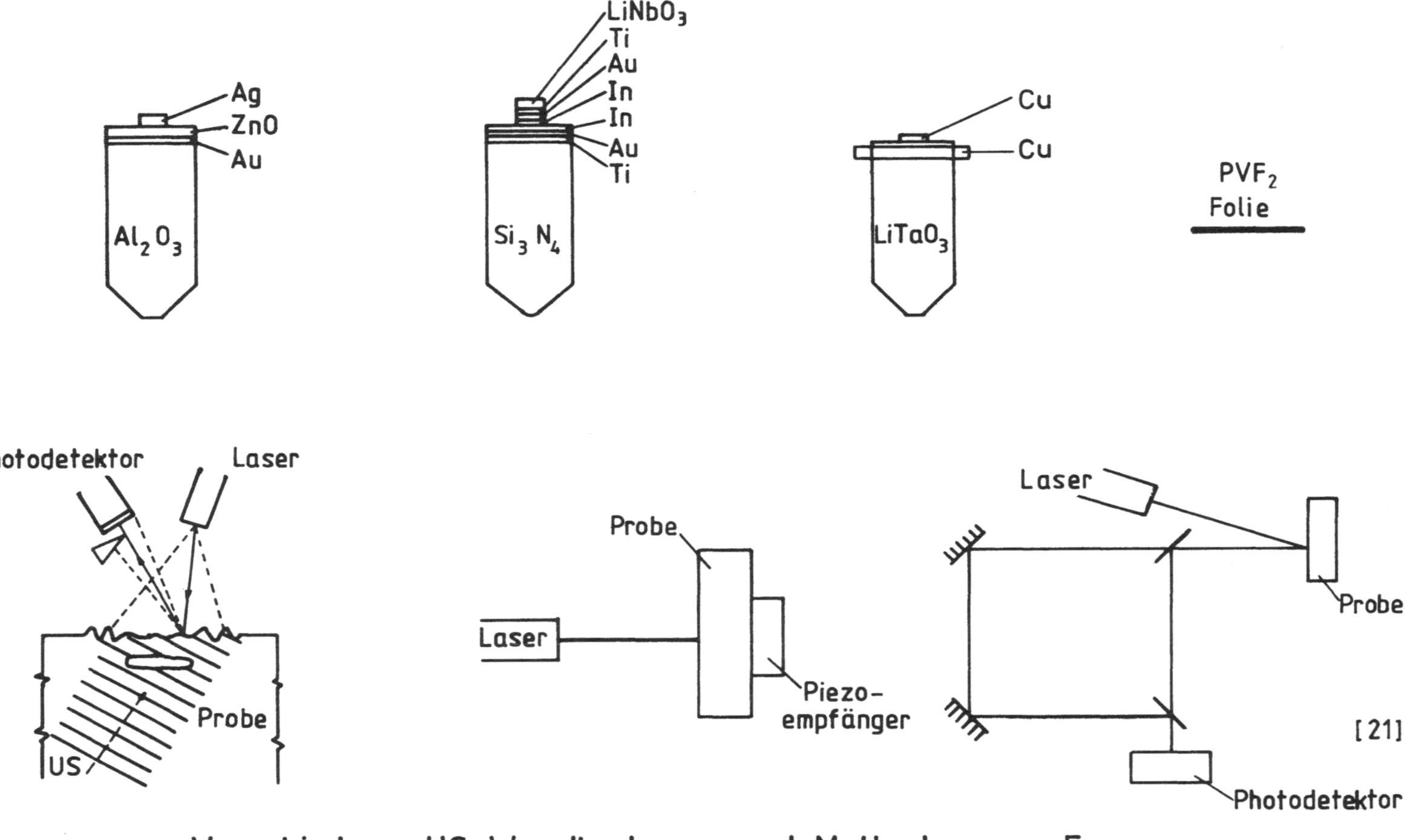

IzfP Verschiedene US-Wandlertypen und Methoden zur Erzeugung von HF-US Bild 10

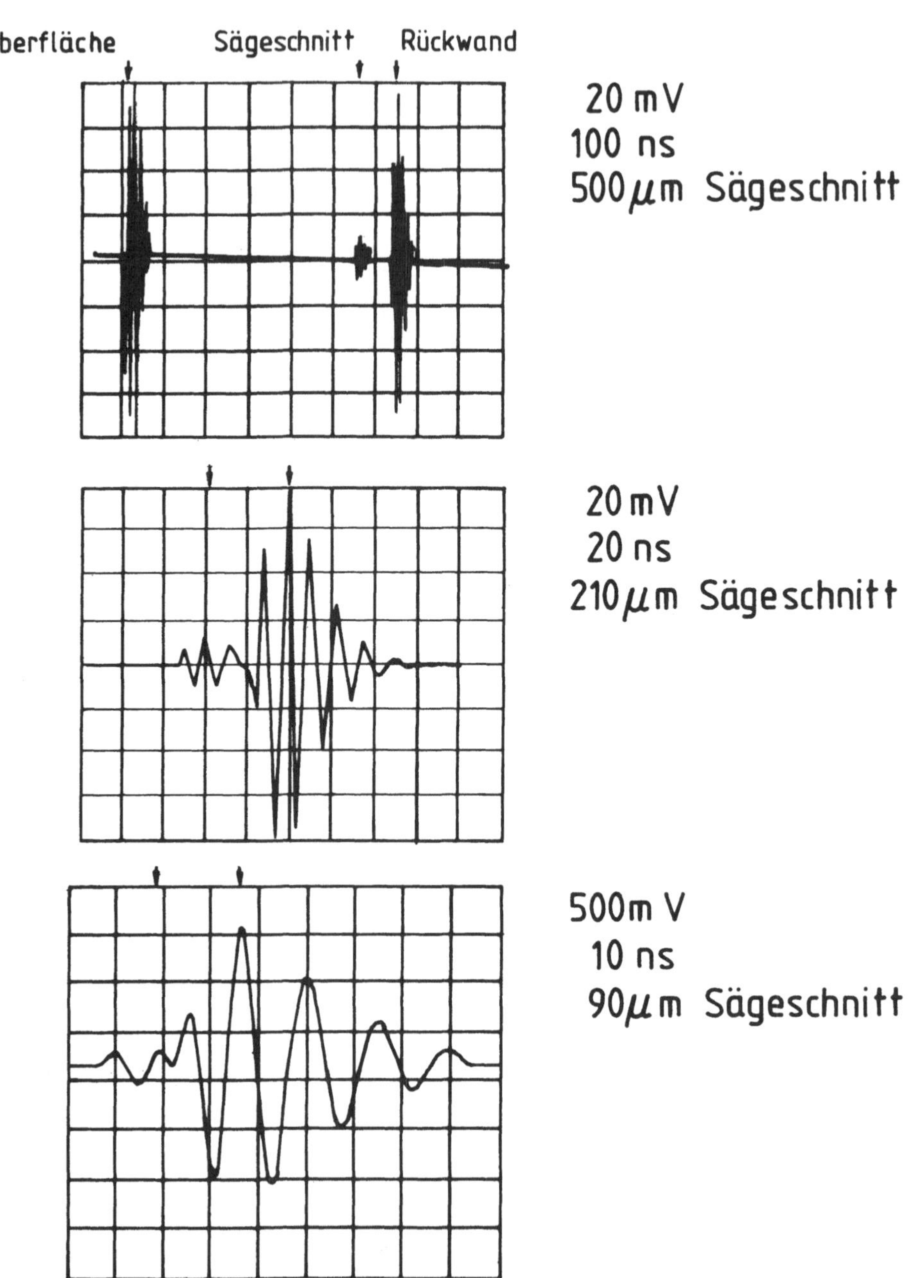

Rückwand- und Reflektorsignale (unter-schiedlich tiefe Sägeschnitte) aus HPSN-Biegeproben ($d_W = 3,4$ mm)

IzfP

Bild 11

190

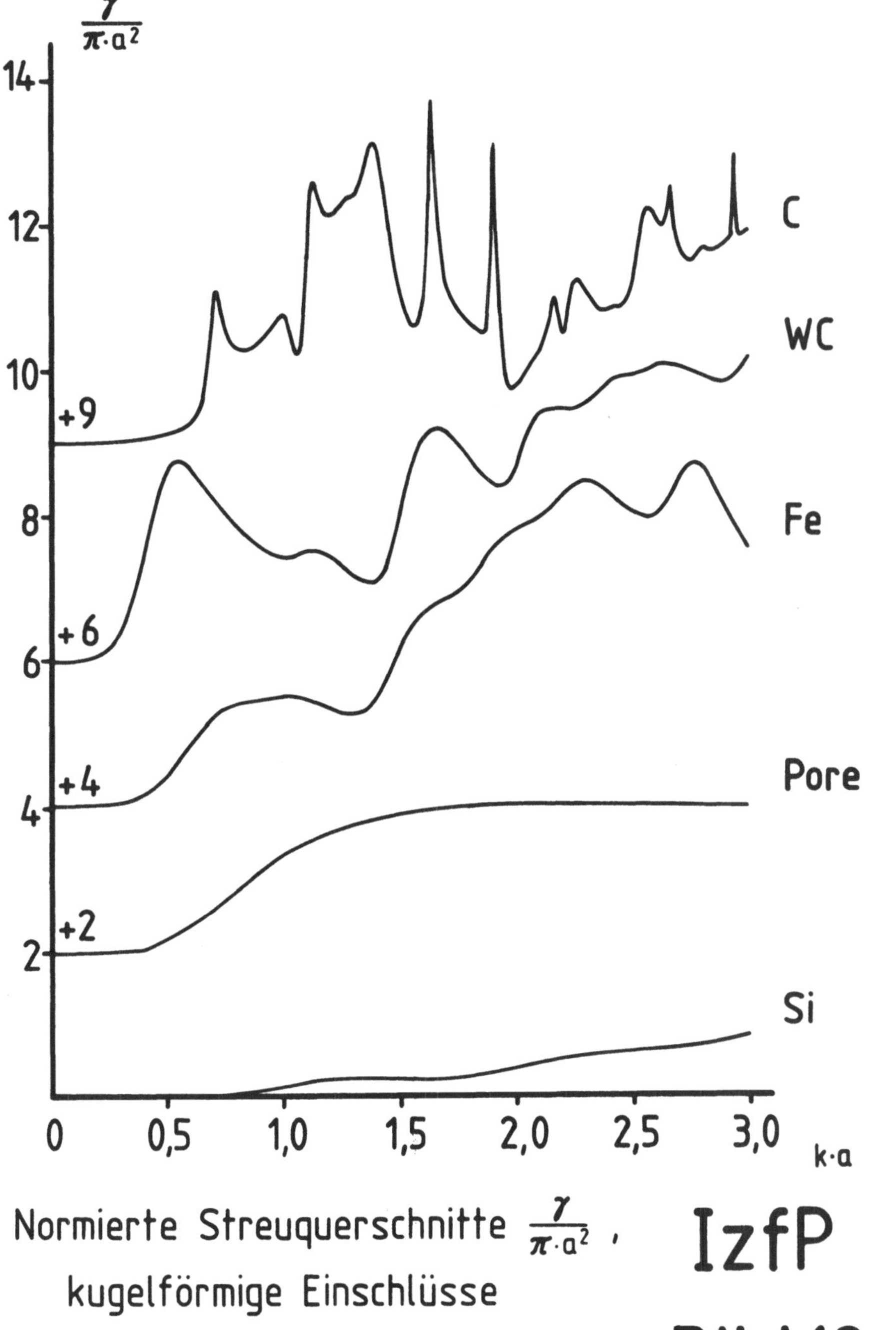

Normierte Streuquerschnitte $\frac{\gamma}{\pi \cdot a^2}$,
kugelförmige Einschlüsse
in HPSN (Long.-Wellen)

IzfP

Bild 12

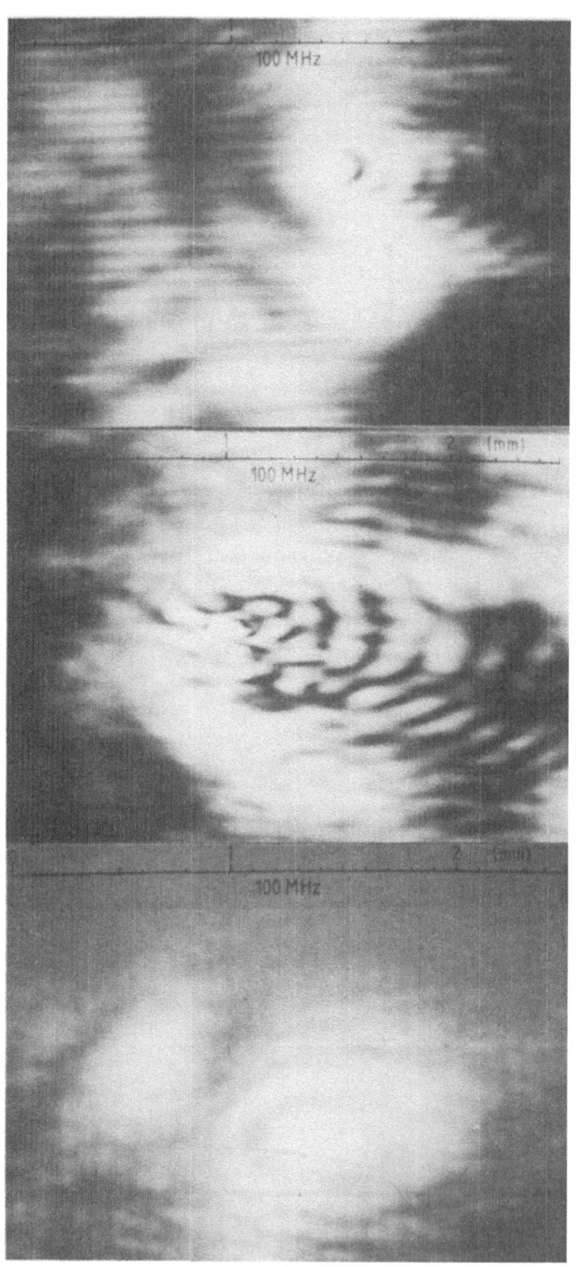

HPSN
$d_W = 3,6$ mm
Si-Einschluß

HPSiC
$d_W = 3,6$ mm
Fe-Einschluß

HPSiC
$d_W = 3,6$ mm
C-Einschluß

SLAM-Aufnahmen (100 MHz)

von Fehlstellen in HPSN- und HPSiC- Proben

IzfP

Bild 13

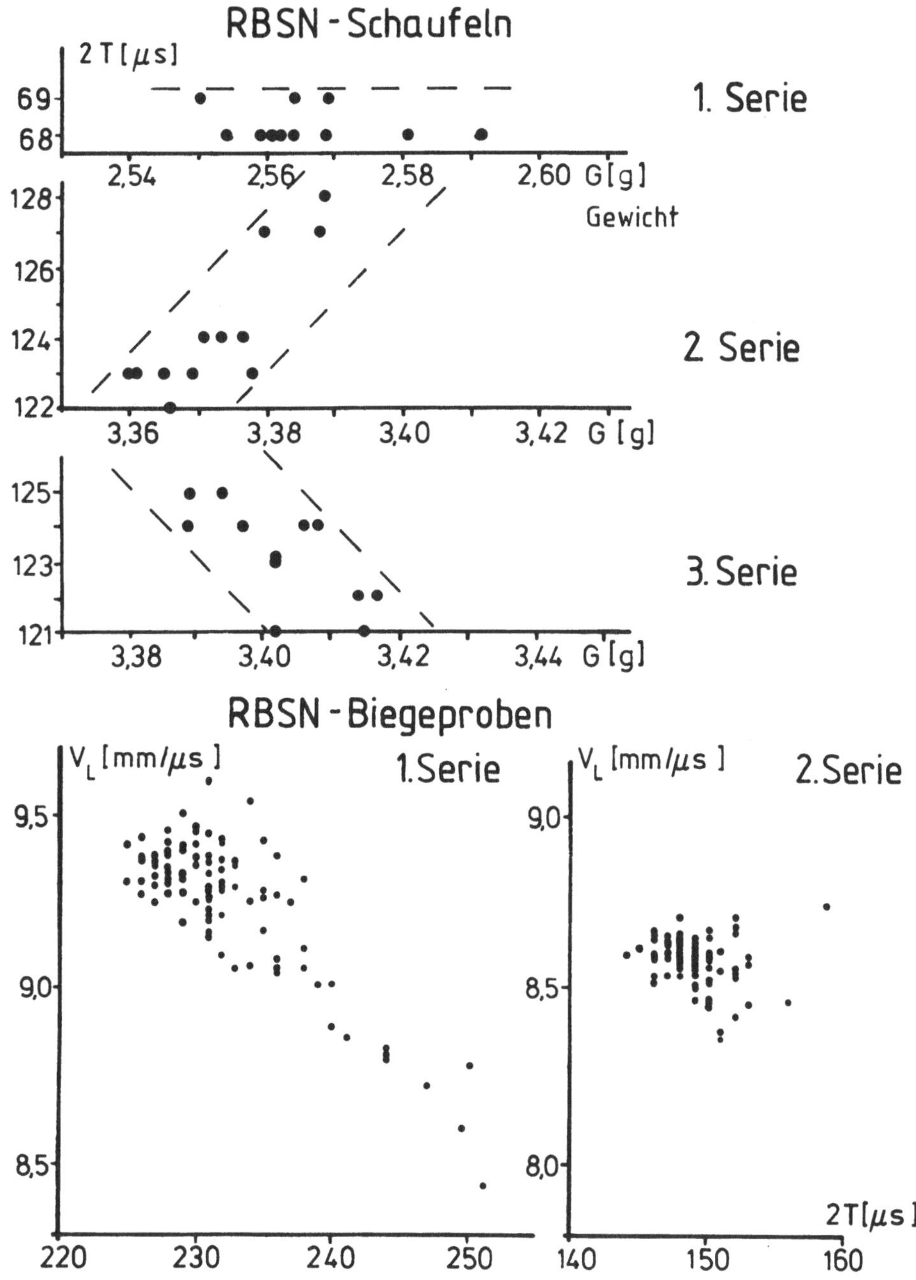

Schwingungsanalyse an verschiedenen Chargen von RBSN-Schaufeln und RBSN-Biegeproben

IzfP

Bild 14

BRUCHVERHALTEN VON HEISSGEPRESSTEM SILIZIUMNITRID
ZWISCHEN RAUMTEMPERATUR UND 1400°C

K. Kříž, B. Ilschner

Institut für Werkstoffwissenschaften I
Universität Erlangen-Nürnberg

1. Einleitung

Die Verwendung von heißgepreßtem Siliziumnitrid (HPSN) als
Konstruktionswerkstoff im Hochtemperaturbereich der Fahrzeug-
Gasturbine erfordert eine möglichst umfassende Kenntnis und Be-
herrschung seiner Eigenschaften. Neben der Kriechfestigkeit,
Oxidationsbeständigkeit sowie verschiedenen physikalischen
Eigenschaften spielen bruchmechanische Angaben zur Werkstoff-
Festigkeit in Form von Bruchwiderstandswerten eine wichtige Rol-
le bei der Beurteilung der Materialentwicklung. Für eine hin-
sichtlich der Lebensdauer optimierte Auslegung von Bauteilen
reichen jedoch die Bruchwiderstandswerte alleine nicht aus.
Vielmehr sind hierzu Daten über die langsame Rißausbreitung im
Bereich der angestrebten Einsatztemperaturen des HPSN notwendig.

Die von anderen Forschungsstellen im Rahmen des BMFT-Programms
durchgeführten Messungen der mehr bauteilorientierten Biegebruchfestigkeit bzw. ihrer statistischen Verteilung werden im
Institut für Werkstoffwissenschaften I durch Untersuchungen zur
bruchmechanischen Charakterisierung der HPSN-Werkstoffe bei Temperaturen bis 1400°C ergänzt. Neben der Bestimmung des Bruchwiderstandes gehört insbesondere die Kennzeichnung der langsamen
Rißausbreitung zu diesem Problemkreis.

2. Grundlagen

Bei der bruchmechanischen Beschreibung der Werkstoff-Festigkeit
wird davon ausgegangen, daß herstellungs- bzw. bearbeitungsbe-
dingte Fehler (Risse) im Material vorhanden sind. Durch die Be-

rücksichtigung dieser inhärenten Risse kann die Bruchmechanik
Festigkeitsangaben liefern, die in höherem Maße werkstoffspezi-
fisch sind als solche, die in einfachen Bruchfestigkeitsunter-
suchungen anfallen.

In einem Werkstoff, der sich annähernd linear-elastisch verhält,
wird die Spannungsverteilung vor der Rißspitze durch den Spannungsintensitätsfaktor K_I beschrieben [1] , der entsprechend
der Beziehung:

$$(1) \qquad K_I = \sigma \cdot \sqrt{a} \cdot Y \, (a/h)$$

von der angelegten Spannung σ und von der Rißlänge a abhängt.
Dabei ist Y eine Korrekturfunktion für endliche Probenabmessun-
gen [2,3] und h die Probenhöhe.

Erreicht der Spannungsintensitätsfaktor einen kritischen Wert
K_{I_c} (auch Bruchzähigkeit bzw. Bruchwiderstand genannt), so
kommt es zu einer im technischen Sinne sehr schnellen Rißausbreitung und damit zum katastrophalen Bruch.

Daneben wird jedoch vielfach ein langsames Wachstum inhärenter
Risse bei K_I-Werten beobachtet, die deutlich unterhalb des K_{I_c}-
Wertes liegen. Dieses langsame, auch unterkritisch genannte
Rißwachstum führt trotz konstanter angelegter Spannung zu einer
Zeitabhängigkeit von K_I, die durch:

$$(2) \qquad K_I(t) = \sigma \cdot \sqrt{a(t)} \cdot Y \, (a(t)/h)$$

beschrieben werden kann. Der K_I-Wert steigt während der Bela-
stungsdauer entsprechend der Rißverlängerung bis zur kritischen
Größe mit den bereits genannten Konsequenzen. Aus diesem Grund
wird seit einiger Zeit versucht, auch die langsame Rißausbreitung meßtechnisch zu erfassen. In bruchmechanischen Rißausbrei-
tungsexperimenten an keramischen Werkstoffen wurde vielfach ein
Zusammenhang zwischen der Rißgeschwindigkeit v und dem Spannungsintensitätsfaktor K_I beobachtet, der sich über einen großen Bereich durch die Beziehung z.B.[4,5]

$$(3) \qquad v = da/dt = A \cdot K_I^n$$

ausdrücken läßt (v-K_I-Kurve). Dabei sind A und n materialabhängige Rißausbreitungskonstanten, die teilweise auch von der Temperatur und dem umgebenden Medium abhängen.

Wie bereits angedeutet, verliert der K_{I_C}-Wert durch das Auftreten langsamer Rißausbreitung etwas an Bedeutung, da er lediglich einen Punkt der v-K_I-Kurve darstellt. Dementsprechend sollten K_{I_C}-Angaben durch die jeweils zugehörigen Rißgeschwindigkeiten ergänzt werden.

Neben den bereits aufgeführten Effekten kann auch das Ausmaß der langsam erfolgten Rißverlängerung Δ a die ermittelten Bruchwiderstandswerte beeinflussen. Derartiges Verhalten wurde bereits früher an Metallen [6] und seit neuesten auch an keramischen Werkstoffen (Al_2O_3) bei Raumtemperatur [7] beobachtet. Die riß- bzw. bruchwiderstandssteigernde Wirkung der langsamen Rißverlängerung wird bei Metallen durch zunehmende Mikroplastizität und bei Keramiken durch zunehmende Mikro- und Sekundär-Rißbildung in der unmittelbaren Umgebung der Rißfront gedeutet; sie wird üblicherweise als R-Kurven-Effekt bezeichnet. Zur bruchmechanischen Werkstoff-Kennzeichnung bietet sich in diesen Fällen die Ermittlung der Rißlängenabhängigkeit des Rißwiderstandes R an (R-Kurve).

3. Experimentelle Verfahren

3.1. Probenwerkstoffe

Die bruchmechanischen Untersuchungen wurden an zwei heißgepreßten Siliziumnitrid-Werkstoffen (HPSN) mit MgO bzw. Y_2O_3 als Sinterhilfsmittel durchgeführt. Die chemische Zusammensetzung beider Werkstoffe sowie einige Eigenschaften bei Raumtemperatur sind aus der Tabelle I ersichtlich.

3.2. Bruchmechanische Untersuchungen

3.2.1. Bestimmung des Bruchwiderstandes

Die Temperaturverläufe des Bruchwiderstandes wurden im 4-Punkt-Biegeversuch in einer früher beschriebenen Apparatur [8] bei einer Prüfgeschwindigkeit von 0,05 mm/min an Luft ermittelt.

Als Prüfkörper wurden planparallel geschliffene stäbchenförmige
Proben (Abmessungen: ca. 2,5 x 3,8 x 28 mm^3) mit einer geraden
Sägerkerbe als Ersatzfehler verwendet. Die Kerbtiefe lag stets
bei etwa 30 % der Probenhöhe; der Kerbengrundradius betrug ca.
30 - 35 μm.
Die angegebenen Werte sind Mittelwerte aus 5 bis 7 Messungen,
die Streubalken werden durch die jeweiligen Extremwerte begrenzt.

In <u>Bild 1</u> sind zwei typische Last-Verschiebungs-Verläufe dargestellt.
Während im Y_2O_3-dotierten HPSN im gesamten untersuchten Temperaturbereich keine meßbare Rißausbreitung vor Erreichen der
Maximallast F_{max} festgestellt werden konnte, zeigte das HPSN
mit MgO-Zusatz nur zwischen Raumtemperatur und ca. 800°C ein
derartiges Verhalten (Bild 1b). Oberhalb etwa 900°C wurde an
dieser Qualität jedoch zunehmende Rißverlängerung vor F_{max} beobachtet (Bild 1a), so daß sich eine Auswertung im Sinne von
R-Kurven anbietet. Da eine vollständige R-Kurve nicht aufzunehmen war, werden aus ihrem Verlauf zwei markante Punkte heraus-
gegriffen. Der erste Punkt stellt denjenigen Spannungsintensitätsfaktor K_{I_o} dar,

$$(4) \qquad K_{I_o} = \frac{3\,F_o(1-e)}{2h^2\,b} \sqrt{a_o} \cdot Y(a_o/h)$$

bei dessen Überschreitung die meßbare Rißausbreitung beginnt.
a_o ist dabei die Anfangsrißtiefe und Y die in Abschnitt 2 er-
läuterte Korrekturfunktion. Die Last F_o sowie alle anderen Größen sind dem Bild 1 zu entnehmen. Der zweite Punkt gibt denjenigen Spannungsintensitätsfaktor $K_{I_{max}}$ an, der aus der Maximallast F_{max} und der tatsächlich bei F_{max}^{max} vorliegenden Riß- bzw.
Kerbtiefe $a_{(F_{max})}$ nach der Beziehung:

$$(5) \qquad K_{I_{max}} = \frac{3\,F_{max}(1-e)}{2h^2\,b} \sqrt{a_{(F_{max})}} \cdot Y\left(\frac{a_{(F_{max})}}{h}\right)$$

ermittelt werden kann. Alle benötigten Größen sind aus Bild 1
ersichtlich. Die Rißtiefe $a_{(F_{max})}$ wurde aus der Änderung der

Probennachgiebigkeit nach [9] ermittelt, und an einigen Proben lichtmikroskopisch überprüft [10].

In den Fällen, in denen der Bruch ohne feststellbare langsame Rißausbreitung vor F_{max} erfolgt, liegt kein R-Kurven-Einfluß vor, und die beiden Größen K_{I_o} und $K_{I_{max}}$ sind identisch.

3.2.2. Langsame Rißausbreitung

Untersuchungen der Temperaturabhängigkeit der langsamen Rißausbreitung erfolgten an Doppel-Torsionsproben (DT-Proben) bei konstanter Belastung an Luft. Zu diesem Zweck wurde eine Apparatur für Temperaturen bis 1400°C sowie eine Präzisions-Apparatur für Raumtemperatur entwickelt und in Betrieb gesetzt. Beide Apparaturen sind zusammen mit dem zentralen elektrischen Versorgungsschrank in Bild 3 abgebildet.

Als Proben wurden planparallel geläppte HPSN-Platten mit den Abmessungen $2 \times 22 \times 70$ mm^3 verwendet. Der zum Erzielen langsamer Rißausbreitung erforderliche natürliche Anriß wurde durch Knoop-Härteeindrücke vor der Spitze einer schmalen Sägekerbe und nachfolgende Ausbreitung in der DT-Apparatur erzeugt.

Die im Bild 2 schematisch dargestellte DT-Probe kann man sich zusammengesetzt denken aus zwei flachen Balken der Breite b, der (Riß-) Länge a und der Dicke d, die jeweils durch die Kraft F/2 tordiert werden. Dadurch entstehen an der Probenunterseite Zugspannungen, und der Riß kann sich ausbreiten. Bei kleinen Verschiebungen y der Lastangriffspunkte gilt für die Nachgiebigkeit C:

$$(6) \qquad C = (y/F) \approx \frac{\xi \cdot b_m^2 (1+\nu)}{b \cdot d^3 E} \cdot a = B \cdot a$$

Dabei ist ξ eine Korrekturfunktion für endlich dünne Platten [11], ν die Poisson-Zahl und E der Elastizitätsmodul. Alle anderen Größen können dem Bild 2 entnommen werden. Bei der gewählten Versuchsführung mit F = const. ergibt sich aus (6) die Rißgeschwindigkeit v zu:

$$(7) \qquad v = da/dt = dy/dt \cdot B^{-1} \cdot F^{-1}$$

Für den Spannungsintensitätsfaktor K_I folgt in Anlehnung an [12]:

$$(8) \qquad K_I = (F \cdot b_m/d^2) \sqrt{\xi(1+\nu)/2b}$$

Die Beziehungen (6) und (8) zeigen die besonderen Eigenschaften der DT-Probe, welche sie für Messungen bei hohen Temperaturen besonders geeignet erscheinen lassen. Einerseits ist dies der einfache Zusammenhang zwischen der Probennachgiebigkeit und der Rißlänge (wichtig für indirekte Rißlängenbestimmung), andererseits der bei Berücksichtigung bestimmter Randbedingungen [13] rißlängenunabhängige K_I-Wert.

4. Ergebnisse und Diskussion

4.1. Temperaturabhängigkeit des Bruchwiderstandes

Anhand der Temperaturverläufe der im Abschnitt 3.2.1. erläuterten Größen K_{I_o} und $K_{I_{max}}$ in Bild 4a und b kann ein unterschiedliches Bruchverhalten beider untersuchter HPSN-Qualitäten bei hohen Temperaturen festgestellt werden.

4.1.1. HPSN mit MgO als Sinterhilfsmittel

Aus Bild 4a ist ersichtlich, daß im Falle des mit MgO dotierten HPSN bis etwa 800°C K_{I_o} und $K_{I_{max}}$ identisch sind; der Bruch erfolgt also im wesentlichen ohne Rißausbreitung vor dem Erreichen der Maximallast mit einer Anfangsrißgeschwindigkeit, die sich nach [9] zu $5 \cdot 10^{-5}$ m/s abschätzen läßt. Beide Größen nehmen von $6,3$ MN/m$^{3/2}$ bei Raumtemperatur auf etwa $5,8$ MN/m$^{3/2}$ bei 700°C entsprechend dem fallenden Elastizitätsmodul ab. Die Bruchflächenmorphologie bleibt bis ca. 800 - 900°C im Wesentlichen unverändert. Bei niedriger Vergrößerung wirken die Bruchflächen ähnlich glatt wie der in Bild 5 (Bereich B) dargestellte Raumtemperaturbruch. Auch bei höheren Vergrößerungen (REM) sind keine deutlichen Unterschiede im Bruchgefüge festzustellen. Die Brüche (Bild 7a) weisen sowohl inter- als auch transkristalline Anteile auf; die einzelnen β-Si$_3$N$_4$-Körner sind scharf abgegrenzt. An den Bruchflächen konnte mittels energiedispersiver Analyse neben Mg und Si auch Al und Fe festgestellt werden (Bild 7b). Der Au-Peak ist präparationsbedingt.

Die oberhalb von ca. 900°C beginnende Erweichung der Korngrenzenphase, welche sich auch im Temparaturverlauf der elastischen
Konstanten und der mechanischen Dämpfung [10] bemerkbar macht,
führt mit weiter steigender Temperatur dazu, daß die meßbare
Rißausbreitung bei immer niedriger werdenden Belastungen einsetzen kann. Der K_{I_o}-Wert fällt steil bis auf ca. 1,3 MN/m$^{3/2}$
bei 1300°C ab.

Demgegenüber steigt $K_{I_{max}}$ oberhalb etwa 900°C stark an, durch-
läuft bei 1200°C mit 8,1 MN/m$^{3/2}$ ein Maximum und nimmt
dann bis 1300°C wieder auf ca. 7 MN/m$^{3/2}$ ab. Der $K_{I_{max}}$(T)-Ver-
lauf wird in diesem Temperaturintervall ausgehend von der
Vorstellung gedeutet, daß bei 900°C Korngrenzengleitprozesse
einsetzen, die in der Nähe der Rißfront mit der Bildung und dem
Wachstum von Mikrorissen verbunden sind. Wechselwirkungen zwischen den Mikrorissen untereinander sowie mit dem Hauptriß führen sogar häufig zu makroskopischen Rißverzweigungen (Bild 6)
oberhalb etwa 1000°C. Die aufgeführten Vorgänge liefern einen
zusätzlichen Beitrag zur Energiestreuung und wirken sich damit
im Sinne des R-Kurven-Effekts [6] aus, d.h. als Erhöhung von
$K_{I_{max}}$. Darauf deuten u.a. auch die an Proben mit HT-Anrissen
(1100 bzw. 1200°C) bei Raumtemperatur ermittelten $K_{I_{max}}$-Werte,
welche mit 10 bis 13 MN/m$^{3/2}$ sehr viel höher liegen als der
RT-Mittelwert gekerbter Proben. Die Bruchmorphologie wird durch
die genannten Prozesse merklich verändert. Am Beispiel des bei
1100°C erzeugten Anrisses (Bild 5 - Bereich A) wird deutlich,
daß die HT-Bruchfläche wesentlich stärker zerklüftet und damit
dreidimensionaler aussieht als der RT-Restbruch (Bereich B). Der
relativ scharfe Übergang zwischen beiden Bereichen konnte zur
optischen Rißlängenbestimmung herangezogen werden.

Die in Bild 8a dargestellte REM-Aufnahme einer HT-Bruchfläche
(1100°C) zeigt im Gegensatz zu RT-Brüchen ein verschmolzenes und
abgerundetes Bruchgefüge. Die Abrundungen können durch die austretende erweichte Korngrenzenphase verursacht werden. Für das
Erweichen der Korngrenzenphase bei diesen Temperaturen spricht
u.a. auch das Vorhandensein von Ca an der HT-Bruchfläche (Elementspektrum Bild 8b). Wegen der relativ kurzen Versuchsdauer
(15 min) mußte eine schnelle Ca-Diffusion aus dem Probeninneren

zur freien Oberfläche erfolgen. Da nach [14] Ca im MgO dotierten HPSN in der Korngrenzenphase angereichert vorliegt, ist es naheliegend die schnelle Ca-Diffusion auf das Erweichen dieser Phase zurückzuführen.

Oberhalb $1200^{o}C$ scheint der energiedissipative Beitrag der zusätzlichen Aufbruchvorgänge durch die voranschreitende Erweichung der Korngrenzenphase überkompensiert zu werden; der Zusammenhalt des Verbundes wird immer weniger gewährleistet und der $K_{I_{max}}$ -Wert fällt mit weiter steigender Temperatur wieder ab.

Aus Bild 4a kann weiter entnommen werden, daß die Meßwertstreuung mit steigender Temperatur höher wird. Dies kann einerseits durch inhomogene Zusammensetzung und Verteilung der Korngrenzenphase erklärt werden, welche bei hohen Temperaturen das Bruchverhalten zunehmend beeinflußt. Die Streuung kann andererseits durch das unterschiedliche Ausmaß der langsamen Rißausbreitung vor F_{max} verursacht werden.

4.1.2. HPSN mit Y_2O_3 als Sinterhilfsmittel

Das Bild 4b macht deutlich, daß in der Y_2O_3 dotierten Qualität bis $1400^{o}C$ die Verläufe von K_{I_o} und $K_{I_{max}}$ identisch sind. Der Bruch erfolgt mit einer Anfangsrißgeschwindigkeit[9] von etwa $5 \cdot 10^{-5}$ m/s direkt vom Kerbgrund aus. Die beiden Größen bleiben im Rahmen der Streuungen zwischen Raumtemperatur und ca. $1000^{o}C$ mit 6,8 bis 6,9 $MN/m^{3/2}$ praktisch konstant, fallen dann bis $1300^{o}C$ leicht auf 6,3 $MN/m^{3/2}$ ab, bevor sie wieder auf ca. 7,6 $MN/m^{3/2}$ bei $1400^{o}C$ ansteigen. Die begleitenden fraktographischen Untersuchungen zeigen, daß sich das RT-Bruchgefüge (Bild 9a) bis $1000^{o}C$ kaum ändert.Das Bruchbild des mit Y_2O_3 dotierten HPSN scheint etwas mehr transkristalline Anteile aufzuweisen als dasjenige des mit MgO dotierten (Bild 7a). Ferner sind die einzelnen Körner stärker miteinander verzahnt. Oberhalb von $1100^{o}C$ werden die Bruchkonturen in der Regel (Ausnahmen siehe [10]) mit steigender Temperatur zunehmend durch die austretende erweichte Korngrenzenphase abgerundet (Bild 10a). Die durch energiedispersive Analyse gewonnenen Elementspektren

(Bild 9b und 10b) zeigen keine temperaturabhängige Änderung.
Neben Si und Fe konnte sowohl an der RT- als auch an der HT-
Bruchfläche Y nachgewiesen werden.

Die relativ schwache Abnahme (6 bis 7 %) in den K_I - bzw. $K_{I_{max}}$ -
Werten zwischen Raumtemperatur und 1300^oC (Bild 4b) könnte
bei aller Vorsicht, die durch unerwartet große Streuungen der
Einzelmeßwerte geboten ist, auf die im gleichen Temperaturbereich beobachtete Abnahme des Elastizitätsmoduls (ca. 13 %) zurückzuführen sein. Der $K_{I_{max}}$ -Anstieg oberhalb 1300^oC wäre durch
einsetzende Mikroplastizität und Mikrobruchvorgänge in der Nähe
des Kerbgrundes zu verstehen. Die bereits erwähnten, überraschend starken Streuungen sind sehr wahrscheinlich auf inhomogene Zusammensetzung bzw. Verteilung der Korngrenzenphase zurückzuführen. Diese Vorstellung wird bestärkt durch fraktographische
Untersuchungen [10] und durch die schwache Temperaturabhängigkeit der $K_{I_{max}}$ -Mittelwerte. Ebenfalls in diese Richtung zeigen
die oberhalb ca. 1000^oC verstärkt beobachteten, z.T. blasenför-
migen Austritte der Korngrenzenphase aus dem Kerbgrund (Bild
11a), in denen starke Fe-Anreicherungen (Bild 11b) feststellbar
sind.

Trotz der relativ stark streuenden Meßwerte muß festgehalten
werden, daß an allen bis 1400^oC geprüften Biegeproben (ca. 60
Stück) der Bruch erst oberhalb 6 $MN/m^{3/2}$ einsetzte.

4.1.3. <u>Vergleich der beiden HPSN-Qualitäten</u>

Das mit Y_2O_3 dotierte HPSN zeigt im gesamten untersuchten Temperaturbereich besseres Bruchverhalten als das mit MgO dotierte.
Zwischen Raumtemperatur und ca. 800^oC liegen die bruchmechanischen Kennwerte der mit Y_2O_3-Zusatz heißgepreßten Qualität etwa
10 % höher. Der wichtigste Unterschied ergibt sich jedoch oberhalb ca. 900^oC. Während im MgO-dotierten HPSN mit weiter steigender Temperatur die Rißausbreitung bei immer niedrigeren K_{I_o} -
Werten beginnt (1,3 $MN/m^{3/2}$ bei 1300^oC) und die höheren $K_{I_{max}}$
Werte durch R-Kurven-Effekte vorgetäuscht werden, beträgt
der kleinste, den Bruchbeginn kennzeichnende K_{I_o} bzw. $K_{I_{max}}$ -Wert
des Y_2O_3-dotierten Materials 6 $MN/m^{3/2}$. Die verbesserten

Brucheigenschaften sind wahrscheinlich auf eine stärkere Verzahnung des Korngefüges sowie auf die höherschmelzende Korngrenzenphase im HPSN mit Y_2O_3-Sinterzusatz zurückzuführen.

4.2. Temperatureinfluß auf die langsame Rißausbreitung

In diesem Abschnitt sollen die ersten eigenen Messungen der langsamen Rißausbreitung im MgO-dotierten HPSN bei Temperaturen bis 1000°C vorgestellt werden.

Die in DT-Versuchen bei verschiedenen Temperaturen gewonnenen v-K_I-Kurven sind in doppellogarithmischer Auftragung in <u>Bild 12</u> dargestellt. Es zeigt sich, daß der Widerstand gegen langsame Rißausbreitung zwischen Raumtemperatur und 800°C nur geringfügig abnimmt. Die Differenz liegt mit etwa 6 % in der gleichen Höhe wie bei den Bruchwiderstandsmessungen an gleicher HPSN-Qualität (Abschnitt 4.1.1.) und kann analog gedeutet werden. Der Rißausbreitungsexponent n ergibt sich gemäß (3) bei RT zu etwa 50 und bei 800°C zu 48. Bei 900°C deutet sich durch einen Knick in den v-K_I-Kurven und durch unterschiedliche Rißausbreitungsexponenten bei gleichbleibender Temperatur ein Mechanismuswechsel der Rißausbreitung an. Oberhalb des Knicks beträgt n bei 900°C etwa 30 und bei 1000°C nur noch 17. Unterhalb des Knicks werden die n-Werte mit ca. 7 bzw. 3,7 noch kleiner. Die sehr niedrigen Rißausbreitungsexponenten in diesem Bereich könnten durch einen mit der Erweichung der Korngrenzenphase zunehmenden Einfluß der Kriechvorgänge in der Umgebung der Rißspitze auf die Rißausbreitung gedeutet werden. Einen zusätzlichen Hinweis in diese Richtung liefern auch die sehr niedrigen K_I-Werte, bei denen meßbare Rißausbreitung einsetzt.

Im Gegensatz zu den Bruchwiderstandsmessungen liegen die v-K_I-Kurven auch bei 900 und 1000°C im gesamten überstrichenen Rißgeschwindigkeitsbereich unter den bei Raumtemperatur und bei 800°C ermittelten Kurven.Dieser Diskrepanz wird in weiteren Untersuchungen nachgegangen.

5. Zusammenfassung und Ausblick

An zwei HPSN-Qualitäten mit unterschiedlichen Sinterzusätzen
(MgO und Y_2O_3) wurden bruchmechanische Untersuchungen durchgeführt.

Die Bruchwiderstandsmessungen am MgO-dotierten HPSN zeigen, daß
mit der zunehmenden Erweichung der Korngrenzenphase oberhalb etwa 900°C die Rißausbreitung bei immer niedrigeren K_{I_O}-Werten
beginnt. Derartige langsame Rißausbreitung vor Erreichen der
Maximallast, die mit Sekundärrißbildung in der Umgebung der
Rißspitze und mit makroskopischen Rißverzweigungen verbunden
ist, führt analog zu dem bei Metallen bekannten R-Kurven-Effekt
zur $K_{I_{max}}$-Erhöhung in diesem Temperaturbereich.

Im HPSN mit Y_2O_3-Zusatz erfolgt der Bruch bis 1400°C ohne meßbare Rißausbreitung vor F_{max}. Die Bruchwiderstandswerte streuen
zwar stärker als es aufgrund des beobachteten Bruchverhaltens
erwartet wrude, jedoch zeigen die Mittelwerte nur eine schwache
Temperaturabhängigkeit.

In Rißausbreitungsmessungen am HPSN mit MgO-Zusatz wurde festgestellt, daß oberhalb 900°C das Rißwachstum bei immer niedrigeren K_I-Werten einsetzt. Dieses Verhalten ist wahrscheinlich
auf Erleichterung der Korngrenzengleitung in der Nähe der Rißspitze zurückzuführen.

Die geschilderten bruchmechanischen Ergebnisse zeigen, daß das
Y_2O_3-dotierte HPSN trotz Streuungen bis 1400°C ein besseres
Bruchverhalten zeigt als das MgO-dotierte. Durch Einengung der
herstellungsbedingten Streuungen könnte die sich aus bruchmechanischer Sicht abzeichnende Überlegenheit vergrößert werden.

In der nächsten Programmphase werden die Schwerpunkte auf dem
Gebiet der langsamen Rißausbreitung liegen. Diese Messungen
werden auf weitere Temperaturen und HPSN-Qualitäten ausgedehnt.
Ebenfalls soll der Einfluß vorangegangener zyklischer Glühbehandlungen auf die langsame Rißausbreitung und der Einfluß des
umgebenden Mediums auf die Bruchwiderstandswerte bei hohen
Temperaturen untersucht werden.

6. <u>Schrifttum</u>

[1]   Paris, P.C.   in ASTM - STP 381 (1964)
       Sih, G.C.

[2]   Gross, B.   NASA Technical Note D - 3092 (1965)
       Srawley, J.E.

[3]   Wilson, W.K.   Eng. Fract. Mech. $\underline{2}$(1970), S.169-171

[4]   Wiederhorn, S.M.   Suberitical Crack Growth in Ceramics
                            in "Fracture Mechanics of Ceramics",
                            Vol.1, Ed.: R.C. Bradt et al., New
                            York, Plenum Press (1974), S. 613 -
                            646

[5]   Evans, A.G.   Structural Ceramics
       Langdon, T.G.   Progress in Mat. Sei. $\underline{21}$ (1976),
                            S. 171 - 441

[6]   Heyer, R.H.   Fracture Toughness Evaluation by
                            R - Curve Methods
                            ASTM STP 527 (1973), S. 3 - 16

[7]   Bretfeld, H.   Ermittlung des Bruchwiderstandes
       Kleinlein, F.W.   an Oxidkeramiken und Hartmetallen
       Munz, D.   mit verschiedenen Methoden
       Pabst, R.F.   Z. f. Werkstofftechnik, demnächst
       Richter, H.

[8]   Grellner, W.   Dissertation Erlangen (1980)

[9]   Kleinlein, F.W.   Dissertation Erlangen (1980)

[10]   Kříž, K.   BMFT - Forschungsbericht
       Ilschner, B.   01 - ZC 028 - ZA/NT/NTS 1011,12/1979

[11]   Timoshenko, S.P.   Theory of Elasticity, 3. Ed.,
       Goodier, J.N.   New York: Mc. Graw Hill,. 1970

[12] Richter, H.   Unterkritische Rißausbreitung in
                          keramischen Werkstoffen
                          Ber. Dt. Keram. Ges. 54(1977),
                          S. 405 - 409

[13] Trantina, G.G.   Stress Analysis of the Double-Tor-
                          sion Specimen
                          J. Am. Ceram. Soc. 60 (1977),
                          S. 338 - 341

[14] Kossowsky, R.   Microstructure of Hot-Pressed Sili-
                          con Nitride
                          J. Mater. Sci. 8 (1973),S.1603-1605

HPSN-Zusatz	N^+	C^+	$Al_2O_3^+$ $Y_2O_3^+$ TiO_2^+	MgO^+	$Fe_2O_3^+$	CaO^+	Na_2O^+ K_2O^+	β-An-teil$^+$	ν	E-Modul (GN/m^2)	Dichte (g/cm^3)
MgO	35,4	0,6	1,02	2,9	1,55	0,05	0,05	83	0,281	317,0	3,20
Y_2O_3	32,2	0,34	6,81	-	1,33	-	-	71	0,299	322,5	3,30

$^+$ Herstellerangaben in Gew.%

Tabelle I: Chemische Zusammensetzung und einige RT-Eigenschaf-
ten der untersuchten HPSN-Qualitäten

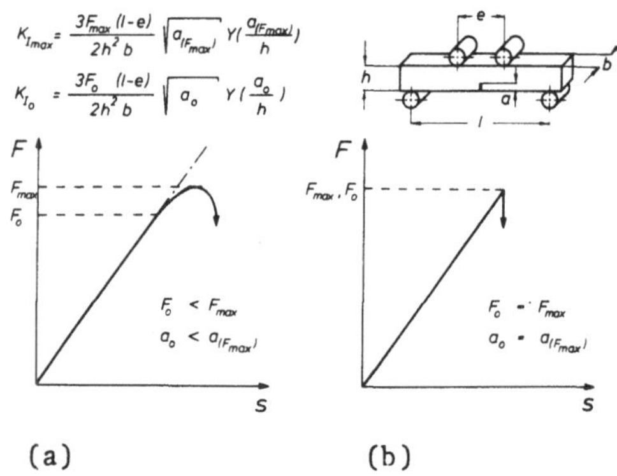

Bild 1: Schematische Last-Verschiebungs-Diagramme mit (a) und
ohne (b) langsame Rißausbreitung vor F_{max}

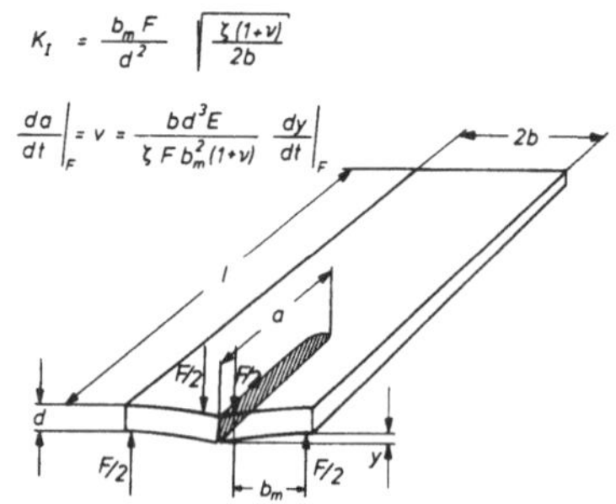

Bild 2: Doppel-Torsions-Probe mit den wichtigsten bruchmechanischen Beziehungen

Bild 3: Doppel-Torsions-Apparaturen für hohe Temperaturen und für Raum-temperatur

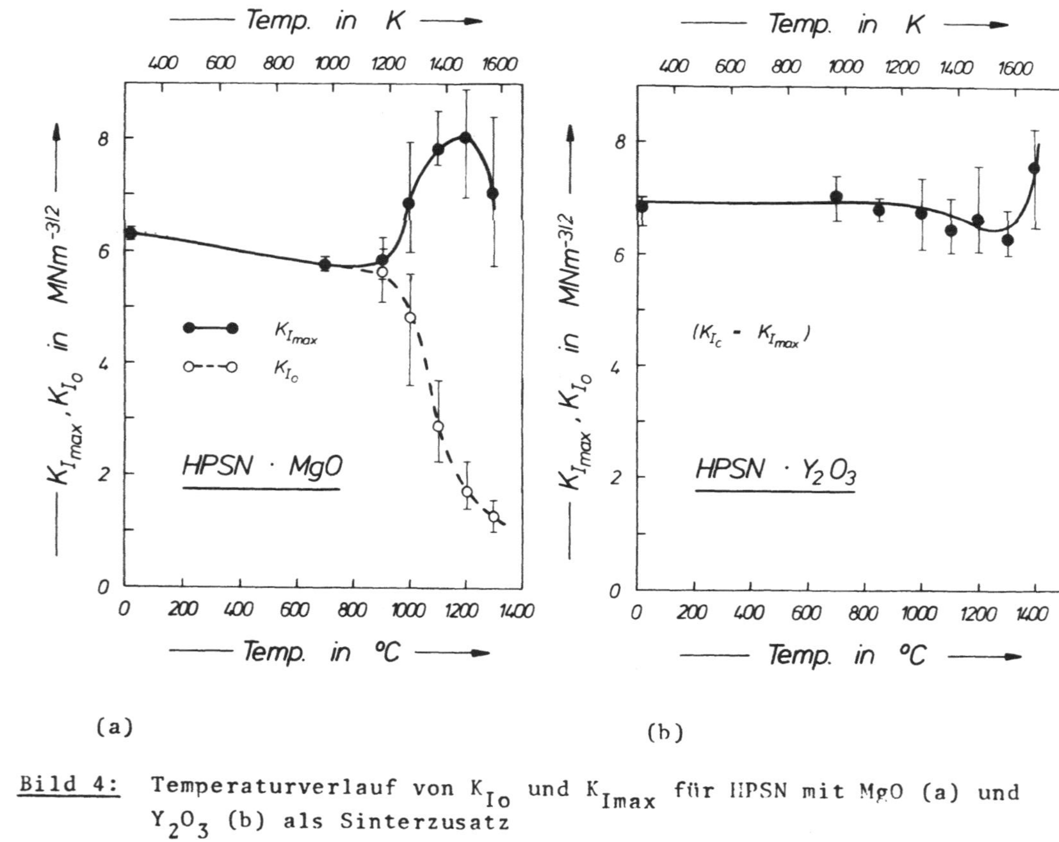

Bild 4: Temperaturverlauf von K_{Io} und K_{Imax} für HPSN mit MgO (a) und Y$_2$O$_3$ (b) als Sinterzusatz

210

Bild 5: Bruchfläche des HPSN/MgO mit HT-Anriß
(Bereich A) und RT-Restbruch (Bereich B)

Bild 6: Rißverzweigung im HPSN/MgO bei
1000°C

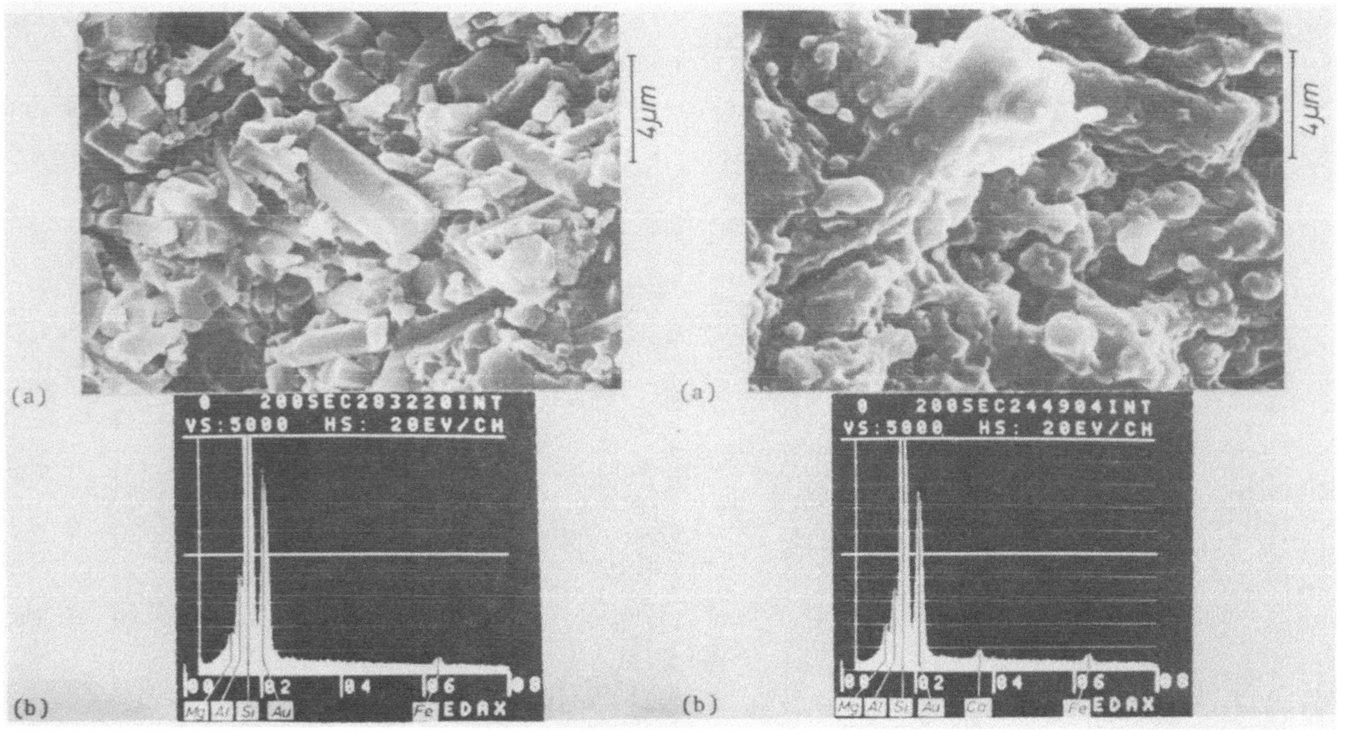

Bild 7: RT-Bruchfläche des HPSN/MgO (a) mit dem zugehörigen Elementspektrum (b)

Bild 8: HT-Bruchfläche des HPSN/MgO (a) mit dem zugehörigen Elementspektrum (b)

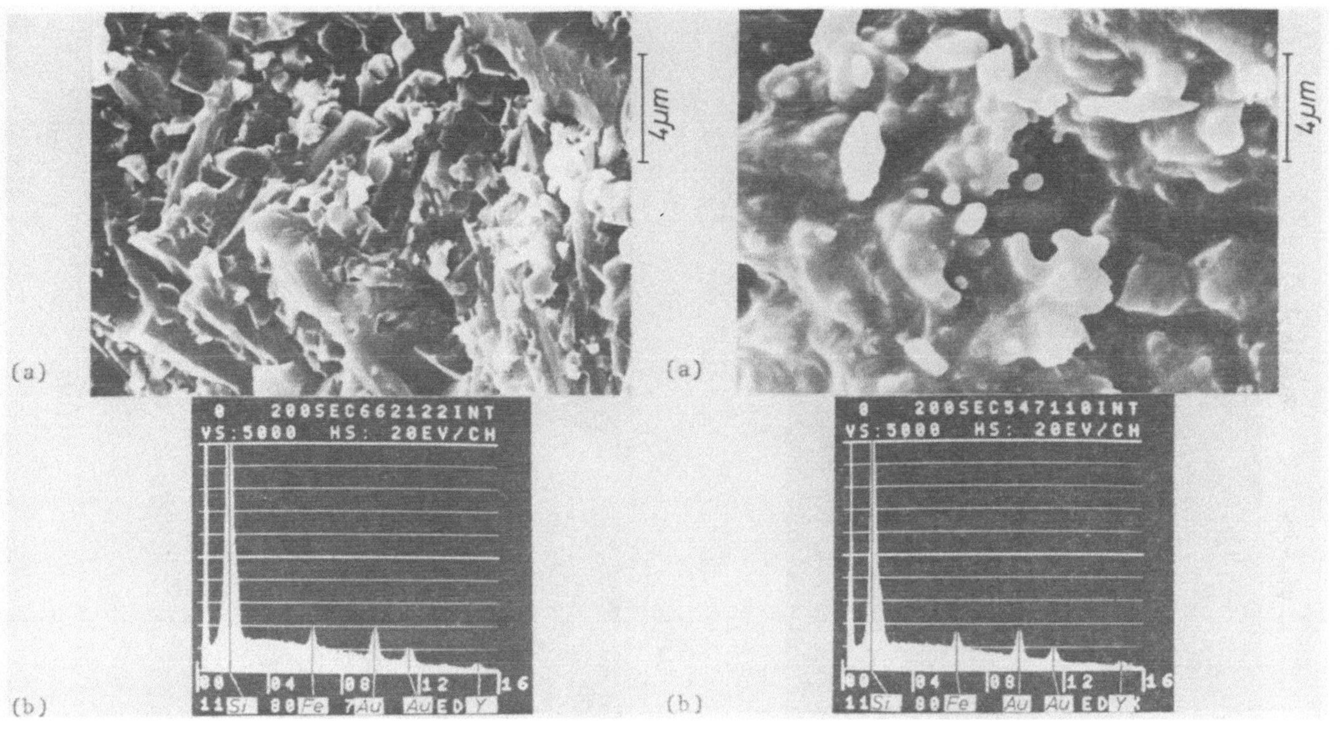

<u>Bild 9:</u> RT-Bruchfläche des HPSN/Y_2O_3 (a) mit dem zugehörigen Elementspektrum (b)

<u>Bild 10:</u> HT-Bruchfläche (1400°C) des HPSN/Y_2O_3 (a) mit dem zugehörigen Elementspektrum (b)

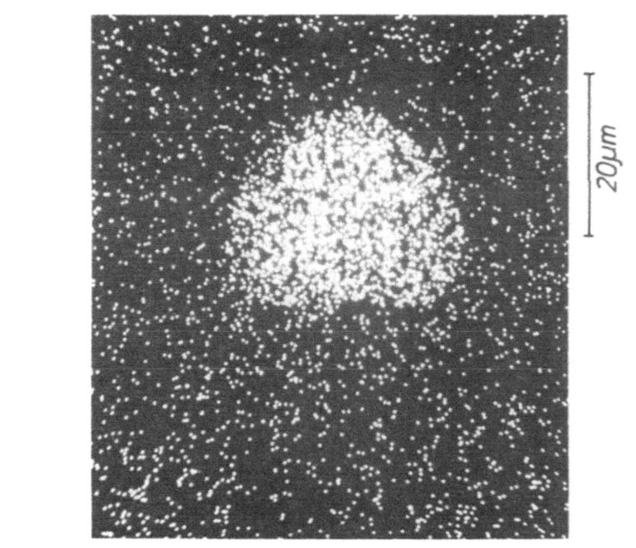

(a)

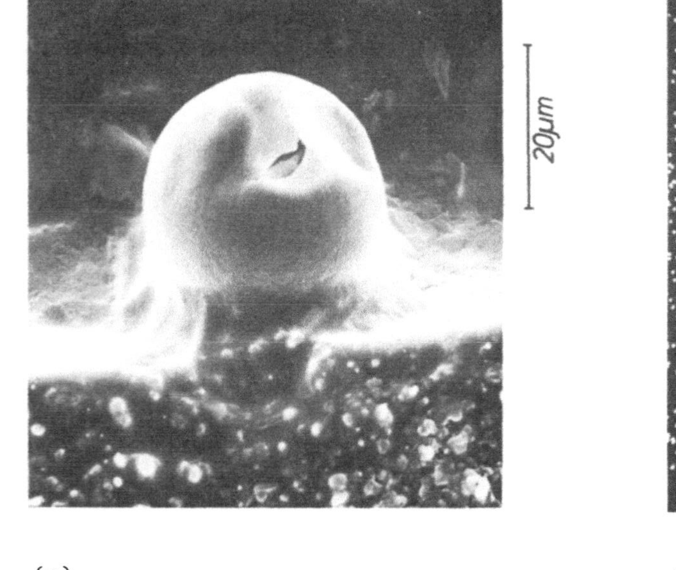

(b)

<u>Bild 11:</u> Austritt der Korngrenzenphase aus dem Kerbgrund einer bei 1400°C gebrochenen Probe des HPSN/Y$_2$O$_3$ (a) und die zugehörige Eisenverteilung (b)

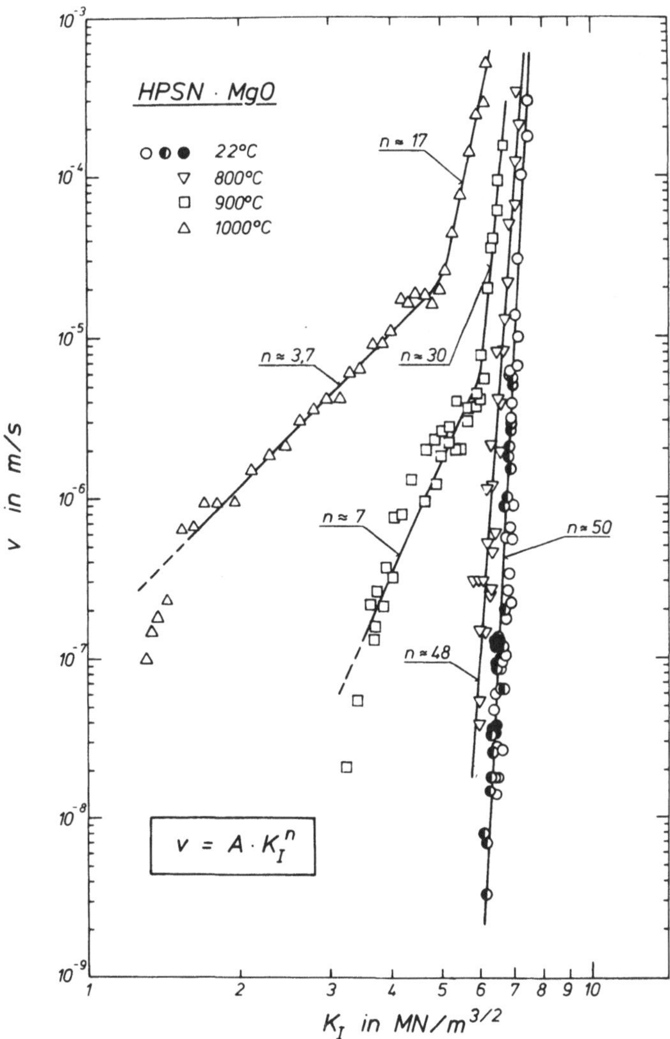

Bild 12: $v - K_I$ - Kurven für das HPSN/MgO bei unterschiedlichen Temperaturen

TURBINENRAD AUS HEISSGEPRESSTEM SILIZIUMNITRID

Eberhard Tiefenbacher
Daimler-Benz Aktiengesellschaft

Zusammenfassung

Die Weiterentwicklung von Turbinenrädern aus heißgepreßtem Siliziumnitrid verlief bei der Firma Daimler-Benz AG entsprechend dem
beim letzten Status-Seminar beschriebenen Vorgehen. Die erzielten Fortschritte hinsichtlich der Lebensdauer sind im wesentlichen auf Verbesserungen des Werkstoffes zurückzuführen. Aufgrund
des erreichten Entwicklungsstandes sieht man der Anwendung eines
derartigen Rades in einer Gasturbine mit Zuversicht entgegen.

Einleitung

Im Rahmen des Forschungsprogrammes "Keramische Bauteile für Fahrzeuggasturbinen" stellt die Firma Daimler-Benz AG Turbinenräder
durch Bearbeitung von Rohlingen aus heißgepreßtem Siliziumnitrid
her. Die Anwendung dieses an sich zeitaufwendigen Fertigungsver-
fahrens rechtfertigt sich aus der Überlegung, daß es angebracht
erscheint, zunächst den Nachweis der grundsätzlichen Funktionsfähigkeit keramischer Turbinenräder zu erbringen, bevor Überlegungen zur Serienherstellung angestellt werden.

Fertigung

Die einzelnen Schritte, die zu einem vollständigen Rad führen,
sind in Bild 1 dargestellt. Ausgangspunkt sind von der keramischen Industrie gelieferte zylindrische Rohlinge. Von diesen werden zur Herstellung von Biegeproben Seitenscheiben abgetrennt.
Anschließend erfolgt die Bearbeitung des Scheibenprofils und der
Schaufeln. Nach jeder Bearbeitungsstufe werden Schleudertests
zur Prüfung von Bohrung, Hals und Schaufelfuß durchgeführt.
Bild 2 zeigt einige der auf diese Weise hergestellten Räder.

<u>Erprobung</u>

Die Erfüllung der eingangs erhobenen Forderung, nämlich den
Nachweis der Funktionsfähigkeit zu erbingen, setzt eine entsprechende Prüfstandseinrichtung voraus. Diese ist dargestellt
in <u>Bild 3</u> und erlaubt eine Erprobung unter ähnlichen Betriebs-
verhältnissen, wie sie in einer realen Gasturbine vorliegen. Die
wesentlichen Daten der mit diesem ersten Rad durchgeführten Versuche sind in <u>Bild 4</u> enthalten. Im einzelnen ist hierzu noch
folgendes mitzuteilen: Beim ersten Rad trat ein Bruch nach einer
Laufzeit von 3 h 20 min ein, und zwar bei einer Drehzahl und
Temperatur, die noch nicht den Auslegungswerten entsprechen. Die
Schadensanalyse ergab keinen eindeutigen Befund, zumindest war
kein Materialfehler festzustellen. Es wird vermutet, daß als
Schadensursache Wärmespannungen in Verbindung mit Bearbeitungs-
fehlern anzusehen sind. Das zweite Rad versagte nach einer Laufzeit von ca. 17 1/2 h. Als Schadensursache ist in diesem Fall ein
schlagartiges Anlaufen des Verdichters anzusehen, das zu einem
Blockieren des gesamten Rotors führte. Die hierbei auftretenden
Massenkräfte haben offensichtlich das Rad, das wie das vorherge-
hende vermutlich unter hohen Wärmespannungen stand, zerstört.
Bei der Erprobung des dritten Rades, mit dem ein knapp 10stündi-
ger Lauf bei 50 000 /min im Temperaturbereich zwischen 1300 und
1370 $^\circ$C durchgeführt wurde, war nach einem einminütigen Betrieb
bei 1350 $^\circ$C und 60 000 /min plötzlich ein starkes Geräusch zu
hören. Darauf wurde über einen Schnellstopp-Schalter der Kraftstoff schlagartig weggenommen. Aller Voraussicht nach hat der
hierdurch hervorgerufene Thermoschock zur Zerstörung des Rades
geführt. Auch der Schaden beim letzten Rad nach einer Laufzeit
von 2 3/4 h wurde durch einen Thermoschock hervorgerufen. Allerdings war die Ursache in diesem Fall das Versagen des wasserge-
kühlten Turbinenaußenringes, aus dem infolge Bruchs einer Löt-
naht während des Abstellvorgangs Wasser austrat, auf das Rad ge-
langte und damit einen extremen Abkühlungsvorgang einleitete.

<u>Turbine für einen Forschungs-PKW</u>

Als die Firma Daimler-Benz AG im Laufe des Jahres 1978 beschloß,
am Vorhaben des Bundesministers für Forschung und Technologie zur

Darstellung eines Forschungs-PKW (Auto 2000) teilzunehmen, und
hierbei als Antriebsaggregat u. a. auch eine Gasturbine vorzu-
sehen, wurde die Entwicklungsarbeit an dem beschriebenen Radtyp
eingestellt, da für die zu entwickelnde Turbine eine Neuauslegung erforderlich war.

Das von der Daimler-Benz AG vorgeschlagene Fahrzeug ist vor allem für einen Einsatz im Reise-, Geschäfts- und Urlaubsverkehr
gedacht, wo die Fahrstreckenanteile auf Autobahnen und Überland-
strecken verhältnismäßig groß sind. Bild 5 zeigt, daß bei dem
hierfür infrage kommenden Geschwindigkeitsbereich mit einer
Hochtemperaturturbine ein deutlich niedrigerer Verbrauch zu erwarten ist als mit Ottomotoren ähnlicher Leistung. Als weitere
Vorteile der Gasturbine sind ihre Vielstoffähigkeit sowie der
geringe Schadstoffgehalt der Abgase anzusehen.

Die Entwicklung dieser Turbine ist in zwei Stufen geplant. In
einer Stufe 1 soll mit einer Frischgastemperatur von 1250 $^{\circ}$C
eine Leistung von 94 kW verwirklicht werden. In einer späteren
zweiten Stufe sollen 110 kW bei einer Temperatur von 1350 $^{\circ}$C erreicht werden. Im Rahmen des Forschungsvorhabens Auto 2000 ist
allerdings im Hinblick auf die geringe zur Verfügung stehende
Zeit - das Fahrzeug soll bereits im April 1982 vorgestellt werden - nur die Realisierung der Stufe 1 möglich. Bild 6 zeigt
einen Längsschnitt der Turbine. Wie ersichtlich, handelt es sich
um ein Zweiwellentriebwerk mit einem Regenerativ-Wärmetauscher.
Als Gaserzeugerturbinenrad wird das im Grundlagenprogramm "Keramische Bauteile für Gasturbinen" entwickelte Rad verwendet. Ob
eine sich in Entwicklung befindliche Turbineneinlaufspirale aus
Keramik, an der Daimler-Benz zur Zeit zusammen mit der Keramikindustrie arbeitet, ebenfalls in der Turbine zum Einsatz kommt,
ist noch nicht abzusehen. Falls dies nicht möglich ist, wird
hierfür, sowie für alle anderen heißen Teile, ein geeigneter
metallischer Werkstoff eingesetzt, der gezielt gekühlt wird (es
soll daran erinnert werden, daß Temperaturen über 1000 $^{\circ}$C nur
sehr selten und kurzzeitig auftreten).

Neues Turbinenrad

Wie bereits erwähnt, mußte der frühere Radtyp für den Einsatz in dieser Gasturbine verändert werden. Die Entwicklung des neuen Rades begann mit der Durchführung von Thermoschockversuchen an einem Radsegment mit 7 Schaufeln, **Bild 7.** Hierbei sollte geklärt werden, ob die relativ kleinen und dünnen Schaufeln intensiven und raschen Temperaturänderungen, wie sie im Fahrbetrieb häufig auftreten, widerstehen können. Insgesamt wurden bis jetzt rund 1000 Schocks, bei denen das Segment schlagartig Temperaturen von 1350 $^{\circ}$C und 20 $^{\circ}$C bei Geschwindigkeiten von ca. 200 m/s ausgesetzt war, durchgeführt. Beschädigungen traten nicht ein. Das weitere Vorgehen bei der Herstellung des Rades erfolgt wie bisher, allerdings ist insofern eine wesentliche Erleichterung erreicht worden, als es der Keramikindustrie gelang, bereits beim Heißpressen profilierte Scheiben herzustellen, die nur noch eine geringe Nacharbeit an den Flanken erfordern, so daß das aufwendige Herausarbeiten des Turbinenradprofils aus einer zylindrischen Scheibe nicht mehr erforderlich ist, vgl. **Bild 8.** Als weiterer wichtiger Fortschritt ist überdies anzusehen, daß die Firma Annawerk, Hauptlieferant der Scheiben aus heißgepreßtem Siliziumnitrid von Daimler-Benz, nunmehr für diese Bauteile eine Zugfestigkeit von 400 N/mm^2 garantiert. Dieser Festigkeitswert wurde in Schleuderversuchen inzwischen an zahlreichen Scheiben bestätigt. Das neue Turbinenrad ist in **Bild 9** zusammen mit dem früheren dargestellt, Hauptunterschied ist die größere Schaufelzahl. Die Erprobung erfolgt in einem Prüfstand, der auch zur Erprobung der keramischen Spirale geeignet ist, **Bild 10.** Der Aufbau dieses Prüfstandes und damit die Prüfbedingungen entsprechen weitgehend den Verhältnissen, wie sie im Gaserzeugerteil der Mercedes-Benz-Forschungs-Gasturbine vorherrschen. Die bisher gefahrenen Versuche sind in **Bild 11** wiedergegeben. Alle Versuche wurden nur mit einem einzigen Rad ausgeführt, das nunmehr eine Laufzeit von über 60 h hat. Als Grenzzustände gelten zunächst die Werte, die der Auslegung der Stufe 1 der Gasturbine entsprechen, also 1250 $^{\circ}$C bei einer Drehzahl von 60 000 /min. Im Verlauf der Versuche wurden bisher 25 Starts und Stops durchgeführt. Außerdem wurde eine Vorerprobung bezüglich instationärer Beanspruchung vorgenommen (Temperaturänderungen bis zu 300 $^{\circ}$C in ca. 2 sec).

<u>Ausblick</u>

Natürlich ist das Problem des keramischen Turbinenrades mit den
bis jetzt vorliegenden Ergebnissen noch nicht gelöst, da u. a.
eine wirtschaftliche Herstellung noch nicht möglich ist, obwohl
es durch das heißisostatische Pressen Ansätze in dieser Richtung
gibt. Die Ergebnisse der Turbinenradentwicklung bei der Daimler-
Benz AG, insbesondere die Fortschritte, die mit dem neuen Turbinenrad gemacht wurden, lassen aber der Anwendung eines solchen
Rades in einer Gasturbine und dem Einsatz dieser Gasturbine in
einem Fahrzeug mit Zuversicht entgegensehen.

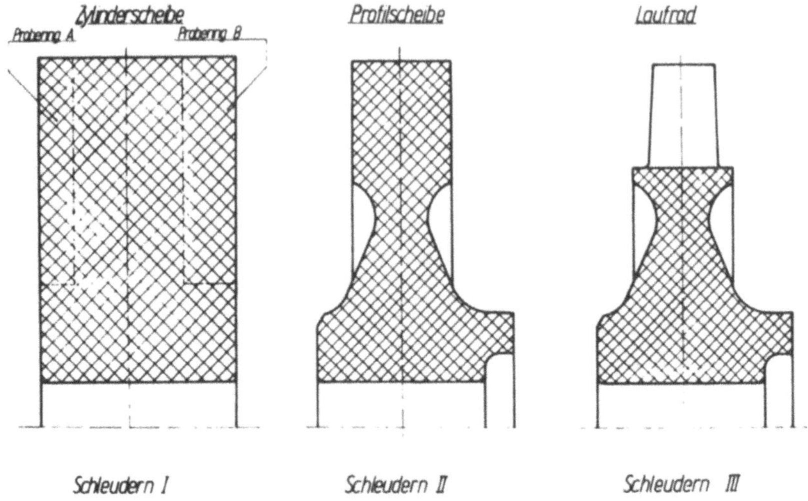

Bild 1: Bearbeitungsschritte bei der
Herstellung des Turbinenrades

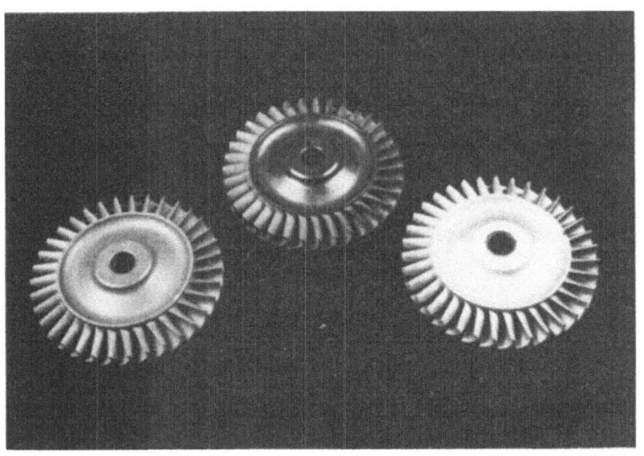

Bild 2: Fertige Turbinenräder

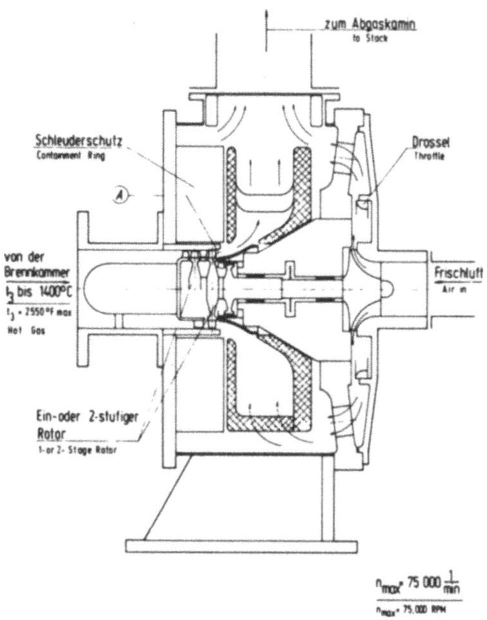

$n_{max} = 75\,000\ \frac{1}{min}$

$n_{max} = 75.000\ RPM$

Bild 3: Prüfstand

Rad	Drehzahlbereich [1/min]	Gastemperatur [°C]	Laufzeit [h.min]
102	36 000 - 51 600	800 - 1070	3.20
202	40 000 - 50 000	640 - 1080	17.32
205	48 000 - 50 000	900 - 1370	14.30
308	40 700 - 50 000	850 - 1250	2.46

Bild 4: Laufstunden Radtyp 1

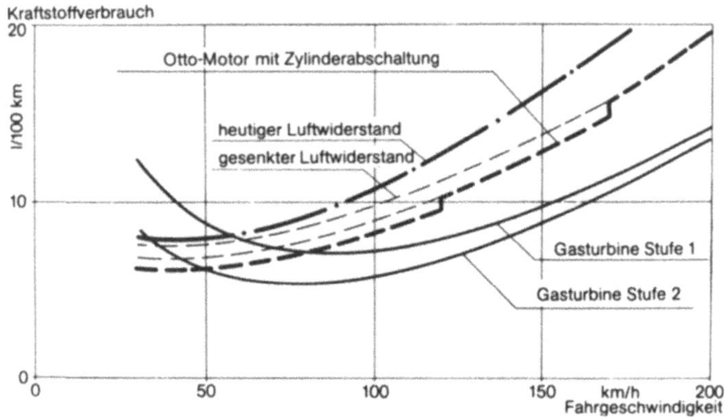

Bild 5: Gerechnete Verbräuche des
Mercedes-Benz-Forschungs-PKW

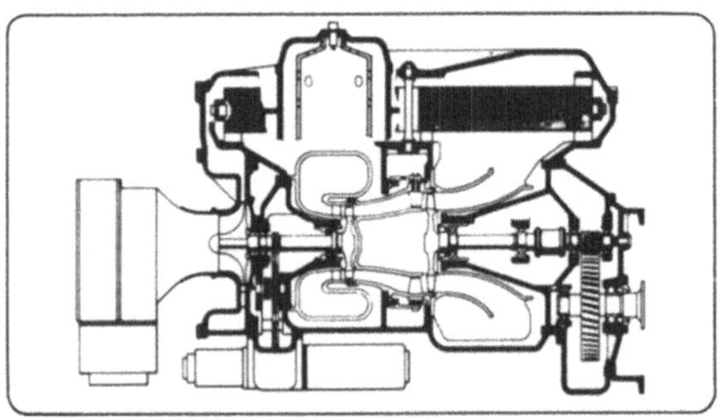

Bild 6: Längsschnitt durch die Turbine
für den Mercedes-Benz-Forschungs-PKW

Bild 7: Schaufelsegment

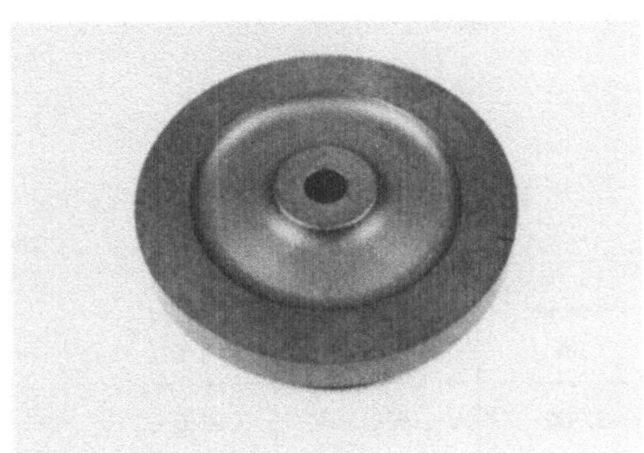

Bild 8: Profilierter Rohling

Bild 9: Radtyp 1 und 2

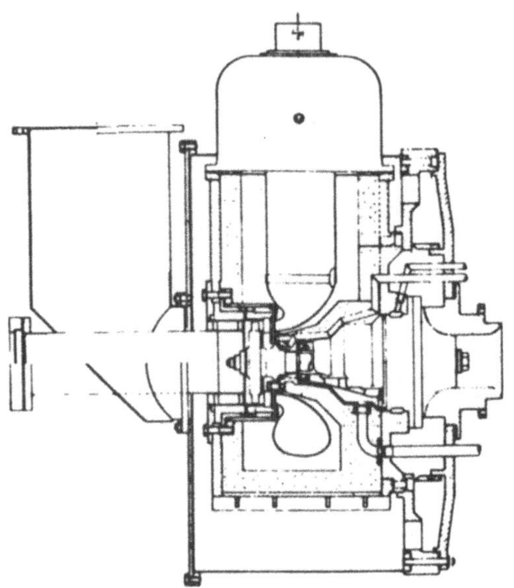

Bild 10: Neuer Prüfstand

Drehzahl [1/min]	Gastemperatur [°C]	Laufzeit [h.min]
37 500	997	21.00
46 100	1077	12.00
50 000	1250	1.30
60 000	1250	10.00
Zwischenwerte und Zyklen		13.13
		57.43

Bild 11: Laufstunden von Radtyp 2

INTEGRALES AXIALTURBINENRAD AUS
REAKTIONSGEBUNDENEM SILICIUMNITRID

KONZEPTSTUDIE

M. Langer
P. Rottenkolber

Volkswagenwerk Aktiengesellschaft
Wolfsburg

<u>Übersicht</u>

Bei der Volkswagenwerk AG wurde eine Konzeptstudie über die
Realisierbarkeit eines integralen Axialturbinenrades aus reak-
tionsgebundenem Siliciumnitrid erstellt. Die Randbedingungen
und Beanspruchungen wurden abgestimmt auf das Konzept einer
Zweiwellen-Hochtemperatur-Gasturbine mit ca. 1600 K Turbinen-
eintrittstemperatur. Mit Hilfe von vorhandenen EDV-Programm-
paketen sollten über die Formoptimierung des Turbinenrades die
Ausfallwahrscheinlichkeiten nach Weibull bestimmt werden. Das
Ergebnis dieser Berechnungen sollte die Abschätzung des
Entwicklungsrisikos für dieses Laufradkonzept ermöglichen.

1. Einleitung

Zu Beginn der Entwicklung von keramischen Turbinenbauteilen
sind Werkstoffe wie reaktionsgebundenes Siliciumnitrid (RBSN)
als Nabenwerkstoff für Turbinenräder unter anderem wegen nicht
ausreichender Festigkeit ausgeschieden. Diese Werkstoffe können in wirtschaftlichen Fertigungsverfahren zu komplexen Bauteilen verarbeitet werden, so daß ein großes Interesse an ihrer Verwendung besteht. Neuere RBSN-Werkstoffe weisen neben
höherer Festigkeit und geringer Streubreite nun auch gute Oxy-

dationsbeständigkeit auf. Diese Verbesserung allein reicht noch nicht aus, um Turbinenräder mit Zentrumsbohrung in der Nabe aus RBSN darstellen zu können. Eine Turbinenradausführung ohne Zentrumsbohrung jedoch - <u>Bild 1</u> zeigt diese Ausführung als Gaserzeugerturbinenrad in dem Konzept einer Hochtemperatur-Gasturbine - führt zu wesentlich geringeren Bauteilspanungen.

In einer Studie sollte deshalb untersucht werden, ob Turbinenräder in integraler Bauweise, entsprechend dem Konzept einer Nabe ohne Bohrung, aus RBSN in einer Hochtemperatur-Gasturbine eingesetzt werden können. Für die Berechnungen des Turbinenrades standen Computer-Programme zur Verfügung, die eine Formoptimierung der Nabe ermöglichen. Die Ermittlung der Beanspruchungen und der statistischen Ausfallwahrscheinlichkeiten für das komplexe Bauteil sollte mit Hilfe der Finiten Element Methode durchgeführt werden mit dem Ziel, das Entwicklungsrisiko für einen solchen Laufradtyp abschätzen zu können.

2. <u>Berechnungskenngrößen</u>

2.1 <u>Betriebsdaten und Hauptabmessungen</u>

Für den untersuchten Anwendungsfall einer Gasturbine mit einer maximalen Turbineneintrittstemperatur von 1600 K und einer Leistung von ca. 100 kW kann ein Bereich der Gaserzeugerdrehzahl von 65.000 .... 75.000 1/min angenommen werden. Mit einer minimalen Umfangsgeschwindigkeit von 300 m/s am Schaufelfuß, die als untere Grenze für noch akzeptable Turbinenwirkungsgrade angesehen wird, ergeben sich Nabendurchmesser von 75 ... 90 mm. Im vorliegenden Fall wurde ein Nabendurchmesser von 90 mm und eine Turbinenraddrehzahl von 65.000 1/min ausgewählt. Die Gastemperatur am Eintritt in die Laufradbeschaufelung wurde mit 1543 K bestimmt. Am Laufradkranz sollten mindestens 36 Turbinenschaufeln mit einer maximalen Länge von 17,5 mm integriert werden können. Eine weitere Größe ist durch die maximale Bauteildicke gegeben, die durch den vorgesehenen Fertigungsprozeß auf ca. 25 mm begrenzt ist.

In **Bild 2** sind die Hauptabmessungen der untersuchten Laufrad-
ausführung dargestellt.

Die Betriebsdaten für die FE-Berechnungen in dieser Studie
sind in **Bild 3** aufgeführt. Für die kritischen Lastfälle,
Kaltstart und Heißabschaltung ist der Verlauf von Temperatur
und Drehzahl über der Zeit angegeben.

2.2 Werkstoffe

Eigene Materialuntersuchungen haben ergeben, daß nach dem
Stand der Werkstoffentwicklung der Werkstoff RBSN unter
Berücksichtigung wirtschaftlicher Fertigungsverfahren (Spritzguß) sowie den physikalischen und thermischen Eigenschaften
das Potential hat, den Anforderungen in einem Turbinenrad
standzuhalten.

Während früher nach Langzeit-Oxydationsglühungen hohe Festigkeitsverluste - teilweise bis zu 5o % - beobachtet wurden, zeigen heute einige RBSN-Qualitäten gute Stabilität im Festigkeitsverhalten. Das Festigkeitsniveau übersteigt im
Vier-PunktBiegeversuch 3oo MN/m² mit einer geringen
Standardabweichung, so daß kleine Streubreiten zu erwarten
sind.

Tabelle 1 zeigt die für die Berechnungen angenommenen Materi-
alkennwerte von RBSN als Turbinenradwerkstoff, einer üblichen
metallischen Legierung als Wellenwerkstoff und einem
Werkstoff, der Keramik und Metall miteinander verbindet. Die
RBSN-Kennwerte stützen sich auf Literaturangaben, die in *[1]*
veröffentlicht sind.

Im wesentlichen sind folgende Kennwerte bei den Berechnungen
in Abhängigkeit von der Temperatur berücksichtigt worden:
- Dichte
- Elastizitätsmodul
- Wärmeleitzahl
- spez. Wärme
- linearer Ausdehnungskoeffizient
- Poisson'sche Zahl.

Die Berechnungsergebnisse können nur dann richtig beurteilt werden, wenn sichergestellt ist, daß die üblicherweise an Proben ermittelten Werkstoffdaten auch für das komplexe Bauteil gelten. Abweichungen, insbesondere der Festigkeitswerte, wurden in Einzelfällen festgestellt.

2.3 Wärmeübertragung

Neben den Werkstoffkennwerten ist für die Berechnung der Temperaturverteilung der Wärmeübergangskoeffizient am Turbinenrad in Abhängigkeit von dem Lastzyklus erforderlich. Für den Lastfall Vollast ist als Beispiel in Bild 4 der Wärmeübergangskoeffizient für verschiedene Turbinenradbereiche aufgetragen. Die Größenordnung der Werte wurde von metallischen Turbinenrädern abgeleitet.

Aus dem Bild ist erkennbar, daß der Wärmeübergangskoeffizient im Bereich der Schaufelvorderkante seinen Höchstwert erreicht und zur Schaufelhinterkante auf Saug- und Druckseite unterschiedliche Werte einnimmt. Die Bereiche A bis D zeigen dabei den Verlauf über der Schaufelblatthöhe an, der Bereich E den Verlauf über dem Nabenradius auf Gaseintritts- und Gasaustrittsseite.

Dieses Modell des Wärmeübergangs ist im wesentlichen so ausgelegt, daß damit das Turbinenradkonzept überprüft werden kann. Die speziellen Probleme im Schaufelbereich müssen gesondert untersucht werden.

Die im Bereich des Lagers vorhandene Wärmesenke - Ölkühlung des Lagers - wurde durch die Definition des Temperaturverlaufs der Lager und eines Wärmeübergangskoeffizienten berücksichtigt.

3. Festigkeitsberechnung

3.1 Parameterstudie

In einer einleitenden Parameterstudie wurde mit Hilfe von Finiten Differenz Berechnungen (FD) die Nabengeometrie voroptimiert. Bei diesen Berechnungen, die in vereinfachter Form bereits den Temperatureinfluß beinhalten, wurden insbesondere folgende Nabenbereiche variiert:

. Kranzbreite
. Kranzdicke
. Radius am Nabenhals
. Nabenbreite

wobei ausgehend von einem Basismodell immer nur ein Bereich in bestimmten Grenzen geändert wurde. Die bei den FD-Berechnungen ermittelten Spannungen führten zu dem Ergebnis, daß

. geringe Kranzbreite
. dünne Kranzdicke
. großer Radius am Nabenhals
. Nabenbreite möglichst groß

minimale Ausfallwahrscheinlichkeiten erwarten lassen. Bei den Berechnungen der Ausfallwahrscheinlichkeiten wurde angenommen, daß die Volumenfehler im Bauteil dominieren, Oberflächenfehler wurden nicht berücksichtigt.

Nach diesen Parametervariationen wurden bis auf den Verlauf der Geometrie zwischen Nabenzentrum und -hals alle weiteren Nabenabmessungen festgelegt. Unter Einbeziehung eines Optimierungsprogramms [2] wurde die schon in Bild 2 dargestellte Nabengeometrie für einen Nabendurchmesser von 9o mm als beste Lösung ermittelt. Als wesentliches Konstruktionsmerkmal ist die deutlich hochgezogene Nabenschulter anzusehen. Bei Laufrädern mit anderen Haupabmessungen ergeben sich ähnliche Nabenformen.

3.2 Finite Element Modell

Die bei der Parameterstudie ermittelten Beanspruchungen ließen erwarten, daß das vorgesehene Laufradkonzept mit RBSN zu Ausfallraten führt, die zu Beginn einer Entwicklung noch akzeptabel sind. Aufschluß über die Beanspruchungen in den gefährdeten Bereichen wie beispielsweise am Übergang Schaufel/Nabe oder im Nabenhals sollte eine Finite Element Berechnung (FE) zeigen. Es wurde deshalb für diese Berechnungen ein 3 D-Modell erstellt. Da das Turbinenrad 36 Schaufeln besitzt, ist das Modell aus Symmetriegründen durch ein 1o°-Segment des Rades mit einer Schaufel ausreichend beschrieben, wenn die Randbedingungen in den Schnittflächen des Rades entsprechend berücksichtigt werden.

In <u>Bild 5</u> ist das FE-Modell gezeigt, wobei die prismatische
Schaufel in dem 1o° Segment durch Abtrennung der Schaufelhinterkante auf der einen Seite und Hinzufügung dieses Teils auf
der anderen Seite dargestellt ist. Im Bereich des Übergangs
Schaufel/Nabe wurde eine feinere Teilung der Elemente vorgenommen. Die Verbindung Nabe - Welle und ein Teil der Welle ist
im Modell ebenfalls berücksichtigt.

Die FE-Berechnungen wurde mit dem Programmpaket MARCCDC durchgeführt, wobei ein 3 D-Element mit 2o Knotenpunkten und 27 In-
tegrationspunkten benutzt wurde. Das FE-Modell besteht aus
insgesamt 135 Elementen mit 818 Knotenpunkten.

Das FE-Programm erlaubt die Berechnung der Temperaturverteilung sowie der Beanspruchungen, die durch Fliehkraft und Temperatur bei stationären und instationären Betriebszuständen im
Laufrad wirken. Wärmeübergang und Wärmesenken sowie die
Temperaturabhängigkeit der Werkstoffdaten wurde bei den Berechnungen ebenfalls berücksichtigt.

3.3 <u>Finite Element Berechnungen</u>

Die Berechnung der Beanspruchungen erfolgte entsprechend den
vorgegebenen Lastfällen Kaltstart, stationärer Betrieb und
Heißabschaltung. Für Kaltstart und Heißabschaltung wurden
Zeitintervalle von 5o Sekunden betrachtet. Für jeweils vier
signifikante Zeitpunkte wurden die Spannungen ermittelt.
Stationärer Betrieb wurde nach 1ooo Sekunden angenommen.

Für die Bewertung von Kaltschleuderversuchen wurden die "Kalt-
Spannungen" bei der Drehzahl 65.ooo 1/min ermittelt. Durch Um-
rechnung auf im Schleuderversuch erreichte Drehzahlen kann so
die tatsächliche Spannung ermittelt werden.

Im Verlauf der FE-Berechnungen haben sich vier Laufradbereiche
als kritisch gezeigt:

- . Ausrundungsradius Schaufel / Nabe (A)
- . Hals der Nabe (B_1 und B_2)
- . Radius zwischen Nabe und Zapfen (C)
- . Nabenzentrum (D).

Während der FE-Berechnungen wurde im Bereich von B_1, B_2 noch eine Modifikation vorgenommen, die zu einer günstigeren Spannungsverteilung führte.

<u>Bild 6</u> gibt einen Überblick über den Spannungsverlauf in den genannten Bereichen des formoptimierten Laufrades wie er sich nach einem Kaltstart darstellt. Es ist deutlich erkennbar, daß nach ca. 12 Sekunden im Radius Schaufel/Nabe (A) eine Spannungsspitze vorliegt, während die Spannungen in den anderen kritischschen Zonen innerhalb der ersten 5o Sekunden nahezu gleichmäßig ansteigen. Für den stationären Lastfall wird im Radius Nabe/Zapfen (C) die höchste und im Radius Schaufel/Nabe (A) die geringste Spannung der oben genannten Bereiche errechnet.

Die höchsten maximalen Hauptspannungen sind mit 160 MN/m² ermittelt worden. Diese Spannung tritt im Kaltstartlastfall in (A) und (D) auf. Bei stationärem Betrieb wird diese Spannung im Radius (C) erreicht. Die Beanspruchungen aus der Heißabschaltung lagen niedriger und sind hier nicht ausgeführt.

Über dem Querschnitt des Turbinenrades werden als Beispiel in <u>Bild 7</u> die zum Zeitpunkt 28 Sekunden nach dem Kaltstart zu erwartenden maximalen Hauptspannungen gezeigt. Das in den kritischen Zonen etwa gleich hohe Spannungsniveau ist als Maß für die Güte der Optimierung des Modells zu betrachten.

4. Ausfallwahrscheinlichkeiten

Die Berechnung der Ausfallwahrscheinlichkeiten wurde nach Weibull [3] vorgenommen. Wie eingangs schon erläutert, ist dafür nur der Volumeneinfluß berücksichtigt worden, da dieser als dominant angesehen wird. Die Bestimmung der Ausfallwahrscheinlichkeiten erfolgte zum Zeitpunkt des ungünstigsten Spannungszustandes im Bauteil. Als Funktion des Streuungs-Parameters m sind in <u>Bild 8</u> für verschiedene Vier-Punkt-Biegefestigkeiten die zu erwartenden Ausfallwahrscheinlichkeiten von integralen Turbinenrädern aus RBSN aufgetragen.

Das Bild macht deutlich, daß unter den gegebenen Randbedingungen Werkstoffe mit Vier-Punkt-Biegefestigkeiten < 25o MN/m²

kaum Aussicht auf eine erfolgreiche Bauteilentwicklung für den
Anwendungsfall integrales Axialturbinenrad haben. Mit RBSN-
Werkstoffen, die beispielsweise Vier-Punkt-Biegefestigkeiten >
3oo MN/m² und Streuungs- Parameter m > 15 aufweisen, sind
Ausfallraten von P $\leqq$ o,1 zu erwarten.

5. <u>Zusammenfassung und Ausblick</u>

In dieser Konzeptstudie wurden die Realisierungsmöglichkeiten
eines integralen Axialturbinenrades aus reaktionsgebundenem
Siliciumnitrid untersucht. Dieses Turbinenradkonzept könnte
als Gaserzeugerturbine in einer Hochtemperatur-Gasturbine verwirklicht werden.

Nach der Formoptimierung des Turbinenrades unter den gegebenen
Randbedingungen und Beanspruchungen wird bei Einsatz von
RBSN-Werkstoffen mit einer Vier-Punkt-Biegefestigkeit > 3oo
MN/m² und einer Streubreite von m > 15 eine Bauteilentwicklung als aussichtsreich angesehen. Es wird davon ausgegangen,
daß das Potential des Werkstoffes noch nicht ausgeschöpft ist
und die Werkstoffqualität weiter gesteigert werden kann. Es
wird deshalb angestrebt, die Umfangsgeschwindigkeiten weiter
zu erhöhen, um bessere Turbinenwirkungsgrade zu erreichen.

Mit den, selbst bei einer Verbesserung der Werkstoffqualität,
zu erwartenden Ausfallwahrscheinlichkeiten wird eine 1oo %-
Prüfung von Bauteilen aus seriennaher Fertigung jedoch erforderlich sein. Insgesamt werden die Chancen der Verwirklichung
eines integralen Axialturbinenrades positiv beurteilt. Bei
Volkswagen wurde deshalb die Entwicklung eines derartigen Turbinenrades eingeleitet. Es ist vorgesehen, erste Tests mit
Bauteilen durchzuführen, die mechanisch aus einem Block
herausgearbeitet sind. Parallel zu dieser Entwicklungsrich-
tung wurde mit den Arbeiten begonnen, die in einer späteren
Entwicklungsphase ein Spritzgußbauteil vorsehen. Hier wird zur
Zeit versucht, die relativ kompakte Nabe,<u>Bild 9,</u>im Spritzgußverfahren herzustellen. Die formoptimierte Laufradausfüh-
rung könnte wie in <u>Bild 1o</u> gezeigt aussehen. Beide Ausführungen werden in Zusammenarbeit mit Keramikfirmen entwickelt

und sollen nach Kaltschleuderversuchen und Thermoschocktests
auf dem bei Volkswagen vorhandenen Heißschleuderprüfstand
unter Betriebsbedingungen erprobt werden.

6. Schlußbemerkung

Die FE-Berechnungen wurden in Zusammenarbeit mit der Norman J.
Serff, Associates, Dublin, beim Volkswagenwerk durchgeführt.
Wir danken an dieser Stelle ganz besonders Herrn Dr. Serff für
die optimale Durchführung der Berechnungen und Diskussion der
Ergebnisse.

7. Schrifttum

[1]   Uy, J.C.   Design Properties of Silicon Nitride
      Williams, R.M.   for High Temperature Gas Turbine Appli-
      Swank, L.R.   cation.
                        ASME-Paper 77-GT-55.

[2]   Tomas, J.:   Optimum Design of a Ceramic Turbine
                        Wheel.
                        SAE-Paper 76o 241.

[3]   Weibull, W.:   A Statistical Theorie of the Strength
                        of Materials.
                        Ingeniörsvetenskapsakademiens Handligar
                        Nr. 151 and Nr. 153,
                        Stockholm 1939.

	RBSN	Metall	Verbindung Nabe–Welle
Dichte kg/m^3	2 500	8 000	500
Elastizitäts Modul MN/m^2	$1,75 \cdot 10^5$ bei 300 K $1,55 \cdot 10^5$ bei 1600 K	$2,1 \cdot 10^5$	$4 \cdot 10^3$
Wärmeleitzahl W/mK	20 bei 300 K 9 bei 1600 K	40	1
spez. Wärme $J/kg\,K$	710 bei 300 K 1275 bei 1600 K	460	5
Linearer Ausdehnungskoeffizient $m/m\,K$	$1,7 \cdot 10^{-6}$ bei 300 K $4,5 \cdot 10^{-6}$ bei 1600 K	$12 \cdot 10^{-6}$	$3 \cdot 10^{-6}$

<u>Tabelle 1</u>: Materialkennwerte für FE-Berechnungen

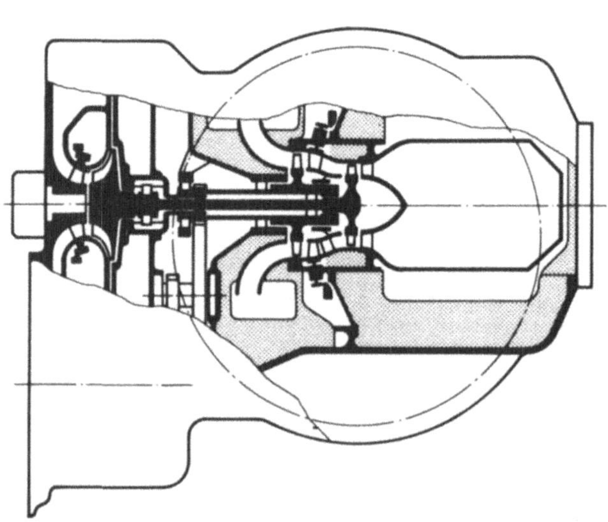

<u>Bild 1</u>: Konzept einer Hochtemperatur-Gasturbine

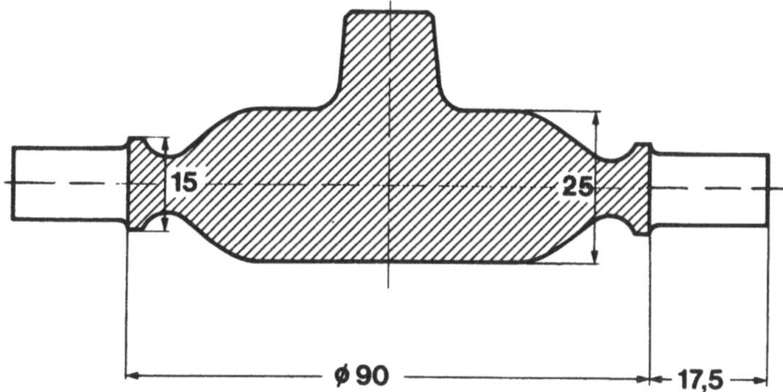

<u>Bild 2</u>: Integrales Turbinenrad aus RBSN - Hauptabmessungen

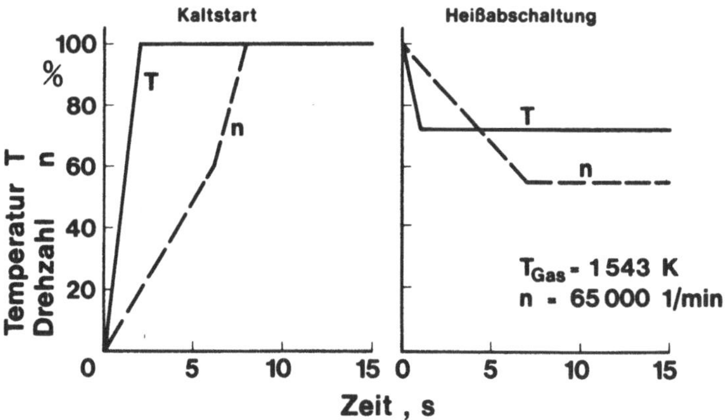

<u>Bild 3</u>: Betriebsdaten für FE-Berechnungen

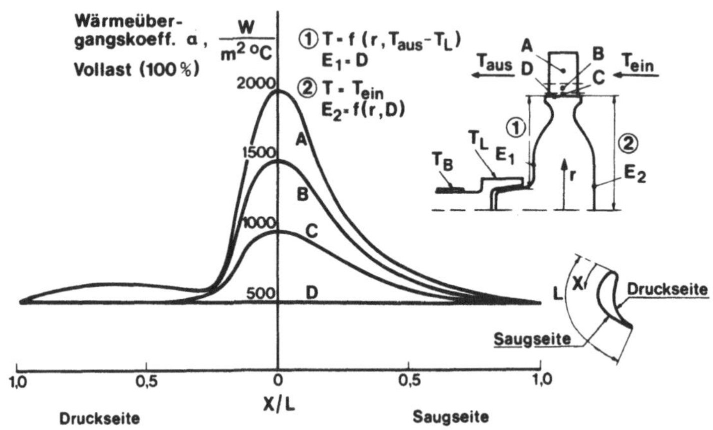

Bild 4: Wärmeübergangskoeffizient am Turbinenrad

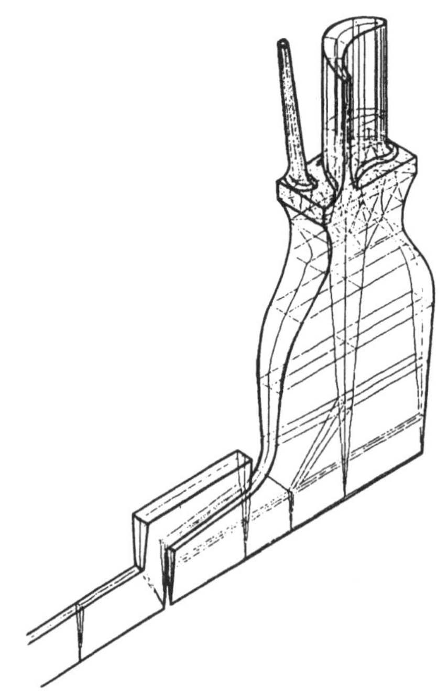

Bild 5: FE-Modell für integrales Turbinenrad

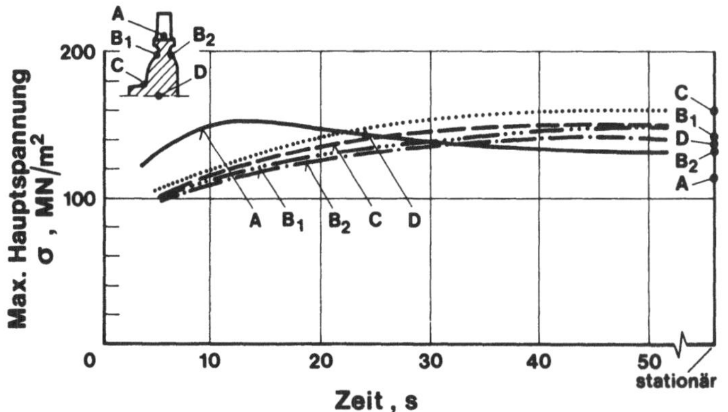

Bild 6: Verlauf der max. Hauptspannungen nach einem Kaltstart

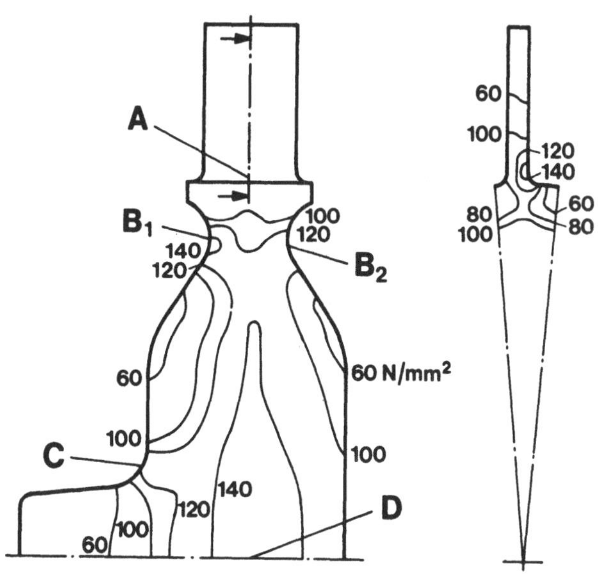

Bild 7: Max. Hauptspannungen im Turbinenrad 28 Sekunden nach
einem Kaltstart

239

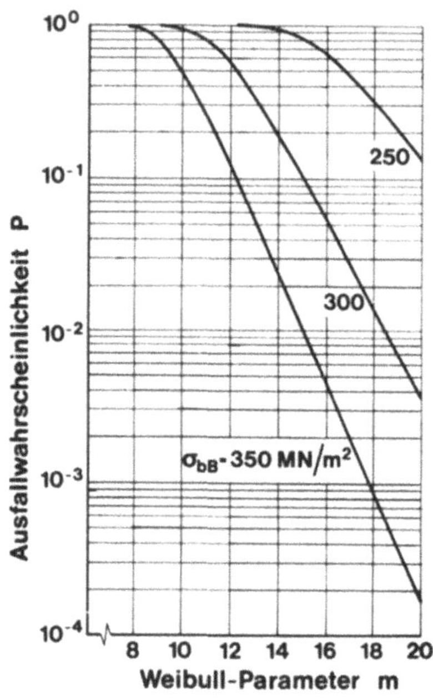

Bild 8: Ausfallwahrscheinlichkeiten für integrales
Turbinenrad aus RBSN

Bild 9: Turbinenradnabe aus RBSN -
Spritzguß

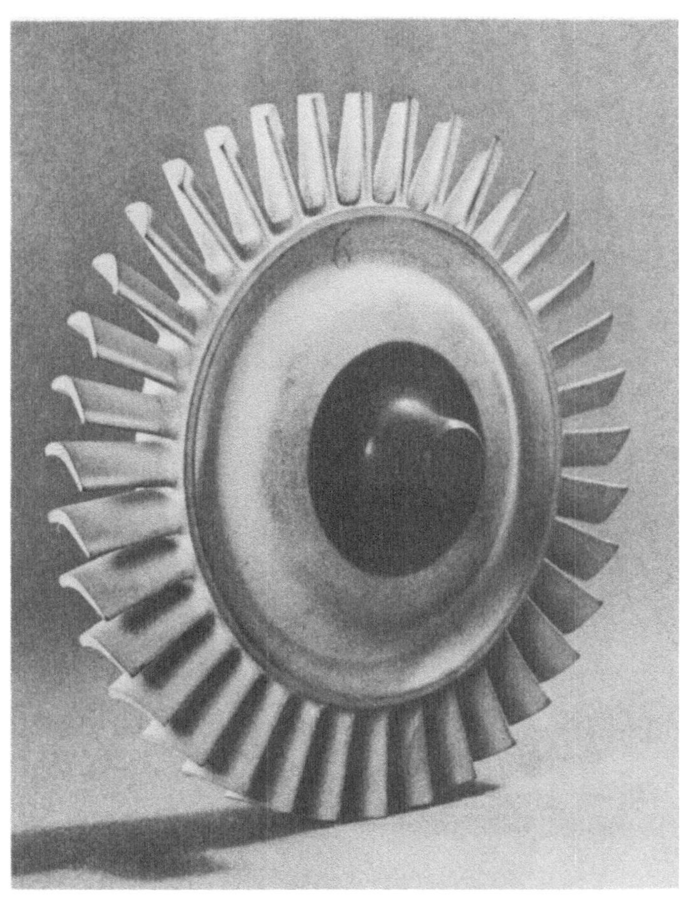

Bild 1o: Integrales Axialturbinenrad aus RBSN, Prototyp

Erprobung verschiedener keramischer Materialien
für Turbinenlaufschaufeln im Kalt- und
Heißschleuderversuch

W. Hüther

MTU Motoren- und Turbinen-Union München GmbH

1. Einleitung

Für den Bau einer keramischen LKW-Gasturbine ist ein Turbinenrad erforderlich, das bestimmten Mindestanforderungen genügt.
Im Keramikprogramm wurden diese wie folgt festgelegt:

Heißgastemperatur: 1525 K
Lebensdauer: 200 h im LKW-Zyklus
Drehzahl: 40.000 min^{-1}, später 56.000 min^{-1}
(Spitzendurchmesser 164 mm)

Zur Realisierung eines solchen Rades sind verschiedene Konzepte möglich. Im Rahmen des BMFT-Keramikprogrammes arbeitet
MTU am gebauten Rad, d. h. einem Rad mit metallischer Nabe
und einzeln eingesetzten keramischen Schaufeln (Bild 1).
Die Hauptschwierigkeiten dieser Bauweise liegen im Übergang
von der Nabe zur Schaufel. Im Fußbereich der Schaufel ist
bei einer Drehzahl von 56.000 min^{-1} mit Zugspannungen bis
500 MN/m^2 zu rechnen.

2. Keramische Werkstoffe für Laufschaufeln

Zur Herstellung von Laufschaufeln (Bild 2) steht eine Reihe
von keramischen Werkstoffen zur Verfügung. Die 4-Punkt-Biege-
festigkeit dieser Werkstoffe bei Raumtemperatur und bei 973 K
ist in Bild 3 dargestellt.

Da die metallische Scheibe im Turbinenbetrieb eine Temperatur
von 970 K annimmt, ist im Fuß der keramischen Schaufel im
Bereich der höchsten Zugspannung mit etwa der gleichen Temperatur zu rechnen. Für die erreichbare Drehzahl ist die Festigkeit bei dieser Temperatur entscheidend, da die Spannungen
in den übrigen Bereichen der Laufschaufel wesentlich niedriger
liegen. Für eine Drehzahl von 56.000 min^{-1} sind 500 MN/m^2
Festigkeit erforderlich. Nur vom HPSN sind diese Werte übertroffen. Die als Zwischenziel vorgegebene Drehzahl 40.000 min^{-1}
entspricht einer Spannung von 250 MN/m^2. Diese Spannung
wird von allen aufgeführten Materialien ertragen, so daß Schaufeln aus den in Bild 3 genannten Werkstoffen Bruchdrehzahlen
von 40.000 min^{-1} erreichen sollten.

Neben der mechanischen Festigkeit ist das Formgebungsverfahren
ein wichtiger Punkt bei der Auswahl von Laufschaufelmaterialien. Schaufeln aus HPSN-Materialien müssen durch Diamantschleifen und Ultraschallbearbeitung aus Vollmaterial hergestellt werden, was zu beträchtlichen Kosten führt. Sintermate-
rialien wie RBSN, SiSiC, SSN und SSC lassen sich wesentlich
kostengünstiger durch Spritzguß oder Schlickerguß nahezu in
der erforderlichen Endkontur herstellen. Da diese Werkstoffe
in den letzten Jahren erheblich verbessert wurden und noch
nicht am Ende ihrer Entwicklung stehen, sind solche Materialien als kostengünstigere Alternative zum HPSN interessant.

3. Versuchsaufbau

Zur Untersuchung der Laufschaufeln stehen ein Kalt- und ein
Heißschleuderstand zur Verfügung (Bild 4 und 5). Im Kaltschleuderstand sind die Schaufeln in einen Schleuderdorn eingehängt,
der von einer Preßluftturbine angetrieben wird und in einem
evakuierten Kessel läuft. Wenn die Schaufel bricht, lösen
ihre Bruchstücke am Bruchanzeigering ein elektrisches Signal
aus, das es gestattet, die Drehzahl festzuhalten und die davon-
fliegenden Bruchstücke mit Hilfe eines Blitzlichtes zu photo-
graphieren. Die elektronische Drehzahlregelung gestattet
zyklische und Bruchschleuderversuche.

Im Heißschleuderstand erfolgt der Antrieb des Schleuderdornes
ebenfalls durch eine Preßluftturbine. Die Scheibe des Dornes
läuft jedoch nicht im Vakuum, sondern in Heißgasatmosphäre.
Das Heißgas wird mit Hilfe einer preßluftbetriebenen Brennkammer, die unterhalb des Schleuderdornes angeordnet ist, erzeugt.
Durch Variation von Kühlluftzufuhr zur Scheibe und Kraftstoff-
zufuhr zur Brennkammer lassen sich Heißgastemperatur und
Scheibentemperatur unabhängig voneinander einstellen. Heißgas
und Scheibentemperatur werden mit Thermoelement bzw. Pyrometer
überwacht.

Wegen der Anordnung der Brennkammer ist es nicht möglich,
die nach Schaufelbruch auftretenden Unwuchtkräfte mit Hilfe
eines unten am Dorn angeordneten Fanglagers aufzunehmen,
wie es im Kaltschleuderstand geschieht. Die Keramikschaufeln
werden daher paarweise geschleudert. Die Bruchstücke der zuerst
gebrochenen Schaufel schlagen die zweite Schaufel ab, so
daß der Schleuderdorn nach wenigen Umdrehungen wieder weitgehend unwuchtfrei läuft. Für die statistische Auswertung hat
dies zur Folge, daß sich gegenüber dem Versuch mit Einzelschaufeln das effektive Volumen in der Weibullverteilung verdoppelt.
Um vom Versuch mit Schaufelpaaren auf das Ergebnis mit Einzelschaufeln zurückzuschließen, muß der Mittelwert der Spannung
mit dem Faktor $2^{1/2m}$ multipliziert werden (m = Weibullmodul).
Diese Korrektur ist relativ klein. Sie beträgt etwa 2 bis
4 % und wurde daher vernachlässigt.

4. Ergebnisse der Schleuderversuche

4.1 Versuchsvorbereitung und Durchführung

Für HPSN-Schaufeln wurden von der Firma Annawerk Vorkörper
mit fertig bearbeitetem Fuß geliefert. Das Fußprofil wurde
durch Diamantschleifen hergestellt und war freikornbearbeitet.
Die Freikornbearbeitung ist von Annawerk entwickeltes Polierver-
fahren, mit dem sich weitgehend anrißfreie Oberflächen erzielen lassen. Durch Ultraschallbearbeitung wurden aus den Vorkörpern bei MTU Schaufeln mit zylindrischem Profil hergestellt.

Alle anderen Schaufeln wurden, mit einem Aufmaß von 0.2-0.5 mm
im Fußbereich, fertig profiliert angeliefert. Die Endbearbeitung des Fußes erfolgte bei MTU durch Diamantschleifen. Die
Rauhigkeit lag bei ca. 2 um RT. Beim Einbau der Schaufel
erfolgte eine möglichst genaue Anpassung der Höhe des Fußes,
um Schrägstellung so weit als möglich zu vermeiden.

Bei den Kaltschleuderversuchen wurde der Kessel evakuiert
und die Schaufeln innerhalb von ca. 4 min bis zum Bruch beschleunigt.

Die Heißschleuderversuche bestanden aus folgenden Schritten:
- Beschleunigen auf 15.000 min^{-1} bei abgestellter Brennkammer
- Bei 15.000 min^{-1} Aufheizen auf Solltemperatur (Gas 1320 K,
  Scheibe 970 K)
- Weiterbechleunigen bis zum Bruch bzw. bei Lebensdauerver-
  suchen bei 40.000 min^{-1} bis zum Bruch halten.

4.2 Bruchschleuderversuche
Die Ergebnisse von Kalt- und Heißschleuderversuchen sind
in <u>Bild 6</u> für alle untersuchten Materialien zusammengestellt.
Wie aus den gemessenen Festigkeitswerten zu erwarten, liegen
die Kalt-Bruchdrehzahlen der RBSN-Materialien mit etwa
40.000 min^{-1} am niedrigsten. Refelschaufeln erreichen mit
maximal 50.000 min^{-1} etwas höhere Werte. Die besten Ergebnisse
wurden mit Schaufeln aus gesintertem Siliziumnitrid und heißgepreßtem Siliziumnitrid erzielt. Die Bruchdrehzahl der gesinterten Nitridschaufeln liegt bei 55.000 min^{-1}, während alle Schaufeln aus HPSN 60.000 min^{-1} ohne Bruch überstanden haben.

Bei Heißschleudern betrug die Gastemperatur 1320 K, die Scheibentemperatur lag bei 970 K. Bei allen Materialien außer
HPSN liegen unter diesen Bedingungen die Bruchdrehzahlen
erheblich unter den entsprechenden Kaltschleuderwerten. Wie
zu erwarten, ist dieses Verhalten beim gesinterten Siliziumnitrid besonders stark ausgeprägt, die Bruchdrehzahl fällt von
55.000 min^{-1} auf 35.000 min^{-1} ab.

4.3 Zyklische Kaltschleuderversuche

Zyklische Kaltschleuderversuche wurden an Schaufel-Dummies
aus HPSN durchgeführt. Beim Dummy entspricht der Fuß der
Originalschaufel, das Blatt ist jedoch durch einen Würfel
ersetzt, der das gleiche Gewicht wie das Blatt aufweist.
Durch dieses Vorgehen lassen sich die Kosten beträchtlich
senken.

Es standen zwei Varianten zur Verfügung; Dummies mit geschliffenen Füßen und solche mit zusätzlicher Freikornbearbeitung.
Wie **Bild 7** zeigt, überstanden 5 von 6 der Dummies mit Freikornbearbeitung 5000 Zyklen von 0 bis 60.000 min^{-1}, während mit
den nur geschliffenen Dummies maximal 800 Lastwechsel erreicht
wurden. Hier zeigt sich, daß die Lebensdauer erheblich von
der Bearbeitung des Schaufelfußes abhängt.

4.4 Lebensdauerversuche

Da Schaufeln aus HPSN in Kalt- und Heißschleuderversuchen sowie in zyklischen Versuchen allen Anforderungen genügten, wurde
die Lebensdauer im Heißschleuderversuch bei n = 40.000 min^{-1}
untersucht. Scheiben- und Heißgastemperatur betrugen 970
bzw. 1320 K.

Die Ergebnisse sind in **Tab. 1** dargestellt. Die Streuung der
Lebensdauer ist beträchtlich. Es ergaben sich Standzeiten
zwischen 44 min und 23 h. Der Bruch erfolgte in allen Fällen
im Fußbereich im Gebiet der höchsten Zugspannung. Besonderheiten in der Bruchfläche oder der festigkeitsbestimmende Fehler
konnten nicht gefunden werden.

Diskussion

In **Tab. 2** sind Biegefestigkeit und aus den Bruchdrehzahlen
errechnete maximale Zugspannung für Heiß- und Kaltschleuderversuche der untersuchten Werkstoffvarianten gegenübergestellt.
Hier ist jedoch anzumerken, daß die aus der Bruchdrehzahl
ermittelten Spannungen als Vergleichswerte für Schaufeln
untereinander und nicht als tatsächliche auftretende Spannungen anzusehen sind. Das Ergebnis der Spannungsrechnung hängt

sehr stark von Randbedingugnen wie Reibungskoeffizienten
und Größe der Auflagefläche ab. Da diese Größen nur sehr
ungenau bekannt sind, können sich erhebliche Abweichungen
ergeben.

Bei den Kaltschleuderversuchen in Vakuum liegen die Ergebnisse
in etwa wie erwartet: Berechnete maximale Spannung und gemessene Biegebruchfestigkeit stimmen, in Anbetracht der unvermeidli-
chen Ungenauigkeiten der Rechnungen, gut überein (Tab. 2).
Anders dagegen bei den Heißschleuderversuchen. Abgesehen
vom HPSN-Material brechen hier die Schaufeln bei wesentlich
niedrigeren Spannungen. Es werden Spannungen ertragen, die
nur noch größenordnungsmäßig der Hälfte der Biegebruchfestigkeit des Materials bei der Scheibentemperatur entsprechen.
Hierfür ist eine Reihe von Gründen denkbar:

a) Im Heißschleuderstand treten zusätzliche Gaskräfte auf.
b) Die Schaufel stellt sich schief, der Fuß wird ungleichmäßig
   belastet.
c) Die Schafuel ist zusätzlich schwingbelastet.
d) Es tritt unterkritisches Rißwachstum auf.
e) Es entstehen zusätzliche thermische Spanungen.
f) Die Fußtemperatur ist wesentlich höher als die Scheibentemperatur.

Die unter a) bis c) genannten Einflüsse treten auch dann auf,
wenn im Heißschleuderstand ein Kaltschleuderversuch durchgeführt wird. Wie Tab. 1 zeigt, liegen die Bruchdrehzahlen
von DO 18-Schaufeln an Luft deutlich niedriger als im Vakuum.
Der Haupteinfluß dürfte von den Gaskräften herrühren. Die
Schaufeln werden nicht korrekt angeströmt, da ein Leitapparat
fehlt und nur zwei Schaufeln vorhanden sind. Die Bedingungen
sind hier wesentlich ungünstiger als im Triebwerk. Mit dem
Unterschied Vakuum/Luft läßt sich eine Differenz von ca.
100 MN/m^2 in der umgerechneten Spannung erklären. Der verblei-
bende Rest ist dann auf zusätzliche thermische Spannungen,
unterkritisches Rißwachstum oder wesentlich höhere Temperatur
zurückzuführen.

Bei der Scheibentemperatur ist die Abhängigkeit der Rißausbreitungsgeschwindigkeit von der Spannung beim RBSN und HPSN gleich bzw. nicht wesentlich stärker als bei Raumtemperatur wie sich aus den in Tab. 3 aufgelisteten Spannungsexponenten n in $v = AK_I^n$ ergibt. Hiermit ist der Abfall der Bruchdrehzahl nicht zu erklären. Finite Elemente-Rechnungen zeigen, daß auch thermische Spannungen nur in der Größenordnung 10 MN/m^2 liegen, so daß auch diese Erklärung ausgeschlossen werden kann.

Es bleibt die Möglichkeit, daß die Fußtemperatur deutlich höher liegt als die Temperatur der Scheibe, dann kann angenommen werden, daß in verstärktem Maße unterkritisches Rißwachstum auftritt und die Bruchdrehzahlen herabsetzt. hierfür spricht vor allem die unerwartet kurze Lebensdauer der HPSN-Schaufeln bei n = 40.000 min^{-1}. Eine alternative Erklärung wäre darin zu sehen, daß im Heißgas beschleunigt unterkritisches Rißwachstum auftritt. Hierzu liegen jedoch noch keine Messungen vor.

Insgesamt ist festzustellen, daß mehrere Werkstoffvarianten gute Aussichten haben, das gesteckte Ziel innerhalb der nächsten 1 bis 2 Jahre zu erreichen. Wesentliche Fortschritte sind zu erwarten durch

- Verwendung von Y_2O_3 statt MgO in HPSN
- Heißisostatisches Pressen von Si_3N_4 und SiC
- Heißisostatisches Nachverdichten von RBSN, SSN und SSic

Außerdem sollte es noch mögich sein, durch konstruktive Maßnahmen, wie z. B. elastische Beilagen oder Zwischenschichten im Kontaktbereich Metall-Keramik Verbesserungen zu erzielen.

<u>Bild 1:</u> Gebautes Turbinenrad
Nabe: Udimet 710
Schaufeln: RBSN, Degussa D018

<u>Bild 2:</u> Laufschaufel
Material RBSN, Degussa D018

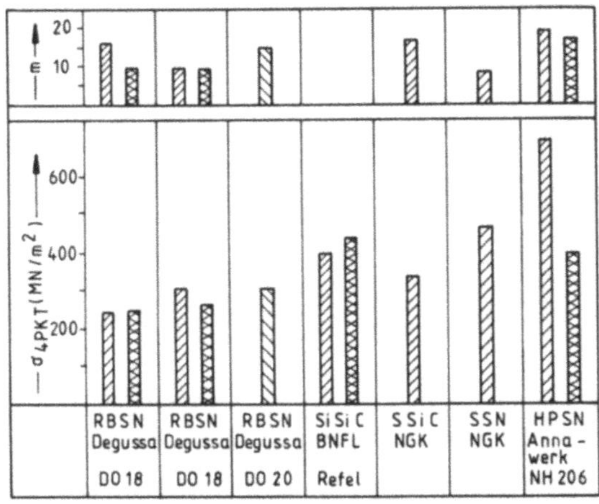

Bild 3: Festigkeit verschiedener keramischer Laufschaufelmaterialien

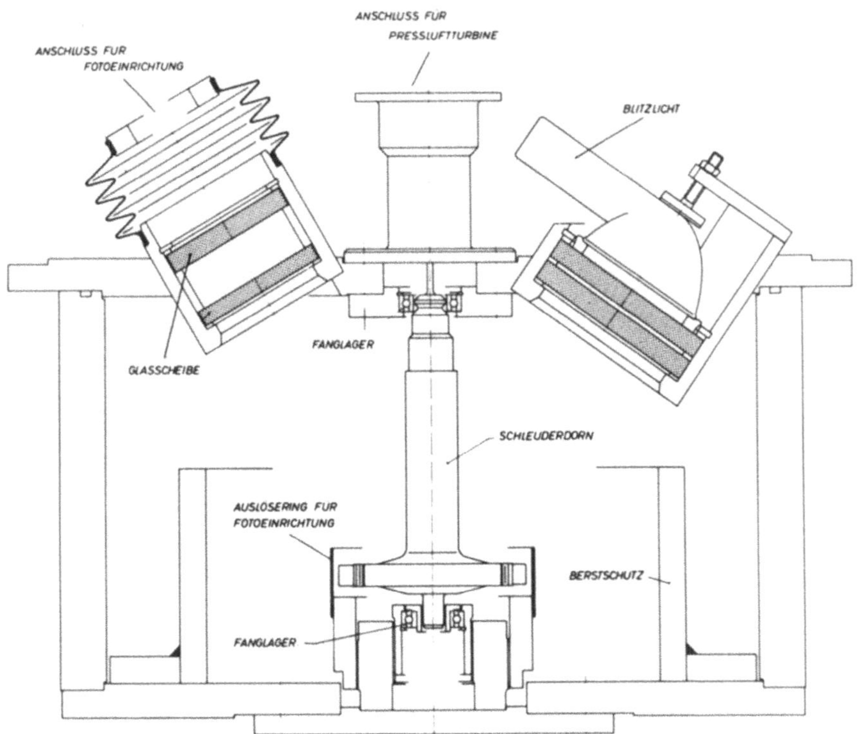

Bild 4: Kaltschleuderstand

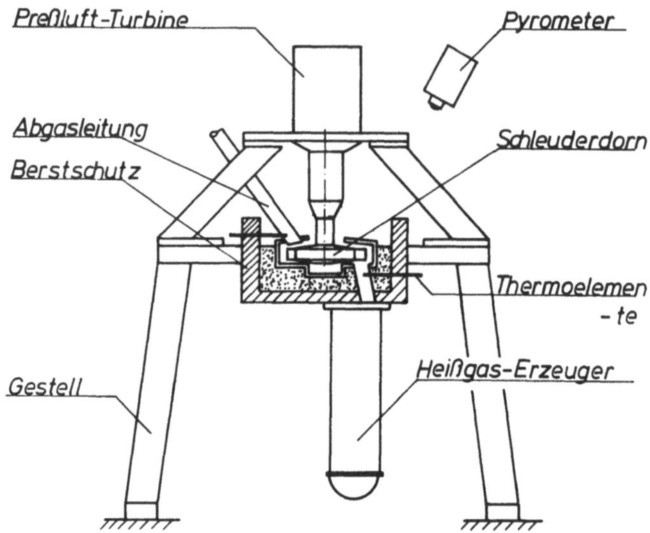

Bild 5: Heißschleuderstand

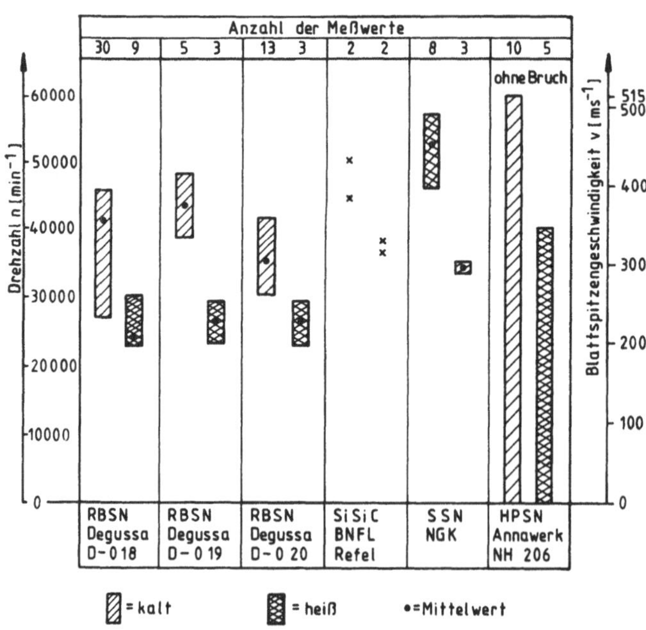

Bild 6: Ergebnisse von Kalt- und Heißschleuder-versuchen

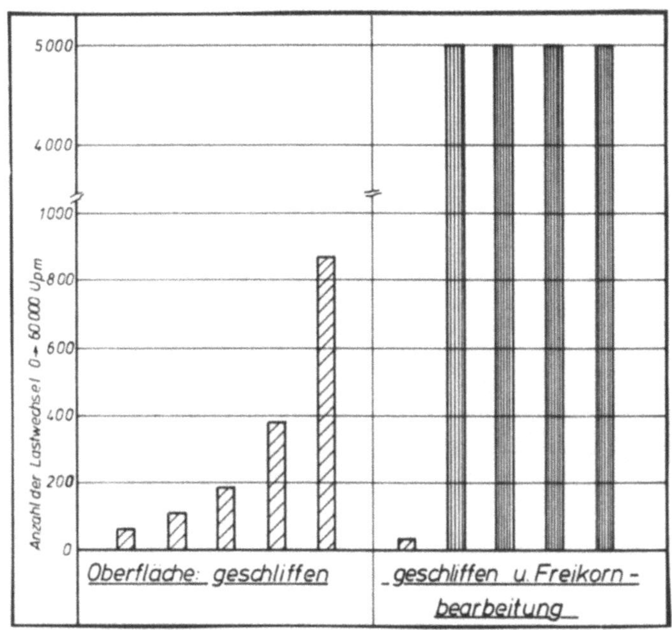

Bild 7: Ergebnisse von zyklischen Kaltschleuderversuchen an Schaufel-Vorkörpern

Hersteller: Fa. Annawerk (geschliffen u. Freikorn bearbeitet)
Drehzahl: $40\,000\ \text{min}^{-1}$
Heißgastemperatur: 1320 K
Scheibentemperatur: 910 K

Schaufel-Nr.	Standzeit	
HP 5 — 6		55 min
HP 10 — 11	22 h	43 min
HP 14 — 15	21 h	30 min
HP 16 — 17	3 h	3 min
HP 18 — 19	15 h	

Tab. 1: Lebensdauer von HPSN-Laufschaufeln
im Heißschleuderversuch

Material	Versuchsbe- dingung	Spannung σ_1 aus Schleuder- vers. (MN/m^2)	Spannung σ_2 4-Pkt-Biegung (MN/m^2)	Differenz $\Delta\sigma = \sigma_1 - \sigma_2$ (MN/m^2)
RBSN Degussa D-018	kalt (Vakuum)	275	242	+ 33
	kalt (Luft)	180	242	- 62
	Heißgas	111	244	-133
RBSN Degussa D-019	kalt (Vakuum)	298	305	- 7
	Heißgas	111	265	-154
SSN NGK	kalt (Vakuum)	442	470	-28
	Heißgas	188	-	-
Si Si C BNFL Refel	kalt (Vakuum)	358	400	- 42
	Heißgas	220	440	-220
HPSN Annawerk NH-206	kalt (Vakuum)	574	700	$60\,000\,min^{-1}$ kein Bruch
	Heißgas	255	400	$40\,000\,min^{-1}$ kein Bruch

<u>Tab. 2:</u> Gegenüberstellung von Biegebruchfestigkeit und maximaler ertragener Zugspannung im Heiß- und Kaltschleuderversuch

Material	Temperatur (K)		
	295	1073	1473
RBSN Degussa DO 18	100	100	
HPSN Annawerk NH206	105	25 – 50	
Si Si C BNFL Refel	∞	∞	130

$$V = AK_I^n$$

<u>Tab. 3:</u> Spannungsexponent n des unterkritischen Rißwachstums von HPSN und RBSN

Herstellung von Siliziumnitrid- und Siliziumkarbidpulvern zum Sintern und
Heißpressen.
Gerd Schwier
Hermann C. Starck Berlin
Werk Goslar

In der Palette möglicher Siliziumnitrid- und Siliziumkarbidwerkstoffe sind
für einen Pulverhersteller vorwiegend Siliziumnitrid- und Siliziumkarbidpulver zum Sintern oder Heißpressen interessant. Solche Submikronpulver
und die dafür notwendige Herstellungstechnologie zu entwickeln, hat sich
die Firma Hermann C. Starck Berlin zur Aufgabe gemacht. Im Laufe des Forschungsvorhabens wurden eine ganze Reihe verschiedener Siliziumnitridpulver
und Siliziumkarbidpulver speziell zum Sintern oder zum Heißpressen entwickelt. Sie werden im technischen Maßstab und in reproduzierbarer Qualität
erzeugt und stehen dem Markt uneingeschränkt zur Verfügung.

1. Siliziumnitridpulver

1.1 Zur Herstellungstechnologie

Zu Beginn der zweiten Phase des Forschungs- und Entwicklungsvorhabens
war das prinzipielle Verfahren der Pulverherstellung bereits vorhanden.
Bild 1. Die Herstellung hochreiner, feiner Alpha-Phase Siliziumnitrid-
pulver basiert auf drei Stufen:

        Siliziummetallpulver - Vorbehandlung
        Nitrierung
        Siliziumnitrid - Nachbehandlung

Aus den möglichen Herstellverfahren für Siliziumnitrid war die Gas-
Feststoff-Reaktion, die Nitrierung von Siliziummetallpulvern gewählt
worden, weil damit die Siliziumnitridqualität und der Herstellungs-
prozess am einfachsten beherrschbar und jederzeit in einen großtech-
nischen Maßstab übertragbar erschien. Dabei konnte auf bewährte Ar-
beitsverfahren zurückgegriffen werden:

- Mahlung, Klassierung und chemische Reinigung der Si-Pulver.
- Nitrierung der Si-Pulver.

- Mahlung des Siliziumnitrides zur gewünschten Pulverfeinheit.
- Chemische Nachreinigung der Siliziumnitridpulver zur Gewährleistung
  einer hohen Pulverreinheit.

Dieses Herstellverfahren erlaubt es, Pulverqualitätsmerkmale wie Reinheit, Feinheit und Alpha-Phasengehalt gezielt zu beeinflussen, vor
allem aber, die einzelnen Pulverqualitäten reproduzierbar herzustellen.

Eine Entwicklungsaufgabe bestand darin, die Qualität der Alpha-Siliziumnitridpulver weitgehend unabhängig zu machen von den im Markt ver-
fügbaren unterschiedlichen Siliziummetallpulverqualitäten. Für gleichbleibende Siliziumnitridqualitäten und gleichbleibende Produktionsbe-
dingungen müssen die Einsatzstoffe konditioniert werden. Durch Mahlen,
Klassieren und Säurewäsche kann aus sehr unterschiedlichen eine weitgehend gleich-reaktive Siliziummetallpulverqualität eingestellt werden.
Wichtig ist, daß sich solche Siliziummetallpulver beim Nitrieren "be-
rechenbar" verhalten, so daß es möglich ist, aus solchen konditionier-
ten Siliziummetallpulvern ein nur in relativ engen Grenzen variieren-
des Roh-Siliziumnitrid zu erzeugen, mit hohem Nitriergrad und hohem
Alpha-Phasengehalt. Gleichzeitig gilt es, ein solches Roh-Siliziumnitrid mit hohem Durchsatz wirtschaftlich zu erzeugen. Dazu müssen die
folgenden Faktoren aufeinander abgestimmt sein:

> Reaktivität des Siliziummetallpulvers
> Verweilzeit im Temperaturprofil
> Siliziummetallpulverbesatz (Pulverbetthöhe)
> Stickstoffkonzentration des Nitriergases

Für die Siliziumnitridpulverqualitäten H2 und H1 kann sowohl ein -53 µm
feines, nachgereinigtes Siliziummetallpulver verwendet werden als auch
ein gleich reaktives von -25 µm. Die Nitrierung erfolgt kontinuierlich
in Durchschuböfen mit stickstoffhaltigen Gasgemischen aus Ammoniak oder
Stickstoff und Wasserstoff im Gegenstrom und bei einem Nitriertempera-
turprofil, das typischerweise zwischen 1200 und 1450° C liegt.

Erhalten wird ein Roh-Siliziumnitrid mit maximal 5 % freiem Silizium,
bis zu 3 % SiO_2 und einem ganz überwiegend in der Alpha-Modifikation
kristallisiertem Siliziumnitrid.

Dieses Alpha-Siliziumnitrid besteht aus einem Verbund feiner, verwachsener Kristallnadeln von bereits ca. 2 m^2/g spezifischer Oberfläche. Daraus werden die gewünschten Pulverfeinheiten durch Mahlen hergestellt. Zur Entfernung etwaigen Mahlabriebs und zur Gewährleistung der hohen Pulverreinheit schließt sich eine chemische Pulvernachreinigung an.

Zwei dieser Alpha-Siliziumnitridpulver zeigt <u>Bild 2.</u> Die gröbere Qualität H2 wurde nur wenig gemahlen, sie besitzt ca. 3m^2/g spezifische Oberfläche und enthält noch einen Teil der ursprünglichen Alpha-Kristallnadeln. Diese sind in der mit 9 m^2/g wesentlich feineren Pulverqualität H1 nicht mehr zu erkennen. Jene Alpha-Kristallnadeln wurden im intensiven Mahlprozeß in Rührwerkskugelmühlen zermahlen. Das Fehlen eines lockeren Kristallnadelverbundes im Pulver und die beim Mahlen entstandene Kornverteilung bedingen ein relativ zur Pulverfeinheit hohes Schüttgewicht und beim Kompaktieren eine hohe Gründichte im Bereich von 65-7o % der theoretischen Dichte. Dementsprechend brauchen nur geringe Schwindungsmaße von ca. 14 % linear beim Dichtsintern berücksichtigt werden.

1.2 <u>Alpha-Siliziumnitridpulverqualitäten zum Heißpressen und Sintern</u>

Mit den Alpha-Phase Siliziumnitridpulverqualitäten, die heute H2 und H1 genannt werden, hatte es einmal begonnen. <u>Tabelle 1</u> zeigt sie zusammen mit den weiteren bisher entwickelten Pulverqualitäten.

Dort werden auch die verwendeten Siliziummetallpulver und das Roh-Siliziumnitrid charakterisiert. Die LC-Siliziumnitridpulver sind C-ärmer als die H-Qualitäten, sie werden aus besonders Kohlenstoff-armen und unter 25 μm feinen Siliziummetallpulvern erzeugt. Aus LC-Roh-Siliziumnitrid werden die z.Zt. feinsten Siliziumnitridpulver hergestellt. Qualität LC1o und LC12 mit ca. 15 und über 2o m^2/g spezifischer Oberfläche. Mit der Erhöhung der sinteraktiven spezifischen Oberfläche werden besser sinterfähige Pulver bereitgestellt, die auch drucklos und mit relativ geringen Gehalten an Sinteradditiven gut verdichtbar sind.

Die zum Verdichten notwendigen Zusätze von Sinterhilfsmitteln können
nur vom Pulveranwender auf seine jeweiligen Bedingungen optimal abgestimmt werden. Da vom Pulververbraucher sehr unterschiedliche und
eigene Rezepte bevorzugt werden, hat sich die Firma Hermann C. Starck
Berlin entschlossen, nur die reinen, nicht mit Sinteradditiven ver-
mischten Siliziumnitridpulver herzustellen. Für unterschiedliche Sinter-
prozesse, für das Heißpressen, das Drucksintern oder Drucklossintern
stehen eine Reihe von Alpha-Siliziumnitridpulver unterschiedlicher Feinheit zur Verfügung. (Tabelle 1). Die Normalqualitäten H2, H1, LC1, LC1o
werden bereits im technischen Maßstab hergestellt, die Versuchsquali-
täten LC12, H1o, S1 könnten es bei Bedarf auch werden.

Nach der bevorzugten Anwendung lassen sich die Pulver wie folgt ein-
teilen:

        Heißpresspulverqualitäten: H2, H1, LC1, S1
        Pulver zum Sintern: H1, LC1o, LC12, H1o

Alle Pulver haben ihre herstellungsbedingten Besonderheiten, hinsichtlich Pulverfeinheit und Kornverteilung ebenso wie in ihren Gehalten an
Sauerstoff und Kohlenstoff.

Die Versuchspulverqualität S1 soll eine kostengünstigere Heißpresspul-
veralternative darstellen, besser sinterfähig als die gröbere H2-Qua-
lität, aber mit weniger Feinstkornanteil als Qualität H1.

Mit Versuchspulverqualität H1o wird bei den Sinterpulvern eine Alternative zu LC1o erprobt, die in Kornverteilung und im Sauerstoff- und
Kohlenstoffgehalt variiert.

Versuchspulverqualität LC12 steht bei den Sinterpulvern für die neueste
Entwicklung, noch feinere sinteraktivere Pulver zum Sintern mit geringsten Sinterzusätzen bereitzustellen.

Als vorläufiges Endergebnis dieses Siliziumnitrid-Forschungsvorhabens
kann zusammengefaßt werden, daß sowohl der Aufbau eines flexiblen Her-
stellungsverfahrens im technischen Maßstab als auch die Entwicklung
einer Anzahl von recht vielversprechenden Siliziumnitridpulverqualitäten
gelungen ist.

2. Siliziumkarbidpulver

Aufgabe und Ziel des Entwicklungsprogrammes war es, zum Sintern optimal
geeignete Siliziumkarbidpulver herzustellen uno jedermann verfügbar zu
machen.

2.1 Zur Pulverherstellung

Begonnen wurde 1975 mit der Herstellung von Submicronpulvern der
Beta-Phase, die damals in der Literatur noch als besser sinterfähig
als Alpha-Siliziumkarbid galt. Beta-SiC wurde durch die Karburierung
von geeignet feinen und reinen Siliziummetallpulvern mit Ruß hergestellt. Seitdem Alpha-SiC mindestens gleich gute Sinterergebnisse
ergab, werden seit 1977 auch aus Acheson-SiC feine Sinterpulver der
Alpha-Phase erzeugt. Beide Pulvertypen, Beta-SiC und Alpha-SiC erhalten die gewünschte Pulverfeinheit durch eine intensive Mahlung in
Rührwerkskugelmühlen. Danach muß zur Entfernung des Mahlabriebs und
zur Gewährleistung der hohen Pulverreinheit eine chemische Nachreinigung anschließen.

Ausgehend von verschiedenem Rohmaterial, lassen sich mit dem Mahl-
Nachreinigungsverfahren in Pulverfeinheit und -reinheit vergleichbare Pulver beider Modifikationen herstellen. <u>Bild 3</u> zeigt zwei undotierte Pulver mit jeweils 15 m^2/g spezifischer Oberfläche, wie sie
typischerweise zum drucklosen Sintern eingesetzt werden. Beta-SiC der
Qualität Blo und Alpha-SiC der Qualität Alo.

Beide Pulver besitzen aufgrund ihrer Mahlbehandlung eine Kornform
und Kornverteilung, die relativ hohe Gründichten von 65-7o % der
theoretischen Dichte beim Kompaktieren ermöglichen.

Zum drucklosen Sintern hat sich eine Pulverfeinheit von 13-17 m^2/g
spezifischer Oberfläche als günstig herausgestellt. Noch feinere
SiC-Pulver zeigen kein verbessertes Sinterverhalten, anscheinend durch
die verfahrensbedingten höheren Sauerstoffgehalte solch feinerer Pulver. Der Sauerstoffgehalt der Pulver ist ein das Sinterverhalten mit-
entscheidender Faktor. Durch eine intensive Pulvernachbehandlung mit
HF-haltigen Säuregemischen, gelang es mit gleichfeinen, aber Sauer-
stoff-ärmeren Pulvern, unter sonst gleichen Dotierungs- und Sinter-

bedingungen höhere Sinterdichten zu erzielen.

2.2 Siliziumkarbidpulverqualitäten

Die vornehmlich zum drucklosen Sintern bestimmten SiC-Pulverqualitäten
zeigt Tabelle 2. Die Firma Hermann C. Starck hat es sich primär zur
Aufgabe gemacht, die undotierten Pulver zu entwickeln und im technischen Maßstab herzustellen. Zum Sintern müssen diese Pulver mit den
bekannten Sinterhilfsmitteln homogen vermischt werden. Ein optimales
Sinterergebnis kann nur dann erzielt werden, wenn Art und Menge der
Sinterhilfsmittel auf die jeweiligen Verarbeitungsbedingungen bei Formgebung und Sinterung abgestimmt sind. Zur Qualitätsüberwachung werden
von den erzeugten Siliziumkarbidpulvern auch Sintertests gemacht.
Dabei werden unter stets gleichen Bedingungen Bor/Harz-dotierte Sinter-
mischungen kalt verpreßt zu Probekörpern und bei 2100 °C in Argonat-
mosphäre gesintert. Nicht zuletzt aufgrund dieser Versuche werden derzeit drei undotierte SiC-Pulverqualitäten hergestellt (Tabelle 2).

Das gröbste Pulver, die Alpha-SiC-Qualität A1 mag zum Schlickerguß
oder beim Heißpressen Vorteile gegenüber den Qualitäten A1o und B1o besitzen, deren Sinterdichte erreicht es beim drucklosen Sintern jedoch
nicht. Unter-Standard-Sinterbedingungen werden mit 0,6 % B und einem
Harzzusatz, der etwa 1,5-2 % freiem Kohlenstoff entspricht, Sinterdichten von 91 % mit A1, gut 94 % mit B1o und 97 % mit A1o sicher erreicht. Die Standard-Sinterbedingungen sind nicht Pulver-spezifisch
optimal.

Typische SiC-Pulver zum drucklosen Sintern sind die Qualitäten A1o und
B1o. Welches der beiden bevorzugt wird, muß von den strukturmechani-
schen Eigenschaften der daraus erzeugten Teile beurteilt werden. Der
eigentliche Unterschied dieser beiden Pulver ergibt sich nach dem Sintern hauptsächlich in einer unterschiedlichen Gefügeausbildung und nur
zu einem geringen Teil in unterschiedlicher Sinterdichte. Beta-SiC
neigt leichter zur Übersinterung, zur grobnadeligen Gefügeausbildung,
während ein gleichmäßiges Sintergefüge mit Alpha-SiC zielsicherer, auch
bei weniger exakt eingehaltenen Sintertemperaturen zu erreichen ist.
Von daher gesehen scheint Alpha-SiC Vorzüge zu besitzen.

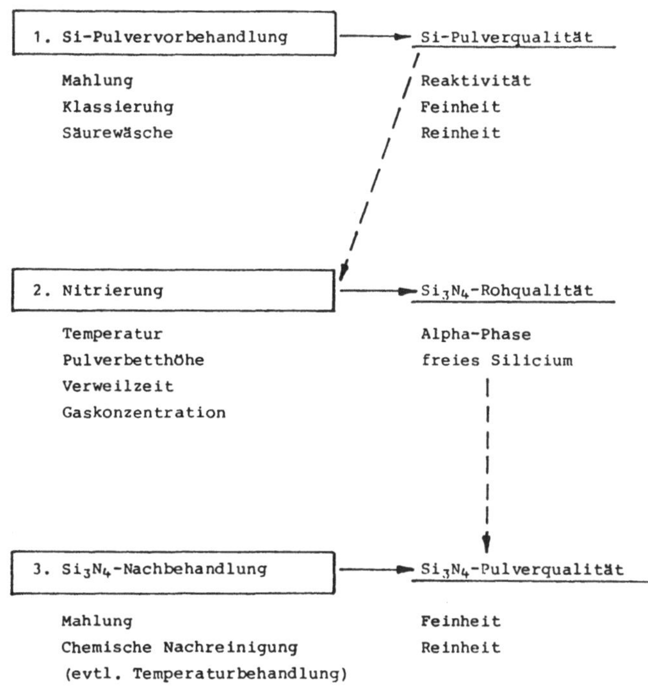

<u>Bild 1</u> Zur Alpha-Si_3N_4 Pulverherstellung

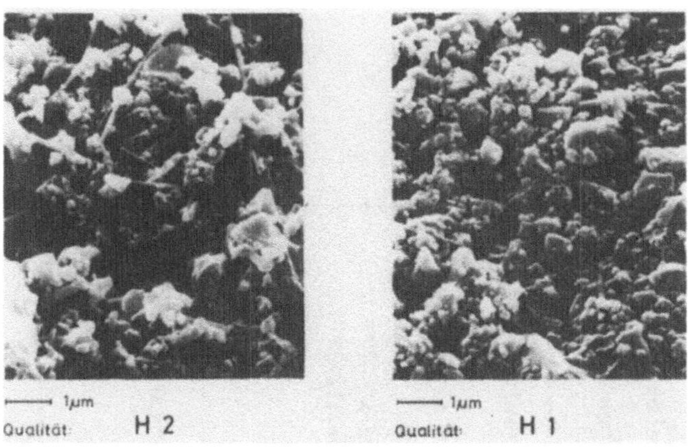

<u>Bild 2</u> REM-Aufnahmen der Alpha-Si_3N_4 Pulverqualitäten H2 und H1

Herstellungsstufe bzw. Pulverqualität	spez.Oberfl. (BET) m^2/g	Ø Korngröße (FSSS) µm	BETA Si_3N_4 %	freies Si %	berechnet SiO_2 %	SiC %	O %	C ges. %	Fe %	Al %	Ca %
					Phasenanteile				Verunreinigungen		
1. Si-Pulver (H)	n.b.	15	n.b.	> 97	< 2,5	<1	< 1,2	< 0,4	< 0,15	< 0,15	< 0,06
(LC)		5				<0,3		< 0,1			
2. Roh-Si_3N_4 (H)	ca. 2	gebrochen	< 4	< 5	< 2,6	<1,2	< 1,4	< 0,4	0,1	0,1	0,04
(LC)						<0,3		< 0,1			
3. Si_3N_4-Pulver											
Qualität H 2	3	1,4	4	< 0,6	1,9	0,7	1,0	0,3	0,08	0,15	0,04
H 1	8	0,7	4	< 0,1	2,5	0,7	1,3	0,4	0,04	0,10	0,03
LC 1	8	0,7	3	< 0,1	2,6	0,3	1,4	0,1	0,04	0,10	0,03
LC 10	15	< 0,5	3	< 0,1	3,4	0,3	1,8	0,1	0,03	0,10	0,02
Vers.Qualität LC 12	20	< 0,5	3	< 0,1	4,7	0,3	2,5	0,1	0,02	0,06	0,01
H 10	15	0,5	4	< 0,1	2,8	0,7	1,5	0,6	0,02	0,10	0,01
S 1	5	1,1	12	< 1,0	2,3	1,0	1,2	0,3	0,25	0,25	0,02

Tabelle 1 Alpha-Si_3N_4 Pulverqualitäten und Vorstoffe

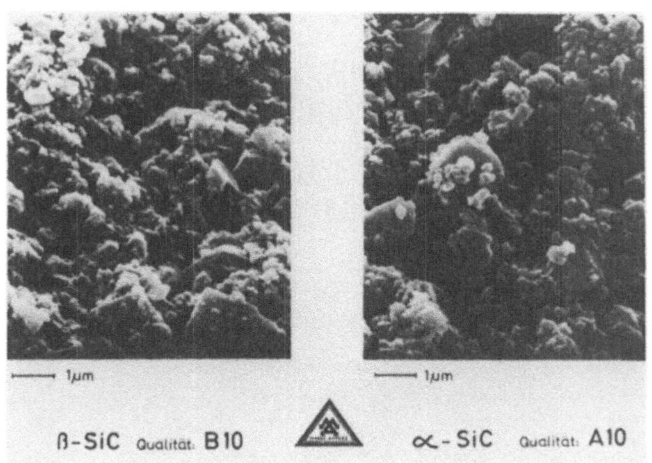

Bild 3 REM-Aufnahmen der SiC-Pulverqualitäten B1o und A1o

Pulver-qualität	Phase	Pulverfeinheit		Zusammensetzung				
		Spez. Oberfl (BET)	Ø-Korn-größe (FSSS)	C	O	Fe	Al	Ca
		m²/g	μm	%	%	%	%	%
A 1	Alpha-SiC	8	0,9	30,3	0,3	0,02	0,02	0,01
A 10	Alpha-SiC	15	0,6	30,3	0,3	0,01	0,02	0,01
B 10	Beta-SiC	15	0,6	30,5	0,4	0,02	0,10	0,03

Tabelle 2 SiC-Pulverqualitäten

SINTERN VON SiC UND Si_3N_4

H. Hausner, H. Landfermann, G. Wötting
Technische Universität Berlin

E. Gugel, G. Leimer
Annawerk , Rödental

1. Einleitung

Die Bestrebungen, höhere Temperaturen in Antriebsaggregaten anzu-
wenden, machen es erforderlich, die bislang verwendeten metallischen Legierungen durch andere Werkstoffe zu ersetzen. Aufgrund
der Kombination günstiger Eigenschaften bieten sich hierfür keramische Werkstoffe auf der Basis von SiC und Si_3N_4 an. Die in hoher Stückzahl zu fertigenden Teile müssen im wirtschaftlichen
Rahmen herstellbar sein. Dafür bietet die normale Sinterung von
Formkörpern im Vergleich zum Drucksintern eine gute Ausgangsba-
sis.

An Verfahren zum drucklosen Sintern von Werkstücken aus SiC wird
seit längerem weltweit gearbeitet. Über erste Ergebnisse, die im
Rahmen dieses Programms erzielt wurden, wurde bereits beim vergangenen Status-Seminar berichtet [1]. Seither gelten die Aktivitäten auf diesem Sektor der Prozeßoptimierung hinsichtlich der
Erzielung hoher Dichten bei gleichzeitig feinkörnigen, homogenen
Gefügen, was eine Voraussetzung für gute mechanische Eigenschaften ist. Parallel dazu wird die Entwicklung spezieller Technologien zur Herstellung von Bauteilen betrieben, die in Kraftfahrzeuggasturbinen Anwendung finden sollen.

Die Entwicklung von Sinterverfahren für Si_3N_4 wird ebenfalls intensiv verfolgt. So konnten Voraussetzungen für eine hohe Sinteraktivität von Si_3N_4-Pulvern ermittelt und geeignete Sinterverfahren erarbeitet werden.

Zusammenfassende Darstellungen über die Sinterung von SiC und
Si_3N_4 wurden von Hausner [2] , Thümmler [3] und Gugel [4] vorge-

tragen.

2. Siliciumcarbid

2.1 Literaturübersicht

Der Durchbruch hinsichtlich des drucklosen Sinterns von Siliciumcarbid gelang Prochazka [5] , der mit Hilfe eines geeigneten Aus-
gangspulvers und Zusätzen geringer Mengen an Bor und Kohlenstoff
Körper mit über 95 % TD herstellen konnte. Bedingungen für eine
gute Sinterfähigkeit hierbei sind hohe Reinheit und eine hohe
spezifische Oberfläche des SiC-Pulvers. Aus diesem Grunde wurden
nach verschiedenen Sonderverfahren Pulver synthetisiert, die diesen Anforderungen genügen. Zwei grundsätzlich unterschiedliche
Verfahren sind die Synthese aus den Elementen Silicium und Kohlenstoff [6] oder eine Reaktion aus der Gasphase, beispielsweise
durch Spaltung von Silanen oder durch Umsetzung von Siliciumhalo-
geniden mit Kohlenwasserstoffen [7, 2] . Dabei wird stets die
kubische β-SiC-Modifikation erzeugt, die zunächst als Voraussetzung zum drucklosen Sintern angesehen wurde.

Coppola und McMurtry [8] zeigten, daß die guten Sintereigenschaf-
ten nicht an die β-Modifikation gebunden sind, indem sie mit dem
hexagonalen α-SiC unter gleichen Bedingungen ebenfalls dichte
Körper herstellten. Damit bietet sich der Vorteil, das industriell
in großen Mengen hergestellte Acheson-SiC einsetzen zu können.
Bei einer Verwendung dieser hexagonalen α-SiC-Modifikation als
Ausgangssubstanz wird ferner die Umwandlung der β- in die α-
Form umgangen, die zu Riesenkornwachstum führen kann und damit
die Eigenschaften beeinträchtigt.

Kommerzielles α-SiC muß einem umfangreichen Aufbereitungsprozeß
unterworfen werden, um mit ihm eine gleiche Sinterfähigkeit wie
beim reinen β-SiC erreichen zu können [9] . Dazu ist eine Mahlung
zu spezifischen Oberflächen von mehr als 10 m^2/g notwendig sowie
eine anschließende Reinigung, um einen möglichst niedrigen Gehalt
an metallischen und nichtmetallischen Verunreinigungen zu erzielen.

Die Wirkungsweise der Sinterhilfsmittel ist heute noch nicht eindeutig geklärt.

Die Rolle des Bor sieht Prochazka [5] in der Erniedrigung der Grenzflächenenergie durch Bildung einer festen Lösung im SiC und damit in der Initiierung eines Verdichtungsmechanismus durch Diffusion. Ein Zusatz an Kohlenstoff in der Größenordnung von 2 Gew.-% ist in jedem Falle notwendig und soll die Pulveroberfläche desoxidieren. Lange und Gupta [10] nehmen ein Flüssigphasen- oder Reaktionssintern an, wofür zwischenzeitlich auftretende, niedrig schmelzende Verbindungen im System Si-B-C verantwortlich gemacht werden. Neben Bor in elementarer Form wirken auch Borverbindungen, wie B_4C, BN oder BP, sinterfördernd [5, 11] .

Im Gegensatz zum druckgesinterten SiC, bei dem über die positive Wirkung unterschiedlichster Zusätze, beispielsweise auch oxidischer, wie Al_2O_3, berichtet wurde [12, 13] , sind beim drucklosen Sintern die verwendbaren Additive in geringerer Anzahl vorhanden. Im Rahmen dieses Projekts wurde in einem Forschungsvorhaben als weiteres Sinteradditiv Aluminium untersucht und über die positive Wirkung hinsichtlich der Erzeugung hoher Sinterdichten berichtet [14] . In [15] werden ebenfalls Ergebnisse über den Einfluß von Al und Al-Verbindungen beschrieben, wobei Sinterdichten bis zu 98 % TD sowohl mit metallischem Aluminium als auch mit Al-Verbindungen, wie AlN, Al_4C_3 und Al_4SiC_4, erzielt wurden.

Smoak [16] fand ferner, daß Beryllium die Sinterung von SiC begünstigt, wobei jedoch zu berücksichtigen ist, daß die hohe Giftigkeit dieser Verbindungen die Anwendung einschränken dürfte. Beste Ergebnisse wurden hier mit einer Mischung aus Be_2C und B_4C erreicht.

Die Bemühungen der Werkstoffentwicklung zielen dahin, durch Optimierung der Zusammensetzung und des Verfahrens möglichst hohe Dichten bei gleichmäßig feinkörnigem Gefüge zu erhalten. Damit sollen die guten mechanischen, chemischen und thermischen Eigenschaften von SiC vollständig nutzbar gemacht werden. Im Hinblick auf den geplanten Einsatz im Kfz-Gasturbinenbau werden insbesondere hohe Festigkeitswerte und Korrosionsbeständigkeit angestrebt.

Obwohl inzwischen mit beiden Modifikationen, α- oder β-SiC, Sinterkörper mit gleich hoher Dichte hergestellt werden können,
scheinen diese sich dennoch teilweise in ihren Eigenschaften zu
unterscheiden [17],wie für die Biegefestigkeit aus <u>Bild 6</u> hervorgeht. Das untersuchte β-SiC der General Electric Co. wies hierbei
höhere Festigkeiten und bessere Hochtemperatureigenschaften auf,
während ein sehr reines α-SiC der Carborundum Co. in der Oxidationsbeständigkeit überlegen ist.

Eine wesentliche Aufgabe parallel zur Weiterentwicklung eines
Werkstoffes, der möglichst hohen Anforderungen genügt, ist die
Fertigung größerer, komplizierter Bauteile. Die Sintertechnik erlaubt im Gegensatz zum Heißpressen, die Rohlinge nach den üblichen Formgebungsverfahren herzustellen und eine umfangreiche
Nachbearbeitung zu vermeiden. Für komplexe Formen eignen sich
Schlickergießen oder Spritzgießen, für einfachere Geometrien
auch Strangpressen [18] . Die Empfindlichkeit des Werkstoffs gegenüber Verunreinigungen und Fehlstellen stellt hohe Anforderungen an die Formgebungstechniken. Unter diesem Aspekt kann beispielsweise das Schlickergießen unter Zusatz von Wasser in Gips-
formen Probleme aufwerfen und muß somit Ziel weiterer Entwicklung sein [4] .

2.2 <u>Sinterverhalten von α-SiC bei Aluminium-Zusatz</u>

<u>Pulveraufbereitung</u>

Im letzten Status-Seminar wurden erste Ansätze zur Herstellung
eines sinteraktiven α-SiC-Pulvers vorgestellt. Die notwendige
Aufbereitungstechnik wurde weiterentwickelt, um vom β-SiC unabhängig zu werden, das bei ungeeigneter Sintertechnik infolge der
Phasenumwandlung leicht zu diskontinuierlichem Kornwachstum neigt.
Die Gewinnung des Sinterpulvers beschränkt sich nicht nur auf eine Mahlung zu möglichst hoher spezifischer Oberfläche; ein gleiches Maß an Bedeutung kommt auch der Beseitigung von störenden
Verunreinigungen zu [19] .

Das für die Sinteruntersuchungen verwendete SiC-Pulver war ein
nach dem Acheson-Verfahren hergestelltes Produkt der Firma Elek-

268

troschmelzwerk Kempten mit einem SiC-Gehalt von 99.5 % und
einer spezifischen Oberfläche von 2,7 m^2/g. Ausgehend von einer
Gründichte des groben Materials von 49,7 % erbrachte die Sinterung im unbehandelten Zustand bei Zusatz von Bor und Kohlenstoff
als Sinterhilfsmittel eine Dichte von nur 67 % TD.

Die Mahlung des SiC-Pulvers erfolgte in einer Rührwerkskugelmühle (Firma Netzsch, PE 075) mit Stahlkugeln unter Benzol. Aufgrund
der starken abrasiven Wirkung des SiC ist das gemahlene Pulver
mit einem hohen Anteil an Mahlkugelabrieb vermischt, der auf che-
mischem Wege durch eine Behandlung mit heißer Salzsäure entfernt
wurde. Der im Pulver vorhandene, freie Kohlenstoff wurde durch
Glühung an Luft bei 700 $^{\circ}$C verbrannt, wobei gleichzeitig ein Teil
des SiC-Feinstanteils zu SiO_2 oxidiert. Freies Silicium bzw. eine feine SiO_2-Schicht auf der Pulveroberfläche erschweren ein
Dichtsintern,so daß eine mehrmalige Behandlung mit Flußsäure
durchgeführt wurde.

Das zu Sinteruntersuchungen verwendete α-SiC wurde in der beschriebenen Weise aufbereitet und Pulver mit spezifischen Oberflächen um 15 m^2/g erhalten. REM-Bilder zeigen, daß die Teilchengröße deutlich unter 1 µm liegt, das Korn ist abgerundet. Der
Gehalt an metallischen Verunreinigungen lag unter 0,1 %, der
Sauerstoffgehalt um 0,3 %. Der Phasenbestand ist überwiegend die
6 H-Modifikation sowie geringe Mengen 4 H und 2 H.

Probenpräparation

Das als Sinterhilfsmittel untersuchte Aluminium war ein sehr reines, aus der Schmelze versprühtes Pulver (Firma Reynolds, atom-
ized powder No. 400) mit einer Teilchengröße zwischen 1 und 5 µm.
Kohlenstoff wurde in Form der organischen Verbindung, Polypheny-
len (Firma Hercules Inc., Wilmington, USA) in Benzol gelöst zugegeben, die bis 900 $^{\circ}$C mit einer Kohlenstoffausbeute von 85 % py-
rolysiert.

Es wurden Pulvermischungen von 1 g hergestellt und mit einem Zusatz von 1 % Ölsäure als Preßhilfsmittel versehen. Die Homogenisierung erfolgte als Schlicker in Benzol mittels Magnetrührer.

Nach einer Trocknung bei 80 °C und Granulierung durch ein Sieb
wurden zylindrische Probekörper zu einer theoretischen Dichte von
etwa 65 % trocken verpreßt.

Sintern

Die Sinterung erfolgte in einem induktiv beheizten Hochtempera-
turofen aus Graphit bei einer Temperatur von 2100 °C in Argon.
Der Sinterfortschritt wurde kontinuierlich im Graphitdilatometer
verfolgt, das bereits im ersten Status-Seminar vorgestellt worden ist [1] .

Analog zu den Untersuchungen mit Bor [9] wurde der Aluminiumzusatz in kleinen Schritten variiert, um die optimale Zusatzmenge
herauszuarbeiten. Bei konstantem Kohlenstoffgehalt von 2 Gew.-%
ergab sich ein deutliches Dichtemaximum bei 1,1 Gew.-% Aluminium
[14] . Mit dieser Zusammensetzung wurde, ausgehend von einem α-
SiC mit 17,5 m^2/g spezifischer Oberfläche, bei 2100 °C und 20 Minuten Haltezeit eine Sinterdichte von 3,01 g/cm^3 (93,7 % TD)
erreicht.

Bild 1 zeigt die lineare Schwindung von α-SiC bei verschiedenen
Additivgehalten. Die Existenz eines Maximums der Sinterfähigkeit
bei der oben erwähnten Zusammensetzung wird hier deutlich. Aus der
untersuchten Sintergeschwindigkeit und Gefügeuntersuchungen geht
hervor, daß bei einem Mangel an notwendigem Zusatzstoff die Sinterung vorzeitig stoppt, ähnlich wie es bei zu geringer Sintertemperatur beobachtet wird. Ein Überschuß an Additiv dagegen
wirkt einer vollständigen Verdichtung entgegen, vermutlich durch
Bildung einer neuen Phase.

Gefügeausbildung

Das Gefüge von SiC reagiert bei einem Zusatz von Bor sehr stark
auf die Additivmenge und die Sinterbedingungen. Bei zu hohen Gehalten oder einer Überschreitung der optimalen Temperatur tritt
leicht diskontinuierliches Kornwachstum auf, das in Form von
übergroßen Platten oder Nadeln das feinkörnig gleichmäßige Gefüge zerstört. Hierfür verantwortlich scheint ein bevorzugtes
Wachstum des 6 H-Polytyps zu sein, das bei ungeeigneter Prozeß-

führung unabhängig von der α- oder β-Ausgangsmodifikation in unterschiedlichem Maß auftreten kann. Diese Gefügeausbildung muß in jedem Fall vermieden werden, da sie insbesondere die Festigkeitseigenschaften des Werkstoffs stark beeinträchtigt. <u>Bild 2</u> zeigt ein derartiges Gefüge mit über 300 µm langen Platten in einer feinkörnigen Matrix, während <u>Bild 3</u> ein feinkörniges Gefüge darstellt, wie es bei richtiger Prozeßführung erhalten wird.

Ein Zusatz von Aluminium verhindert übertriebenes Kornwachstum und erzeugt ein gleichmäßiges Gefüge mit Korngrößen unter 10 µm, wie <u>Bild 4</u> zeigt. Ein diskontinuierliches Kornwachstum war weder bei Erhöhung der Sintertemperatur noch bei überhöhtem Al-Gehalt festzustellen.

<u>Phasenbestand</u>

Zur Interpretation der unterschiedlichen Wirkungsweise der Additive Bor und Aluminium wurde die Phasenzusammensetzung der Sinterkörper röntgenographisch untersucht. In <u>Bild 5</u> sind die relativen Intensitäten der hexagonalen Phasen in den Sinterkörpern und im Ausgangspulver dargestellt. Das verwendete α-SiC besteht zum überwiegenden Teil aus 6 H-Phase und geringen Mengen 4 H und 2 H. Nach dem Sintern mit Bor ist eine Zunahme aller Intensitäten zu verzeichnen, wobei der 6 H-Polytyp weiterhin eindeutig dominiert. Aluminiumzusatz bewirkt eine beträchtliche Abnahme der 6 H-Phase und verstärktes Anwachsen der Typen 4 H und 2 H. Diese Auswirkung des Aluminiumzusatzes scheint somit verantwortlich für die gleichmäßigere Gefügecharakteristik zu sein.

2.3 <u>Eigenschaften von gesintertem α-SiC</u>

Durch die Arbeiten der letzten Jahre ist es inzwischen möglich, größere Bauteile aus α-SiC mit theoretischen Dichten bis zu 98 % herzustellen. Die Sinterung erfolgt in diesem Fall unter Zusatz von Bor und Kohlenstoff, da das Verfahren umfangreich untersucht ist und weitgehend beherrscht wird. Unter geeigneten Sinterbedingungen wird ein feinkörniges, äquiaxiales Gefüge erzeugt (Bild 3), das Voraussetzung für gute mechanische Eigenschaften des Werkstoffs ist.

Mechanische Eigenschaften

Die Biegefestigkeit wurde an einer Sinterserie mit einer Dichte
von 3,15 g/cm^3 gemessen. Die Proben mit den im BMFT-Programm
standardisierten Abmessungen (45 x 4,5 x 3,5 mm) wurden in 4-
Punktauflage mit einem Jochvorschub von 0,01 mm/min belastet und
sind in <u>Bild 6</u> zusammen mit anderen Qualitäten dargestellt. Die
Festigkeiten bei Raumtemperatur liegen im Mittel um 300 N/mm^2
und damit auf dem Niveau der in der Literatur angegebenen Werte
für gesintertes α-SiC [17, 21] . Die Ergebnisse zeigten jedoch
eine erhebliche Streubreite mit einem Weibull-Modul von 5,4 für
die untersuchte Serie. Bei anderen Chargen konnten vereinzelt höhere Festigkeiten mit dem bisher erreichten Maximalwert von
400 N/mm^2 gemessen werden, die den bei β-SiC berichteten höheren
Werten näher kommen.

Der Vergleich α-SiC - β-SiC (Bild 6) zeigt, daß β-SiC dem α-SiC
überlegen zu sein scheint, obwohl dafür nach der Untersuchung
von Larsen [17] nicht, wie allgemein angenommen, eine höhere
Reinheit verantwortlich sein kann. Der Festigkeitsabfall von
heißgepreßtem SiC mit steigender Temperatur ist dagegen sicherlich auf das Vorhandensein von Verunreinigungen und leicht
schmelzenden Korngrenzphasen in dem hier gezeigten Beispiel zurückzuführen.

Eine Steigerung der Festigkeit wurde nach vorhergehender Oxidation beobachtet. So konnte durch eine Glühbehandlung von 100 h
bei 1000 $^{\circ}$C der Mittelwert der Festigkeit einer Versuchsserie
von 292 auf 341 N/mm^2 angehoben werden.

Erste orientierende Versuche zur Verbesserung der Festigkeitswerte durch Nachhippen erbrachten bislang zwar keine Steigerung,
aber eine gewisse Vergleichmäßigung der Werte, was sich in dem
höheren Weibull-Modul von 8,4 ausdrückt.

Für die große Streubreite der Festigkeitswerte auch bei höheren
Temperaturen können in den meisten Fällen Gefügeinhomogenitäten

verantwortlich gemacht werden. Längere Mikrorisse, größere Poren
oder ungleichmäßig verdichtete Bereiche sind bereits im Lichtmi-
kroskop deutlich sichtbar. Sie entstehen durch Fehler, die schon
im Pulverpreßling vorhanden sind, da bei dem submikrofeinen Sinterpulver eine gleichmäßige Verteilung der Zusätze und eine anschließende homogene Kompaktierung der Mischung schwierig ist.

Eine weitere Quelle für Gefügefehler sind Verunreinigungen, die
in Form von Einschlüssen und Reaktionszonen Inhomogenitäten im
Gefüge hervorrufen. <u>Bild 7</u> zeigt die Mikrosondenaufnahme einer
Bruchfläche mit einem Fremdeinschluß, umgeben von einem helleren
Bereich. Die Analyse ergab eine Konzentration von Al und Si für
den Einschluß und eine Anreicherung von Eisen in dessen Umgebung.
Inhomogenitäten in Form von runden, hellgrauen Bereichen wurden
beim Sinterfortschritt ab 1500 ^{O}C sogar mit bloßem Auge festgestellt, sie verschwanden jedoch oberhalb 1750 ^{O}C mit zunehmend
dichterem Gefüge. Es wird vermutet, daß hier eine Reaktion des
Kohlenstoffs mit oxidischen Verunreinigungen oder Metallsiliciden
stattgefunden hat, wobei gleichzeitig die Reduktionsprodukte aus-
schmelzen unter Hinterlassung von hellgrauem, undotiertem Siliciumcarbid.

Eine Verbesserung des Werkstoffs beginnt somit bei der Wahl bzw.
der Aufbereitung des Rohstoffes; ferner müssen Mischtechnik und
eine fehlerfreie Pulverkompaktierung für die einzelnen Formgebungsverfahren optimiert werden.

Untersuchungen zum Kriechverhalten von gesintertem SiC wurden in
Vakuum und an Luft durchgeführt. <u>Tabelle 1</u> gibt eine Gegenüberstellung der Kriechgeschwindigkeiten von gesintertem und heißgepreßtem SiC, wobei letzteres mit einer Aluminiumverbindung ver-
setzt war.

Drucklos gesintertes SiC weist eine sehr hohe Kriechbeständigkeit
auf, die etwa um den Faktor 4 höher ist als beim heißgepreßten
Material. An Luft erreichen die Werte bereits die Grenze des
überhaupt Meßbaren. Zusätzlich wurden die Proben nach vorheriger
Oxidationsbehandlung bei 1300 ^{O}C und 500 h untersucht, die die
Materialeigenschaft jedoch kaum verändert; der Kriechwiderstand

steigt noch geringfügig an, die Proben neigen jedoch eher zum
Bruch.

Die schon bei den Hochtemperaturfestigkeiten dargestellte geringere Belastbarkeit des heißgepreßten SiC zeigt sich auch hier in
einer stärkeren Kriechdehnung, die jedoch noch wesentlich besser
ist als die von Si_3N_4-Werkstoffen hoher Dichte.

Als weitere Materialeigenschaften wurden eine Härte nach Knoop
von 24 x 10^2 N/mm^2 und ein E-Modul von 396 GN/m^2 bestimmt.

Oxidationsverhalten

Untersuchungen zur Oxidationsbeständigkeit von gesintertem α-SiC
wurden an Proben mit einer Dichte von 3,15 g/cm^3 (98.1 % TD) vorgenommen. Die Probenoberfläche wurde zuvor leicht abgeschliffen,
um eine eventuell vorhandene Brennhaut oder anhaftenden Kohlenstoff zu entfernen. Der Gewichtszuwachs wurde in einer Thermowaage (Firma Mettler) bei 1400 $^{\circ}$C in synthetischer Luft über 60 h
verfolgt [22] . Bild 8 gibt eine Darstellung des Oxidationsver-
laufs in Abhängigkeit von der Zeit zusammen mit Vergleichsdaten
aus der Literatur wieder.

Der geringe Gewichtszuwachs mit 0,1 mg/cm^2 und 60 h liegt etwas
unter den an anderer Stelle gemessenen Werten für α-SiC [23] und
scheint auch bei längerer Oxidationsdauer nicht mehr wesentlich
zuzunehmen. In einem anderen Versuchsaufbau wurden nach 100 h
bei 1400 $^{\circ}$C 0,075 mg/cm^2 Gewichtszunahme bestimmt [20] . Dies
deutet auf die Ausbildung einer geschlossenen Oxidationsschicht
auf der SiC-Oberfläche hin, die die weitere Oxidation stark ver-
langsamt. Die rasterelektronenmikroskopische Aufnahme der Bruchfläche einer oxidierten Probe zeigt eine sehr dünne Oxidschicht
von etwa 2 µm.

2.4 Bauteilentwicklung

Im Zeitraum zwischen dem 1. und 2. Status-Seminar ist es gelun-

gen,über verschiedene Formgebungsverfahren auch größere Werkstük-
ke aus α-SiC zu fertigen. Einfache Geometrien werden problemlos
bis zu theoretischen Dichten von 96 % - 98 % gesintert.

Bild 9 zeigt einige Formkörper jeweils im grünen und gesinterten
Zustand; die Formgebung erfolgt über einachsiges und isostati-
sches Pressen mit und ohne spanabhebende Nachbearbeitung. Der in
Bild 10 abgebildete Radialrotor wurde durch Schlickergießen hergestellt.

Weitere Entwicklungsarbeiten hinsichtlich der Bauteilherstellung
bei gleichzeitiger Erzielung der optimalen Eigenschaften sind
notwendig.

3. Siliciumnitrid

3.1 Literaturübersicht

Seit dem letzten Status-Seminar im Jahre 1978, bei dem das drucklose Sintern von Nitriden nur im Zusammenhang mit Sialonen erwähnt wurde [1] , wurden die Arbeiten über die Sinterung von
Si_3N_4 intensiviert, um den in der Literatur beschriebenen Stand
der Technik zu erreichen. Im Jahre 1974 beschrieb Terwilliger
[24] die Eigenschaften von unter MgO-Zusatz gesintertem Si_3N_4.
Aufgrund der verwendeten Sinteranordnung, die der Dissoziation
des Materials nicht entgegenwirkte, erreichte er nur Dichten bis
zu 90 % TD. Da auch die Eigenschaften sich mit steigender Temperatur infolge der Erweichung ungünstiger Zusammensetzungen der
Korngrenzphasen stark verschlechterten, wurden in der Folgezeit
zwei Wege beschritten, um den Werkstoff zu verbessern. Dazu wurden einerseits von Mitomo [25, 26] , später von Priest [27] und
Gazza [28] Sinterversuche unter erhöhtem Stickstoffdruck durchgeführt. Daneben wurde die Eignung verschiedener anderer Sinterhilfsmittel als MgO, z.B. Y_2O_3,CeO_2 usw. untersucht, was teilweise erst durch den schon erwähnten höheren N_2-Druck und die dadurch
mögliche Steigerung der Sintertemperatur erfolgreich verlief.

Unter erhöhtem Stickstoffdruck konnten mit 5 Gew.-% MgO versetzte

Pulver bis zu Dichten über 95 % TD gesintert werden [26] . Bei
anderen Sinterhilfsmitteln wurden diese Werte jedoch nur mit höheren Zusatzkonzentrationen bis zu 20 Gew.-% erreicht [27, 29,
30] , wodurch beträchtliche Mengen an Sekundärphasen gebildet
werden. Im Gegensatz zu MgO-dotiertem Si_3N_4 kristallisieren diese Phasen beim Abkühlen nach dem Sintern meist aus, weisen jedoch
überwiegend eine äußerst schlechte Oxidationsbeständigkeit auf.

Theoretisch kann das Auftreten von kristallinen und/oder amorphen
Sekundärphasen durch die Verwendung von im Si_3N_4-Gitter löslichen
Verbindungen verhindert werden. Dies wurde von Jack [31] für Zusammensetzungen im System Si-Al-O-N nachgewiesen. Es erfolgt dabei die Bildung eines Mischkristalls mit expandierter β-Struktur,
die sogenannten Sialone. Jack gibt als Hauptvorteil die einfache
Herstellung durch Sinterung an, was er ursprünglich auf eine hohe konstitutionelle Leerstellenkonzentration in den Mischkristal-
len zurückführte. Dadurch sollte die sehr geringe Selbstdiffusion
in Si_3N_4 [32] so erhöht werden, daß eine echte Festkörpersinterung durch Diffusionsprozesse ermöglicht wird. Gauckler [33] wi-
derlegte dies durch den Nachweis, daß die Substitution von Si^{4+}
durch Al^{3+} und N^{3-} durch O^{2-} das Anionen- zu Kationenverhältnis
von 3 : 4 nicht verändert, wodurch der Homogenitätsbereich des
β'-Mischkristalls durch die Formel $Si_{6-x}Al_xO_xN_{8-x}$ mit $0 \leq x \leq 4$
charakterisiert ist. Auch die Ergebnisse von Sinterversuchen deu-
teten auf die Mitwirkung einer flüssigen Phase bei der Verdichtung hin, da es einerseits kaum möglich war, ein Material frei
von Sekundärphasen zu erhalten, andererseits ohne zusätzliche
Sinterhilfsmittel, wie MgO, Y_2O_3 usw., keine hohen Dichten zu erzielen sind. So konnten Yeh [34] und Arias [35] zu dem Schluß
kommen, daß reine Sialone ohne Zusätze nicht drucklos zu hohen
Dichten gesintert werden können. Trotz der Vielzahl der möglichen Herstellungsarten [36] , die auch wirtschaftlich interessant
erscheinen, wurden die Erwartungen in die Sialone bisher nicht
erfüllt.

Auch im System Si-Be-O-N wurde von Huseby [37] sowie Greskovich
und Prochazka [38] eine Mischkristallbildung nachgewiesen. Die
Sinterung und Mischkristallbildung läuft dabei offensichtlich
ebenfalls über eine flüssige Phase, gebildet aus dem Oberflächen-

SiO_2 und der zugesetzten Be-Verbindung ab. Als Beweis dafür kann
die zur Erzielung hoher Dichten unbedingt nötige Sauerstoffkonzentration von $\geq$ 2 Gew.-% im Si_3N_4-Pulver angeführt werden [28].
Die auftretende Flüssigphase wird bei der Mischkristallausschei-
dung meist völlig resorbiert, wodurch im Material, wenn überhaupt, Korngrenzsekundärphasen von $\leq$ 1 nm Dicke vorhanden sind.
Darin liegen die außerordentlich guten mechanischen und thermo-
chemischen Eigenschaften dieser Zusammensetzungen begründet. Aus
Gründen des Umweltschutzes und möglicher physiologischer Gefähr-
dungen erscheint der Einsatz dieser berylliumhaltigen Werkstoffe
vor allem in Kraftfahrzeuggasturbinen jedoch bedenklich.

Parallel zur Entwicklung der Sinterverfahren und der Optimierung
der Art und Menge der Zusatzstoffe erfolgte eine fortlaufende
Verbesserung der Si_3N_4-Ausgangspulver bezüglich ihrer Feinheit
und Reinheit. Dies unterstützt auch die Bestrebungen, die notwendigen Zusatzmengen weiter zu verringern, da sie die Materialeigenschaften bei höheren Temperaturen entscheidend beeinflussen.
Unter diesem Gesichtspunkt wurden auch unsere Entwicklungen durchgeführt.

3.2 Pulveraufbereitung und Sinterverfahren

Verfahrensablauf

Bei den eigenen Arbeiten erfolgte die Entwicklung eines geeigneten Sinterverfahrens mit einer Zusammensetzung von 98 Gew.-%
Si_3N_4 und 2 Gew.-% MgO. Die geringe Zusatzkonzentration, die zunächst nicht das Erzielen hoher Dichten gestattete, wurde gewählt, um die Auswirkung der Versuchsparameter deutlich erkennen
zu können.

Die höchsten und am besten zu reproduzierenden Sinterdichten wurden erzielt, indem die Probe in BN-Tiegeln in eine Pulvermischung
aus BN, Si_3N_4 und Sinterhilfsmittel eingebettet wurden. Mit diesem Verfahren wurde der Einfluß der Ausgangspulvercharakteristik
und verschiedener Aufbereitungsverfahren auf die Sinterung und
die Gefügeentwicklung untersucht. Aus diesen Arbeiten resultier-
te der in __Bild 11__ skizzierte Aufbereitungs- und Sinterablauf.

Handelsübliches Si_3N_4, das in <u>Tabelle 2</u> charakterisiert ist, und
selbst hergestelltes Si_3N_4 wird unter eventuellem Zusatz von Sinterhilfsmitteln in einer Rührwerkskugelmühle aufgemahlen und anschließend vom Eisenabrieb der Mahlkugeln und teilweise vorhandenem freiem Silicium gereinigt. Das Einbringen der Sprüh- und
Preßhilfsmittel und auch das Mischen gemahlener reiner Si_3N_4-Pul-
ver mit Sinterzusätzen erfolgt in einem Si_3N_4-Mahlgefäß. Die Suspension wird mittels Sprühtrockner granuliert. Dadurch ist die
Zugabe der Sinterhilfsmittel in gelöster Form möglich, wodurch
eine optimale Verteilung im Pulver gewährleistet wird.

Die durch Trockenpressen hergestellten Proben werden entweder unter atmosphärischem oder erhöhtem Stickstoffdruck gesintert.
Letzteres geschieht in einem Hochtemperaturautoklaven der Firma
Degussa (Typ GSgr 6/15-10/15). Der mit einem Graphitheizkörper
ausgestattete Ofen ist unter maximal 5 MPa Inertgasdruck bis zu
2300 ^{O}C zu betreiben. Der erhöhte Stickstoffdruck wirkt der Zersetzung von Si_3N_4 entgegen und gestattet die Anwendung von Temperaturen bis nahe 2100 ^{O}C ohne beträchtliche Gewichtsverluste
der Formkörper.

Zur Charakterisierung des Sinterverhaltens dienen die Bestimmung
der Sinterdichte, des Gewichtsverlustes und der Gefügebeschaffenheit. An ausgewählten Proben wurden bisher Biegefestigkeiten bei
Raumtemperatur und das Oxidationsverhalten in Luft bestimmt.

<u>Sinteruntersuchungen</u>

In <u>Bild 12</u> sind Sinterdichten von Proben aufgetragen, die aus
verschieden aufbereiteten Pulvern hergestellt wurden. Verglichen
werden jeweils die unter Normal- und erhöhtem Stickstoffdruck erreichten Dichten.

Betrachtet man zunächst die unter 0,1 MPa N_2 bei 1700 ^{O}C/10 min
Haltezeit gesinterten Proben, so ist deutlich ein Anstieg der
Sinterdichte mit einer Erhöhung der spezifischen Oberfläche und
dem damit steigenden Sauerstoffgehalt festzustellen [39]. Wie die
Proben aus H 1 bei zwölfstündiger Nachmahlung zeigen, ist auch
bei relativ niedrigen Sintertemperaturen von 1700 ^{O}C das Erzielen

278

hoher Dichten möglich. Infolge des hohen Sauerstoffgehalts und
der sich unter Mitwirkung des Sinterhilfsmittels bildenden hohen
Schmelzphasenkonzentration sinkt jedoch die röntgenographisch
nachweisbare Konzentration an β-Si_3N_4 auf etwa 70 % der maximal
möglichen ab. Deshalb dürften diese Materialien für eine Hochtem-
peraturanwendung wenig geeignet sein.

Durch Sinterung im Autoklaven können auch mit dem kommerziellen
H 1-Pulver Dichten bis zu 95 % TD erreicht werden. Der Unterschied der Sinterdichten von Proben, die unter 0,1 und 5 MPa N_2
gesintert wurden, ist für das H 1-Pulver am größten.
Nimmt man die von Kingery [40] beschriebene Flüssigphasensinterung mit den Einzelstadien Umlagerung, Lösung - Wiederausscheidung und Festkörpersinterung als wirksame Mechanismen an, so
scheinen bei H 1-Pulver unter erhöhtem N_2-Druck alle Stadien, also auch das diffusionsbestimmte Sintern, abzulaufen. Bei den anderen Pulvern entsteht infolge der höheren Sauerstoffkonzentration eine höhere Sekundärphasenmenge. Dadurch werden bereits
durch leichtere Umlagerung und Lösung - Wiederausscheidung so hohe Dichten erreicht, daß die weitere Aktivierung durch die Steigerung der Sintertemperatur keine starken Dichtezunahmen mehr bewirken kann. Das neu von der Firma H.C. Starck entwickelte Pulver LC 12, mit einer spezifischen Oberfläche von ca. 20 m^2/g ergibt vor allem unter 0.1 MPa N_2 gesintert noch etwas höhere Dichten (92 % TD gegenüber 87 %) als das 4 h nachgemahlene H 1-Pulver
mit etwa gleicher Oberfläche. Es ist unklar, ob dies auf den geringfügig höheren Sauerstoffgehalt (2,3 gegenüber 2,1 Gew.-%)
oder auf einen geringeren Kohlenstoffgehalt des Pulvers LC 12 zurückzuführen ist (vgl. Tab. 2).

In **Bild 13** sind rasterelektronenmikroskopische Aufnahmen der Gefüge geätzter Proben aus H 1- und LC 12-Pulver, gesintert unter
5 MPa N_2 gegenübergestellt. Die H 1-Probe besteht aus größeren
Körnern, was auf das relativ grobkörnige Ausgangspulver zurückzuführen ist, die durch große Lockerbereiche und Poren getrennt
sind. Die Probe aus LC 12-Pulver zeigt dagegen eine homogenere
Beschaffenheit. Trotz der Ätzung sind hier nur andeutungsweise
Körner zu erkennen und ein Teil der Poren, vor allem die mit Drei-
ecksform, beruhen wahrscheinlich auf Ausbrüchen bei der Schliff-

präparation.

Die Sinterbedingungen wurden bei dieser Serie vorher für MgO-haltige Proben optimiert, so daß der Gewichtsverlust dieser Proben unter 3 Gew.-% blieb.

Neben MgO-Zusätzen wurden Sinteruntersuchungen mit anderen Additiven durchgeführt, deren Ergebnisse in <u>Bild 14</u> zusammengestellt sind. Die Sinterbedingungen wurden für die einzelnen Versätze nicht optimiert, sondern die bei den MgO-haltigen Proben verwendeten Sinterbedingungen beibehalten. Die Dichten in Bild 14 sind auf die berechneten theoretischen Dichten der Ausgangsmischungen bezogen, da die höheren Dichten der Zusatzstoffe die tatsächlichen Raumgewichte erheblich verändern.

Wie Bild 14 zeigt, erreichen die mit MgO versetzten Proben trotz der geringeren Zusatzmenge die höchsten Sinterdichten. Überraschend war, daß die Sinterförderung durch Y_2O_3 deutlich durch CeO_2 und auch ZrO_2 übertroffen wird, während La_2O_3 keine Vorteile aufweist. Das Verhalten von ZrO_2 könnte darauf zurückgeführt werden, daß die von Weiß [41] angegebene Reaktion des ZrO_2 mit Si_3N_4 und an der Oberfläche vorhandenem SiO_2

$$(1) \qquad Si_3N_4 + SiO_2 + ZrO_2 \longrightarrow ZrN + 4\,SiO + \frac{3}{2}\,N_2 \,,$$

die der Sinterung entgegenwirkt, unter dem erhöhten Stickstoffdruck im Autoklaven behindert wird und statt dessen das ZrO_2 mit SiO_2 unter Bildung einer sinterfördernden Schmelzphase reagiert.

Ähnlich hohe Dichten sind durch eine Mischung von 4 Gew.-% CeO_2 und 1 Gew.-% MgO möglich (was jeweils 50 Mol % entspricht). Hierdurch wird die Liquidustemperatur des oxidischen Systems erniedrigt, wie mittels DTA nachgewiesen wurde, so daß bei der Sintertemperatur eine deutlich höhere Schmelzphasenmenge vorliegt, die zu höheren Sinterdichten führt. Dies zeigt aber auch, daß die Sinterung hauptsächlich von Art und Menge der sich ausbildenden Schmelzphase bestimmt wird bzw. daß auch bei diesen Systemen Flüssigphasensinterung eintritt. Röntgenographisch war in den Proben nur β-Si_3N_4 nachzuweisen. Die Gefügebeschaffenheit ist

geprägt von vielen tiefen Löchern, in denen sich wahrscheinlich
größere Mengen Sekundärphase angereichert hatte. Durch Optimierung der Sinterbedingungen, vor allem durch längere Haltezeiten,
sowie exakte Einstellung der richtigen MeO/SiO_2-Verhältnisse,
können hier noch wesentliche Verbesserungen erzielt werden.

3.3 Eigenschaften von gesintertem Si_3N_4

Mechanische Eigenschaften

An Proben, die durch höhere Zusatzkonzentrationen gezielt zu hohen Dichten gesintert wurden, konnten erste orientierende Eigen-
schaftsuntersuchungen durchgeführt werden. Messungen an mit 4
Gew.-% MgO gesinterten Proben mit einem Raumgewicht von $3,08\ g/cm^3$
wiesen bei Raumtemperatur Biegefestigkeitswerte von 300 - 400
MN/m^2 auf, während mit 8 Gew.-% Y_2O_3 gesintertes Material mit
Raumgewichten um $3,20\ g/cm^3$ Festigkeitswerte bis zu 700 MN/m^2
zeigte [42]. Der schon bei heißgepreßtem Material gefundene Unterschied zwischen MgO-und Y_2O_3-haltigen Proben wird auch hier bestätigt. Die erzielten Festigkeitswerte stehen im Einklang mit
Literaturdaten [24, 29, 30, 43] , obwohl durch Vervollkommnung
und Optimierung der Verfahrensschritte weitere Festigkeitssteigerungen möglich sein sollten, besonders da die untersuchten Proben teilweise noch Inhomogenitäten aufwiesen. Versuche, gesinterte Proben durch heißisostatisches Pressen nachzuverdichten, laufen z.Zt. an.

Oxidationsverhalten

Das Oxidationsverhalten verschiedener Si_3N_4-Proben wurde durch
thermogravimetrische Untersuchungen ermittelt und ist in <u>Bild 15</u>
zusammengestellt [22]. Es zeigt sich, daß Zusätze an MgO (Kurve I
und II) zu wesentlich oxidationsbeständigeren Proben führen als
Zusätze an Y_2O_3. Anhand von REM-Aufnahmen kann dies damit erklärt werden, daß sich auf ersteren eine kohärente glasige
Schicht bildet. Dadurch wird der direkte Zutritt von Sauerstoff
zur Probe verhindert und das Fortschreiten der Oxidation kann
nur durch Diffusion von Sauerstoff über die glasigen Sekundärpha-

sen erfolgen. Da die Diffusion bei den Proben mit 4 % MgO höher
ist als bei 2 %, ergibt sich auch ein höherer Oxidationsgrad und
eine geringere Tendenz zur Verlangsamung der Reaktion.

Die Kurven III und IV wurden mit Proben erzielt, die aus verschiedenen, jedoch ziemlich reinen Si_3N_4-Pulvern unter Zusatz von
8 % Y_2O_3 hergestellt wurden. Das Oxidationsverhalten dieser ist
nahezu identisch. Die sich bildende Deckschicht scheint durch Gas-
ausbrüche immer wieder aufgerissen zu werden, wie REM-Aufnahmen
zeigten, wodurch Sauerstoff wieder freien Zutritt zur Probe erhält.

Diese Gasfreisetzung kann durch die Zersetzung von kristallinen
oder amorphen Komponenten aus Y-Si-O-N erfolgen, die zu ihren
Endgliedern Y_2O_3 und SiO_2 oxidieren [44]. Sollte hier das beim
heißgepreßten Si_3N_4 + Y_2O_3 gefundene Verhalten übertragbar sein
[45], so müßte eine Reduzierung der Zusatzkonzentration eine ganz
wesentliche Verbesserung des Oxidationsverhaltens bringen.

Auch die Diffusionsmechanismen werden infolge des erwarteten, wesentlich höheren Sekundärphasenanteils bei Zusatz von 8 % Y_2O_3
eine stärkere Rolle spielen als bei 2 bzw. 4 % MgO Zusatz.

4. <u>Zusammenfassung und Ausblick</u>

Der augenblickliche Stand der Entwicklung von gesintertem SiC
und Si_3N_4 wird dargestellt. Es wird gezeigt, daß es im Falle des
SiC bereits möglich ist, relativ komplizierte Bauteile herzustellen und zu hohen Dichten zu sintern. Als Schwerpunkt der zukünftigen Entwicklungsarbeiten ergibt sich in diesem Zusammenhang vor
allem die Erhöhung des allgemeinen Festigkeitsniveaus durch die
Vermeidung von Gefügefehlern.

Sowohl für SiC als auch Si_3N_4 sind weitere Untersuchungen des
Sinterverhaltens in Korrelation mit den erzielten Eigenschaften
unumgänglich. Der Einsatz verbesserter Ausgangspulver und eine
Optimierung der Verfahrenstechnik wird die verstärkt in Angriff
zu nehmende Bauteilfertigung vorantreiben.

Ferner sollte die Möglichkeit der heißisostatischen Nachverdichtung des gesinterten Werkstoffs untersucht werden, um die erziel-
baren Enddichten noch weiter anzuheben.

5. <u>Schrifttum</u>

[1] BUNK, W.
     BÖHMER, M.   Keramische Komponenten für Fahrzeug-Gas-
                          turbinen.
                          Springer-Verlag, Heidelberg/New York,
                          1978

[2] HAUSNER, H.   Pressureless Sintering of Non-Oxide Cer-
                          amics.
                          4th CIMTEC, Energy and Ceramics, St.
                          Vincent, Italy, 1979

[3] THÜMMLER, F.   Sintering and High Temperature Proper-
                          ties of Si_3N_4 and SiC.
                          Beitrag zur Tagung "Sintering and relat-
                          ed phenomena ", Notre Dame, Juni 1979

[4] GUGEL, D.   Pressureless Sintering of Silicon Carbide
     LEIMER, G.   in: Ceramics for Turbine Engine Applica-
                          tions.
                          AGARD Conference Proceedings No. 276,
                          1980, 17/1 - 17/16

[5] PROCHAZKA, S.   Sintering of Silicon Carbide.
                          Mat. Sci. Res. <u>9</u>, Plenum Press, New York
                          (1975) 421 - 431

[6] PROCHAZKA, S.   Investigation of Ceramics for High-Tem-
                          perature Turbine Vanes.
                          Final Report, General Electric Co.,
                          Schenactady, New York, Dez. 1972, SRD
                          72-171

[7] BÖCKER, W.   Verfahren zur Herstellung von Silicium-
     HAUSNER, H.   carbidpulvern aus der Gasphase.
                          Ber. Dt. Keram. Ges. <u>55</u> (1978), Nr. 4,
                          233 - 237

[8] COPPOLA, J.A.   Sinterkeramischer Körper und Verfahren zu
                          seiner Herstellung.
                          The Carborundum Company, USA, OS
                          2624641, 1976

[9] BÖCKER, W.   The Influence of Boron and Carbon on the
     HAUSNER, H.   Microstructure of Sintered Alpha Silicon
                          Carbide.
                          Powd. Met. Int. <u>10</u> (1978), Nr. 2, 87 - 89

[10] LANGE, F.F.   Sintering of SiC with Boron Compounds.
      GUPTA, T.K.   J. Am. Ceram. Soc. $\underline{59}$ (1972), No. 11-12,
                        S. 537 - 538

[11] MURATA, Y.   Densification of Silicon Carbide by the
      SMOAK, R.H.   Addition of BN, BP and B_4C and Correla-
                        tion to their Solid Solubilities.
                        Int. Symposium on Factors in Densifica-
                        tion of Oxide and Non-Oxide Ceramics.
                        3.-6. Okt. 1978, Hakone, Japan

[12] LANGE, F.F.   Hot-Pressing Behaviour of Silicon Car-
                        bide Powders with Additions of Aluminium
                        Oxide.
                        J. of Mat. Sci. $\underline{10}$ (1956), 314 - 320

[13] ALLIEGRO, R.A.   Pressure-Sintered Silicon Carbide.
      COFFIN, L.B.   J. Am.   Ceram. Soc. $\underline{39}$ (1967), 386 - 389
      TINKLEPAUGH, J.R.

[14] BÖCKER, W.   Sintering of Alpha Silicon Carbide with
      LANDFERMANN, H.   Additions of Aluminum.
      HAUSNER, H.   Powd. Met. Int. $\underline{11}$ (1979), No. 2,
                        S. 83 - 85

[15] SCHWETZ, K.   Dichte polykristalline Formkörper aus α-
      LIPP, A.   Siliciumcarbid und Verfahren zu ihrer
                        Herstellung.
                        Elektroschmelzwerk Kempten GmbH,
                        OS 2809 278, 1979

[16] SMOAK, R.H.   Sinterfähiges Pulver aus Siliciumcarbid-
                        Pulver, sinterkeramische Produkte aus
                        diesem Pulver und Verfahren zur Herstel-
                        lung der Produkte.
                        The Carborundum Co., USA, OS 27 51851
                        1978

[17] LARSEN, D.C.   Property Screening and Evaluation of Cer-
      ADAMS, J.W.   amic Turbine Materials.
                        IIT Research Institute, Chicago, Illinois
                        Semiannual Interim Technical Report No.8
                        1980

[18] GIDDINGS, R.A.   Fabrication and Properties of Sintered
      JOHNSON, C.A.   Silicon Carbide.
      PROCHAZKA, S.   General Electric Company, Schenactady,
      CHARLES, R.J.   N.Y., Report No. 72 CRD 060, 1975

[19] HAUSNER, H.   Herstellung von sinteraktiven SiC-Pulvern.
      BÖCKER, W.   BMFT-Forschungsvorhaben, Kz. 01 ZC 026 -
                        ZA/NT/NTS 1005, 5. Sachbericht 1.1.1979 -
                        31.6.1979

[20] GUGEL, E.   Entwicklung von Werkstoffen hoher Festig-
      LEIMER, G.   keit auf der Basis von SiC für den Ein-
                        satz in der Gasturbine.
                        BMFT-Forschungsvorhaben

Kz. O1 ZA O78 A - ZK/NT/NTS 1O16
Abschlußbericht 1.1.1979 - 30.6.1980

[21] SCHNÜRER, K.   Kriechverhalten verschiedener SiC-Matera-
                          lien in Vakuum und an Luft. Diss. Univer-
                          sität Karlsruhe, 1979, KfK-Bericht 2883

[22] MARCKS, A.   Oxidationsverhalten von gesintertem SiC
                          und Si_3N_4.
                          Wird veröffentlicht.

[23] COPPOLA, J.A.   High Temperature Properties of Sintered
     SPRINIVASAN, M.   Alpha Silicon Carbide. Int. Symposium on
     FABER, K.T.   Factors in Densification of Oxide and
     SMOAK, R.H.   Non-Oxide Ceramics. 3.-6.Okt. 1978, Ha-
                          kone, Japan

[24] TERWILLIGER, G.R.   Properties of Sintered Si_3N_4.
                          J. Am.   Ceram. Soc. 57 (1974), 48 - 49

[25] MITOMO, M.   Sintering of Si_3N_4.
     TSUTSUMI, M.   Amer. Ceram. Soc. Bull. 55 (1976), 313
     BANNAI, E.
     TANAKA, T.

[26] MITOMO, M.   Pressure Sintering of Si_3N_4.
                          J. Mat. Sci. 11 (1976), 1103 - 1107

[27] PRIEST, H.F.   Sintering of Si_3N_4 under High Nitrogen
     PRIEST, G.L.   Pressure.
     GAZZA, G.E.   J. Am. Ceram. Soc. 60 (1977), 80 - 81

[28] GAZZA, G.E.   Development of Advanced Sinterable Si_3N_4.
     KATZ, R.N.   AMMRC SP 78-6; DOE/AMMRC Interagency
                          Agreement EC-76-A-1017

[29] ROWCLIFFE, D.J.   Development of a Low-Cost Process for the
                          Fabrication of Fully Dense Silicon Ni-
                          tride High-Temperature Gas Turbine Com-
                          ponents. (Final Rep. July 1, 1975 -
                          June 30, 1977), NTIS-Report PB-280 653,
                          Dec.1977; Rep. No. NSF/RA-770 443

[30] BULJAN, S.T.   High Density High Strength Si_3N_4 Ceramics
     STERMER, P.E.   Prepared by Pressureless Sintering of
                          Partly Crystalline, Partly Amorphous
                          Si_3N_4 Powder. United States Patent
                          4,073,845,Feb. 14, 1978

[31] JACK, K.H.   Review: Sialons and Related Nitrogen Cer-
                          amics.
                          J. Mat. Sci. 11 (1976), 1135 - 1158

[32] KIJIMA, K.   Nitrogen Self-Diffusion in Silicon Ni-
     SHIRASAKI, S.   tride. J. Chem. Phys. 65 (1976),2668-2671

[33] GAUCKLER, L.J.   Untersuchung über Herstellung, Aufbau und
                          Eigenschaften von neuartigen, hochwarm-

sten Keramikwerkstoffen auf Siliciumni-
tridbasis.
Abschlußbericht des Forschungsvorhabens
Kz. 01 ZC 084 - Z 13 NTS 1002 (NTS 27) 1977

[34] YEH, H.C.   Pressure Sintering of Si_3N_4-Al_2O_3 (Sia-
                         lon).
                         Amer.Cer.Soc. Bull. <u>56</u> (1977), 189 - 193

[35] ARIAS, A.   Pressureless Sintered Sialon with Low
                         Amounts of Sintering Aid.
                         J. Mat. Sci. <u>14</u> (1979), 1353 - 1360

[36] JACK, K.H.   Sialons and Related Nitrogen Ceramics:
                         their Crystal Chemistry, Phase Relation-
                         ships, Properties and Industrial Poten-
                         tial. In: High Temperature Chemistry of
                         Inorganic and Ceramic Materials.
                         Ed. by E.P. Glasser and P.E. Potter.
                         The Chem. Soc., Burlington House, London
                         1977

[37] HUSEBY, I.C.   Phase Equilibria in the System Si_3N_4-SiO_2
                         -BeO-Be_3N_2.
                         J. Am. Ceram. Soc. <u>58</u> (1975), 377 - 380

[38] PROCHAZKA, S.   Development of a Sintering Process for
      GRESKOVICH, C.D.   High-Performance Silicon Nitride.
                         Report Nr.: AMMRC TR 78-32, July 1978;
                         SRD-77-178

[39] WÖTTING, G.   Einfluß der Si_3N_4-Pulvercharakteristik
      HAUSNER, H.   auf das Gefüge der Sinterkörper.
                         Keram. Z. <u>32</u> (1980), 579 - 581

[40] KINGERY, W.D.   Densification during Sintering in the
                         Presence of a Liquid Phase.
                         J. appl.Phys. <u>30</u> (1959), 301 - 306

[41] WEIß, J.   Konstitutionsuntersuchungen und thermody-
                         namische Berechnungen im System Si-Al-
                         Zr/N-O. Diss.Universität Stuttgart, 1980

[42] STEINMANN, D.   Persönliche Mitteilung. Annawerk, Ceranox

[43] ODA, J.   Pressureless Sintered Silicon Nitride.
      KANENO, M.   In: Riley, F.L. (Ed.): Nitrogen Ceramics.
      YAMAMOTO, N.   NATO Advanced Study Institute - Proc. 1977

[44] LANGE, F.F.   Phase Relations and Stability Studies in
                         the Si_3N_4-SiO_2-Y_2O_3-Pseudoternary System.
                         J. Am. Ceram. Soc. <u>60</u> (1977), 249 - 252

[45] GUGEL, E.   Entwicklung von Gasturbinenbauteilen auf
      STEINMANN, D.   der Basis von Si_3N_4. BMFT-Forschungsvor-
                         haben 01 ZC 057 A - ZK/NT/NTS 1011.
                         4. Zwischenbericht 1.7.1979 - 31.12.1979

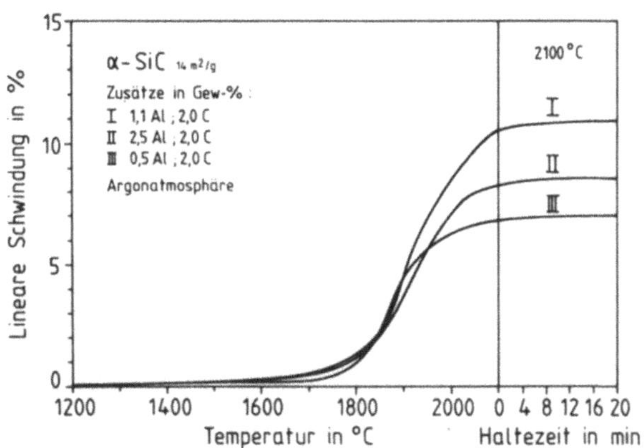

Bild 1: Sinterverhalten von α-SiC bei Zusatz von Aluminium und Kohlenstoff

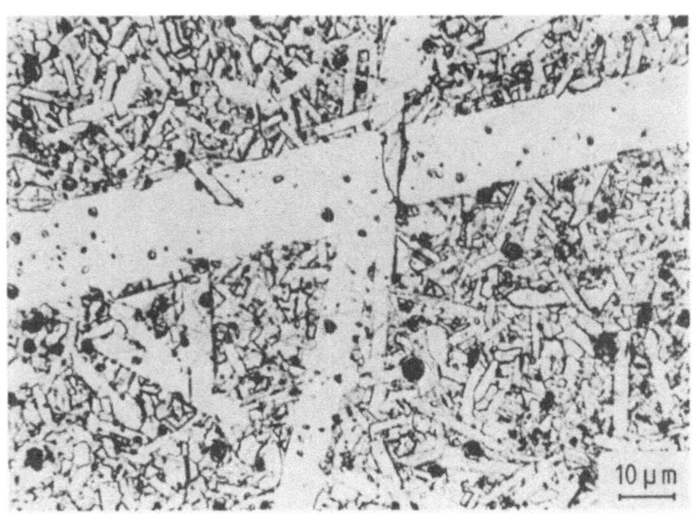

Bild 2: Sintergefüge von α-SiC (0,5 Gew.-% B, 2,0 Gew.-% C), Sintertemperatur 2090 °C/20 min; ρ : 3,11 g/cm³

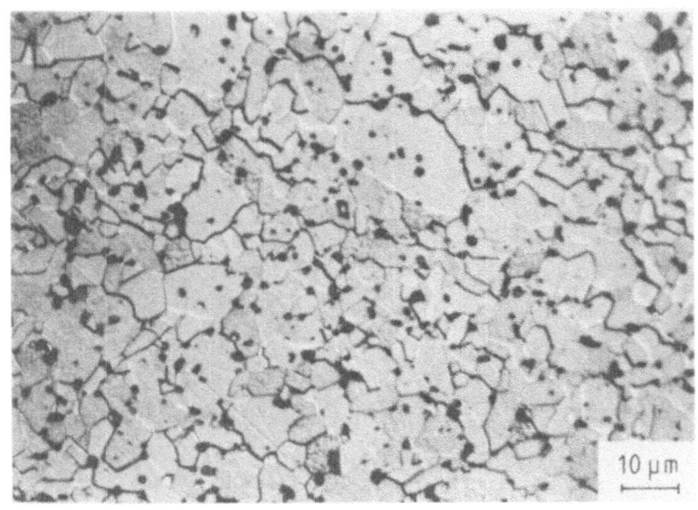

<u>Bild 3:</u> Sintergefüge von α-SiC (0,5 Gew.-% B, 20 Gew.-% C)
Sintertemperatur 2000 °C/15 min.; ρ : 3,15 g/cm³

<u>Bild 4:</u> Sintergefüge von α-SiC (1,1 Gew.-% Al, 2,0 Gew.-C)
Sintertemperatur 2100 °C/20 min; ρ : 3,01 g/cm³

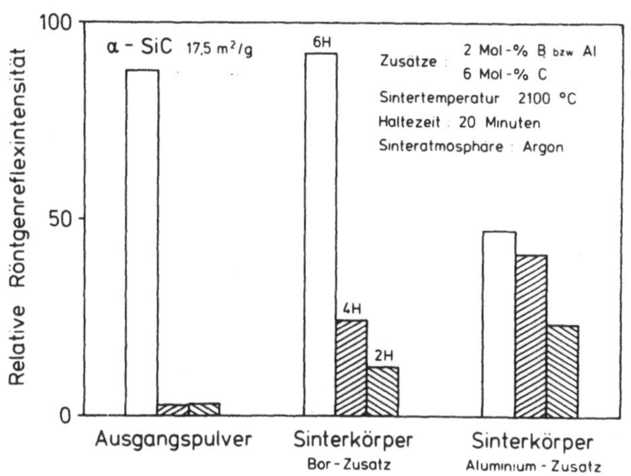

Bild 5: Relative Röntgenreflexintensität der hexagonalen Polyty-
pen in α-SiC-Pulver und Sinterkörpern bei Bor- und Aluminiumzusatz

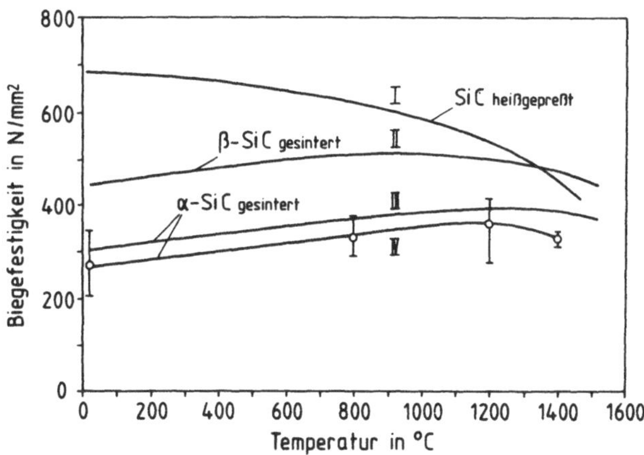

Bild 6: Biegefestigkeiten von verschiedenen SiC-Werkstoffen:

    I   HP SiC nach Thümmler   [3]
   II β-SiC, General Electric Co. [17]
 III α-SiC, Carborundum Co.   [17]
  IV α-SiC, Serie CD 5 Annawerk [20]

100 µm

Bild 7: Mikrosondenaufnahme einer Bruchfläche von gesintertem α-SiC mit Gefügefehlern

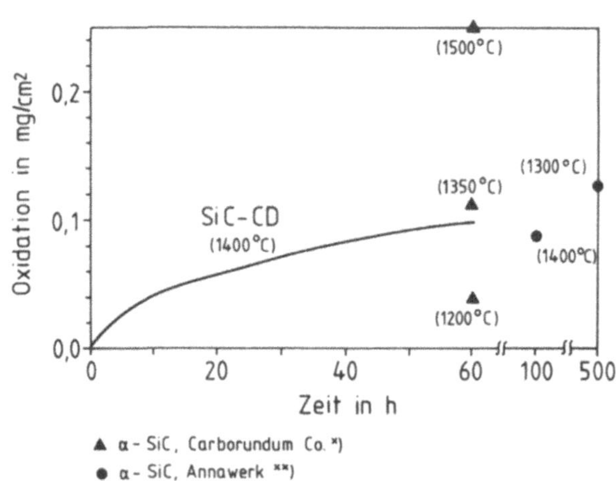

Bild 8: Oxidationsverhalten von gesintertem α-SiC bei 1400 °C an Luft.

x) Coppola [23]
xx) Annawerk [20]

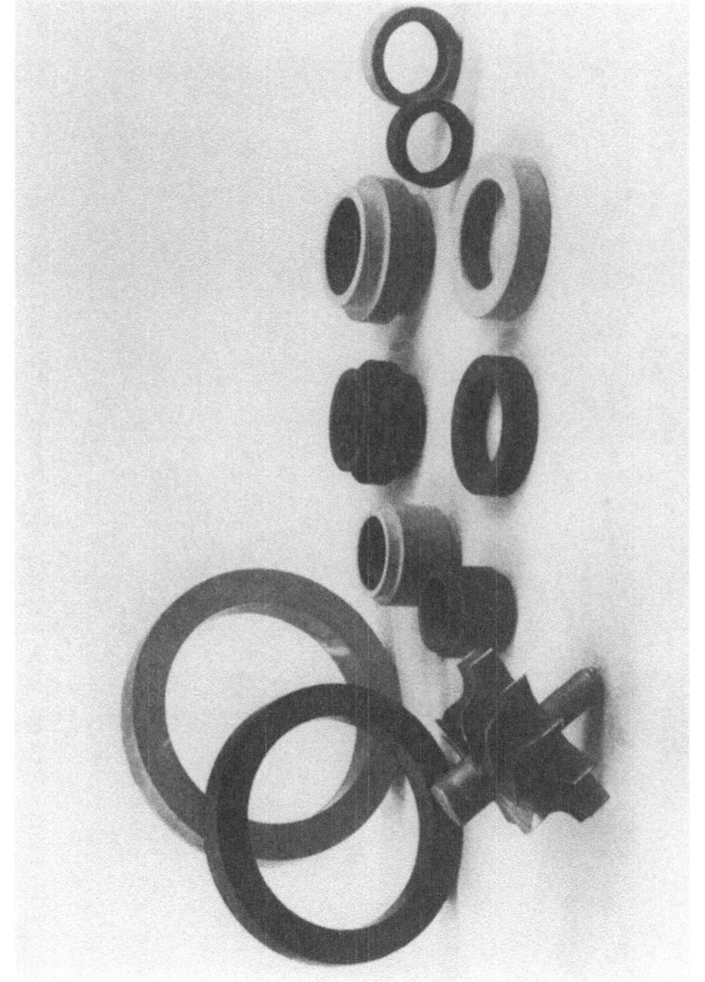

Bild 9: Formkörper aus α-SiC, im grünen und gesinterten Zustand

Bild 10: Radialrotor aus α-SiC, gegossen und gesintert

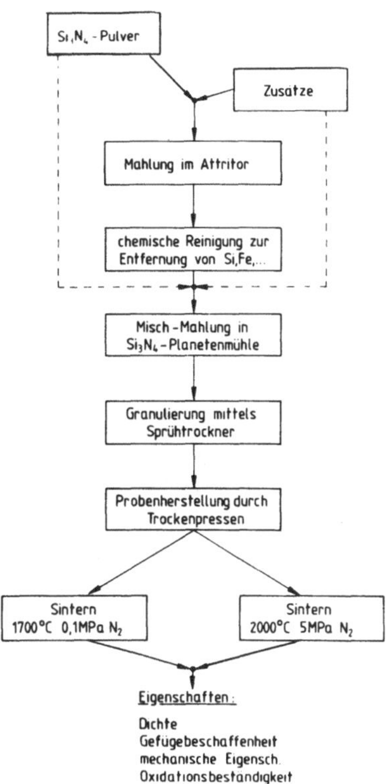

Bild 11: Aufbereitungs- und Sinterablauf zur Herstellung von Si_3N_4-Proben

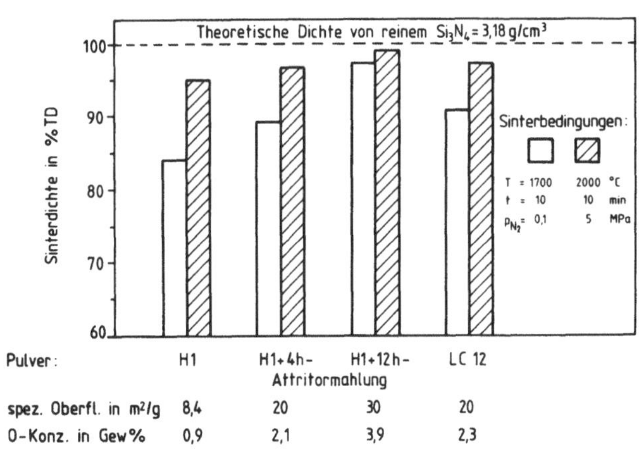

Bild 12: Sinterdichten von Proben aus verschiedenen Si_3N_4-Ausgangspulvern mit 2 Gew.-% MgO-Zusatz, gesintert unter 0,1 und 5 MPa N_2-Druck

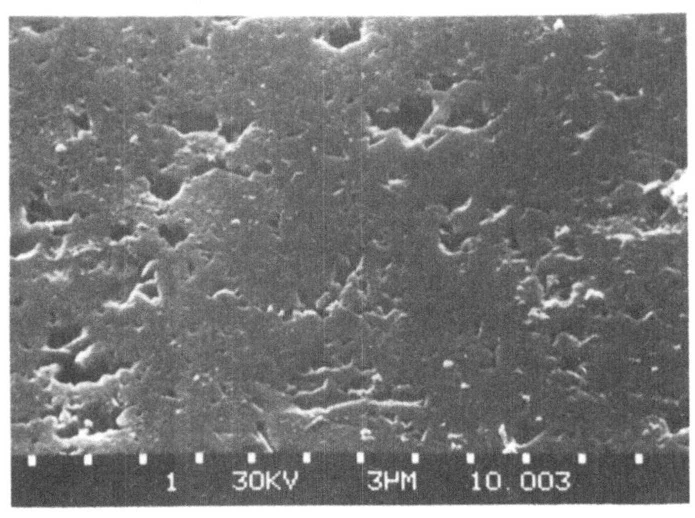

Bild 13: Gefüge von Sinterkörpern aus verschiedenen Si_3N_4-Aus-
gangspulvern (2000 ^{O}C, 10 min., 5 MPa N_2)

a) Si_3N_4-H1 + 2 Gew.-% MgO

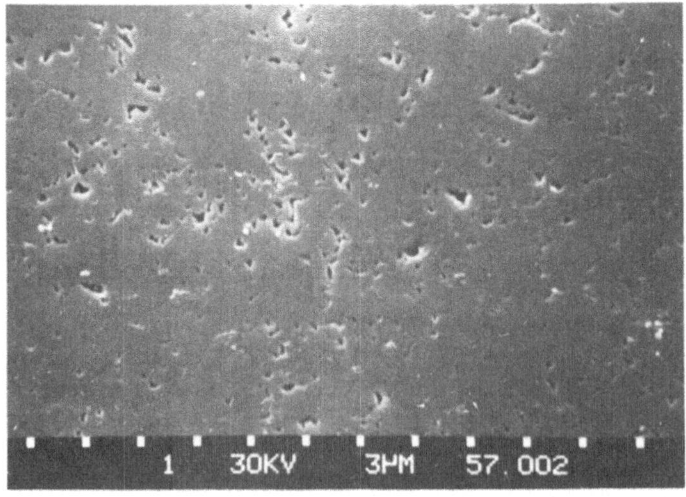

b) Si_3N_4-LC 12 + 2 Gew.-% MgO

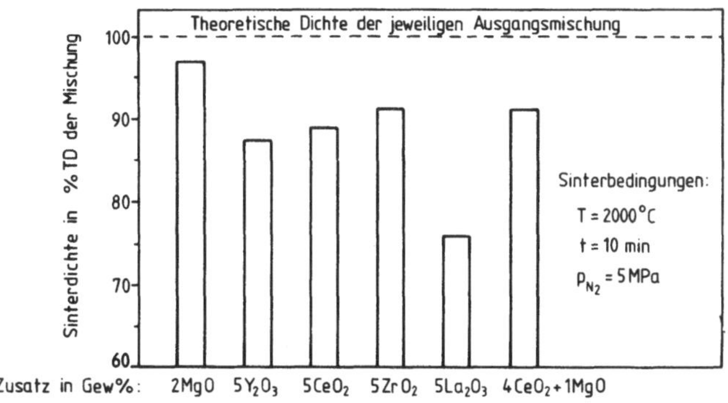

<u>Bild 14:</u> Sinterdichten von Proben aus Si$_3$N$_4$-LC 12 mit verschiede-
nen Zusätzen (Dichten bezogen auf die theoretischen
Dichten der Ausgangsmischungen)

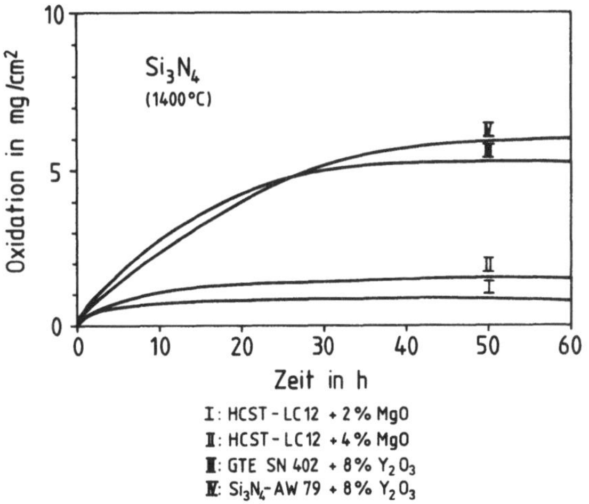

<u>Bild 15:</u> Oxidationsverhalten von gesintertem Si$_3$N$_4$ bei 1400 °C
an Luft

Tab. 1: Vergleich der Kriechdaten von HPSiC[x)] und SSiC[xx)]

| Material | Atmosphäre | Kriechversuch | | Kriech-geschwindigkeit |
| | | Temperatur; Spannung | | |
		in ^oC	in MN/m^2	in h^{-1}
HPSiC SSiC	Vakuum	1500	100	$1{,}8 \cdot 10^{-5}$ $5 \cdot 10^{-6}$
HPSiC SSiC	Luft	1400	130	$3 \cdot 10^{-6}$ ca. $1 \cdot 10^{-6}$

[x)] heißgepreßtes SiC (HPSiC), gemessen von Schnürer [21]

[xx)] gesintertes α-SiC (SSiC), Annawerk Serie CD [20]

Tab. 2: Charakteristik verwendeter handelsüblicher Si_3N_4-Pulver

Chemische Zusammen- setzung in Gew.-%	Pulver HCST-H1	- LC 12
Si	58,89	59,15
N	38,65	38,22
Fe	0,03	0,02
Al	0,10	0,11
Ca	0,01	0,02
O	0,90	2,30
C	0,42	0,18
Phasenbestand in Gew.-%:		
freies Si	≤ 1	≤ 1
β-Si_3N_4	≤ 3	≤ 3
	Rest α-Si_3N_4	
spez. Oberfläche in m^2/g:	8,4	20,0

BEITRÄGE ZUR ENTWICKLUNG VON Si_3N_4- UND SiC-WERKSTOFFEN

G. Petzow, J. Weiss, J. Lorenz und M. Rühle

Max-Planck-Institut für Metallforschung,
Institut für Werkstoffwissenschaften, Stuttgart

Si_3N_4- und SiC-Werkstoffe sind aussichtsreich für viele Anwendungen. Zumindest gegenwärtig sind sie als keramische Bauteile für Fahrzeug-Gasturbinen trotz einiger Unvollkommenheiten ohne echte Alternativen; untereinander konkurrieren sie dagegen in mancher Beziehung.

Unter Siliziumnitrid und -karbid werden nicht nur die Einzelmaterialien verstanden. Tatsächlich sind alle bisher als Turbinenkomponenten erprobten Si_3N_4- und SiC-Materialien höherkomponentige Werkstoffe, deren Eigenschaften streng von Zusammensetzung und Gefügeaufbau abhängen, die wiederum in engen Toleranzen mit den Herstellungsbedingungen korrelieren. Aus diesen Gegebenheiten erklären sich auch die oft sehr großen Streuungen der Eigenschaftswerte an nicht genügend charakterisierten und deshalb nur scheinbar identischen Werkstoffen.

Die Entwicklung der Si_3N_4- und SiC-Basiswerkstoffe ist keineswegs abgeschlossen und wird in verschiedenen Richtungen verfolgt. Wichtige Stoßrichtungen sind dabei die Optimierung und Reproduzierbarkeit bereits erprobter Werkstoffe einerseits und das Erarbeiten neuer, für einen vorgesehenen Zweck besonders geeigneter Materialien andererseits. In beiden Fällen ist die Kenntnis von Phasenzusammensetzung und Gefügeaufbau der Werkstoffe sowie deren Abhängigkeiten von Herstellungs-, Verarbeitungs- und Betriebsbedingungen von besonderer Wichtigkeit. Die Anwendung dieser Kenntnisse ermöglicht ein gezieltes Vorgehen in der Werkstoffuntersuchung und erübrigt breit angelegte Versuchsreihen zur Gewinnung empirischer Kennwerte.

Aus den genannten Gründen laufen im geförderten Projekt grundlegende Untersuchungen zur Ermittlung von Phasenbeziehungen und Gefügeaufbau an Si_3N_4- und SiC-Werkstoffen. Von den seither erhaltenen Ergebnissen [1-6] sind nachfolgend einige typische Beispiele aufgeführt.

Konstitutionsuntersuchungen in Si_3N_4-Basissystemen

Aufgrund des hohen kovalenten Bindungsanteils ist Si_3N_4 nur mit Sinterhilfsmitteln zu verdichten. Als solche kommen hauptsächlich oxidische und nitridische Zusätze zur Anwendung, die während des Verdichtungsprozesses in der Regel mit dem Si_3N_4 reagieren und Bestandteil des Werkstoffs werden. Zur Herstellung eines optimalen Werkstoffes ist deshalb die Kenntnis der Phasengleichgewichte der Zusatzstoffe mit Si_3N_4 erforderlich. Gebräuchliche Oxidzusätze sind Al_2O_3, Y_2O_3, BeO, MgO und ZrO_2, die einzeln oder im Gemisch zugegeben werden. Zum besseren Verständnis ihrer Wirkungsweise wurden daher die Phasengleichgewichte der in Tabelle 1 aufgeführten Systeme untersucht.

Die Ergebnisse gestatten eine Unterteilung der Systeme in solche mit und ohne ausgeprägte Mischkristallbildung (ßss) von Si_3N_4. Im Falle der βSi_3N_4-Mischkristallbildung wie sie in den Systemen SiAlON, SiBeON und SiAlBeON ermittelt wurde [1-5], werden im Kristallgitter des Si_3N_4 die Si^{4+}-Ionen durch Al^{3+}- bzw. Be^{2+}-Ionen und gleichzeitig die N^{3-}-Ionen durch O^{2-}-Ionen ersetzt. Einen Eindruck von der starken Ausdehnung solcher Mischkristallbereiche vermittelt <u>Bild 1</u> für das System SiAlBeON. Die Konzentrationsangaben in der isothermen Darstellung von Bild 1 sind in Äquivalentprozent (Eq.-%), wie es für Systeme mit doppelter Umsetzung (reziproke Salzsysteme) vorteilhaft ist [5]; das Gleiche trifft auch für die nachfolgenden Bilder 2-4 zu, die ebenfalls isotherme Schnitte durch mehrdimensionale Systeme wiedergeben. Die Zusammensetzungen der Mischkristallreihen entsprechen der atomaren Formel $Si_{3-x-y}Al_xBe_yO_{x+2y}N_{8-x-2y}$. Die Mischkristallreihen sind durch ein konstantes Kationen:Anionenverhältnis von 3:4 gekennzeichnet. Hiervon abweichende Verhältnisse, die eine Bildung von Leerstellen oder interstitielle Einlagerungen zur Voraussetzung haben, sind praktisch nicht nachzu-

weisen. Das hat zur Folge, daß Verunreinigungen nicht im homogenen Mischkristall gelöst werden sondern weitere Phasen, vor-
zugsweise an den Korngrenzen, bilden, die sich ungünstig auf die
Warm- und Oxidationsfestigkeit auswirken. Nach den bisherigen
Erkenntnissen haben BeO-Zusätze einen besonders günstigen Einfluß auf Verdichtung und Eigenschaften des βSi_3N_4-Mischkri-
stalls; allerdings muß in diesem Zusammenhang auf die Toxizität
Be-haltiger Substanzen hingewiesen werden. Die Si_3N_4-Basissyste-
me mit ausgeprägter ßss-Bildung sind praktisch die Grundlage für
die sogenannten SiAlONe, d.h. einer Werkstoffklasse, über die
z.Zt. noch zu wenig systematische Eigenschaftsmessungen vorliegen, als daß schon jetzt ein endgültiges Urteil über ihre
Brauchbarkeit gefällt werden könnte.

Die Si_3N_4-Systeme ohne ausgeprägte ßss-Bildung haben zwangsläu-
fig einen mehrphasigen Gefügeaufbau. Neben βSi_3N_4 treten immer
Korngrenzenphasen auf, die aus den Sinteradditiven oder ihrer
Reaktionsprodukte bestehen. Entscheidend für die Gebrauchseigen-
schaften dieser Si_3N_4-Materialien sind Erweichungstemperaturen
der Zweitphasen. Als Zusatz kommt u.a. dem Y_2O_3 eine gewisse
Rolle zu. Demzufolge richtete sich das Interesse auf das <u>SiYON</u>-
System (<u>Bild 2</u>)[6].

In diesem System treten mehrere Oxinitride auf, über deren Struktur und Zusammenfassung widersprüchliche Angaben vorlagen [7-9].
Inzwischen gelang es jedoch, einphasige Proben herzustellen und
so die Zusammensetzung der Oxinitride genauer zu bestimmen. Diese Oxinitride treten im Si-ärmeren Bereich des Systems auf, also
rechts des Zweiphasengebietes βSi_3N_4-$Y_2Si_2O_7$ in Bild 2. Sie liegen fast durchweg als heterogener Korngrenzenbestandteil vor, wo
sich dieser im Gegensatz zu Mg^{2+}-haltigen Korngrenzenphasen
nicht amorph, sondern kristallin ausbildet [10-12]. Das trifft
allerdings nicht zu im Si-reicheren Teil des Systems (links von
βSi_3N_4-$Y_2Si_2O_7$); die hier vorliegenden silikatreichen Schmelzen
bilden beim Abkühlen mehr oder weniger amorphe Korngrenzenphasen.

Während die Anwesenheit der kristallisierten Oxinitride sich
günstig auf die Festigkeitseigenschaften vor allem im Hochtemperaturbereich auswirkt, wird das Oxidationsverhalten verschlech-

tert, da die Oxinitride sehr oxidationsanfällig sind. Jedoch ist
durch Zusatz von Al_2O_3 Abhilfe zu schaffen. Im System <u>SiAlYON</u>
tritt ßss-Mischkristallbildung auf und die Phasenrelationen liegen so, daß bei Al^{3+}-Konzentrationen größer als 10 Eq.-% keine
oxidationsanfälligen Oxinitride mehr auftreten, sondern nur die
stabilen Oxide Garnet ($Y_6Al_{10}O_{24}$) und $Y_2Si_2O_7$ [10,13]. Dementsprechend ergeben solche Zusammensetzungen hochtemperaturfeste
und oxidationsbeständige Werkstoffe.

Obgleich MgO der gebräuchlichste Sinterzusatz für Si_3N_4 ist,
gibt es immer noch widersprüchliche Angaben über das zugrunde-
liegende System <u>SiMgON</u> [9,14,15], das in <u>Bild 3</u> wiedergegeben
ist. Teilweise lösen sich diese Widersprüche auf, wenn das zwi-
schenzeitliche Auftreten einer Schmelzphase bei der Material-
verdichtung beachtet wird [10]. Wird die Sintertemperatur so
tief angesetzt, daß keine Schmelzphase auftritt, dann bilden
sich zwischen Si_3N_4 und MgO lediglich metastabile Gleichge-
wichtszustände aus. Erst bei Gegenwart von Schmelzanteilen ergeben sich die in <u>Bild 4</u> dargestellten Gleichgewichtsbeziehungen. Allerdings ist als besonderer Nachteil die schwerfällige
Kristallisation des Schmelzanteils zu vermerken, was zu der bekannten Herabsetzung der Hochtemperaturfestigkeit solcher Materialien führt.

Auch hier kann durch Zusätze von Al_2O_3 oder auch AlN, die eine
Verschiebung in das System <u>SiAlMgON</u> bedingen, eine gewisse Verbesserung erreicht werden. Jedoch ist infolge der praktischen
Unlöslichkeit von Mg^{2+} in $ßSi_3N_4$ [10,16] die amorphe Korngrenzenphase, ein Reaktionsprodukt des MgO, nicht zu vermeiden. Die
sich aus diesen Ergebnissen ergebende Konsequenz, daß Si_3N_4-
Hochtemperaturwerkstoffe keine MgO-Zusätze enthalten sollten,
wird allerdings kaum befolgt.

Diese wenigen Beispiele zeigen, daß die Zustandsdiagramme entscheidende Hinweise über die Eignung von Zusätzen für Herstellung, Verarbeitung und Einsatz geben können. Darüberhinausgehen-
de Informationen werden durch die Einbeziehung der im Gleichgewicht vorliegenden Gasphasen erhalten.

Berechnung von Si_3N_4-Basissystemen

Im Rahmen der vorher beschriebenen Konstitutionsuntersuchungen
wurden auch Berechnungen durchgeführt [10,17-19]. Diese Berechnungen bringen den Vorteil, daß die mit dem kondensierten Material im Gleichgewicht befindliche Gasatmosphäre mit in die
Betrachtungen einbezogen wird. Ein Beispiel einer derartigen
Berechnung ist in <u>Bild 5</u> durch ein Phasenstabilitätsdiagramm
ausgedrückt. Für eine vorgegebene chemische Zusammensetzung
sind Phasenzusammensetzung und -anteile über der Temperatur aufgetragen. Bild 5 macht die Instabilität der Silikatschmelze in
reduzierender Atmosphäre deutlich; sie zersetzt sich zu SiO und
in geringerem Maße zu N_2. Derartige Berechnungen wurden für
verschiedene Zusammensetzungen des SiAlON Systems durchgeführt,
wobei die Bedeutung des SiO- und N_2-Partialdrucks p quantitativ
zum Ausdruck gebracht werden konnte. So ist z.B. reines βSi_3N_4
bei 2000 K bei einem Sauerstoffpartialdruck $\leqq 0,24 \cdot 10^{-22}$ MPa
($p_{SiO} = 2,31 \cdot 10^{-5}$ MPa) stabil, während bei $p_{O_2} \leqq 0,24 \cdot 10^{-20}$
MPa ($p_{SiO} = 0,31 \cdot 10^{-12}$ MPa) neben βSi_3N_4 noch Si_2N_2O auftritt.
Für βss mit 13 Eq.-% Al^{3+} liegt bei $p_{O_2} \leqq 0,79 \cdot 10^{-19}$ MPa
($p_{SiO} = 0,15 \cdot 10^{-11}$ MPa) neben βss + AlN vor, bei $p_{O_2} \geqq$
$0,45 \cdot 10^{-15}$ MPa ($p_{SiO} = 0,67 \cdot 10^{-2}$ MPa) jedoch βss + Si_2N_2O.
Dieses Beispiel zeigt, in welchem Partialdruckbereich eine voll-
ständige Verdichtung ohne Zersetzung unter optimaler Sinterat-
mosphäre zu erreichen ist.

Weitere Berechnungen wurden im System SiAlZrON angestellt 10 .
ZrO_2 macht beim Abkühlen von Temperaturen oberhalb 1400 K eine
martensitische Umwandlung von tetragonal nach monoklin durch.
Diese Umwandlung ist mit einer Volumenausdehnung von $\approx$ 4 % verbunden. Beim Einlagern von ZrO_2-Teilchen in eine Matrix werden
durch diese Umwandlungen Druckspannungen aufgebaut, die sich
günstig auf einige makroskopische Eigenschaften auswirken [20].
Der Gedanke, durch eingelagerte ZrO_2-Teilchen diese Eigenschaftsverbesserungen, vor allem die starke Erhöhung des Bruch-
widerstands und die erhebliche Verbesserung des Thermoschockverhaltens, auch auf Si_3N_4-Basiswerkstoffe zu übertragen, liegt
nahe. Er ist bei anderen spröden Werkstoffen erfolgreich verfolgt worden. Tatsächlich trifft das auch für Si_3N_4 zu, wie aus

$\underline{Bild\ 6}$ hervorgeht. Allerdings zeigen Beziehungen und Experimente übereinstimmend, daß eine schnelle Verdichtung von Si_3N_4-ZrO_2-Gemischen wegen einsetzender chemischer Reaktionen nicht möglich ist [10,21,22]. Erst durch schmelzphasenbildende Oxidzusätze ist eine so schnelle Verdichtung möglich, daß die unerwünschte Reaktion nicht zum Tragen kommt.

Gefügeuntersuchungen

Die Gefüge von Si_3N_4-Materialien sind im allgemeinen sehr feinkörnig. Daher ist nur mit Hilfe der Durchstrahlungselektronenmikroskopie (TEM) eine zuverlässige Aussage über den Gefügeaufbau möglich [23-27]. Eine wichtige Aufgabe ist es, die amorphe Korngrenzphase einwandfrei und reproduzierbar nachzuweisen und Anhaltspunkte für Ihre Verteilung zu geben. Dies ist vor allem dann besonders schwierig, wenn es sich um sehr dünne, nur wenige nm dicke Korngrenzschichten handelt. Der Nachweis ist durch drei verschiedene Methoden möglich.

1) Die direkte Gitterabbildung (lattice fringe imaging) [26,27].
   Sie liefert sehr genaue Werte ist allerdings experimentell
   sehr aufwendig.

2) Die Dunkelfeldabbildung. Die diffuse Streuung der Elektronen
   tritt besonders in der amorphen Phase auf, so daß diese heller als die kristalline erscheint. Dieses Verfahren erreicht
   nicht ganz die Genauigkeit der direkten Gitterbildung, ist
   jedoch einfacher und erlaubt einen besseren Überblick.

3) Durch Defokussierung tritt an der Korngrenzphase eine Kontrastverschiebung auf. Dieses Verfahren ist experimentell
   sehr einfach, jedoch nur in bestimmten Stellungen des
   Elektronenstrahls zur Probe anwendbar.

In den $\underline{Bildern\ 7 - 10}$ sind mehrere Gitter- und Dunkelfeldabbildungen als Beispiele wiedergegeben. In $\underline{Bild\ 7}$ sind in einem Gefüge einer Probe aus MgO-haltigem ßss-Großwinkelkorngrenzen zu erkennen. Korngrenzen mit einem Kippwinkel größer als etwa 15° enthalten immer eine amorphe Phase an den Korngrenzen [24]. Abschätzungen für die Schichtdicke dieser Phase ergeben etwa 2 nm. Kleinwinkelkorngrenzen enthalten dagegen keine amorphen

Phasen, wie aus <u>Bild 8</u> hervorgeht. Dies wird verdeutlicht durch
das Auftreten elastischer Gitterverzerrungen an derartigen
Korngrenzen; Korngrenzen mit amorpher Phase weisen keine derartigen Verzerrungen auf. Insgesamt treten jedoch Kleinwinkelkorngrenzen mit geringerer Wahrscheinlichkeit auf ($\approx$ 20 %) als
Großwinkelkorngrenzen. Die <u>Bilder 9 und 10</u> machen deutlich, daß
ein wesentlicher Anteil der amorphen Phase in den Tripelpunkten
zwischen den Körnern vorliegt.

Das Auftreten der amorphen Phase wird hervorgerufen durch zu
rasches Abkühlen, was die Kristallisation verhindert, durch
Sauerstoffüberschuß infolge der dem Si_3N_4 anhaftenden SiO_2-
Oxidschicht und durch Verunreinigungen (Ca, Fe, Mg), die sich
in der Korngrenze anreichern [28,29]. Die Anwesenheit der amorphen Phase in den Großwinkelkorngrenzen hat im Hochtemperaturbereich den Festigkeitsabfall zur Folge, hervorgerufen durch
das Abgleiten der Körner gegeneinander, dabei geht mit zunehmender Abgleitung eine Hohlraumbildung in den Tripelpunkten einher
[30-33]. Die Hohlräume sind Ausgangspunkte für Risse. Eine Verformung durch Versetzungsbewegung wird in Si_3N_4-Keramiken praktisch nicht beobachtet, obwohl Versetzungen auftreten [24,25,
32,33].

<u>Chemische Analyse der Korngrenze mittels Elektronen-Energie-
verlust-Spektroskopie</u>

Neben der Verteilung ist die chemische Zusammensetzung der amorphen Phase von Interesse. Mit herkömmlichen Analyseverfahren
ließ sich die räumlich eng begrenzte und vornehmlich aus Elementen mit niedriger Ordnungszahl bestehende Korngrenzenphase
nicht genau analysieren. Daher wurde für die Analyse erstmals
die am Institut für Elektronenmikroskopie des Fritz-Haber-In-
stituts der Max-Planck-Gesellschaft in Berlin entwickelte Elektronen-Energieverlust-Spektroskopie (Electron Energy Loss Spec-
troscopy, EELS) eingesetzt, die auf folgenden Prinzipien basiert [34]: Ein einfallender monochromatischer Elektronenstrahl
wird an den Elektronenschalen des Probenmaterials gestreut,
wobei die Primärelektronen einen Energiebetrag verlieren. Die
Analyse des Energieverlustes der Primärelektronen wird mit

einem energiedispersiven Filter und einer Zähleinrichtung vorgenommen. Die gemessene Energiedifferenz ΔE bestimmt das jeweilige Element, die Intensität J die Konzentration.

Kernstück der in ein Elektronenmikroskop einzubauenden Apparatur
ist ein magnetischer Multipolfilter, der die räumliche Trennung
der Primärelektronen mit unterschiedlicher Energie ermöglicht.
Es lassen sich leichte Elemente von Be bis Si gut nachweisen,
wobei die analysierte Fläche einen Durchmesser von 5 - 10 nm
hat. Kleinere Durchmesser sind apparativ möglich, jedoch werden
die aufgefangenen Intensitäten zunehmend von Untergrundeffekten
überlagert.

Es sei noch angemerkt, daß die Elektronen-Energieverlust-Spektroskopie in der Entwicklung ist, weshalb eine quantitative Auswertung zunächst nur bedingt möglich ist. Das ist auch der Grund
dafür, daß die in Tabelle 2 aufgeführten Analysenergebnisse vor
allem als Konzentrationsverhältnisse für ein Element in der ßss-
Mischkristallphase und in der amorphen Phase wiedergegeben sind,
weil hierbei Korrelierungsfehler vermieden werden.

Die Ergebnisse zeigen, daß die silikatreiche Korngrenzenphase
etwa 4 At.-% N_2 enthält und Mg völlig in dieser Phase gelöst
ist. Im Gegensatz dazu wurde in X_2, einer AlN-Polytypenphase
[1,2], eine geringe Mg^{2+}-Löslichkeit festgestellt. Weitere Untersuchungen auf Ca ergaben ebenfalls eine starke Anreicherung
in der Korngrenze bei praktischer Nichtlöslichkeit im kristallinen Bereich.

Zwei Beispiele von typischen Intensitätsenergiekurven sind in
den <u>Bildern 11 und 12</u> wiedergegeben. Der ebenfalls beobachtete
Kohlenstoff rührt von der Präparation der Probe her, die zur
Verhinderung einer elektrischen Aufladung mit Kohlenstoff be-
dampft wurde.

Herstellung von SiC-Körpern über die Si-Infiltration von porösen Kohlenstoffskeletten

Die Infiltration poröser Glaskohlenstoffe mit Silizium (Schmelze oder Dampf) stellt eine Möglichkeit der Siliziumkarbidherstellung dar. Während die Infiltration mit Siliziumschmelze zu einem Produkt führt, das mit feinkörnigem Refel-SiC verglichen werden kann, entsteht bei der Infiltration mit Si-Dampf ein sehr feinkörniges SiC mit geringer Restporosität.

Voraussetzung für ein feines, homogenes Gefüge ist die gleichmäßige Verteilung sehr kleiner Poren gleicher Größe im Glaskohlenstoff. Weiterhin darf die Scheindichte nicht mehr als 0,963 g/cm³ betragen, um die stöchiometrische Ausbildung von SiC zu ermöglichen. In Bild 13 ist die Porengrößenverteilung eines bei den Untersuchungen verwendeten Glaskohlenstoffs dargestellt, der nach dem Verfahren von Hucke [35] hergestellt wurde. Die Poren liegen in einem engen Größenbereich um 70 nm. Bild 14 zeigt mit Hilfe der direkten Netzebenenabbildung die Struktur des Glaskohlenstoffs. Bis zu 10 graphitische Ebenen laufen parallel, wobei etwa alle 5 nm eine Richtungsänderung erfolgt. Dies führt zum amorphen, "glasähnlichen" Zustand des Kohlenstoffs.

Bei der Infiltration mit Siliziumdampf dient Si_3N_4 als Si-Quelle. Bild 15 zeigt die Gleichgewichtsbeziehungen im System Si-N-C und gibt den Si-Partialdruck von Si_3N_4 in Abhängigkeit vom N_2-Partialdruck und von der Temperatur an. Es wird deutlich, daß ein Temperatur-N_2-Partialdruck-Gebiet existiert, in dem SiC gebildet wird, ohne daß Si-Schmelze auftritt (Bereich II in Bild 15).

Die Experimente wurden unter den damit eingegrenzten Bedingungen durchgeführt und zwar in zwei Stufen, dem Entgasen der Si_3N_4-Pulver, Glaskohlenstoffe und Graphitbehälter sowie der eigentlichen Infiltration. Dafür wurden Glaskohlenstoffe mit Porengrößen d < 1000 nm verwendet, bei denen die Knudsen-Diffusion geschwindigkeitsbestimmend ist. Dies führt zur Ausbildung einer SiC-Oberflächenschicht, die mit zunehmender Infiltrationsdauer in den Glaskohlenstoff hineinwächst.

Die erreichbaren Reaktionsschichtdicken lassen sich nach der
Beziehung für flache Scheiben berechnen:

$$\text{Reaktionsschichtdicke} = \sqrt{\frac{t \cdot 2D_c \cdot C_{Si}}{\rho_c}}$$

t = Infiltrationszeit,
D_c = effektiver Diffusionskoeffizient, C_{Si} = Konzentration von
Silizium in der Gasphase, ρ_c = scheinbare Dichte des Glaskohlenstoffs.

Wenn die Siliziumkonzentration in der Gasphase nur aus dem Si-
liziumpartialdruck des Si_3N_4 bei Versuchsbedingungen berechnet
wird, ergeben sich immer niedrigere Werte als im Experiment.
Dies ist auf das Vorhandensein von Sauerstoffverunreinigungen
des Si_3N_4-Ausgangspulvers zurückzuführen. Bild 16 zeigt, daß
sich in Abhängigkeit von der Sauerstoffkonzentration der SiO-
Partialdruck extrem schnell ändert. Im Bereich der Sauerstoff-
anteile 0,07 Gew.-% ist der SiO-Partialdruck deutlich höher
als der Si-Partialdruck. Entsprechend sind die Reaktionsschichten bis zu 35 mal dicker, als dies bei reinem Si_3N_4 der Fall
wäre. Die maximale Schichtdicke, die bei 1600°C, $9,5 \cdot 10^{-2}$ MPa
Stickstoffpartialdruck und 10 h Infiltrationsdauer erreicht
wurde, beträgt bei Glaskohlenstoffen mit einer Porengröße von
100 nM etwa 0,4 mm. Das Gefüge dieser Reaktionsschichten wird in
Bild 17 dargestellt. Bild 17a zeigt eine REM-Aufnahme der Oberfläche einer SiC-Reaktionsschicht, wobei die Restporosität
schwarz abgebildet wird. Bild 17b gibt eine TEM-Aufnahme wieder,
die zeigt, daß die ausgebildeten SiC-Körner eine sehr hohe Sta-
pelfehlerdichte besitzen und etwa 100 nM groß sind.

Die Optimierung der Reaktionsschichtdicke und der Gefügeausbildung kann durch Variation des Sauerstoffanteils, N_2-Partial-
drucks und der Temperatur erfolgen. So zeigen neuere Ergebnisse
eine Reaktionsschichtdicke von 0,4 mm nach 1 h Infiltrationszeit bei 1450°C und $6 \cdot 10^{-5}$ MPa Stickstoffpartialdruck.

<u>Zusammenfassung</u>

Konstitution und Gefügeaufbau beeinflussen im Hinblick auf Herstellung und Anwendung maßgeblich das Verhalten und die Eigenschaften von Si_3N_4-Werkstoffen.

Die untersuchten Si_3N_4-Basissysteme lassen sich in solche mit und ohne ausgeprägte ßss-Mischkristallbildung einordnen. SiAlON, SiBeON und SiAlON sind Vertreter der Mischkristallbildner, wobei die Zusammensetzung des Mischkristalls der atomaren Formel $Si_{3-x-y}Al_xBe_yO_{x+2y}N_{8-x-2y}$ folgt. Wichtige Vertreter der Klasse ohne Mischkristallbildung sind SiYON und SiMgON. In diesen Materialien tritt neben $ßSi_3N_4$ mindestens eine weitere Phase auf, die amorph oder kristallin sein kann.

Ein Sonderfall als Zusatz zu Si_3N_4 bildet ZrO_2. Es dient sowohl als Sinterhilfsmittel als auch gleichzeitig als ein die Bruchzähigkeit verbesserndes Dispersionsmaterial. Seine erfolgreiche Anwendung erfordert allerdings die Gegenwart eines weiteren schmelzbildenden Oxids. Die entsprechenden Untersuchungen wurden durch thermodynamische Berechnungen ergänzt, die auch die Gasphase in das Gleichgewicht einbeziehen.

Zur Gefügecharakterisierung von Si_3N_4- und SiC-Keramiken können 3 durchstrahlungselektronenmikroskopische Methoden herangezogen werden: Die direkte Netzebenenabbildung, die Dunkelfeldabbildung und die Defokussiertechnik. Damit lassen sich geringste Mengen amorpher Phase, die als dünner Film in den Korngrenzen verteilt ist, nachweisen. Diese Phase tritt in Großwinkelkorngrenzen und in den Tripelpunkten auf.

Mit der neuentwickelten Elektronen-Energieverlust-Spektroskopie (EELS) läßt sich die chemische Zusammensetzung von Gefügebestandteilen aus leichten Elementen und Durchmessern bis herab zu 50 pro nm bestimmen. Dieses Verfahren wurde auf verschiedene SiAlONe angewandt und festgestellt, daß sich Verunreinigungen wie Ca und Mg in der amorphen Korngrenzphase anreichern.

SiC-Schichten mit Korngröße $\leq$ 100 nm und niedriger Restporosität wurden durch Infiltration von porösen Glaskohlenstoffen mit
Siliziumdampf hergestellt. Sauerstoff wirkt bei dieser Umsetzung von Si und C zu SiC als Katalysator. Die Dicke der
SiC-Schichten kann durch Infiltrationstemperatur und -dauer
sowie durch N_2-Druck und Sauerstoffgehalt optimiert werden.

Schrifttum

[1] Gauckler, L.J.
Lukas, H.L.
Petzow, G.

Contribution to the Phase Diagram
Si_3N_4-AlN-Al_2O_3-SiO_2.
J. Am. Ceram. Soc. <u>58</u> (1975)
346-347.

[2] Naik, I.K.
Gauckler, L.J.
Tien, T.Y.

Solid-Liquid Equilibria in the
System Si_3N_4-AlN-SiO_2-Al_2O_3.
J. Am. Ceram. Soc. <u>61</u> (1978)
332-335.

[3] Huseby, I.
Lukas, H.L.
Petzow, G.

Phase Equilibria in the System
Si_3N_4-SiO_2-BeO-Be_3N_2.
J. Am. Ceram. Soc. <u>58</u> (1975)
377-380.

[4] Gauckler, L.J.
Lukas, H.L.

Crystal Chemistry of ß-Si_3N_4 Solid
Solutions Containing Metal Oxides.
Mat. Res. Bull. <u>11</u> (1976) 503-512.

[5] Gauckler, L.J.

Untersuchungen über Herstellung,
Aufbau und Eigenschaften von neu-
artigen, hochwarmfesten Keramikwerkstoffen auf Siliziumnitrid-
basis.
Abschlußbericht NTS 27, BMFT (1977).

[6] Gauckler, L.J.
Hohnke, H.
Tien, T.Y.

The System Si_3N_4-SiO_2-Y_2O_3.
J. Am. Ceram. Soc. <u>63</u> (1980) 35-37.

[7] Lange, F.F.
Singhal, S.C.
Kuznecki, R.C.

Phase Relations and Stability
Studies in the Si_3N_4-SiO_2-Y_2O_3
Pseudo-Ternary System.
J. Am. Ceram. Soc. <u>60</u> (1977)
249-252.

[8] Wills, R.R.
Holmquist, S.
Wimmer, J.M.

Phase Relationships in the System
Si_3N_4-Y_2O_3-SiO_2.
J. Mat. Sci. <u>11</u> (1976) 1305-1309

[9] Jack, K.H.

Phase Diagrams: Materials Science
and Technology. Vol. 5.
Edited by A.M. Alper, Academic
Press, New York (1978) 241-285.

[10] Weiss, J.
     Petzow, G.

Optimierung von Mischkeramiken auf
der Basis von Siliziumnitrid.

Abschlußbericht NTS 27, BMFT (1980).

[11] Tsuge, A.
     Nishida, K.
     Komatsu, M.

Effect of Crystallizing the Grain-
Boundary Glass Phase on High-Tem-
perature Strength of Hotpressed
Si_3N_4 Containing Y_2O_3.
J. Am. Ceram. Soc. $\underline{58}$ (1975)
323-326.

[12] Arias, A.

Pressureless Sintering SiAlON
With Low Amounts of Sintering Aid.

J. Mat. Sci. $\underline{14}$ (1979) 1353-1360.

[13] Naik, I.K.
     Tien, T.Y.

Subsolidus Phase Relations in Part
of the System Si,Al,Y/N,O.

J. Am. Ceram. Soc. $\underline{62}$ (1979)
642-643.

[14] Lange, F.F.

Phase Relations in the System
Si_3N_4-SiO_2-MgO and Their Inter-
relation with Strength and Oxydation.

J. Am. Ceram. Soc. $\underline{61}$ (1978) 53-56.

[15] Inomata, Y.
     Hasagewa, Y.
     Matsyama, T.

Reaction Between Si_3N_4 and MgO
Added as a Hotpressing Aid.

Yogyo Kyokai Shi $\underline{85}$ (1977) 29-31.

[16] Gauckler, L.J.
     Weiss, J.
     Tien, T.Y.
     Petzow, G.

Insolubility of Mg^{2+} in β-Si_3N_4 in
the System Al-Mg-Si-O-N.

J. Am. Ceram. Soc. $\underline{61}$ (1978)
397-398.

[17] Gauckler, L.J.
     Hucke, E.E.
     Lukas, H.L.
     Petzow, G.

Computer Calculations of Heterogeneous Equilibria in the System
C-O-H-N-Si-Ar.

J. Mat. Sci. $\underline{14}$ (1979) 1513-1518.

[18] Dörner, P.
     Gauckler, L.J.
     Krieg, H.
     Lukas, H.L.
     Petzow, G.
     Weiss, J.

On the Calculation and Representation of Multicomponent Systems.

Calphad $\underline{3}$ (1979) 241-257.

[19] Dörner, P.
     Gauckler, L.J.
     Krieg, H.
     Lukas, H.L.
     Petzow, G.
     Weiss, J.

Calculation of Heterogeneous Phase Equilibria in the SiAlON System.

Accepted by J. Mat. Sci.

[20] Claussen, N.

Fracture Toughness of Al_2O_3 with an Unstabilized ZrO_2 Dispersed Phase.

J. Am. Ceram. Soc. 59 (1976) 49-51.

[21] Lorenz, J.

Optimierung von Werkstoffen auf der Basis von Siliziumkarbid.

Abschlußbericht NTS 1016, BMFT (1980).

[22] Gauckler, L.J.
     Weiss, J.
     Petzow, G.

Stability of Si_3N_4 and SiC Based Materials Containing ZrO_2.

Proc. of Cimtec IV,
Hrsg. P. Vincenzini,
Mater. Sci. Monogr. 6, Elsevier,
Amsterdam (1980) 671-679.

[23] Rühle, M.
     Springer, C.
     Gauckler, L.J.
     Wilkens, M.

TEM Studies of Phases in Si-Al-O-N Alloys.

Proc. Fifth Conf. on High Voltage Electron Microscopy, Kyoto (1977) 641-644.

[24] Kirn, M.

Untersuchungen und Charakterisierung des Gefüges sonderkeramischer Werkstoffe mit Hilfe der hochauflösenden Elektronenmikroskopie.

Doktor-Arbeit, Uni. Stuttgart (1979).

[25] Schmid, H.

Untersuchungen der Strukturen innerer Grenzflächen in Keramiken mit Hilfe der Hochspannungselektronenmikroskopie.

Doktor-Arbeit, Uni.Stuttgart (1980).

[26] Clarke, D.R.
     Thomas, G.

Grain Boundary Phases in Hotpressed MgO-Fluxed Silicon Nitride.

J. Am. Ceram. Soc. 60 (1977) 491-495.

[27] Clarke, D.R.
     Thomas, G.

Microstructure of Y_2O_3 Fluxed Hot-
pressed Silicon Nitride.

J. Am. Ceram. Soc. $\underline{61}$ (1978)
114-118.

[28] Krivanek, O.L.
     Shaw, T.M.
     Thomas, G.

The Microstructure and Distribution of Impurities in Hotpressed
and Sintered Silicon Nitrides.

J. Am. Ceram. Soc. $\underline{62}$ (1979)
585-590.

[29] Rossowsky, R.
     Miller, D.G.
     Diaz, E.S.

Tensile and Creep Strengths of
Hotpressed Si_3N_4.

J. Mat. Sci. $\underline{10}$ (1975) 983-997.

[30] Becker, R.
     Thümmler, F.

Hotpressed Silicon Nitride With
Very Low Amounts of Additives.

Proc. Cimtec 4, Editor P.Vincenzini,
Elsevier Scient. Publ. Comp. (1980)
610-619.

[31] Lange, F.F.
     Davis, B.I.
     Clarke, D.R.

Compressive Creep of Si_3N_4/MgO
Alloys, Part 2: Source of Visco-
elastic Effect.

J. Mat. Sci. $\underline{15}$ (1980) 611-615.

[32] Kossowsky, R.

Cyclic Fatique of Hotpressed Si_3N_4.

J. Am. Ceram. Soc. $\underline{56}$ (1973)
531-535.

[33] Smeltzer, M.S.

High Temperature Creep of Silicon-
Base Compounds.

Bull. Am. Ceram. Soc. $\underline{56}$ (1977)
418-423.

[34] Wittry, D.B.

Local Characterization of Solids
by Electron Energy Loss Spectro-
metry.

J. Microscopy $\underline{117}$ (1979) 175-184.

[35] Hucke, E.E.

United States Patent 3859421,
Jan. 7, 1975.

Tabelle 1. Im Rahmen des BMFT Projektes untersuchte
Systeme auf Si_3N_4-Basis

System	Bearbeiter	Schrifttum
SiAlON	Gauckler, Lukas, Naik, Petzow Tien	1,2,5
SiBeON	Gauckler, Huseby, Petzow	3,5
SiAlBeON	Gauckler, Petzow	4,5
SiZrON	Weiss, Gauckler, Lukas, Petzow, Tien	10
SiAlZrON	Weiss, Gauckler, Lukas, Petzow, Tien	10,18
SiYON	Gauckler, Hohnke, Tien	6,10
SiAlYON	Naik, Tien, Müller	10,13
SiMgON	Müller, Weiss, Petzow, Tien	10
SiAlMgON	Gauckler, Weiss, Petzow, Tien	5,10,16

Tabelle 2. Intensitätsvergleiche für verschiedene Elemente in
den Energieverlust-Spektrogrammen der ß-SiAlON-
Proben. Das Verhältnis

$$a = \frac{A_{kristallin}}{A_{amorph}}$$

der Flächen A unter den Spektrogrammkurven, wie in
Bild 11 und 12 gezeigt, ist für die Elemente
N,O,Mg,Al,Si angegeben.

Probenzusammen- setzung	N	O	Mg	Al	Si
Si_3N_4+5Gew.-% MgO	15,8	0,16	0,03	–	3,2
ß 10 (10 Eq.-% Al^{3+})	12,4	0,35	–	1,6	0,6
80 Eq.-% Si, 20 Eq.-% Mg 80 Eq.-% N, 20 Eq.-% O	13,1	0,24	0,02	–	2,9
80 Eq.-% Si, 15 Eq.-% Al 5 Eq.-% Mg, 80 Eq.-% N 20 Eq.-% O	8,0	0,46	0,02	2,2	0,83

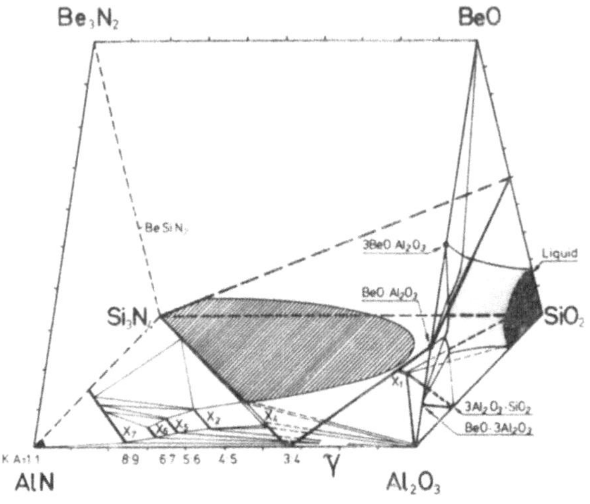

Bild 1. Isothermer Schnitt bei 2033 K im System SiAlBeON. Die zungenförmige, schraffierte Fläche im Konzentrationsprisma stellt den ßss-Homogenitätsbereich dar.

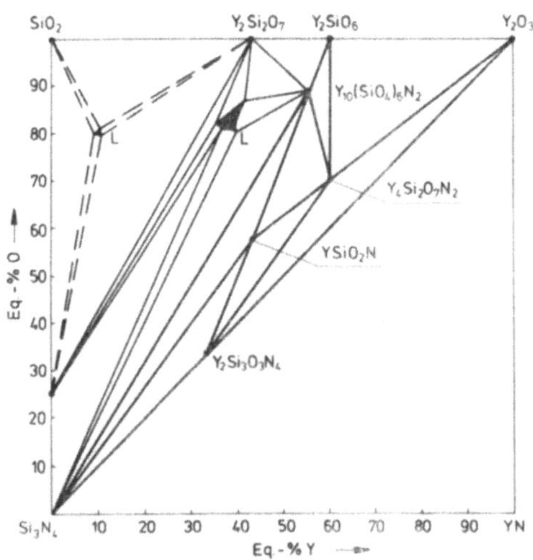

Bild 2. Isothermer Schnitt bei 1823 K im System SiYON.

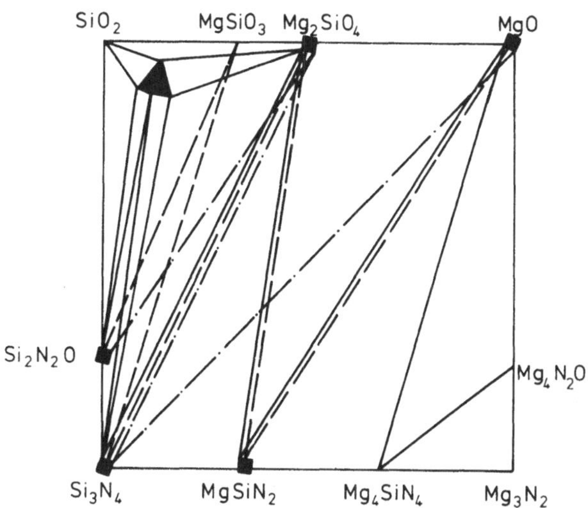

Bild 3. Phasenbeziehungen im System SiMgON in festem Zustand
nach verschiedenen Autoren. Ausgezogene Linien [9];
strichpunktierte Linie [14]; gestrichelte Linie [15].

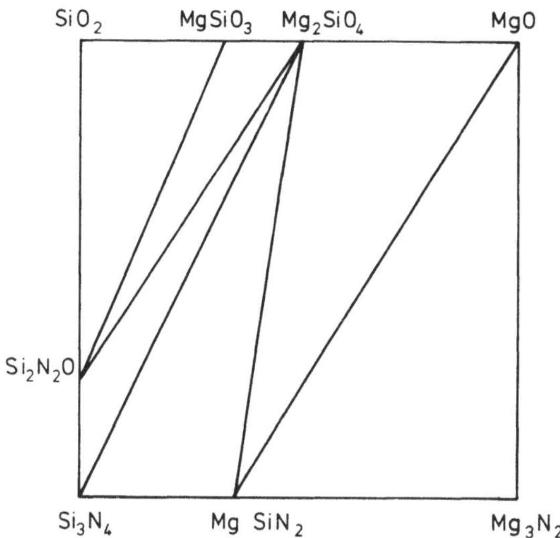

Bild 4. Phasenbeziehungen im System SiMgON in festem Zustand
nach eigenen Untersuchungen [10].

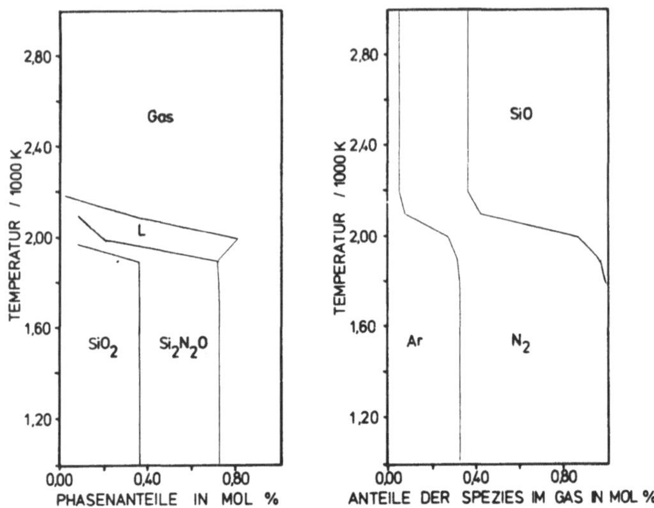

Bild 5. Phasenstabilitätsdiagramm für die Zusammensetzung
32,5 At.-% N, 32,4 At.-% Si, 32,4 At.-% O,
2,7 At.-% Ar aus dem SiAlON System.

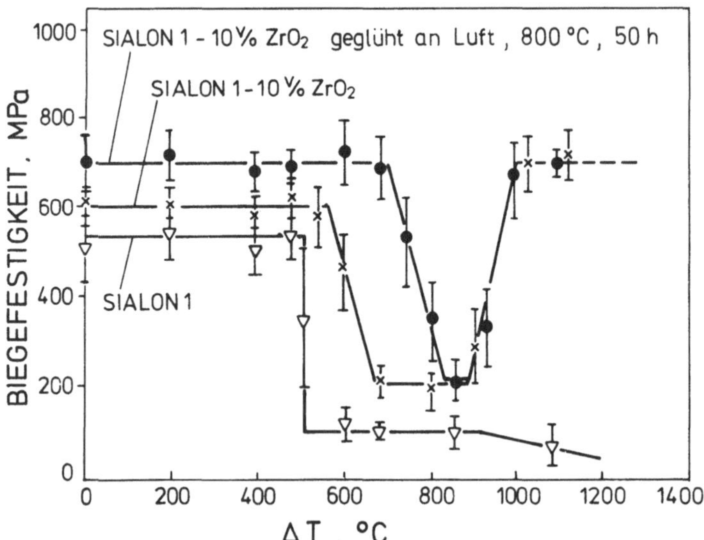

Bild 6. Thermoschockverhalten von SiAlON 1 (ßss + 1 Eq.-% Al^{3+})
mit und ohne ZrO₂-Zusatz nach unterschiedlicher Wärmebehandlung beim Abschrecken in Wasser von Raumtemperatur.

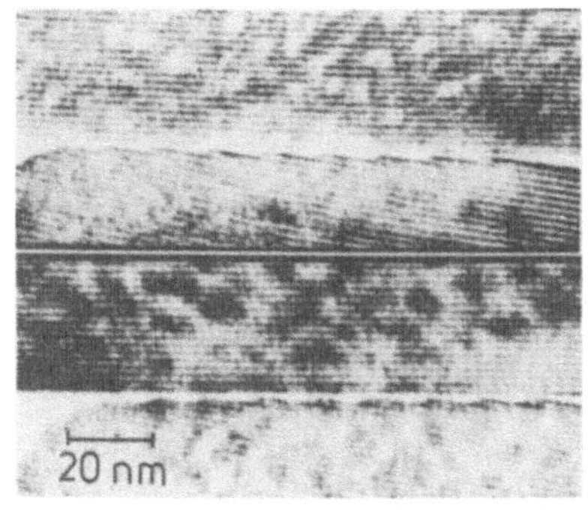
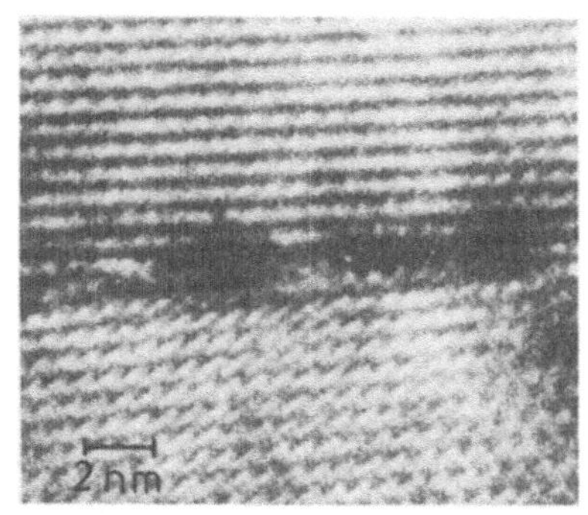

Bild 7   Bild 8

Bild 7. Direkte Gitterabbildung zweier Großwinkelkorngrenzen,
         die amorphe Phase ist als heller Film zwischen den
         Körnern zu erkennen.

Bild 8. Direkte Gitterabbildung einer Kleinwinkelkorngrenze,
         in der keine amorphe Phase nachweisbar ist.

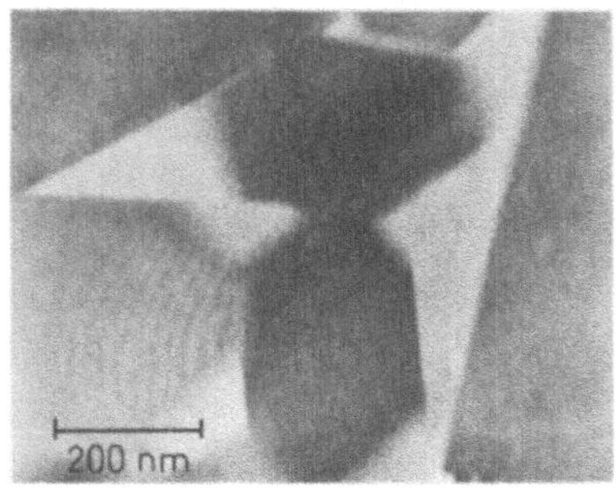
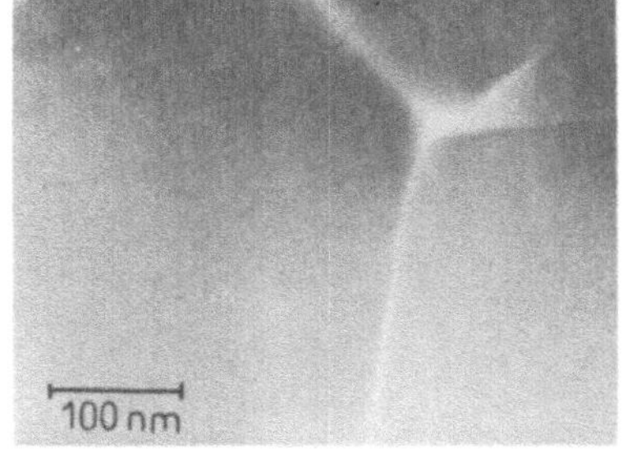

Bild 9   Bild 10

Bild 9. Dunkelfeldabbildung einer Probe aus ßSiAlON mit
         8 Vol.% amorpher Phase, die hauptsächlich in
         den Tripelpunkten verteilt ist.

Bild 10. Dunkelfeldaufnahme einer Probe aus ßSiAlON mit
         2 Vol.% amorpher Phase. Der amorphe Anteil in
         den Tripelpunkten ist deutlich geringer.

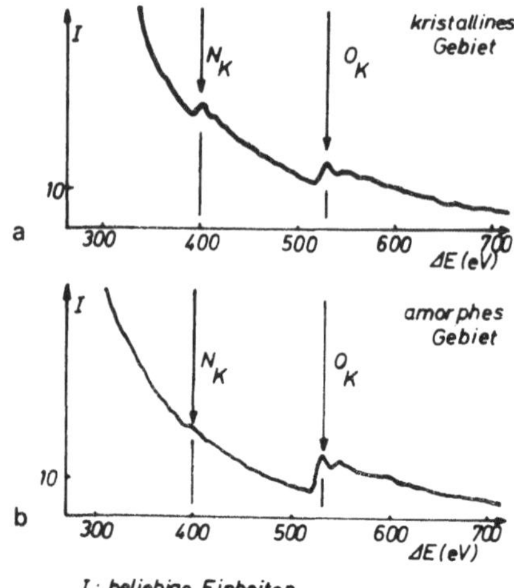

Bild 11.   Energieverlustspektrogramm der Elemente
Stickstoff und Sauerstoff im kristallinen
und amorphen Bereich eines MgO haltigen
SiAlON Materiales.

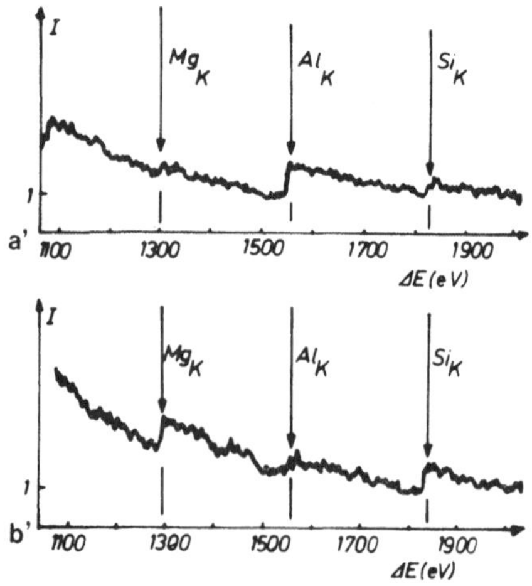

Bild 12.   Energieverlustspektrogramm der Elemente
Magnesium, Aluminium und Silizium im
kristallinen und amorphen Bereich eines
MgO haltigen SiAlON Materiales.

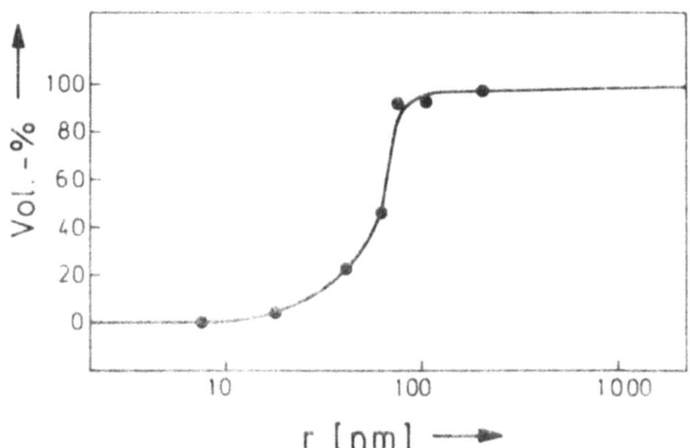

Bild 13. Porengrößenverteilung im Glaskohlenstoff, hergestellt
nach [35].

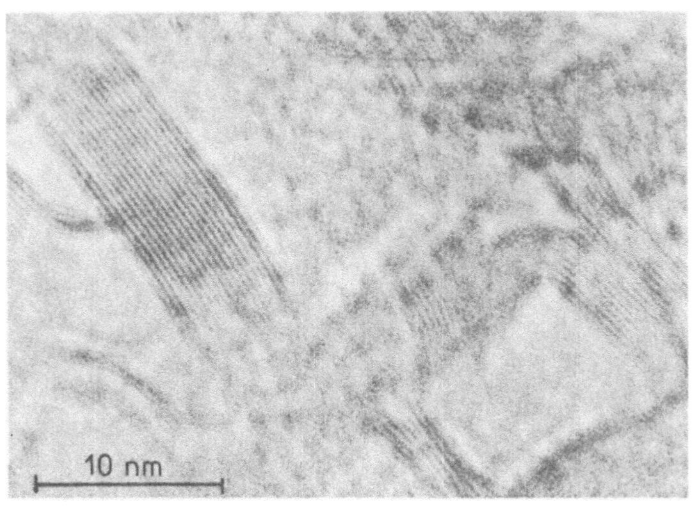

Bild 14. Direkte Gitterabbildung des Glaskohlenstoffs,
hergestellt nach [35].

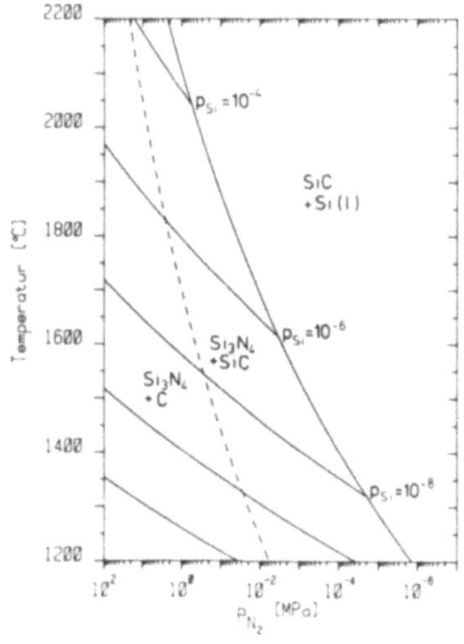

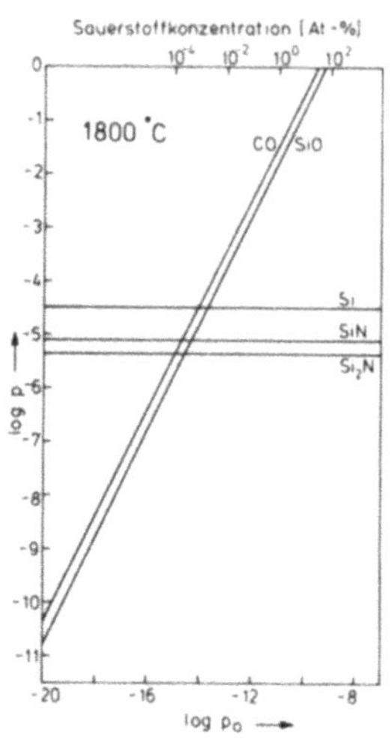

Bild 15. Gleichgewichte im System Si-C-N.

Bild 16. Gasphasenspezies in Abhängigkeit vom Sauerstoffgehalt.

Bild 17 a. REM-Aufnahme

Bild 17 b. TEM-Aufnahme

Bild 17 a und b. Gefüge der SiC-Reaktionsschicht nach dem Infiltrieren.

Heißpreßentwicklung von Siliziumnitrid

D. Steinmann, E. Gugel, H. Kessel

Annawerk Keramische Betriebe GmbH
Geschäftsbereich Ceranox, Rödental

Heißgepreßtes Siliziumnitrid konnte seit der letzten Berichterstattung [1], [2] sowohl stofflich als auch technologisch weiterhin verbessert werden. Dies gilt für die Anpassung des Materials an die für die Gasturbinenanwendung erforderlichen Bedingungen, sowie für die Herstellung komplex geformter homogener Bauteile, wie z. B. Turbinenscheiben.

Die gesteckten Ziele konnten mit den im eigenen Hause entwickelten und produzierten Si_3N_4-Pulverqualitäten und durch fortlaufende Weiterentwicklung nach Materialkontrolle und Materialcharakterisierung erreicht werden.

1. Einleitung

Das Ausgangspulver ist für jeden pulvertechnologischen Prozeß,
besonders jedoch für Materialien mit geringer Sinteraktivität von
besonderer Wichtigkeit. Am Markt existierte zu Beginn des Projektes eine noch zu geringe Verfügbarkeit von Siliziumnitridpul-
vern, die für das Heißpressen verwendbar waren, bzw. um ein Material mit reproduzierbaren befriedigenden Eigenschaften zu erhalten. Dies führte zu einer eigenen - in Verbindung mit der

Heißpreßtechnologie und den Folgerungen aus den gemessenen Eigenschaften - gezielten Siliziumnitridpulverentwicklung, die nach
dem heutigen Stand der Technik die wirtschaftliche Herstellung
eines hochwertigen α-Si$_3$N$_4$-Pulvers mit einem α-Phasenanteil von
$\geqslant$ 93 %, einer Korngröße von 100 % < 5 µm und einer spezifischen
Oberfläche von > 5 m^2/g erlaubt. Parallel zu dieser Pulverentwicklung wurde sukzessive ein Material entwickelt, das nicht nur über
gute Raumtemperatureigenschaften verfügt (CERANOX NH 206 σ_{bB}
>700 N/mm^2, CERANOX NH 209 σ_{bB} >800 MN/m^2 in günstigen Fällen
bis >900 MN/m^2, bei einem K$_{Ic}$-Wert von >7 MN/m$^{3/2}$) sondern vor
allem durch hervorragende Homogenität (Weibull-Faktoren mit m =
30 gehören zum Standard, in günstigen Fällen wurden auch Weibull-
Faktoren von m > 40 erreicht) und bemerkenswerte Hochtemperatureigenschaften den Forderungen der Gasturbinenanwender entspricht
(Heißbiegefestigkeit bis 1200 ^{o}C für CERANOX NH 206 > 500/MN/m^2
und für CERANOX NH 209 >650 MN/m^2, gute Kriech- und Temperaturwechselbeständigkeit sowie eine hohe Lebensdauer). Folgende Ar-
beitsrichtungen führten zu dem zur Zeit erreichten Stand:

- Pressen von hoch-α-haltigen verunreinigungsarmen Siliziumnitrid-Pulvern mit einer maximalen Korngröße von 5 µm zu dichten
  Körpern nach der MgO-Route.

- Pressen eines - mit etwas abgewandelter Technologie hergestellten - Siliziumnitridpulvers zu dichten Körpern nach der
  Y$_2$O$_3$-Route.

- Anpassen des Heißpreßzyklusses an die jeweilige Pulverqualität
  und die jeweiligen Geometrieanforderungen.

- Materialprüfung und Rückschlüsse auf die Siliziumnitridpulver-
  herstellung und die Heißpreßtechnologie.

2.   <u>Si$_3$N$_4$-Pulverentwicklung</u>

Ausgehend   vom damaligen Kenntnisstand zu Beginn des Projektes wurden umfangreiche Versuche und Untersuchungen vorgenommen, die dazu führten, daß ein - nach dem heutigen Stand der
Technik - optimal geeignetes Siliziumnitrid-Pulver wirtschaftlich
hergesteßlt werden kann (Pulverspezifikation <u>Tabelle 1</u>). Ausschlaggebend dafür war das Auffinden und Sichern einer Silizium-
Rohstoffquelle, die zu einer reproduzierbaren Siliziumnitrid-

322

Pulverqualität nötig ist. Von besonderer Wichtigkeit war auch
die Optimierung des Nitridiervorganges. Nach dem Bau eines Ni-
tridierofens konnte durch sukzessive Verbesserung an der Regelung
vor allem die durch Exothermieeffekte hervorgerufene Temperaturdifferenz auf unter 50 K begrenzt, die Nitridierzeit gesenkt und
inhomogene Verteilungen der Si_3N_4-Phasen im Pulverbett vermieden
werden, wobei zusätzlich eine Erhöhung des $\propto$-Anteiles und des
Stickstoffgehaltes erreicht wurde.

Desweiteren mußte die Einbringung des Sinterzusatzes geklärt werden. Um eine möglichst homogene Verteilung desselben (MgO, Y_2O_3
usw.) zu erhalten, wurden verschiedene Einbringverfahren - vor
und nach dem Nitridieren - untersucht, mit dem Ergebnis, daß nun
ein Verfahren vorliegt, bei dem die Schwankungen der Sinterzu-
satzmittel im Versatz nur noch im Bereich des Analysefehlers liegen.

Der bei der Herstellung grobstückig anfallende Si_3N_4-Pulverkuchen
muß in geeigneten Brech- und Mahlanlagen zu feinkörnigem Material
aufbereitet werden. Bei geringem, jedoch vertretbarem Abrieb wurde ein bestimmtes System als besonders vorteilhaft erkannt. Der
Mahlvorgang konnte soweit optimiert werden, daß Kornverteilungen
mit 100 % < 5 µm gesichert sind. Ein bisher störender Spritzkorn-
anteil (oberhalb 10 µm) konnte beseitigt werden (<u>Bild 1</u>). Durch
einen nachgeschalteten Sichtvorgang kann die mittlere Korngröße
noch weiter abgesenkt werden und zu einem mittleren Korngrößen-
wert von 0,95 µm, gegenüber ca. 2,5 µm bei ungesichteten Pulvern
gebracht werden. Alle diese Maßnahmen gewährleisten die Herstellung von sehr homogenen HPSN-Bauteilen mit hohen Biegefestigkeiten geringer Streuung. Für spezielle Anwendungsfälle, z. B. überall dort, wo es nur auf gutes Kriechverhalten ankommt, oder für
spezielle Hochtemperaturanwendungen, können durch Beeinflussung
des Sauerstoffgehaltes bzw. durch eine chemische Nachreinigung
zur Absenkung der Verunreinigungen weitere Verbesserungen erreicht werden. Die bisherigen eigenen Untersuchungen, wie auch
Untersuchungen anderer Autoren [3, 4, 5, 6, 7, 8, 9] haben gezeigt, daß die mechanischen Eigenschaften eines HPSN-Werkstoffes
umso besser sind, je höher der Verzahnungsgrad des Gefüges ist und
je besser der Glasphasenanteil beeinflußt werden kann - es existiert für jede Pulverqualität ein optimales Verhältnis von MgO

zu SiO_2, das eingehalten werden muß, um einen Werkstoff von optimaler Festigkeit und Oxidationsbeständigkeit zu bekommen. Die Verzahnung wiederum ist eine Funktion der Anzahl der im Siliziumnitrid-Pulver vorhandenen β-Keime, der Ausgangskorngröße, der Wachstumsgeschwindigkeit der β-Kristalle, der α-β-Umwandlung und Umwandlungsgeschwindigkeit und der Oswald-Reifung.

Um außer den verbesserten Raumtemperatureigenschaften auch verbesserte Hochtemperatureigenschaften zu bekommen, muß versucht werden, ein möglichst sauberes Pulver unter Verwendung eines sauberen Ausgangssiliziumpulvers herzustellen, das aber gleichzeitig einen hohen α-Siliziumnitridgehalt aufweisen sollte.

Die stofflichen Eigenschaften von HPSN werden, wie schon kurz erwähnt, stark von den verfahrenstechnischen Bedingungen bei der Pulverherstellung und beim Heißpreßvorgang beeinflußt, was im folgenden noch weiter verdeutlicht wird. Bekannterweise ist das Wachstum der stäbchenförmigen β-Kristalle beim Heißpressen von α-Si_3N_4-Pulver eine Folge der Phasenumwandlung von α - in β-Si_3N_4. Diese Morphologieentwicklung wird durch die größere Wachstumsgeschwindigkeit in Richtung der kristallografischen C-Achse und des β-Kristalls verursacht. Mit steigender Temperatur und steigendem Gehalt an Heißpreßhilfsmitteln nimmt auch die Umwandlungs- und Kornwachstumsgeschwindigkeit zu. Der Umwandlungsgrad und damit die Gefügestruktur ist von großem Einfluß auf die mechanischen Eigenschaften von heißgepreßtem Siliziumnitrid. Nur nach vollständig abgelaufener Umwandlung werden die höchsten Biegefestigkeiten erreicht. Wird die Heißpreßzeit über diesen Punkt hinaus verlängert, fällt auch die Festigkeit durch Kornvergröberung wieder ab (<u>Bild 2</u>). REM-Bilder zeigen, daß sich nur nach schneller Umwandlung und nach hohen Umwandlungsgraden ein deutlich nadeliges Gefüge einstellt (<u>Bild 3</u>). Voraussetzung für einen hohen Umwandlungsgrad sowie auch für die mechanischen Eigenschaften wichtige gute Verzahnung, ist die Existenz eines hoch-α-haltigen Siliziumnitridpulvers mit möglichst geringem β-Anteil. Je feiner dieses Pulver ist und je homogener die β-Keime darin verteilt sind, umso besser bildet sich bei geeigneter Preßführung ein stark verzahntes Gefüge aus. Bei guter Verzahnung und geeigneter Zusammensetzung der Korngrenzenphase ist nicht nur mit intergra-

324

nularem Bruch, sondern auch mit transkristallinem Bruch zu rechnen (<u>Bild 4</u>). Dies alles zeigt, daß Pulverentwicklung und Heißpreßtechnologie in unmittelbarem Zusammenhang betrachtet werden
müssen.

3. HPSN-Optimierung

Zu Beginn des Programmes war das heißgepreßte Si_3N_4 als verhältnismäßig junger Werkstoff von seinen stofflichen Möglichkeiten her
noch nicht ausgereift (σ_{bB} = 360 MN/m^2, Weibull-Modul m = 6). Es
waren also für seine Entwicklung unabhängig von der Technologie
viele Untersuchungen erforderlich, um vor allem den Forderungen
der Gasturbinenanwender Rechnung zu tragen. Zur Optimierung des
Werkstoffes waren neben den stofflichen Parametern auch die Einflüsse verschiedener Prozeßparameter zu verfolgen. Ferner wurden
die in der einschlägigen Literatur beschriebenen Eigenschaften
bei Verwendung der verschiedensten Heißpreßhilfsmittel untersucht, wobei das Hauptaugenmerk auf der Verwendung von MgO und
später dann auch auf Y_2O_3 lag.

3.1. MgO-Route

Art und Menge des MgO-Zusatzes und der dadurch entstehenden Bin-
desubstanzen wurde untersucht. Es zeigte sich, daß bezüglich der
Verdichtbarkeit und erreichbaren Festigkeit für jedes Siliziumnitrid-Pulver eine optimale MgO-Menge existiert und daher für jedes Siliziumnitrid-Pulver diese Menge ermittelt werden muß, ehe
weitere Optimierungsversuche - vor allem hinsichtlich des Heißpreßzyklusses durchgeführt werden konnten. Der Homogenisierung
des $MgO-Si_3N_4$-Gemenges und der Präparationstechnik zur Erzielung
eines gleichmäßigen Gefüges, was in verbesserten Weibull-Moduln
zum Ausdruck kommt, kam dabei besondere Bedeutung zu. An aus einem Bauteil (Turbinenscheibe) herausgearbeiteten Biegeproben konnte ein Weibull-Modul von m = 43 ermittelt werden.

Wichtig für die Entwicklung von HPSN-Bauteilen war auch der Einfluß des MgO-Zusatzes auf die Zersetzung des Siliziumnitrid-Pulvers während des Heißpressens [10]. <u>Bild 5</u> zeigt, daß sich die
Dissoziation mit steigendem MgO-Anteil verringert und bei ca.5 %

MgO-Zugabe nahezu zum Stillstand kommt. Anders sieht es mit der
Kriechbeständigkeit eines HPSN-Werkstoffes aus. Hier geht die
Tendenz zu geringen MgO-Zusätzen |1|. <u>Tabelle 2</u> zeigt den Ein-
fluß von MgO auf das Kriechverhalten von HPSN. Ein Vergleich zwischen Raumtemperaturfestigkeit, Hochtemperaturfestigkeit, Kriechbeständigkeit und Langzeitverhalten zeigt ein teilweise stark in-
kongruentes Verhalten. So haben z. B. Werkstoffe mit speziell ge-
züchteter langer Lebensdauer unter Einsatzbedingungen schlechte
Kriecheigenschaften oder es zeigen Werkstoffe mit hohen Kaltbiege-
festigkeiten schlechte Hochtemperatureigenschaften. Auch hat sich
gezeigt, daß HPSN-Werkstoffe mit relativ hohem Oxidanteil, deren
Kriechverhalten als wenig befriedigend angesehen werden muß, gute Biegefestigkeiten bei 1250 ^{O}C haben. Dies dürfte besonders auf
die Fähigkeit dieser Werkstoffe zur Rißausheilung durch die hohen
Glasanteile zurückzuführen sein. Solche Werkstoffe können auch
unter Umständen unempfindlicher gegen langsamen Rißfortschritt
sein. Kriechbeständige saubere Werkstoffe zeigen dagegen in der
Regel ungenügende Festigkeiten auch bei höheren Temperaturen. Es
hat sich im Laufe der Untersuchungen herauskristallisiert, daß
zumindest für MgO-haltiges HPSN ein Kompromiß zwischen Raumtempe-
ratur- und Hochtemperatureigenschaften gemacht werden muß.

Da die Verunreinigungen im heißgepreßten Siliziumnitrid sich mit
wenigen Ausnahmen nicht ins Si_3N_4-Gitter einlagern, sind sie konzentriert in der Korngrenzenphase zu finden. Untersuchungen dieser Korngrenzenphasen haben gezeigt, daß bei einem Gesamt-CaO-Ge-
halt im heißgepreßten Siliziumnitrid von 0,1 % in der Glasphase
zwischen 5 bis 6 % gefunden werden. Da CaO jedoch die stärkste
Erniedrigung des Erweichungsbereiches hervorruft, macht sich
selbst eine geringe Erhöhung des CaO-Anteils bemerkbar. Dies wird
deutlich, wenn man sich die Ergebnisse aus identischen Versuchs-
pressungen mit zwei Siliziumnitrid-Pulvern (<u>Tabelle 3</u>) und zwei
MgO-Sorten (<u>Tabelle 4</u>) verdeutlicht. Der Einfluß der Verunreinigungen und der MgO-Zusätze auf die Erweichungstemperatur beim
Heißpressen ist in <u>Bild 6</u> dargestellt. Man sieht deutlich, daß
der Unterschied zwischen dem reineren Si_3N_4 und dem reineren MgO
und dem unreineren Si_3N_4 und dem unreineren MgO zum Teil mehr als
100 K bei der Erweichungstemperatur beträgt. Da die Hochtemperatureigenschaften mit der Erweichungstemperatur beim Heißpressen kor-

326

relieren, müssen dem heißgepreßten Siliziumnitrid mit dem höchsten
Erweichungspunkt auch die besten Hochtemperatureigenschaften zugeschrieben werden. Grundkenntnisse des Siliziumnitrid-Pulvers
über Menge, Zusammensetzung und Eigenschaften der Glasphasenbildner haben nach bisherigen Erkenntnissen schon ein heißgepreßtes
Siliziumnitridmaterial entwickeln lassen, das neben verbesserten
Hochtemperaturfestigkeiten bei genügender Kriechbeständigkeit auch
eine verbesserte Oxidationsbeständigkeit besitzt. Ausschlaggebend
für eine Verbesserung war die Optimierung des $MgO : SiO_2$-Verhält-
nisses - ähnlich wie von F. Lange [8] beschrieben - unter Berücksichtigung der anderen Glasphasenbildner. Einige typische mechanische Eigenschaften zweier aus der selben Pulvercharge und unter
den gleichen Heißpreßbedingungen gepreßten HPSN-Qualitäten dienen
zur Bestätigung (Tabelle 5).

Die Oberflächengüte der meisten MgO-HPSN-Qualitäten verschlech-
tert sich durch Tempern an Luft [11, 12, 13, 14]. Die Folge davon
ist, daß die Festigkeit gegenüber der Ausgangsfestigkeit deutlich
abfällt. Dies trifft zwar auch für das HPSN mit optimalem $MgO :$
SiO_2-Verhältnis zu, doch ist hier der Festigkeitsabfall nicht so
stark (Tabelle 6 und 7).

3.2. Y_2O_3-Route

Hochtemperaturfestigkeit und Kriechen von heißgepreßtem Siliziumnitrid werden durch die Bildung eines Magnesiumsilikats, als viskose Korngrenzenphase, begrenzt. Doch können diese Eigenschaften
verbessert werden, indem hochreines Si_3N_4-Pulver (insbesondere
mit geringen Ca-, Na- und K-Gehalten) verwendet und der Anteil an
MgO reduziert wird. Häufig kommt es jedoch zu dem vorher beschriebenen stark inkongruenten Verhalten zwischen Raumtemperatur- und
Hochtemperatureigenschaften. Hier zeigt z. B. eine HPSN-Qualität
bei Verwendung sauberer Ausgangsstoffe bei gleichem MgO-Anteil mit
$600-650 \ N/mm^2$ eine geringere Raumtemperaturfestigkeit gegenüber
sonst üblichen $680-730 \ N/mm^2$. Die Heißbiegefestigkeit bei 1200 ^{o}C
liegt jedoch mit $410-450 \ N/mm^2$ zum Teil über den sonst erreichten
Festigkeiten.

Ein anderer Weg kann mit der Verwendung eines seltenen Erdeoxides
beschrieben werden, um eine wärmebeständigere Korngrenzenphase zu

bekommen. Y_2O_3 scheint hierbei am geeignetsten zu sein und wurde
auch bereits verwendet, doch war bisher die Oxidationsbeständigkeit noch nicht befriedigend [15, 16, 17, 18, 19, 20, 21, 22, 23,
24]. Deswegen wurde versucht, durch geeignete Auswahl der Rohstoffe und Zusätze, Reduzierung der Kohlenstoffdiffusion und des
Kohlenstoffgehaltes im Siliziumnitrid-Pulver sowie durch Verwendung eines Stabilisators für die Yttriumsilikatphase, diese Schwierigkeiten zu umgehen.

Bei Verwendung von Y_2O_3 als Heißpreßhilfsmittel zeigt sich ein
grundsätzlich anderes Heißpreßverhalten gegenüber der Verwendung
von MgO. Erst nach breitangelegten Optimierungsversuchen konnten
dichte HPSN-Teile hergestellt werden. Der gegenüber MgO um über
200 K angehobene Erweichungsbereich   deutet ein verbessertes
Hochtemperaturverhalten an. Die im folgenden beschriebenen Eigenschaften wurden an Prüfkörpern bestimmt, die aus - unter den als
optimal gefundenen Bedingungen gepreßten - Y_2O_3-haltigen HPSN-
Platten (Ø 200 mm, Höhe 8 mm) herausgearbeitet wurden. Die erreichten Raumgewichte entsprechen mit 3,297 g/cm^3 der theoretisch
berechenbaren Dichte. Die gemessenen Eigenschaften dieser neuen
Y_2O_3-haltigen Qualität übertreffen in fast allen Belangen die
der MgO-haltigen Materialien. Dies gilt insbesondere für die
Heißbiegefestigkeit (<u>Bild 7</u>), die Kriechfestigkeit (<u>Bild 8</u>),
die Oxidationsbeständigkeit (<u>Tabelle 8</u>) und die Temperaturwechselbeständigkeit (<u>Tabelle 9 und Bild 9</u>).

Gefügeuntersuchungen an Schliffbildern zeigen, daß im Y_2O_3-hal-
tigen HPSN stets mehr freies Silizium gefunden wird, als im MgO-
haltigen HPSN, was auch in lichtoptischen Gefügebildern zu erkennen ist (<u>Bild 10 und 11</u>). Gleichzeitig läßt sich aber offensichtlich das Heißpreßhilfsmittel homogener verteilen. REM-Untersuchun-
gen an 60 bzw. 90 Sekunden in NaOH-geätzten Anschliffen verdeut-
lichen ebenfalls die Anwesenheit von Silizium (<u>Bild 12 und 13</u>).
Die nicht ganz optimale Korngrößenverteilung des Ausgangssilizium-
nitridpulvers ist auch hier zu erkennen. Neben einem in großen Bereichen sehr feinkörnigen, nadeligen Gefüge sind einzelne "Riesen-
kristalle" zu finden, die die mechanischen Eigenschaften mit Sicherheit negativ beeinflussen. Der Verzahnungsgrad ist jedoch als
gut zu bezeichnen und ist mit der zumindest teilkristallinen feu-

erfesten Yttriumsilikatphase für die guten mechanischen Eigenschaften verantwortlich (<u>Bild 14 und 15</u>).

4.   HPSN/RBSN - Verbindungstechnik

Zum Zeitpunkt des ersten Status-Seminars waren Verbundrotoren
mit geschlossenem RBSN-Kranz hergestellt und durch Verbund durch
Nachheißpressen von RBSN Stand der Technik. Schleuderversuche haben gezeigt, daß diese Art der Verbindungstechnik den Anforderungen entspricht.

Verbindungsversuche durch Nitridieren waren weniger erfolgreich.
Die Ursache dafür lag einerseits in der bei der Nitridierungstem-
peratur zu niedrigen Reaktionsfähigkeit der HPSN-Oberfläche und
auf der anderen Seite spielte der Wärmedehnungsunterschied zwischen RBSN und HPSN eine Rolle.

Wegen des Stellenwertes des Verbundproblems für das Gasturbinen-
projekt wurden die Verbindungstechniken durch Heißpressen und
durch Annitridieren intensiv verfolgt, wobei wegen der Möglichkeit der schnelleren Verwirklichung eines beschaufelten Rotors der
Verbindungstechnik in der Heißpresse die meiste Aufmerksamkeit
geschenkt wurde.

4.1. <u>Verbund durch Nitridieren</u>

Wegen der Möglichkeit der Anwendung sehr hoher Drücke wurde dem
Einsatz des Warmpressens inForm des Warmumpressens besondere Aufmerksamkeit geschenkt. Es erwies sich jedoch als außerordentlich
schwierig, einen einwandfreien Verbund zwischen dem entstehenden
RBSN und dem sich in Kontakt mit dem Silizium-Körper befindlichen
HPSN-Teil zu erreichen. Trotz umfangreicher Parameterstudien ist
es bisher noch nicht gelungen, den inzwischen an kleinen Proben
erreichten Zusammenhalt auf größere Bauteile zu übertragen.

4.2. <u>Verbindung in der Heißpresse</u>

Nach dem weitere Schleuderversuche mit Verbundscheiben bei den
Gasturbinenherstellern die gewünschte Bruchdrehzahl erreichten,

wobei der Außenkranz als geschlossener RBSN-Ring ausgebildet war,
wurde versucht, Verbundrotoren mit einem RBSN-Schaufelkranz nach
diesem Verfahren herzustellen. Erste Versuche mit Bornitridaus-
füllung der Schaufelzwischenräume verliefen negativ. Eine bessere
Abstützung der Schaufeln gelang zumindest für gerade Schaufel-
blätter mit Stützelementen aus RBSN. Unter Verwendung einer speziellen Hülltechnik konnte nach mehreren Versuchen erstmals ein
Verbundrotor mit Beschaufelung ohne Schaufelbruch der Heißpresse
entnommen werden. <u>Bild 16</u> zeigt den fertiggeschliffenen Verbundrotor mit unbearbeiteten Schaufeln.

Die Festigkeit von Biegeproben, die einer identisch nachheißge-
preßten Verbundscheibe entnommen wurden, lag mit 724 N/mm^2 im
Mittel auf einem Festigkeitsniveau, das bei einem Weibull-Modul
von 17,7 den Ansprüchen voll genügen dürfte. In <u>Bild 17</u> sind die
Verteilungen der Biegefestigkeiten dieser Proben aus der Verbundscheibe dargestellt. Besonders bemerkenswert ist hierbei der Spit-
zenwert von 848 N/mm^2, der das Potential, das in diesem Material
steckt, andeutet.

Bei zwei weiteren Rotoren wurde versucht, die Flankengeometrie
und die Abmessungen des Verbundrotors im Rohmaß stark anzunähern,
um den Schleifaufwand zu reduzieren. Zwar gelang es auch hier die
Rotoren ohne Schaufelbruch der Heißpresse zu entnehmen, doch führte die stark veränderte Preßanordnung zu Formungenauigkeiten, die
ein einwandfreies Schleudern der Verbundrotoren nicht zuließ. Das
Schleuderergebnis des ersten Verbundrotors brachte mit 50.310 U/min
entsprechend 62 % der maximalen Auslegungsdrehzahl ein befriedigendes Resultat. Der Verbundrotor versagte aufgrund eines Schau-
felbruches, der jedoch auf eine unsachgemäße Behandlung zurückgeführt werden könnte. Nachdem den aufgetretenen Schwierigkeiten
nachgegangen wurde, ist eine Lösung der Probleme zu erwarten.

5.   <u>Heißpreßtechnologie</u>

Sowohl mittels Stempelpressens als auch mittels eines quasiisosta-
tischen Heißpreßverfahrens wurde bis 1978 in schrittweiser Fort-
entwicklung über die planparallele Scheibe, den einfachen Konus,
den Konus mit ringförmigem Ansatz und schließlich bis zum Gastur-

binenrotorprofil das Heißpressen entwickelt. Beim erstgenannten
Verfahren war ein höherer Zusatz an Heißpreßhilfsmittel erforderlich, was jedoch die Hochtemperatureigenschaften ungünstig be-
einflußte. Es wurden damals Gasturbinenrotoren (Bild 18) hergestellt, welche nach Bearbeitung der Bohrung und Seitengeometrien
im Kaltschleudertest Zugspannungen bis 475 N/mm^2 standhielten [1].

Neben der Herstellung von planparallelen Scheiben wurde nun verstärkt auch an profilierten Scheiben neuer Generation gearbeitet.
Ziel dieser Aktivitäten war hierbei neben der Herstellung der Bauteile, eine Übertragung der optimal gefundenen Werkstoffeigenschaften auf die Bauteile selbst unter Einbezug der gegebenen
technologischen Randbedingungen. Da bei einer Turbinenlaufscheibe
aus HPSN sowohl die Raumtemperaturkurz- als auch die Hochtempera-
turkurz- und -langzeiteigenschaften von Interesse sind, konnte die
Möglichkeit der Erhöhung des Flußmittelanteils bei der Herstellung
von profilierten Scheiben nicht genutzt werden. Umfangreiche
technologische Vorversuche waren erforderlich, um die Fließbedin-
gungen innerhalb der Heißpreßmatrize anzupassen. Entsprechende Veränderungen am Heißpreßsystem (z. B. weggesteuerte Heißpresse) sowie am Heißpreßzyklus waren erforderlich, um brauchbare Bauteile
herzustellen.

So wurde eine Serie von 10 planparallelen Turbinenscheibenvorkör-
pern mit Nabenbohrung mit konstantem MgO-Anteil heißgepreßt. Die
Ergebnisse zeigten die Richtigkeit der getroffenen Maßnahmen. Die
Überprüfung der Dichte ergab eine Streubreite von 3,19 bis 3,20
g/cm^3. Die Messungen der makroskopischen Homogenität mittels Ul-
traschall-Laufzeit zeigte eine ausgezeichnete Gleichmäßigkeit auf.
Die Schwankungen der Schall-Laufzeit, gemessen in axialer Richtung, ergaben Streubreiten innerhalb der Meßgenauigkeit. Die dann
beim Impulsdurchschallverfahren vereinzelt gefundenen Reflektoren
ließen keine Zuordnung von Störstellen in Form von Poren oder Einschlüssen zu. Die bisherigen Tests bei Anwendern zeigten jedoch,
daß die Störstellen zumindest keinen katastrophalen Einfluß auf
die Gebrauchseigenschaften haben müssen. Von allen bisher für
Tests zur Verfügung gestellten Scheiben hat nur eine den gestellten Anforderungen, entsprechend einer Zugfestigkeit von 400 N/mm^2
nicht entsprochen. Einer dieser planparallelen Scheiben wurden

Biegeproben zur Bestimmung der mechanischen Eigenschaften entnommen. Hierbei wurde eine Raumtemperaturbiegefestigkeit von σ =
680 N/mm^2 bestimmt. Die Biegefestigkeit bei 1250 $^{\circ}$C lag mit 381
bis 396 N/mm^2 an der geforderten Grenze von 400 N/mm^2. Nachdem
gezeigt wurde, daß die Herstellung von Turbinenscheiben gemäß Spezifikation der Anwender möglich ist, wurde, zur Umgehung des hohen
Bearbeitungsaufwandes zur Profilierung der Turbinenscheiben aus
planparallelen Vorkörpern, versucht, profilierte Scheiben zu pressen. Gegenüber den früheren Versuchen [1] wurde jedoch der Außendurchmesser auf den Spitzendurchmesser des profilierten Kranzes
ausgerichtet. Weiter erschwerend kam hinzu, daß die Nabenhöhe
durch den Einbezug des Kupplungsbereiches verändert wurde. Pressungen gemäß neuer Spezifikation ließen erkennen, daß gegenüber
früheren Versuchen Probleme hinsichtlich der Homogenität auftraten. Ebenfalls stand nun die Möglichkeit der Erhöhung des Flußmittelanteils nicht zur Verfügung. Erst durch umfangreiche Versuche
und gezielte Änderungen, vor allen Dingen des Preßwerkzeuges, gelang die Herstellung von Profilscheiben mit einer homogenen Dich-
te- und Härteverteilung. Die Flankenausbildung der Profilscheibe
entspricht in vielen Bereichen den gestellten Anforderungen, so
daß u. U. vollkommen auf die kostspielige Nachbearbeitung der Seitengeometrie verzichtet werden kann, bzw. nur durch eine Freikornbearbeitung ein weiteres Absenken des Bearbeitungsaufwandes zu erzielen möglich scheint.

<u>Bild 19</u> zeigt einen as-pressed Turbinenscheibenvorkörper, dessen
Geometrie bereits in der Heißpresse vorgegeben wurde. <u>Bild 20</u>
zeigt die Härteverteilung einer aufgetrennten Turbinenscheibe mit
einem MgO-Anteil von 2,4 % vor Änderung der Heißpreßmatrize. Härte und Dichteunterschiede im Bereich der Kupplung konnten nicht
abgestellt werden. Erst durch Anhebung des MgO-Anteils auf 4,5 %
(obere Darstellung des Bildes) konnte diese Erscheinungsform rest-
los beseitigt werden. Wegen der dadurch jedoch angehobenen Kriech-
raten mußte über eine Veränderung der Heißpreßmatrize und durch
Modifikation des Heißpreßzyklusses eine andere Lösung gefunden
werden. Dies gelang auch für einen MgO-Anteil von 2,4 % nach mehreren Versuchen. Die durch statistische Messungen belegte Homogenität der Härte entspricht in diesem Fall der mit 4,5 % MgO-Zugabe erreichten. Die Reproduzierbarkeit wurde mit einer weiteren

Heißpreßserie bewiesen. <u>Bild 21</u> zeigt die unbearbeiteten Rohlinge
nach dem Entformen.

Nach Vorversuchen zum halbkontinuierlichen Heißpressen wurden 3
planparallele Turbinenscheiben im Durchlaufverfahren hergestellt.
Bei diesen ersten Versuchen wurde folgende Biegefestigkeit ermittelt:

Obere Scheibe	$\bar{\sigma}$ = 659 N/mm^2	m = 26
Mittlere Scheibe	$\bar{\sigma}$ = 670 N/mm^2	m = 21
Untere Scheibe	$\bar{\sigma}$ = 651 N/mm^2	m = 35

Obwohl das Gesamtfestigkeitsniveau relativ niedrig liegt, wurde
in der gemeinsamen Bewertung mit den sehr guten Weibull-Modulen
ein ausgezeichnetes Ergebnis erreicht, das den Anforderungen der
Anwender entsprechen sollte. Bei profilierten Turbinenscheiben-
Rohlingen wird das quasikontinuierliche Heißpressen durch den erhöhten Aufwand zur Zuordnung der Seitengeometrie erschwert. Diese
Preßtechnik verlangt aufgrund der Vielzahl der Einbaukomponenten
eine höhere Genauigkeit bei der Matrizenherstellung, wobei die
thermisch bedingten und mechanischen Bewegungen in der Preßma-
trize beim Heißpreßzyklus besonders erschwerend wirken. <u>Bild 22</u>
zeigt zwei Turbinenscheiben-Rohlinge, die nach diesem Verfahren
hergestellt wurden. Die erreichten Oberflächengüten entsprechen
an sich den Forderungen der Anwender. Lediglich die gewünschte
Geometriegenauigkeit der Profile ist noch nicht ganz erreicht.

Bereits frühere Versuche haben gezeigt, daß bei der Herstellung
von profilierten Bauteilen in der Heißpresse mittels komplementä-
ren Grafitwerkzeugen eine positive Beeinflussung der Bauteilfestigkeit im engsten Bereich des Bauteils in axialer Richtung festzustellen ist. Dies gilt jedoch nur für den Fall, daß die Preßtechnologie sowie die Fließeigenschaften des Heißpreßvorkörpers keine
Störstellen in diesem Bereich bewirken. Zur Überprüfung der Realisierbarkeit dieses Preßverfahrens wurden mehrere Profilscheiben
zur Herstellung von Turbinenschaufelrohlingen hergestellt. <u>Bild 23</u>
zeigt die Rohlinge nach dem Entformen und <u>Bild 24</u> zeigt die Probe-
entnahme und Festigkeitsverteilung. Die Festigkeitszunahme im
Schaufelfußbereich ist sehr deutlich. Die hierbei jedoch festgestellte Abnahme des Weibull-Moduls könnte auf Störwirkung durch

Fließbewegungen in diesem Bereich hinweisen, obwohl das Gesamtfestigkeitsniveau höher liegt, als im späteren Schaufelblattbe-
reich.

6.   Nachbearbeitung

Die Herstellung von Oberflächen mit einer maximalen Rauhtiefe von
unterhalb 0,2 µm für HPSN wurde an einfachen Körpergeometrien gesichert erarbeitet. Die Übertragung dieser Ergebnisse auf kom-
plexere Gasturbinenbauteile stand jedoch noch aus. Zur wirtschaft-
licheren Bearbeitung von HPSN mittels Diamantwerkzeugen wurden
wesentliche Grundlagen entwickelt [25] . Die Versuche zur Optimierung des Schleifvorganges im Sinne der Verbesserung der Zer-
spanungsleistung bzw. des Schleifverhältnisses wurden fortgesetzt.
Dazu waren breitangelegte systematische Versuche mit verschieden-
artigen Schleifscheiben unter variierenden Randbedingungen - besonders im Zusammenhang mit der erreichbaren Oberflächengüte -
erforderlich. Die bisherigen Versuche haben gezeigt, daß die Bear-
beitungsrichtung einen variierenden Einfluß auf die Festigkeit des
Bauteils besitzt, auch dann, wenn die erreichte Oberflächenrauhig-
keit an sich sehr niedrig ist. Es mußten deshalb für die einzelnen Bauteile Schleifmethoden entwickelt werden, welche auf die
Spannungsrichtung an der Oberfläche des belasteten Bauteils Rücksicht nehmen. Dies betrifft z. B. die Nabenbohrung und den Hals-
bereich der Rotorscheibe und das Fußprofil der Einzelschaufeln
für den Hybridrotor. Hier wurden Schleifverfahren wie Freikornschleifen, Finishbearbeitung, Honen und Freistrahlläppen ins Ar-
beitsprogramm aufgenommen. Nachdem es gelang, Turbinenschaufel-
füße mit einem Aufmaß von 0,5 mm nahezu auf Endmaß heißzupressen,
konnte die geforderte Genauigkeit von 0,02 mm im Turbinenschaufel-
fuß-Auflagebereich mit den erarbeiteten Schleifverfahren ohne wesentliche Verschiebung des Schaufelfußprofils gesichert erreicht
werden. Oberflächengüte und Oberflächengestalt wurden im Laufe
der Zeit wesentlich verbessert. Zur Zeit liegen Rauhigkeitswerte
von R_t = 0,3 µm im Schaufelfußbereich vor (Messung quer zur Spannungsrichtung). Bild 23 zeigt die profiliert gepreßten HPSN-Platten, aus denen die Leisten zur Turbinenschaufelherstellung herausgeschnitten werden. Bild 25 zeigt die vorgeschliffenen Leisten,
und Bild 26 die herausgearbeiteten Schaufeldummies.

7.   <u>Zusammenfassung und Ausblick</u>

Obwohl bereits anläßlich der letzten Berichterstattung [1, 2] ein
hoher Entwicklungsstand gegeben war, konnte seither die Qualität
des heißgepreßten Siliziumnitrids weiterentwickelt werden. Dies
betrifft insbesondere die Hochtemperatureigenschaften, wobei nach
wie vor eine ausgezeichnete Homogenität innerhalb des Bauteiles,
ausgedrückt in sehr günstigen Weibull-Modulen, gegeben ist.

Neuentwickelt wurde ein heißgepreßtes Siliziumnitrid, bei dem
Yttriumoxid als Heißpreßmittel verwendet wurde. Dieser Werkstoff
hat im gesamten Temperaturbereich eine höhere Festigkeit bei ausreichend guten Weibull-Modulen. Die Realisierung dieses Materiales
in Bauteilen wurde eingeleitet.

Die anläßlich der letzten Berichterstattung vorgeführte neue Me-
thodik der Herstellung von Verbundbauteilen in der Heißpresse
[2] wurde weiterentwickelt, es zeigte sich aber, daß dieses Verfahren in der Durchführung außerordentlich schwierig ist. Die Verbindungsstelle selbst ist die beste, die je hergestellt wurde, jedoch problematisch ist das Überleben des reaktionsgesinterten An-
teiles in der Heißpresse.

Die Bedeutung der Oberflächenbearbeitung ist nach wie vor groß,
so daß auch hierauf besonderes Augenmerk gelegt worden ist. Geeignete Verfahren für die Bearbeitung ganzer Bauteile sind in ge-
wissem Umfang bereits erprobt, bzw. sonst noch in Entwicklung.

Unverändert stellt das heißgepreßte Siliziumnitrid bezüglich seiner mechanischen Eigenschaften die Spitze aller im Rahmen des Gas-
turbinenprogrammes behandelten Werkstoffe dar. Obwohl eine wirtschaftliche Serienfertigung von Gasturbinenbauteilen nach wie vor
infrage gestellt werden muß, ist wegen der hervorragenden Qualität dieses Materiales seine technologische Weiterentwicklung unbedingt zu verfolgen. Das isostatische Heißpressen, über welches von
anderer Seite berichtet wird [26] , bietet bemerkenswerte Ansätze
zur äußeren Bewältigung des technologischen Problemes.

8. <u>Schrifttum</u>

[1] KESSEL, H.   Die Herstellung von Gasturbinenrotoren
     GUGEL, E.   aus heißgepreßtem Siliziumnitrid.

                         Keram.Komponenten für Fahrzeuggastur-
                         binen, Springerverlag 1978

[2] KESSEL, H.   Die Herstellung von Siliziumnitrid-Ver-
     GUGEL, E.   bundbauteilen für die Gasturbine.
     MÜLLER, N.
     LANGE, E.   Keram.Komponenten für Fahrzeuggastur-
                         binen, Springerverlag 1978

[3] KNOCH, H.   Influence of MgO-Content and Tempera-
     ZIEGLER, G.   ture on Transformation Kinetics, Grain
                         Structure an Mechanical Properties of
                         Hot-Pressed Silicon Nitride.

                         Sci.of Ceram., $\underline{9}$ (1977) H. 12

[4] HIMSOLT, G.   Mechanical Properties of Hot-Pressed
     et al. Si_3N_4 with Different Grain Structures.

                         J.Am.Cer.Soc. $\underline{62}$ (1979) Nr. 1-2

[5] LANGE, F.F.   Relation Between Strength, Fracture
                         Energy, and Microstructure of Hot-
                         Pressed Si_3N_4.

                         J.Am.Ser.Soc. $\underline{56}$ (1973)

[6] ISKOE, J. L.   High-Temperature Strength Behavior of
     LANGE, F. F.   Hot-Pressed Si_3N_4 and SiC, Effect of
                         Impurities.

                         Proc.Second Army Materials Technology
                         Conference, Hyannis (1973), S. 223-238

[7] ZIEGLER, G.   Einfluß der Mikrostruktur auf die me-
     KNOCH, H.   chanischen Eigenschaften von heißge-
                         preßtem Siliziumnitrid.

                         Deutscher Verband für Materialprüfung
                         e.V., 8.Sitzung des Arbeitskreises Raster-
                         mikroskopie 11/12.10.1977

[8] LANGE, F. F.   Phase Relations in the System Si_3N_4-
                         SiO_2 - MgO and their Interrelation with
                         Strength and Oxidation

                         J.Am.Cer.Soc. $\underline{61}$ (1978) Nr. 1-2

[9] STEINMANN, D.   Untersuchungen des verzögerten Bruchs
                         durch langsames Rißwachstum von heißge-
                         preßtem Siliziumnitrid bei hohen Tempe-
                         raturen zur Materialkontrolle und Ma-
                         terialcharakterisierung.
                         Sci. of Ceramics, Veröffentl.demnächst

[10] FICKEL, A. F.   Untersuchungen zum Heißpreßverdichten
                             von Siliziumnitrid mit MgO-Zusätzen.

                             Dissertation TU Clausthal 1975

[11] SINGHAL, S. C.   Oxidation and Corrosion-Errosion Be-
                             havior of Si_3N_4 and SiC.

                             Ceramics for High Performance Applica-
                             tion, Proc. 2nd Army Materials Techno-
                             logy Conference Series, Hyannis, USA,
                             Nov. 1973 (Band von 1974)

[12] SINGHAL, S. C.   Thermodynamics and Kinetics of Oxida-
                             tion of Hot-Pressed Silicon Nitride.

                             J.Mat.Sci. 11 (1976), S. 500-509

[13] TRIPP, W. C.   Oxidation of Si_3N_4 in the Range of
      GRAHAM, H. C. $1300\ ^{o}C$ to $1500\ ^{o}C$.

                             J.Am.Cer.Soc. 59 (1976), Nr.1-2

[14] CUBICCIOTTI, D.   Kinetics of Oxidation of Hot-Pressed
      LAN, K. H.   Silicon Nitride Containing Magnesia.

                             J.Am.Cer.Soc. 61 (1978), Nr. 11-12

[15] LANGE, F. F.   Phase Relations and Stability Studies
      SINGHAL, S. C.   in the Si_3N_4 - SiO_2 - Y_2O_3 Pseudoter-
      KUCNICKI, R.C.   nary System

                             J.Am.Cer.Soc. 60 (1977) Nr.5-6

[16] McLEAN, A.   The Role of Additives in the Densifi-
                             cation of Nitrogen Ceramics.

                             Brittle Materials Design High Tempera-
                             ture Gas Turbine

                             AMMRC CTR 75-28 vom 30.6.75, siehe
                             auch DOK Nr. 20 239

[17] GAZZA, G. E.   Hot-Pressed Si_3N_4 with Improved Thermal
      KNOCH, H.   Stability.
      QUINN, G. D.
                             Ceramic Bulletin 57 (1978) Nr. 11

[18] CLARKE, D. R.   Mikrostructure of Y_2O_3 Fluxed Hot-Pres-
      THOMAS, G.   sed Silicon Nitride.

                             J.Am.Cer.Soc.   61 (1978) Nr. 3-4

[19] WILLS, R.R.   Stability of the Silicon -Yttrium Oxi-
      CUNNINGHAM, J. A.   nitrids.
      WIMMER, J. M.
      STEWART, R. W.   J.Am.Cer.Soc. 59 (1976) Nr.5-6

337

[20]   JACK, K. W.   The Role of Additives in the Densifica-
                              tion of Nitrogen Ceramics.
                              Final Technical Report, Oct.1977
                              AD AO 58807, DOK.Nr. 21326

[21]   WILLS, R. R.   Silicon Yttrium Oxinitrides.
                              J.Am.Cer.Soc. (1974) Nr. 10

[22]   TSUGE, M.   Reaction of Si_3N_4 and Y_2O_3 in Hot-Pres-
       KUDO, H.   sing.
       KOMEYA, K.

[23]   TSUGE, M.   High Strength Hot-Pressed Si_3N_4 with
       NISHIDA, K.   Concurrent Y_2O_3 and Al_2O_3 Additions.

[24]   KATZ, N.   Grain Bonndary Engineering in Nonoxide
       et al.   Ceramics.
                              Army Materials and Mechanics Research
                              Center
                              AMMRC MS 78-5

[25]   KESSEL, H.   Bearbeitung von heißgepreßtem Silizium-
                              nitrid und anderen keramischen Werk-
                              stoffen mit Diamantwerkzeugen.
                              IDR 3 (1976), 128-133

[26]   BÖHMER, M.   Heißisostatpressen von Siliziumnitrid.
       HEINRICH, J.   2. BMFT-Status-Seminar
                              Keramische Bauteile für Fahrzeuggas-
                              turbinen, Springerverlag 1980

	%
α-Si_3N_4	94-95
β-Si_3N_4	2-3
Si	0
SiC	0
FeSi	0
Si_2ON-	< 1
N_2	38.4
Al_2O_3	0,41
Fe_2O_3	0,28
CaO	< 0,05
MgO	< 0.05
C ges	0.12
SiO_2 frei	1.10
Na_2O	0,02
K_2O	0,03
Li_2O	< 0,05

Chemische und röntgenograpische Analyse des Si_3N_4-Pulvers   Tabelle 1

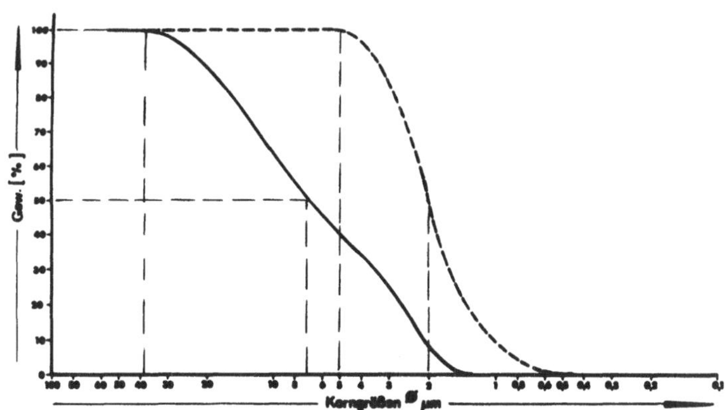

Bild 1

Im Sedigraphen ermittelte Korngrößenverteilung eines
gemahlenen und ungemahlenen Si_3N_4-Pulvers

339

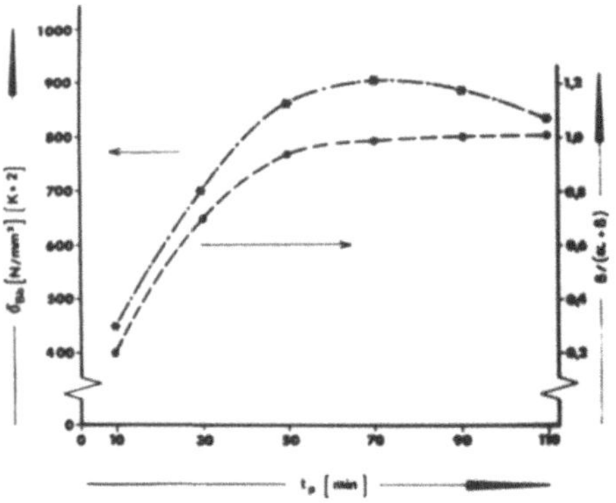

Bild 2

Einfluß der Heißpreßzeit
auf den Umwandlungsgrad
und die Biegefestigkeit
bei Raumtemperatur

Bild 3

REM: Nadeliges Gefüge nach schneller und voll-
ständiger α-ß-Umwandlung

340

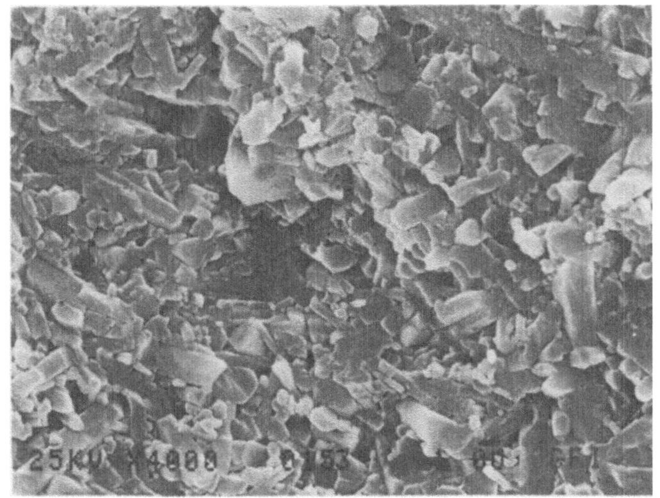

Bild 4

REM Bruchfläche
Starke Verzahnung mit transkristallinem Bruchanteil

Bild 5

Zersetzung von Si_3N_4 beim Heißpressen in Abhängigkeit vom MgO-Anteil

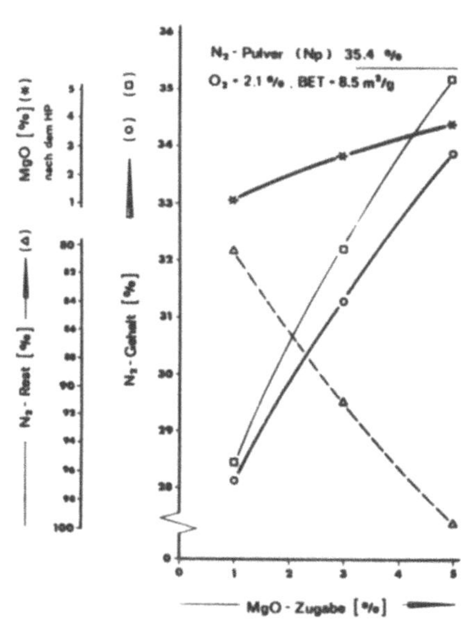

	ρ	MgO	Ca	Al	Fe	Zr	ΣMeÔ	T	σ	ε_{ges}	$\dot{\varepsilon}$ **
130	3,18	4,5	0,22	0,84	1,5	–	8,55	1200	70	5,25 □	–
164	3,19	3,8	0,05	0,22	1,0	–	5,72	1250	80	2,75 □	–
214	3,23	2,8	0,05	0,22	1,0	1,63	6,92	1200	80	2,6 □	35
152	3,19	2,6	0,05	0,22	1,0	–	4,52	1200	80	2,75 **	26
156	3,17	2,7	0,05	0,14	0,05	–	3,10	1200	80	2,4 **	26
247*	3,18	2,4	0,22	0,65	0,7	–	4,94	1200	80	1,14 **	11
163	3,19	1,1	0,05	0,22	1,0	–	3,02	1250	80	1,08 **	10
	[g cm⁻³]			[%]				[°C]	[MNm⁻²]	[o/oo]	[10⁻⁶h⁻¹]

Einfluß von MgO-Gehalt und Verunreinigungen auf das Kriechverhalten von HPSN

Tabelle 2

	Si_3N_4-Pulver A [%]	Si_3N_4-Pulver B [%]
N	37.1	37.1
C	0.40	0.40
SiO_2 frei	1.95	2.16
Al_2O_3	0.75	1.12
Fe_2O_3	0.19	1.14
MgO	1.08	1.98
CaO	0.09	0.14
Na_2O	0.02	0.04
K_2O	0.03	0.05
Li_2O	negativ	negativ
ZrO_2	<0,05	<0,05

Chemische Analyse der Siliziumnitrid-Pulver A und B

Tabelle 3

	MgO I [%]	MgO II [%]
MgO	97	95
Cl	0.01	0.15
SO$_4$	0.02	0.5
Fe	0.005	0.1
Ca	0.03	1.05
NaOH	-	0.5
Al$_2$O$_3$	-	0,2

Gegenüberstellung zweier MgO-Sorten, wobei nur
die Verunreinigungen mit dem deutlichen Unterschied aufgeführt sind

Tabelle 4

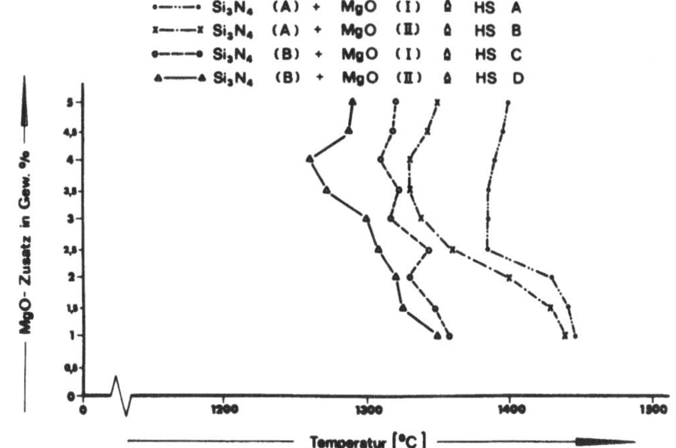

Bild 6

Einfluß der Verunreinigungen und MgO-Zusätze
auf die Erweichungstemperatur beim Heißpressen

	verbessertes HPSN MN/m^2	HPSN MN/m^2
$\overline{\sigma}_{RT}$	713	693
$\overline{\sigma}_{900\ ^oC}$	593	540
$\overline{\sigma}_{1000\ ^oC}$	567	502
$\overline{\sigma}_{1100\ ^oC}$	514	456
$\overline{\sigma}_{1200\ ^oC}$	485	400
$\overline{\sigma}_{1250\ ^oC}$	408	350
E_{dyn}	322	316
t_b geknoopter Proben bei 1200 ^oC und 300 MN/m^2	11000 min	2100 min

Fortschritt in der HS(MgO)-Entwicklung: Mechanische Eigenschaften

Tabelle   5

	neu 100 % < 5 μm	neu 100 % < 10 μm	alt 100 % < 10 μm
$\overline{\sigma}_{RT}$(oxidiert) MN/m^2	575	526	461
$\overline{\sigma}_{RT}$(Oxidschicht abgeschliffen) MN/m^2	578	526	507
$\overline{\sigma}_{RT}$(Ausgangsfestigkeit) MN/m^2	713	693	740

Einfluß der Oxidation auf die RT-Festigkeit

Tabelle   6

	neu 100 % < 5 μm	neu 100 % < 10 μm	alt 100 % < 10 μm
$\overline{\sigma}_{1200\ ^oC}$ (oxidiert) MN/m^2	449	356	372
$\overline{\sigma}_{1200\ ^oC}$ (Oxidschicht abgeschliffen) MN/m^2	436	381	401
$\overline{\sigma}_{1200\ ^oC}$ (ohne Behandlung) MN/m^2	485	417	443

Einfluß der Oxidation auf die Heißbiegefestigkeit (1200 ^oC)

Tabelle   7

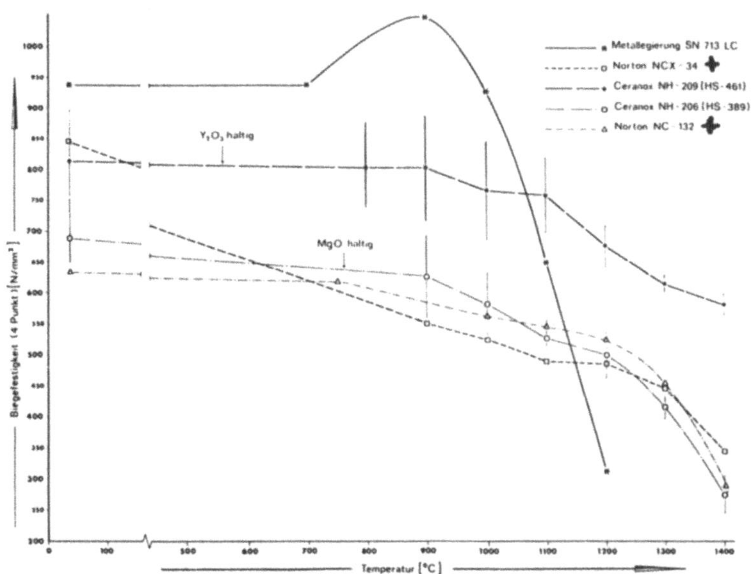

Biegefestigkeit in Abhängigkeit von der Temperatur

$^+$D.C. Larsen
Property Screening and Evaluation of Ceramic Turbine
Engine Materials
Semiannual Interim Technical Report No. 7
March 1979

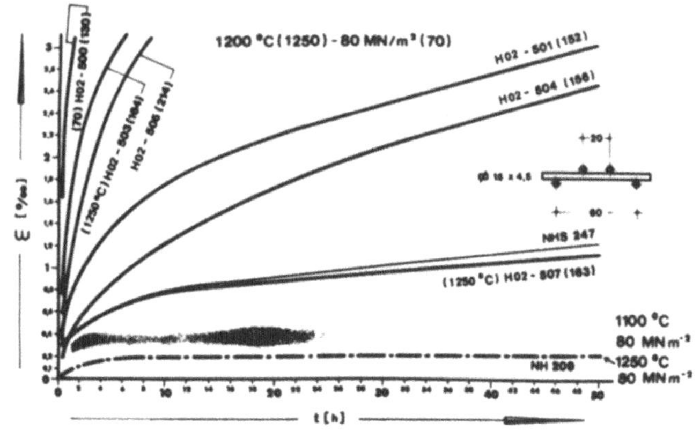

<u>Bild 8</u>

Entwicklungsfortschritt bei der Kriechdehnung von HPSN

345

Temperatur $[^oC]$	Glühdauer $[h]$	mittlere Bie-gefestigkeit $[MN/m^2]$	Gewichts-änderung $[g]$
800	24	846	$\pm$ 0
900	24	788	- 0,0042
1000	24	876	- 0,0041
1100	24	780	- 0,0043
1200	24	819	- 0,0045
1200 + 4 Thermo-schocks	192	614	+ 0,0039

RT-Festigkeiten der oxidierten Y_2O_3-HPSN-Proben mit einem Gewicht von 2,34 g pro Probe

Tabelle 8

	Ausgangs-festigkeit	nach dem 1. Zyklus	nach dem 5. Zyklus
σ_{min} MN/m^2	733	740	630
$\bar{\sigma}$ MN/m^2	793	744	685
σ_{max} MN/m^2	870	748	690

RT-Festigkeiten nach Thermoschockversuchen (BMFT-Zyklus 3)

Tabelle 9

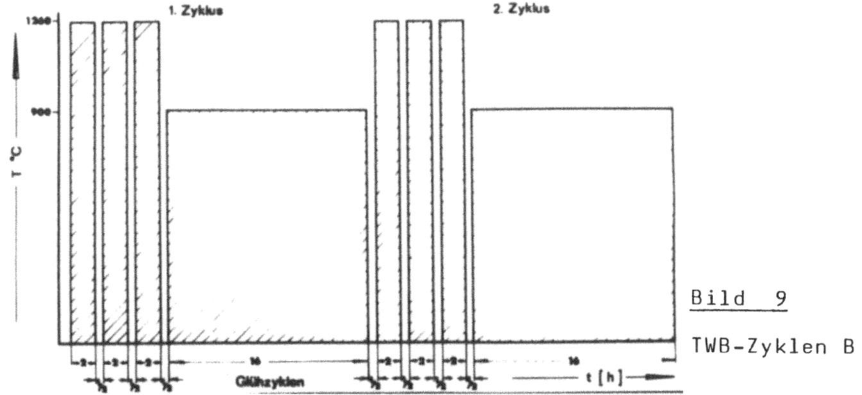

Bild 9

TWB-Zyklen B

Bild 10

Anschliff (ungeätzt)
einer MgO-haltigen
HPSN-Qualität

24 um

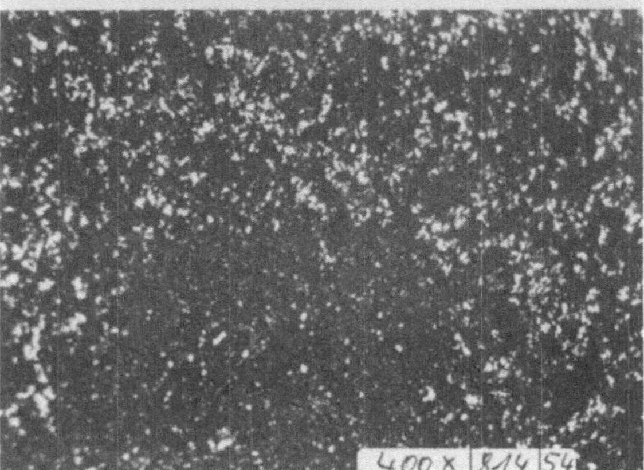

Bild 11

Anschliff (ungeätzt)
einer Y_2O_3-haltigen
HPSN-Qualität

24 um

347

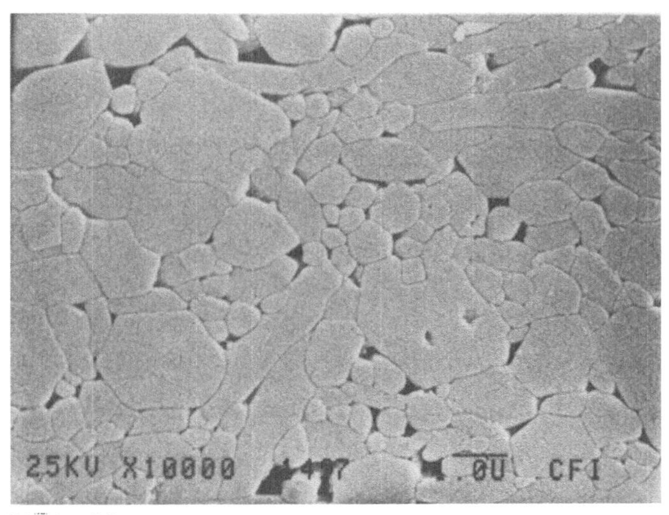

<u>Bild 12</u>

REM Y_2O_3-HPSN Anschliff 90 sec NaOH geätzt

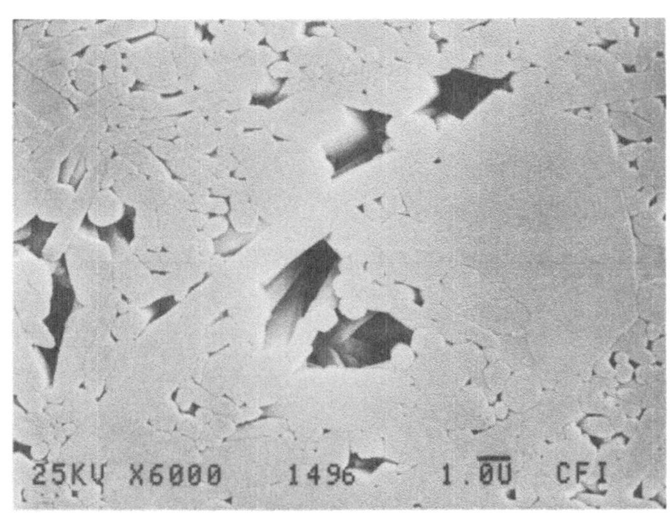

<u>Bild 13</u>

REM Y_2O_3-HPSN Anschliff 90 sec NaOH geätzt

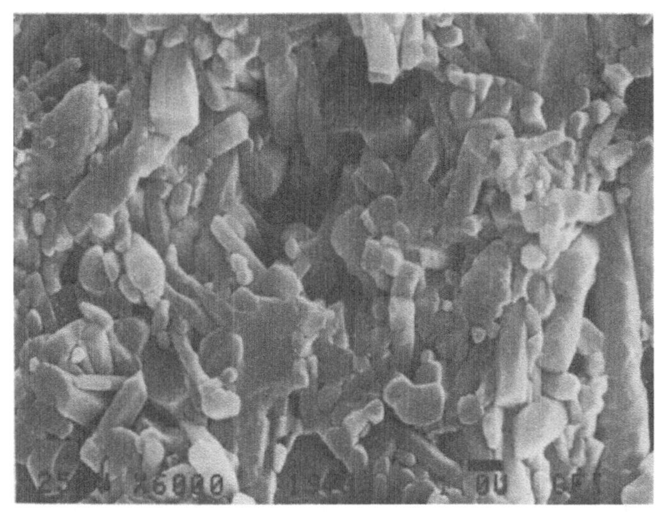

<u>Bild 14</u>

REM   Hoher Verzahnungsgrad (Bruchfläche)

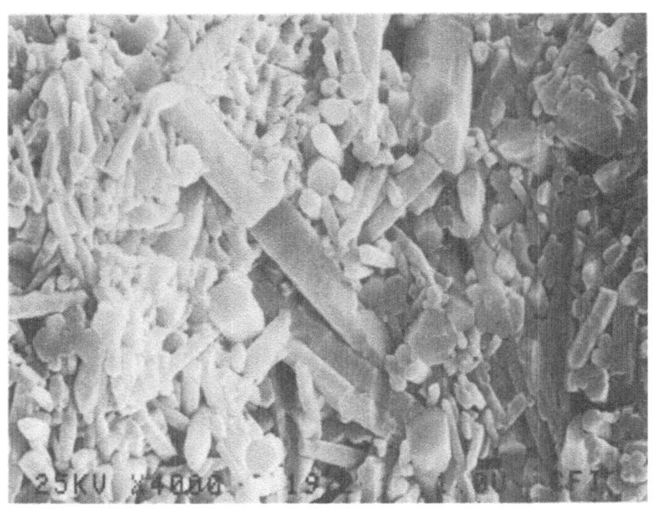

<u>Bild 15</u>

REM   Bruchfläche ungeätzt

<u>Bild   16</u>

Verbundscheibe geschliffen

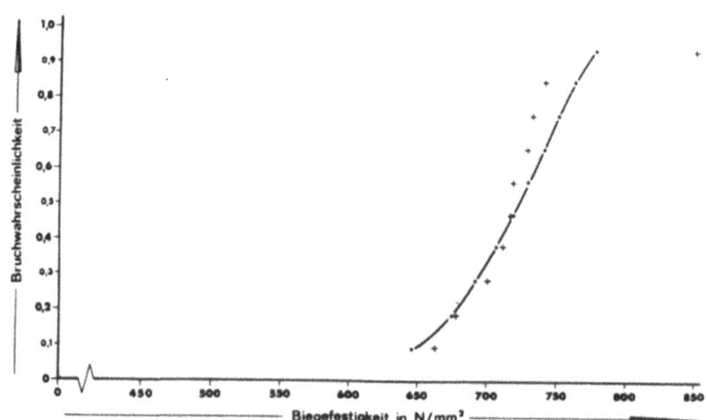

<u>Bild   17</u>

Weibull Darstellung

350

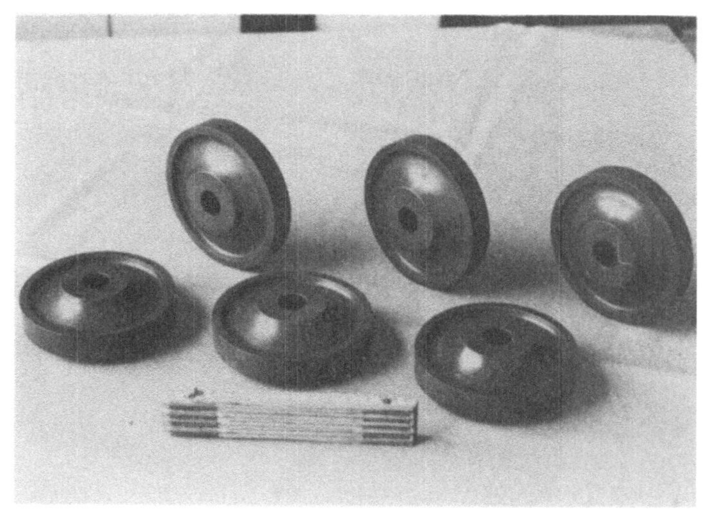

Profilscheiben aus HPSN

As-pressed Turbinenscheibenvorkörper

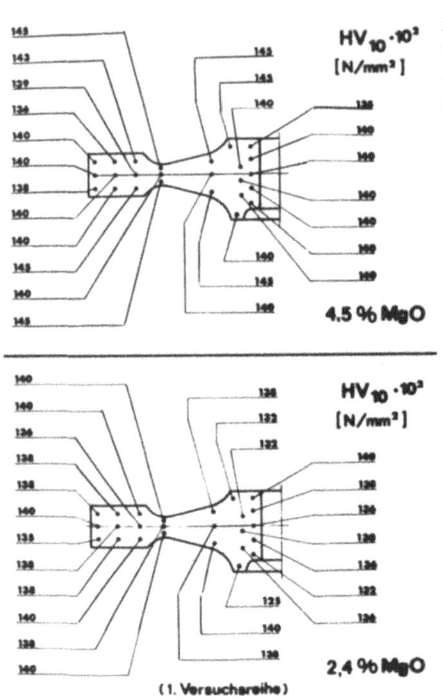

Bild 20
Härteverteilung zweier
Profilscheiben mit unter-
schiedlichem MgO-Anteil

Bild 21
Unbearbeitete Turbinenscheibenrohlinge mit
"Kupplungsüberhöhung"

<u>Bild 22</u>

Unbearbeitete Turbinenscheibenrohlinge, die im
Durchlaufheißpreßverfahren hergestellt wurden

<u>Bild 23</u>

Profilplatten zur Herstellung von Turbinenschaufelrohlingen

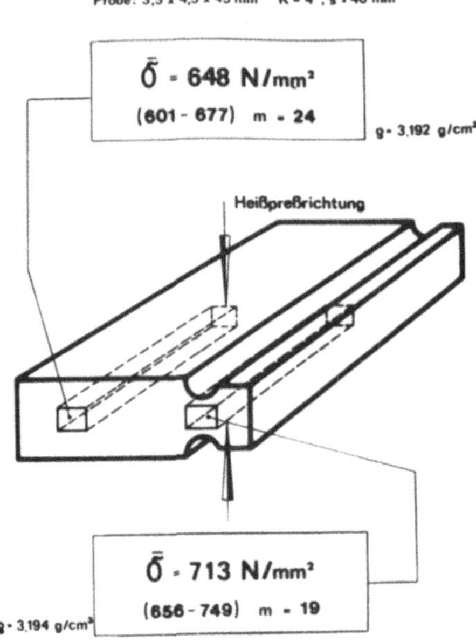

<u>Bild 24</u>

Profilleiste: Probeent-
nahme und Festigkeits-
verteilung

<u>Bild 25</u>

Vorgeschliffene Profilleisten

<u>Bild 26</u>

Herausgearbeitete und fertiggeschliffene
(Freikornschleifen) Schaufeldummies aus
HPSN

FESTIGKEIT UND LEBENSDAUER VON REAKTIONSGESINTERTEM
SILIZIUMNITRID BEI VERSCHIEDENARTIGER THERMISCHER UND
MECHANISCHER BEANSPRUCHUNG

G. Grathwohl, H. Iwanek, F. Porz, F. Thümmler

Institut für Werkstoffkunde II
der Universität (TH) Karlsruhe

Institut für Material- und Festkörperforschung
des Kernforschungszentrums Karlsruhe

1. Einleitung

Unter den nichtoxidischen keramischen Werkstoffen nimmt das reaktionsgesinterte Siliziumnitrid (RBSN) als Werkstoff für die Gasturbine eine Sonderstellung ein: Die Herstellung ist kostengünstiger als die der heißgepreßten Materialvarianten; Probleme der Schwindung wie bei gesinterten Materialien treten nicht auf; das Gefüge ist wegen Anteil, Morphologie und Verteilung der auftretenden Phasen (α-,β-Si_3N_4, freies Silizium, Porosität) von
einer außergewöhnlichen Kompliziertheit. Die Festigkeit ist im Vergleich zu
den dichteren Qualitäten mäßig, die laufend erzielten Entwicklungsfortschritte führten jedoch zuletzt zu einem beachtlichen Anstieg der Mittel-
($310-350N/mm^2$) und Spitzenwerte ($420N/mm^2$) der Festigkeit [1,2,3]. Bei hohen
Temperaturen stellt sich das Festigkeitsniveau und das Kriechverhalten
günstiger dar; bei $1400^{o}C$ werden mit RBSN oft bessere Werte erzielt als mit
heißgepreßtem Siliziumnitrid [4].
Neben den kritischen Versuchsbedingungen, die zum katastrophalen Bruch eines
Bauteils führen, sind die unterkritischen Zustände, die ein Bauteil während
der Lebensdauer erträgt, von größter Bedeutung. Während des Einsatzes z.B.
in der Gasturbine wird ein Bauteil einer sehr komplexen Beanspruchung unterworfen: Stationären Belastungen sind nieder- und hochfrequente Schwingungen
überlagert; thermische Spannungen resultieren aus sehr schnellen Temperaturwechseln und aus unterschiedlichen thermischen Ausdehnungskoeffizienten mit-

einander in Verbindung stehender Komponenten.

Für einen erfolgreichen Einsatz muß der Werkstoff folgende Kriterien erfüllen:
Seine chemische Stabilität muß auch bei hohen Temperaturen unter oxidierenden
Bedingungen gewährleistet sein; die im Betrieb auftretenden mechanischen
und thermischen Spannungen dürfen die Festigkeit des Materials nicht überschreiten; vorhandene Risse und andere Fehlstellen dürfen während der geforderten Lebensdauer nicht durch langsames Rißwachstum kritisch werden; die zulässige Verformung z.B. aufgrund von Kriechprozessen darf nicht überschritten
werden.

Im Institut für Werkstoffkunde II wird geprüft, inwieweit die jeweils neu-
und weiterentwickelten Werkstoffe, die kommerziell verfügbar sind, den gestellten Anforderungen entsprechen. Dabei wird zunächst die statistische
Basis der Ausgangsfestigkeit geschaffen. Die die Lebensdauer bestimmenden
Aspekte des langsamen Rißwachstums bei Raumtemperatur und bei erhöhter Temperatur werden mit verschiedenen Methoden untersucht und die Ergebnisse verglichen. Lebensdauerorientierte Schwingfestigkeitsuntersuchungen im Bereich
der Niedriglastwechselermüdung werden bei Raumtemperatur durchgeführt. Das
Verformungsverhalten bei hohen Temperaturen wird analysiert und hinsichtlich
beteiligter Kriech- und Rißausbreitungsmechanismen interpretiert. In einer
automatisch arbeitenden Anlage werden Proben zykliert und anschließend die
Veränderung der Festigkeit gemessen. Die festigkeitsbestimmenden Gefügepara-
meter und ihre mechanisch, thermisch und oxidativ bedingten Veränderungen
werden diskutiert.

2. Versuchsprogramm, Meß- und Auswerteverfahren

Im Verlauf des hier zu beschreibenden Prüfprogramms werden ausschließlich
Kompaktbiegeproben (Vierpunktbiegung mit Viertelteilung der Auflagerabstände
10/20/10 mm; Probenquerschnitt 3,5 x 4,5 mm) verwendet, d.h. die Proben
werden nicht durch einen künstlichen Anriß vorgeschädigt; Festigkeit und
Lebensdauer werden dann durch die Ausbreitung inhärenter Fehler des Materials
bestimmt. Die Verteilung extremer Fehler bedingt die Notwendigkeit der statistischen Betrachtung des Materialverhaltens.

Für die Festigkeitsuntersuchungen wurde ein neues Auflagerkonzept realisiert,
das es gestattet, die Proben mit einem konstanten Biegemoment ohne über-
lagerte Momentanteile (z.B. Torsion) zu belasten (Bild 1). Die prinzipielle
Funktion dieses Auflagerkonzepts kann auch bei hohen Temperaturen erreicht
werden, wobei dann die Einzelteile aus dichtem Siliziumkarbid gefestigt
werden. Die optimale Funktionstüchtigkeit dieser und weiterentwickelter Auf-

lager wurde mit einer großen Zahl von Proben nachgewiesen; die gleichmäßige
Verteilung der Lage des bruchauslösenden Fehlers (Bild 2) ist ein Nachweis
für die fehlerfreie Aufbringung des Biegemomentes.

Die Festigkeitsverteilung keramischer Proben einer Population entspricht
unter gewissen Voraussetzungen einer Extremwertverteilung und wird meist mit
Hilfe der Weibull-Verteilung dargestellt,

$$(1) \qquad 1-P = \exp\left[-\frac{V}{V_0} \left(\frac{\sigma - \sigma_u}{\sigma_0} \right)^m \right]$$

wobei die Bruchwahrscheinlichkeit P als Funktion der aufgebrachten Spannung
σ mit den Weibull-Parametern σ_u = untere Schwellspannung, σ_0 = Normierungs-
spannung und m = Weibull – Exponent beschrieben wird (V, V_0 = belastetes
Volumen bzw. Normierungsgröße). Diese Funktion ist für RBSN – Proben einer
Population gewöhnlich gut erfüllt (Bild 3). Es stellt sich jedoch die Frage,
mit welcher Genauigkeit die statistisch relevanten Größen dieser Verteilung
in Abhängigkeit von der Probenzahl eines herausgegriffenen Probenkollektivs
bestimmt werden können, wobei diese Anzahl aus wirtschaftlichen Gründen
nicht größer als notwendig sein sollte. Die zu erwartende Standardabweichung
des Weibull – Exponenten, s_m , kann aufgrund einer Näherungsrechnung [5] angegeben werden

$$(2) \qquad s_m = \frac{m_{100}}{\sqrt{2\,N}}$$

Die auf den m-Wert der Gesamtpopulation von 100 Proben, m_{100} , bezogene
Standardabweichung hängt nur von der Zahl der Proben, N, eines herausgegriffenen Probenkollektivs ab; sie ist in Bild 4 aufgetragen, wobei die
experimentell ermittelten Werte für N von 5 bis 50 miteingezeichnet sind.
Die experimentell und theoretisch ermittelten Werte stimmen gut überein. Es
wird deutlich, daß bei der Bestimmung von m vor allem bei N < 20 mit einem
großen Fehler gerechnet werden muß und daß die Standardabweichung von m
noch bei N = 50 und einem m-Wert von 13,4 einen Wert von 10 % hat. Bei den
weiteren Festigkeitstests dieses Versuchsprogramms wurden für eine Messung
jeweils 20 Proben benutzt, sofern eine statistische Auswertung mit Hilfe der
Weibull-Verteilung erfolgen sollte.

Der zu erwartende Fehler des Festigkeitsmittelwertes (arithmetisches Mittel)
ist demgegenüber deutlich geringer und kann als Standardabweichung der
Mittelwerte in Abhängigkeit von der Größe der herausgegriffenen Proben-

kollektive näherungsweise angegeben werden [5].

$$(3) \qquad \frac{S\sigma}{\sigma_{100}} = \frac{1,2}{m\sqrt{N}}$$

In <u>Bild 5</u> sind die auf den Mittelwert der Gesamtpopulation, σ_{100} , bezogenen Werte der Standardabweichung nach Gl. (1) aufgetragen und mit den experimentell erhaltenen Werten verglichen. Auch hier zeigt sich eine gute Übereinstimmung zwischen berechneten und gemessenen Werten. Die bezogene Standardabweichung erreicht bei N = 5 und m = 13,4 einen Wert von 3,2 % . Infolgedessen wurden bei Festigkeitsversuchen, die nicht zu einer statistischen Auswertung herangezogen werden sollten, jeweils 5 Proben pro Versuch benutzt.

Zur Veranschaulichung sind in Bild 3 zusätzlich die Festigkeitsverteilungen von je 20 Proben eingetragen, deren Weibullexponenten etwa um den Wert der Standardabweichung von der Verteilung der Gesamtpopulation abweichen. Diese Verteilungen wurden durch eine computerberechnete Zufallsauslese von jeweils 20 Proben aus den zur Verfügung stehenden 100 Proben der Gesamtpopulation bestimmt.

Falls ein Material dem unterkritischen Rißwachstum unterliegt, wird sich bei der Festigkeitsmessung ein Einfluß der Belastungsgeschwindigkeit ergeben. Die unterkritische Rißwachstumsgeschwindigkeit v = da/dt eines Risses der Länge a kann über einen weiten Bereich des Spannungsintensitätsfaktors K_I mit einem Potenzgesetz

$$(4) \qquad v = A K_I^n$$

beschrieben werden. Für den weitaus größten Teil der Lebensdauer eines Bauteils ist dann die experimentell oft nachgewiesene Anwendbarkeit der Gl. (4) gegeben. A und n sind Materialkenngrößen, die von äußeren Versuchsparametern wie Temperatur und Umgebungsmedium abhängen . Der Zusammenhang zwischen der einsinnigen Belastungsgeschwindigkeit und der Festigkeit läßt sich darstellen, indem die Bestimmungsgleichung für den Spannungsintensitätsfaktor

$$(5) \qquad K_I = \sigma \sqrt{a}\, Y$$

in Gl. (4) eingesetzt wird. Mit der Korrekturfunktion Y werden die aktuellen Verhältnisse der Riß- und Probengeometrien berücksichtigt.

Bei konstanter Belastungsgeschwindigkeit und konstant angenommenem Y läßt
sich die so erhaltene Gleichung

$$(6) \qquad \frac{\dot{\sigma}}{v} = \frac{d\sigma}{dt} \cdot \frac{dt}{da} = \frac{\dot{\sigma}}{A\sigma^n a^{n/2} Y^n}$$

integrieren, wobei als Grenzen für $t = 0$ die Anfangsrißlänge a_i und als
obere Grenze die kritische Rißlänge a_c , die zur Festigkeit σ_B führt, benutzt werden.

$$(7) \qquad \int_{0}^{\sigma_B} \sigma^n\, d\sigma = \int_{a_i}^{a_c} \frac{\dot{\sigma}}{A Y^n a^{n/2}}\, da$$

Nach Lösung der Integrale und wegen $a_c > a_i$ und $n \gg 2$ folgt durch Einsetzen
von

$$(8) \qquad a_i = \frac{K_{IC}^2}{\sigma_c^2 Y^2}$$

$$(9) \qquad \sigma_B^{n+1} = B\,(n+1)\,\sigma_c^{n-2} \cdot \dot{\sigma}$$

mit

$$(10) \qquad B = \frac{2}{A\,(n-2)\,Y^2\,K_{IC}^{n-2}}$$

Dabei stellt σ_c die Festigkeit eines Materials mit der Bruchzähigkeit K_{IC}
dar, das keinem unterkritischen Rißwachstum unterworfen ist.

Der Rißausbreitungsparameter n wird unter dynamischen Beanspruchungsbedin-
gungen durch folgende Methoden bestimmt.

- Jeweils 2 Wertepaare $\dot{\sigma}/\sigma_B$ werden entsprechend Gl. (9) einander
  gegenübergestellt und Werte für n aus der entstehenden Beziehung

$$(11) \qquad \left(\frac{\sigma_{B1}}{\sigma_{B2}}\right)^{n+1} = \frac{\dot{\sigma}_1}{\dot{\sigma}_2}$$

bestimmt. Die Werte σ_{B_i} können dabei Mittelwerte oder Spannungen
gleicher Bruchwahrscheinlichkeit sein.

- Nach Logarithmieren von Gl. (9) läßt sich durch eine Regressions-
analyse lg $\bar{\sigma}_B$ gegen lg $\dot{\sigma}$ oder lg $\tilde{\sigma}_B$ ($\tilde{\sigma}_B$ = Medianwert) gegen lg $\dot{\sigma}$
eine Gerade mit der Steigung $\dfrac{1}{n+1}$ bestimmen:

$$(12) \qquad \lg\sigma_B = \frac{n-2}{n+1}\lg\sigma_c + \frac{1}{n+1}\lg\dot{\sigma} + \frac{1}{n+1}\lg\left[B(n+1)\right]$$

- Diese Methode einer bivarianten Regressionsanalyse läßt sich er-
weitern, indem statt der inerten Ausgangsfestigkeit σ_c die Bruchwahrscheinlichkeit der Ausgangsverteilung entsprechend Gl. (1) benutzt wird. Aus Gl. (12) erhält man dann nach entsprechender Wahl
der Normierungsgrößen (mit $B^* $= const.)

$$(13) \qquad \lg\sigma_B - \frac{1}{n+1}\lg\dot{\sigma} = \frac{1}{m}\cdot\frac{n-2}{n+1}\lg\lg\frac{1}{1-P} + B^*$$

Die mit Gl. (13) durchzuführende trivariante Regressionsanalyse [6] erlaubt
neben der Ermittlung von n auch die Bestimmung des m-Wertes, wodurch zum
Ausdruck kommt, daß die Verteilungsfunktion der Festigkeit und die Kenngrö-
ßen des unterkritischen Rißwachstums zusammen in Gl. (13) eingehen. Der entscheidende Vorteil dieser Methode liegt in der Möglichkeit, alle getesteten
Proben mit ihren Einzelwerten in die Analyse einzubringen. Ähnlich dem Vorgehen bei der Erstellung der Weibull-Verteilung werden die Werte des Aus-
drucks der linken Seite von Gl. (13) nach ihrer Größe sortiert und den entsprechenden Bruchwahrscheinlichkeiten zugeordnet. Die Regressionsanalyse
wird dann zunächst mit einem Schätzwert für n durchgeführt, wobei als Ergebnis der Regressionsanalyse ein neuer n-Wert bestimmt wird, der durch
Iteration bis zur Konvergenz verändert wird. In kraftgesteuerten Versuchen
wurden bei Raumtemperatur 3 große RBSN-Chargen (bis zu 400 Proben) bei unterschiedlichen Belastungsgeschwindigkeiten hinsichtlich ihrer Festigkeit getestet. Dabei wurden Spannungsanstiegsgeschwindigkeiten zwischen $14,7\cdot10^{-3}$
und $53,1\ \text{N/mm}^2\text{s}$ verwendet.

Materialien, die dem unterkritischen Rißwachstum unterliegen, zeigen unter
zyklischer Beanspruchung Ermüdungserscheinungen. Dabei stellt sich die Frage,
ob durch die Wechsellast ein spezifischer Ermüdungseffekt verursacht wird,
der über die Wirkung der auch im statischen Versuch beobachteten langsamen
Rißausbreitung hinausgeht. Diese Fragestellung wurde zum Anlaß genommen, zu
prüfen, inwieweit die bei der zyklischen Beanspruchung festgestellte Ermüdung mit der aus statischen Versuchen vorausberechneten Bruchlastspielzahl
übereinstimmt. Wenn angenommen wird, daß unter zyklischer und unter statischer Belastung derselbe Ermüdungsmechanismus wirkt und daß analog zu Gl. (4)
der Rißfortschritt pro Lastspiel da/dN durch die Gleichung

$$(14) \qquad \frac{da}{dN} = A^*(\Delta K_I)^{n^*}$$

bestimmt wird, dann läßt sich die Zeit bis zum Bruch im zyklischen Versuch
t_z in guter Näherung aus der Lebensdauer bei statischer Belastung t_s durch die
Einführung einer frequenzunabhängigen Funktion g [7] bestimmen:

$$(15) \qquad t_z = t_s \; \frac{1}{g} \left(\frac{\sigma_s}{\sigma_m} \right)^n$$

$$\text{wobei} \qquad g(n,\sigma_a,\sigma_m) = \frac{1}{T} \int_0^T \left(\frac{\sigma(t)}{\sigma_m} \right)^n dt$$

und σ_m und σ_a der Mittelwert bzw. die Amplitude der Spannung im zyklischen
Versuch, σ_s die Spannung im statischen Versuch und T die Periode ist. Bei
einem sägezahnartigen Spannungsverlauf, der in diesem Versuchsprogramm auf
einer statischen Prüfmaschine mit der Frequenz von 1 Hz durchgeführt wurde,
erhält die Funktion g den Wert

$$(16) \qquad g(n,\sigma_a,\sigma_m) = \frac{\sigma_m}{2(n+1)\,\sigma_a} \left[\left(\frac{\sigma_m+\sigma_a}{\sigma_m} \right)^{n+1} - \left(\frac{\sigma_m-\sigma_a}{\sigma_m} \right)^{n+1} \right]$$

Die Versuche wurden bei Raumtemperatur bis zu einer Lastspielzahl von maximal 10^5 ausgedehnt. Dabei wurden die Proben mit dem in Bild 1 gezeigten Auflager im Biegeschwellversuch getestet. Die minimale Spannung betrug bei allen

Versuchen 60 N/mm^2, als maximale Spannung wurden Werte von 260 bis 200 N/mm^2 gewählt. Die gemessenen Werte für die Lebensdauer wurden entsprechend Gl. (15) mit statischen Werten verglichen. Bei Raumtemperatur wurden zwar keine Lebensdauerwerte unter konstanter Last bestimmt; diese lassen sich jedoch mit den Ergebnissen, die mit konstanter Belastungsgeschwindigkeit erhalten wurden, wie folgt einfach in Beziehung setzen.

Die Verknüpfung der Gl. (4) und (5) führt ähnlich Gl. (7) zu

$$(17) \qquad A \int_0^{t_s} \sigma^n \, dt = \int_{a_i}^{a_c} \frac{da}{Y^n a^{n/2}}$$

Als Lösung ergibt sich mit den auch bei Gl. (7) benutzten Näherungen und Einführungen

$$(18) \qquad t_s \sigma_s^n = B \sigma_c^{n-2} = C = const$$

Um bei konstanter Belastungsgeschwindigkeit die jeweiligen zur Spannung σ gehörenden Lebensdaueranteile bestimmen zu können, wird Gl. (18) in Integralform geschrieben

$$(19) \qquad 1 = \int_0^t \frac{\sigma^n}{C} \, dt$$

Die Lebensdauer t_s unter konstanter Spannung $\sigma_s = \sigma_B$ soll verglichen werden mit der Belastungszeit t_d, während der eine Probe mit der Festigkeit σ_B unter konstanter Belastungsgeschwindigkeit $\dot\sigma$ bis zum Bruch belastet wird.

Durch Einsetzen von $\dot\sigma = \dfrac{d\sigma}{dt} = \dfrac{\sigma_B}{t_d}$

und Gl. (18) folgt aus Gl. (19)

$$(20) \qquad 1 = \int_0^{\sigma_B} \frac{t_d \, \sigma^n}{t_s \, \sigma_B^{n+1}} \, d\sigma$$

und daraus

$$(21) \qquad t_s = \frac{t_d}{n+1}$$

Dieser Zusammenhang ist für den bereits eingeführten Fall $\sigma_s = \sigma_B$ in Gl. (22) enthalten, die durch Kombination der Gl. (9) und (18) erhalten wird.

$$(22) \qquad t_s = \frac{\sigma_B^{\,n+1}}{(n+1)\,\sigma_s^{\,n}\,\dot{\sigma}}$$

Bei hohen Temperaturen wurden neben den Kriechversuchen, deren Meß- und Auswertemethoden bereits früher beschrieben wurden [8,9,10], Lebensdauerbestimmungen unter statischer Belastung durchgeführt. Maximale Versuchszeiten von etwa 50 h im Zeitstandversuch und einigen 100 h im Kriechversuch wurden realisiert. Während im Kriechversuch die Verformungsgeschwindigkeiten einzelner Proben analysiert werden, können die Rißausbreitungsparameter nach Logarithmieren von Gl. (18) durch eine Regressionsanalyse einer Reihe von Versuchen bei unterschiedlichen statischen Beanspruchungen ermittelt werden.

Die thermischen Zyklierversuche wurden in einer automatisch arbeitenden Anlage durchgeführt. Die Proben sind senkrecht in einem Probenhalter aus Aluminiumoxidfasermaterial angeordnet. Dieser wird hydraulisch in den heißen Ofen eingeschoben und wieder abgesenkt. Ein Oxidationszyklus umfaßt 15 Minuten Glühung bei Testtemperatur und 15 Minuten Raumtemperatur. Die Proben kühlen in 3 Minuten unter die Cristobalitumwandlungstemperatur von ca. 210°C ab. Bis zu jeweils 1000 solcher Oxidationszyklen wurden durchgeführt. Die anschließende Messung der Biegefestigkeit erfolgte bei RT mit einer Belastungsgeschwindigkeit von 1,07 N/mm²s.

3. Ergebnisse

Die Festigkeitsverteilung im Anlieferungszustand und ihre Abhängigkeit von der Belastungsgeschwindigkeit wurden an 3 RBSN - Materialien bei Raumtemperatur gemessen. Die sich für das Material 3 nach Gl. (1) ergebenden Verteilungen sind für 3 Belastungsgeschwindigkeiten in <u>Bild 6</u> aufgetragen. Die Abhängigkeit der mittleren Festigkeit $\bar{\sigma}$ und des Medianwertes $\tilde{\sigma}$ von der Belastungsgeschwindigkeit ist für dieses Material zusammen mit den Werten für die Chargen 1 und 4 in <u>Bild 7</u> dargestellt. <u>Bild 8</u> zeigt die Ergebnisse der trivarianten iterativen Regression nach Gl. (13). Alle Ergebnisse der Versuche mit dynamischer Beanspruchung sind in <u>Tabelle 1</u> zusammengestellt. Daraus wird deutlich, daß die untersuchten Materialien bei stark unterschiedlicher mittlerer Festigkeit ähnliche Weibull-Exponenten aufweisen. Besonders das Material 3 läßt auch bei Raumtemperatur eine deutliche Abhängigkeit der Festigkeit von der Belastungsgeschwindigkeit erkennen, die sich in einem n-Wert von etwa 50 ausdrückt. Diese Abhängigkeit ist beim Material 4 wesentlich schwächer ausgeprägt und verschwindet beim Material 1 im statistischen Fehler, wobei durch die trivariante Regressionsanalyse ein n-Wert von 108,5 ermittelt wird. Eine Regression über die Mittelwerte der Festigkeit (s. Bild 7) ergibt für dieses Material keine sinnvollen Werte und führt bei den übrigen Materialien zu höheren n-Werten als bei der trivarianten Regression über alle Einzelwerte.

Das Material mit dem kleinsten n-Wert (Material 3) wurde bei Raumtemperatur einer zyklischen Beanspruchung bis zu 10^5 Zyklen unterworfen, bei einer Frequenz von 1 Hz. Die sich bei Oberspannungen von 200...260 N/mm^2 (Unterspannung = 60 N/mm^2 = konstant) ergebenden Bruchlastspielzahlen sind in <u>Bild 9</u> aufgetragen. Dabei zeigt sich eine deutliche Abnahme der Bruchlastspielzahl mit zunehmender Oberspannung, was auf einen Ermüdungseffekt hinweist. Mit der starken Absenkung der Oberspannung auf 200 N/mm^2 sollte geprüft werden, ob dieser Ermüdungseffekt bei kleineren Spannungsausschlägen ausbleibt, bzw. ob an überlebenden Proben ein Abfall der ursprünglichen Festigkeit nachzuweisen ist. Es stellte sich jedoch heraus, daß auch bei dieser relativ kleinen Oberspannung von den 20 getesteten Proben 7 bei einer Lastspielzahl kleiner 10^5 versagten. Offensichtlich ist bei einer Oberspannung von 200 N/mm^2 noch nicht die Spannungsamplitude erreicht, bei der keine Ermüdung des Materials mehr auftritt. Die 13 Durchläufer aus dieser Versuchsserie wurden auf ihre Restfestigkeit getestet. Parallel hierzu wurde die Festigkeit von 20 Proben, die keiner Schwingbelastung unterworfen worden waren, unter identischen Prüfbedingungen getestet. Der Vergleich der 13 höchsten Festigkeitswerte dieser Serie mit der Restfestigkeit der Durchläufer ergab für die Proben ohne zyklische Belastung einen Festigkeitsmittelwert von 283,6 N/mm^2, während der Mittelwert der Proben nach 10^5 Lastspielen 272,6 N/mm^2 erreicht. Der Unterschied zwischen beiden Werten liegt im Bereich der für dieses Material bestimmten Standardabweichung .

Die gemessene Lebensdauer im zyklischen Versuch, bzw. die ermittelten Bruchlastspielzahlen sollten mit den Werten verglichen werden, die aus den gemessenen Lebensdauerergebnissen unter statischer Belastung mit Hilfe der
Gl. (15) vorausberechnet werden können. Da bei RT keine Messungen unter
statischer Beanspruchung durchgeführt wurden, wurde zunächst entsprechend
Gl. (21) die Lebensdauer im statischen Versuch t_s aus der sich bei konstanter Belastungsgeschwindigkeit ergebenden Versuchszeit t_d berechnet. Gl. (15)
gestattet dann die Vorausberechnung von zyklischen Lebensdauerwerten, bzw.
Bruchlastspielzahlen, die in Bild 9 zusammen mit den experimentell bestimmten
Lastwechseln aufgetragen sind. Der Vergleich dieser Werte macht deutlich, daß
die gemessenen mittleren Bruchlastspielzahlen bei allen Spannungsamplituden
um etwa eine Größenordnung kleiner sind als die vorausberechneten Werte. Dabei ist insbesondere daraufhinzuweisen, daß sämtliche Einzelwerte der Bruchlastspielzahlen unter den vorausberechneten Mittelwerten liegen. Es kann geschlossen werden, daß dem zyklischen Versuch eigene Ermüdungsmechanismen
wirksam sind, die zum beschleunigten Versagen der Proben führen und infolgedessen in ihrer Auswirkung auf die Lebensdauer aus statischen Versuchsergebnissen z.B. durch einfache Gleichsetzung von n und n^*, s. Gl. (4 und 14)
nicht ohne weiteres zu bestimmen sind. Inwieweit diese Aussagen auch für
andere Materialien aus der Gruppe der nichtoxidischen Keramiken gelten, muß
weiteren Untersuchungen vorbehalten bleiben.

Das bei Raumtemperatur besonders stark ermüdende Material 3 wurde auch bei
hohen Temperaturen hinsichtlich seiner Zeitstandfestigkeit geprüft. Dabei
wurden bisher ausschließlich statische Belastungsfälle untersucht, die entsprechend Gl. (18) die Ermittlung der unterkritischen Rißausbreitungsparameter gestatten. Dynamische und zyklische Beanspruchungen müssen in der Zukunft auch bei hohen Temperaturen realisiert werden. In <u>Bild 10</u> sind die bei
1300°C gemessenen Werte der Lebensdauer in Abhängigkeit von der Spannung aufgetragen. Die sich dabei ergebende Heißbiegefestigkeit unter zügiger Belastung
mit einer Belastungsgeschwindigkeit von 6,8 N/mm^{2}s hat einen Mittelwert von
250,1 N/mm^2, der geringfügig unter dem entsprechenden Wert bei Raumtemperatur (266,5 N/mm^2, s. Bild 8) liegt. Mit Gl. (18) wird aus den 32 Einzelmessungen ein n-Wert von 43 bestimmt; gegenüber den bei Raumtemperatur ermittelten Werten ist damit ein Absinken des n-Wertes festzustellen, was sich
in einem steileren Verlauf der Zeitstandsgeraden ausdrückt.

Die Untersuchung des Kriechverhaltens der hier vorgestellten Materialien ergab folgende Ergebnisse. RBSN unterschiedlicher Herkunft und Qualität zeigt

nach wie vor stark unterschiedliche Kriecheigenschaften. So wurden bei 1400°C und 100 N/mm^2 Unterschiede in der Kriechgeschwindigkeit von nahezu 2 Größenordnungen gemessen (Bild 11). Dabei zeigt das Material 3 die höchste Kriechgeschwindigkeit unter den untersuchten Materialen; nach einem Übergangsbereich wird hier bei 1400°C und 100 N/mm^2 eine minimale Kriechgeschwindigkeit von $2,3 \cdot 10^{-4}$ h^{-1} gemessen. Wie auch früher beschrieben [10], ist die Kriechbruchdehnung sehr gering; sie wurde an vielen Proben des Materials 3 bestimmt und liegt immer im Bereich von $2 \cdot 10^{-3}$.

In Bild 12 ist das Kriechverhalten einer Probe (Material 3) im Spannungswechselversuch aufgetragen, die kurz nach der Spannungserhöhung auf 130 N/mm^2 gebrochen ist. Die minimalen Kriechgeschwindigkeiten bei den einzelnen Spannungen lassen entsprechend der Gleichung $\dot{\varepsilon}$ = const. $\cdot \sigma^{n_k}$ die Ermittlung des Spannungsexponenten n_k der Kriechgeschwindigkeit zu, der für das Material 3 den Wert 0,92 annimmt. Der Bruch der Probe unter einer Spannung von 130 N/mm^2 nach etwa 150 h Kriechbelastung zeigt, daß die Kriechverformung mit einer fortschreitenden Schädigung des Materials verbunden ist, die zu einem Abfall der Festigkeit führt.

Die Festigkeit von RBSN kann durch Glühen in oxidierender Atmosphäre stark verändert werden. Die Bilder 13 und 15 zeigen die Raumtemperaturfestigkeit nach zyklischer Oxidation bei 1260 und 1000°C. Ergänzend dazu geben die Bilder 14 und 16 die auf die geometrische Oberfläche der Proben bezogene Massenzunahme nach den Oxidationszyklen wieder.

Die Mehrzahl der untersuchten Materialien zeigt nach den ersten Oxidationsversuchen einen Anstieg der Festigkeit, was auf das Ausheilen von Oberflächenfehlern zurückgeführt werden kann. Mit zunehmender Zyklenzahl wird eine deutliche Abnahme der RT-Festigkeit beobachtet. Meist liegen die Festigkeitswerte nach vielen Oxidationszyklen unter der Festigkeit im Anlieferungszustand. Eine Ausnahme bilden die Materialien 2 und 5. Material 2 zeigt, allerdings auf einem niedrigen Festigkeitsniveau, nur eine sehr geringe Abhängigkeit von der Zyklierung. Material 5 zeigt bei 1260°C und 1000°C eine Tendenz zur Ausheilung von Fehlern. Die Materialien 3 und 4 erfahren nach einem Abfall der Festigkeit nach 60 Zyklen wieder einen Festigkeitsanstieg.

Die Massenzunahme ist bei den Materialien 3 bis 5 gering. Es treten keine gravierenden Unterschiede auf. Eine erhebliche Massenzunahme zeigen die Materialien 1 und 2, wobei insbesondere der hohe Wert von fast 11 mg/m^2 bei 1000°C (Material 1) auffällt.

4. Diskussion

Die Streuung der Festigkeit von RBSN in heutiger Qualität ist durch Weibull-Exponenten gekennzeichnet, die bei Werten von 12 bis 15 liegen. Das Niveau der Festigkeit ist dabei nach wie vor sehr unterschiedlich hoch. Bruchauslösende Fehler an der Oberfläche und im Gefüge sind meistens eindeutig festzulegen, die Bestimmung der effektiven Größe der kritischen Fehler gelingt jedoch nur in wenigen Fällen. Die lichtmikroskopische Betrachtung von Anschliffen reicht allein zur Gefügecharakterisierung nicht aus; sie kann vielmehr einen verfälschenden Eindruck erwecken, wie aus <u>Bild 17</u> hervorgeht, in dem die Gefügeaufnahmen der betrachteten 5 RBSN-Sorten dargestellt sind. Das relativ gleichmäßige und vollständig durchnitridierte Gefüge des Materials 1 ist in seiner Festigkeit den Materialien 2 und 5 vergleichbar, die sehr große Poren (Material 2) und erhebliche Mengen unreagierten Siliziums enthalten. Die großen Fe-Gehalte des Materials 1 führen zur raschen Durchnitridierung des gesamten Gefüges, wobei eine ungünstige Gefügestruktur entstehen kann, die durch Bereiche stark unterschiedlicher Dichte und eine weitgehend offene Porenstruktur zu kennzeichnen ist. Die Ergebnisse der Hg-Porosimetrie (<u>Bild 18</u>) sind deswegen im Zusammenhang mit den Angaben in <u>Tabelle 2</u> zu sehen, woraus deutlich wird, daß für das Material 1 nahezu die gesamte Porosität durch die in Bild 18 gezeigte Hohlraumvolumenverteilung beschrieben wird, während in anderen Materialien bis zu 70% der Porosität im Hg-Eindringversuch (bis 1400 bar) nicht erfaßt werden. Der Grund für dieses Ergebnis liegt darin, daß der Großteil der das Gefügeinnere erschließenden Porenradien sehr klein ($< 0,007 \mu$m) ist oder große Teile der Porosität geschlossen vorliegen. Beim Material 3 ist davon auszugehen, daß ein großer Anteil der Makroporen von dichten Bereichen umschlossen ist, die durch Aufschmelzvorgänge entstanden sein können. Die direkte Auswirkung dieser Porencharakteristik auf das Oxidationsverhalten zeigt sich in der starken Oxidationsanfälligkeit des Materials 1 (große Mikroporenradien und große offene Porosität) im Gegensatz zur hohen Oxidationsbeständigkeit von Material 3 (geringe offene Porosität). In dieser Hinsicht ist auch der Einfluß der zyklischen Oxidation auf die Raumtemperaturfestigkeit zu interpretieren, der vor allem beim stark oxidationsanfälligen Material besonders ausgeprägt ist. Die bekannten Rißbildungsmechanismen aufgrund des unterschiedlichen thermischen Ausdehnungsverhaltens von Si_3N_4 und der sich bildenden Cristobalitschichten führen hier zu dem gemessenen Festigkeitsabfall. Die Tatsache des Festigkeitsanstiegs des Materials 5 ist auf Ausheilvorgänge wie z.B. Abrundungseffekte an der Riß-

spitze zurückzuführen, die bei 1260°C schnell, bei 1000°C langsamer ablaufen.
Bei dem enormen Festigkeitsabfall des Materials 3, das eine sehr gute Oxidationsbeständigkeit zeigt, ist zusätzlich auf den hohen Ca-Gehalt dieses Ma-
terials zu verweisen. Es muß angenommen werden, daß dieser Ca-Gehalt zur
Bildung niedrigviskoser Silikatphasen führt, die an der zur Ermüdung und
Hochtemperaturverformung führenden Prozessen wesentlichen Anteil haben [11].
Dadurch wird auch die deutlich höhere Kriechgeschwindigkeit (Bild 11) und
der Festigkeitsabfall unter statischer Last (Bild 10) dieses Materials erklärt. Es kann weiter davon ausgegangen werden, daß das Vorhandensein solcher
Korngrenzenphasen auch bei Raumtemperatur zu Effekten des Festigkeitsverlustes und der Ermüdung führt. Wie in den Bildern 7 und 8 sowie in Tabelle 1
gezeigt, hat dieses Material bei Raumtemperatur einen unterkritischen Rißausbreitungsparameter n von 50, der sich bei 1300°C auf 43 verändert. Der
Wert bei Raumtemperatur wird für RBSN gewöhnlich mit n $\geq$ 100 angegeben, was
für das Material 1 ebenfalls gemessen wurde. Es wurden jedoch bereits früher
Untersuchungen bekannt, in denen für RBSN bei Raumtemperatur n-Werte von 70
[12] , 57 und 59 [13], 56,8 [6] und etwa 85 [14] bestimmt wurden. Dabei wurden, sofern die Ergebnisse genügend abgesichert waren, Umgebungseinflüsse
z.B. durch Spannungskorrosion sowohl ausgeschlossen als auch bestätigt; ein
solcher Einfluß wurde jedoch lediglich bei "as-fired" - Proben gefunden, woraus geschlossen werden konnte, daß Oxidschichten im Oberflächenbereich für
den Festigkeitsabfall durch Spannungskorrosion verantwortlich sind. Die unterschiedliche Anfälligkeit der von uns untersuchten Proben weist darüberhinaus
auf die außerordentlich starke Bedeutung von alkalischen Verunreinigungen hin.

Die grundsätzliche Berechenbarkeit zyklischer Ermüdungsdaten aus Ergebnissen der statischen Versuchsführung wurde an einem Material gezeigt. Die
dabei gesetzte Voraussetzung der Wirksamkeit eines einzigen Mechanismus für
den gesamten Ermüdungsbereich ist bisher aufgrund der zu kleinen Datenbasis
noch nicht zu verifizieren. Die etwas geringere Lebensdauer im zyklischen
Versuch, als aufgrund der statischen Werte zu erwarten, läßt jedoch die
Möglichkeit offen, daß durch die zyklische Beanspruchung eine Beschleunigung
des Festigkeitsabfalls erfolgt. Dieses Verhalten muß Gegenstand weiterer
Untersuchungen sein.

Aufgrund der vorgelegten Ergebnisse sind für ein verbessertes RBSN
Fortschritte in der Technologie und der Reproduzierbarkeit zu fordern, deren
Realisierung vom bisher erreichten Entwicklungsstand aus gesehen sicher

möglich ist. Die Entwicklungsschritte in dieser Richtung betreffen vor allem
die Reinheit des Materials und die Homogenität des Gefüges, wobei eine hohe
Dichte mit möglichst kleinen Porenradien verbunden sein sollte.

5. Danksagung

Die Autoren danken dem Bundesministerium für Forschung und Technologie für
die gewährte Förderung. Die Herren K.H. Mayer, P. Ernst, G. Czuck, M. Kuntz
und S. Gerhard waren an diesen Untersuchungen mit Studien- oder Diplomarbei-
ten beteiligt. Für die keramographischen Arbeiten und für technische Assi-
stenz sei Frau E. Martin und Frau G. Braun gedankt.

6. Schrifttum

[1] MANGELS, J.A.   The effect of silicon purity on the strength
                          of reaction-bonded Si_3N_4.

                          J. Mater. Sci. <u>15</u> (1980), S. 2132 –2135

[2] DWORAK, U.   Gasturbinenbauteile aus spritzgegossenem RBSN,
     OLAPINSKI, H.   Material- und Bauteilentwicklung.
     MUELLER, N.
                          Dieser Band
     LANGE, E.

[3] STYHR, K.H. Si_3N_4 - Bauteilentwicklung bei Garrett
                          Airesearch. Vortrag beim 2. Statusseminar
                          "Keramische Komponenten für Fahrzeug-Gas-
                          turbinen",

                          Bad Neuenahr, 24. - 26. Nov. 1980

[4] THUEMMLER, F.   Die keramischen Hochtemperaturwerkstoffe Si_3N_4
                          und SiC.

                          1. Statusseminar "Keramische Komponenten für
                          Fahrzeug-Gasturbinen",

                          Hrsg.: Bunk, W. und Böhmer, M. - Berlin,
                          Heidelberg, New York: Springer 1978, S. 45 - 79

[5]   SIVILL, A.D.   The development and application of a sta-
                                   tistical basis for the design of brittle
                                   components.

                                   Ph. D. Thesis, University of Nottingham,
                                   1974

[6]   JAKUS, K.   Analysis of fatigue data for lifetime pre-
        COYNE, D. C.   dictions for ceramic materials.
        RITTER Jr., J.E.   J. Mater. Sci. $\underline{13}$ (1978), S. 2071 - 2080

[7]   EVANS, A.G.   Crack propagation in ceramic materials un-
        FULLER, E.R.   der cyclic loading conditions.

                                   Met. Trans. Vol. 5 (1974), S. 27 - 33

[8]   THUEMMLER, F.
        GRATHWOHL, G.   Creep of ceramic materials for gas turbine
                                   application.

                                   AGARD Rep. Nr. 651 (1976)

[9]   GRATHWOHL, G.   Creep of reaction-bonded silicon nitride.
        THUEMMLER, F.   J. Mater. Sci. $\underline{13}$ (1978), S. 1177 -1186

[10]   GRATHWOHL, G.   Interaction between creep, oxidation and
        THUMMLER, F.   microporosity in reaction-bonded silicon
                                   nitride.

                                   Ceramurgia International $\underline{6}$ (1980) S. 43-50

[11]   PORZ, F.   Charakterisierung von RBSN und Verhalten
        GRATHWOHL, G.   unter HT-Bedingungen.
        THUEMMLER, F.   Science of Ceramics 10, Berchtesgaden,
                                   2. - 4. Sept. 1979

[12]   DAVIDGE, R.W.   Strength parameters relevant to engineering
        TAPPIN, G.   applications for reaction-bonded silicon
        McLAREN, J.R.   nitride and REFEL silicon carbide.

                                   Powder Met. Int. $\underline{8}$ (1976), S. 110 - 114

372

[13]   McHENRY, K.D.   Low-temperature subcritical crack growth
       YONUSHONIS, T.   in SiC and Si$_3$N$_4$.
       TRESSLER, R.E.   J. Am. Ceram. Soc. <u>59</u> (1976), S. 262 f.

[14]   GULDEN, M.E.   Stress Corrosion of silicon nitride.
       METCALFE, A.G.   J. Am. Ceram. Soc. <u>59</u> (1976), S. 391 –
                            396. s.a. Ref. 3 in [13].

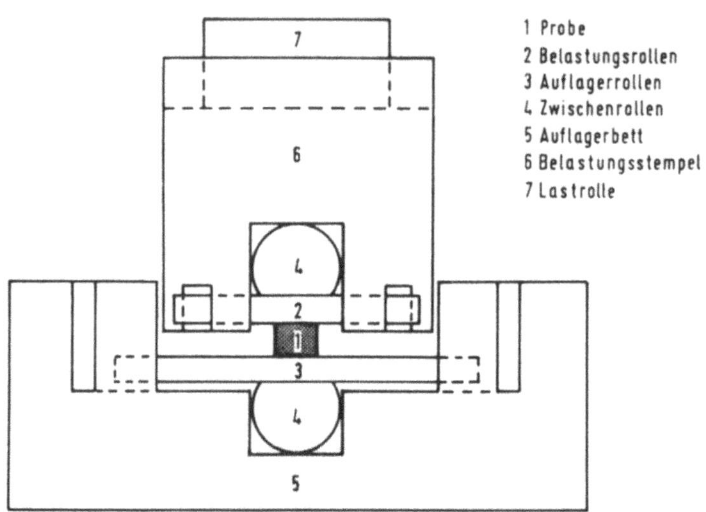

__Bild 1__   Vierpunktbiegevorrichtung

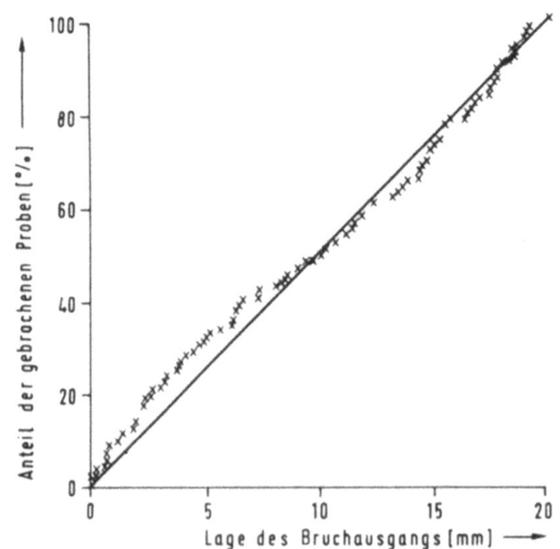

__Bild 2__   Summenverteilung der gebrochenen
Proben über dem Ort des bruchauslösenden Fehlers (O bzw. 20mm entsprechen dem linken bzw. rechten
inneren Auflager)

374

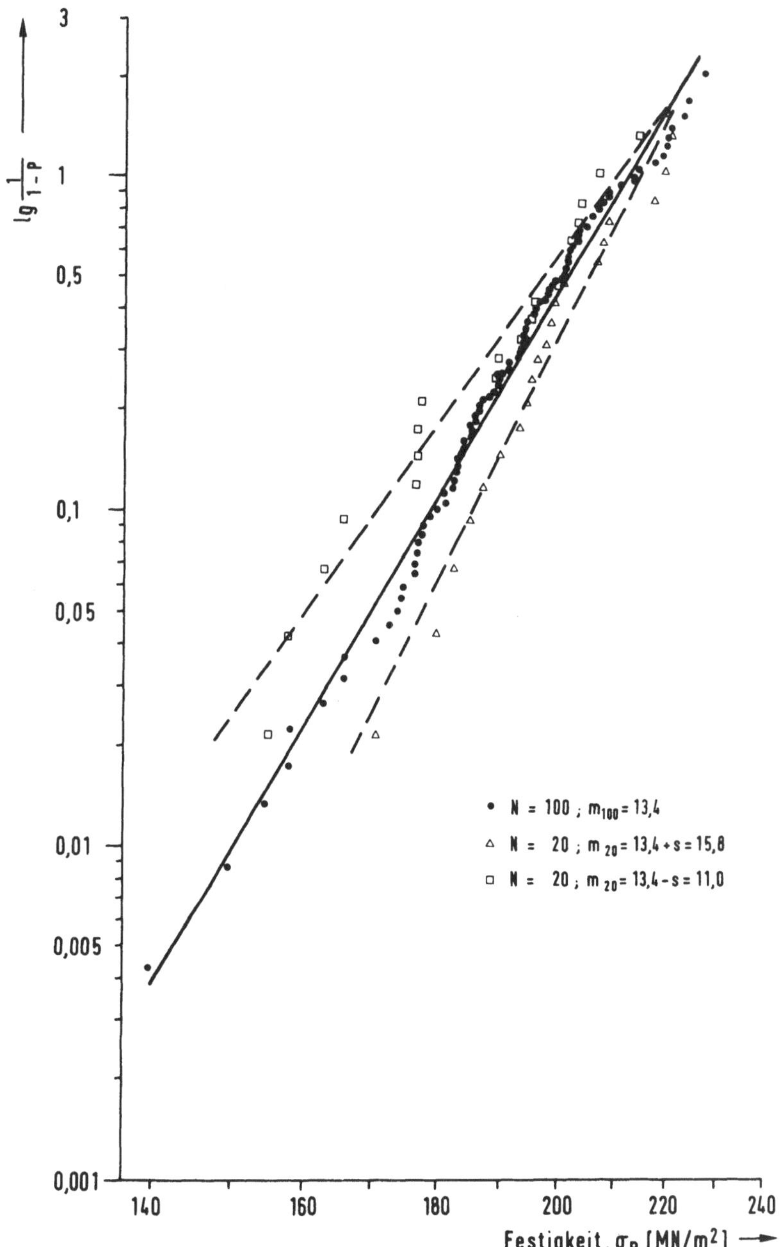

<u>Bild 3</u>   Festigkeitsverteilungen von RBSN (Material 1)

375

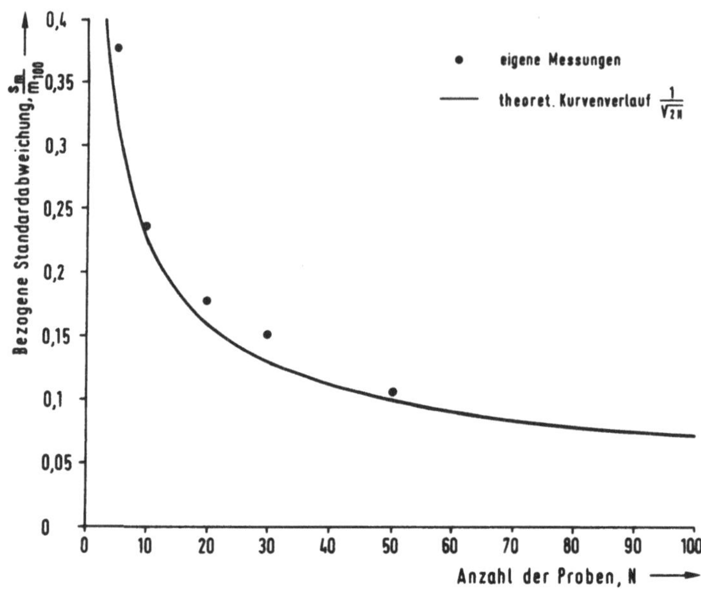

Bild 4   Abhängigkeit der bezogenen Standardabweichung des Weibull-Exponenten von der Probenzahl N herausgegriffener Probenkollektive

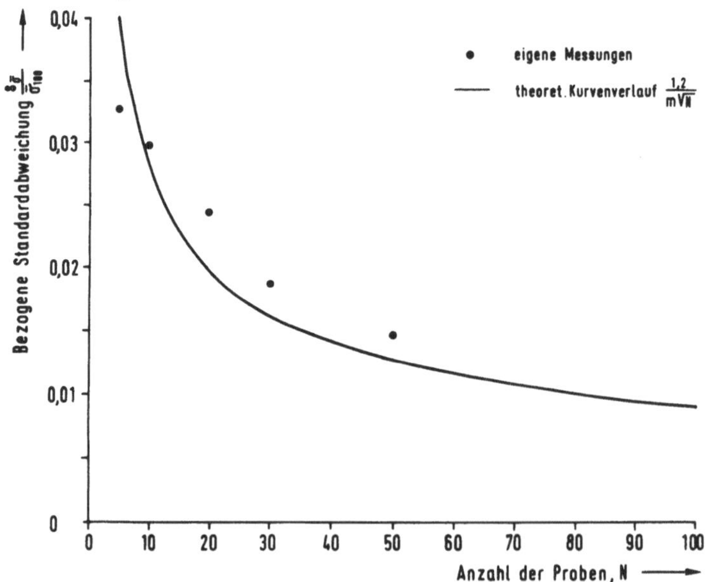

Bild 5   Abhängigkeit der bezogenen Standardabweichung der mittleren Festigkeit von der Probenzahl N herausgegriffener Probenkollektive (m = 13.4)

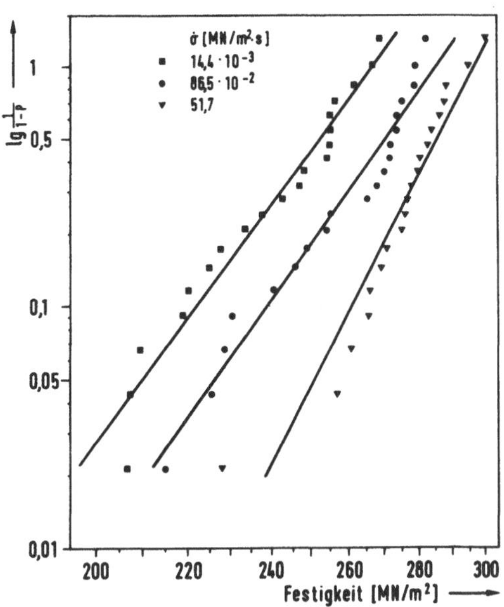

Bild 6   Festigkeitsverteilungen von RBSN (Material 3) in Abhängigkeit von der Belastungsgeschwindigkeit

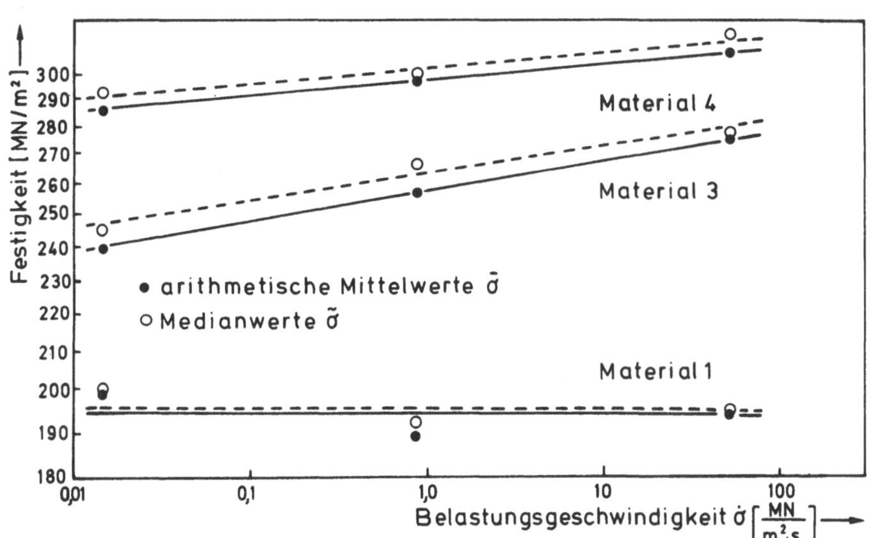

Bild 7   Festigkeit verschiedener RBSN-Materialien in Abhängigkeit von der Belastungsgeschwindigkeit bei Raumtemperatur

377

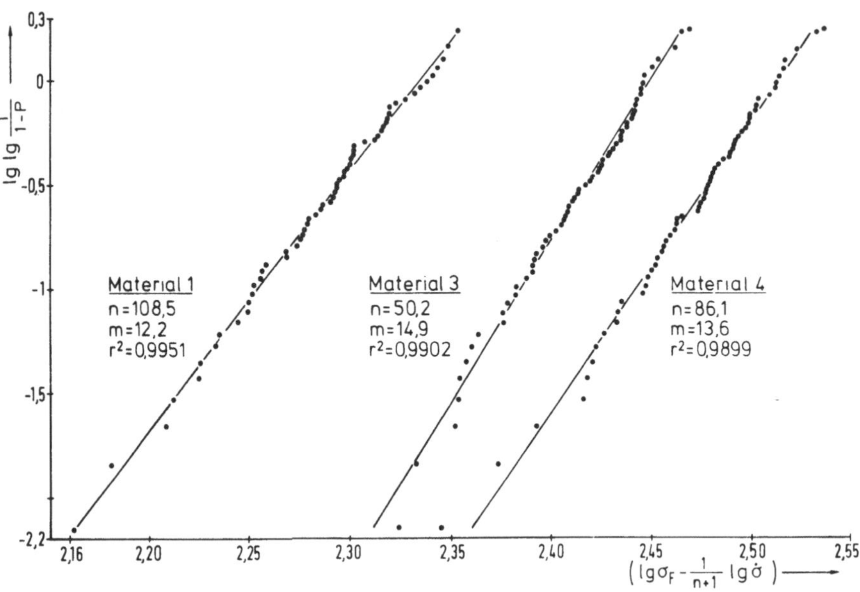

Bild 8 Trivariante Darstellung von Biegefestigkeitsversuchen an RBSN mit unterschiedlicher Belastungsgeschwindigkeit

	Material 1			Material 3			Material 4		
$\dot{\sigma}$ [MN/m²s]	$14,4\cdot10^{-3}$	0,865	51,7	$14,4\cdot10^{-3}$	0,865	51,7	$14,4\cdot10^{-3}$	0,865	51,7
$\overline{\sigma}$ [MN/m²]	199,5	188,6	195,1	239,7	257,4	275,1	284,8	295,9	306,4
s [MN/m²]	10,7	18,3	15,9	20,0	20,4	16,6	24,1	22,3	26,3
$\tilde{\sigma}$ [MN/m²]	199,7	192,0	196,2	244,6	266,4	277,2	291,4	298,7	313,6
m	19,8	10,8	12,9	12,6	13,0	17,7	12,5	13,5	11,6
bivariante Regression GL.(12) mit σ				n = 58,4 r²= 0,9996			n=111 r²= 0,9993		
bivariante Regression GL.(12) mit $\tilde{\sigma}$				n = 64,4 r²= 0,9577			n =110,6 r²= 0,9646		
trivariante Regression GL.(13)	n =108,5 m = 12,2 r²= 0,9951			n = 50,2 m =14,9 r²= 0,9902			n = 86,1 m = 13,6 r²= 0,9899		

Tabelle 1 Ergebnisse der Festigkeitsversuche unter dynamischer Beanspruchung für 3 RBSN-Materialien

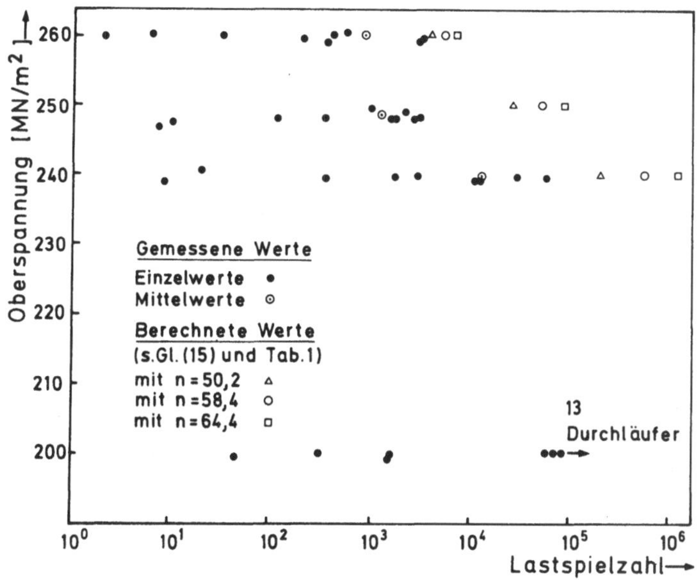

Bild 9   Vergleich gemessener und berechneter Bruchlastspiel-
          zahlen von RBSN (Material 3)

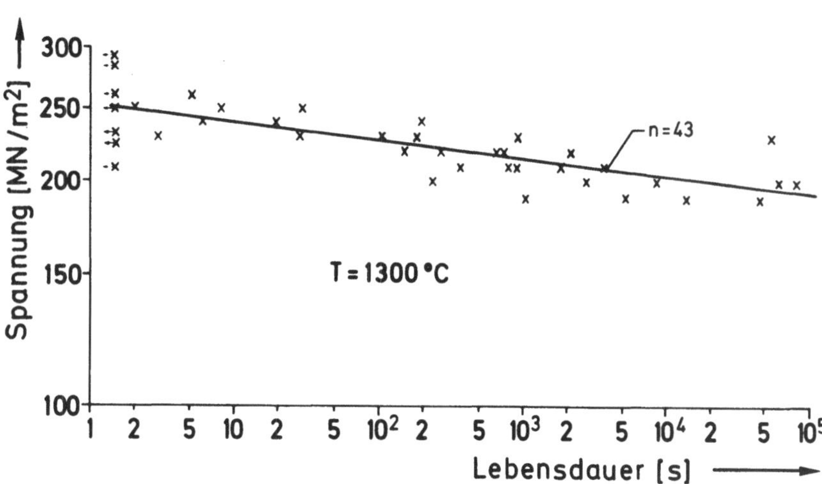

Bild 10   Lebensdauer von RBSN (Material 3) unter statischer Last

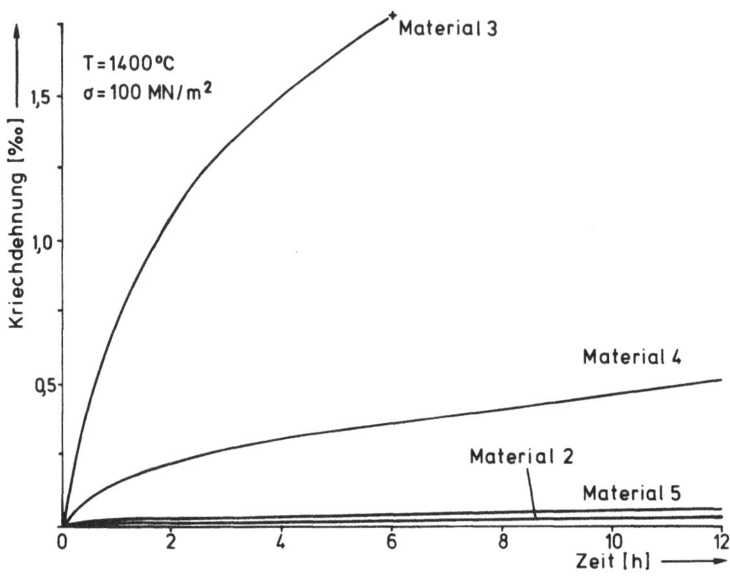

<u>Bild 11</u> Kriechkurven verschiedener RBSN–Materialien bei
1400° C, 100 MN/m²

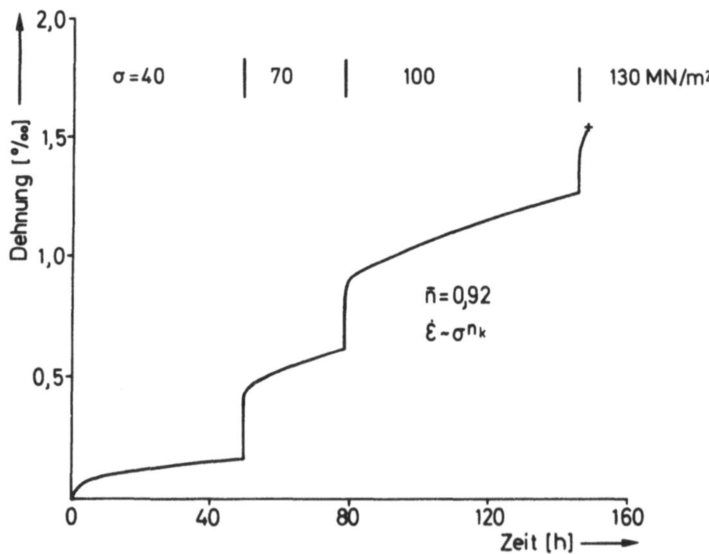

<u>Bild 12</u> Kriechverhalten von RBSN (Material 3) im Spannungs-
wechselversuch bei 1250° C

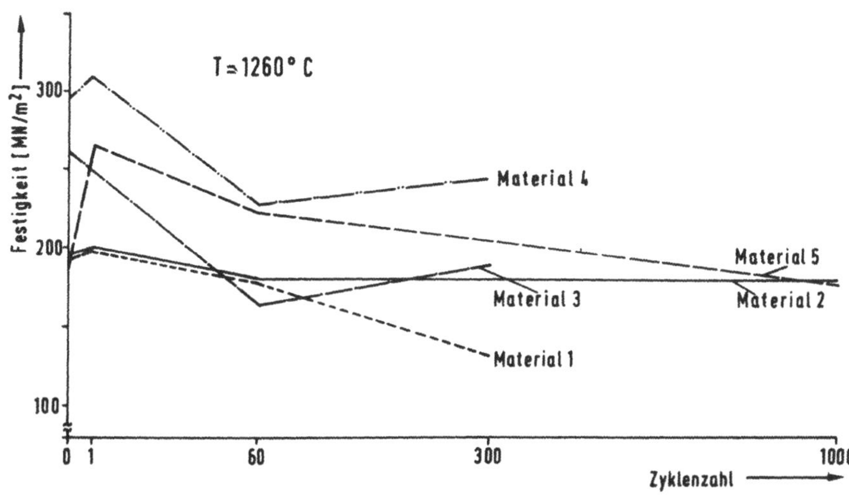

Bild 13   RT-Festigkeit von RBSN nach zyklischer Oxidation (1 Zyklus = 15 min bei 1260°C + 15 min RT)

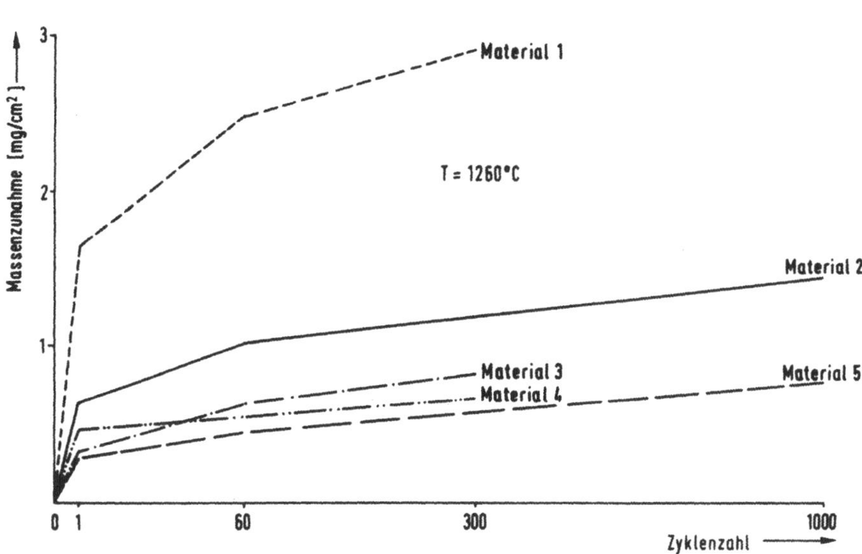

Bild 14   Massenzunahme von RBSN nach zyklischer Oxidation (1 Zyklus = 15 min bei 1260°C + 15 min RT)

381

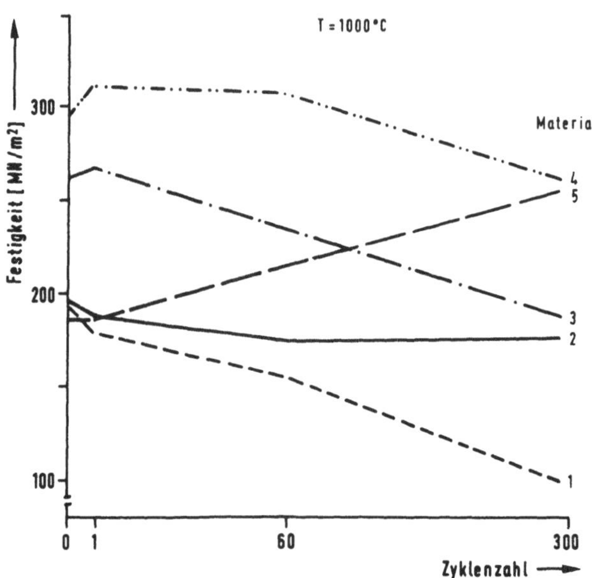

Bild 15 RT-Festigkeit von RBSN nach zyklischer Oxidation (1 Zyklus = 15 min bei 1000° C + 15 min RT)

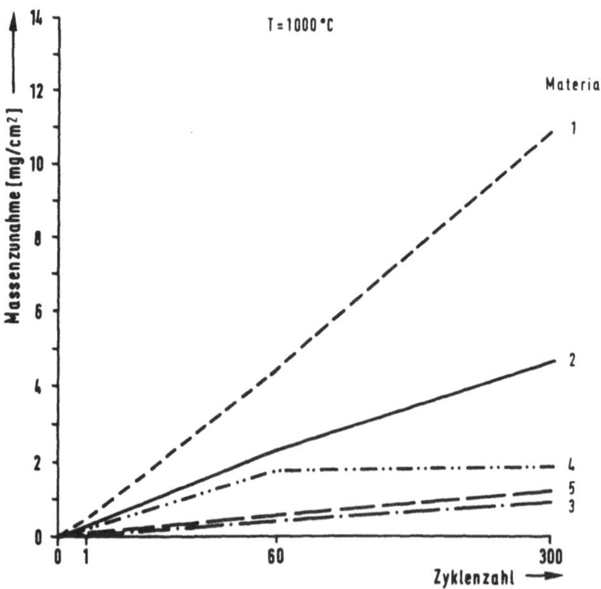

Bild 16 Massenzunahme von RBSN nach zyklischer Oxidation (1 Zyklus = 15 min bei 1000°C + 15 min RT)

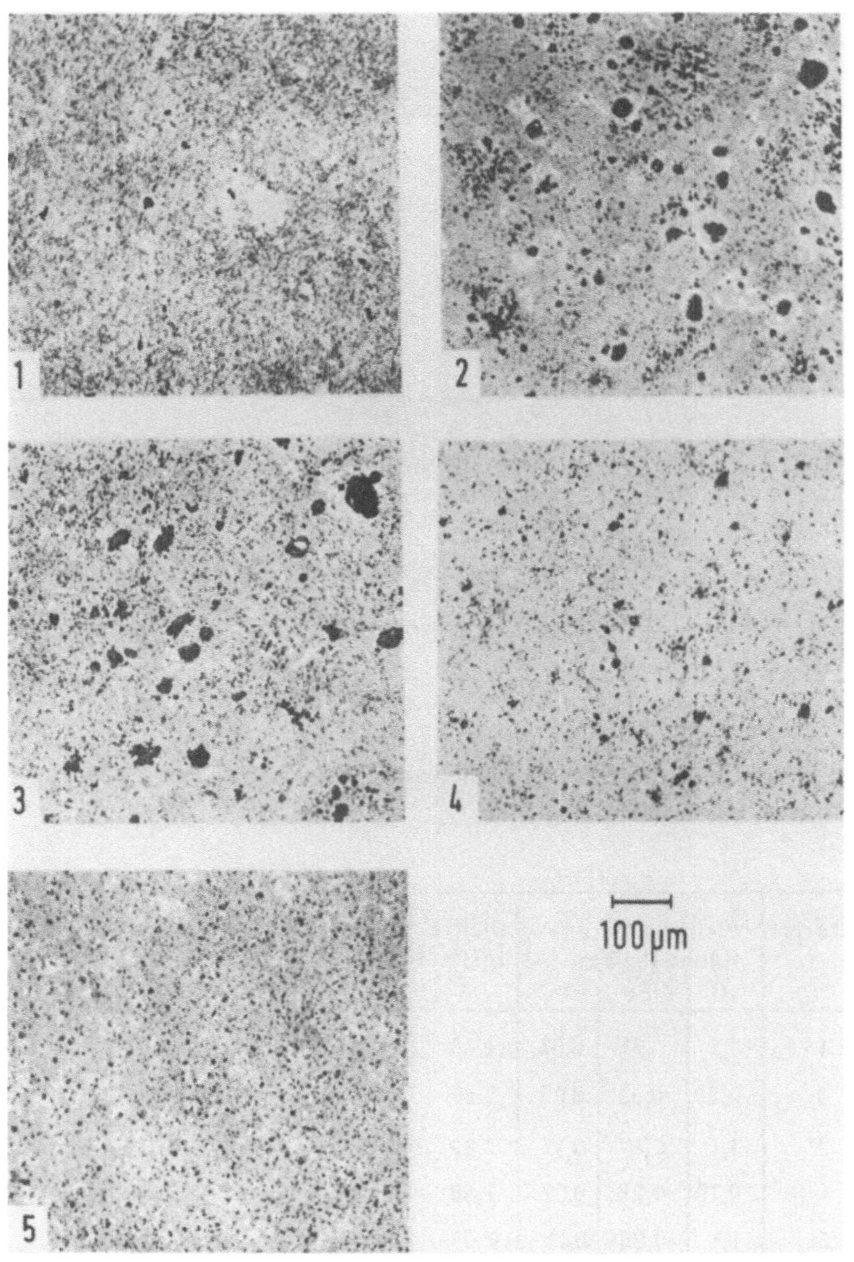

Bild 17 Lichtmikroskopische Gefügeaufnahmen von 5 verschiedenen RBSN-Materialien

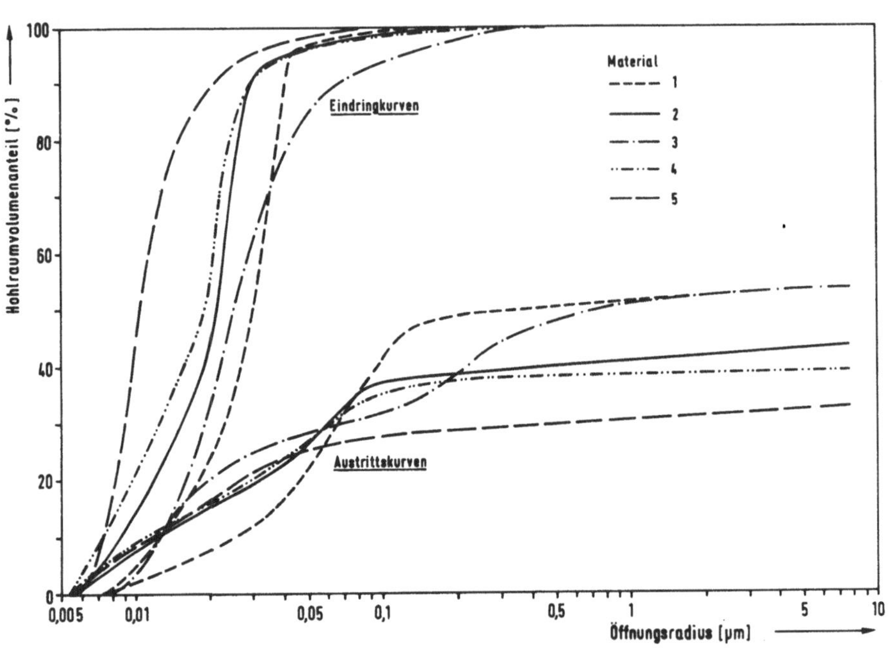

Bild 18 Hohlraumvolumenverteilungen (Hg-Porosimetrie) verschiedener
RBSN - Materialien

Material	wichtige Verun- nigungen [Gew-%]			Dichte [g/cm³]	offene Poro- sität [%]	offene Porosität Gesamtporosität
	O	Fe	Ca			
1	1,2	1,21	0,04	2,48	19,6	0,89
2	0,53	0,33	0,02	2,67	14,0	0,88
3	1,1	0,47	0,17	2,62	5,4	0,31
4	0,79	0,25	0,02	2,59	11,1	0,60
5	1,1	0,35	<0,01	2,57	9,1	0,47

Tabelle 2 Physikalische und chemische Daten 5 verschiedener RBSN -
Materialien

GASTURBINENBAUTEILE AUS SPRITZGEGOSSENEM

RBSN - MATERIALENTWICKLUNG

U. Dworak, H. Olapinski

Feldmühle Aktiengesellschaft
Plochingen

Einleitung

Anläßlich der Konferenz über "Ceramics for high Performance
Application and Reliability" in Orcas Island, USA vom 10. -
13. Juli 1979 wurde über das Oxidationsverhalten und die
mechanischen Eigenschaften von spritzgegossenem RBSN berichtet.

Es wurde gezeigt, daß homogene RBSN-Werkstoffe mit extrem
feiner Porosität eine ausgezeichnete Oxidationsbeständigkeit und gute mechanische Festigkeit nach Langzeitglühung
aufweisen.

Diese Mikroporosität, wie sie mit Hilfe der Quecksilber-
porosimetrie ermittelt wird, wird in **Bild 1** anhand verschiedener Werkstoffe unterschiedlicher Provinienz dargestellt.

(Die Messungen wurden im Institut für Werkstoffkunde II
der Universität Karlsruhe von Herrn Prof. Thümmler und
Mitarbeitern durchgeführt). Die Werkstoffe A + B repräsen-
tieren hierbei unseren Entwicklungsstand vom Jahre 1979.

In den Bildern 2 - 5 wird das Oxidationsverhalten der Werkstoffe 1, A + B bei 900 $^{\circ}$C bzw. 1260 $^{\circ}$C an ruhender Luft
gezeigt.

Werkstoff 1 (<u>Bild 2</u>) neigt aufgrund großer Porenkanäle und
der damit verbundenen leichten Zugänglichkeit des Proben-
innern für Luftsauerstoff zu starker innerer Oxidation.

Werkstoffvariante B (<u>Bild 3</u>) zeigt demgegenüber ein erheblich verbessertes Oxidationsverhalten insbesondere bei
1260 $^\circ$C. Bei 900 $^\circ$C kommt es noch zu merklichen Oxidations-
raten.

Erwartungsgemäß wurde beim RBSN A (<u>Bild 4</u>) mit den engsten
Porenkanälen eine ausgezeichnete Oxidationsbeständigkeit
ermittelt. Selbst bei 900 $^\circ$C wird keine Zunahme der inneren
Oxidation über die Zeit beobachtet.

Für die Anwendung des Werkstoffes RBSN als hochtemperatur-
beanspruchtes Bauteil in der Gasturbine, ist ein extrem hoher Oxidationswiderstand Voraussetzung für die geforderte
Dauerstandfestigkeit.

Über diesen Zusammenhang zwischen innerer Oxidation und mechanischen Eigenschaften wurde bereits an anderer Stelle
mehrfach berichtet.

In <u>Bild 5</u> ist die Raumtemperaturfestigkeit des Materials A
als Funktion der Glühdauer bei 900 $^\circ$C an ruhender Luft dargestellt. Es ist kein signifikanter Festigkeitsabfall infolge von Oxidation zu verzeichnen. Damit wurde eine wesentliche Voraussetzung für die Verwendung von RBSN als Gastur-
binenwerkstoff erfüllt.

<u>Weiterentwicklung</u>

Die reproduzierbare Herstellung von RBSN mit guter Dauerstandfestigkeit im Einsatz an Luft bei hohen Temperaturen
ist jedoch nicht allein durch die Realisierung engster Porenkanäle zur Vermeidung von innerer Oxidation zu erreichen.
Vielmehr ist eine weitere wesentliche Voraussetzung die Ver-

meidung von Makrofehlern, wie sie im RBSN typischerweise beobachtet werden können.

In den __Bildern 6, 7 und 8__ sind einige typische Werkstoffehler
dargestellt.

Die in den Bildern dargestellten Inhomogenitäten sind die Ursache für nicht reproduzierbare Materialwerte in Bezug auf
das Festigkeitsverhalten. Weiterhin wird die Schwankungs-
breite von Einzelwerten durch diese Werkstoffehler in markan-
ter Weise beeinflußt.

Bei der Herstellung von RBSN-Bauteilen unter wirtschaftlichen
Fertigungsbedingungen war es bisher nicht möglich, Werkstoff-
fehler der beschriebenen Art gänzlich auszuschließen. Somit
schien eine Serienfertigung funktionstüchtiger Bauteile nicht
praktikabel.

Dauerstandversuche mit derartigen RBSN-Materialien sind aus
__Bild 9__ zu ersehen.

Die obere Kurve zeigt hierbei die unter optimalen Bedingungen
erreichten Werte.

Bei der Serienfertigung stellt sich sofort das Problem der
Reproduzierbarkeit. Hierbei fällt neben der hohen Streubreite
der Einzelwerte das unterschiedliche Festigkeitsverhalten als
Funktion der Zeit auf.

Es war daher Ziel unserer Entwicklungsaktivitäten, die Ursache der unter realistischen Fertigungsbedingungen in nicht
reproduzierbarer Weise auftretenden Werkstoffehler zu lokali-
sieren und hieraus Maßnahmen für die Materialentwicklung abzuleiten.

Die Auswertung einer Vielzahl von Gefügestrukturen mit Hilfe
von rasterelektronenmikroskopischen und lichtmikroskopischen
Untersuchungen legt eine gemeinsame Ursache für alle beobach-

teten Gefügefehler nahe.

Die beiden <u>Bilder 10 und 11</u> zeigen, ausgehend von einer gemeinsamen Ausgangssituation, die Entwicklung von unterschiedlichen Fehlstellentypen. Hierbei können je nach Nitridierungs-
bedingungen unterschiedliche Wege eingeschlagen werden.

<u>Bild 10</u> zeigt, daß ausgehend von Si-reichen Zonen im bereits
weitgehend durchnitridierten Bauteil nach Überschreiten der
Schmelztemperatur ein Abfließen des Siliziums in die Porosität des umliegenden Materials unter Bildung von Makroporen
erfolgt.

Demgegenüber zeigt <u>Bild 11</u> bei gleicher Ausgangssituation
die Entstehung eines völlig anderen Fehlstellentypus, nämlich letztlich die Ausbildung von Zonen hochdichten Siliziumnitrids. Dies läßt sich nur dadurch erklären, daß ein Abfließen des Siliziums in das umgebende an sich poröse Material nicht möglich ist.

Als Ursache hierfür muß die Ausbildung eines dichten Si_3N_4-
Saumes um die noch nicht voll durchnitridierte Si-Fehlstelle
angenommen werden, wodurch sich zwangsläufig eine vollständige Durchnitridierung bei entsprechender Haltezeit oberhalb
des Si-Schmelzpunktes ergibt.

Die Ursachen, die zur Entwicklung der unterschiedlichen Fehlertypen führen, liegen in geringen Abweichungen des Zeit-
Temperaturverlaufs während der Nitridierung.

Beide Fehlerentwicklungen sind im Hinblick auf die geforderten Materialeigenschaften unerwünscht. Sie können nur dadurch wirksam ausgeschaltet werden, daß die gemeinsame Aus-
gangsfehlerursache, nämlich die Si-reichen Zonen, vermieden
werden. Wenn dies sichergestellt ist, können Bauteile ohne
die beschriebenen Makrofehler hergestellt werden.

Dieser Fortschritt in der Materialentwicklung ist uns im
Laufe des Jahres 1980 gelungen. Ein entsprechendes Gefüge-
bild zeigt **Bild 12**.

Ausblick

Durch die beschriebene Entwicklungsarbeit ist ein Meilenstein auf dem Weg zur reproduzierbaren Fertigung eines homogenen hochfesten RBSN-Material gesetzt, der diesen Werkstoff
der Hochtemperatur-Gasturbine ein Stück näher bringt.

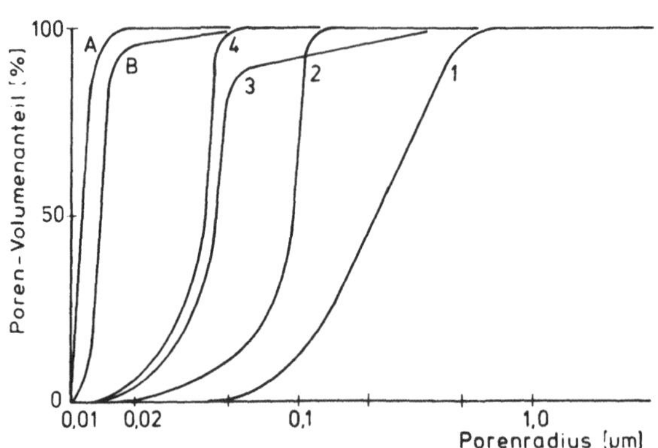

Bild 1: Si$_3$N$_4$-Mikroporenverteilung

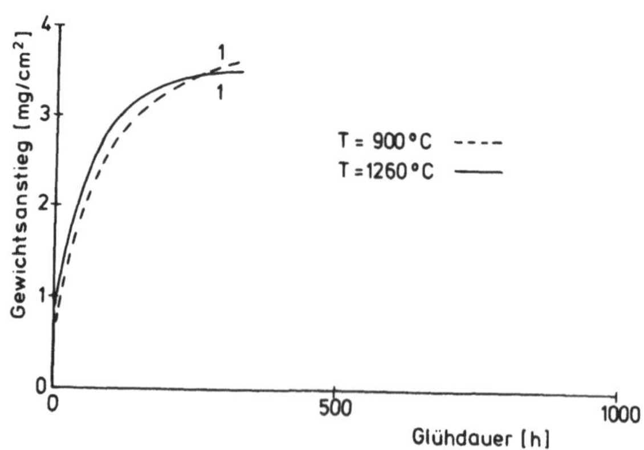

Bild 2: Si$_3$N$_4$-Oxidationsverhalten

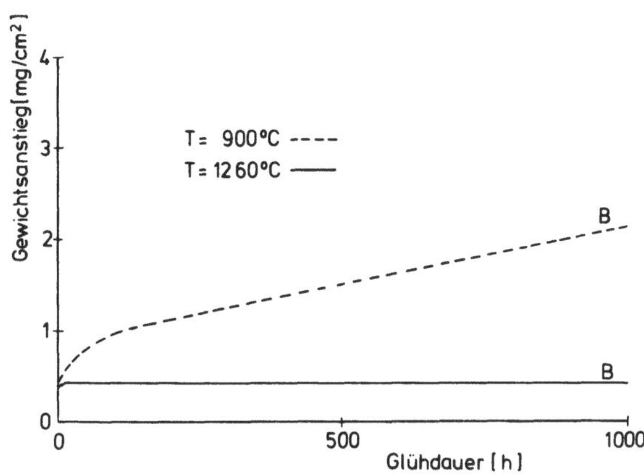

Bild 3: Si$_3$N$_4$-Oxidationsverhalten

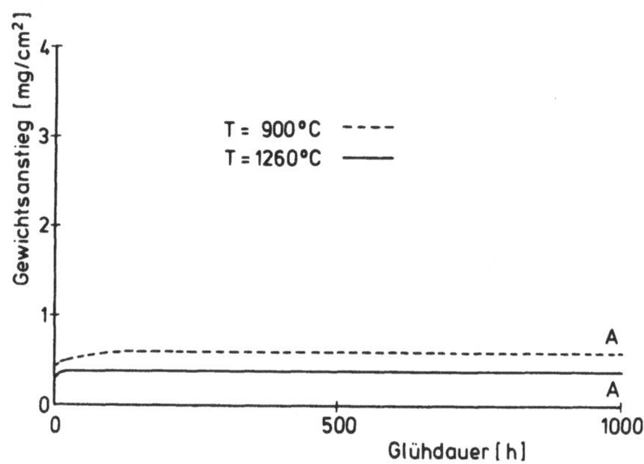

Bild 4: Si$_3$N$_4$-Oxidationsverhalten

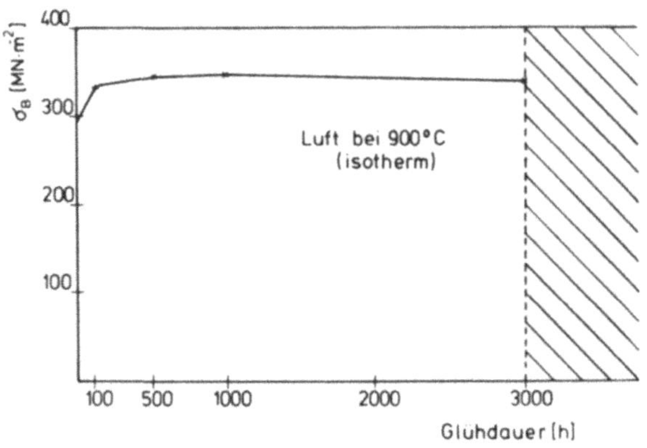

<u>Bild 5</u>: Si$_3$N$_4$ Festigkeit nach Langzeitglühung

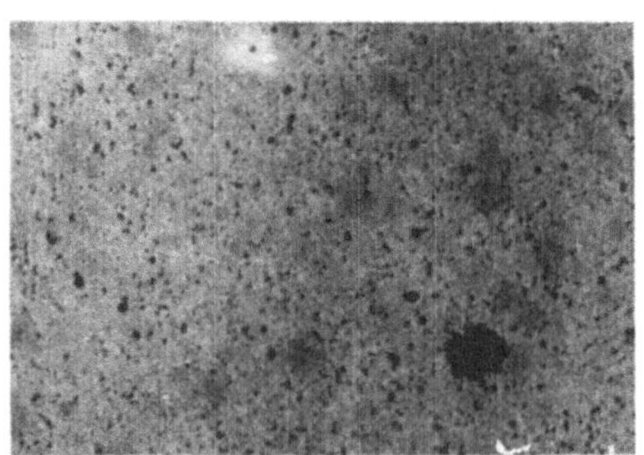

<u>Bild 6</u>: Si$_3$N$_4$ Makropore

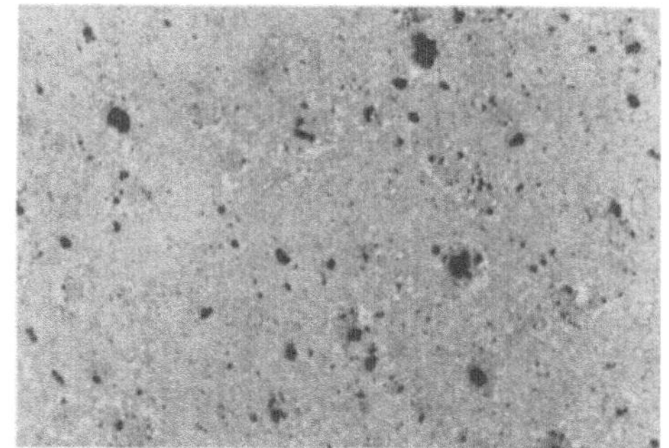

<u>Bild 7</u>: Makropore mit Si-Saum

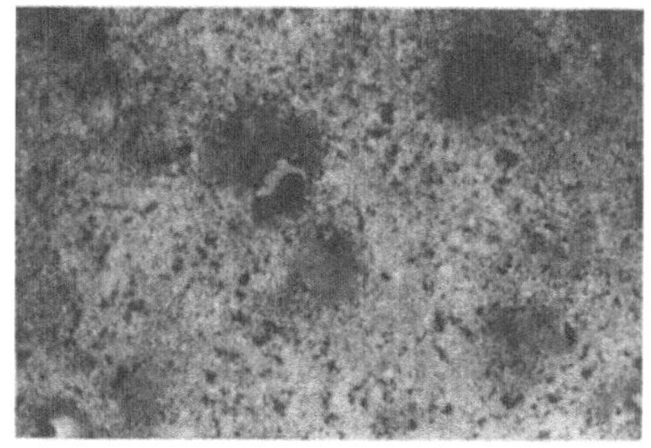

<u>Bild 8</u>: Dichte Si_3N_4-Stellen

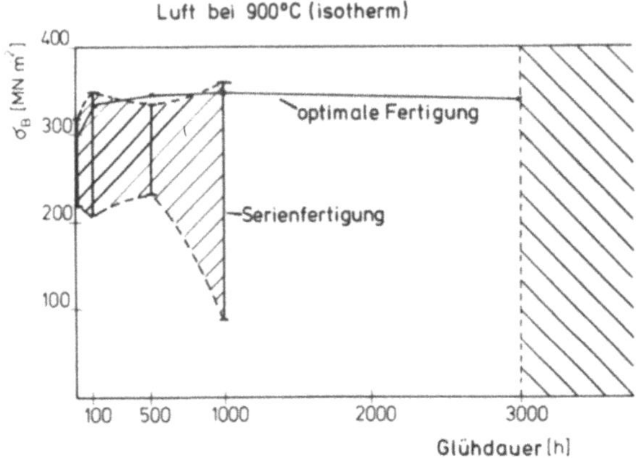

Bild 9: Si_3N_4-Festigkeit nach Langzeitglühung

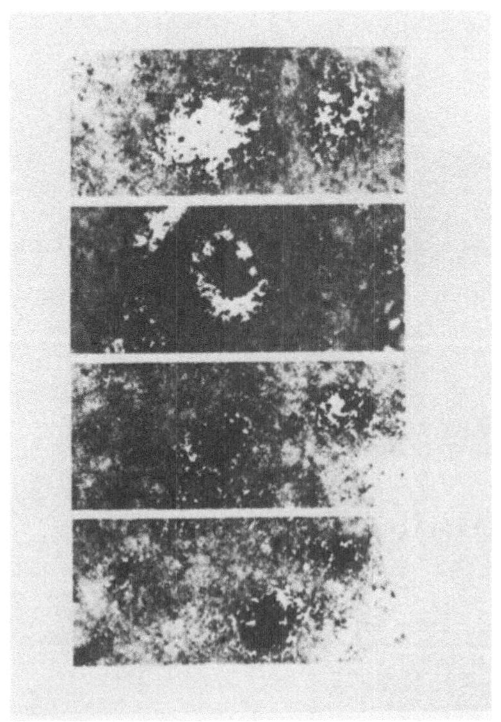

Bild 10: Fehlstellenentwicklungen

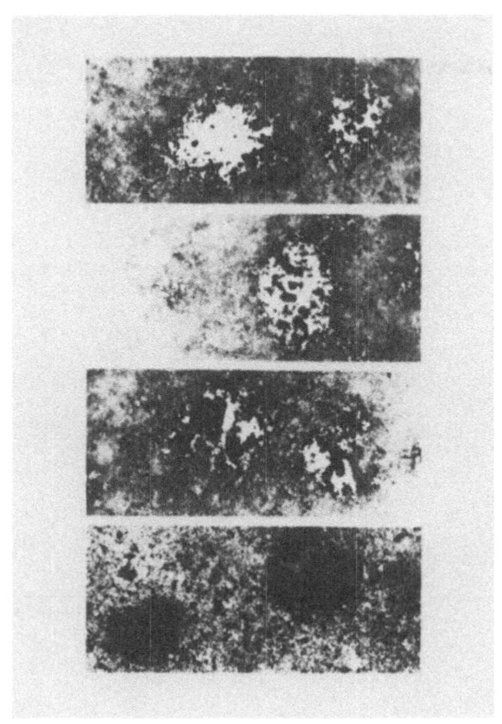

Bild 11: Fehlstellenentwicklungen

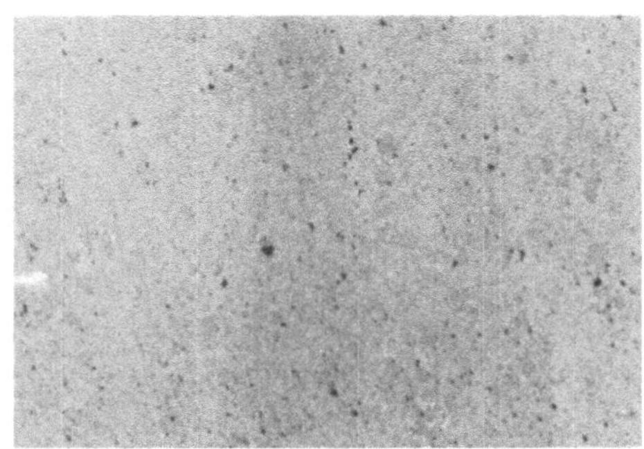

Bild 12: Si_3N_4-Mikrostruktur

Gasturbinenbauteile aus spritzgegossenen
RBSN, Material- und Bauteilentwicklung

E. Lange
N. Müller

D e g u s s a

6450 Hanau

Postfach 1345

1. Einführung

Die Fa. Degussa berichtet im folgenden über ihre Arbeiten
zur Entwicklung von Verfahren zur Herstellung hochwertiger
spritzgegossener Gasturbinenbauteile aus reaktionsgesintertem
Silziumnitrid (RBSN) .

Das Spritzgußverfahren ist bekanntlich besonders geeignet,
qualitativ hochwertige RBSN-Bauteile mit komplizierter
Geometrie herzustellen.

Tab. 1 gibt einen Überblick über den erreichten Entwicklungsstand. Auffallend ist zunächst, daß die Raumgewichte der
hergestellten Bauteile sich zwischen 1978 und 1980 nicht geändert haben. Dies liegt daran, daß in diesem Dichtebereich
die Herstelltechnologie noch optimal beherrscht werden kann.
Bei den erreichten Biegefestigkeiten ist die Steigerung mit
+ 10 - 20 % relativ gering. Der Schwerpunkt der Entwicklung
lag vielmehr auf der Einengung der Streubreiten der Prüfserien.
Hier wurden Erfolge erzielt, die sich in der Verbesserung der
Weibull-Werte zeigen. Bei den Materialgruppen mit Biegefestigkeiten von 250 N/mm^2 wurden Weibullwerte um 20 erreicht. Eben-

falls deutlich verbessert werden konnten die Streubreiten
bei den Materialgruppen mit Biegefestigkeitswerten um 300 N/mm^2.

Hier konnte der Weibullfaktor von Werten um 8 auf Werte um
15 angehoben werden. Dies bedeutet, daß die für die Anwender
interessante max. zulässige Bauteilbelastung wesentlich angehoben werden konnte. Für eine Ausfallwahrscheinlichkeit von
P = 10^{-3} bedeutet dies eine Anhebung der max. Bauteilbelastung
von 130 N/mm^2 auf Werte zwischen 180 - 200 N/mm^2.

2. Strategie

Eine wichtige Forderung bei der Fertigung von Gasturbinenbauteilen ist die Erfüllung von Minimalwerten in den Eigenschaften wie Festigkeit und Dichte mit einer bestimmten Ausfallwahrscheinlichkeit P.

Häufig liegen die noch zulässigen Ausschußraten zwischen
P = 10^{-3} bis 10^{-4} (0,1 - 0,01 %).

Nach [1] sind geringe Ausschußquoten jedoch nur dann einhalt-
bar, wenn Bauteile mit sehr geringen Eigenschaftsstreuungen,
also einem hohen Weibullwert hergestellt werden können.
Bekanntlich zeigen keramische Materialien wesentlich höhere
Schwankungsbreiten, als man sie von metallischen Werkstoffen
gewohnt ist. Die Forderung nach geringen Eigenschafts-
schwankungen hat deshalb besondere Bedeutung. Somit spielt
neben der Materialentwicklung die Entwicklung von geeigneten
Fertigungsverfahren für große Stückzahlen eine entscheidende
Rolle.

Aussagen über Ausfallwahrscheinlichkeiten setzen in der Regel
nach statistischen Auswahlprinzipien beurteilte, größere
Bauteilserien voraus.

Bild 1 zeigt den Zusammenhang zwischen der Ausfallwahrscheinlichkeit P und der Biegefestigkeit σ_B von Bauteilen
für verschiedene Weibullwerte m. Bei diesem Beispiel wurde
angenommen, daß eine Bauteil-Biegefestigkeit von $\geq$ 200 (N/mm^2)

mit einer Ausfallwahrscheinlichkeit von 0,1 % zu garantieren
ist. Für verschiedene Weibullwerte m ergeben sich daraus unterschiedliche mittlere Biegefestigkeiten σ_0 einer Prüfserie .
Bei einem Weibullmodul von m = 20 ist danach ein σ_0 -Wert
von 280 (N/mm^2) erforderlich. Bei einem Weibullwert von m = 5
steigt der erforderliche σ_0-Wert schon auf 780 (N/mm^2) an.

Wie schon in Tab. 1 gezeigt wurde, sind mit den derzeit her-
stellbaren RBSN-Spritzgußqualitäten bei Kleinbauteilen zulässige Bauteilbelastungen von σ_B = 200 (N/mm^2) möglich.

3. <u>Kleinbauteile</u>

Bei den Kleinbauteilen konzentrieren sich bei Degussa die
Arbeiten auf die Entwicklung von Spritzgußverfahren für
Turbinenlaufschaufeln und Turbinenleitschaufeln - jeweils
für ein PkW-   und ein LKW-Design.

<u>Bild 2</u> zeigt die einzelnen Schaufeltypen. Um den erreichten
Qualitätsstand zu überprüfen, wurden Reproduktionsversuche
mit hohen Stückzahlen, in einigen Fällen $\geq$ 1000 Stück, bei
weitgehender Automatisierung des Spritzzyklus gefahren [1] .

<u>Bild 3</u> zeigt Laufschaufeln, wie sie nach dem Nitridieren
aus dem Ofen kommen. Die Auswertung einer größeren Repro-
duktionsserie, bei der gleichzeitig mit den Schaufeln gespritzte Biegestäbe nach statistischen Auswahlprinzipien
geprüft wurden, wird in <u>Tab. 2.</u> gezeigt [2] .   Für diese
Serie wurde eine RBSN-Qualität, die in ihren Oxidations-
Eigenschaften schon intensiv untersucht worden war, eingesetzt [3] .   Die Übereinstimmung der Festigkeitsmittelwerte
und die Streubreite der Teilchargen sind zufriedenstellend.

Um Rückschlüsse von erreichten Biegefestigkeiten auf zu
erwartende Bauteilfestigkeiten ziehen zu können, wurden
die RT-Biegefestigkeitsmittelwerte den RT-Schleuderdrehzahlen
von Laufschaufeln und den daraus errechneten Zugspannungen
gegenüber gestellt. Die <u>Tab. 3</u> zeigt das Ergebnis dieser

Betrachtungen. Es ist zu erkennen, daß die am Bauteil erreichten Bruchdrehzahlen sehr stark vom Bearbeitungszustand
des Schaufelfußes (bei LKW-Varianten (a) bis (d)) bzw. von
den Eigenschaften der Fußbeilage (bei PKW-Varianten (A) und
(B)) abhängen. Beim LKW-Design zeigt sich, daß bei optimaler
Schaufelfußbearbeitung die am Bauteil erzielten Festigkeiten
deutlich über den Biegefestigkeitswerten der Biegestäbe
liegen.

Beim PKW-Design sind die Zugspannungswerte in Abhängigkeit
vom Reibungskoeffizienten zwischen Schaufelfuß , Fußbeilage
und Nabe zu sehen. Eine Reibwertoptimierung würde zu niedrigeren Spannungswerten bzw. höheren Drehzahlen führen.

Nach den gleichen Verfahren wie für die Herstellung von
Laufschaufeln wurden Leitschaufeln hergestellt.

<u>Bild 4</u> zeigt denPKW-Schaufeltyp. Zusätzlich zu den Einzel-
schaufeln wurden als weitere Varianten Segmente und ganze
Leitkränze mit Hilfe einer dafür entwickelten Fügetechnik
hergestellt.

Erste Tests, bei denen die Bauteile etwa 20 h in 4 Zyklen
mit 1200 ^{o}C beaufschlagt wurden, verliefen positiv.
<u>Bild 5</u> zeigt Leitschaufeln für das LKW-Konzept. Hier ist die
Erprobung von Leitschaufeln mit hohlem Schaufelblatt und mit
vollem Schaufelblatt vorgesehen. Für beide Varianten wurden
geeignete Werkzeugkonzepte entwickelt und größere Bauteilserien gespritzt. Zum Test wurden Schaufelserien beider
Varianten an den Anwender übergeben. Von Leitschaufeln mit
hohlem Blatt liegen erste positive Ergebnisse vor. Die Bauteile
wurden bei 1200 ^{o}C und 1400 ^{o}C in 50 Zyklen von jeweils einer
halben Stunde getestet.

4. <u>Bauteile mit großen Materialquerschnitten</u>

Auf diesem Sektor wurden Arbeiten an Turbinenlaufkränzen und
Rotorvorkörpern durchgeführt. <u>Bild 6</u> zeigt solche Bauteile.

4.1 Turbinenlaufkränze

Für die Herstellung von Duo-density-Rotoren wurde zur Herstellung der Turbinenlaufkränze ein Spritzgußverfahren entwickelt. Für Testzwecke wurden Laufkränze mit geraden Schaufeln hergestellt. Bild 7

Testergebnisse vom Volkswagenwerk zeigt Tab. 4. Neben dem aufwendigen Schleudertest für Kränze ohne Nabe, wurde von VW ein einfacher und dennoch aussagekräftiger Bersttest entwickelt [1] .

Der Solldrehzahl von 36000 1/min entspricht ein Berstdruck von 175 bar. Von 12 getesteten Bauteilen entfielen je sechs auf die Schleuder- und die Berstprüfung. Die Streuung der Ergebnisse ist zufriedenstellend. Der erreichte Mittelwert der Schleuderdrehzahlen von 33200 1/min entspricht einem mittleren Berstdruck von 151 bar. Der Mittelwert der gemessenen Berstdrucke beträgt 168 bar was einer mittleren Schleuderdrehzahl von 35 000 1/min entspricht. Der etwas höhere Mittelwert beim Bersttest ist damit zu erklären, daß bei diesem statischen Test Umwelteinflüsse und Schwingungen das Ergebnis nicht beeinflussen.

4.2 Rotor-Vorkörper

Auf der Basis der verbesserten spritzgegossenen RBSN-Qualitäten konnte man auch an den Einsatz spritzgegossener RBSN-Turbinenrotoren denken.

Für 2 Design-Vorschläge wurden Werkzeugkonzepte entwickelt. Bild 8 zeigt einen Vorkörper mit ca. 20 mm max. Wandstärke im nitridierten Zustand.

Bild 9 zeigt einen Grünling und einen nitridierten Rotorkörper mit noch größerer Wandstärke.

Für die Herstellung dickwandiger Bauteile nach dem Spritzgußverfahren können die für Kleinbauteile entwickelten und bewährten Masseansätze und Spritz- und Nitridiertechniken nur begrenzt eingesetzt werden. Vielmehr müssen neue

modifizierte Methoden erprobt werden. An der Lösung dieser
Fragen wird noch gearbeitet.

5. Ausblick

Einen Überblick über den derzeitigen Qualitätsstand gibt
Tab. 5. Danach scheint der Einsatz kleiner RBSN-Bauteile
in guter Qualität in absehbarer Zeit möglich. Für größere
Spritzgußbauteile sind noch keine Angaben darüber möglich,
welche Festigkeiten bei Großserien einmal reproduzierbar
erreicht werden können.

6. Schrifttum

[1] E. Lange   Gasturbinenbauteile aus spritzgegossenen
                Siliziumnitrid und Löten von Siliziumnitrid
                mit Metall.
                Abschlußbericht: 15.3.78 - 29.2.80   01ZC018
                - ZK/NT/NTS 1011

[2] N. Müller   Large Scale Production Test of Gas Turbine
    E.Lange   Components by Injection Molding, 6 TMMRC
                Materials Technology Conference Orcas Island
                1979

[3] J. Siebels Oxidation and Strength of Silicon Nitride and
                Silicon Carbide 6. Army Materials Technology
                Conference. Orcas Island 1979

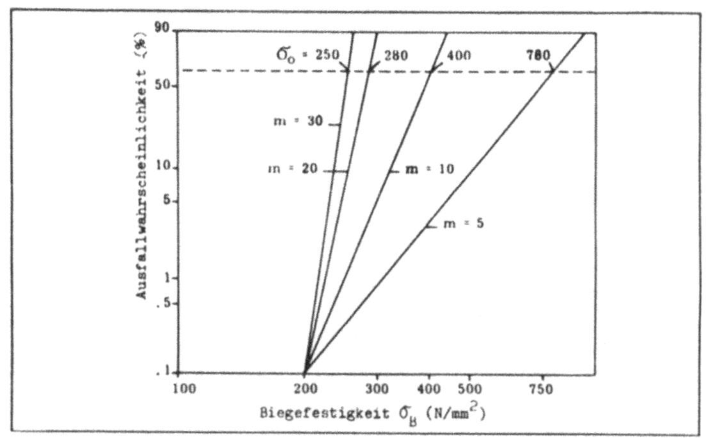

<u>Bild 1</u> Zusammenhang zwischen Biegefestigkeit,
Weibullmodul und Ausfallwahrscheinlichkeit

<u>Bild 2</u> Turbinenlauf- und Leitschaufeln für ein
PKW und ein LKW-Design

403

<u>Bild 3</u> Nitridierte Turbinenlaufschaufeln

<u>Bild 4</u> PKW-Leitschaufeln (Segmente-Leitkranz)

<u>Bild 5</u> LKW-Leitschaufeln mit hohlem und vollen
      Schaufelblatt

<u>Bild 6</u> Turbinenlaufkranz-Rotorvorkörper

Bild 7 Turbinenlaufkränze

Bild 8 Rotorvorkörper nitridiert
(ca. 20 mm Wandstärke)

Bild 9 Rotorvorkörper grün und nitridiert
(20 mm Wandstärke)

	1978		1980	
Raumgewicht [g/cm⁻³]	2,5 − 2,7		2,5 − 2,7	
Festigkeit σ_{B4} (MW) [N/mm²]	210	280	250	310
Weibullfaktor m	15	8	20	15
max. Bauteilbelastung σ_{B4} für $P = 10^{-3}$ ($P = 10^{-4}$)	137 (118)	127 (95)	182 (162)	203 (168)

Tab. 1 Festigkeiten-Weibullfaktoren von
RBSN-Spritzguß

Nitridier-Serie		Spritzguß-Serie					
		1	2	3	4	5	1-5
1	MW	257	253	260	258	250	256
	m	17	14	17	10	14	14
2	MW	250	266	266	263	254	260
	m	10	17	13	12	12	13
3	MW	258	257	262	259	260	259
	m	12	10	16	10	16	13
4	MW	253	260	275	254	253	259
	m	9	16	12	10	17	12
1 - 4	MW	255	259	265	260	255	258
	m	12	13	15	11	15	13

Tab. 2 Spritzguß-Serie 5000 Stück
Biegefestigkeit MW (N/mm²) und Weibullfaktor m

	Biegestäbe 4 Pkt. Biegefestigkeit [N/mm²]	Laufschaufeln Bruchdrehzahl Schl. Test [1/min]	Laufschaufeln Zugspannung [N/mm²]
LKW–Design Sollwert:	—	40.000	258
D–017	252 S = ±17	27.840 (a) 39.980 (b) 41.055 (c) 45 450 (d)	132 258 272 333
PKW–Design Sollwert:	—	64.000	200
D–018	264 S = ±18	65.200 (A) 55 175 (B)	207 149

Tab. 3 Festigkeitsvergleich von Biegestäben und
Turbinenlaufschaufeln – RBSN-Spritzguß

	Schleudertest [1/min]	Bersttest [bar]
exp. ermittelt	30.500 32.400 32.500 33.500 35.000 35.500	140 150 165 175 185 195
Mittelwert	33.200	168
aus Parallel– Test errechnet.	35.000	151
Sollwert	36.000	175

Tab. 4 Turbinenlaufkränze – RBSN-Spritzguß
Schleuder- und Bersttest

RBSN - Spritzguss - Bauteile

Stand: Anfang 1980 Degussa

Materialdaten:

Dichte : $2{,}5\,g\,/\,cm^3 - 2{,}7\,g\,/\,cm^3$

Biegefestigkeit : σ_{B4} $250 - 330\,MN\,/\,m^2$

Weibullwert : $m = 10 - 20$

Oxidationsstabilität : 900°C; 1000 h:
Festigkeitsanstieg

1260°C; 1000 h:
Abfall um 50 bis $100\,MN/m^2$

Bauteile:

1. Laufschaufeln – PKW / LKW
   (spez. RT - Festigkeit zum Teil erreicht)

2. Leitschaufeln – PKW / LKW
   (erste Testergebnisse positiv)

3. Laufkränze
   (spez. RT - Festigkeit zum Teil erreicht)

4. Rotoren
   (Testkörper in Entwicklung)

Tab. 5 Stand der RBSN-Spritzguß-
entwicklung

RBSN-REKUPERATOREN IN FOLIEN-LAMINIERTECHNIK

H. Keller, H.R. Maier, A. Krauth

Rosenthal Technik AG, WG IV-Ingenieurkeramik, D 8672 Selb

Zusammenfassung

Die in Zusammenarbeit mit Daimler Benz AG definierten Entwicklungsziele und
Meilensteine sind in Bild 1, die Konzeptentwicklung von der Harwell-Wellfolientechnologie über die Strangpreßtechnik zur Folien-Laminiertechnik in Bild 4 zusammengefaßt. Das Ende 1977 definierte Konzept in Bild 3 machte den Aufbau
einer vollkommen neuen Entwicklungslinie (Fertigungs- und Prüflinie) erforderlich, Bild 5 und 6, Tab. 1. Für Rechteckproben und Rohrstrukturen wurden bereits im Entwicklungszyklus 1 bezüglich aller Kriterien akzeptable Ergebnisse
erzielt. Während die mechanische Festigkeit von Berstproben und Kernzonen-
Module, Bild 11, aus Zyklus 1 die Anforderung von 50 bar bei Raumtemperatur
z.T. deutlich übertrifft, zeigte sich über 1175 K aufgrund von Laminierfehlern
in Verbindung mit Dichten von ca. 2.0 g/cm^3 und Reaktionen des Sekundär-Ab-
dichtmittels ein thermisch unzureichendes Verhalten. Im Zyklus 2 konnte die
Dichte durch eine angepaßte Nitridierung auf 2.25 g/cm^3 und die Laminiergüte
durch Variation des Kontaktmittels angehoben werden, durch ein Primärabdichtverfahren auf Cordieritbasis wurde der Lösungsansatz für Luftdurchlässigkeit und
Oxidationsbeständigkeit bis 1475 K wesentlich verbessert, Bild 13 bis 15,
Tab. 2 bis 4. Nach einer Überprüfung der Ergebnisse aus Zyklus 2 und des Kon-
zepts durch Daimler Benz AG wird die Entwicklung von Luft- und Gasführungsschichten mit Anschlüssen in Anlehnung an Bild 4 weitergeführt. Orientierende
Versuche bezüglich Prägbarkeit von allseitig geschlossenen Strömungsprofilen
und Grenzwandstärken liegen bereits vor.

1. Konzeptentwicklung

Die im Laufe der Zusammenarbeit zwischen Daimler Benz AG (DB) und Rosenthal Technik AG (RT) definierten Entwicklungsziele und Meilensteine für einen keramischen Rekuperator-Wärmetauscher sind in Bild 1 zusammengefaßt. Ausgangspunkt (1975) für die Entwicklung von Rekuperatoren aus reaktionsgebundenem Siliciumnitrid (RBSN) waren Kreuz- und Gegenstrom-Würfel auf der Basis der Harwell-Wellfolientechnologie, Bild 2. Das Prinzip der Anschlüsse war zu diesem Zeitpunkt nur unzureichend definiert. Bei einer Foliendicke von 0.15 bis 0.20 mm wurden an laminierten Modulen mit einer Kantenlänge von 70 mm Berstdrücke von ca. 2 bar erzielt. Da keine Chance bestand, die Festigkeit und Reproduzierbarkeit der Verbindungsstellen im gewünschten Maße anzuheben, wurde in Übereinstimmung zwischen DB und RT das Konzept von stranggepreßten, selbsttragenden Einzelschichten gewählt, Bild 2. Als Zwischenziel wurde ein Strömungsquerschnitt von 0.7 x 0.7 mm und eine Wandstärke von 0.4 mm definiert. Durch diese Maßnahme konnte der Berstdruck von laminierten Modulen (Kantenlänge 70 bzw. 100 mm) deutlich über die rechnerisch bestimmte Spezifikation (DB) von 40 bar angehoben werden. Entsprechend positiv verliefen die Funktionstests in einem Gasturbinen Testrig bei RT.
In der Zwischenzeit erfolgte seiten DB die Festlegung eines neuen Strömungs-Konzepts mit Anschlüssen, Bild 3, auf das die Strangpreß-Garniertechnik nicht anwendbar ist. Die den metallischen Wärmetauschern entlehnte Strömungsführung kann nur mit offenen, geprägten oder gestanzten Einzelschichten, Bild 2 realisiert werden und zog den Start (1978) einer vollkommen neuen Entwicklungslinie auf der Basis einer Folien-Laminier-Technik nach sich.
Der Verlauf der Konzeptentwicklung einschließlich der Projezierung auf den dritten Förderungsabschnitt ist in Bild 4 dargestellt.

2. Entwicklungslinie Folien-Laminier-Technik

Die Entwicklungslinie der Folien-Laminiertechnik für das DB-Konzept in Bild 3
wurde gemäß Bild 4 in die Komponentengruppen 3.1 bis 3.5 unterteilt. Der Bericht umfaßt die Komponentengruppen 3.1 und 3.2, die in Bild 5 und Bild 6
dargestellt sind.
Für die Komponentengruppe 3.1 wurden in Übereinstimmung zwischen DB und
RT bereits nach dem 1. Zyklus zufriedenstellende Ergebnisse bezüglich aller
Kriterien erzielt.
Für die Komponentengruppe 3.2 wurden zwei Zyklen durchlaufen. Während DB
nur über Zyklus 1 berichtet, enthält der RT-Report die wesentlichen Verbesserungen nach Zyklus 2, die auf einer konsequenten Umsetzung der Fehleranalyse
von Zyklus 1 basiert. Die Ergebnisse sind, entsprechend Tab. 1, noch von DB
zu verifizieren.

Grundsätzlich zu beachten ist, daß die Ergebnisse einer Komponentengruppe
endgültig erst nach Durchlaufen aller Gruppen interpretiert werden können, da
die bisherigen Kriterien zur Material-und Formteil-Beurteilung nicht umfassend
sind. Insbesondere bestehen deutliche Unterschiede in den Präge- und Lami-
nierbedingungen zwischen den einzelnen Komponentengruppen. Es erscheint
deshalb empfehlenswert, daß man vor der Optimierung hinsichtlich der Haupt-
anforderungen die gesamte Entwicklungslinie zumindest einmal durchlaufen hat.

3. Herstellungs-Prüflinie von Gegen-und Kreuzstrom-Modulen

3.1 Gießen von Folien

Alle Komponenten in Bild 5 basieren auf glatten, schlickergegossenen Folien.
Ausgangsmaterial ist eine Si-Suspension in organischen Lösungsmitteln, in
der noch organische Bindemittel, Dispersionsmittel, Weichmacher und Trenn-
mittel zur Ablösung vom Gießband enthalten sind. Dieser Gießschlicker wird
über einen Gießschuh in sehr gleichmäßigen Schichtdicken auf ein Endlos-
Stahlband gegossen, durch einen Trocknungskanal geführt und am Ende als
Folie auf einer Trommel aufgewickelt, Bild 7. Die für die Formgebung (Prägen,
Stanzen) und das Laminieren erforderliche Gleichmäßigkeit der Schichtdicke
von 1.2 ± 0.02 mm wird durch eine Niveauregelung am Gießschuh und durch
eine präzise Führung des Stahlbandes erreicht.

Der Kompromiß zwischen Präge- und Stanzbarkeit einerseits und Formstabilität andererseits wird durch den Weichmacher- und Bindemittelgehalt eingestellt.
Diese gegenläufigen Forderungen beschränken außerdem die erzielbare Gründichte, die derzeit einer theoretischen Enddichte von 2.4 g/cm^3 entspricht und
erst nach Durchlauf der gesamten Entwicklungslinie angehoben werden soll.
Während Zyklus 1 ein Sekundärabdichtverfahren nach dem Nitridieren vorsieht,
wurde in Zyklus 2 auch ein Primärabdichtverfahren verfolgt, das auf einem
Zusatz von Cordierit im Gießschlicker basiert.

3.2 Formgebung durch Stanzen und Prägen

In Vorversuchen wurde die Abgrenzung getroffen, daß die äußere Kontur, die
Sammelkanäle und eventuell erforderliche Positionierungsmarken durch Stanzen und das filigrane Strömungsprofil nur durch thermoplastisches Prägen realisierbar erscheint.

Die Rechteckstäbe wurden nach dem Laminieren und Nitridieren aus Blöcken
mit den Abmessungen 70 x 70 x 70 mm herausgeschnitten. Da derart große La-
minierflächen im Wärmetauscher nicht auftreten, wurden, auch aufgrund der
positiven Ergebnisse nach Zyklus 1, Rechteckstäbe nicht mehr weiterverfolgt.

Die glatten Gasdurchlässigkeitsproben, die Vorform für die Berstproben und die
Ringe für die rohrförmigen Anschlußzonen wurden mit Hilfe von selbstentwickel-
ten Stanzwerkzeugen geformt.

Die profilierten Einzelschichten wurden nach anfänglichen Versuchen mit ebenen Prägeplatten durch Prägen der Stege mit beheizten Walzen, **Bild 8**
hergestellt. Diese Anordnung kann zwar nur mit Vorbehalt auf das allseitig begrenzte Profil der Einzelschichten mit Anschlüssen übertragen werden, doch
resultieren daraus wichtige Hinweise für das Zusammenspiel zwischen Binder-
und Weichmachergehalt, Foliendicke, Prägedruck und-temperatur, Material-
fluß, homogene Dichteverteilung und Formstabilität (Memory-Effekt).

3.3 Verbinden durch Laminieren

Durch das Laminieren muß eine reproduzierbare innige Berührung von unterschiedlichen Kontaktflächen (Randzone, Anschlußzone, Kreuz- und Gegen-
strombereich) erzielt werden, die über das Ausheizen und Nitridieren hinaus
stabil bleibt. Während für die Einzelkomponenten gemäß Bild 5 die Laminier-
bedingungen (Druck-Temperatur-Zeit, Kontaktmittel) getrennt optimiert werden können, ist später für die Einzelschichten mit Anschlüssen, bei denen
alle Kontaktflächen integriert sind, noch ein Kompromiß zu erarbeiten. Durch
Umstellen auf ein Kontaktmittel mit längerer Trockenzeit im Zyklus 2 konnte
gegenüber Zyklus 1 die Reproduzierbarkeit der Verbindungsstellen für alle
Komponenten deutlich verbessert werden. Die derzeitigen Stapelhöhen von
max. 70 mm wurden unter Zuhilfenahme von Führungsvorrichtungen in einem
Laminiergang erzielt.

3.4 Ausheizen und Nitridieren

Im Anschluß an das programmgesteuerte Ausheizen der temporären Hilfsstoffe
erfolgt in der identischen Stützvorrichtung die Nitridierung. Aufgrund der großen
Oberfläche der Wärmetauscher-Strukturen wurde im Standardbrand eine deutliche Oberflächenauslaugung, in Verbindung mit einem Dichteschwund und extremer Whiskerbildung beobachtet.

Im Zyklus 1 mußten deshalb die Strömungskanäle mechanisch von Whiskerbelag befreit werden. Mit dem vorhandenen Nitridieraggregat zeigte die Variation der Atmosphäre (H_2-Zugabe, Druck) bisher keinen merklichen Effekt. Erst durch eine als Getter wirkende Si- und C-haltige Umgebung konnte im Zyklus 2 ein deutlicher Unterschied bezüglich Whiskerfreiheit und Anhebung der Dichte erzielt werden.

3.5 Nachbearbeitung

Die Endbearbeitung der Komponenten erfolgt durch Sägen und Schleifen mit Diamantwerkzeugen. Insbesondere bei den Berstproben konnten bruchauslösende Rißbildungen nicht immer vermieden werden. Bild 9 zeigt je einen Kreuz- und Gegenstrom-Modul.

3.6 Abdichten

Ziel ist die Reduzierung der Luftdurchlässigkeit und die Verbesserung der Oxidationsbeständigkeit. Im Zyklus 1 wurde primär das Sekundärabdichtverfahren (nachträgliches Abdichten bereits nitridierter Komponenten) durch Tränken und Ausheizen unter definierter Rückstandsbildung von Chrom-Aluminium-Phosphat und Aluminium-Silicium- bzw. Zirkon-Ester verfolgt. Damit konnte zwar die Luftdurchlässigkeit deutlich reduziert werden, doch wurde bisher noch keine ausreichende Temperaturstabilität erzielt.

Im Zyklus 2 wurde deshalb ergänzend ein Primärabdichtverfahren aufgenommen, das auf einer Einlagerung eines Cordieritanteils in die Folienmasse beruht, der nach dem Nitridieren in einem Oxidationsbrand einen Porenverschluß durch Glasbildung bewirkt. Die Ergebnisse sind vielversprechend, doch muß auf die Rißgefährung bei den derzeitigen Oxidationstemperaturen von ca. 1700 K hingewiesen werden.

Der Porenverschluß durch Kurzzeitoxidation der reinen Si_3N_4-Struktur [1] erscheint erst bei Dichten über 2.4 g/cm^3 realisierbar.

3.7 Prüftechnik

Die enge Verknüpfung zwischen Verfahrens- und Kontrollschritten ist in Bild 10
dargestellt.
Von DB wurden bisher nur Komponenten aus Zyklus 1, darunter je 5 Kreuz- und
Gegenstrommodule gemäß Bild 9 untersucht. Der Status-Bericht von DB "Prüfung von laminierten RBSN-Matrixmaterial für Rekuperativ-Wärmetauscher"
umfaßt deshalb nur den Stand von Zyklus 1.

4. Stand der Entwicklungen

Im folgenden wird, in Anlehnung an Tab. 1, der Stand der Entwicklungen einschließlich Zyklus 2 beschrieben. Die Ergebnisse von Zyklus 2 (RT) sind
noch von DB an bereits ausgelieferten Komponenten (Berstproben und Module)
zu verifizieren.

4.1 Rechteckproben und Rohre

An Rechteckproben und Rohren wurden bereits im Zyklus 1 bezüglich aller Kriterien akzeptable Ergebnisse erzielt. Die 4-Punkt-Biegefestigkeit von laminierten Rechteckproben mit einer Dichte von ca. 2.35 g/cm^3 betrug ca. 180 N/mm^2
bein einem m-Modul von ca. 12 und wurde durch statische und zyklische Glühungen bis 1000 $^\circ$C/100 h nicht wesentlich beeinflußt.
Die Rohre zeigten in den Thermoschockversuchen noch vereinzelt Laminierfehler.
Rechteckproben und Rohre wurden nach Zyklus 1 abgeschlossen.

4.2 Berstproben und Module

Die Dichte konnte durch eine angepaßte Nitridierung bei deutliche Reduzierung
der Whiskerbildung von 2.05 auf 2.25 angehoben werden, Bild 11. In Anlehnung
an [1] wurde als zusätzliche Kenngröße die spezifische Oberfläche kontrolliert,
die ein Maß für die Oxidationsbeständigkeit darstellt.

Die Berstfestigkeit lag im Zyklus 1 z.T. bereits deutlich über der Anforderung
von 50 bar, Tab. 2, wurde aber noch merklich von Laminierfehlern beeinflußt.
Durch ein Kontaktmittel mit längerer Trockenzeit in Zyklus 2 konnten die Laminierfehler weitestgehend behoben werden, Bild 12.
Die deutliche Verbesserung der Laminiertechnik kommt auch durch die thermische Belastung von Kreuz- und Gegenstrom-Modulen zum Ausdruck, Tab. 3.

Die Oxidationsbeständigkeit steht in direktem Zusammenhang mit der Dichte,
Porosität und damit der spezifischen Oberfläche, Tab. 4, Zyklus 1. Der Einfluß der Porenversiegelung durch Kurzzeitoxidation bei 1700 K/05 h und der
Primärabdichtung mit Cordieritzusatz (Zyklus 2) auf die Oxidationsbeständigkeit zeigt Bild 13. Dabei muß der Vorgang des Abdichtens noch näher untersucht werden.

Die Luftdurchlässigkeit
Der von DB geforderte Wert von 1.25×10^{-8} kg/s.cm^2 (bei Wandstärke von
0.2 mm und Druckdifferenz 4 bar) konnte im Zyklus 1 noch nicht reproduzierbar erreicht werden. Die ersten Messungen an Folien mit Primärabdichtung
(Zyklus 2, Cordierit) lassen dieses Ziel zumindest für Wanddicken von
0.4 mm erreichbar erscheinen, doch muß noch sichergestellt werden, daß die
Berstproben und Module die notwendige Temperaturbehandlung (derzeit 1700 K/
0.5 h) unbeschädigt überstehen.

Die Thermoschockbeständigkeit entsprach im Zyklus 1 nicht den Anforderungen.
Eventuelle Verbesserungen nach Zyklus 2 (Dichte, Laminiergüte) müssen durch
DB nachgewiesen werden.

5. Ausblick

Der derzeitige Stand nach Zyklus 2 muß noch von DB an bereits ausgelieferten
Berstproben und Modulen verifiziert werden. Je nach Ergebnis ist eventuell
noch ein Zyklus 3 anzuschließen, der dann in die Konzept-Überprüfung einmün-
det. Da die Werkzeugkosten für die Luft- und Gasführungsschichten gegenüber
den bisherigen um ein Vielfaches ansteigen, erscheint eine Überprüfung der
Abmessungen mit Hilfe von Finite-Element-Rechnungen (DB) anhand der zu
erwartenden Werkstoffdaten, Bild 14, und der bisherigen technologischen Er-
kenntnisse empfehlenswert. Im Hinblick auf die Komponentengruppe 3.3 in
Bild 4 wurden bereits orientierende Vorversuche hinsichtlich der Prägbarkeit
von allseitig geschlossenen Profilen unternommen, Bild 15. Bezüglich der
gewünschten Grenzwandstärke von 0.2 mm liegen bereits Erfahrungen aus der
Strangpreßtechnik, Bild 3, Konzept 2, vor. Inwieweit sie für die Laminiertechnik erreichbar ist, kann frühestens 1982 entschieden werden. Der Weg der
Entwicklung in der 3. Förderungsphase ist in Bild 4 vorgezeichnet.

Schrifttum

[1] F. Thümmler, F.   Hochtemperatureigenschaften von Si_3N_4 und Si_3N_4-
                       Mischphasen und Verbundwerkstoffen
                       Forschungsvorhaben NTS 1006
                       Zeitraum 1.1.79 bis 31.12.79

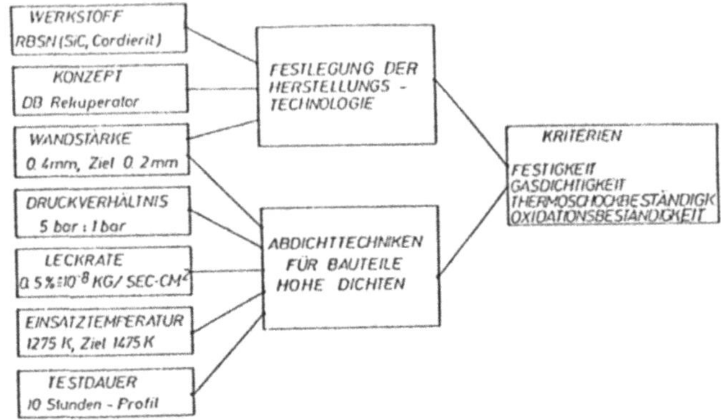

Bild 1: Entwicklungsziele, Meilensteine und Kriterien für einen keramischen Rekuperator

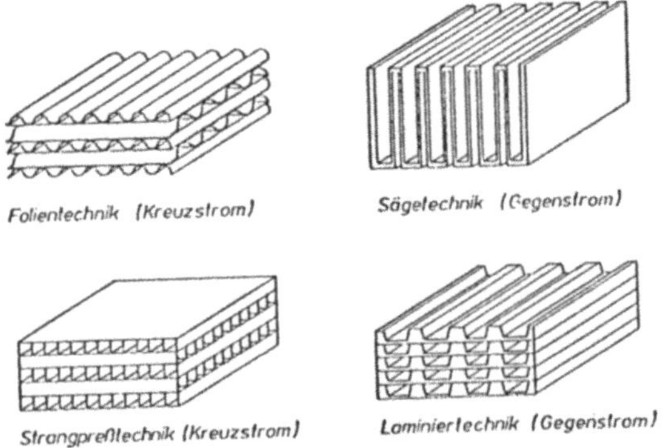

Bild 2: Fertigungstechnologien für keramische Wärmetauscher

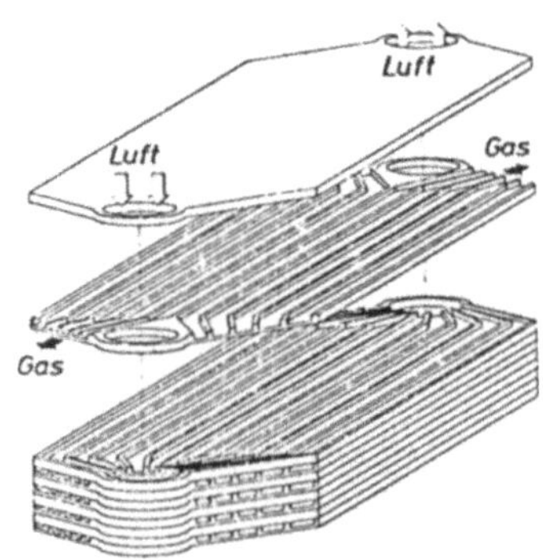

Bild 3: Daimler-Benz-Wärmetauscher-Konzept

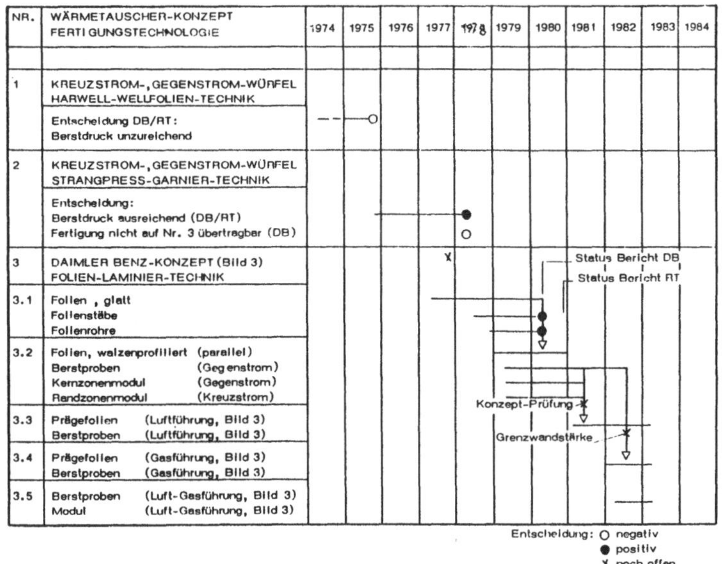

NR.	WÄRMETAUSCHER-KONZEPT FERTIGUNGSTECHNOLOGIE	1974	1975	1976	1977	1978	1979	1980	1981	1982	1983	1984
1	KREUZSTROM-, GEGENSTROM-WÜRFEL HARWELL-WELLFOLIEN-TECHNIK											
	Entscheidung DB/RT: Berstdruck unzureichend											
2	KREUZSTROM-, GEGENSTROM-WÜRFEL STRANGPRESS-GARNIER-TECHNIK											
	Entscheidung: Berstdruck ausreichend (DB/RT) Fertigung nicht auf Nr. 3 übertragbar (DB)											
3	DAIMLER BENZ-KONZEPT (Bild 3) FOLIEN-LAMINIER-TECHNIK											
3.1	Folien, glatt / Folienstäbe / Folienrohre											
3.2	Folien, walzenprofiliert (parallel) / Berstproben (Gegenstrom) / Kernzonenmodul (Gegenstrom) / Randzonenmodul (Kreuzstrom)											
3.3	Prägefolien (Luftführung, Bild 3) / Berstproben (Luftführung, Bild 3)											
3.4	Prägefolien (Gasführung, Bild 3) / Berstproben (Gasführung, Bild 3)											
3.5	Berstproben (Luft-Gasführung, Bild 3) / Modul (Luft-Gasführung, Bild 3)											

Entscheidung: ○ negativ ● positiv X noch offen

<u>Bild 4</u>: Konzept-Entwicklung von RBSN-Rekuperatoren

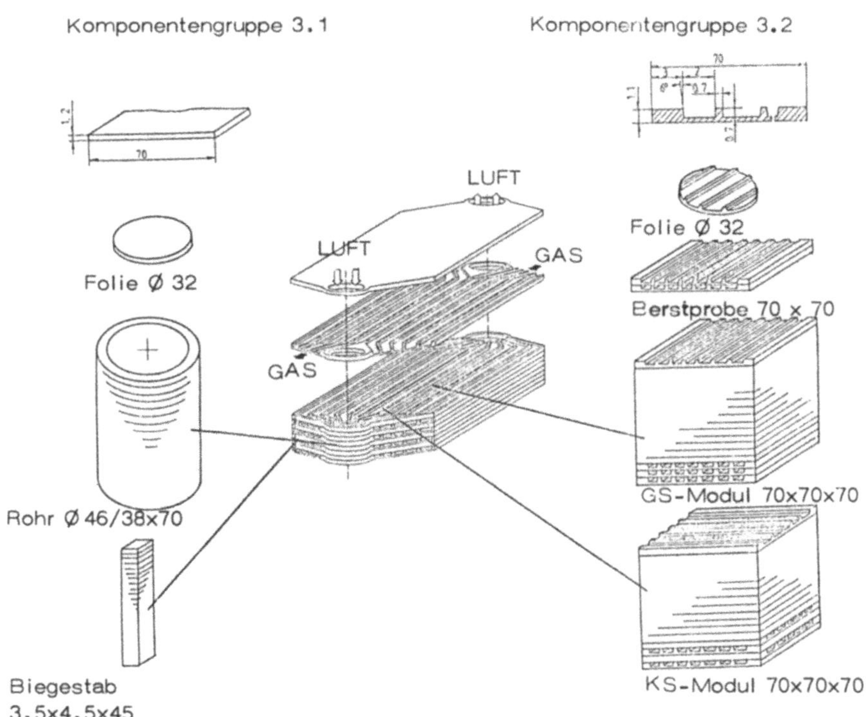

<u>Bild 5</u>: Komponentengruppen 3.1 und 3.2, Folien-Laminier-Technik

421

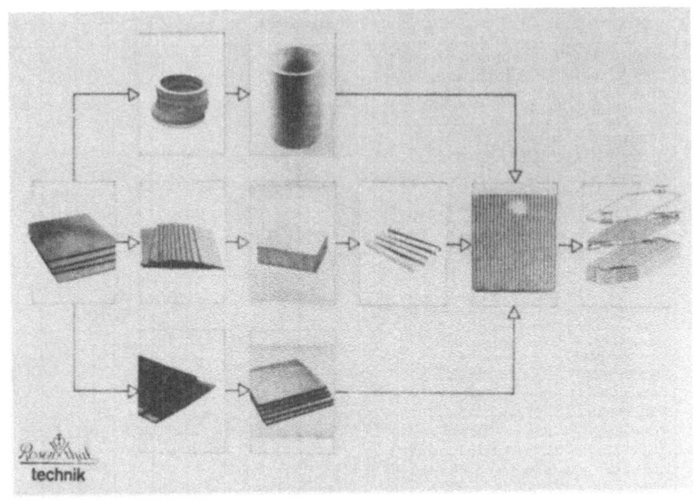

<u>Bild 6:</u> Entwicklungslinien und Stand der Komponentenentwicklung

<u>Bild 7:</u> Folien-Gießanlage

Bild 8: Prägen von Folien mit beheizten Walzen

Bild 9: Kreuzstrom-Modul, DB-Konzept

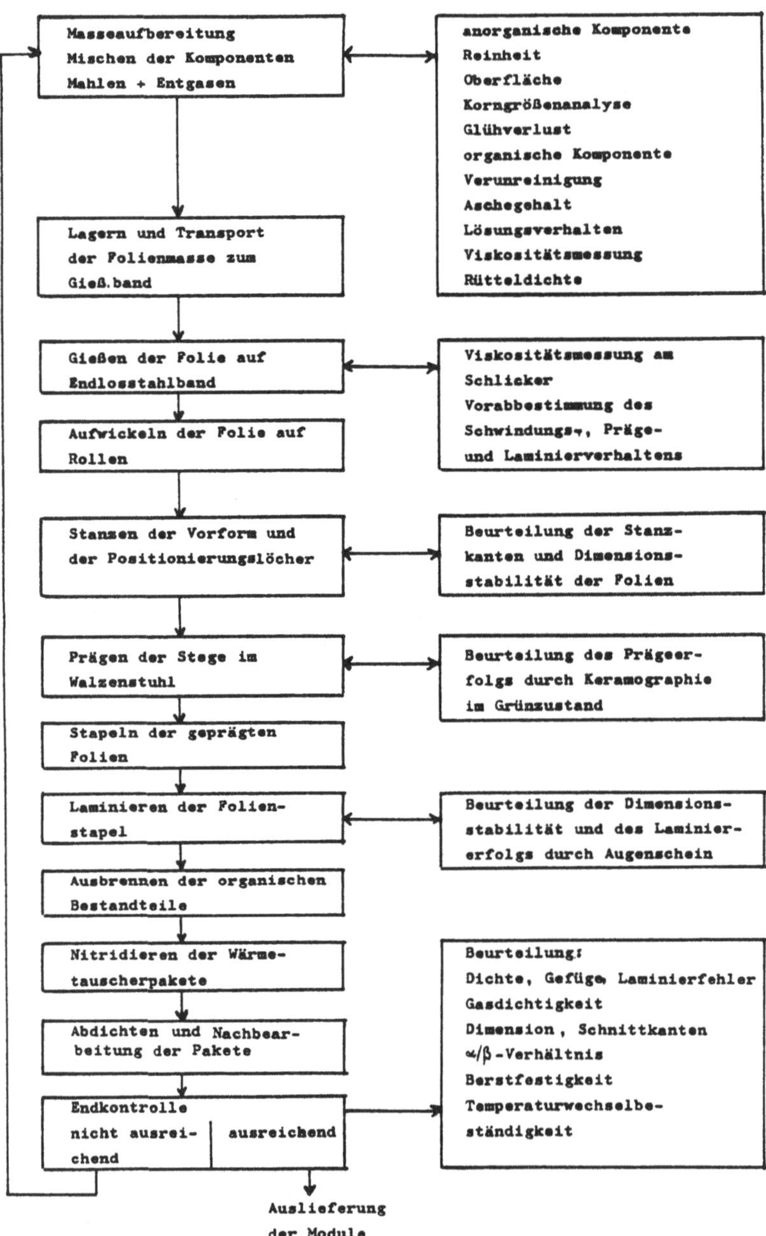

Bild 10: Verfahrens- und Kontrollschritte

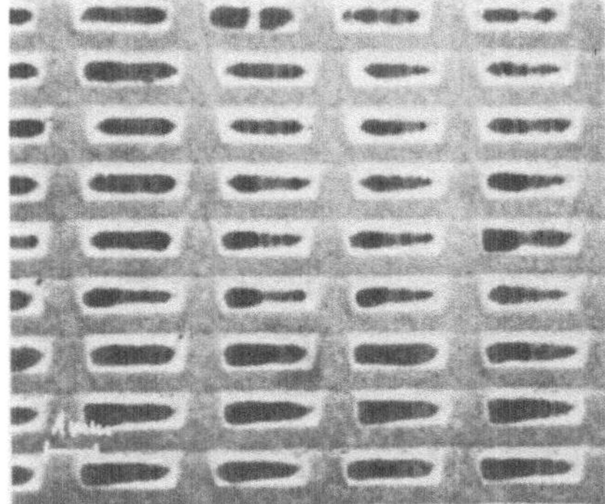

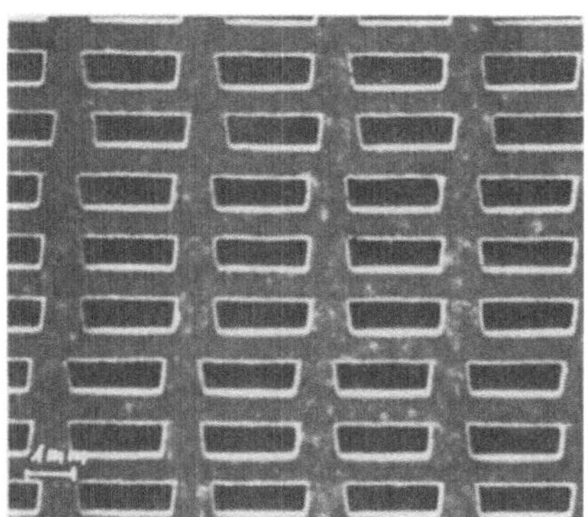

Zyklus 1: Gegenstrom, Standard-Nitridierung

ohne Abdichtung
Dichte 2.05 g/cm^3
spezifische Oberfläche 2.7 m^2/g
Strömungskanäle mit Whisker geschlossen

Zyklus 2: Gegenstrom, angepaßte Nitridierung

ohne Abdichtung
Dichte 2.25 g/cm^3
spezifische Oberfläche 1.2 m^2/g
Strömungskanäle nahezu whiskerfrei

Bild 11: Einfluß der Brandführung auf Dichte, spezifische Oberfläche und Whiskerbelag

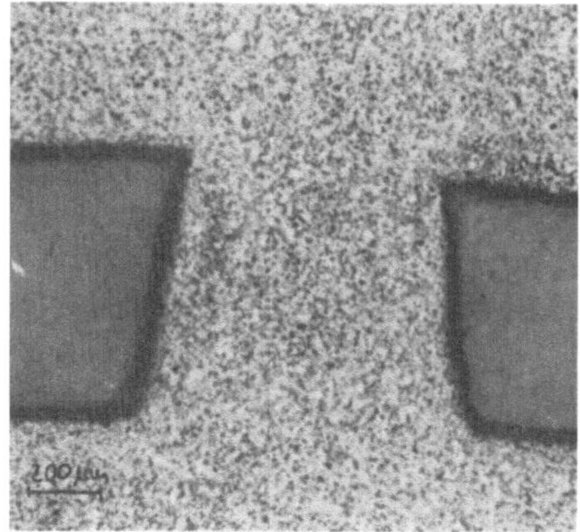

Bild 12: Einfluß des Kontaktmittels auf die Laminiergüte

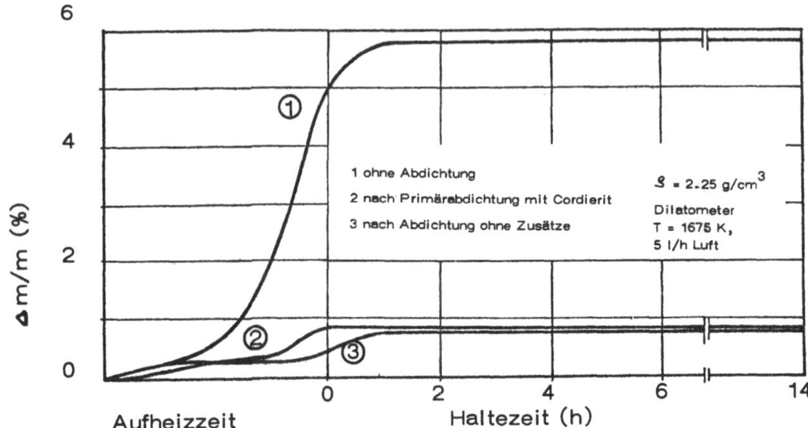

Bild 13: Einfluß der Abdichttechnik auf die Oxidationsbeständigkeit
(Berstproben mit einer Oberfläche von ca. 5 cm²)

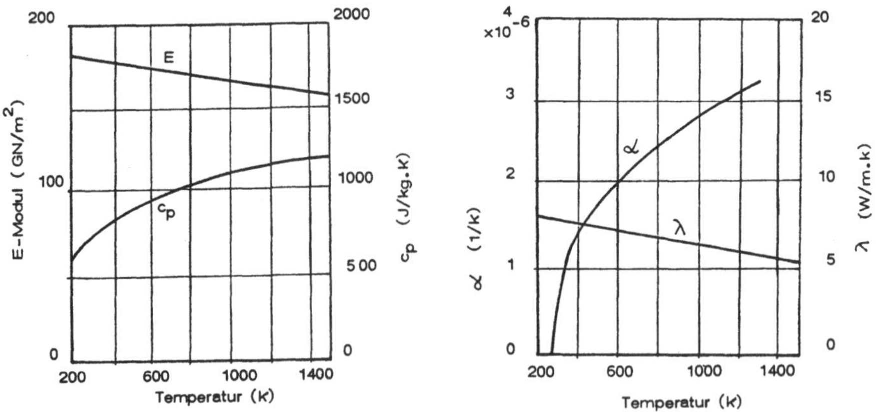

Bild 14: Daten von RBSN, Dichte ca. 2.4 g/cm³

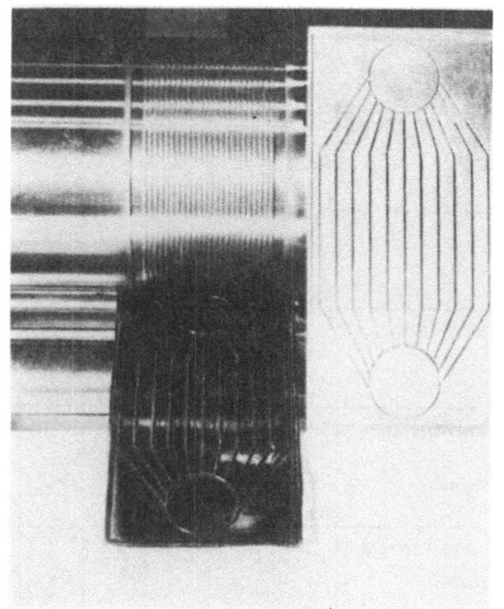

Bild 15: Präge-Vorversuche an Luftführungs-Schichten

PRÜFUNG / FERTIGUNG	DICHTE	POROSITÄT	FESTIGKEIT	LUFTDURCH-LÄSSIGKEIT	OXIDATION	THERMO-SCHOCK
LUFTDURCHLÄSSIGKEITSPROBEN - eben, as fired, Ø 30 x 0.8 - eben, abgedichtet, Ø 30 x 0.8 - gerippt, as fired, Ø 30 x 0.4	RT + DB	DB		RT + DB	DB	
BIEGEPROBEN 3.5 x 4.5 x 45 - geschliffen - geschliffen und abgedichtet	RT + DB	DB	RT + DB		DB	
ROHRE - as fired - abgedichtet	RT + DB	DB / DB	DB / DB	DB	DB	DB
BERSTPROBEN 70 x 70 x 0.4 - as fired - abgedichtet	RT + DB	DB	DB / DB	DB	DB	DB
PROBEN AUS MATRIXWÜRFEL (20 x 20 x 20 mm) - Gleichstrom abgedichtet - Kreuzstrom abgedichtet	DB + RT	DB			DB	
MATRIXWÜRFEL 70 x 70 x 70 mm - Gleichstrom abgedichtet - Kreuzstrom abgedichtet	RT + DB			DB	DB / DB	DB / DB

Tab. 1: Fertigungs-Prüflinie Folien-Laminiertechnik

BERSTPROBEN	14	48	Verbindungsstelle
	15	43	Steg, Probenende
	16	78	Steg
	17	26	Verbindungsstelle
	18	40	Verbindungsstelle, dann längs durch Steg
		43	Mittelwert Nr. 12 bis 18 = 86 % von 50 bar
PROBEN AUS MODUL G 2 (2 KANÄLE)	21	52	Abplatzer, Probenende aus vollem Material
	22	64	Abplatzer, Probenende
	23	76	Bruch längs durch Steg
	24	128	Probenende und Seite Mitte, in Längs-richtung durch Steg
	25	26	Steg nahe von Einbettung ausgehend gerissen
		75	Mittelwert Nr. 12 bis 18 = 150 % von 50 bar

Tab. 2: Berstdrücke von Berst- und Modulproben bei Raumtemperatur Zyklus 1 (gefordert 50 bar)

KREUZSTROM-MODUL	GLEICHSTROM-MODUL	KREUZSTROM-MODUL	GLEICHSTROM-MODUL
Sekundärabdichtung		ohne Abdichtung	
THERMISCHE BELASTUNG		THERMISCHE BELASTUNG	
quasistationär 1273 K/1 h		quasistationär 1273 K/15 h 1473 K/15 h 1573 K/15 h 1673 K/15 h zyklisch 5 x 300 K/1173 K 5 x 300 K/1273 K	
BRUCHFLÄCHENANALYSE		BRUCHFLÄCHENANALYSE	
% Laminierfehler bezogen auf 2170 mm^2 Steg-Bruchfläche		% Laminierfehler bezogen auf 2170 mm^2 Steg-Bruchfläche	
21 %	69 %	0 %	0 %
Zyklus 1		Zyklus 2	

Tab. 3: Durch thermische Belastung freigelegte Laminierfehler

Probe	ϱ (g/cm^3)	Po (%)	1273K/24h Δ G (%)
1	1.89	35.2	3.1
2	1.90	32.1	2.3
3	1.91	29.9	2.1
4	2.16	21.9	1.1
5	2.22	22.3	0.8
6	2.30	18.0	0.9

Tab. 4: Dichte, Porosität und Oxidation an Modulausschnitten 20x20x20 mm mit Sekundärabdichtung, Zyklus 1

Oxidationsverhalten und Rißausheilung von RBSN

G. Wirth und W. Gebhard
DFVLR
Deutsche Forschungs- und Versuchsanstalt für Luft- und Raumfahrt
- Institut für Werkstoff-Forschung -
Köln-Porz

1. Einleitung

Der Einsatz von reaktionsgesintertem Siliziumnitrid (RBSN) für
heiße Gasturbinenbauteile hängt wesentlich von der Stabilität
seiner Eigenschaften unter Langzeitbeanspruchung bei hohen Temperaturen und oxidierender Atmosphäre ab. So kann die Raumtemperaturfestigkeit durch eine vorherige Oxidation des porösen Materials stark beeinflußt werden, wobei die Zusammenhänge of recht un-
übersichtlich sind [1-4]. Das Oxidationsverhalten selbst ist wegen der gleichzeitig ablaufenden Vorgänge im offenen Porenvolumen
und an der Oberfläche bereits sehr komplex und wird neben den üblichen Parametern wie Temperatur, Zeit und Umgebungsmedium drastisch von der Gefügeausbildung, vor allem von der Größenvertei-
lung der Poren und deren Form, bestimmt. Nicht in allen Fällen
kann sich eine zusammenhängende, die Poren verschließende Oxid-
deckschicht bilden und damit die weitere Oxidation stark verzö-
gern. Daneben ist die mechanische Verträglichkeit zwischen dem
sich bildenden Siliziumoxid und dem Substrat nicht besonders gut.
Die Oxidbildung ist mit 1,8facher Volumenvergrößerung verbunden.
Der thermische Ausdehnungskoeffizient des Oxids ($4,4 \cdot 10^{-6}$ $^{\circ}C^{-1}$)
ist größer als der des Substrats ($2,5 \cdot 10^{-6}$ $^{\circ}C^{-1}$). Außerdem tritt
bei Abkühlung eine allotrope Umwandlung des Crystobalits von der
β- in die α-Modifikation im Temperaturbereich zwischen 300 und
200 $^{\circ}C$ auf, die mit einer Schrumpfung um 1 % verbunden ist. Die
beiden letztgenannten Vorgänge erzeugen Zugeigenspannungen bei
der Abkühlung in der Oxidschicht. Demgegenüber stehen die während
der Oxidbildung durch Volumenzunahme erzeugten Druckspannungen.
Diese können allerdings, vor allem bei Oxidationstemperaturen,
unter Umständen durch plastische Verformung abgebaut werden.
Dann überwiegen bei Abkühlung immer mehr die thermischen Zug-

spannungen, die in vielen Fällen zum Aufreißen der Oxidschicht
führen. Das wiederum ist die Ursache für einen drastischen Festigkeitsabfall des Werkstoffs nach voraufgegangenen Oxidationsglühungen. Die Größe des Festigkeitsabfalls steht gemäß bruchmechanischer Überlegungen mit den sich bildenden Rißlängen, und
damit indirekt mit der Oxidschichtdicke in Zusammenhang.

Andererseits können im Werkstoff vorhandene Poren, Risse und
Oberflächenfehler durch den beginnenden Oxidationsvorgang aus-
gerundet und geglättet werden, was eine Festigkeitssteigerung
zur Folge haben muß. Ob bei der Überlagerung der genannten Vorgänge als Resultat eine Steigerung oder Verminderung der Festigkeit des Werkstoffs auftritt, ist gemäß der Komplexität des Problems nicht immer eindeutig vorauszusagen. Während das Oxidationsverhalten selbst und seine Beeinflussung durch Zusammensetzung, Gefügeausbildung, offenes Porenvolumen, Porenform und
-größenverteilung sowie die Parameter Temperatur, Zeit und Umgebungsmedium kinetisch erfaßt und plausibel interpretiert werden
kann, besteht hinsichtlich ihrer Wirkung auf die Festigkeit
bis heute noch keine befriedigende Klarheit. Dementsprechend
verwirrend sind auch manche veröffentlichte Versuchsergebnisse
[4].

Zur Verbesserung der Oxidationsbeständigkeit und zur Vermeidung
von Festigkeitseinbußen durch Oxidation hat man vorgeschlagen
[3], hochreine, dichte Siliziumnitrid-Deckschichten durch Abscheidung aus der Gasphase (CVD) auf dem RBSN herzustellen. Als
vorteilhaft wurde die zu erwartende mechanische und chemische
Verträglichkeit angesehen. Während in einem Falle durch die CVD-
Beschichtung mit Siliziumnitrid die Festigkeit von RBSN stark
herabgesetzt wurde [5], konnte an anderer Stelle durch geeignete
Prozeßführung eine Schicht produziert werden, die die Festigkeit
nicht beeinträchtigte und die Oxidationsbeständigkeit von RBSN
erheblich steigern konnte [6]. Welchen Einfluß eine solche Schutzschicht auf die Festigkeit nach langzeitigen Oxidationsglühungen
ausübt, wurde bisher jedoch noch nicht veröffentlicht.

Das Institut für Werkstoff-Forschung der DFVLR hat sich deshalb
mit dem Problem beschäftigt. An RBSN-Werkstoffen, die im Rahmen

des BMFT-Förderungsprogramms "Keramik für Kleingasturbine" von
der deutschen Keramikindustrie hergestellt worden waren, sollten
Oxidationsverhalten in Abhängigkeit von der Porenausbildung sowie der Einfluß verschiedener Oxidationsglühungen bei konstanten
und veränderlichen Temperaturen auf die Raumtemperaturfestigkeit
untersucht, das Rißausheilverhalten mit und ohne Belastung verfolgt sowie versucht werden, den oxidationsbedingten Festigkeitsabfall durch Beschichtung zu vermeiden.

2. Oxidationsverhalten von RBSN

Die Kinetik der Oxidation von RBSN wurde bereits mehrfach eingehend untersucht [1,2,3,7]. Danach verläuft die Gewichtszunahme
in allen Fällen nach einem parabolischen Zeitgesetz entsprechend
einem diffusionsgesteuerten Mechanismus. Bei höheren Temperaturen
verläuft die Oxidation allerdings in zwei ausgeprägten Stufen
mit verschiedenen Oxidationsgeschwindigkeiten. Die erste Stufe
mit hoher Geschwindigkeit steht in Beziehung mit der sehr großen
Oberfläche des offenen Porenvolumens. Die Oxidation findet sowohl
an der Probenoberfläche als auch an den Porenoberflächen statt.
Hat sich eine zusammenhängende, die Poren verschließende Deckschicht gebildet, verläuft die Oxidation gemäß Stufe 2 mit sehr
viel niedrigerer Oxidationsgeschwindigkeit. Die Oxidationspro-
dukte können je nach Temperatur glasartiges Siliziumoxid, Tridy-
mit oder Crystobalit sein. Da RBSN niedriger Dichte allgemein
ein größeres offenes Porenvolumen aufweist, wurde die Oxidationsgeschwindigkeit mit der Dichte korreliert [3].

2.1 Gewichtsänderung bei Glühung an ruhender Luft

Bei eigenen thermogravimetrischen Untersuchungen, über die bereits früher berichtet wurde [8], sind isostatisch gepreßte und
schlickergegossene RBSN-Proben verschiedener Dichte und Poren-
größenverteilungen verwendet worden. Die Versuche wurden an ruhender Laborluft in einer Thermowaage bei konstanten Temperaturen
durchgeführt. Die Aufheizgeschwindigkeiten auf Prüftemperatur
wurden unterschiedlich gewählt. Die Ergebnisse sollen hier noch
einmal angeführt werden. In Bild 1 sind die isothermen Oxidationskurven der Werkstoffe bei verschiedenen Temperaturen und Aufheiz-

geschwindigkeiten miteinander verglichen. Die Kurven für die Glühtemperaturen 1300 und 1400 ^{O}C zeigen sehr deutlich bei beiden Aufheizgeschwindigkeiten das zweistufige Oxidationsverhalten. In der Anlaufphase (Stufe 1) mit Deckschichtbildung und innerer Oxidation ist die Geschwindigkeit der Gewichtszunahme sehr hoch. Beim Übergang zur Stufe 2 zeigen die Kurven einen deutlichen Knick, wenn die Deckschicht voll ausgebildet ist und nur noch äußere Oxidation mit sehr langsamer Gewichtszunahme stattfindet. Naturgemäß ist die Deckschichtbildung bei 1400 ^{O}C schneller abgeschlossen als bei 1300 ^{O}C. Deshalb ist auch die Gesamtgewichtszunahme bei dieser Temperatur geringer. Ebenso ist bei schnellerer Aufheizgeschwindigkeit auf Prüftemperatur die Deckschichtbildung früher abgeschlossen und die Gesamtgewichtszunahme niedriger. Wird die Deckschichtbildung durch einstündige Glühung bei 1400 ^{O}C vorweggenommen, ist anschließend bei der gleichen Temperatur nur noch eine sehr kleine Gewichtszunahme entsprechend der Diffusion durch die Deckschicht festzustellen. Bei einer Prüftemperatur von 900 ^{O}C kommt es bei keinem der untersuchten Werkstoffe innerhalb der geprüften Zeiten zu einer zusammenhängenden Deckschicht, so daß die Oxidationskurven in diesem Falle stetig nach einem parabolischen Zeitgesetz verlaufen. Insofern sind die Ergebnisse in Übereinstimmung mit den bereits früher vielfach an anderen Stellen gemachten Beobachtungen. Allerdings scheint die Feststellung, daß mit abnehmender Dichte, und damit größerem offenen Porenvolumen, die Oxidationsanfälligkeit steigt [3], nicht immer zuzutreffen. Dies zeigen die drei bei 900 ^{O}C geprüften Werkstoffe, von denen die beiden mit praktisch gleicher Dichte die größten Unterschiede im Oxidationsverhalten aufweisen. Ein eindeutigerer Zusammenhang ist zwischen der Oxidation und der Größe der Porenkanäle festzustellen. Mit Hilfe der Quecksilber-Druckporosimetrie wurden die Verteilungskurven der Mikroporenkanäle an allen drei Werkstoffen ermittelt. Die hieraus erhaltenen D_{50}-Werte sind in Bild 1 mit angegeben. Man sieht, daß die Oxidationsanfälligkeit in Stufe 1 mit steigender Größe der Mikroporenkanäle selbst bei gleichbleibender Gesamtdichte erheblich ansteigt. Zur Erhaltung einer guten Oxidationsbeständigkeit ist daher weniger auf die Dichte als vielmehr auf kleine Porenkanalabmessungen zu achten. Natürlich sind kleinere Porenkanäle auch schneller mit Oxid gefüllt, so daß Stufe 1

auch früher beendet ist und die Gesamtgewichtszunahme geringer
wird.

Wie sich das komplexe Oxidationsverhalten von RBSN auf die Raumtemperaturfestigkeit auswirkt, soll im folgenden an einem isostatisch gepreßtem RBSN mittlerer Dichte untersucht werden.

2.2 Einfluß der Oxidation auf die 4-Punkt-Biegefestigkeit bei Raumtemperatur

Biegeproben aus isostatisch gepreßtem RBSN (ρ = 2,46 g/ccm,
D_{50} = $8 \cdot 10^{-2}$ µm) mit den Abmessungen 3,5 x 4,5 x 45 mm wurden
verschieden langen Oxidationsglühungen bei 1270 und 1400 ^{O}C an
ruhender Luft in widerstandsbeheizten Öfen unterworfen. Nach
langsamer Abkühlung auf Raumtemperatur außerhalb des Ofens wurde
die 4-Punkt-Biegefestigkeit (Stützweiten: 10, 20, 10 mm) bei
Raumtemperatur und 900 ^{O}C gemessen. Die Proben wurden flachkant-
geprüft. Die Belastungsgeschwindigkeit bis zum Bruch betrug
3 N/sec, die Aufheizgeschwindigkeit bei Prüftemperaturen oberhalb Raumtemperatur 10 ^{O}C/min. Als Festigkeitswert wurde der
arithmetische Mittelwert der Einzelmessungen verwendet.

Die Ergebnisse sind in <u>Bild 2</u> zusammengefaßt. Kurzzeitige Glühung an Luft (0,15 h) bei 1400 ^{O}C steigert zunächst die Raumtemperaturfestigkeit geringfügig durch Ausrunden von Oberflächenfehlern und spitzen Poren vor allem in den α-Matten. Die
auftretenden thermischen Spannungen zwischen Oxid und Substrat
scheinen noch nicht zur Rißbildung zu führen, da die geringe
Schichtdicke des Oxids ähnlich wie bei Whiskern eine sehr hohe
Festigkeit der Schicht zur Folge hat. Mit zunehmendem Dickenwachstum der Oxidschicht sinkt deren Festigkeit. Sind die thermischen Zugeigenspannungen bei Abkühlung auf Raumtemperatur
größer als die Oxidfestigkeit, kommt es zu Rissen. Treffen solche Risse an der Phasengrenze Oxid-Substrat auf das offene Porenvolumen, so können die Festigkeit der Probe vermindernde Rißlängen entstehen. Wie die Ergebnisse zeigen, ist dies bereits
nach einstündiger Glühung bei 1400 ^{O}C der Fall. Mit zunehmender
Glühzeit wächst die Schichtdicke und damit die Rißlänge, so daß
die Raumtemperaturfestigkeit weiter absinkt. Gleiches Verhalten,

jedoch zu entsprechend längeren Glühzeiten verschoben, wird bei einer Oxidationsglühtemperatur von 1270 ^{O}C beobachtet.

Die Biegefestigkeit bei 900 ^{O}C liegt im Anlieferungszustand bei diesem Material mehr als die Hälfte niedriger als bei Raumtemperatur. Dieser Festigkeitsabfall im Temperaturbereich zwischen 800 und 1000 ^{O}C, der jedoch nicht bei allen RBSN-Qualitäten auftritt, wurde bereits früher eingehender untersucht [8]. Er fehlt bei Heißbiegeversuchen im Vakuum, hängt also mit einer Reaktion des Umgebungsmediums Luft zusammen. Glüht man 1 h lang bei 1400 ^{O}C in Luft, kühlt auf Raumtemperatur ab und prüft anschließend die Heißbiegefestigkeit bei 900 ^{O}C, erhält man einen Festigkeitswert der über den des Anlieferungszustands bei Raumtemperatur angestiegen ist. Mit zunehmender Glühzeit fällt dann die Festigkeit bei 900 ^{O}C ähnlich wie bei Raumtemperatur wieder kontinuierlich ab. Der ähnliche Verlauf der Kurven für die beiden verschiedenen Prüftemperaturen legt den Schluß nahe, daß die ablaufenden Vorgänge ähnlich sind. Nach längeren Glühzeiten werden die bei Abkühlung in der Oxidschicht auftretenden Risse infolge zunehmender Schichtdicke größer und senken die Festigkeit entsprechend. Gleiches Verhalten ist auch bei 900 ^{O}C nach einer vorausgegangenen Glühung bei 1270 ^{O}C zu beobachten. Entsprechend der langsameren Wachstumsgeschwindigkeit der Schicht bei dieser Temperatur ist das Maximum und der nachfolgende Abfall der Festigkeit natürlich zu längeren Glühzeiten verschoben. Die Festigkeitsmaxima der Raumtemperaturprüfung liegen bei kürzeren Glühzeiten als diejenigen der 900°-Prüfung. Der verzögerte Festigkeitsabfall bei 900 ^{O}C wird verständlich, wenn man an den zumindest teilweisen Abbau der thermischen Spannungen beim Wiederaufheizen auf Prüftemperatur denkt. Daneben könnte bei 900 ^{O}C unter Umständen eine gewisse Ausheilung der Risse in der Oxidschicht stattfinden. Es wurden deshalb Rißausheilversuche unternommen, über die im Abschnitt 3. näher berichtet wird.

Die bei allen Kurven auftretenden Festigkeitsmaxima mit nachfolgendem drastischen Abfall deuten auf die in der Einleitung erwähnten gegenläufigen Einflüsse auf die Festigkeit nach Oxidationsglühbehandlung hin, nämlich einmal die die Festigkeit vermindernde Rißbildung bei Abkühlung, die mit zunehmender Oxidations-

schichtdicke zu größeren Rißlängen führt, zum anderen die bei
Beginn der Oxidation auftretende Ausrundung von spitzen Poren
und Oberflächenfehlern, die die Festigkeit steigert. Lage und
Höhe der Maxima sowie der absolute Betrag des Festigkeitsabfalls
nach langzeitigen Glühungen werden nach den beschriebenen Mechanismen in starkem Maße von der Form, Größe und Verteilung der
Mikroporen sowie der Oberflächenbeschaffenheit abhängen. Da Verunreinigungen auch die Oxidationsgeschwindigkeit beeinflussen,
werden sie indirekt ebenfalls eine Wirkung auf die Festigkeit
nach Oxidationsglühung ausüben. Auch hierdurch muß daher mit
einer Niveauänderung als auch einer zeitlichen Verschiebung der
Kurven gerechnet werden.

Da das Problem des Festigkeitsabfalls von RBSN nach Oxidationsglühung von entscheidender Bedeutung für seinen Einsatz in Gasturbinen ist, wurde im Rahmen des BMFT-Förderungsprogramms von
der deutschen Keramikindustrie intensiv an der Entwicklung von
verbessertem Material, das diesen Festigkeitsabfall nicht aufweist, gearbeitet. Die Ergebnisse seien im folgenden an isostatisch gepreßtem RBSN (Annawerk, Rödental) beispielhaft dargestellt.

An in verschiedenen Jahren gelieferten Chargen dieses Werkstoffs
wurden im Institut die beschriebenen Oxidationsglühungen bei
1400 $^\circ$C durchgeführt und anschließend bei Raumtemperatur die
Biegefestigkeit ermittelt. In einem Falle wurde auch die Festigkeit bei 900 $^\circ$C geprüft. Die verschiedenen Chargen hatten unterschiedliche Dichte und Gefügeausbildungen. Ein Vergleich der Ergebnisse ist in <u>Bild 3</u> zu sehen. Zur besseren Übersicht sind
Dichte und D_{50}-Werte der Mikroporenhälse mit eingetragen. Alle
Werkstoffe zeigen einen mehr oder weniger großen Abfall der Raumtemperaturfestigkeit mit zunehmender Glühzeit, mit Ausnahme des
zuletzt gelieferten Materials. Dieses besitzt von allen untersuchten Werkstoffen die höchste Dichte. Es zeigt nach 100stündi-
ger Glühung bei 1400 $^\circ$C keinerlei Festigkeitsabfall. Erst nach
1000stündiger Glühung bei dieser Temperatur vermindert sich die
Festigkeit um etwa 14 %. Ein erheblicher Fortschritt gegenüber
dem 1979 gelieferten Werkstoff, der bereits nach 100stündiger
Glühung bei 1400 $^\circ$C 72 % seiner Anfangsfestigkeit verloren hat.

Eine eindeutige Abhängigkeit der Größe des Festigkeitsabfalls
von der Dichte ist nicht festzustellen. Eine bessere Korrelation
läßt sich bei den mittels Quecksilber-Druckporosimetrie ermittelten Durchmessern der Porenhälse erkennen. Der 1980 gelieferte
Werkstoff mit dem besten Festigkeitsverhalten besitzt die kleinsten Porenhälse, während das 1979 gelieferte Material mit dem
ungünstigsten Festigkeitsverhalten den 5fachen Durchmesser der
Porenhälse aufweist. Die beiden dazwischenliegenden Werkstoffe
mit etwa gleichem Mikroporendurchmesser zeigen auch ungefähr den
gleichen Festigkeitsabfall. Geringe Porenhalsdurchmesser ergeben
also verminderte Oxidation und größere Stabilität der Festigkeitseigenschaften nach Glühbehandlung. Da kleine Porenhälse schneller
zuwachsen, wird die innere Oxidation auch schneller gestoppt.
Die bis zu diesem Zeitpunkt ablaufende Oxidation innerhalb der
Poren erzeugt nur eine dünne Oxidschicht, die, wie bereits erwähnt, eine festigkeitssteigernde Wirkung haben kann, da sie infolge höherer Festigkeit nicht reißt und scharfe Kerben ausrun-
det. Demgegenüber kann bei großen Porenkanälen, die unter gleichen Glühbedingungen wesentlich langsamer zuwachsen, eine dickere
Oxidschicht im offenen Porenvolumen entstehen, die beim Abkühlen
aufreißt und mit den Poren, später mit der Deckschicht, Risse
wesentlich größerer Länge bildet, die zu einem Abfall der Festigkeit führen. Stichprobenweise wurde an dem 1980er Material auch
eine Oxidationsglühung bei 900 $^{\circ}$C durchgeführt und anschließend
die Raumtemperatur-Biegefestigkeit gemessen. Diese Glühung steigert bis zu 10 h die Festigkeit, bei größeren Glühzeiten führt
sie zu einer Verminderung. Nach 500 h ist die Festigkeit erstaun-
licherweise sogar geringer als nach gleich langer Glühung bei
1400 $^{\circ}$C (vgl. Bild 3). Wie die thermogravimetrischen Kurven zeigen (vgl. Bild 1), kann sich bei 900 $^{\circ}$C eine das offene Porenvolumen verschließende Deckschicht nicht so schnell bilden wie
bei 1400 $^{\circ}$C, und der Gesamtbetrag der Massenzunahme kann deshalb
den bei 1400 $^{\circ}$C übersteigen. Somit ist bei langen Glühzeiten bei
900 $^{\circ}$C die Bildung einer Oxidschichtdicke in den Poren möglich,
die bei Abkühlung aufreißt. Damit können sich aber zusammen mit
Porenkanälen und offenen Poren Risse großer Länge und scharfen
Spitzen bilden, die die Festigkeit herabsetzen. Das Schicht-
wachstum in den Poren wird erst dann gestoppt, wenn auch bei
dieser Temperatur die Porenhälse an der Probenoberfläche zuge-

wachsen sind. Dies ist scheinbar nach 500 h noch nicht der Fall.
Die langsam ablaufende Oxidation bei 900 $^{\circ}$C gibt auch Gelegenheit zum besseren Gasaustausch im offenen Porenvolumen, und damit zum gleichmäßigeren Oxidieren bis tief in das Probeninnere.

Bei dem 1980 gelieferten Werkstoff fällt die trotz hoher Dichte
nur mäßige Festigkeit im Anlieferungszustand auf. Die lichtmikroskopische Untersuchung zeigt einige Gefügeunterschiede zu dem
1979 gelieferten Werkstoff (<u>Bild 4</u>). Der Volumenanteil an freiem
Silizium ist wesentlich höher. Er beträgt 6,3 % gegenüber 1,5 %
beim 1979 gelieferten Werkstoff. Außerdem ist der Durchmesser
der lichtmikroskopisch erfaßbaren Makroporen etwa dreimal so
groß. Bekanntlich vermindern freies Silizium sowie große Makroporen die Festigkeit. Aus diesem Grund erreicht die Festigkeit
im Anlieferungszustand nicht den aufgrund der hohen Dichte erwarteten Wert. Nach Angaben des Herstellers beträgt die Eisen-
verunreinigung des Silizium-Ausgangspulvers bei dem 1980er Material 0,3 %, bei den übrigen untersuchten Werkstoffen 1,3 %.
Niedriger Eisengehalt und die hohe Dichte führen zu dem vermin-
derten Reaktionsgrad. Die Verunreinigungen an Aluminium und Kal-
zium sind bei allen untersuchten Werkstoffen etwa gleich.

Eine Optimierung von Dichte, Reaktionsgrad, Mikro- und Makro-
porosität ist vom Herstellungsprozeß gesehen nicht einfach. Die
aufgezeigte Verbesserung ist bisher nur an einem Laborwerkstoff
demonstriert worden, der zunächst für die Herstellung komplizierter Bauteile Probleme aufwirft. Eine andere Möglichkeit, die
Oxidation zu vermindern und die Stabilität zu erhöhen, besteht
in geeigneter Beschichtung von RBSN, auf die im Abschnitt 4.
näher eingegangen wird.

2.3 <u>Zyklische Oxidation</u>

Die bisher besprochenen Oxidationsversuche wurden bei konstanten
Temperaturen durchgeführt. Solche Verhältnisse treten im praktischen Gasturbinenbetrieb nicht auf. Um eine gewisse Betriebsnähe der Prüfung zu simulieren, hat der strukturmechanische Arbeitskreis zyklische Temperaturprogramme festgelegt, die den
Betriebsbedingungen bestimmter Gasturbinentypen angenähert sind.

Eines dieser Temperaturprogramme, das sogenannte A-Programm, ist
in Bild 5 unter dem Zyklus A3 dargestellt. Die Periode beträgt
24 h und besteht aus drei 2stündigen Einzelerhitzungen auf 1430°C
mit Zwischenabkühlung auf Raumtemperatur. Danach schließt sich
eine 16stündige Glühung bei 900 ^{O}C an.

Verschiedene RBSN-Sorten wurden den in Bild 5 dargestellten Temperaturzyklen unterworfen. Anschließend wurde die Raumtemperaturfestigkeit gemessen. In Bild 6 ist der Festigkeitsverlauf nach
verschiedenen Temperaturzyklen der genannten Art mit demjenigen
für eine Glühung bei konstanter Temperatur von 1400 ^{O}C für zwei
verschiedene RBSN-Sorten verglichen. Die auf der Abszisse angegebene Glühzeit bezieht sich bei zyklischer Temperaturbeanspru-
chung nur auf die Summe der Verweilzeiten bei 1430 ^{O}C. Wie man
sieht, tritt bei beiden RBSN-Sorten nach längerer Glühung sowohl
bei konstanten als auch bei zyklischen Temperaturbelastungen
eine Festigkeitsverminderung ein. Im wesentlichen stimmen diese
Festigkeitsabnahmen für zyklische und konstante Glühtemperaturen
überein. Ob einmalige oder mehrfache Abkühlung auftritt, scheint
auf die Höhe der thermischen Spannungen und Rißbildung demnach
keinen wesentlichen Einfluß auszuüben. Der Thermoschock bei ein-
maliger Abkühlung ist bei ausreichender Oxidschichtdicke bereits
so groß, daß er die besprochene Festigkeitsverminderung bewirkt.
Weitere Rißbildungen im Material, die die Festigkeit weiter herabsetzen, lassen sich wahrscheinlich eher mit Erhöhung der Ab-
schreckgeschwindigkeit bzw. Temperaturdifferenz als mit einer
Zunahme der Zyklenzahl bewirken. Im vorliegenden Fall ist wohl
mehr die Oxidation und die entstehende Oxidschichtdicke maßge-
bend für den Festigkeitsabfall, gleichgültig, ob das Schicht-
dickenwachstum intermittierend oder kontinuierlich erfolgt.

3. Rißausheilungsverhalten von Siliziumnitrid unter verschiede-
nen Belastungsbedingungen

Wie in Abschnitt 2.2 dargelegt, tritt der Raumtemperaturfestig-
keitsabfall durch eine vorherige Oxidationsglühung an dem untersuchten isostatisch gepreßten RBSN bereits bei geringeren Glühzeiten ein als der Abfall der bei 900 ^{O}C geprüften Festigkeit
(vgl. Bild 2). Gleiche Glühbehandlungen müssen aber zu gleichen

Oxidschichtdicken führen und damit bei Abkühlung zu gleichen Rißlängen. Dennoch ist aus den Ergebnissen zu sehen, daß die Festigkeit bei Raumtemperatur stärker abgefallen ist als bei einer
Prüftemperatur von 900 $^{\circ}$C. Es muß also mit einer Veränderung des
Gefüges, z.B. Verminderung der kritischen Rißlängen im Oxid durch
das Wiederaufheizen auf Prüftemperatur gerechnet werden. Sicherlich wird ein Teil der Eigenspannungen, die sich beim Abkühlen
gebildet haben, durch das Wiederaufheizen abgebaut. Ob auch eine
gewisse Rißausheilung beim RBSN möglich ist, wie es beim HPSN
nachgewiesen wurde [9], wurde deshalb unter verschiedenen Belastungsbedingungen eingehend untersucht [10]. Über die Ergebnisse
soll hier kurz berichtet werden.

3.1 Rißausheilung von RBSN

In die Biegeproben der Abmessungen 3,5 x 4,5 x 45 mm wurden künst-
liche Risse durch Härteeindrücke mit einem Knoop-Diamanten in der
in [9] beschriebenen Weise erzeugt. Die Belastung beim Härteeindruck betrug 490 N. Die Längsachse des Knoop-Diamanten stand
senkrecht zur Probenlängsachse, der Härteeindruck befand sich
auf der Mitte der Breitseite. Unter dem Härteeindruck entstand
ein etwa halbkreisförmiger künstlicher Riß quer zur Probenlängsachse. Die eigenspannungsbehaftete und mit Querrissen versehene
Oberflächenschicht mit dem Härteeindruck wurde in einer Stärke
von 250 µm abgeschliffen. Übrig blieb der halbkreisförmige künst-
liche Riß, dessen Dimensionen nach dem Brechen der Proben ausge-
messen werden konnten. Die so präparierten Proben wurden einer
einstündigen Glühung bei verschiedenen Temperaturen an ruhender
Luft unterworfen. Zum Vergleich wurden einige Glühversuche in
einem N_2/H_2-Gemisch von 90:10 durchgeführt. Um den Versuchen
größere Betriebsnähe zu geben, erfolgten die Glühbehandlungen sowohl ohne Belastung als auch mit Zug- bzw. Druckbelastung. Hierzu
wurden die Proben für die Ausheilversuche unter Belastung in einer
Biegevorrichtung geglüht, und zwar für die Zugbelastung mit dem
Riß nach unten, für die Druckbelastung mit dem Riß nach oben. Die
Belastung entsprach einer Spannung von 60 MPa. Nach einstündiger
Glühung unter den verschiedenen Bedingungen wurde die 4-Punkt-
Biegefestigkeit bei Raumtemperatur in der beschriebenen Weise er-
mittelt. Parallel hierzu wurden Proben ohne künstlichen Riß ge-

glüht und bei Raumtemperatur geprüft.

Die Ergebnisse der Rißausheilungsversuche an RBSN unter verschiedenen Belastungsbedingungen sind in <u>Bild 7</u> zusammengefaßt. Der Übersichtlichkeit halber sind die Streubereiche nicht mit angegeben. Eine Glühung des Werkstoffs ohne künstlichen Riß in Stickstoff-Wasserstoff-Atmosphäre hat bis zu einer Glühtemperatur von 1400 $^{\circ}$C keinen Einfluß auf die Festigkeit. Werden die Glühungen in Luft durchgeführt, ergeben sich die bereits besprochenen Wirkungen der Oxidation auf die Festigkeit. Durch einen künstlichen Riß von etwa 250 µm Tiefe wird die Festigkeit im ungeglühten Zustand auf ein Drittel des Anlieferungszustands herabgesetzt. Durch einstündige Glühungen bei Temperaturen bis 1400 $^{\circ}$C an Luft lassen sich diese Risse im unbelasteten Zustand nicht ausheilen. Verständlicherweise gilt das gleiche für Glühungen unter Zugbelastung. Das ohne Sinterhilfen hergestellte RBSN ist also normalerweise im Gegensatz zu dem Verhalten von HPSN nicht ausheilbar. Das ändert sich bei Anwendung einer Druckspannung in Höhe von 60 MPa. Bereits nach einstündiger Glühung bei 900 $^{\circ}$C ist mehr als die Hälfte des durch den künstlichen Riß hervorgerufenen Festigkeitsabfalls durch Rißausheilung rückgängig gemacht. Nach einer Glühung bei 1200 $^{\circ}$C wird die Festigkeit des Werkstoffs ohne Riß wieder erreicht. Das läßt auf eine vollständige Rißausheilung nach einstündiger Glühung bei dieser Temperatur schließen. Da in realen Bauteilen aus RBSN nicht an allen Stellen Druckspannungen herrschen, kann im Betrieb auch nicht immer mit einer Ausheilung von Rissen gerechnet werden.

Zurückkommend auf das Problem des verzögerten Festigkeitsabfalls nach Oxidationsglühungen bei einer Prüftemperatur von 900 $^{\circ}$C gegenüber Raumtemperatur kann nach den vorliegenden Ergebnissen der Rißausheilversuche als Ursache für diese Verzögerung eine Rißausheilung nur dann angenommen werden, wenn beim Aufheizen in der Nähe der Risse Druckspannungen entstehen. Möglicherweise ergeben sich diese Druckspannungen in der Oxidschicht beim Wiederaufheizen durch die Crystobalitumwandlung und den größeren Ausdehnungskoeffizienten des Oxids.

3.2 Rißausheilung von HPSN

Um den Einfluß verschiedener Belastungsbedingungen auch auf das
Rißausheilverhalten von HPSN zu untersuchen, wurden die gleichen,
im vorigen Abschnitt beschriebenen Untersuchungen auch an diesem
Material durchgeführt. Das Rißausheilverhalten ohne Belastung an
diesem Material wurde in [9] bereits eingehend untersucht. Es
zeigt im Gegensatz zu RBSN auch ohne Belastung eine Rißausheilung nach Glühung an Luft, die bereits bei Glühtemperaturen von
900 $^{\circ}$C ab nach einstündiger Glühung beginnt und auch in reduzierender Atmosphäre, wenn auch nicht in gleichem Maße, stattfindet.
In [9] wird das Ausheilen von Rissen in HPSN aufgrund der Ergebnisse auf zwei Prozesse zurückgeführt: 1. auf die Bildung von
Crystobalit und Magnesiumsilikaten an den Oberflächen in oxidierender Atmosphäre und 2. auf das viskose Fließen silikatischer
Phasen, die sich aufgrund der Sinterhilfenzusätze an den Korngrenzen gebildet haben. Die Rißausheilung unter reduzierender
Atmosphäre wird auf den zweiten Prozeß zurückgeführt.

Wendet man bei der Wärmebehandlung an ruhender Luft zur Rißausheilung gleichzeitig eine Zugbeanspruchung an, so kann das Riß-
ausheilen auch bei HPSN unterdrückt werden (<u>Bild 8</u>). Die während
der Glühung angewendete Zugspannung betrug in diesem Falle bei
900 $^{\circ}$C 150 MPa, bei 1260 $^{\circ}$C 50 MPa. Entsprechende Druckspannungen gleicher Größe führen zu einer beschleunigten Rißausheilung,
die bereits nach einstündiger Glühung bei 1200 $^{\circ}$C den gesamten,
durch den künstlichen Riß bedingten Festigkeitsabfall beseitigt.

Daß eine Ausheilung der groben künstlichen Risse im HPSN bereits
ohne Belastung durch Glühbehandlung im Gegensatz zu RBSN erfolgen kann, wird durch den Zusatz von Sinterhilfen, die im RBSN
fehlen, verständlich.

4. <u>Wirkung einer dichten Si$_3$N$_4$-Beschichtung</u>

Wie bereits eingangs erwähnt, wurde schon früher vorgeschlagen
[3] bzw. unternommen [5,6], das Oxidationsverhalten des porösen
RBSN durch CVD-Beschichtung mit dem gleichen, aber dichten Material zu verbessern. Durch die Verwendung einer Schutzschicht vom

gleichen Werkstoff wie das Substrat hoffte man, die Probleme mechanischer Unverträglichkeit zu umgehen. Die dichte Schutzschicht sollte die Oxidation im offenen Porenvolumen unterbinden und damit zu einer drastisch gesenkten Oxidationsgeschwindigkeit entsprechend Stufe 2 der Oxidationskurven führen. Da hochreines Siliziumnitrid weniger oxidationsanfällig ist als verunreinigtes, kann mit einer weiteren Steigerung der Oxidationsbeständigkeit gerechnet werden. Die Abscheidung aus der Gasphase erlaubt die Erzeugung solch hochreiner Schichten. Die hiermit erzielbare außerordentliche Verbesserung des Oxidationsverhaltens konnte inzwischen nachgewiesen werden [6].

In vorliegenden Untersuchungen sollte der Einfluß der Oxidation von mit Siliziumnitrid CVD-beschichteten Proben auf die Festigkeit bei Raumtemperatur näher untersucht werden.

4.1 Einfluß der Schichtdicke auf die Raumtemperaturbiegefestigkeit

Trotz Verwendung des gleichen Werkstoffs für Schicht und Substrat - abgesehen von Verunreinigungen und Porenvolumen - wurden Verträglichkeitsprobleme beobachtet derart, daß durch Abkühlung nach der CVD-Beschichtung in der Siliziumnitridschicht bisweilen Risse auftraten, die die Festigkeit bei Raumtemperatur herabsetzten. Als Beispiel seien in Tabelle 1 Ergebnisse von Detroit-Diesel-Allison angeführt, die bei RBN 122 nach CVD-Si_3N_4-Beschichtung einen mit zunehmender Schichtdicke steigenden Abfall der Raumtemperaturbiegefestigkeit aufzeigen. Es müssen also Zugeigenspannungen in der Schicht aufgetreten sein. Solche mechanischen Unverträglichkeiten können auch bei gleichem Schicht- und Grundwerkstoff entstehen. Gründe hierfür können eine ausgeprägte Textur in der Schicht (Epitaxieeffekte), Kristallfehler, Verunreinigungen oder Dichteunterschiede sein [11]. Da Poren sich nicht mitdehnen, kann der thermische Ausdehnungskoeffizient des porösen RBSN kleiner sein als der der dichten CVD-Schicht. Das ergibt beim Abkühlen Zugspannungen in der Schutzschicht. Texturbedingte Anisotropie von E-Modul und Ausdehnungskoeffizient in der Schicht können ebenfalls hierzu beitragen. Sie werden um so ausgeprägter sein, je größer die Schichtdicke ist. Textur und

Gefüge der Schicht können durch die Abscheidebedingungen gesteuert werden. Damit lassen sich zusammen mit der Verwendung nicht zu großer Schichtdicken Festigkeitseinbußen durch die Beschichtung vermeiden. Theoretisch müßte durch Ausheileffekte von Oberflächenfehlern sogar eine Steigerung der Raumtemperaturfestigkeit erzielt werden können.

4.2 Raumtemperaturbiegefestigkeit Si_3N_4-beschichteter Proben nach Oxidationsglühung bei 1400 °C

Um einen Festigkeitsabfall durch Beschichtung zu vermeiden, wurden die Biegeproben zur Untersuchung der Festigkeitsstabilität nach Oxidationsglühung mit einer Siliziumnitridschicht von etwa 20 μm Stärke durch CVD-Abscheidung versehen*. Die so beschichteten Proben zeigten nach der Beschichtung keinen nennenswerten Festigkeitsabfall.

Wenn, wie bereits früher von F. Thümmler [12] angegeben, ein Zusammenwirken der in der Oxidschicht bei Abkühlung entstehenden Risse mit den an der Oberfläche mündenden Porenkanälen die Ursache für den starken Festigkeitsabfall des RBSN nach Oxidation ist, könnte dieser Abfall durch eine Zwischenschicht zwischen den Rissen in der Deckschicht und den Poren beseitigt oder zumindest vermindert werden, da hierdurch kleinere Rißlängen entstehen würden (vgl. <u>Bild 9</u>). Werden also mit dichten Siliziumnitridschichten, die spannungsfrei abgeschieden sind und nach Abkühlung nicht aufreißen, die Porenkanäle des Substrats geschlossen, so werden die innere Oxidation verhindert und die in der sich bildenden Oxidschicht beim Abkühlen auftretenden Risse von den Porenkanälen getrennt. Hierdurch müssen die effektiven Rißlängen verkleinert werden. Erst wenn die Oxidschicht nach langen Glühzeiten bei hohen Temperaturen zu einer Dicke angewachsen ist, die Risse größerer Länge entstehen läßt als die im Substrat bereits vorhandenen, müßte wieder ein Festigkeitsabfall eintreten. Ist die Siliziumnitridschutzschicht allerdings nicht stark genug und oxidiert während der Glühbehandlung durch,

---

*Für die CVD-Beschichtung der Biegeproben sei der Daimler-Benz AG, Stuttgart, gedankt.

müßte ebenfalls ein drastischer Festigkeitsabfall erwartet
werden.

Für die Untersuchungen wurde als Substrat ein spritzgegossenes
RBSN mit einer Dichte von 2,55 g/ccm verwendet. Nach Beschichtung wurden die Proben bei 1400 ^{o}C an ruhender Luft bis zu 1000 h
geglüht. Parallele Glühversuche wurden an unbeschichteten Proben
des gleichen Materials durchgeführt. Anschließend wurde die Raumtemperaturbiegefestigkeit im 4-Punkt-Biegeversuch gemessen. Die
Ergebnisse sind in <u>Bild 10</u> zusammengefaßt. Ohne Schutzschicht
tritt bereits nach einstündiger Glühung bei 1400 ^{o}C ein starker
Festigkeitsabfall um etwa die Hälfte der Ausgangsfestigkeit ein.
Da nur wenige beschichtete Proben zur Verfügung standen, konnten
die meisten Glühbehandlungen nur mit 2 Proben belegt werden.
Dennoch ist die Tendenz abzulesen. Keine der beschichteten Proben zeigte nach Glühbehandlung bei 1400 ^{o}C einen Festigkeitsabfall. Selbst nach 1000stündiger Glühung bei dieser Temperatur
übertraf die Festigkeit die des unbeschichteten Anlieferungszustands ein wenig. Damit scheint die Modellvorstellung in Bild 9
bestätigt zu sein. Voraussetzung ist, daß die Siliziumnitrid-
Schutzschicht rißfrei ist und während der Glühbehandlung nicht
durchoxidiert. Daß dies bei den vorliegenden Versuchen der
Fall ist, zeigt <u>Bild 11</u>. Die rastermikroskopische Aufnahme eines
Querschnitts einer beschichteten Probe im Anlieferungszustand
läßt auf dem porösen Substrat die vollkommen dichte, etwa 20 µm
starke CVD-Schutzschicht erkennen. Sie deckt die Oberflächen-
poren des Substrats vollkommen ab. Nach 1000stündiger Glühung
bei 1400 ^{o}C sieht man neben der Siliziumnitrid-Deckschicht eine
aufgewachsene Oxidschicht von etwa 5 µm Stärke. Die Schutzschicht
ist also noch nicht durchoxidiert und würde bei dieser Glühtemperatur noch wesentlich länger halten. Auch jetzt ist in der Schutzschicht noch kein Riß zu beobachten. Die Mikrosondenuntersuchung
auf Silizium zeigt in der Oxidschicht einen geringeren Siliziumgehalt als in der Siliziumnitrid-Schutzschicht sowie im Substrat
entsprechend den chemischen Zusammensetzungen.

Auch das Gefüge des Substrats bleibt während der Glühung nicht
gleich. Wie <u>Tabelle 2</u> zeigt, vermindert sich der α-Phasenanteil
mit zunehmender Glühdauer bei 1400 ^{o}C, was in diesem Falle an

einem unbeschichteten Material nachgewiesen wurde. Zwar ist die
α-Phase oxidationsanfälliger als die β-Phase, jedoch läßt sich
eine solch starke Verminderung dieser Phase durch Oxidation
allein nicht erklären. D.h., diese Umwandlung der α- in die β-
Phase müßte auch bei den beschichteten Proben im Substratinneren
stattfinden. Damit kann aber, da die beschichteten Proben keinen
Festigkeitsabfall zeigen, diese Umwandlung nicht die Ursache für
den Festigkeitsabfall sein.

5. <u>Schlußfolgerung</u>

Die vorliegenden Ergebnisse zeigen, daß der Festigkeitsabfall
des RBSN nach Oxidationsglühung mit der Bildung kritischer Rißlängen zusammenhängt, die sich aus den Rissen im Oxid und den
an der Substratoberfläche offen zutrage tretenden Porenkanälen zusammensetzen. Können die Porenkanäle durch geeignete
Herstellung des RBSN im Durchmesser klein genug gehalten werden,
so oxidieren sie schnell zu und verhindern weitere innere Oxidation. Das fördert die Bildung einer zusammenhängenden Oxidschicht an der Oberfläche und setzt den Oxidationswiderstand damit herauf. Der Festigkeitsabfall durch Oxidation wird hierdurch
ebenfalls vermieden, zumindest bei Glühtemperaturen, bei denen
sich rasch die Porenkanäle schließen. Bei einigen RBSN-Qualitäten ist es inzwischen gelungen, ein solches Gefüge zu erzeugen.
Die Herstellungsbedingungen sind allerdings schwierig.

Wenn bei komplizierten Bauteilen wegen der schwierigen Herstell-
barkeit eines solchen Gefüges diese Möglichkeit nicht gegeben
ist, kann durch eine geeignete, dichte Siliziumnitridschicht,
die durch Abscheidung aus der Gasphase (CVD) auf der Oberfläche
des Bauteils aufgebracht ist und die Poren verschließt, die Bildung kritischer Rißlängen durch Kombination von Oxidrissen und
Porenkanälen verhindert und somit ebenfalls eine Stabilität der
mechanischen Eigenschaften erreicht werden, zumindest solange
die Siliziumnitrid-Schutzschicht nicht durchoxidiert. Wegen Span-
nungsfreiheit der Schutzschicht müssen die Abscheidungsbedingun-
gen sorgfältig optimiert werden und die Schichtdicke möglichst
klein gehalten werden. Sie muß aber andererseits so groß sein,
daß sie während der vorgesehenen Lebensdauer bei Betriebsbe-

dingungen nicht durchoxidiert und zum anderen die offenen Poren
an der Oberfläche des Substrats mit Sicherheit verschließt.

6. Schrifttum

[1] DAVIDGE, R.W.
    EVANS, A.G.
    GILLING, D.
    WILYMAN, P.R.
Oxidation of Reaction-Sintered Silicon Nitride and Effects on Strength.
Special Ceramics, 5 (1972), S.329-343.

[2] EVANS, A.G.
    DAVIDGE, R.W.
Strength and Oxidation of Reaction-Sintered Silicon Nitride.
J. Materials Science 5 (1970), Heft 4, S.314-325.

[3] UY, J.C.
Instability of Reaction-Sintered Silicon Nitride.
Amer. Ceram. Soc. Bull. 57 (1978), Heft 8, S.735-737 u. 740.

[4] SIEBELS, J.E.
Oxidation and Strength of Silicon Nitride and Silicon Carbide.
Presented at "Ceramics for High Performance Applications III, Reliability", Orcas Island, July 9.-13., 1979.

[5] JANOVICZ, M.A.
Ceramic Application in Turbine Engines.
Progress Report Detroit-Diesel-Allison DDA EDR 9722, 1978.

[6] RÄUCHLE, W.
    RÖSCH, D.
Abscheiden von Siliziumnitrid-Schutzschichten mit Hilfe der CVD-Technik.
in: "Keramische Komponenten für Fahrzeug-Gasturbinen". Springer-Verl. Berlin - Heidelberg - New York 1978, S.87-105.

[7] SHARP, J.V.
Electron Microscopy of Oxidized Silicon Nitride.
J. Materials Sci. 8 (1973), Heft 12, S.1755-1758.

[8] WIRTH, G.
Oxidationseinfluß auf Heißbiege- und Zugfestigkeit von reaktionsgesintertem Siliziumnitrid verschiedener Herstellungsart.
DFVLR-Werkstoff-Kolloquium, 17.11.1977 in Köln-Wahn.

[9] ZIEGLER, G.
Rißausheilung im heißgepreßten Siliziumnitrid.
Ber. Dt. Keram. Ges. 55 (1978) Heft 8, S.397-400.

[10] GEBHARD, W.
     WIRTH, G.
     ZIEGLER, G.

Rißausheilung unter Belastung an HP-
und RBSN.

DFVLR-IB-354-79/2 (1979).

[11] WAHL, G.

Das Schicht-Grundwerkstoff-Verbund-
system.

Z. f. Werkstofftechnik 7 (1976),
Heft 9, S.311-314.

[12] THÜMMLER, F.

Die keramischen Hochtemperaturwerkstoffe Si_3N_4 und SiC.

in: "Keramische Komponenten für Fahr-
zeug-Gasturbinen". Springer-Verl.
Berlin - Heidelberg - New York 1978,
S.45-79.

7. Tabellen und Bilder

Tabelle 1: RT-Biegefestigkeit von RBSN (RBN 122) mit verschieden dicken CVD-Si_3N_4-Schichten (nach Detroit-Diesel-
Allison)

Schichtdicke [μm]	Biegefestigkeit (4-Pt.) [MPa]
0 (unbeschichtet)	216
26	168 ± 43
50	118 ± 73
61	116 ± 79
75	61 ± 15

Tabelle 2: Änderung des α-Phasenanteils in RBSN (Spritzguß, $\rho = 2,55$ g/cm^3) nach Glühung bei 1400 $^{\rm o}$C

Glühdauer [h]	α-Phase [%]
0 (Anlieferung)	78
2	74
22	66
94	47

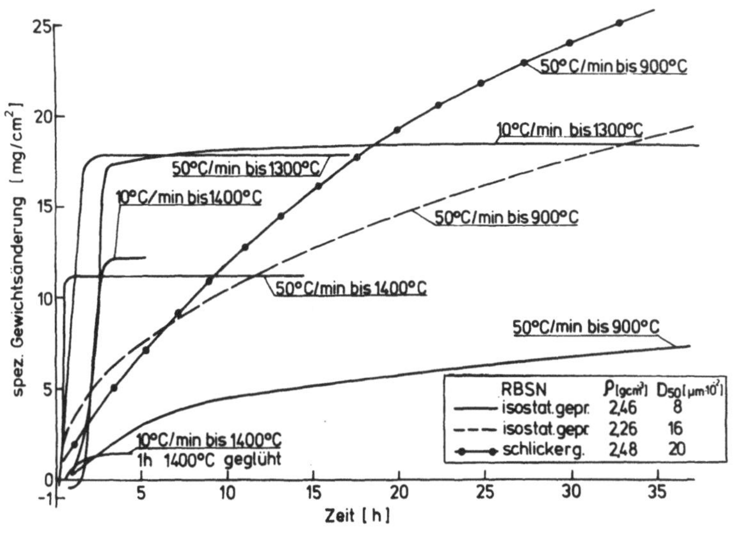

Bild 1: Isotherme Oxidation von RBSN verschiedener Gefügeausbildung an ruhender Luft bei verschiedenen Temperaturen.

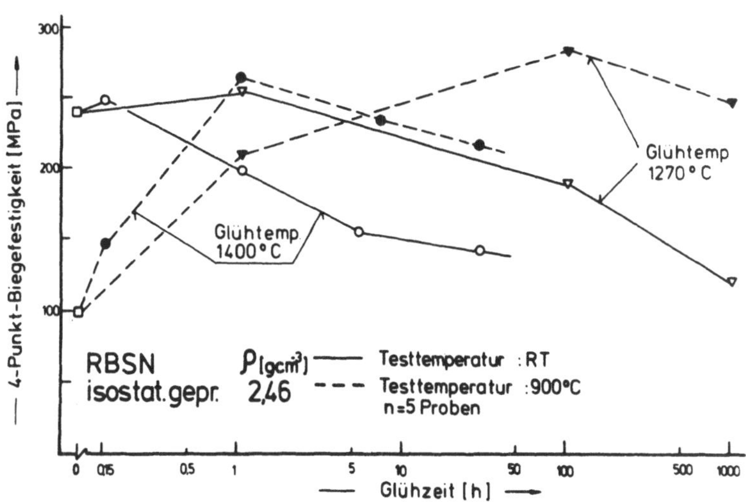

Bild 2: 4-Punkt-Biegefestigkeit von isostatisch gepreßtem RBSN
bei RT und 900 °C nach verschieden langen Glühungen an
ruhender Luft bei 1270 und 1400 °C.

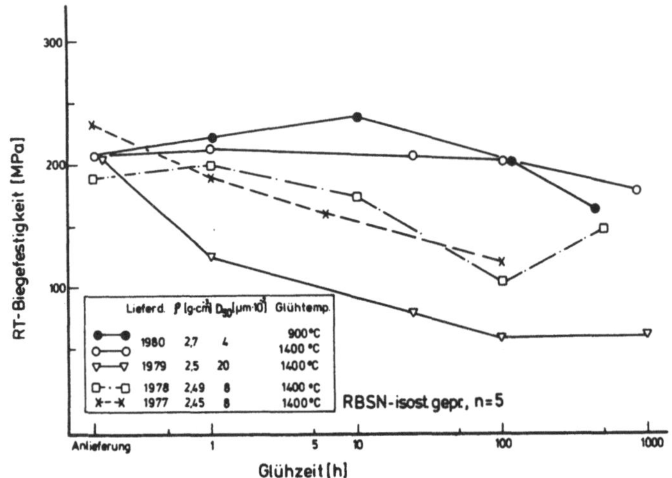

Bild 3: 4-Punkt-Biegefestigkeit bei RT von RBSN (isostatisch gepreßt mit verschiedener Dichte und Mikroporosität) nach Glühungen an ruhender Luft bei 900 und 1400 °C.

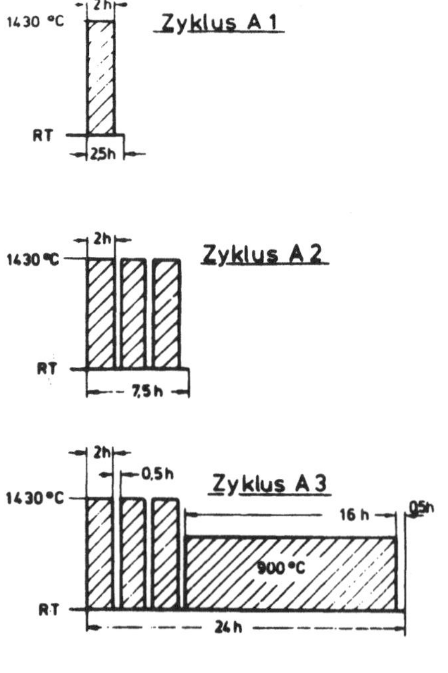

Bild 5: Schemata zyklischer Oxidationsglühungen an ruhender Luft.

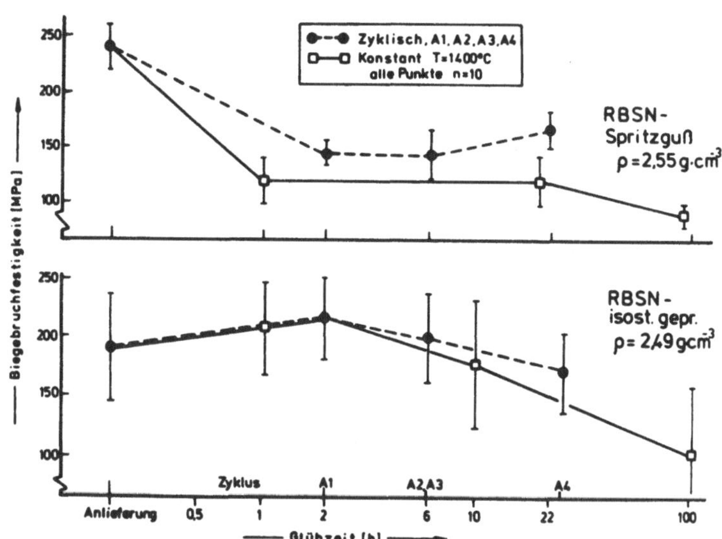

Bild 6: 4-Punkt-Biegefestigkeit zweier RBSN-Varianten bei RT nach konstanten und zyklischen Oxidationsglühungen. Die Glühzeiten bei zyklischer Glühung beziehen sich auf die Zeiten bei 1430 °C.

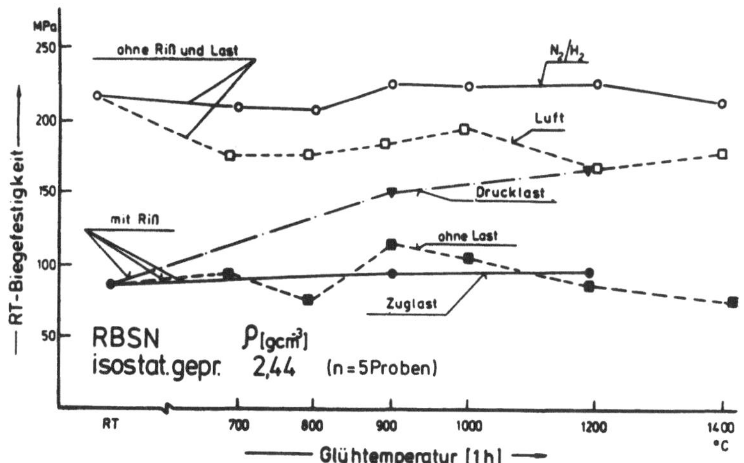

Bild 7: 4-Punkt-Biegefestigkeit bei RT von isostatisch gepreßtem RBSN mit und ohne künstlichen Riß (Härteeindruck) nach Glühungen unter verschiedenen Belastungsbedingungen.

453

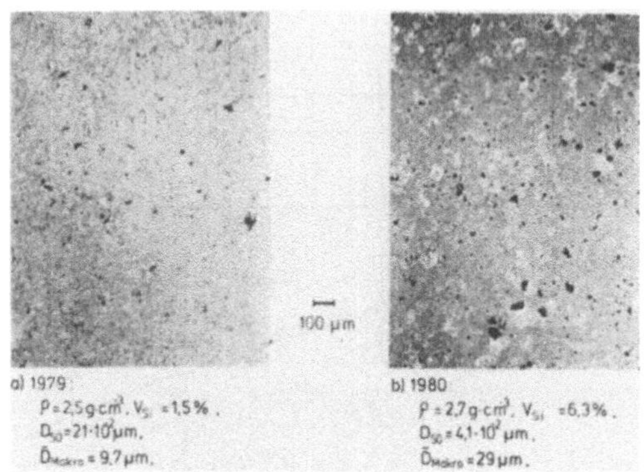

Bild 4: Gefüge verschiedener RBSN-Sorten (isostatisch gepreßt) im Anlieferungszustand.

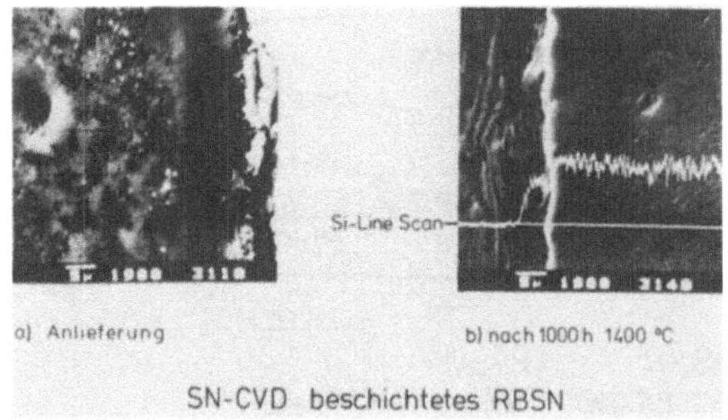

Bild 11: Gefüge (Querschnitt) einer mit Si_3N_4 CVD-beschichteten RBSN-Probe (Spritzguß) im Anlieferungszustand und nach Glühung 1000 h 1400 °C (Si-Linescan).

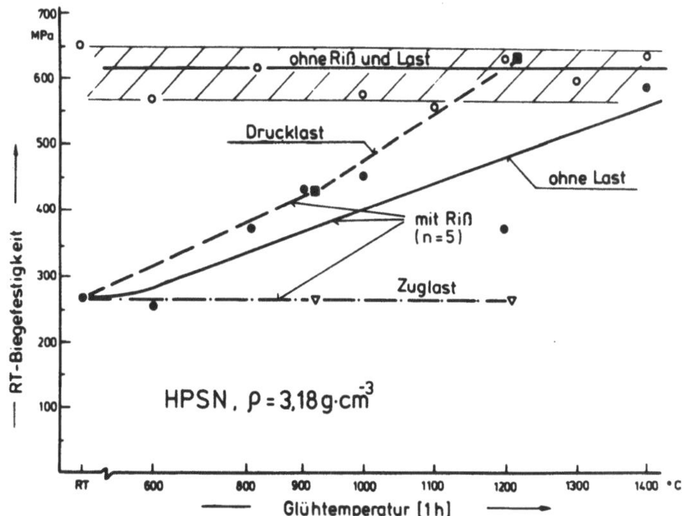

Bild 8: 4-Punkt-Biegefestigkeit bei RT von HPSN mit und ohne künstlichen Riß (Härteeindruck) nach Glühungen unter verschiedenen Belastungsbedingungen.

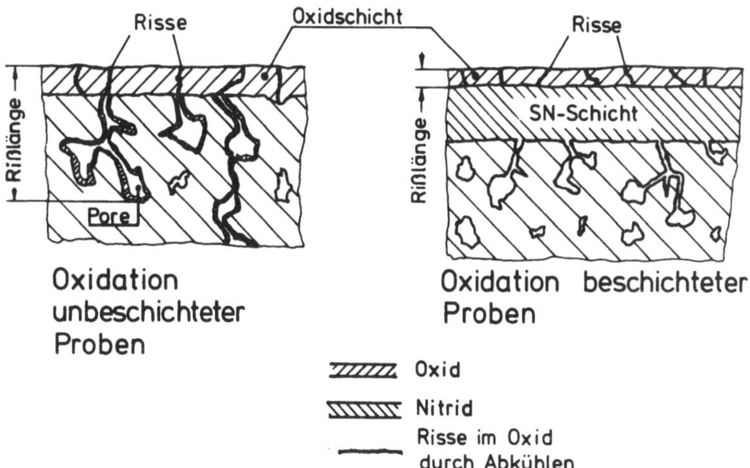

Bild 9: Oxidations- und Rißbildungsmodell von beschichtetem und unbeschichtetem RBSN.

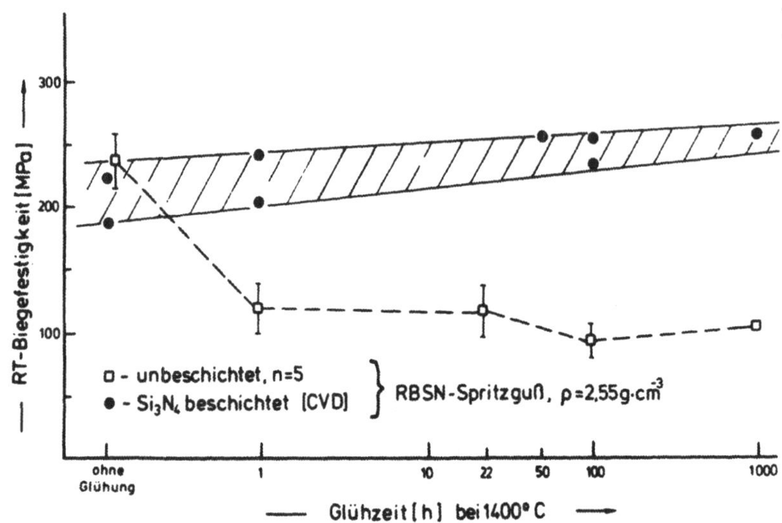

Bild 10: Einfluß der Oxidation bei 1400 °C auf die RT-Biegefestigkeit von beschichtetem und unbeschichtetem RBSN (Spritzguß).

Fortschritte bei der Entwicklung statischer Turbinenbauteile
aus Si-infiltriertem Siliciumcarbid

W. Heider und H. Böder
SIGRI ELEKTROGRAPHIT GMBH
8901 Meitingen

1. Einleitung

Reaktionsgesintertes mit metallischem Silicium infiltriertes
SiC, nachfolgend SiSiC genannt, hat eine ausgezeichnete thermische Leitfähigkeit, hohe Resistenz gegenüber Oxidation und
reagiert möglicherweise auf Langzeiteinflüsse weniger empfindlich als andere potentielle Turbinenwerkstoffe [1]. Im Hinblick
auf eine spätere Serienfertigung sind die geringe Schwindung
bei der Herstellung sowie die vielfältigen Gestaltungsmöglichkeiten von Vorteil, wobei wirtschaftliche Formgebungsmethoden
mit fortschreitender Entwicklung immer mehr in den Vordergrund
treten.

Die noch unbefriedigende Reproduzierbarkeit der Eigenschaften
von SiSiC wird neben der ohnehin vergleichsweise großen Dichte,
dem hohen dynamischen E-Modul und thermischen Ausdehungs-
koeffizienten derzeit noch als Haupthindernis für den Einsatz
als dynamische Turbinenteile angesehen. Das von VW vorgestellte
Statorrad der 2. Generation mit durch konstruktive Maßnahmen
reduzierten Spannungen als auch die bei Strangpreßrezepturen
erzielte Verbesserung der Festigkeit lassen aber hoffnungsvolle
Ansätze für eine Lösung der mit dieser Bauteilgruppe in Zusammenhang stehenden Probleme erkennen. Wiederholt bewährt hat sich
SiSiC für großformatige statische Turbinenkomponenten wie die
durchwegs guten Ergebnisse der bei MTU durchgeführten Brenn-
kammertests zeigen [2].

In Bild 1 sind die von SIGRI im Rahmen des F & E-Vorhabens ver-
folgten Arbeitsziele zusammengefaßt. Danach hatte im 1. Förderabschnitt die Erarbeitung von material- und verfahrenstechnolo-
gischen Grundlagen, orientiert an den anwendungsspezifischen

Erfordernissen, Priorität. Am Ende dieses Entwicklungsabschnitts wurden erste Formteile gefertigt und deren Betriebsverhalten in formatbezogenen Bauteiltests untersucht.

Im Verlauf der 2. Entwicklungsstufe verlagerten sich die Aktivitäten auf die Komponentenentwicklung und hier im besonderen auf schwierige statische Turbinenteile. Material- und verfahrenstechnologische Fragen wurden nur noch unter dem Gesichtspunkt, die Bauteilfestigkeit weiter zu steigern, aufgegriffen. Als weiteres Ziel wurden wichtige Materialeigenschaften ermittelt, um den Entwicklungsfortschritt genauer erfassen und bewerten zu können.

2. Werkstoff- und Verfahrensentwicklung

Zur Herstellung von SiSiC-Formkörpern können sehr unterschiedliche Wege beschritten werden, die sich vor allem in der Wahl der Ausgangsstoffe sowie der Formgebungsart und der Brennbedingungen unterscheiden [3]. Entsprechend breit ist das Eigenschaftsspektrum der nach unterschiedlichen Methoden gefertigten Bauteile. Bild 2 zeigt den vollständigen Verfahrensgang, wie er für die Herstellung hochbelastbarer SiSiC-Bauteile üblich ist.

Von den Formgebungsmethoden werden Strang- und Gesenkpressen vornehmlich für Rezepturentwicklungen sowie zur Herstellung einfacher Formkörper eingesetzt. Für die wesentlich komplizierter gestalteten Turbinenteile ist dagegen das Gieß- und Spritzgießverfahren vorzuziehen. Am weitesten entwickelt ist die Gießtechnologie, die sich für die Einzelfertigung von großformatigen Bauteilen gut eignet. Die Arbeiten zur Verbesserung des Spritzgießverfahrens wurden in der 2. Phase erheblich intensiviert. Diese Technologie wird bei einer späteren Serienfertigung das zeitraubende sowie personal- und platzintensive Gießen ablösen müssen.

Die mit fortschreitender Entwicklung immer mehr in den Vordergrund rückende Materialzuverlässigkeit sollte mit dieser Formgebungsmethode durch den weitgehend automatisierten Ablauf

ebenfalls deutlich verbesserbar sein. Voraussetzung hierfür ist
allerdings, daß nichtlaminare Strömungsprofile im Werkzeug vermieden werden. Dies bedeutet, daß Preßmassen mit möglichst geringem Fließwiderstand und besonders günstig gestaltete Werk-
zeuge anzustreben sind. Erfolgversprechende Ergebnisse an gespritzten Prüfstäbchen wurden erreicht, die Übertragung auf
Bauteile wird nun angegangen.

Für das Schlickergießverfahren stehen heute zwei Versatzmodi-
fikationen zur Verfügung. Diese unterscheiden sich ganz erheblich in ihrem Körnungsaufbau. <u>Bild 3</u> zeigt Gefügeanschliffe
beider Rezepturen. Der Werkstoff 308 besitzt eine bimodale
Kornstruktur mit einer max. Korngröße um 50 /um. Aus diesem
Material wurden verschiedene Turbinenkomponenten, wie Brennkammern, Einlaufspiralen und Statorsegmente angefertigt und
z. T. bereits mit Erfolg erprobt. Die weiterentwickelte Variante SiSiC UF besitzt ein überwiegend homogenes Gefüge auf der
Basis einer feinteiligen Monokornrezeptur mit einem maximalen
Korndurchmesser < 5 /um. Die Biegefestigkeit erreichte bereits
an unbearbeiteten Proben einen Wert von > 400 MN/m^2. Diese wird
im nächsten Förderabschnitt für komplizierte Bauteile eingesetzt.

3. <u>Werkstoffeigenschaften</u>

Der Entwicklungsfortschritt im Vergleich zum Stand von 1978
kommt am deutlichsten an der erheblich gesteigerten Werkstoff-
festigkeit aber auch an der WLF zum Ausdruck. In <u>Bild 4</u> werden
Festigkeitswerte, die den heutigen Entwicklungsstand wieder-
spiegeln, für verschiedene Formgebungsverfahren mit typischen
Daten aus der 1. Entwicklungsphase verglichen. Der größte Fortschritt wurde bei Strangpreßrezepturen erreicht. An Labormustern
wurden in geschliffenem Zustand bis zu 600 MN/m^2 gemessen. Auch
beim Schlickerguß ist der Anstieg beachtlich, insbesondere durch
die neuentwickelte Feinstkornrezeptur. Die Spritzgießmassenent-
wicklung wurde erst in den beiden letzten Jahren intensiv betrieben, so daß aus dem Jahre 1978 keine gesicherten Vergleichsdaten zur Verfügung stehen.

Die gleichfalls im Diagramm eingetragenen Weibull-Koeffizienten
schwanken von m = 6 bis 15. Wie zu erwarten, ist ein vom Formgebungsverfahren bzw. von der Oberflächenstruktur ausgehender
Einfluss festzustellen. m-Werte von $>$ 12 wurden bislang nur an
Strangpreßkörpern mit feingeschliffener Oberfläche ($R_T \sim 1$ $/$um)
verifiziert.

Die bis zu Temperaturen von 1400 $^\circ$C mit dem Laserimpulsverfah-
ren ermittelten WLF-Werte von neuen Rezepturen sind in <u>Bild 5</u>
aufgetragen. Bei Raumtemperatur werden Werte von 160 W/mK für
stranggepreßtes und von 210 W/mK für schlickergegossenes SiSiC
erreicht. Im Vergleich zu früheren Werten von maximal 130 W/mK
resultiert ein deutlicher Entwicklungsfortschritt, der auch bei
hohen Temperaturen erhalten bleibt und sich daher günstig auf
das Thermoschockverhalten insbesondere großformatiger Bauteile
auswirken sollte.

Eine weitere umfangreiche Untersuchungsreihe hatte das Ziel,
den für die Anwendung wichtigen Einfluss der Oberflächenstruktur
auf das Festigkeitsverhalten zu bestimmen. Es wurden mechanische
Effekte, welche die bei SIGRI verwendeten Bearbeitungsmethoden
berücksichtigen, und der Einfluß der Hochtemperatur-Oxidation
untersucht.

Das Ergebnis dieser Untersuchung wird in <u>Bild 6</u> gezeigt. Entgegen der sonst üblichen Darstellungsweise geben die eingezeich-
neten Streubereiche nicht die Standardabweichung, sondern die
nach der Beziehung

$$/u_i = \bar{x}_i \pm t_{(1-\alpha/2;\ f)}\ S_i/\sqrt{n}$$

ermittelten, korrigierten Vertrauensbereiche für die Abschätzung der Erwartungswerte $/u_i$ bei einer Irrtumswahrscheinlich-
keit α von 0,05 an. Ein Mittelwertvergleich zur Überprüfung der
Hypothese H_o : $/u_1 = /u_2 = /u_i$ kann damit direkt anhand des
Diagramms erfolgen. Danach bewirken lediglich mechanische Verfahren wie "Sand"-Strahlen, Schleifen und Polieren bezogen auf
das unbearbeitete Material signifikante Unterschiede. Entgegen
üblichen Annahmen ergibt eine nachgeschaltete Oxidationsglühung

(1300 ^{o}C/100 h) unabhängig von der mechanischen Vorbehandlung
keinen Festigkeitsgewinn.

Um eine Erklärung für dieses Verhalten zu finden, wurden von
den verschieden behandelten Proben REM-Aufnahmen angefertigt
(Bild 7). Die Bilder zeigen, daß bei Anwendung von Strahlverfahren infolge des Herausschlagens großer Körner und durch se-
lektiven Abtrag des weniger harten Siliciums scharfkantige Kerben entstehen, die den gemessenen negativen Einfluß auf die
Festigkeit verstehen lassen. Polierte Oberflächen besitzen im
Vergleich zu geschliffenen keine Bearbeitungsriefen. Dies bleibt
auf die Festigkeit aber ohne meßbaren Einfluß, wenn parallel
zur Probenachse geschliffen wurde.

Durch eine anschließende Oxidationsbehandlung über 100 Stunden
bei 1300 ^{o}C werden bevorzugt bruchaktive, insbesondere bei Verwendung von Strahlverfahren entstehende Oberflächenkerben angegriffen. Die gebildete SiO_2-Deckschicht führt aber auch in
diesem Fall nur in geringem Umfang zu einem Ausheileffekt. Sehr
gut ist bei geläppten Oberflächen die bevorzugte Oxidation des
Siliciums zu erkennen, welche zu einer "hügeligen" Deckschicht
führt.

4. Bauteilentwicklung

Nachdem die wichtigsten Material- und Verfahrensprobleme gelöst
waren, konnte mit Beginn der 2. Förderphase die Entwicklung
schwieriger Formteile angegangen werden. Die ersten Arbeiten in
dieser Richtung konzentrierten sich auf die Herstellung verschiedener Brennkammerprototypen. Die verschiedenen Versionen
sind in Bild 8 dargestellt. Die für MTU hergestellte konische
Brennkammer hat in betriebsnahen Versuchen und unter verschärften Thermoschockbedingungen bis heute eine Laufzeit von 500 Stunden gut überstanden [4]. Die komplizierter geformte Pkw-Brenn-
kammer der Bauart VW kam nicht mehr zum Einsatz, da deren konstruktive Auslegung, wie Tests an verschiedenen keramischen
Brennkammern gezeigt hatten, grundsätzlich keine erfolgreiche

Erprobung erwarten ließ. VW hat die Brennkammerentwicklung vorerst zurückgestellt.

Besonders große Anforderungen stellte die Anfertigung einer Turbineneinlaufspirale. Dieses von DB konzipierte Bauteil wurde neu in das Programm aufgenommen. Sowohl die komplexe Gestalt wie auch die großen Abmessungen gestalten Formgebung und Silicierung besonders schwierig. Den Aufbau des kompletten Bauteils, bestehend aus Spiralkörper, Haltering und Innenkegel zeigt <u>Bild 9</u>.

Für alle Teilkomponenten wurde das bereits auf einen hohen Stand gebrachte Schlickergießverfahren ausgewählt. Für Haltering und Innenkegel konnte weitgehend auf vorhandene Kenntnisse und Erfahrungen zurückgegriffen werden; für die Herstellung des Spiralkörpers waren dagegen neue Wege zu beschreiten. Obgleich die Gießtechnologie sehr flexible Gestaltungsmöglichkeiten zuläßt, konnte hier wegen der assymmetrischen Form und der Hinterschneidungen kein monolithisches Gußteil hergestellt werden.

Das Bauteil mit einem Durchmesser von über 300 mm wurde deshalb in achsialer Richtung geteilt. In <u>Bild 10</u> sind die gegossenen Spiralhälften dargestellt. <u>Bild 11</u> zeigt einen vergrößerten Ausschnitt des Einlaufbereichs mit kritischen Wandstärkeübergängen.

Besonders problematisch erwies sich das Verbinden der sehr dünnwandigen Spiralenhälften zu einem mechanisch und thermisch hochbelastbaren Bauteil. Hierzu wurde ein spezieller arteigener Kitt entwickelt, mit dem sich eine nahezu nahtlose Fügung und eine den Werkstoffeigenschaften nahekommende Festigkeit (σ_{bB} (3Pkt) = 200 - 300 MN/m^2) erreichen läßt. Den Anschliff einer solchen Fügestelle zeigt <u>Bild 12</u>. Erhebliche Schwierigkeiten bereitet auch der Silicierungsbrand, da durch eine nachgeschaltete Oberflächenbehandlung Anklebungen nur schwer entfernt werden können. Daher mußten die Silicierungsparameter sorgfältig optimiert werden. Eine vollständige Turbineneinlaufspirale aus SiSiC wird in <u>Bild 13</u> vorgestellt. Über deren Betriebsverhalten können derzeit noch keine Aussagen gemacht werden, da die Erprobung erst angelaufen ist.

5. Zusammenfassung und Ausblick

Der Stand der Verfahrens- und Bauteilentwicklung des Werkstoffes
SiSiC wurde fühlbar ausgebaut. Erhebliche Fortschritte wurden
vor allem bei der Herstellung schwieriger Turbinenkomponenten
erzielt. Dies zeigt beispielsweise die vorgestellte Turbineneinlaufspirale, die als statisches Bauteil von höchstem Schwie-
rigkeitsgrad einzuordnen ist. Auch das Bauteilverhalten unter
Betriebsbedingungen konnte wesentlich verbessert werden.

Ein kritischer Punkt ist weiterhin die Bauteilzuverlässigkeit,
die heute noch nicht den Anforderungen der Turbinenhersteller
entspricht. Die Steigerung der Homogenität aber auch der Festigkeit müssen daher vorrangige Ziele künftiger Entwicklungsarbeiten sein.

Bisher wurde SiSiC ausschließlich für statisch belastete Tur-
binenelemente eingesetzt; da für diese Teile die Materialeigenschaften bessere Erfolgsaussichten erwarten ließen. Das gute
Materialverhalten bei hohen Temperaturen in Verbindung mit den
vielfältigen und anpassungsfähigen Fertigungsmöglichkeiten und
Fortschritte in der konstruktiven Auslegung lassen nun auch für
dynamisch beanspruchte Komponenten Realisierungschancen erkennen. Neben Rezepturen mit erhöhter Materialfestigkeit erscheint
insbesondere faserverstärktes SiSiC für diesen Anwendungsfall
Erfolgsaussichten zu bieten. Es steht daher an, das Potential
dieser Werkstoffvariante im Rahmen der 3. Förderphase zu untersuchen und gemeinsam mit Turbinenbaufirmen konstruktive Lösungsmöglichkeiten auszuarbeiten.

Schrifttum

[1] HÜTHER, W.   Erprobung verschiedener keramischer
                         Materialien für Turbinenlaufschaufeln
                         im Kalt- und Heißschleuderversuch.
                         In diesem Buch.

[2] GRUNKE, R.   Keramische Werkstoffe für Brennkammern
                         von Fahrzeuggasturbinen.
                         Z. Werkstofftechn. $\underline{9}$ (1978), 257-262

[3] WILLMANN, G.   Herstellung von Komponenten aus Sili-
    HEIDER, W.   ciumcarbid für das Sonnenturmkraft-
                         werk GAST.
                         Im Druck.

[4] EGGEBRECHT, R.   Entwicklungsergebnisse mit keramischen
    LANGER, M.   Brennkammern und Turbinenleitkränzen.
                         In diesem Buch

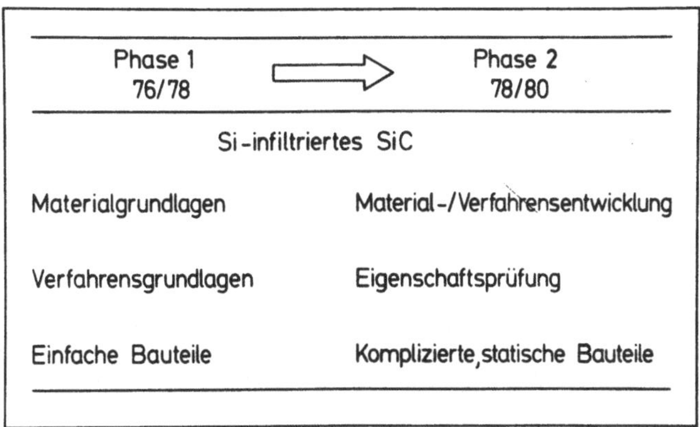

<u>Bild 1</u> Keramische Fahrzeuggasturbine - Arbeitsschwerpunkte
für SiSiC-Bauteile

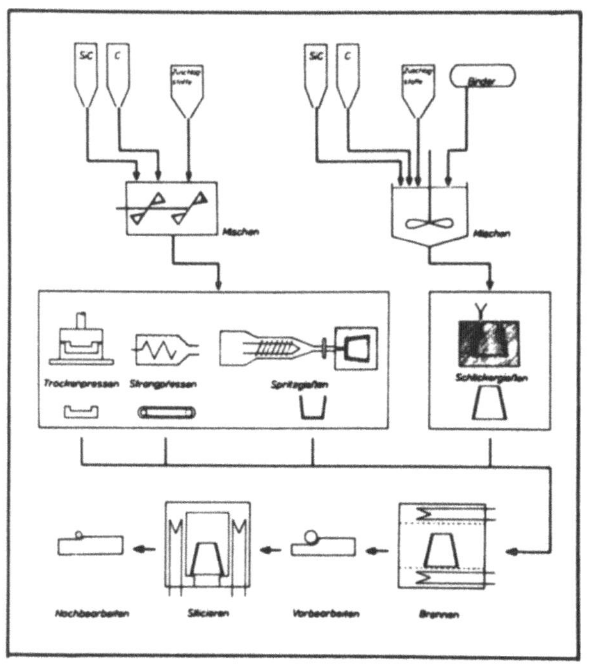

<u>Bild 2</u>
Herstellungsschema für
SiSiC-Formkörper

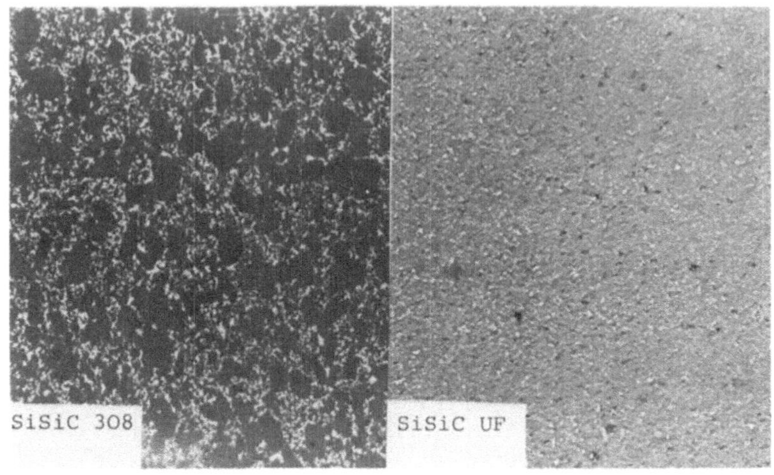

Bild 3 Gefügeanschliffe von schlickergegossenem SiSiC
verschiedenen Körnungsaufbaus

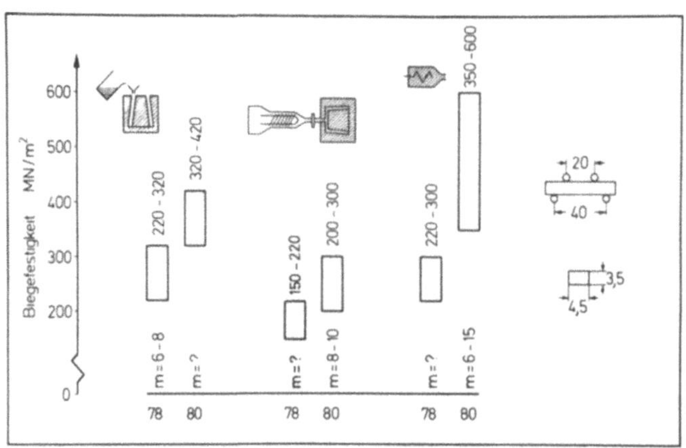

Bild 4 RT-Biegebruchfestigkeit von SiSiC unterschiedlicher
Formgebung

466

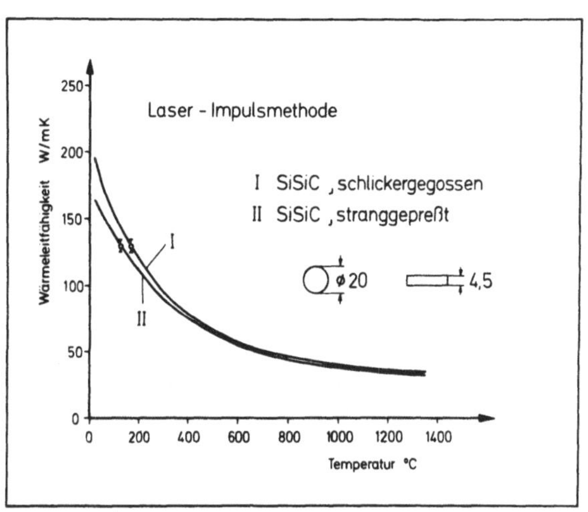

Bild 5 WLF von SiSiC unterschiedlicher Formgebung in Abhängigkeit von der Temperatur

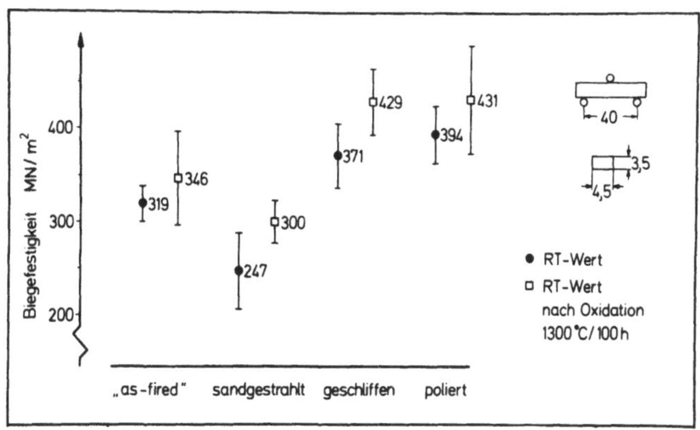

Bild 6 RT-Biegebruchfestigkeit von SiSiC in Abhängigkeit
von der Oberflächenstruktur

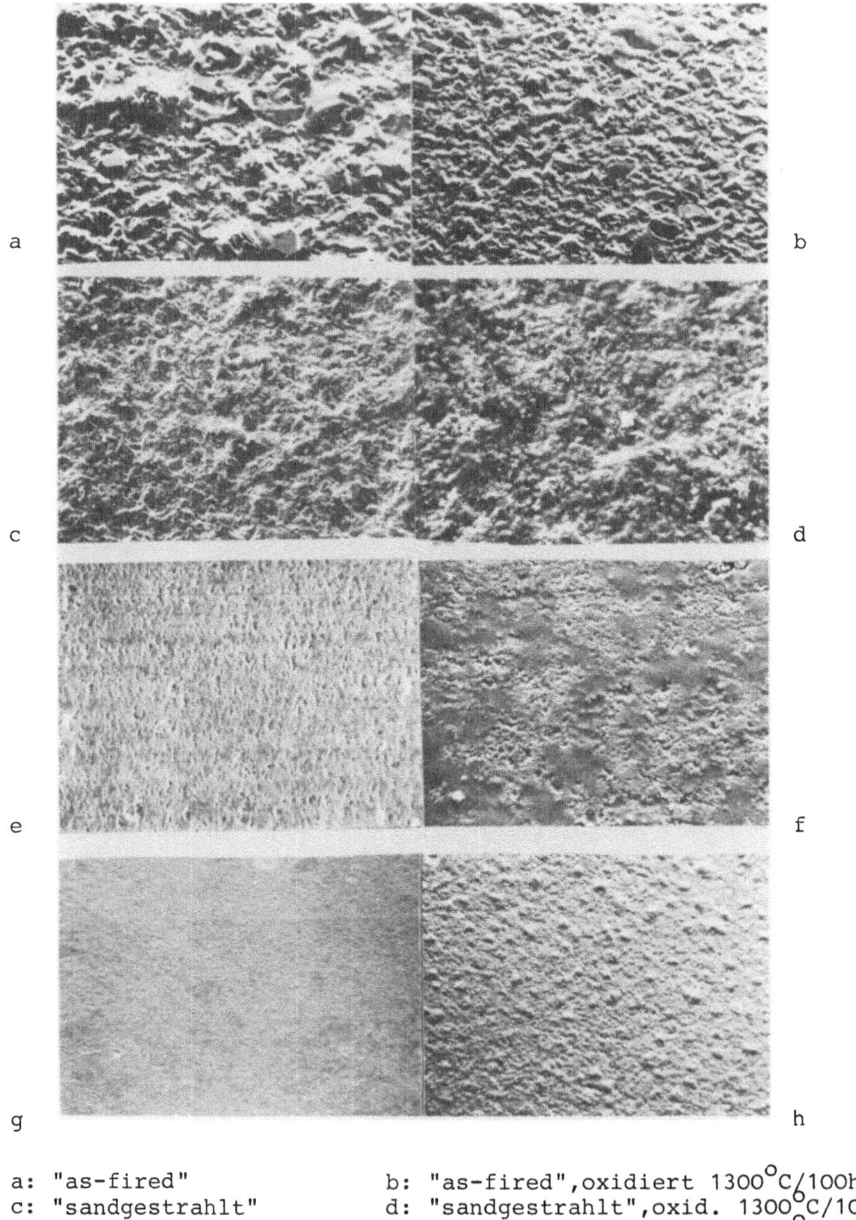

a: "as-fired"
b: "as-fired",oxidiert 1300°C/100h
c: "sandgestrahlt"
d: "sandgestrahlt",oxid. 1300°C/100h
e: geschliffen
f: geschliffen, oxidiert 1300°C/100h
g: poliert
h: poliert, oxidiert 1300°C/100h

<u>Bild 7</u> REM-Aufnahmen von SiSiC-Oberflächen nach unterschied-licher mechanischer und thermischer Behandlung

Bild 8 Schlickergegossene Brennkammern aus SiSiC unter-
         schiedlicher Bauart

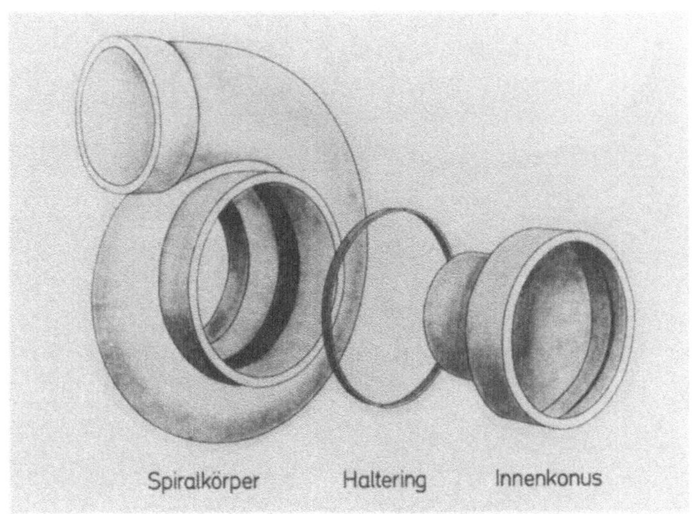

Bild 9 Aufbau einer Einlaufspirale für eine PKW-Fahrzeug-
         gasturbine

<u>Bild 10</u> Grußteile einer Pkw-Turbineneinlaufspirale

<u>Bild 11</u> Einlaufbereich einer Pkw-Turbineneinlaufspirale

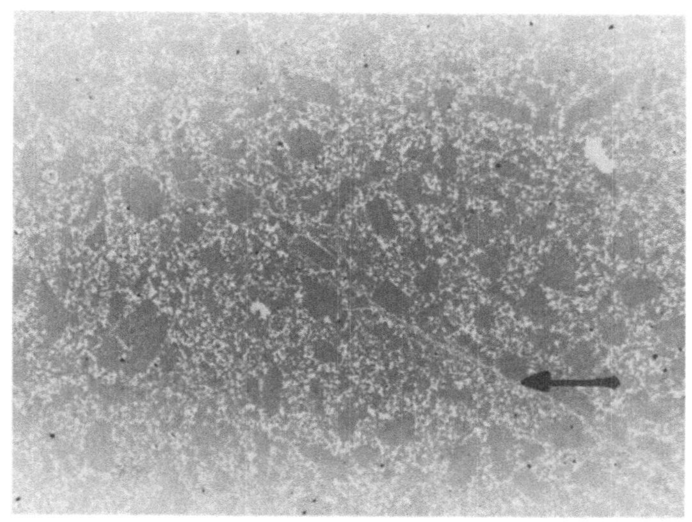

Bild 12 Anschliff der Kittstelle einer Turbineneinlaufspirale

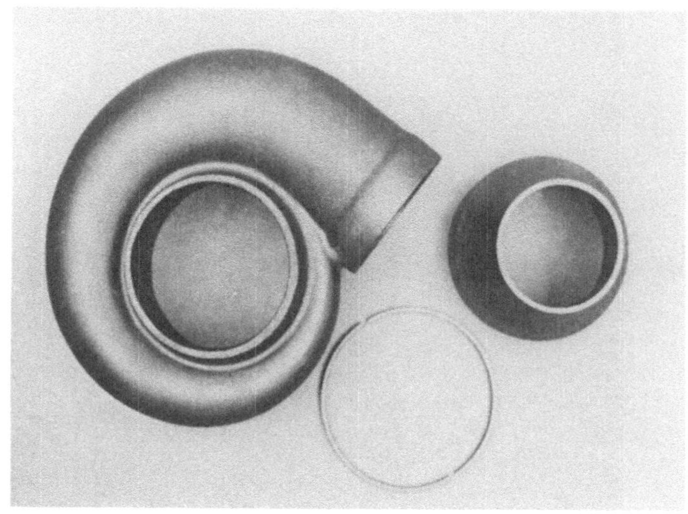

Bild 13 Komplette Turbineneinlaufspirale aus SiSiC

Gasturbinenbauteile aus reaktionsgesintertem Si-SiC
und deren mechanische Hochtemperatureigenschaften

E. Gugel, G. Leimer

Annawerk Keramische Betriebe GmbH
Geschäftsbereich Ceranox

H. Cohrt, G. Grathwohl, F. Thümmler

Institut für Werkstoffkunde II
Universität Karlsruhe

1. Einleitung

Siliziumkarbid als Werkstoff für extreme Anwendungen fand schon
immer besondere Aufmerksamkeit. Bereits zu Beginn des Jahrhunderts [1] wurde ein Werkstoff aus selbstgebundenem Siliziumkarbid
durch Reaktion des Kohlenstoffs, der dem Material beigegeben wurde, mit Silizium, welches von außen angeboten wurde, vorgeschlagen. Die Fortsetzung dieser verfahrenstechnischen Entwicklung
fand in der Herstellung von Siliziumkarbid-Heizelementen ihren
Niederschlag.

Ab 1955 haben dann mehrere Firmen Patente angemeldet [2-6] , welche mehr oder weniger modifizierte Vorgehensweisen desselben
grundsätzlichen Verfahrens beinhalten [7-13]. Inzwischen ist dieser Werkstoff von der Materialseite her als auch technologisch
bei noch möglichen Verbesserungen soweit entwickelt, daß auch relativ komplizierte Bauteile guter gleichmäßiger Qualität mit aus-
gezeichneten Eigenschaften hergestellt werden können. Es wird ihm
auch für den Einsatz in der Gasturbine aufgrund seiner Eigenschaf-

ten besondere Aufmerksamkeit entgegengebracht.

Ein kurzer Abriß über die derzeitigen technologischen Möglichkeiten zur Bauteilherstellung und eine Charakterisierung des Materials, insbesondere im Hinblick auf die Hochtemperatureigenschaften
wird im folgenden gegeben.

2.   <u>Werkstoff, Formgebung und Bauteilherstellung</u>

Reaktionsgesintertes Silizium-Siliziumkarbid ist ein Verbund-
werkstoff aus zwei sich bei hohen Temperaturen grundsätzlich unterschiedlich verhaltenden Stoffen. Silizium schmilzt bereits bei
1410 ^{o}C, während Siliziumkarbid als nichtschmelzend stark kova-
lente Verbindung erst bei ca. 2600 ^{o}C unter Bildung von festem
Kohlenstoff und gasförmigen Silizium sich zersetzt. Entsprechend
den Vorbildern in der Pulvermetallurgie sind hier die dort üblichen Technologien zur Werkstoffherstellung möglich, wobei hier
neben dem drucklosen Sintern und Heißpressen sich aufgrund des
soeben beschriebenen Hochtemperaturverhaltens und aufgrund noch
anderer besonderer Vorteile das Infiltrationsverfahren anbietet.
Es ist dies ein Verfahren, bei dem eine der Komponenten dem schon
geformten Bauteil flüssig oder gasförmig von außen angeboten wird.
Vorbilder aus der Pulvermetallurgie sind die bekannten Verbundwerkstoffe verschiedener Schwermetalle mit Kupfer, Silber oder
Gold oder auf einem anderen Gebiet die Verbundwerkstoffe von Graphit mit niedrigschmelzenden Metallen.

Siliziumkarbid geeigneter Körnung wird mit Kohlenstoff und/oder
einer kohlenstoffenthaltenden verkokbaren organischen Substanz
gemischt, mit einer üblichen keramischen Formgebungsmethode geformt, gegebenenfalls ausgebrannt oder pyrolisiert und dann in
Gegenwart von Siliziumgas oder Siliziumschmelze in Schutzgasatmosphäre oder Vakuum gesintert. Hierbei dringt das Silizium in
das Material ein und wandelt den darin enthaltenden Kohlenstoff
zu sekundärem Siliziumkarbid um. Das Eindringen des Siliziums ist
in der Folge also gleichzeitig mit einer Reaktion mit dem vorgegebenen Kohlenstoff verbunden. Eine gewisse Porosität muß für
eine vollständige Durchdringung des Bauteiles erhalten bleiben,
welche bei entsprechender Steuerung des Prozesses dann aber von
freiem Silizium ausgefüllt wird, so daß ein nahezu porenfreier

dichter Werkstoff entsteht. Der Reaktionssinterprozeß ist während
des Aufheizens und während des Abkühlens sorgfältig zu kontrollie-
ren, und zwar aus folgenden Gründen:

Der Reaktionssintervorgang läuft stark exotherm ab, so daß aufgrund der auftretenden Thermospannungen makroskopische Fehler in
Form von Rissen, abhängig von Bauteilgröße und -geometrie und eben
von der Brennführung nicht ausgeschlossen werden können. Ein aus
der Reaktion resultierender Temperaturgradient ist andererseits
für den Fortgang des Reaktionssinterprozesses in Form von Lösungs-,
Reaktions- und Wiederausscheidungsprozessen notwendig bzw. für die
resultierenden Eigenschaften von Bedeutung, so daß hier von Fall
zu Fall ein schwer zu findendes Optimum in der Brennführung meist
durch gewisse Kompromisse ersetzt werden muß. Ein besonders zu
beachtender Punkt ist die Tatsache, daß das eindringende Silizium
mit dem im Formkörper vorhandenen Kohlenstoff zu Sekundärsiliziumkarbid reagiert, und zwar unter einer Volumenszunahme von ca.
100 %. Dies kann bei nicht geeignetem Masseaufbau und eventuell
auch bei ungeeigneten Brennbedingungen zu einer Volumenszunahme
zwischen den Primärsiliziumkarbidkörnern und nicht in die Poren
hinein führen und in der Folge zu einer Gesamtvolumensvergröße-
rung des Bauteiles mit gleichzeitiger Rißbildung. Bei geeigneten
Bedingungen hinsichtlich Masse und Brennen kann dies jedoch vermieden werden und man kommt zu einem rißfreien Bauteil mit praktisch keinen Dimensionsveränderungen. Dieser Reaktionssinterprozeß hat bei richtiger Steuerung andererseits den Vorteil, daß man
auf diese Weise zu hochsiliziumkarbidhaltigen Werkstoffen kommen
kann mit Siliziumgehalten von 10 % und kleiner. Dies ist mit keiner anderen Technologie möglich, außer dem Drucklossintern von
Siliziumkarbid, bei dem aber gleichzeitig eine Schwindung auftritt.

Als weiterer Punkt, der vielleicht am ehesten die Grenzen dieses
Werkstoffes charakterisiert, ist zu beachten, daß Silizium beim
Erstarren ein anormales Verhalten zeigt, das heißt, es erstarrt
unter Volumenzunahme, und zwar um ca. 9,5 % [14, 15] <u>(Bild 1)</u>.

Dies führt besonders bei dickwandigen Bauteilen zu Spannungen,
die die Festigkeiten des Werkstoffes überschreiten können und
dann zum Bruch führen. Bis zu gewissen Grenzen kann, wie die

Erfahrung zeigt, aber auch hier durch einen geeigneten Versatz
und durch eine geeignete Brenntechnologie Abhilfe geschaffen werden.

<u>Bild 2</u> zeigt schematisch die Herstellungstechnologie für das re-
aktionsgesinterte Silizium-Siliziumkarbid. Als Formgebungsmöglich-
keiten sind die in der Keramik üblichen Technologien aufgeführt,
also Formtrockenpressen, Isopressen, Schlickergießen, Extrudieren
und Spritzgießen. Im Rahmen des Programmes wird für geometrisch
einfache Bauteile in geringer Stückzahl das isostatische Pressen
mit nachträglicher Bearbeitung angewandt. Zylindrische und konische Brennkammern lassen sich als Beispiel dafür aufführen. Für
komplexer geformte Bauteile, wie z. B. Einlaufkonus oder Statoren
als Gasführungsbauteile wurde ein spezielles Schlickergießverfahren entwickelt, das im Gegensatz zum Spritzgießen recht wirtschaftlich in einer Serie die Werkstoff- und Designeignung für bestimmte
Bauteile überprüfen läßt [16].

Nach entsprechender Entwicklung in den einzelnen Fertigungsschrit-
ten ist es nun beispielsweise möglich, Nasenkonen nach der vorgegebenen Zeichnung von der Firma MTU mittels des Schlickergießver-
fahrens herzustellen. Auch das Brennen gelingt unter Einhaltung
exakter Bedingungen bei vollständigem Ablauf des Reaktionssin-
terns und Auffüllen der Poren mit Silizium. Als Nachteil ist zu
nennen, daß die Geometrie mit dem Modell nicht voll identisch
ist. Es kommt zu gewissen dreidimensional unterschiedlichen Maß-
änderungen, allerdings nur in geringem Ausmaß. Unter Sammlung von
Erfahrungswerten sind aber Optimierungen möglich, die dann ausreichende Geometriegenauigkeiten erlauben. Für Testzwecke sind
die Bauteile geeignet, da sie gegebenenfalls an den entscheidenden Stellen auf die notwendigen Endmaße geschliffen werden können. <u>Bild 3</u> zeigt Einlaufkonen im Endzustand, wie sie der MTU für
Testzwecke übergeben wurden. Der Durchmesser beträgt 190 mm, die
Gesamthöhe 150 mm. Die bisher bei MTU durchgeführten Tests waren
erfolgreich. Unter atmosphärischen Bedingungen wurden zur Thermo-
schockprüfung 50 Wechsel von 80 ^{o}C auf 1400 ^{o}C Gastemperatur
durchgeführt. Die Heizzeit betrug 5 Minuten, ebenso die Kühlzeit,
bei einem Luftdurchsatz von 400 Nm^{3}/h. Nach diesem Test erfolgte
wieder in atmosphärischem Betrieb eine 200 Stunden-Erprobung, und
zwar 100 Wechsel von 50 ^{o}C auf 1337 ^{o}C Gastemperatur, bei einer

476

Haltezeit von 2 Stunden und einer Kühlzeit von einer halben Stunde. Bisher haben die getesteten Konen noch keinen Schaden erlitten. Die Erprobung im Druckbetrieb ist noch nicht durchgeführt.

__Bild 4__ zeigt Leitapparate aus siliziumhaltigen Siliziumkarbid, einstückig schlickergegossen, mit einem Außendurchmesser von 190 mm. Hier gelten im Zusammenhang mit der Entwicklung der Maßgenauigkeit etwa die gleichen Aussagen wie oben bei den Konen ausgeführt. Diese Teile wurden der MTU zu Testzwecken übergeben und in den bisherigen Tests als positiv bewertet. Die Leitapparate wurden an bestimmten Stellen mit Kerben als Sollbruchstelle versehen, wo dann im Test tatsächlich Risse auftraten. Die so angerissenen Leitapparate überstanden die Tests ohne Schwierigkeiten.

Untersuchungen zur Werkstoffqualität am Bauteil selbst zeigten ein Raumgewicht von 3,09 g/cm^3, die chemische Analyse brachte 10 % freies Silizium. Aus dem Raumgewicht und dem Siliziumgehalt ist zu entnehmen, daß im wesentlichen keine Poren vorhanden sind. Der Gehalt an freiem Kohlenstoff, der bei nicht ausreichender Zutrittsmöglichkeit des Siliziums immer wieder auftreten kann, liegt mit 0,17 % sehr niedrig. Die Biegefestigkeit, gemessen in 4-Punkt mit einer Stützlänge von 28 mm und einer Prüfgeschwindigkeit von 0,1 mm/min betrug im Maximum 303, im Durchschnitt 271 N/mm^2. Es wurden lediglich 5 Werte ermittelt, so daß eine statistische Betrachtung nicht möglich ist.

__Bild 5__ zeigt einige Leitapparat-Einzelschaufeln einer anderen Konzeption. Diese Teile wurden mit gutem Erfolg getestet. Genaue Testdaten sind nicht bekannt.

Es werden in der Folge zunächst Eigenschaften von Silizium-Siliziumkarbid sowohl aus Messungen am eigenen Werkstoff als auch aus der Literatur dargestellt. Eigene Untersuchungen zum Kriechverhalten erfolgten an der Werkstoffqualität, aus der oben mitgeteilte Gasturbinenbauteile hergestellt wurden. Verglichen werden dabei diese Ergebnisse mit einer Versuchsqualität, die im wesentlichen einen bedeutend niedrigeren Gehalt an freiem Silizium aufweist, aufgrund des höheren Siliziumkarbidgehaltes aber wesentlich schwieriger frei von freiem Kohlenstoff herzustellen ist.

477

3. Eigenschaften

3.1. Allgemeines

Gegen chemischen Angriff sind Silizium-Siliziumkarbid-Werkstoffe
sehr beständig. Sie werden nur von stark alkalischen Medien bei
erhöhter Temperatur oder von Flußsäure in Gegenwart von Substanzen, die das Silizium oder Siliziumkarbid oxidieren, angegriffen.
Dies hat dazu geführt, daß das Material schon früh in der Verfahrenstechnik z. B. als Werkstoff für Lager, Auskleidung von Rohr-
leitungen, Dichtringen und Ventile eingesetzt wurde.

Die mechanischen Eigenschaften wie Biegefestigkeit, Kriechverhalten, Rißwachstum und Bruchzähigkeit von Silizium-Siliziumkarbid-Materialien sind zweifelsohne abhängig vom Gefüge und von Gefügefehlern. Einen wesentlichen Einfluß dürften die Siliziumkar-
bidkorngröße, der Bindungszustand zwischen den Primärkörnern, die
Menge und Verteilung des freien Siliziums und des nicht reagier-
ten Kohlenstoffs und die Größe und Verteilung von Poren haben.
Es hat sich aber gezeigt, daß ein Material mit niedrigem Siliziumgehalt (wegen der Hochtemperatureigenschaften durchaus er-
wünscht) nicht notwendigerweise auch eine höhere Festigkeit aufweisen muß.

3.2. Chemische Eigenschaften

Während für die Anwendbarkeit in der chemischen und verfahrenstechnischen Industrie vorwiegend die Beständigkeit gegenüber
aggressiven flüssigen Medien und Schmelzen ausschlaggebend ist,
ist für die Gasturbine die Oxidationsbeständigkeit bis zu sehr
hohen Temperaturen wichtig. Zur Oxidationskinetik von Siliziumkarbid-Pulvern wurden schon mehrere Arbeiten veröffentlicht
[17-20]. Die SiO_2-Bildung ist bereits bei Raumtemperatur thermodynamisch möglich, aufgrund der geringen Reaktionsgeschwindig-
keit jedoch erst bei höheren Temperaturen meßbar. Wesentliche
Oxidationsgeschwindigkeiten stellt man erst bei Temperaturen oberhalb von 1273 K fest. Es laufen dann mehrere Reaktionen gleichzeitig ab. Einerseits reagiert Siliziumkarbid über einige insta-
bile Si-O-Verbindungen zu amorphem SiO_2, andererseits entsteht
oberhalb von 1472 K aus dem amorphen SiO_2 Cristobalit. Diese Um-

wandlung setzt erst nach etwa 20 bis 30 Stunden merklich ein und
führt zu einer Abweichung vom parabolischen Oxidationsgesetz. Ab
1573 K beginnt die amorphe SiO_2-Phase zu erweichen und der Diffusionskoeffizient für Sauerstoff nimmt zu. In [17] wird bei einem
40-63 µm-Pulver nach 10 Stunden bei 1673 K eine Massenzunahme von
etwa 3 % angegeben. Die Oxidationsgeschwindigkeit kann durch H_2O-
Dampf in der Atmosphäre stark erhöht werden [19].

Da bei Silizium-Siliziumkarbid-Materialien nur eine sehr geringe
Porosität (≤ 2 %) vorhanden ist, ist die Massenzunahme gegenüber
Siliziumkarbid-Pulvern noch um ein Vielfaches geringer. Eigene
Messungen ergaben eine Massenzunahme von 0,2 mg/cm^2 nach einer
Oxidationsglühung bei 1573 K und 500 h an Luft. Das entspricht
einer relativen Massenzunahme der Probe (45 mm x 4,5 mm x 3,5 mm)
von $\frac{\Delta m}{m} = 10^{-5}$. Die Gewichtszunahme liegt damit nur geringfügig
höher als bei dem überaus oxidationsbeständigen, drucklos gesintertem Siliziumkarbid.

3.3. Mechanische Eigenschaften

Bevor eigene Ergebnisse aus Kriechversuchen dargestellt werden,
sollen einige Literaturwerte für die Festigkeit, den E-Modul und
die Bruchzähigkeit zusammengestellt und diskutiert werden.

3.3.1 Die Biegebruchfestigkeit

Die Biegebruchfestigkeit bei Raumtemperatur von Silizium-Silizium-
karbid-Werkstoffen liegt zwischen etwa 300 und 350 MN/m^2 (4-Punkt-
Biegeversuch). Sie hängt maßgeblich von der Dichte des Materials
ab. In [21] wird ein linearer Zusammenhang zwischen der Dichte
und der Raumtemperatur-Biegebruchfestigkeit angegeben. Einen Einfluß hat der Kohlenstoff-Bindergehalt im Grünling, wobei ein Maximum der Festigkeit bei einem Bindergehalt von etwa 5 Gew.-% erreicht wird, bezogen auf eine bestimmte Siliziumkarbid-Kornzusam-
mensetzung und Verdichtung. Maßgeblich für die Festigkeit ist die
Ausbildung der Kontakte zwischen den primären Siliziumkarbid-Körnern. Gute Kontakte werden erreicht, wenn im Grünling zwischen
den Siliziumkarbid-Körnern nur wenig Kohlenstoff vorhanden ist,
der dann mit dem Silizium leicht zu β-Siliziumkarbid umgesetzt
wird. Durch Zusatz von 1 % Aluminium zu Silizium kann eine Er-

höhung der Festigkeit erreicht werden. Festigkeiten von über 700 MN/m^2 sind nach [21] möglich bei geeignetem Kornaufbau und geeigneter Gefügeentwicklung.

Die Abhängigkeit der Festigkeit von der Korngröße des primären Karbids wurde in [10] untersucht. Eine relativ große Abhängigkeit wird für Korngrößen $\bar{d} > 100$ µm festgestellt, während der Einfluß der Korngröße bei feinkörnigem Gefüge nicht mehr so ausgeprägt ist. Der Einfluß der Temperatur auf die Festigkeit wurde in mehreren Arbeiten untersucht [10, 22-32]. Silizium-Siliziumkarbid-Werkstoffe zeigen danach eine mit der Temperatur leicht ansteigende Festigkeit bis hin zu etwa 1473 K. Darüber fällt die Festigkeit zunächst langsam, dann drastisch ab. Oberhalb des Silizium-Schmelzpunktes von 1683 K bleibt jedoch eine Restfestigkeit von etwa 50 - 150 MN/m^2 erhalten, die von dem auf das Primärsiliziumkarbid aufgewachsene Sekundärsiliziumkarbid abhängig ist. Die konstante bzw. ansteigende Biegebruchfestigkeit im Temperaturbereich bis zu 1473 K wird mit Ausheileffekten, insbesondere von Oberflächenfehlern [25] und mit der zunehmenden Plastizität des freien Siliziums und somit der Fähigkeit, Risse aufzufangen, begründet.

Der Abfall der Festigkeit oberhalb 1473 K beginnend ist mit dem örtlichen Aufschmelzen von freiem Silizium zu erklären. Nach einer Oxidationsbehandlung ist eine leichte Zunahme der Festigkeit zu verzeichnen [22, 33].

<u>Bild 6</u> zeigt eigene Messungen der Biegefestigkeit an einem Werkstoff mit sehr feinem Primärsiliziumkarbid, der einen relativ hohen Anteil an freiem Silizium enthält. Man erkennt eine erhebliche Zunahme der Biegefestigkeit bis etwa 1200 ^{o}C. Einen ähnlichen Festigkeitsverlauf zeigen auch die neueren Qualitäten mit einem Siliziumgehalt von ca. 10 %. Insgesamt ist der Festigkeitsverlauf ähnlich dem der Spitzenqualitäten anderer Hersteller.

Die statistische Verteilung der Festigkeit von Silizium-Siliziumkarbid-Werkstoffen wurde in [22, 30, 34] untersucht. Die Weibullexponenten werden mit m = 6 bis m = 11, im Einzelfall mit m = 15 (as fired) und m = 19,1 (geschliffen) angegeben [22]. Mit steigender Temperatur fällt der Weibullexponent ab. Für feinkörniges Silizium-Siliziumkarbid ist der Weibullexponent etwas geringer als für grobkörnige Materialien |34|.

3.3.2 <u>Der E-Modul</u>

Werte für den E-Modul sind in den Arbeiten [25, 26, 29, 20, 31,
34, 35] angegeben. Für handelsübliche Silizium-Siliziumkarbid-Materialien bei Raumtemperatur liegt der Elastizitätsmodul zwischen
$E = 350$ GN/m^2 und $E = 400$ GN/m^2. Er variiert mit dem Gehalt an
freiem Silizium. Die Grenzwerte des E-Modul sind gegeben durch
den des reinen Siliziums ($E_{Si} = 168$ GN/m^2) auf der einen Seite und
den des reinen Siliziumkarbids ($E_{SiC} = 480$ GN/m^2) auf der anderen
Seite [36, 37]. Eine geringe Abhängigkeit wurde auch von der mittleren Korngröße [34] festgestellt, wobei der E-Modul für ein Silizium-Siliziumkarbid-Material mit feinkörnigem Gefüge etwas höher
liegt als bei einem Material mit grobem Gefüge.

Der E-Modul nimmt bis etwa 1473 K linear mit der Temperatur ab,
oberhalb von 1473 K fällt er steil ab.

<u>Bild 7</u> zeigt eigene Messungen des E-Moduls in Abhängigkeit vom
Raumgewicht. Der in der Literatur angegebene Zusammenhang wird
bestätigt. Bemerkenswerterweise gilt der gleiche Zusammenhang für
die reaktionsgesinterten, jedoch kein freies Silizium enthaltenden und damit entsprechend porösen Qualitäten.

<u>Bild 8</u> zeigt eigene Messungen des E-Moduls in Abhängigkeit von
der Temperatur für eine Qualität mit 15 % Silizium. Mit eingetragen sind Literaturwerte für Qualitäten von Norton mit verschiedenen Siliziumgehalten. Bei Raumtemperatur erkennt man deutlich die
schon vorhin mitgeteilte Abhängigkeit vom Gehalt an freiem Silizium. Nach eigenen Messungen fällt der E-Modul von Raumtemperatur
bis 1200 $^{\circ}$C um ca. 5 % ab, wohingegen die Literaturangaben für
die Nortonqualitäten eine zum Teil erheblich stärkere Temperaturabhängigkeit aufweisen.

3.3.3 <u>Bruchzähigkeit</u>

Angaben über die Bruchzähigkeit und den kritischen Spannungsintensitätsfaktor K_{IC} sind in [24, 25, 31, 35, 37] zu finden. Handelsübliche Silizium-Siliziumkarbid-Werkstoffe weisen bei Raumtemperatur kritische Spannungsintensitätsfaktoren zwischen $K_{IC} =$

3,5 MNm$^{3/2}$ und K_{IC} = 4 MNm$^{3/2}$ auf. Der K_{IC}-Wert bleibt bis etwa
1273 K konstant, steigt dann aber im Temperaturbereich von 1273 K
bis 1623 K an auf einen Wert von K_{IC} = 6,8 MNm$^{3/2}$ [24]. Offensichtlich hat die zunehmende Plastizität des Siliziums, die ab
etwa 773 K zu verzeichnen ist [38], im Bereich zwischen Raumtemperatur und 1273 K keinen großen Einfluß auf den K_{IC}-Wert. Oberhalb von 1273 K macht sich die zunehmende Plastizität des Siliziums stark bemerkbar [31].

Oberhalb von 1623 K fällt der K_{IC}-Wert steil ab. Maßgeblich wird
der K_{IC}-Wert vom Gehalt an freiem Silizium im Silizium-Siliziumkarbid-Material beeinflußt. In [35] wird eine lineare Beziehung
zwischen dem K_{IC}-Wert und dem Volumenanteil an freiem Silizium
bei Raumtemperatur angegeben.

3.4. Untersuchungen zum Kriechverhalten

3.4.1 Gefügecharakterisierung

Die Kriechversuche wurden an zwei Qualitäten durchgeführt. Material A ist gegossen und entspricht der Qualität, aus der die vorhin vorgeführten Nasenkonen und Leitapparate hergestellt wurden.
Material B ist eine trockengepreßte Versuchsqualität mit wesentlich niedrigerem Gehalt an freiem Silizium. Sie wurde zum Vergleich mituntersucht, um Aussagen über den Einfluß des Gefüges
auf das Kriechverhalten zu bekommen.

Die **Bilder 9 und 10** geben das Gefüge der zu den Kriechexperimen-
ten verwendeten Materialien wieder.

Der Anschliff des Materials A zeigt relativ grobe primäre Sili-
ziumkarbid-Körner mit einem mittleren Korndurchmesser von 50 µm.
Die Primärkörner sind von freiem Silizium umgeben, in dem fein
verteilt sekundäres Siliziumkarbid eingelagert ist. In der gan-
zen Probe sind gleichmäßig verteilt relativ große Kohlenstoffeinschlüsse (ca. 2,6 Vol.-%) zu erkennen. Ihre Durchmesser erreichen
Werte bis zu 50 µm. Die Einschlüsse sind durch sekundäres Siliziumkarbid vom freien Silizium abgeschlossen. Der Kohlenstoff
konnte daher beim Reaktionssinterprozeß nicht vollständig zu Siliziumkarbid umgesetzt werden. Die chemische Analyse ergab einen
Anteil an freiem Kohlenstoff von 0,5 Gew.-%. Bei 2,6 Vol.-% er-

rechnet sich die Dichte der Einschlüsse zu 0,6 g/cm^3. Zu erwäh-
nen ist hier, daß bei den Bauteilen der Gehalt an freiem Kohlenstoff mit 0,17 Gew.-% wesentlich niedriger lag, hier aber auch
zum Teil recht grobkörnig bis zu 50 µm.

Das Gefüge des Materials B zeigt ein feineres Siliziumkarbid-
Primärkorn mit Werten um 30 µm. Das sekundäre Siliziumkarbid ist
nicht so deutlich zu erkennen. Der Gehalt an freiem Silizium ist
wesentlich geringer. Auch hier sind Kohlenstoffeinschlüsse zu erkennen. Der Volumenanteil entspricht dem Material A. <u>Tabelle 1</u>
gibt neben den Raumgewichten einen Überblick über die Anteile
an freiem Silizium und freiem Kohlenstoff.

3.4.2 Versuchsdurchführung

Für die Kriechexperimente wurden 4-Punkt-Biegelager mit einer
Viertelteilung und einem Abstand der inneren Lagerröllchen von
20 mm verwendet. Die Biegestäbchen hatten die Abmessungen 45 mm
x 4,5 mm x 3,5 mm. Die Kanten waren mit einer 45°-Fase versehen.
Untersucht wurde das Material A im Anlieferungszustand und nach
einer Oxidationsglühung von 500 h bei 1573 K, das Material B nur
im Anlieferungszustand.

Als Versuchsparameter wurden die Temperatur mit T = 1473 K,
1573 K und 1623 K und die Randfaserspannung mit σ = 130 MN/m^2
festgelegt. Während bei 1473 K nur sehr geringe Kriechdehnungen
auftraten und deshalb die Kriechgeschwindigkeit nur mit großer
Unsicherheit bestimmt werden konnte, waren bei 1573 und 1623 K
die Kriechgeschwindigkeiten gut zu bestimmen. Stationäre Kriechgeschwindigkeiten stellten sich erst nach sehr langen Versuchszeiten (t ≥ 50 h) ein. Hieraus ergaben sich Zeiten von etwa 200 h für
einen Kriechversuch mit einem Spannungswechsel von 130 MN/m^2 auf
190 MN/m^2.

3.4.3 Ergebnisse

In <u>Bild 11</u> sind die Kriechkurven aus den Versuchen an Luft für
die Materialien A und B ohne Oxidationsglühung wiedergegeben. Es
ist zu erkennen, daß die plastische Verformung beim Material A
größere Werte annimmt als beim Material B. Auch führten Versuchszeiten von 200 h noch nicht zum Bruch der Probe, während beim Ma-

terial B der Bruch schon nach 165 h bzw. 145 h auftrat. Es ist
anzunehmen, daß der höhere Gehalt an freiem Silizium beim Material A eine größere plastische Verformung zuläßt. Im Gegensatz
zu Material B sind beim Material A die primären Siliziumkarbidkörner voneinander deutlich durch freies Silizium getrennt. Die
vollständige Einbettung der Siliziumkarbidkörner in freies Silizium läßt aufgrund der Plastizität des Siliziums bei hohen Temperaturen eine bessere Verschiebung der Siliziumkarbidkörner im
Material A zu.

In <u>Bild 12</u> ist der Einfluß einer Oxidationsbehandlung auf das
Kriechverhalten des Materials A dargestellt. Aus den Kurven für
T = 1572 K ist zu entnehmen, daß eine Oxidationsbehandlung ver-
formungsbehindernd wirkt. Die höhere Kriechgeschwindigkeit der
voroxidierten Probe bei T = 1623 K ist auf Rißbildung an der Zugseite der Probe und die damit verbundene Schwächung des Probenquer-
schnittes zurückzuführen <u>(Bild 13)</u>.

Nach allen Kriechversuchen waren Veränderungen im Gefüge des Silizium-Siliziumkarbid-Werkstoffes aufgetreten. In <u>Bild 14</u> ist die
Bildung von Poren zu erkennen, die bevorzugt in der Umgebung von
Kohlenstoffeinschlüssen entstanden. Es ist daher anzunehmen, daß
sich ein Teil des Kohlenstoffes mit dem freien Silizium zu Siliziumkarbid umgesetzt hat.

<u>Tabelle 2</u> gibt eine zusammenfassende Darstellung der Kriechdaten.
Die Werte für das Material C und Material D sind aus [39] entnom-
men. Im Gegensatz zu den Untersuchungen an den Materialien C und
D mußten die Versuche mit den Materialien A und B bei höheren
Temperaturen durchgeführtwerden, um gut meßbare Kriechgeschwindigkeiten zu erzielen. Die Materialien A und B waren wesentlich
beständiger gegenüber Kriechverformung, als die früher getesteten
Materialien C und D. Den Materialien A, C und D (Material B wurde
diesbezüglich nicht untersucht) gemeinsam ist das Absinken der
Kriechgeschwindigkeit nach einer Oxidationsbehandlung, so daß davon ausgegangen werden kann, daß die Oxidation eine Verformungs-
behinderung bewirkt. Um den Mechanismus der Behinderung zu klären,
sind weitere Untersuchungen notwendig. Bei Material A werden Spannungsexponenten ($\varepsilon \sim \sigma^n$) gemessen, die bei etwa 2 liegen. Dies
deutet auf eine Überlagerung von viskosen Vorgängen durch Ab-

gleitvorgänge (z. B. Versetzungen) hin. Beim Material B zeigt
sich die auch früher [39] beobachtete Tendenz des Anstieges des
Spannungsexponenten mit der Versuchstemperatur, die auf eine
Überlagerung von mehreren Verformungsprozessen hinweist. Durch
den Einfluß der Voroxidation werden eher die Verformungsmecha-
nismen bestimmend, die durch Gleitprozesse zu charakterisieren
sind.

Für Material A wurden Werte für die Aktivierungsenergie des
Kriechens bestimmt, indem die Kriechgeschwindigkeiten verschiedener Proben bei unterschiedlichen Temperaturen, aber sonst gleichen Bedingungen, verglichen wurden. Dabei ergaben sich Aktivie-
rungsenergien im Bereich zwischen 294 und 426 kJ/mol. Demgegenüber weisen voroxidierte Proben (1573 K, 500 h) bei einer Spannung von 130 MN/m^2 wesentlich höhere Werte von nahezu 900 kJ/mol
auf. Die Bestimmung der Aktivierungsenergie konnte auf dem hohen
Spannungsniveau von 190 MN/m^2 nicht durchgeführt werden, da sich
in der voroxidierten Probe während des Versuches Risse ausbilde-
ten, die die Kriechgeschwindigkeit erheblich beeinflußten. Der
beträchtliche Anstieg der Aktivierungsenergie bestätigt erneut
den Befund, daß durch eine Oxidationsbehandlung der Kriechwiderstand erhöht wird. Der Grund für dieses Verhalten ist durch weitere Untersuchungen noch zu bestimmen.

4. Zusammenfassung und Ausblick

Es konnte gezeigt werden, daß der Silizium-Siliziumkarbid-Werk-
stoff einen hohen Entwicklungsstand erreicht hat. Das Herstellungsverfahren lehnt sich an die der klassischen Keramiken an
und läßt die wirtschaftliche Fertigung auch großer, kompakter und
kompliziert geformter Bauteile zu, wobei die erreichbaren Toleranzen sehr eng sind. Eine Biegefestigkeit von 300-350 MN/m^2 ist
sicher zu erreichen und läßt sich durch eine Optimierung des
Kornaufbaues und der Prozeßführung beim Reaktionssintern durchaus
noch steigern. Wichtiger erscheint jedoch die Verbesserung der
statistischen Verteilung der Festigkeitseigenschaften, zumal der
Weibullexponent mit steigender Temperatur sinkt. Auch hier weisen
einzelne Ergebnisse darauf hin, daß in der weiteren Entwicklung
Verbesserungen möglich sind. Der Elastizitätsmodul liegt mit 350
bis 400 GN/m^2 extrem hoch, so daß Silizium-Siliziumkarbid nur we-

nig in der Lage ist, Verformungsenergie elastisch zu speichern.
Der Spannungsintensitätsfaktor steigt von 3,5-4 $MNm^{3/2}$ bei Raumtemperatur auf 6,8 $MNm^{3/2}$ im Temperaturbereich von 1273 K bis
1623 K an. Die Fähigkeit des Werkstoffes, Spannungskonzentrationen
an Rißspitzen abzubauen, nimmt damit bis zu Temperaturen, die für
den Einsatz in der Gasturbine relevant sind, zu.

Das Kriechverhalten des Silizium-Siliziumkarbid-Werkstoffes ist
sehr gut. Die im Gefüge festgestellten Kohlenstoffeinschlüsse
wirken sich hinsichtlich des Kriechverhaltens nicht negativ aus.
Unterhalb 1473 K sind die stationären Kriechgeschwindigkeiten zu
gering, um sie noch sicher messen zu können. Die Kriechgeschwindigkeit und die erreichbaren Gesamtdehnungen liegen bei der sili-
ziumreicheren Qualität höher, als bei der siliziumärmeren. Die
Oxidation hemmt offensichtlich die plastische Verformung und bewirkt gleichzeitig eine Versprödung. Obwohl die Massenzunahme
sehr gering ist, machen sich die Effekte der Oxidation auf das
Kriechverhalten sehr stark bemerkbar.

Abschließend läßt sich sagen, daß die Entwicklung des Materials
einen hohen Stand erreicht hat. Bei weiterer Optimierung der mechanischen Eigenschaften ist daher nicht zuletzt auch wegen des
inhärent guten Oxidationsverhaltens und der wirtschaftlichen Herstellung mit einem erfolgreichen Einsatz in der Fahrzeug-Gasturbine zu rechnen.

5.   Schrifttum

[1]   PROMETHEUS GMBH   Deutsches Patent 173 066   (1904)

[2]   UNITED STATES ATOMIC   US-Patent 293807   (1960)
      ENERGY COMMISSION

[3]   CARBORUNDUM COMP.   US-Patent 3205043 (1965)

[4]   POWER JETS   US-Patent 3275722 (1966)

[5]   UKAEA   US-Patent 3495939 (1970)

[6]   FORD MOTOR COMP.   US-Patent 4067955 (1978)

[7]   TAYLOR, K. M.   Improved Silicon Carbide for High
                                  Temperature Parts.

                                  Materials and Methods, Oct. 1956

[8] POPPER, P.
The Preparation of Dense Self-Bonded Silicon Carbide.
Special Ceramics (1960) p.209

[9] FORREST, C.W.
KENNEDY, P.
SHENNAN, J. V.
The Fabrication and Properties of Self-Bonded Silicon Carbide Bodies.
Special Ceramics 5 (1972) p. 99

[10] FORREST, C. W.
KENNEDY, P.
The Fabrication of Refel Silicon Carbide Components by Isostatic Pressing.
Special Ceramics 6 (1975) p. 183

[11] FRANTSEWITSCH,I.D.
et al.
Untersuchungen der Bedingungen für die Herstellung und Verwendung von monolithischem polykristallinen SiC.
Siliziumkarbid, Verlag Naukowa Dumka, Kiew (1966) 129-137

[12] WILLERMET, P.A.
PETT, R. A.
WHALEN, T. J.
Development and Processing of Injection-Moldable Reaction-Sintered SiC Compositions.
Ceramic Bulletin 57 (1978) 8, 744-748

[13] WHALEN, T. J.
NOAKES, J.E.
TERNER, L. L.
Progress on Injection-Molded, Reaction-Bonded SiC.
Ceramics for High Performance Applications II, Brook Hill Publishing Company (1978) 179-189

[14] MOULSON, A. J.
Reaction-Bonded Silicon Nitride: Its Formation and Properties.
Review, J. Mat. Sci. 14 (1979) 1017-1051

[15] SAMSONOV, G. V.
Die physikalisch-chemische Natur der Volumenveränderungen beim Erstarren geschmolzener Stoffe.
High Temperatures-High Pressures (1975) Vol. 7, 85-90

[16] NOVOTNY, A.
GUGEL, E.
LEIMER, G.
Schlickergegossene Gasturbinenbauteile aus Siliziumnitrid und Siliziumkarbid.
Keramische Komponenten für Fahrzeug-Gasturbinen, Springer-Verlag (1978) 161-182

[17] EBI, R.
et al.
Oxidationskinetik von SiC-Pulvern bei Temperaturen zwischen 1200 und 1600 ^{o}C.
High Temperatures-High Pressures 14(1972) 21-25

[18]   JORGENSEN, P.J.   The Kinetics of the Oxidation of Sili-
       et al.   con Carbide.
                            Silicon Carbide, Editor: O. Connor et al,
                            Pergamon Press 1966

[19]   JORGENSEN, P. J.   Oxidation of Silicon Carbide
       et al.   J.Amer.Cer.Soc. $\underline{42}$ (1959) 613-616

[20]   GUGEL, E.   Zur Bildung der SiO_2-Schicht auf SiC.
       et al.   Ber.Dt.Keram.Ges. $\underline{46}$ (1969) 481-485

[21]   BROWN, W.G.   Effect of Initial Carbon Content of the
       et al.   Strength of Reaction-Bonded Silicon
                            Carbide.
                            Ceramic Bulletin $\underline{55}$ (1976) 311-312

[22]   TRANTINA, G. G.   Fracture of a Self-Bonded Silicon Car-
                            bide.
                            Ceramic Bulletin $\underline{52}$ (1978) 440-443

[23]   MEHAN, R. L.   Anisotropic Behavior of Si/SiC Ceramic
                            Composites.
                            Ceramic Bulletin $\underline{52}$ (1977) 211-212

[24]   LARSEN, D. C.   Screening Properties of Silicon-base
       et al.   Ceramic for Turbine Engine Application.
                            ASME-paper 78 - WA/GT 12 (1978)

[25]   WILLS, R. R.   Controlled Surface Flow-Initiated Frac-
       WIMMER, J. M.   ture in Reaction-Densified Silicon Car-
                            bide.
                            J.Amer.Cer.Soc. $\underline{59}$ (1976) 437-440

[26]   LARSEN, D. C.   Evalution of four Commercial Si_3N_4 and
       et al.   SiC Materials for Turbine Applications.
                            Ceramic for High Performance Applications
                            Editors: J.J. Burke et al., Brook Hill
                            Publishing Company, Chestnutt Hill, Mass.

[27]   WIRT, G.   Zugkriech- und Biegekriechverhalten so-
       et al.   wie Biegebruchfestigkeit von HP- und
                            RB-Siliziumkarbid bei hohen Temperatu-
                            ren an Luft.
                            DFVLR-Bericht IB 354-78/3

[28] WIRT, G.   Heißbiegefestigkeit an Luft sowie Ein-
      et al.   fluß der Oxidation auf die Raumtempera-
                        turbiegefestigkeit von heißgepreßtem,
                        reaktionsgesintertem und oxidgebundenem
                        Siliziumkarbid.
                        DFVLR-Bericht IB 354-77/7

[29] RESTALL, J. E.   A Limited Assessment of Selected Low-
                        Expansion Coefficient Ceramic Materials
                        with Potential for High-Temperatur App-
                        lication.
                        Proc.Brit.Ceram.Soc. $\underline{22}$ 89-115

[30] LUCEK, J. W.   Cast Densified Silicon Carbide.
                        SAE Technical Paper Series 790253
                        (1979)

[31] HILLIG, W. B.   Silicon/Silicon Carbide Composites.
      et al.   Ceramic Bulletin $\underline{54}$ (1975) 1054-1056

[32] RUMSEY, J.C.V.   Delayed Fracture and Creep in Silicon
      ROBERTS, A. L.   Carbide.
                        Proc.Brit.Ceram.Soc. $\underline{7}$ (1977) 223-245

[33] JANOVICK, M. A.   Ceramic Applications in Turbine Engines.
                        DDA EDR 9951 (1979)

[34] MATTHEWS, R.B.   A Relation between Fracture and Flaws
      et al.   in Reaction-Bonded Silicon Carbide.
                        J.Can.Ceram.Soc. $\underline{42}$ (1973) 1-9

[35] MEHAN, R. L.   Si/SiC Ceramic Composites: Properties
      et al.   and Applications.
                        Report Nr. 78 CRD 161, Aug. 1978

[36] CHEN, C. P.   Fracture Toughness of Silicon.
                        Ceramic Bulletin $\underline{59}$ (1980) 469-472

[37] EDINGTON, I. W.   The Mechanical Properties of Si_3N_4 and
      et al.   SiC.
                        Part I: Powder Metallurgy International
                                $\underline{7}$ (1975) 82-96
                        Part II: Powder Metallurgy International
                                $\underline{7}$ (1975) 136-147

[38]   SYLWESTROWITZ, W.   Mechanical Properties of Single Crystalls of Silicon.

The Philosophical Magazine $\underline{7}$ (1962) 1825-1845

[39]   SCHNÜRER, K.   Kriechverhalten verschiedener SiC-Materialien im Vakuum und an Luft.

Dissertation Uni Karlsruhe 1979, KfK-Bericht 2883

Element	Elektronenkonfiguration	Schrumpfung [%]
Al	$3s^23p^1$	6,37[a]
Ga	$4s^24p^1$	−3,33[a]
In	$5s^25p^1$	1.98[a]
Tl	$6s^26p^1$	3,23[b]
Si	$3s^23p^2$	−9,50[a]
Ge	$4s^24p^2$	−5,10[a]
Sn	$5s^25p^2$	3,0[a]
Pb	$6s^26p^2$	3,56[a]
P	$3s^23p^3$	3,40[b]
Sb	$5s^25p^3$	−0,95[a]
Bi	$6s^26p^3$	−2,90[a]
γ-O_2	$2s^22p^4$	7,48[b]
S	$3s^23p^4$	2,20[b]
Se	$4s^24p^4$	16,80[a]
Te	$5s^25p^4$	4,90[a]
Br	$4s^24p^5$	16,4[b]
I	$5s^25p^5$	20,4[b]
Ne	$2s^22p^6$	15,3[b]
Ar	$3s^23p^6$	14,4[b]
Kr	$4s^24p^6$	15,1[b]
Xe	$5s^25p^6$	15,1[b]

[a]Hicter und Malmejae (1965); [b]Podvoiskaya (1952).

Bild 1

Schrumpfung beim Erstarren von

Schmelzen der sp-Elemente

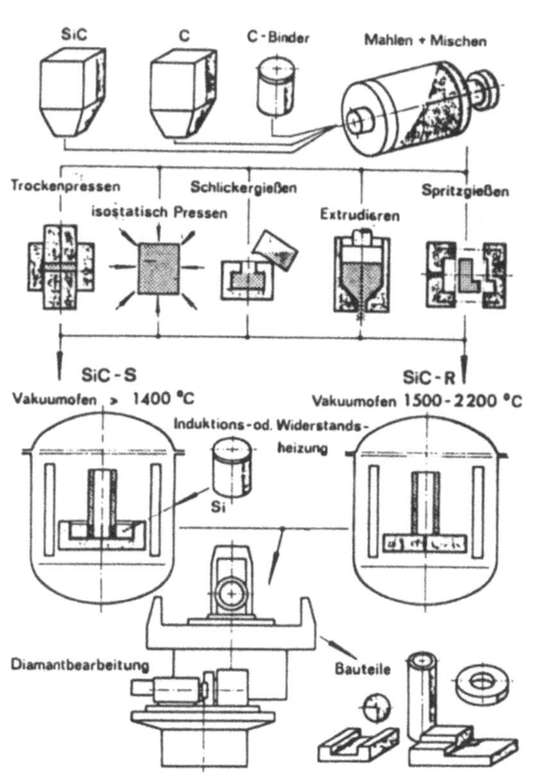

Bild 2

Herstellung von Si-SiC

<u>Bild 3</u>

Einlaufkonen aus Si-SiC, schlickergegossen

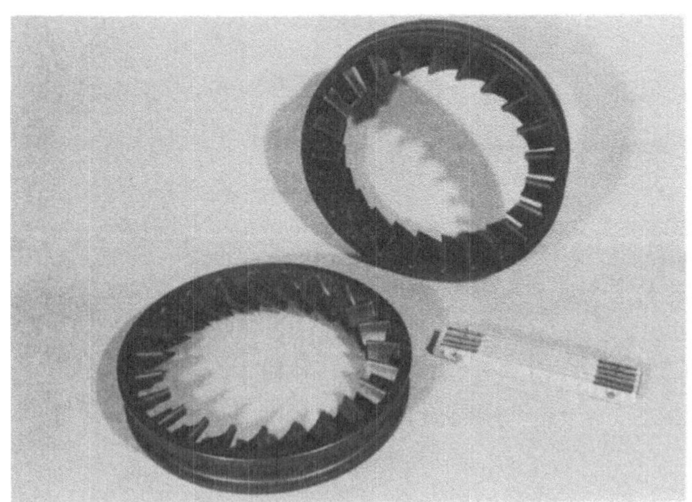

<u>Bild 4</u>

Leitapparate aus Si-SiC, schlickergegossen

Leitapparat-Einzelschaufeln aus Si-SiC,
schlickergegossen

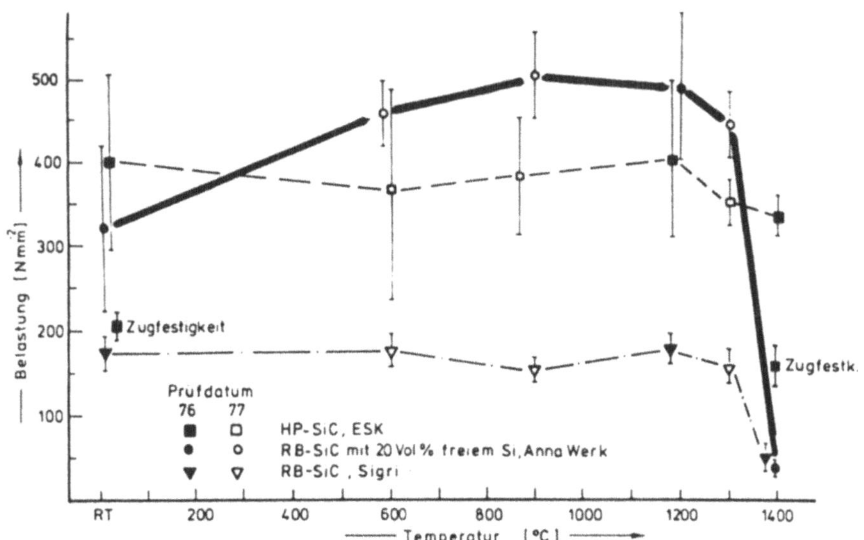

Bild 6

Biegebruchfestigkeit von Si-SiC, Temperaturabhängigkeit, Normprobe, K = 4

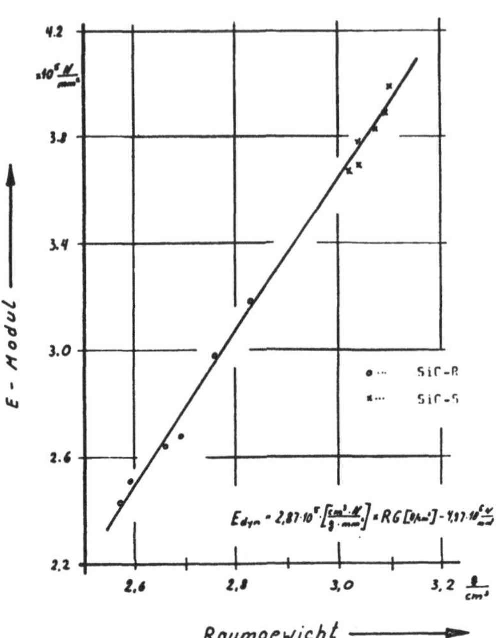

Bild 7

E-Modul von Si-SiC in Abhängigkeit vom Raumgewicht

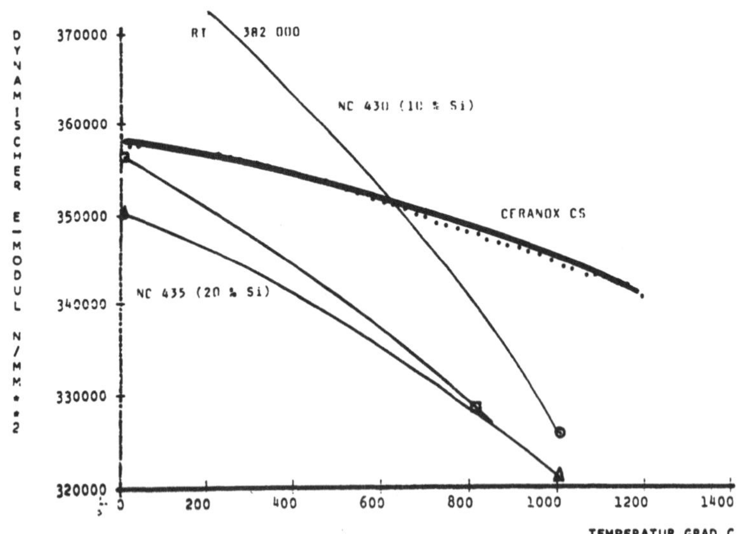

Bild 8

E-Modul von Si-SiC in Abhängigkeit von der Temperatur und dem Raumgewicht

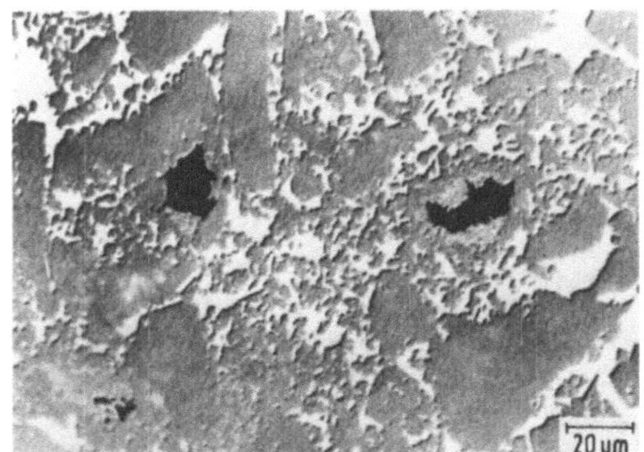

Bild 9
Gefüge von Si-SiC,
Material A, Anschliff,
ungeätzt

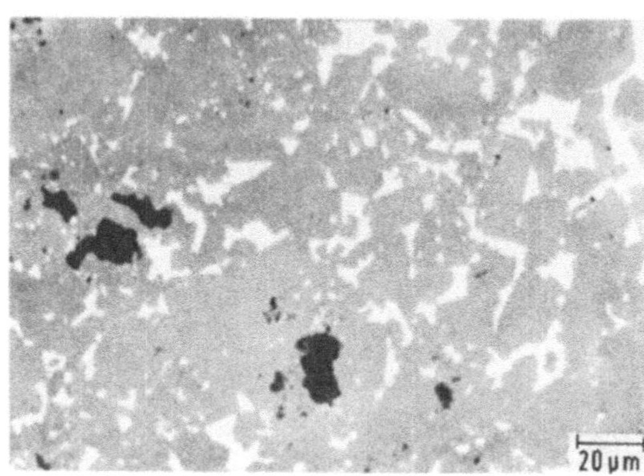

Bild 10
Gefüge von Si-SiC,
Material B, Anschliff,
ungeätzt

Material	Si-Gehalt $[\text{Gew.-\%}]$	C-Gehalt $[\text{Gew.-\%}]$	RG $[\text{g/cm}^3]$
A	11,7	< 0,5	3,06
B	6,2	< 0,5	3,14

Tabelle 1

Gehalt an freiem Si und C sowie Raumgewichte
der untersuchten Materialien

495

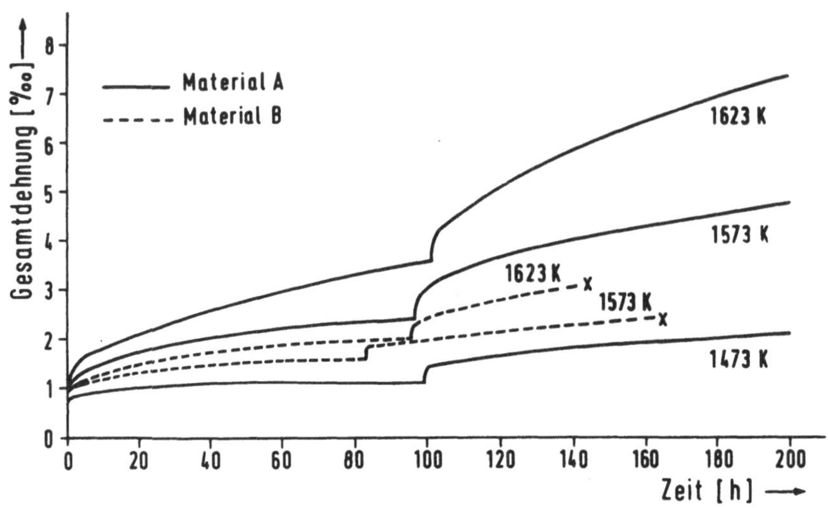

Vergleich der Kriechkurven von Si-SiC (Materialien A und B) im Spannungswechselversuch ($130 \text{ MN/m}^2 \rightarrow 190 \text{ MN/m}^2$) bei verschiedenen Temperaturen

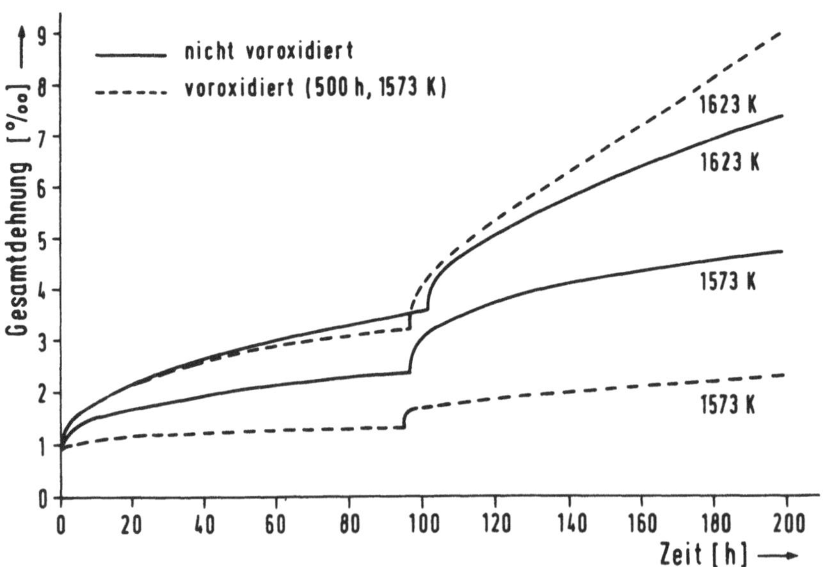

Einfluß der Voroxidation auf das Kriechverhalten von Si-SiC (Material A). Spannungswechselversuch ($130 \text{ MN/m}^2 \rightarrow 190 \text{ MN/m}^2$) bei verschiedenen Temperaturen

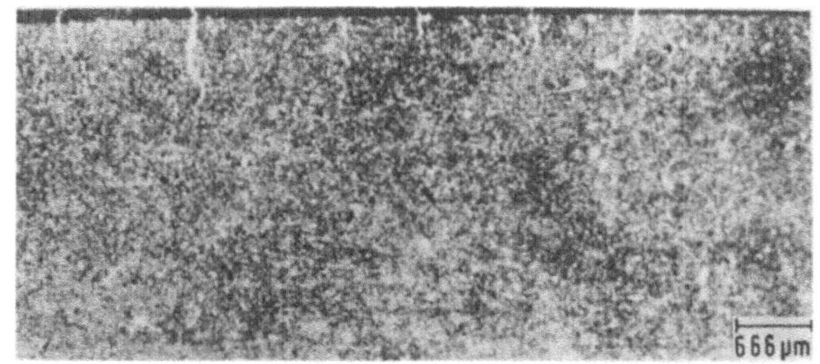

<u>Bild 13</u>

Anrisse an der Zugseite einer Kriechprobe
nach Voroxidation (500 h, 1573 K)

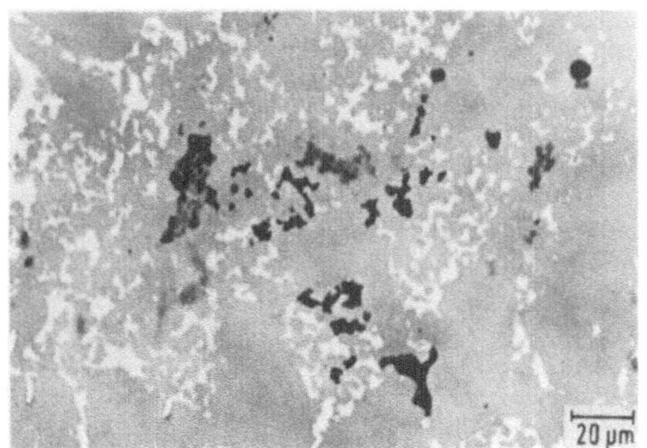

<u>Bild 14</u>

Porosität im Material nach einem
Kriechversuch

	Voroxidation		T	σ	$\dot{\varepsilon}$	n
	[h]	[K]	[K]	[MN/m²]	[10⁻⁶ h⁻¹]	
	—	—	1573	130/190	5,7/12,5	2,1
			1623	130/190	13 /25	1,7
A	500	1573	1573	30/190	1,5/ 4	2,6
			1623	130/190	7,9/43	—
B	—	—	1573	130/190	4,3/ 6,5	1,1
			1623	130/190	5,8/13,5	2,2
	—	—	1473	100/130	3 / 4	1,1
				130/190	4 / 6	1,95
				160/190	6 /10	2,97
C	500	1273	1473	100/130	3 / 4	1,1
				130/160	4 / 5	1,1
				160/190	5 / 7	2,0
	100	1573	1473	100/130	2 / 3	1,6
				130/160	3 / 4	1,4
				160/190	4 / 6	2,4
	500	1573	1473	100/130	3 / 4	1,1
				130/160	4 / 5	1,1
				160/190	5 / 7	2,0
	—	—	1473	100/130	7,5/10	1,1
				130/160	10 /14	1,62
				160/190	14 /17	1,13
D	500	1273	1473	100/130	6 / 8	1,1
				130/160	8 /11	1,53
				190/190	11 /15	1,8
	100	1573	1473	100/130	3 / 5	2,0
				130/160	5 / 8	2,3
				160/190	Bruch	
	500	1573	1473	100/130	Bruch	

Tabelle 2

Kriechdaten für Si-SiC verschiedener Qualitäten

MÖGLICHKEITEN UND GRENZEN BEIM HEISSPRESSEN UND HEISSISOSTAT-
PRESSEN VON SILICIUMCARBID

K. Hunold, W. Grellner
Elektroschmelzwerk Kempten GmbH, München

Zusammenfassung

Es wird auf die Vor- und Nachteile der Heißpreß- (HP) und der
Heißisostatpreßtechnik (HIP) bei der Herstellung von Bauteilen
für die Heißgasturbine eingegangen. Hierbei werden neben werk-
stoff- und verfahrensspezifischen auch wirtschaftliche Probleme
angesprochen. Das Hauptgewicht liegt auf der heißisostatischen
Pulver- und Nachverdichtung bzw. auf den hierbei erreichten
Eigenschaften und Eigenschaftsverbesserungen. Bei der Nachverdichtung wird die Änderung der bruchmechanischen Daten im Vergleich zum Ausgangskörper diskutiert.

1. Einleitung

Bauteile aus SiC für die Heißgasturbine können nach unterschiedlichen technologischen Verfahren hergestellt werden.
Bei der Drucksinterung ist hier zwischen dem Heißpressen und
dem Heißisostatpressen zu differenzieren. Bei beiden Verfahren können dichte Formteile erhalten werden, wobei jedoch
verfahrenstechnisch bedingt unterschiedliche Eigenschaften
resultieren können.

In der Elektroschmelzwerk Kempten GmbH (ESK) wurden verschiedene HP-SiC-Qualitäten entwickelt, die RT-Biegefestigkeiten
bis zu 700 MN/m² aufweisen. Diesen hohen Standard gilt es
bei der HIP-Technologie zu erreichen bzw. zu verbessern. Da
bisher nur wenig Erfahrung auf dem Gebiet der heißisostatischen Verdichtung von SiC vorliegt, sind zunächst die HIP-
Parameter zu erarbeiten. Hierbei kommt der gasdichten Hüllung
der SiC-Pulver oder -Preßlinge eine besondere Bedeutung zu,
wobei auch wirtschaftliche Gesichtspunkte eine Rolle spielen.

Eine zweite Möglichkeit zur Anwendung des HIP-Verfahrens besteht in der hüllenlosen Nachverdichtung von drucklos gesinterten oder heißgepreßten SiC-Formteilen, was zu einer Verbesserung bzw. Vergleichmäßigung der Eigenschaften führen soll.

2. <u>Heißpressen</u>

Nachdem es bereits frühzeitig möglich war, dotierte HP-SiC-Körper von theoretischer Dichte herzustellen, standen Festigkeitsbetrachtungen im Vordergrund des Interesses, da diese sich am ehesten durch werkstoffkundliche Maßnahmen beeinflussen lassen.

Beim Zerreißtest fiel auf, daß beim HP-SiC zwei unterschiedliche Brucharten auftraten. Während bei Al-dotiertem SiC ein interkristalliner Bruchmodus vorlag, zeigte Bor-dotiertes SiC einen transkristallinen Bruch. Das interkristallin brechende HP-SiC (HP-I) zeigt zwar hohe Raumtemperatur-Biegefestigkeiten, jedoch fallen diese bei hohen Temperaturen stark ab. Dieses wird mit der Bildung einer glasigen Korngrenzenschicht erklärt, die bei Temperaturen oberhalb 1000 °C erweicht. Das transkristallin brechende HP-SiC (HP-T) zeigt bei Bor-Dotierung dahingegen keinen Abfall der Biegebruchfestigkeit mit der Temperatur, da sich hier eine kristalline Korngrenzenschicht (B_4C) ausbildet.

Während sich beim Al-dotierten Material RT-Biegebruchfestigkeiten von über 600 MN/m² erreichen ließen, erbrachten B-haltige Qualitäten nur eine Festigkeit um 500 MN/m². Das Ziel, ein Al-dotiertes SiC mit transkristallinem Bruch herzustellen, wurde durch die Verringerung des Al-Zusatzes erreicht, wobei das Al im SiC-Gitter gelöst wurde und keine Korngrenzenphase mehr auftrat. Die obere Grenze liegt für α-SiC bei ca. 0,4 Gew.-% Al. Hiermit war es möglich, eine HP-SiC-Qualität herzustellen, die ihre Festigkeit von über 600 MN/m² bis 1500 °C beibehält und somit als Turbinenwerkstoff geeignet erscheint [1]. Die Abhängigkeit der Biegebruchfestigkeit und des Bruchwiderstandes von der Temperatur (<u>Bilder 1 und 2</u>) zeigt die

Vorteile der HP-T-Qualität bei hohen Temperaturen.

Die positiven Ergebnisse bei der Entwicklung von HP-SiC als
Turbinenwerkstoff sollten jedoch nicht über einige verfahrenstechnisch bedingte Nachteile hinwegtäuschen. Beim Heißpressen in Grafitformen treten Wandreibungsverluste auf, die
neben den Druckübertragungsverlusten innerhalb der Pulver-
packung zu der Ausbildung von Eigenschaftsgradienten führen
können. Die Möglichkeit, durch die Aufbringung eines höheren
Preßdruckes diesen Effekt weiter zu unterdrücken, scheitert
jedoch an der Festigkeit des Grafits. Zusätzliche Nachteile
des Heißpressens sind die Beschränkung auf einfache Formkörper sowie die hohen Herstellungskosten. So können pro Heiß-
pressung nur ein bzw. wenige Formkörper hergestellt werden,
wobei neben dem Material auch die Grafitform mit aufgeheizt
werden muß. Dieses bedeutet hohe Energiekosten und gleichzeitig hohe Lohnkosten bezogen auf das hergestellte Bauteil.
Hierin ist auch der Grund zu sehen, weshalb man nach geeigneten Alternativen zum Heißpressen sucht, wobei sich die Heiß-
isostatpresse anbietet.

3. <u>Das HIP-Verfahren</u>

Bei der heißisostatischen Verdichtung wirkt ein isostati-
scher Gasdruck auf die Probe, welche sich in einem Ofen be-
findet. Als Produktionseinheiten sind Anlagen mit Drücken
bis 2000 bar und Temperaturen bis 1750 °C gebräuchlich.
Laboreinheiten können diese Grenzwerte jedoch überschreiten.

Das HIP-Verfahren läßt sich in drei Gruppen unterteilen
(<u>Bild 3</u>):
1. Diffusionsverbindung
2. Pulververdichtung
3. Nachverdichtung

Bei der Diffusionsverbindung werden Teile unter Druck und
Temperaturanwendung miteinander verbunden. Hierbei besteht
die Notwendigkeit einer gasdichten Hüllung.

Bei der Pulververdichtung werden Pulver oder Preßlinge im
Vakuum in eine gasdichte Hülle eingeschweißt und heißisostatisch verdichtet.

Beim heißisostatischen Nachverdichten werden Formkörper, die
in der Regel keine offene Porosität mehr aufweisen, weiter-
verdichtet, wobei die Restporosität beseitigt wird und Fehler
ausheilen können.

An SiC-Teilen wurden im ESK bisher nur Pulver- und Nachver-
dichtungsversuche durchgeführt. Hierbei lagen die Hauptpro-
bleme bei der Pulververdichtung, d. h. bei der Hüllung des
Pulvers bzw. Preßlings.

4. <u>Hüllwerkstoffe und -verfahren</u>

Wie bereits erwähnt, müssen Pulver oder Formkörper mit offe-
ner Porosität in eine gasdichte Hülle eingeschlossen werden.
Diese Hülle muß sich bei der Arbeitstemperatur unter dem Gasdruck gut verformen lassen, um so den Druck auf das zu pres-
sende Material zu übertragen. Im einfachsten Fall sind dieses
Metall-, Glas- oder Keramikhüllen [2], [3], [4], in das Material eingegeben wird und die in der Regel bei erhöhter Temperatur unter Vakuum gasdicht verschweißt werden. <u>Bild 4</u> zeigt
drei Stationen bei der Herstellung einer Kieselglashülle.

Andere Verfahren zur Aufbringung einer gasdichten Hülle auf
vorgeformte Körper sind das Flamm- oder Plasmaspritzen, die
galvanische oder chemische Abscheidung sowie das Auftragen
einer Suspension [5], [6]. In einigen Fällen muß die aufge-
brachte Hülle noch einer thermischen Behandlung unterworfen
werden. Bei der Hüllung von Si_3N_4 sind Verfahren bekannt, bei
denen die Oberfläche des Formkörpers mit dem aufgebrachten
Material bzw. der umgebenden Atmosphäre in die Bildung der
Hülle einbezogen wird [7], [8], [9], [10].

Bei der heißisostatischen Verdichtung von SiC-Pulvern kommen
wegen der hohen Verdichtungstemperaturen von den bekannten
Hüllwerkstoffen nur hochschmelzende Metalle (Mo, W, Ta) in

Frage. Gegenüber einer Glashüllung ist dieses Verfahren jedoch nicht nur durch das Hüllmaterial sehr teuer, sondern zur
Einschweißung des Materials im Vakuum muß ein entsprechender
Arbeitsplatz für Elektronenstrahlschweißung geschaffen werden.
Die Verwendung relativ preiswerter und einfach zu handhaben-
der Glashüllen scheiterte bisher jedoch daran, daß die Hülle
aufgrund der geringen Viskosität des Glases bei der Verdich-
tungstemperatur von SiC vom Formkörper ablief und so die
heißisostatische Verdichtung verhindert wurde. Bild 5 zeigt
die Viskositäten einiger Glastypen in Abhängigkeit von der
Temperatur. Bei einer Viskosität von 10^6 dPas beginnt das Glas
bereits abzulaufen. Dies bedeutet, daß selbst reines Kieselglas oberhalb 1800 °C abläuft und für die SiC-Verdichtung als
Hüllwerkstoff nicht mehr in Frage kommt.

Vom ESK wurde ein Verfahren entwickelt, bei dem ein Ablaufen
des Glases durch eine äußere Stützung der Hülle verhindert
werden kann. Hierbei wird der glasgehüllte Formkörper in eine
Pulverschüttung aus einem Material eingebracht, welches mit
dem Glas nicht reagiert. Dieses Pulver dringt bei der Erweichung der Glashülle in deren äußere Schicht ein und stützt
diese ab (Bild 6). Bis zu der Temperatur, bei der sich die
Hülle durch den wirkenden Gasdruck an den Formkörper angelegt
hat und die äußere Schicht gleichmäßig vom Stützpulver durch-
drungen ist, muß dieses gut rieselfähig bleiben.

Eine andere Möglichkeit, die Hülle abzustützen, besteht darin,
daß man als Stützmaterial ein Kieselglaspulver oder einen
Quarzsplit einsetzt. Dieses Material schmilzt bei hoher
Temperatur auf und verbindet sich mit der Hülle. Während des
Aufschmelzens des Pulvers soll bereits der Gasdruck in der
HIP-Anlage dem Enddruck angenähert sein, so daß sich aus dem
Glaspulver ein Glasschaum bildet. Dieser Schaum hat eine sehr
viel höhere Viskosität bei der HIP-Temperatur als die ent-
sprechende Glasschmelze und kann so die Hülle abstützen
(Bild 6).

5. SiC-Pulververdichtung

Die heißisostatische Pulververdichtung von SiC ist aufgrund
der Hüllschwierigkeiten noch Neuland, so daß hier außer der
Dichte noch keine Werkstoffdaten von SiC-Pulvern vorliegen.
Es ist mit diesem Verfahren jedoch möglich, mit geeigneten
S-SiC- bzw. HP-SiC-Pulvern nahezu theoretische Dichte zu erreichen, wobei bei abgestimmten Temperatur-Druckprogramm auch
ein feinkörniges Gefüge erhalten wird. Bild 7 zeigt lichtmikroskopische Aufnahmen eines direkt isostatisch verdichte-
ten HP-Pulvers mit Al-Zusatz. Am geätzten Schliff ist das
feinkörnige Gefüge zu erkennen. Die Probe weist eine Dichte
von ϱ = 3,20 g/cm³ auf.

6. SiC-Nachverdichtung

Zur heißisostatischen Nachverdichtung werden die vorgesinterten Körper ungehüllt in die HIP-Anlage eingesetzt. Hierzu ist
es notwendig, daß das Material keine zur Oberfläche hin offene Porosität mehr aufweist. Dieses ist beim heißgepreßten
Material der Fall, wenn die Teile 95 % der theoretischen
Dichte überschreiten. Bei drucklos vorgesinterten Teilen ist
die Grenze nicht so scharf zu ziehen, da hier durch die Ausbildung einer gasdichten Sinterhaut bereits Körper mit geringerer Gesamtdichte nachverdichtet werden können. Die untere Grenze der hüllenlosen Nachverdichtung von drucklos vorgesinterten Körpern ist außer von der Dichte abhängig vom
Oberflächen:Volumen-Verhältnis.

Die weitere Verdichtung von drucklos gesinterten SiC-Körpern
wird an zwei Proben demonstriert, die auf eine Dichte von
3,04 g/cm³ drucklos vorgesintert wurden. Bild 8 zeigt eine
makroskopische Schliffaufnahme des drucklos gesinterten
Körpers. Man erkennt sehr deutlich die poröse Kernzone und
die dichte, dunkel erscheinende Randzone. Der obere Schliff
in Bild 9 zeigt eine lichtmikroskopische Aufnahme der porösen Zone. Der zweite drucklos gesinterte Körper wurde heißisostatisch auf eine Dichte von ϱ = 3,18 g/cm³ nachverdichtet. Aus der lichtmikroskopischen Schliffaufnahme der
Kernzone in Bild 9 ist die Porengröße und -verteilung sowie

das Gefüge im Kernbereich des nachverdichteten Körpers zu erkennen. Hierbei fällt eine weitgehende Beseitigung der Porosität unter Beibehaltung eines feinkörnigen Gefüges auf.

Das gleiche wie für das drucklos gesinterte SiC gilt auch für die Nachverdichtung von heißgepreßten Formkörpern. Allerdings muß hier bereits eine höhere Ausgangsdichte vorausgesetzt werden. Es wurden verschiedene heißgepreßte Platten in der Mitte zerschnitten und heißisostatisch nachverdichtet. Die Ausgangsdichten lagen zwischen 3,10 g/cm³ und 3,18 g/cm³, während die nachverdichteten Körper Dichten zwischen 3,20 g/cm³ und 3,21 g/cm³ aufwiesen. Einige Proben ließen sich dagegen nicht weiterverdichten. Eine Gegenüberstellung der nachverdichtbaren und nicht weiterverdichtbaren Körper zeigt Bild 10. Man erkennt, daß ein feinkristallines Gefüge sich ohne Kornvergröberung nachverdichten läßt, wo hingegen ein grobkristallines Gefüge keinerlei Verdichtung erfährt. Hält man sich vor Augen, daß es sich bei der heißisostatischen Nachverdichtung hauptsächlich um ein Korngrenzengleiten handelt, wird verständlich, daß dieser Prozeß bei grobkristallinem Material behindert wird.

7. <u>Bruchmechanische Untersuchungen</u>

An drucklos gesinterten, nachverdichteten SiC-Teilen wurden die Biegebruchfestigkeit und der Bruchwiderstand untersucht. Da diese Untersuchungen jedoch nur an einer beschränkten Anzahl von Proben durchgeführt werden konnten, sind die ermittelten Daten sehr stark fehlerbehaftet und können nur einen Trend aufzeigen.

Bei einer Dichteerhöhung von ca. 2 - 4 % steigen die RT-Biegebruchfestigkeiten der heißisostatisch nachverdichteten Körper gegenüber dem drucklos gesinterten Körper je nach Dotierung und Druck-Temperatur-Programm zwischen 10 und 25 %. In der gleichen Größenordnung nimmt auch der nach der Standardabweichung berechnete Weibull-Parameter m zu. Die K_{IC}-Werte verbessern sich für Raumtemperatur und 1200 °C dahingegen nur um 5 - 20 %.

Zu diesen Werten muß allerdings angemerkt werden, daß die
Steigerung der Biegebruchfestigkeit und des K_{IC} dann besonders hoch war, wenn die Ausgangswerte besonders niedrig
lagen. Dies bedeutet, daß nach dem heutigen Erkenntnis-
stand eine heißisostatische Nachverdichtung drucklos ge-
sinterter SiC-Teile in der Regel nur bei Qualitäten mit
geringen Ausgangswerten eine spürbare Verbesserung ergibt.

Eine Versuchsreihe an 19 verschiedenen HP-SiC-Qualitäten
zeigte ebenfalls nur eine Raumtemperatur-Festigkeitssteige-
rung durch Nachhipen bei geringen Ausgangswerten. Bei Aus-
gangsfestigkeiten > 500 MN/m² war in der Regel keine Verbesserung der Festigkeit durch Nachverdichten mehr zu erzielen.

Für die Hochtemperatur-Biegefestigkeit bei 1370 °C ergibt
sich weder für S-SiC noch für HP-SiC ein klares Bild des
Nachverdichtungserfolges, da hier unabhängig von der Zusammensetzung undden Ausgangswerten teilweise eine Erhöhung und
teilweise eine Erniedrigung der Werte erhalten wird.

7.1. <u>Einfluß einer HIP-Behandlung auf die Festigkeit von HP-SiC.</u>
Will man den Einfluß einer HIP-Behandlung auf die Festigkeitseigenschaften einer bereits nahezu dichten, heißgepreßten Keramik untersuchen, so sind möglichst alle übrigen
Parameter hinsichtlich Gefüge, Probenentnahme, Präparation
und Prüftechnik konstant zu halten. Da ein nachfolgender
HIP-Vorgang auf die K_{IC}-Werte von Werkstoffen des hier vorgestellten Typs keinen oder nur einen geringfügigen Einfluß
hat [11], ist eine Festigkeitssteigerung im wesentlichen
auf die Verkleinerung der kritischen Fehlergröße zurückzuführen, während steigende Weibull-Moduln m bei konstant
bleibender Festigkeit auf eine gleichmäßigere Verteilung
der rißauslösenden Fehler im untersuchten Materialvolumen
hinweisen.
Die hier vorgelegten Untersuchungen basieren auf der sogenannten zweiparametrigen Weibull-Verteilung:

$$P(\sigma) = 1 - \exp\left(-\left(\sigma/\sigma_0\right)^m\right)$$

mit $P(\sigma)$ kummulative Bruchwahrscheinlichkeit

σ_0 Normierungskonstante

m   Weibull-Modul

Anhand einer Vorserie mit je ca. 30 Proben konnte eine Erhöhung in m von 9 auf 10 aufgrund einer HIP-Behandlung nachgewiesen werden.

Im Zusammenhang mit den genannten Untersuchungen blieb die Frage zu klären, ob der erzielte Effekt angesichts der relativ kleinen Probenzahl signifikant ist oder nicht. Deshalb wurden statistische Berechnungen angestellt, mit deren Hilfe der Zusammenhang zwischen der Probenzahl und den möglichen Streuungen im σ_0 und m ermittelt werden konnte.

Ohne auf Details einzugehen, soll das Verfahren kurz umrissen werden: ausgehend von einer vorgegebenen idealen Festigkeitsverteilung werden zufällig ausgewählte Festigkeitswerte zu Serien unterschiedlicher Probenzahl zusammengefaßt, anschließend m und σ_0 jeder Serie errechnet. Wiederholt man diesen Vorgang hinreichend oft, gewinnt man Aussagen über den Streubereich der Weibull-Parameter in Abhängigkeit von der Zahl der getesteten Proben. In Bild 11 sind die Ergebnisse der Berechnungen zusammengefaßt.

Aus den Diagrammen ist zu ersehen, daß der Weibull-Modul m wesentlich empfindlicher auf eine Verringerung der Probenzahl reagiert als σ_0. So ist zum Beispiel bei einer Auswertung von 20 Proben ein Fehler in m von der Größenordnung 20 % möglich, bei σ_0 nur von etwa 2 %.

Diese Resultate im Zusammenhang mit m stimmen qualitativ mit den Ergebnissen anderer Autoren überein, zum Beispiel [12].

Bild 12 zeigt die Relation zwischen den Meßwerten und den Bruchwahrscheinlichkeiten für zwei Versuchsserien. Die Zahl der untersuchten Proben beträgt 173 (HP-SiC) bzw. 156 (HIP-SiC). Um zu überprüfen, ob Beiträge unterkritischer Rißausbreitung die Sprödbruchvorgänge eventuell beeinflussen, wurde innerhalb jeder Serie die Belastungs-

geschwindigkeit $\dot{\sigma}$ um den Faktor 10^3 variiert. Da aus den so
gewonnenen Ergebnissen die Exponenten der langsamen Rißausbreitung zu deutlich größer als 100 errechnet wurden, ist
das Zusammenfassen aller Meßwerte eines Versuchstypes zu
einer Weibull-Darstellung gerechtfertigt.
Die Weibull-Modulen m berechnen sich zu 8,8 (HP-SiC) bzw.
11,0 (HIP-SiC); die Normierungsspannungen σ_O betragen 482
bzw. 477 MN/m². Zieht man die Ergebnisse aus Bild 11 heran,
zeigt sich, daß bei den gegebenen Probenzahlen die Unterschiede in m signifikant sind, für σ_O nicht.
Die Bedeutung einer HIP-Behandlung für die Festigkeitseigenschaften von heißgepreßtem SiC liegt nicht darin, das
allgemeine Festigkeitsniveau zu heben, sondern vielmehr in
einer deutlichen Verkleinerung des Streubereiches der Bruch-
spannungswerte. In einer Versuchsserie konnte eine Steigerung des Weibull-Moduls m um 25 % nachgewiesen werden. Eine
derartige Erhöhung führt zu einer wesentlich verbesserten
Eignung von SiC als Konstruktionswerkstoff.

8. <u>Schrifttum</u>

[1]   Kriegesmann, J.   BMFT-Forschungsbericht
      Hunold, K.   01 ZA 018-ZK/NT/NTS/1011
      Schwetz, K.A.   6/1979

[2]   Larker, H.   DE-AS 21 04 708
      Isaksson, S.E.   11/1973
      Brinkeborn, B.
      Strömblad, I.

[3]   Larker, H.   DE-OS 23 27 273
      Isaksson, S.E.   1/1974
      Lindberg, R.

[4]   Havel, Ch. J.   DE-PS 19 01 766
                               11/1969

[5]   Ostermann, G.A.   DE-PS 24 03 449
                               4/1976

[6]   Adlerborn, J.   DE-OS 27 02 073
       Larker, H.   8/1977

[7]   Betz W.   DE-AS 27 37 173
       Hüther W.   8/1977

[8]   Roßmann, A.   DE-AS 27 37 209
                        8/1977

[9]   Grunke, R.   DE-OS 27 37 266
                        8/1977

[10] Uy, J. Ch.   DE.OS 28 12 986
       Ezis, A.   3/1978

[11] Hübner, H.   Z. Werkstofftechn. $\underline{9}$ (1978),
       Engel, U.   128 - 132

[12] Baratta, F.I.   AMMRC TR (in Vorbereitung)

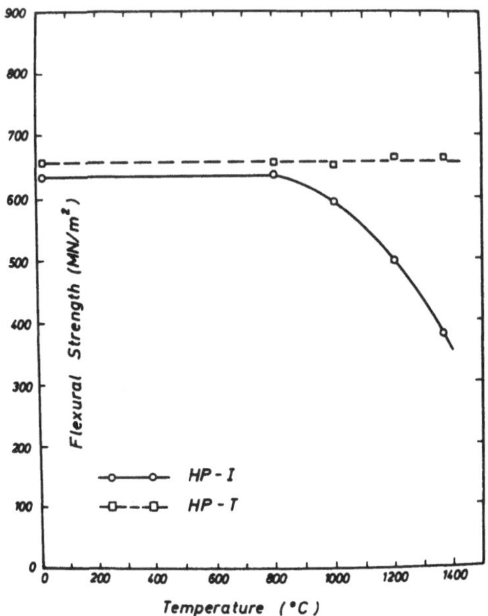

Bild 1: 4-Punkt-Biegefestigkeit als Funktion der Temperatur für SiC (HP-I) und SiC (HP-T)

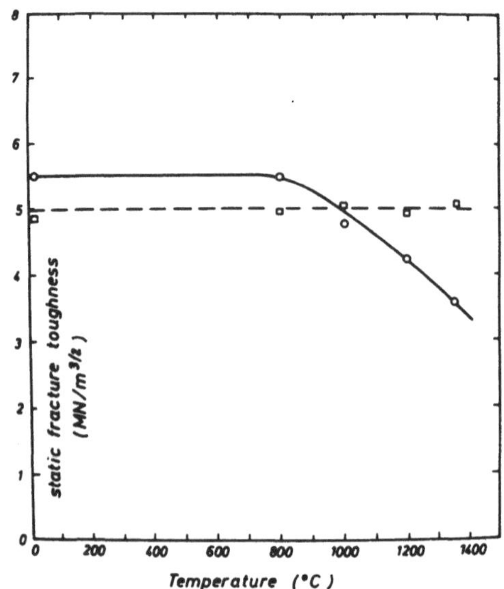

Bild 2: Bruchwiderstand als Funktion der Temperatur für SiC (HP-I) und SiC (HP-T)

510

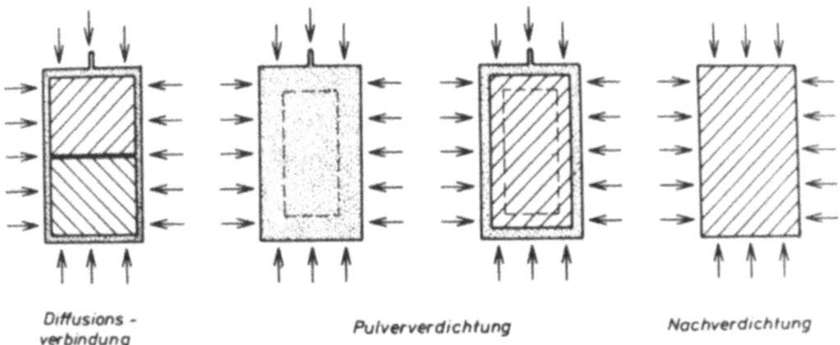

Bild 3: Schematische Darstellung der Heißisostat-Preßverfahren

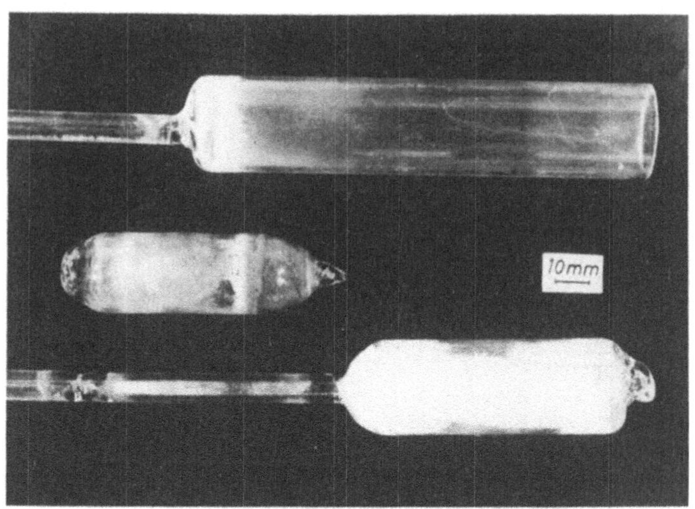

Bild 4: Hüllung von Preßlingen mit Kieselglas

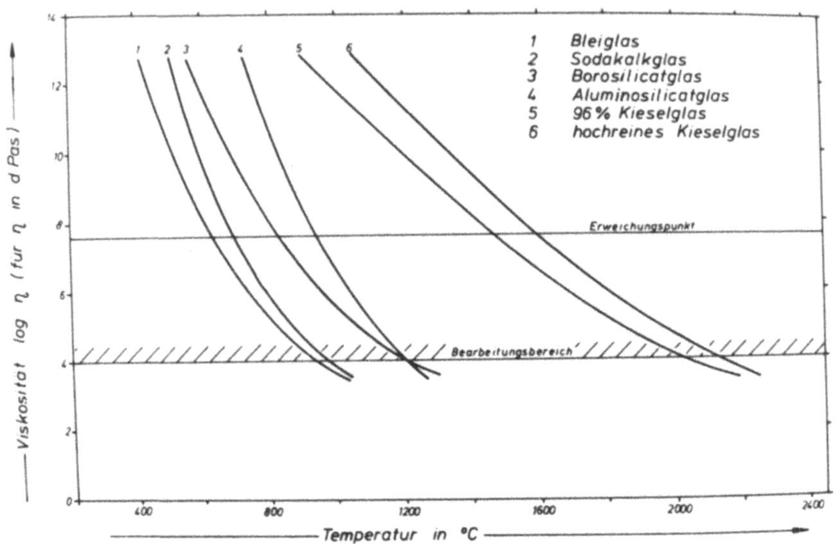

_ __Bild 5:__ Viskositätsverlauf ausgewählter Gläser in Abhängigkeit
von der Temperatur

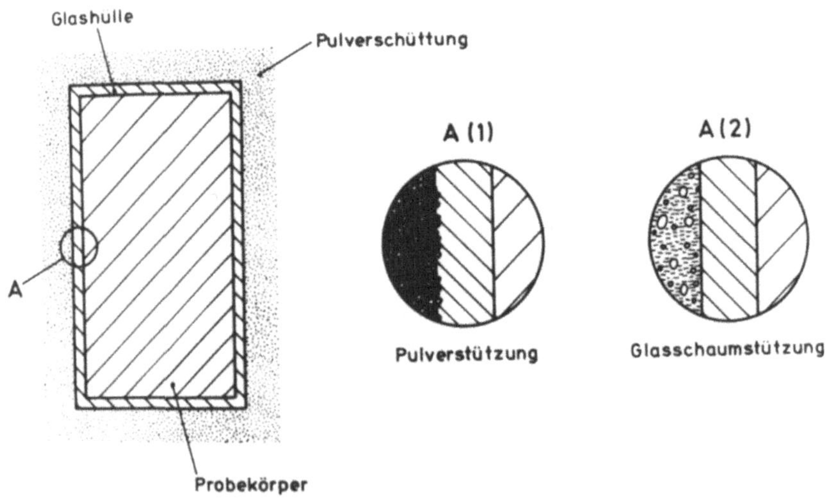

- __Bild 6:__ Abstützung der Glashülle bei hohen HIP-Temperaturen
(Schematische Darstellung)

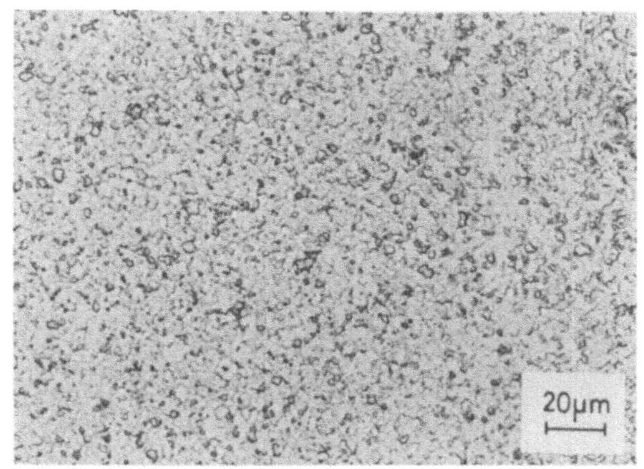

Bild 7: Geätzter Schliff einer durch heißisostatische Pulververdichtung hergestellten α -SiC-Probe, ϱ = 3,17 g/cm³

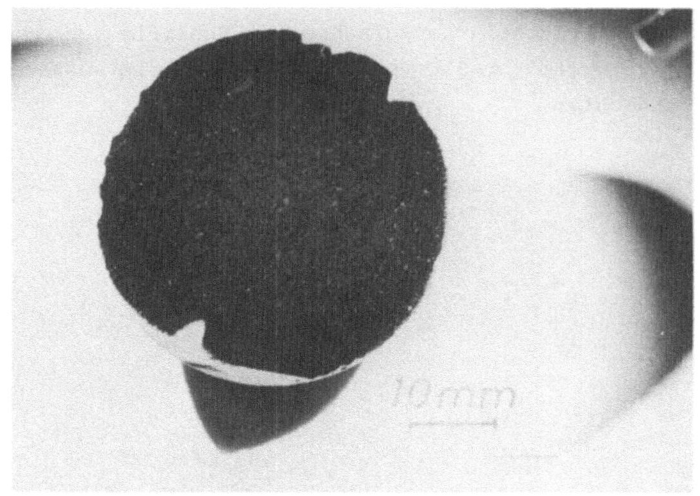

Bild 8: Makroskopische Aufnahme der Schlifffläche eines drucklos gesinterten α -SiC-Körpers

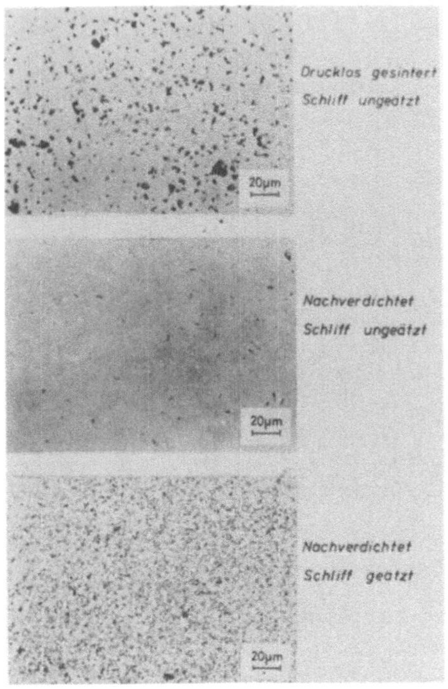

<u>Bild 9:</u> Lichtmikroskopische Aufnahme der Schliffe von drucklos
gesintertem α-SiC vor und nach dem heißisostatischen
Verdichten

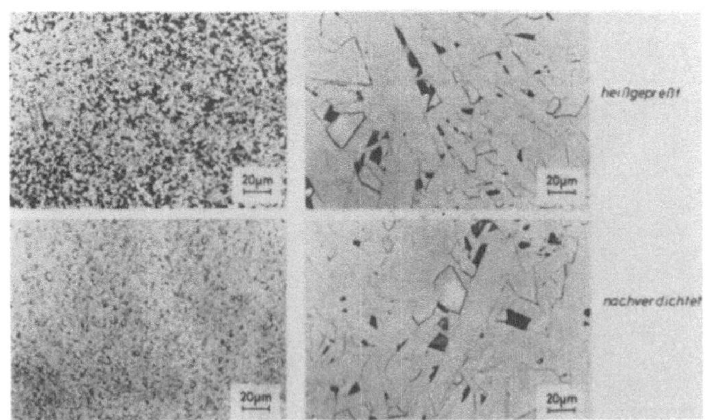

<u>Bild 10:</u> Abhängigkeit des HIP-Erfolges vom Ausgangsgefüge
(Lichtmikroskopische Schliffaufnahme)

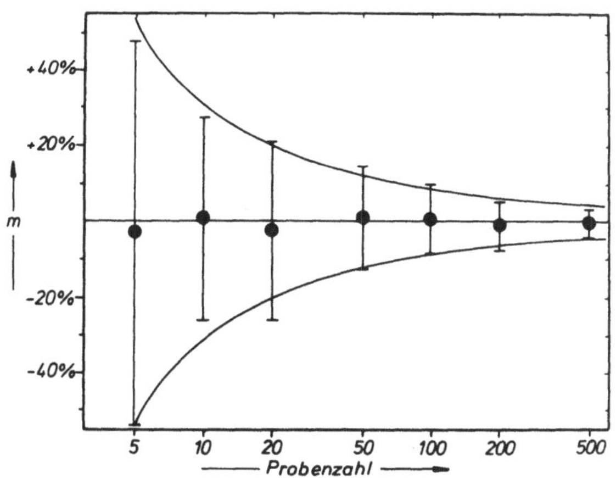

Bild 11 a: Streubereich von m in Abhängigkeit von der Probenzahl

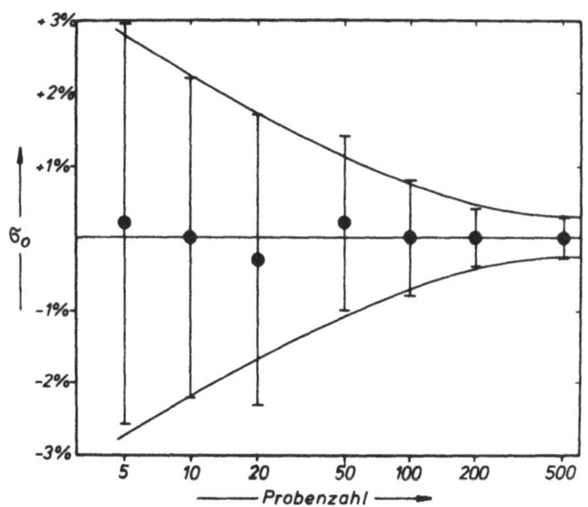

Bild 11 b: Streubereich von σ_0 in Abhängigkeit von der Probenzahl

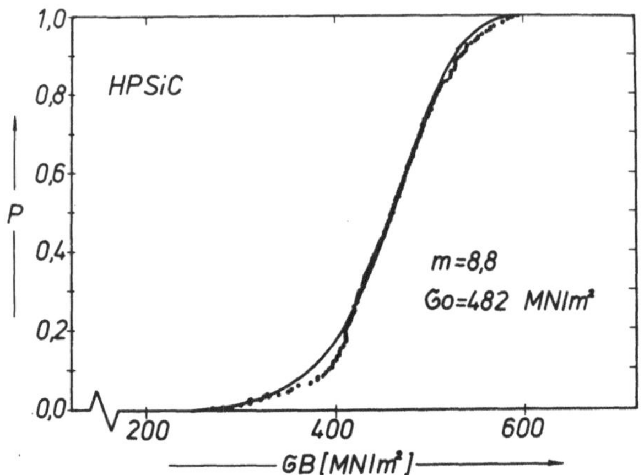

Bild 12 a: Festigkeitsverteilung in HP_SiC

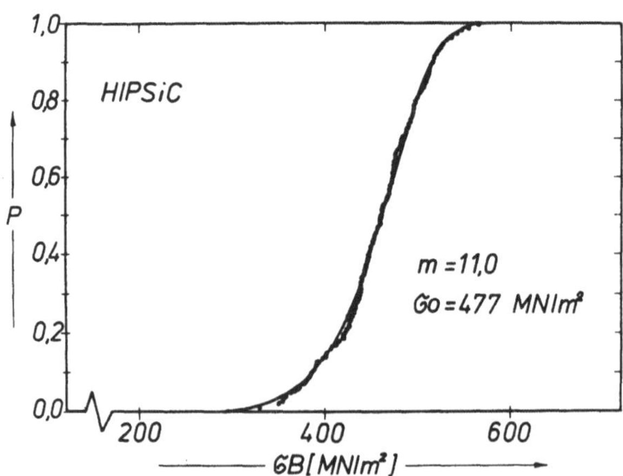

Bild 12 b: Festigkeitsverteilung in HIP-SiC

Heißisostatisches Pressen von Siliziumnitrid

M. Böhmer, J. Heinrich *)

DFVLR Deutsche Forschungs- und Versuchsanstalt
für Luft- und Raumfahrt e.V.
- Institut für Werkstoff-Forschung -
Köln-Porz

1. Einleitung

Dem Werkstoff Siliziumnitrid Si_3N_4 haben sich in den letzten
Jahren, nicht zuletzt durch gezielte Werkstoffentwicklung, immer
wieder neue Einsatzgebiete erschlossen. Dennoch stößt man sowohl
bei der Anwendung von reaktionsgesintertem als auch von heißgepreßtem Siliziumnitrid (RBSN bzw. HPSN), den beiden Werkstoffen,
die schwerpunktmäßig entwickelt wurden, an Grenzen, die durch die
Herstellungstechnologie vorgegeben sind. So muß beim RBSN, bedingt
durch den Nitridierprozess, ein Restporenanteil von ca. 15 Vol.%
in Kauf genommen werden, der die mechanischen Eigenschaften in
vielerlei Weise negativ beeinflußt [1]. Durch konventionelles
Heißpressen läßt sich bei Verwendung von Sinterhilfen zwar ein
dichtes Produkt mit entsprechend verbesserten mechanischen Eigenschaften herstellen, kompliziert geformte Bauteile sind aber nur
durch aufwendige Bearbeitung der heißgepreßten Rohlinge zu fertigen. Zur Herstellung dichter, komplizierter Formkörper aus Si_3N_4
ohne umfangreiche Nachbearbeitung bieten sich alternativ zwei
Verfahren an:
Druckloses Sintern und heißisostatisches Pressen (HIP), wobei,
wie später noch gezeigt wird, auch eine Kombination beider Verfahren möglich ist.

Zum heißisostatischen Pressen wird ein vorgeformter poröser Körper zunächst mit einer dichten Oberfläche versehen. Bei allseitig
(isostatisch) auf die dichte Oberfläche einwirkendem Gasdruck
(Bild 1) wird der Formkörper bei Sintertemperatur gleichmäßig

______

*) jetzt: Rosenthal Technik AG, Werksgruppe IV -
Ingenieurkeramik, Selb

verdichtet. Ausgangsmaterial können sowohl vorgepreßte Si_3N_4-Pulver als auch reaktionsgesinterte oder drucklos gesinterte Si_3N_4-Formkörper sein (Bild 2). Während die beiden zuerst genannten infolge ihrer offenen Porosität vor dem heißisostatischen Pressen mit einer gasdichten Hülle versehen werden müssen, kann durch druckloses Sintern eine dichte Oberfläche gebildet werden, die das Kapseln nicht mehr notwendig macht.

Wegen der weit entwickelten Herstellungstechnologie von RBSN und der wegen der hohen Gründichte relativ geringen Schwindung während der Verdichtung, wurde dieser Werkstoff für die hier beschriebenen Untersuchungen als Ausgangsmaterial gewählt. Neben der Entwicklung einer geeigneten Kapseltechnologie für Proben und kompliziert geformte Turbinenschaufeln werden erste werkstoffkundliche Untersuchungsergebnisse vorgestellt und diskutiert.

2.   Experimentelles

2.1   Probenherstellung

Ausgangsmaterial für das heißisostatische Pressen bildeten spritzgegossene Proben aus reaktionsgesintertem Siliziumnitrid mit verschiedenen Anteilen an Magnesiumoxid und Yttriumoxid. Diese RBSN-Proben wurden folgendermaßen hergestellt: Si-Pulver wurde mit den Sinterhilfen und Polyäthylenwachsen bzw. -thermoplasten gemischt. Diese Versätze wurden spritzgegossen und die organischen Komponenten nach diesem Formgebungsprozeß wieder ausgebrannt. Die Nitridierung erfolgte in einem Ganzmetallofen mit Molybdänheizelementen und -strahlungsschilden unter statischen Bedingungen. Bei einem Gasdruck von 950 mbar eines Gasgemischs von 90 Vol.% N_2 und 10 Vol.% H_2 betrug die maximale Temperatur 1400 ^{O}C, die gesamte Versuchszeit ca. 100 h. Eine ausführliche Versuchsbeschreibung zur Herstellung von RBSN findet sich in [1]. Die Anteile an MgO und Y_2O_3, bezogen auf Si_3N_4, sind in Tabelle 1 aufgelistet. Um diese Prozentzahlen einzustellen, ist die Gewichtszunahme von 66,49 % bei der Nitridierung von Silizium zu berücksichtigen.

Als Kapselwerkstoff wurde reines Kieselglas verwendet. Vor dem
Hipen wurden die Proben in Kieselglasrohren evakuiert, vakuumdicht
eingeschmolzen (<u>Bild 3</u>) und in die HIP-Anlage (Typ QIH 32 der
Firma ASEA) eingebracht. Ein typischer Zyklus beim heißisosta-
tischen Pressen ist in <u>Bild 4</u> dargestellt. Zunächst wird die
Temperatur erhöht bis die Transformationstemperatur der Glas-
kapsel erreicht ist. Bei diesem Übergang vom spröden zum duktilen
Verhalten des Glases kann der Gasdruck (hier Argon) erhöht werden.
Das Glas legt sich vollständig an die Probe an und kann den Gasdruck auf diese übertragen. Nach Erreichen der Endtemperatur und
des Enddrucks sowie nach der gewünschten Haltezeit wird die
Kammer abgekühlt und der Druck auf Atmosphärendruck reduziert.
Alle hier untersuchten Proben wurden bei einer maximalen Temperatur von 1750 ^{o}C und einem maximalen Druck von 200 MPa verdichtet. Kieselglas hat bei 1750 ^{o}C noch eine Viskosität von ca. $10^{7,5}$
Poise, wodurch verhindert wird, daß das Glas von den Proben abläuft. Wegen des großen Kammervolumens von 160 l und der begrenzten Leistungsfähigkeit des das Argongas verdichtenden Kom-
pressors befanden sich die Proben ca. 2 h auf Endtemperatur. Wegen
der unterschiedlichen Ausdehnungskoeffizienten von Si_3N_4 und Kie-
selglas ($\Delta AK \approx 2{,}8 \cdot 10^{-6}\ ^{o}C^{-1}$), treten beim Abkühlen Spannungen
auf, die dazu führen, daß Ecken und Kanten von Proben gelegent-
lich ausbrechen. Weiterhin kommt es zu einer Reaktionszone in der
Grenzschicht Si_3N_4/Glas. Da die Glasschicht nach dem Abkühlen
durch Sandstrahlen abgetragen wird und die Proben vor ihrer weiteren Untersuchung geschliffen wurden, war dieses Problem nicht
störend. Für die Verdichtung kompliziert geformter Bauteile, die
maßhaltig ohne Nachbearbeitung hergestellt werden sollten, ist
dieses Verfahren jedoch nicht geeignet.

Um aber auch komplizierte Formteile, wie z.B. RBSN-Turbinen-
schaufeln, verdichten zu können, wurden diese in bei den genannten Versuchsbedingungen sich inert verhaltendes Bornitrid-
pulver eingebettet und anschließend wiederum in einem Kiesel-
glasrohr unter Vakuum eingeschmolzen. Dieses Pulverbett wirkt
als druckübertragendes Medium, verhindert auftretende Spannungen,
das Entstehen einer Reaktionsschicht zwischen Glas und Si_3N_4 und
läßt weiterhin die Verwendung einfacher Glasrohre als Kapselmaterial zu (<u>Bild 5</u>).

2.2 Gefügeanalyse und mechanische Eigenschaften

Die Dichte sowohl der RBSN- als auch der HIP-Proben wurde nach
dem Archimedischen Prinzip in Quecksilber bei Raumtemperatur ermittelt. Die α- und β-Phasenanteile wurden quantitativ durch
Röntgenbeugungsanalyse bestimmt. Zur Korngrößenanalyse im REM
wurden polierte Schliffe chemisch geätzt. Die Raum- und Hochtemperaturfestigkeit wurde im 4-Punkt-Biegeversuch (20 mm Außen-
auflagerabstand, 10 mm innen) an Proben mit den Abmessungen
3,5 x 2,5 x 25 mm gemessen. Diese Maße kommen zustande, da als
Ausgangsmaterial RBSN-Proben mit den genormten Abmessungen
3,5 x 4,5 x 45 mm verwendet wurden, diese nach dem Hipen jedoch
aus den genannten Gründen geschliffen werden mußten und außerdem
eine Schwindung eintritt.

3. Ergebnisse und Diskussion

3.1 Gefügeanalyse

In Tabelle 1 ist die Dichte und der Anteil der β-Phase der reaktionsgesinterten und der gehipten Proben in Abhängigkeit vom
Sinterhilfenanteil zusammengefaßt. Ohne Zusatz an Sinterhilfen
ist unter den hier angegebenen Prozessparametern keine vollständige Verdichtung erreicht worden (ρ_{th} Si_3N_4 = 3,19 g cm^{-3}).
Mit steigendem MgO-Anteil nimmt das spezifische Gewicht der Proben wegen des steigenden Glasanteils (mit geringerer Dichte als
der von Si_3N_4) leicht ab. Aufgrund der höheren Dichte von Y_2O_3
nimmt die Dichte der Proben mit steigendem Anteil dieser Sinterhilfe etwas zu. Poren waren in lichtmikroskopischen Aufnahmen
außer bei den Proben ohne Sinterhilfenanteil nicht zu erkennen.
Bei allen Materialien ist die Phasenumwandlung von α nach β vollständig abgelaufen.

Die Variation der Gefügemorphologie mit steigendem Anteil an
Sinterhilfen zeigt <u>Bild 6</u>. Ohne Sinterzusätze entsteht ein Gefüge
mit äquiaxialen β-Körnern und vereinzelten Poren. Diese Morphologie wird auch an RBSN-Proben beobachtet, bei denen die α/β-Umwand-
lung während einer Glühbehandlung bei Temperaturen über 1600 ^{o}C

ohne Zusätze erfolgt [2]. Die äquiaxiale Kornstruktur bleibt bei
Gehalten bis 1 % MgO bzw. 1,4 % Y_2O_3 erhalten (Bild 6b und c bzw.
6 g und h). Bei einem Zusatz von mehr als 3 % MgO bzw. Y_2O_3 entstehen dagegen stäbchenförmige β-Kristallite (Bild 6d und e bzw.
6 i und k), die auf den bekannten Lösungsausscheidungsmechanismus
[3, 4, 5] bei der Umwandlung der α- in die β-Phase schließen
lassen. Während diese Tendenz, Übergang von äquiaxialer zu stäbchenförmiger Kornstruktur, mit steigendem Sinterhilfengehalt sowohl für MgO- als auch für Y_2O_3 -haltige Proben gilt, ist klar zu
erkennen, daß die MgO-haltigen Proben ein gröberes Gefüge aufweisen
als die Y_2O_3 -haltigen.

3.2 Mechanische Eigenschaften

Die Deutung der Korrelation zwischen der Gefügemorphologie und
der Raumtemperaturfestigkeit soll mit Hilfe von Bild 7 erfolgen,
in dem dieser Zusammenhang nach quantitativer Gefügeanalyse an
heißgepreßtem Si_3N_4 schematisch dargestellt ist [6]*. Darin wird
die Abhängigkeit der Festigkeit σ von der Korngröße d durch eine
Potenzfunktion beschrieben, die alleine jedoch nicht ausreicht,
das Festigkeitsverhalten dieses aufgrund der unterschiedlichen
Kornausbildung heterogenen Werkstoffs zu erklären. Neben der
Korngröße besteht ein linearer Zusammenhang zwischen dem
Streckungsgrad a (aspect ratio = Verhältnis Länge/Breite eines
Korns) der stäbchenförmigen β-Körner und der Bruchspannung. Der
Anstieg der Festigkeit mit steigendem Streckungsgrad wird mit
einer zunehmenden Verzahnung des Gefüges erklärt [7]. Zur Erzielung optimaler Festigkeitswerte ist somit ein Gefügezustand
anzustreben, in dem bei kleiner Korngröße ein hoher Streckungsgrad vorliegt. Ausgehend von dieser Auswertung läßt sich der
Festigkeitsverlauf der heißisostatisch gepreßten Proben mit steigendem Sinterhilfengehalt unter Berücksichtigung der Gefügeaufnahmen in Bild 6 verstehen (Bild 8). Für MgO als Sinterhilfe
steigt die Festigkeit bis zu einem Anteil von 3 Gew.% zunächst an.
Dieser Anstieg erklärt sich aus dem Übergang von äquiaxialer zu
stäbchenförmiger Kornform (Bild 6). Bei weiter steigendem MgO-

---

*) Die Autoren danken Herrn Dr. G. Streb, DFVLR, der dieses Bild
   vor der eigentlichen Veröffentlichung zur Verfügung gestellt hat.

Gehalt kommt es zu einer Kornvergröberung, wodurch, entsprechend
Bild 7, die Festigkeit fällt. Bei den Y_2O_3 -dotierten Proben steigt
die Festigkeit mit steigendem Anteil ebenfalls an, wiederum durch
das stäbchenförmige Wachstum der β-Körner bedingt (Bild 6). Ein
Festigkeitsabfall tritt hier allerdings wegen der ausbleibenden
Kornvergröberung nicht auf. Die erhöhten Festigkeitswerte der
Y_2O_3 -haltigen Proben sind mit dem feinkörnigeren Gefüge bei ähnlicher Morphologie gegenüber den MgO -haltigen Materialien zu erklären (Bild 6). Die Temperaturabhängigkeit der Festigkeit ist in
den Bildern 9 und 10 dargestellt, wobei hier die gehipten Werkstoffe mit reaktionsgesintertem Siliziumnitrid verglichen werden.
Die zum Verdichten notwendige und aufgrund der Sinterhilfenzu-
gaben sich bildende flüssige Phase erweicht bei höheren Einsatz-
oder Prüftemperaturen wieder und bewirkt einen Abfall der Festigkeit. Der nahezu parallele Kurvenverlauf bei verschiedenen Anteilen und Arten an Sinterhilfen macht deutlich, daß selbst geringste Anteile an flüssiger Phase ausreichen (z.B. bei 0,5 Gew.%
MgO oder 0,7 Gew.% Y_2O_3), die Festigkeit bei Temperaturen über
1000 °C negativ zu beeinflussen. Die Festigkeitsdifferenz zwischen
Raumtemperatur und 1350 °C liegt für alle hier untersuchten Serien
bei ca. 50 %. Dies bedeutet, daß, bezogen auf die Festigkeit, nur
diejenigen gehipten Werkstoffe bei einer Einsatztemperatur von
1350 °C reaktionsgesintertem Siliziumnitrid überlegen sind, deren
Raumtemperaturfestigkeit über 600 MNm^{-2} liegt (Bild 9 und 10). Diese
Forderung wird hier von einigen Y_2O_3 -haltigen Serien erfüllt, deren
Festigkeit bei 1350 °C bis zu 75 % über der von RBSN liegt (Bild 10).

Wie schon erwähnt, liegt der große Vorteil des heißisostatischen
Pressens bei der Herstellung kompliziert geformter Bauteile, wie
sie bisher durch konventionelles Heißpressen nicht möglich war.
Wenn es gelingt, die besten hier erreichten Festigkeitswerte z.B.
auf Turbinenschaufeln oder auf vollkeramische Rotoren zu übertragen und unter der Voraussetzung, daß weitere zu untersuchende
Hochtemperatureigenschaften wie Oxidations-, Kriech- und Thermoschockverhalten zufriedenstellende Ergebnisse liefern, läßt sich
sicher ein wesentlicher Schritt vorwärts bei der Entwicklung keramischer Bauteile für Kraftfahrzeug-Gasturbinen prognostizieren.

4. Zusammenfassung

Durch heißisostatisches Pressen wurden Proben und Turbinenschaufeln aus reaktionsgesintertem Siliziumnitrid mit unterschiedlichen Arten und Anteilen an Sinterzusätzen nachverdichtet. Als Kapselmaterial kommt in beiden Fällen reines Kieselglas zur Anwendung, wobei die kompliziert geformten Schaufeln in Bornitrid als druckübertragendes Medium eingebettet werden. Ähnlich wie beim heißgepreßten Siliziumnitrid ist die Raumtemperaturfestigkeit stark von der Kornmorphologie und der Korngröße abhängig. Sie steigt mit abnehmender Korngröße und steigendem Streckungsgrad der Si_3N_4-Körner. Die Hochtemperaturfestigkeit fällt fast unabhängig vom Sinterhilfenanteil (0,5 - 7,0 Gew.%) ab etwa 1000 $^\circ$C ab und besitzt bei 1350 $^\circ$C noch ca. 50 % der Ausgangsfestigkeit. Die wesentlich höhere Festigkeit einiger Qualitäten gegenüber RBSN in einem großen Temperaturbereich und die Möglichkeit, mit diesem Verfahren dichte, kompliziert geformte Bauteile herstellen zu können, lassen einige interessante Anwendungsgebiete für das heißisostatische Pressen erwarten.

5. <u>Schrifttum</u>

[1] HEINRICH, J.
Der Einfluß von Herstellungsbedingungen auf das Gefüge und die mechanischen Eigenschaften von reaktionsgesintertem Siliziumnitrid.
DFVLR-FB 79-32 (1979).

[2] ZIEGLER, G.
HEINRICH, J.
Microstructural changes during annealing of reaction-bonded Si_3N_4 and their influence on thermal diffusivity.
Science of Ceramics (1981) submitted for publication.

[3] DREW, P.
LEWIS, M.H.
The microstructures of silicon nitride ceramics during hot pressing transformations.
J. Mat. Sci. <u>9</u> (1974) 261.

[4] WILD, S.
GRIEVESON, P.
JACK, K.H.
LATIMER, M.J.
The role of magnesia in hot pressed silicon nitride.
Special Ceramics 5, ed. by P. Popper, BCRA, Stoke on Trend (1972) 377.

[5] JACK, K.H.
Sialon glasses.
Nitrogen Ceramics, ed. by F.L. Riley, Noordhoff, Leyden (1977) 257.

[6] STREB, G.
private Mitteilung

[7] LANGE, F.F.
Relation between strength, fracture energy and microstructure of hot pressed Si_3N_4.
J. Am. Ceram. Soc. <u>56</u> (1973) 518.

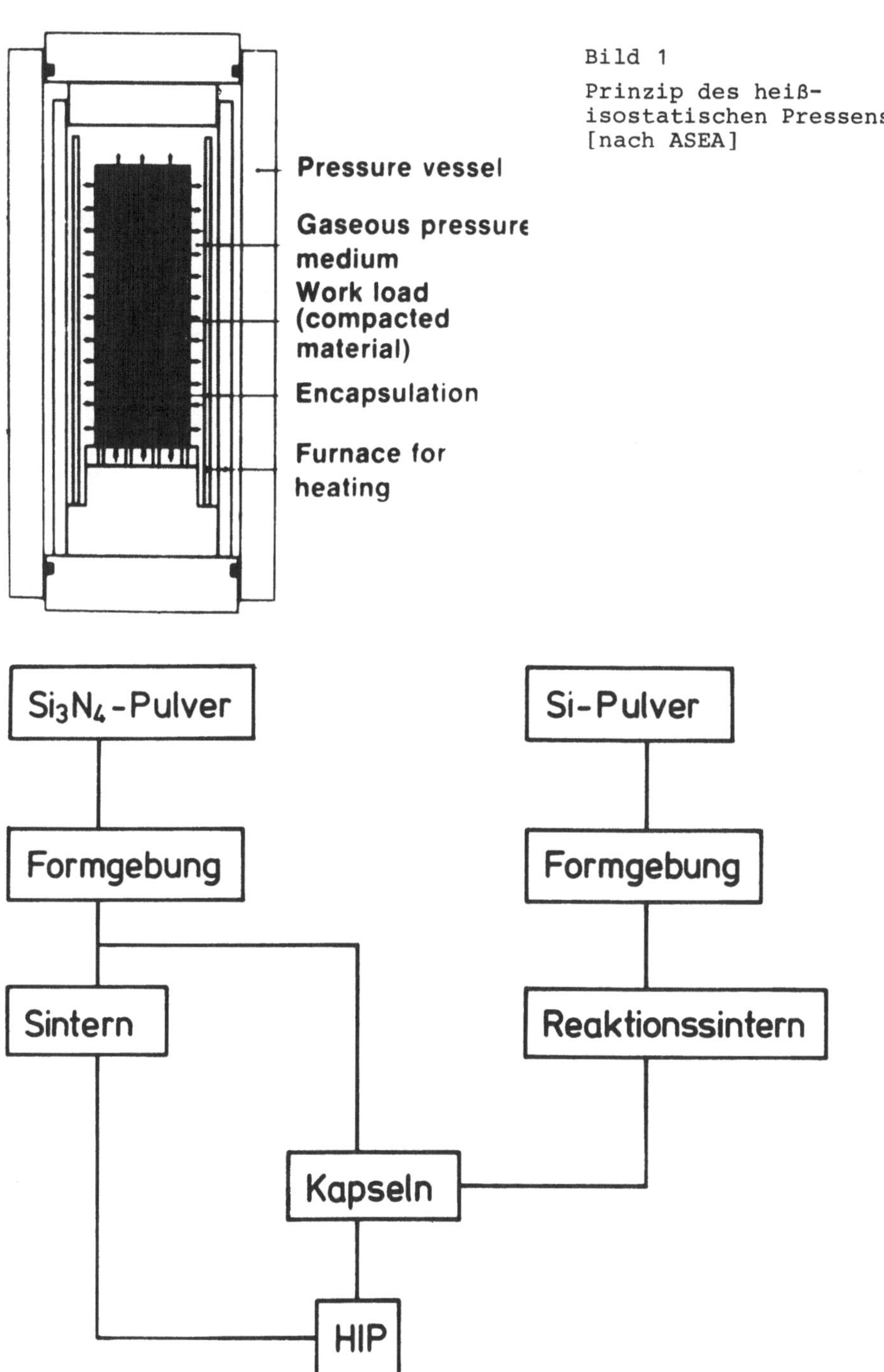

Bild 1

Prinzip des heiß-
isostatischen Pressens
[nach ASEA]

Bild 2
Verschiedene Wege der Herstellung von gehiptem Si_3N_4

Anteil Sinterhilfe [Gew. %]		Dichte [g cm^{-3}]		$\beta/\alpha+\beta$	
		RBSN	HiPSN	RBSN	HiPSN
0		2,50	2,99	0,24	1,0
MgO	0,5	2,27	3,14	0,07	1,0
	1,0	2,27	3,15	0,06	1,0
	3,0	2,26	3,10	0,06	1,0
	5,0	2,18	3,11	0,04	1,0
Y_2O_3	0,7	2,26	3,13	0,17	1,0
	1,4	2,28	3,16	0,24	1,0
	4,2	2,28	3,21	0,14	1,0
	7,0	2,29	3,26	0,16	1,0

Tab. 1

Dichte und α/β-Verhältnis der untersuchten Werkstoffe vor und nach dem heißisostatischen Pressen

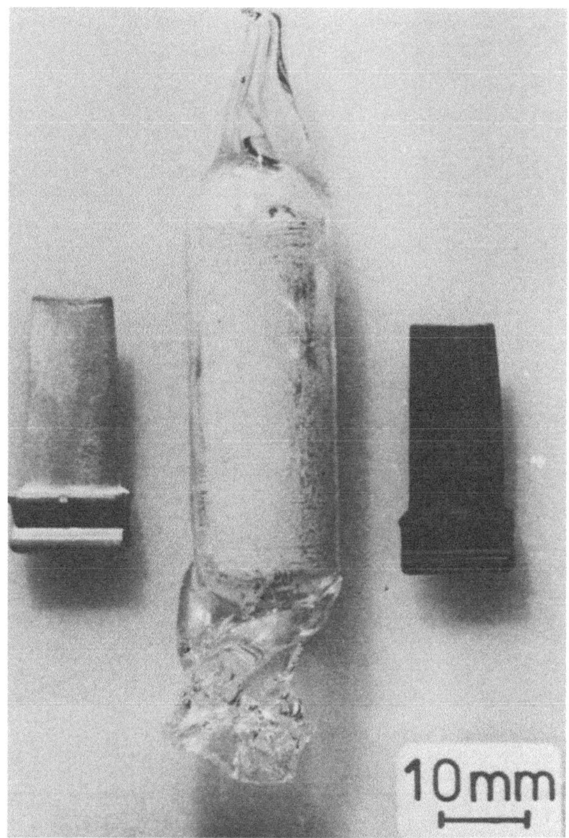

Bild 3
Einkapseln von Biegestäben

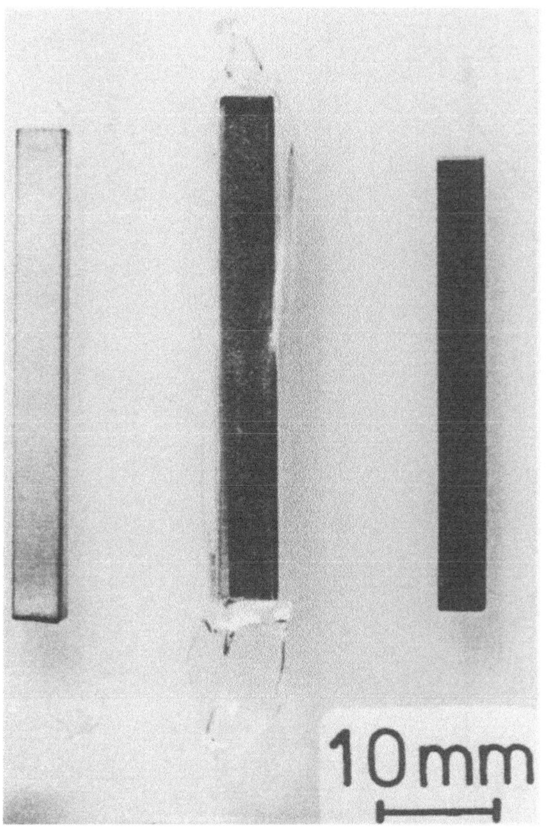

Bild 5
Kapsel zum Hipen von Rotorschaufeln

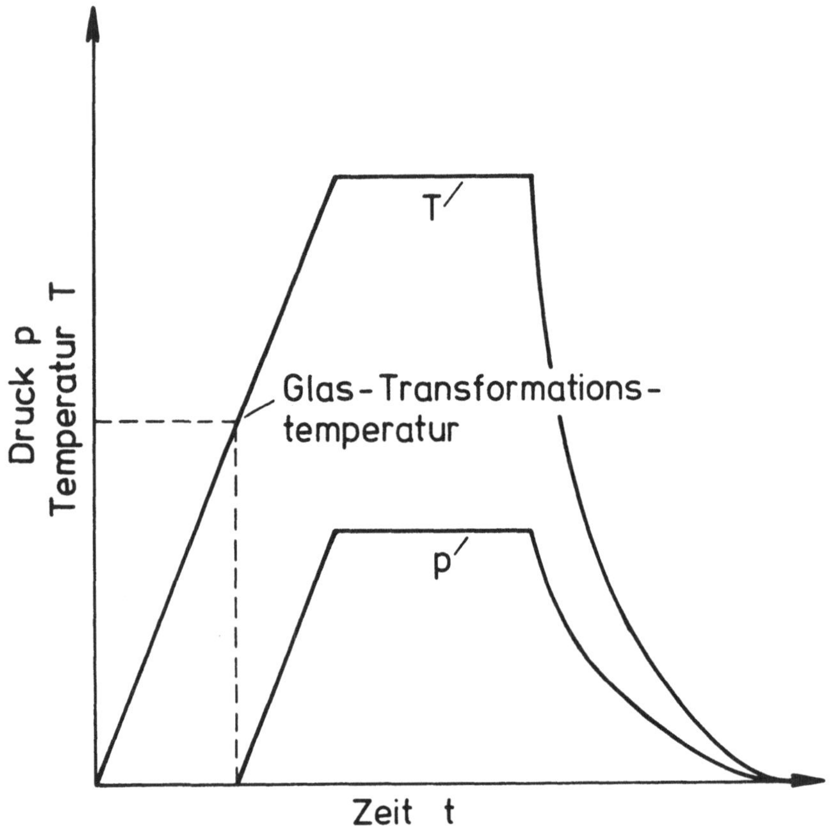

Bild 4
Typischer Zyklus beim heißisostatischen Pressen von
Si_3N_4 unter Verwendung von Glaskapseln (schematisch)

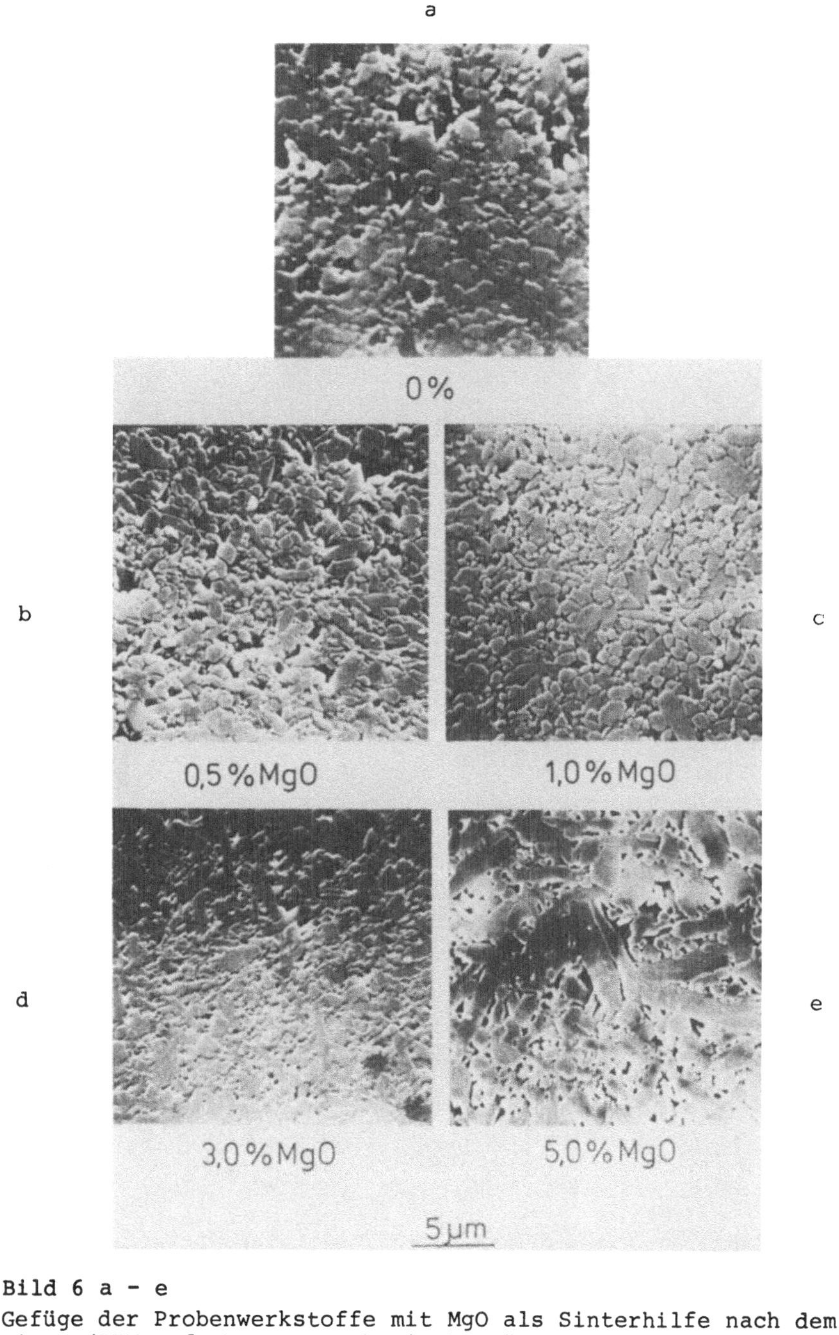

Bild 6 a - e
Gefüge der Probenwerkstoffe mit MgO als Sinterhilfe nach dem
Hipen (REM-Aufnahmen von chemisch geätzten Schliffen)

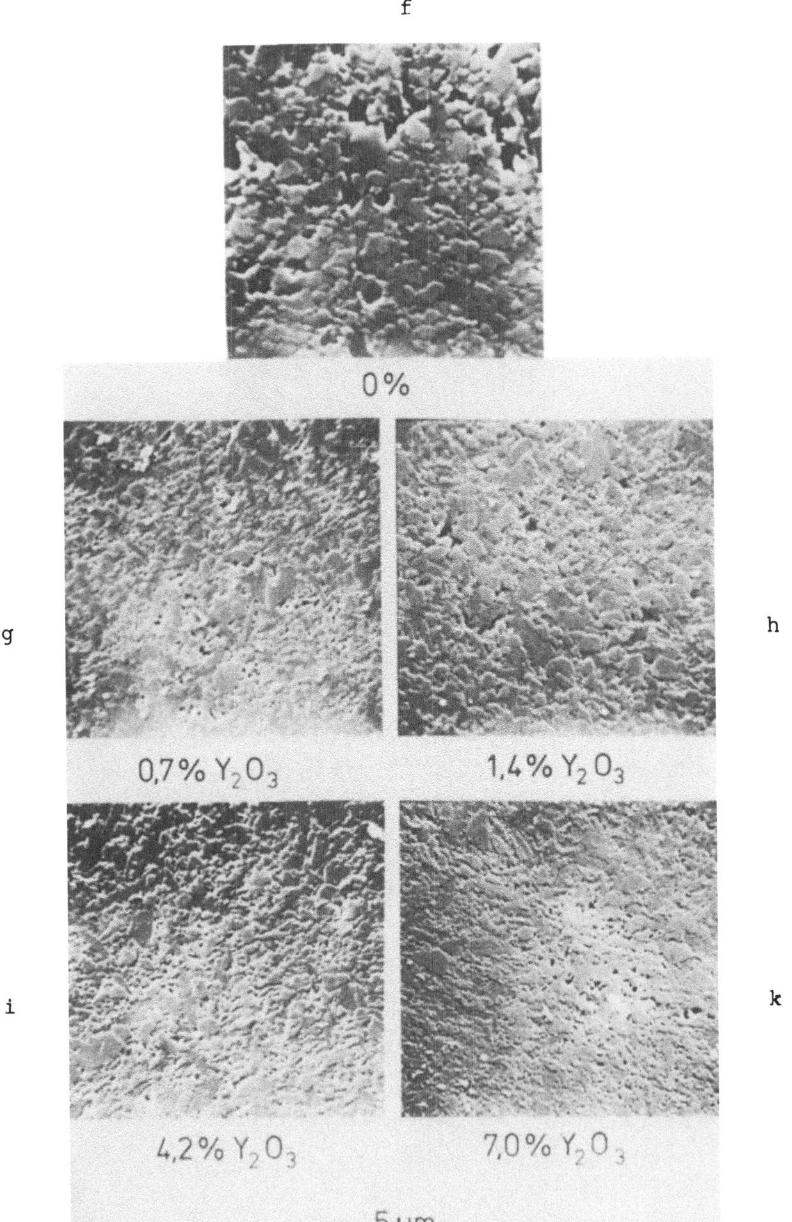

Bild 6 f - k
Gefüge der Probenwerkstoffe mit Y$_2$O$_3$ als Sinterhilfe nach dem
Hipen (REM-Aufnahmen von chemisch geätzten Schliffen)

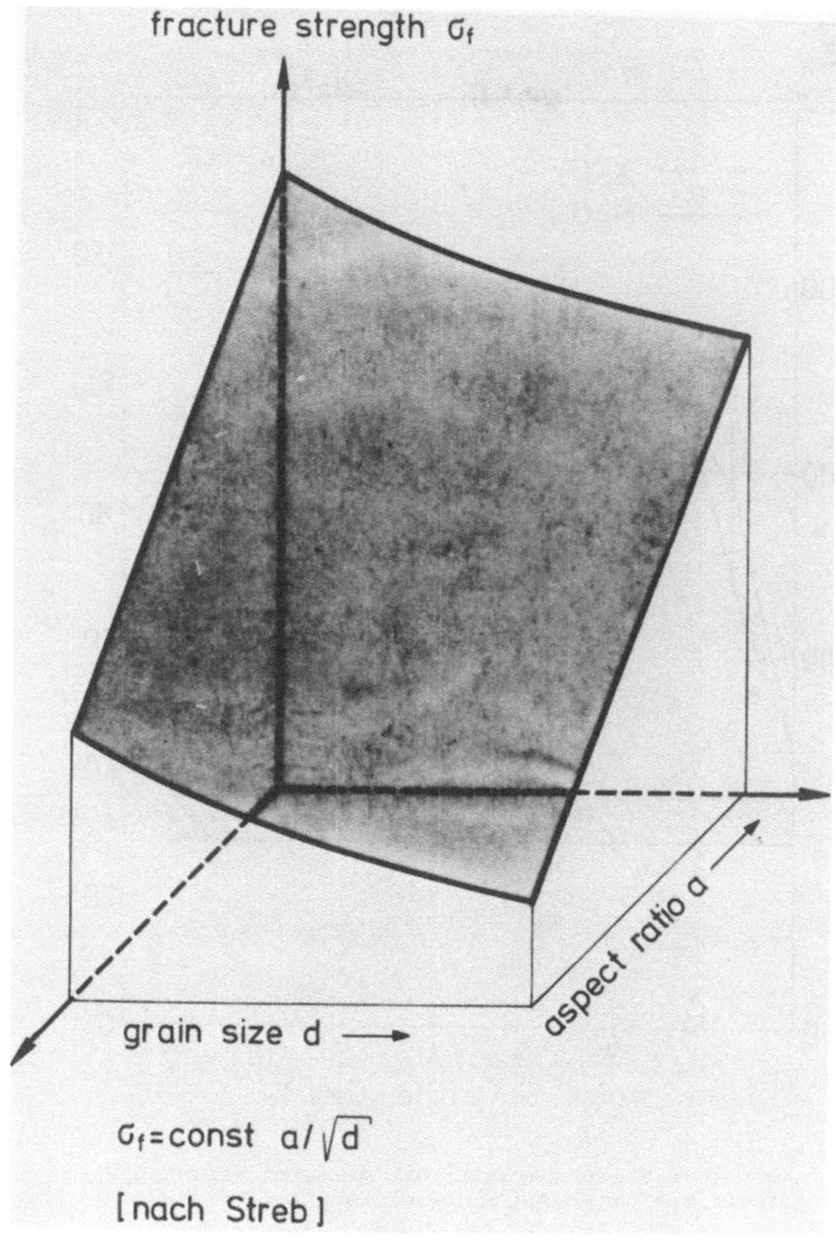

Bild 7
Beziehung zwischen Festigkeit σ, Korngröße d und Streckungsgrad a für HPSN [nach G. Streb [6]]

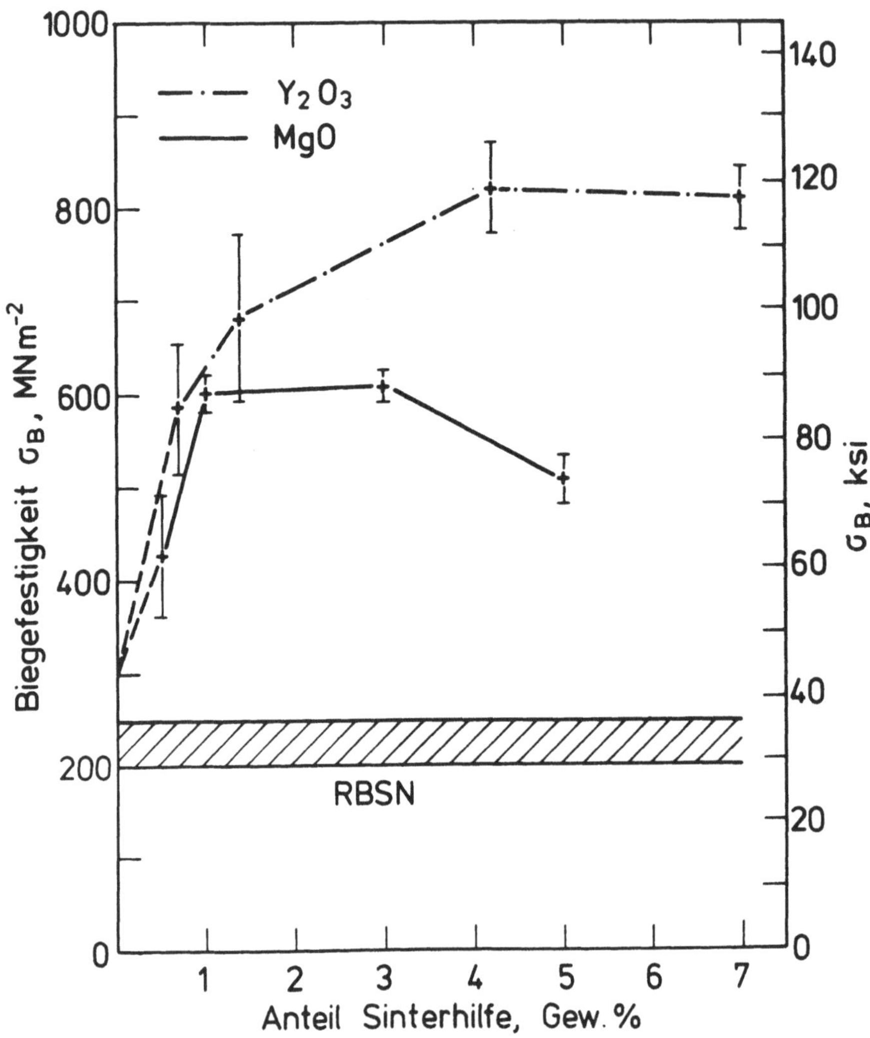

Bild 8
Festigkeit (bei Raumtemperatur) der gehipten Werkstoffe in
Abhängigkeit vom Gehalt an Sinterhilfe

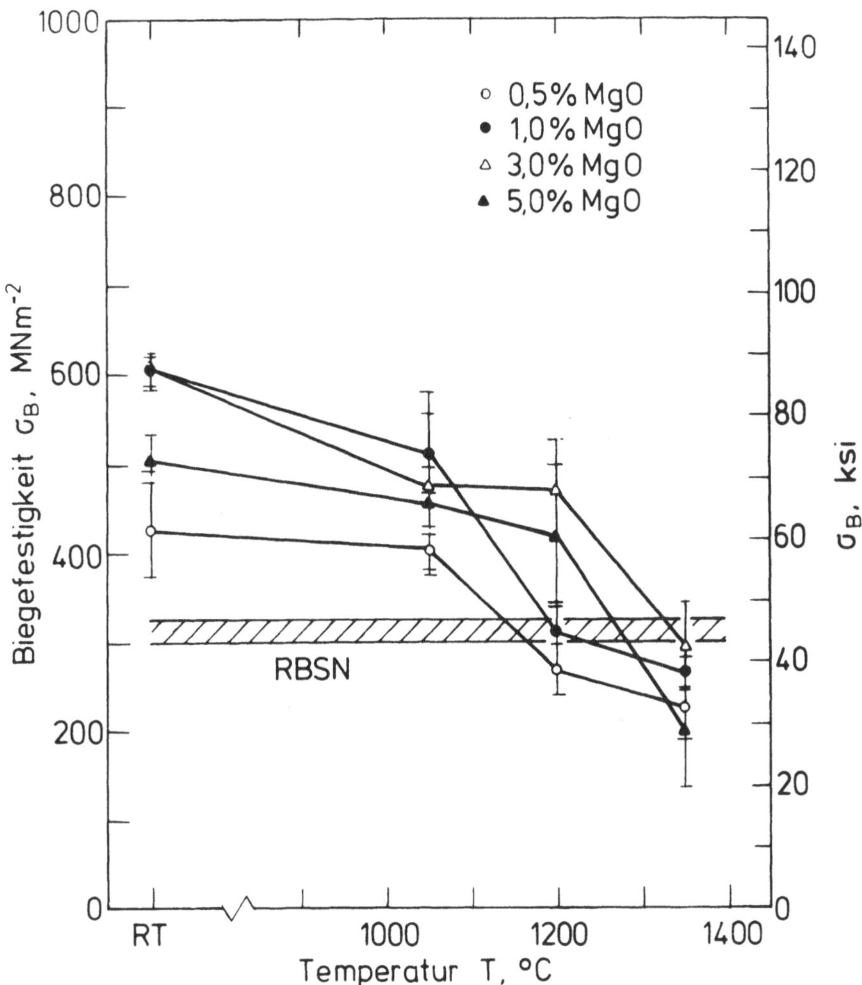

Bild 9
Temperaturabhängigkeit der Biegefestigkeit von gehipten
Si$_3$N$_4$-Proben bei Verwendung von MgO als Sinterhilfe

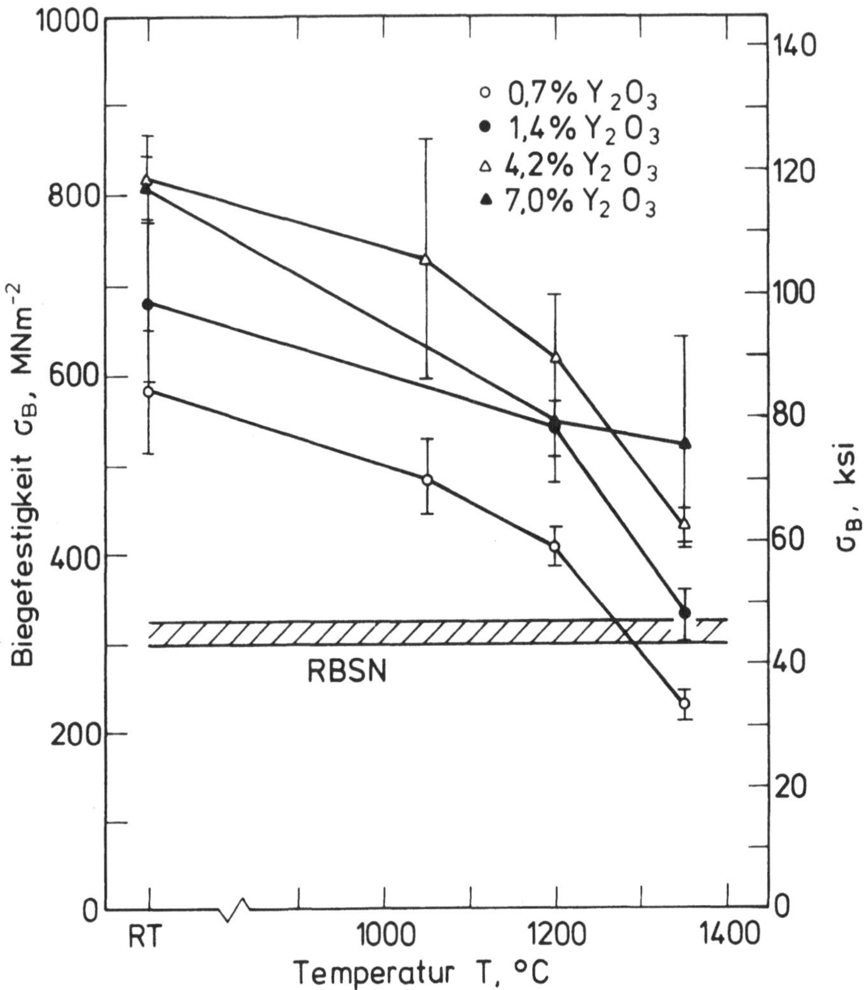

Bild 10
Temperaturabhängigkeit der Biegefestigkeit von gehipten
Si$_3$N$_4$-Proben bei Verwendung von Y$_2$O$_3$ als Sinterhilfe

FÜGETECHNIK VON SILIZIUMNITRID UND SILIZIUMKARBID
UNTEREINANDER UND MIT METALLEN

H. W. Hennicke, A. Müller-Zell

Lehrstuhl für Glas und Keramik
Technische Universität Claustahl

J. Siebels

Forschung und Entwicklung
Volkswagenwerk AG Wolfsburg

__Übersicht:__

Die Anwendung von Keramikwerkstoffen in der Gasturbine erfordert in vielen Fällen eine Fügetechnik zur Verbindung von Si_3N_4- bzw. SiC-Bauteilen untereinander und mit ihrer metallischen Umgebung. Am Beispiel von verschiedenen Turbinenrotoren werden einige Fügetechniken und -verfahren beschrieben. Neben einigen älteren Fügetechniken, z. B. Heißpressenverbund, Zementverbund sowie mechanisches Fügen für Rotorschaufelkränze, werden insbesondere neue Verfahren mit metallischen Zwischenschichten, z. B. Preßschweißen, Festkörperverschweißen und, als besonders einfaches und wirtschaftliches Verfahren, das Löten der Keramiken untereinander und mit Metallen erörtert. An einigen Beispielen wird die Umsetzung, besonders der Löttechniken, auf Bauteile gezeigt und einige Prüfergebnisse werden mitgeteilt. Probleme bei der Anwendung der Fügeverfahren mit metallischen Zwischenschichten werfen vornehmlich die Übertragung auf großflächige Verbundflächen und die mangelnde Temperaturstabilität einiger Keramiken (Si_3N_4-Werkstoffe) auf.

1. Einleitung

Die Anwendung von keramischen Hochleistungswerkstoffen wie Siliziumnitrid und Siliziumkarbid in Gasturbinen erfordert, entsprechend den Konstruktionen und Auslegungen einiger Bauteile, die Möglichkeit, die verschiedenen keramischen Werkstoffe untereinander und mit ihrer metallischen Umgebung zu verbinden. Für erste Prüfkörper und Bauteile kann dies noch nach relativ aufwendigen Verfahren, sowohl von den Kosten als auch vom Arbeitsaufwand her gesehen. Mittel- und langfristig sind jedoch Fügetechniken bereitzustellen, die mit vertretbarem Aufwand und möglichst geringen Kosten angewendet werden können.

Weiter sollen die Verfahren es ermöglichen, die Toleranzforderungen an die Keramikkomponenten abzuschwächen bzw. beim Metall-Keramik-Verbund auf das Metallteil, bei dem enge Toleranzen leichter zu erfüllen sind, zu verlagern.

In statisch beanspruchten Bauteilen haben Fügestellen im wesentlichen unterschiedlich hohen thermischen Beanspruchungen mit daraus resultierenden Eigenspannungen zu genügen.

In rotierenden Gasturbinenbauteilen erfahren die Fügestellen neben sehr hoher bis mäßiger Temperaturbelastung auch dynamische Beanspruchungen unterschiedlicher Art und Höhe.

2. Hochbeanspruchte Fügestellen in keramischen Gasturbinenbauteilen

Bild 1 zeigt schematisch die in einer Gasturbine möglichen bzw. notwendigen Fügestellen zwischen Keramikwerkstoffen und mit metallischen Komponenten.

Diese Arbeit soll sich nur auf die Fügetechnik für Rotoren beschränken, da die Vielzahl von Fügeverfahren bei statischen Bauteilen den Rahmen sprengen würde.

Einige Rotorkonzepte sehen für die Gaserzeugerturbine aufgrund der hohen Temperaturen einen vollkeramischen Rotor vor. Die Forderungen nach hochfester Nabe und kompliziert geformten Turbinenschaufeln bedingen in der Regel mehrteilige Konstruktionen aus unterschiedlichen Werkstoffen. I zeigt die Lösung mit einer relativ einfach geformten Nabe und einem monolithischen Schaufelkranz, die beide miteinander verbunden werden müssen (Duo Density Rotor).

II zeigt eine Ausführung mit eingesetzten Einzelschaufeln, die mit metallischer Nabe auch für eine Arbeitsturbine vorgesehen ist.

Ungeachtet der verschiedenen Lösungsmöglichkeiten für den vollkeramischen Rotor, die u. U. auch ohne Fügetechnik für Keramiken auskommen, bleibt die Anbindung an die metallische Welle ein Problem, das kostengünstig gelöst werden muß.

Die Naben können dazu mit Bohrungen versehen sein (Bild 1, III), in die die Welle eingebracht werden kann. Bei Naben ohne Bohrung können Zapfen vorgesehen sein, um die metallische Welle anzubringen (IV).

3. Keramik in Keramik-Fügetechnik

Bild 2 zeigt einige frühe Ansätze zur Verwirklichung eines "Duo Density Rotors" mit HPSN-Nabe und Turbinenschaufeln aus RBSN.

Die Versuche mit dem Anpressen einer Nabe, ausgehend vom Si_3N_4-Pulver, an vorgefertigte RBSN-Teile in der Heißpresse wurden wegen nur mit hohem Aufwand lösbarer technischer Schwierigkeiten und keiner Aussicht auf Wirtschaftlichkeit schon frühzeitig abgebrochen (Bild 2a).

Ähnlich schwierig ist das Nachheißpressen eines im Nabenbereich mit Flußmitteln versehenen RBSN-Rotors zu realisieren. In Kaltschleuderversuchen konnte jedoch an Prototypen mit geschlossenem RBSN-Kranz ausreichende Verbundfestigkeit nachgewiesen werden. Bei beschaufelten Rotoren ergeben sich aber auch hier, wie im ersten Fall, Probleme bei der Abstützung der Schaufeln während des Heißpressens (Bild 2b).

Unter dem Gesichtspunkt der Wirtschaftlichkeit wurden Verbindungsverfahren, die beim Verbund ohne Heißpresse auskommen, die größeren Realisierungschancen eingeräumt. Ein Beispiel hierfür ist der Verbund von HPSN und RBSN über einen keramischen Zement (hier: Al_2O_3) (Bild 2c). Nach einigen vielversprechenden Prototypversuchen (Erreichen der Solldrehzahl, Thermoschockbeständigkeit statisch und, bei selbstangetriebenem Rotor, dynamisch) erwies sich diese Verbundvariante als schwer reproduzierbar. Als weiterer Nachteil zeigte sich, daß die Zementschicht bei Betriebstemperatur relativ schnell in das RBSN diffundiert und so mit einem frühzeitigen Ausfall des Bauteils zu rechnen war.

Bild 3 zeigt eine interessante Variante für Verbundrotoren mit Einzelschaufeln. Diese Lösung läßt die Kombination der verschiedensten Werkstoffe zu. Die Einzelschaufeln werden in durch Ultraschallbohren hergestellte Ausnehmungen im Nabenkranz eingehängt und durch einen geeigneten Schlicker (hier: ein speziell dazu entwickelter SiC-Schlicker) fixiert.

Nach dieser Methode gefertigte Prototypen haben alle statischen Prüfungen (Thermoschock) überstanden und fielen im Kalt- sowie im Heißschleuderversuch nur durch Versagen der Naben (Vorschädigung durch Einbrennen des Schlickers bzw. Einhängenut bis in den Nabenhals) aus. Die erreichten Drehzahlen sind jedoch ermutigend. Zur Zeit sind diese Untersuchungen unterbrochen, weil geeignete Naben fehlen bzw. eine Vorrichtung zur exakten Ausrichtung der Schaufeln noch nicht fertiggestellt ist.

Für den metallischen Rotor mit keramischen Einzelschaufeln hat sich das Schlickereinbettverfahren ebenfalls als brauchbar erwiesen. In Laborversuchen im Heißgasprüfstand hat sich dieses Verfahren dem Einsteckverfahren mit Beilagestäbchen (s. weiter unten) überlegen gezeigt.

4. <u>Metall-Keramik-Rotor</u>

Als Beispiel für mechanisches Fügen sei hier der Metall-Keramik-Hybridrotor mit über Beilagen fixierten gesteckten Einzelschaufeln gezeigt (<u>Bild 4</u>). In Kaltschleuderversuchen wurde die Form des Schaufelfußes und der Beilagen optimiert sowie die notwendigen mechanischen Eigenschaften des Beilagenwerkstoffes ermittelt. Zur Zeit fehlt noch ein temperaturbeständiger Beilagenwerkstoff, der die Anforderungen erfüllt. Versuche mit Schaufelfußbeschichtungen verliefen bisher wenig befriedigend. Ähnliches gilt für weiche Beschichtungen der Beilagestäbchen.

5. <u>Fügen mit metallhaltigen Zwischenschichten</u>

Eine der interessantesten Entwicklungen der letzten Zeit ist das Fügen nichtoxidischer Keramik (Si_3N_4, SiC) miteinander und mit Metallen über Metall bzw. Cermetzwischenschichten. Ein großer Teil dieser Verfahren kommt auch der Forderung nach Wirtschaftlichkeit entgegen.

Grob können diese Verfahren eingeteilt werden in unter Druck, in der Regel in der Heißpresse, arbeitende und in Verfahren, die keinen bzw. nur geringen Druck zur Herstellung des Verbundes erfordern. Preßschweißverfahren, die die Heißpresse benötigen, erlauben es daher nur, an einfachen Formkörpern metallische Bereiche anzubringen, während die drucklosen Verfahren, wie Festkörperverschweißen und Löten mit schmelzflüssiger Phase, auch die Anwendung bei komplizierten Formkörpern zulassen.

5.1 <u>Preßschweißverfahren</u>

Mit Preßschweißverfahren (Versuchsaufbau s. <u>Bild 5</u>) wurde darauf abge-
zielt, in oder an einem heißgepreßten Bauteil metallische Bereiche zu
erzeugen, die, z. B. beim vollkeramischen Turbinenrotor, ein Anlöten
bzw. Anschweißen einer metallischen Welle erleichtern.

<u>Tabelle 1</u> gibt einen Überblick über die unterschiedlichen untersuchten
Kombinationen. Für die Herstellung des metallischen Bereiches in situ
aus dem Pulverzustand (Verbundheißpressen) kommen praktisch nur hochschmelzende Metalle (z. B. W, Mo) in Frage. Geht man von vorgefertig-
ten heißgepreßten Körpern aus, können auch niedriger schmelzende Legierungen angewendet werden.

Besonderes Augenmerk muß auf angepaßte Wärmeausdehnungskoeffizienten
der Verbundmaterialien gerichtet werden, damit keine ungünstigen Eigen-
spannungszustände auftreten, die im späteren Bauteil in Addition zu den
Betriebsspannungen kritisch werden können. Dies kann durch Übergangs-
mischschichten bzw. sogenannte materielle Zwischenschichten, die aus
dritten, auch artfremden, Materialien bestehen können, erreicht werden.

Prozeßvariable bei diesen Verfahren sind Temperatur, Haltezeit, Preß-
druck und die Atmosphäre sowie Aufheiz- und Abkühldauer, die der jeweiligen Problemstellung angepaßt werden müssen.

<u>Die Bilder 6, 7 und 8</u> zeigen Beispiele für nach dem Preßschweißverfah-
ren hergestellte Verbundzonen.

Bild 6 zeigt eine Verbundprobe SiC-Mo, hergestellt in direktem Kontakt
bei hohem Druck. Die in Bild 7 gezeigte Verbindung zwischen SiC und
einer FeNiCr-Legierung wurde in der Heißpresse unter geringem Druck erzeugt.

Im direkten Kontakt konnten Schichtverbundwerkstoffe nach dem Preßschweißverfahren für SiC, jedoch nicht für Si_3N_4, mit guter Haftung
hergestellt werden.

<u>Bild 8</u> zeigt einen Siliziumnitrid-Schichtverbundkörper, in dem Über-
gangsmischschichten durch Zumischen von W-Pulver gebildet wurden. Nach
diesem Verfahren hergestellte Verbundkörper erlauben es z. B. durch geeignete Zumischungen zum Si_3N_4 metallwellenkompatible Wärmeausdehnungs-

539

übergänge zu erzeugen, so daß metallische Wellen an einen Keramiknaben-
körper eines Turbinenrotors angelötet bzw. angeschweißt werden können.

5.2 Festkörperverschweißen

Eine Fügetechnik wie das Festkörperverschweißen unter Schutzgas oder
im Vakuum erfordert nur geringe Anpreßdrücke der zu verbindenden Partner. Damit ist man frei in der Formgebung der keramischen Komponenten.

In Tabelle 2 sind schematisch die verschiedenen Möglichkeiten zur Erzeugung von Verbundzonen, die untersucht wurden, dargestellt.

Auch hier gilt, wie für das Preßschweißen, daß am HPSN keine festhaf-
tenden Verbundschichtsysteme aufgebaut werden konnten, jedoch am SiC
einige Versuche positiv verliefen.

Bild 9 zeigt ein Beispiel für einen SiC-Verbund mit einem sinterfähi-
gem Legierungspulver (Fe-Ni-Cr).

5.3 Löten

Löten mit schmelzflüssiger Phase wurde als relativ schnelles und un-
kompliziertes Verfahren zur Verbindung verschiedener Keramiken untereinander und mit metallischen Bauteilkomponenten angesehen. Als Ent-
wicklungsziel wurden dazu Lötungen angesehen, die ohne vorherige Me-
tallisierung der zu verbindenden Keramikoberflächen auskommen (einstufige Lötungen).

Die hier beschriebenen Lötungen wurden überwiegend im Hochvakuum durchgeführt, aber auch Lötungen in Schutzgasatmosphäre (Ar, N_2) bringen in
der Regel die gleichen Ergebnisse.

5.3.1 Lötverbund Keramik-Keramik

5.3.1.1 Löten von SiC-Werkstoffen

Sämtliche SiC-Werkstoffe (SSiC, HPSC, SiSiC u. a.) lassen sich mit han-
delsüblichen Vakuumhartloten auf Nickelbasis nach den für Metalle üblichen Verfahren löten. Empfehlenswert ist jedoch eine Erhöhung der
Löttemperatur um ca. 20 ... 50 °C und eine Verlängerung der Haltezeit
um mindestens den Faktor 2 ... 3.

Vorsicht ist lediglich geboten bei B-haltigen Loten, die einige SiC-
Materialien durch Zerrüttung der Kontaktzonen stark schädigen, und Lo-
ten, die Ti enthalten, da schon bei geringen Titangehalten oft keine
Haftung am SiC erreicht wird.

Ein weiteres Problem bei diesen Lötungen ist, daß Lote und SiC z. T.
sehr unterschiedliche mechanische bzw. physikalische Eigenschaften haben, die zu hohen Eigenspannungen führen. Diesen kann begegnet werden
durch extrem dünne Lotschichten oder Mischung der Lotpulver mit Kobalt-
basislegierungspulvern (Duktilisierung des Lotes), die auch zu einer
Verbesserung des Benetzungsverhaltens beitragen.

5.3.1.2 Löten von Si_3N_4-Werkstoffen

Im Gegensatz zum Siliziumkarbid sind für das Löten von Siliziumnitrid
Lote auf Nickelbasis oder auch nur nickelhaltige nicht geeignet. Das
gleiche gilt für Lote, die Eisen und/oder Kobalt enthalten sowie für
Edelmetallote. Hier sind lediglich nach Vorbehandlung der zu lötenden
Flächen durch Metallisieren bzw. durch Belegen mit Oxiden befriedigen-
de Lötverbindungen zu erhalten.

Gut bewährt für das Löten von Siliziumnitrid haben sich eutektische Legierungen aus stark sauerstoffaffinen Elementen (z. B. Ti, Cu, Be, Zr,
Al, u. a.), sogenannte Aktivlote, die als Pulver und in einzelnen Fällen als Folie zur Anwendung kamen. Aus diesen Elementen läßt sich eine
Vielzahl von Mehrstoffsystemen zusammenstellen, die sich für das Löten
von Siliziumnitrid, reaktionsgebundenes und heißgepreßtes, eignen, wobei auch die Grundbestandteile und Verunreinigungen der Keramik für
die Bindungsreaktionen berücksichtigt werden müssen (s. a. später).

Während der Lötung sind nur geringe Anpreßdrücke nötig. Sie liegen in
Abhängigkeit vom Benetzungs- und Fließverhalten der Lote, der Geometrie
der Kontaktflächen und der gewünschten Lotspaltdicke in der Größenordnung p = 1 ... 5 N/cm².

Besonders sorgfältig muß bei Si_3N_4-Lötungen die jeweils optimale Tempe-
raturführung ermittelt werden. Eine feste Regel läßt sich nicht ange-
ben. <u>Bild 10</u> kann daher nur schematisch die Temperaturführungen für
verschiedene Lötaufgaben aufzeigen.

Als Löttemperatur hat sich im allgemeinen eine Temperatur bewährt, die ca. 100 °C oberhalb der Schmelztemperatur der Lotlegierung liegt. Haltezeiten kleiner als 10 min. ergeben meistens keinen oder keinen befriedigenden Lötverbund, zu lange Haltezeiten führen oft zu einer Wiederauflösung eines Verbundes.

Die Bilder 11 und 12 zeigen als Beispiele einige Lötverbundzonen auf der Basis eines TiCuBe-Aktivlotes (49 % Ti, 49 % Cu, 2 % Be), das als Ausgangslegierung für eine Reihe verschiedener Lotzusammenstellungen diente.

Bild 11a zeigt eine optimale Lötung mit einer dünnen Be-reichen Diffusionszone zum HPSN und einer Cu-reichen Übergangszone zum RBSN.

Bei längeren Haltezeiten kommt es in der Regel zur Lunkerbildung in der Lotzone (Bild 11b).

Das TiCuBe-Lot hat für einen Schaufelkranzverbund eine zu geringe Temperaturbeständigkeit, so daß versucht wurde, diesen Nachteil durch Zumischung anderer Elemente auszugleichen. Bei der Lötung in Bild 12a wurde dies durch ein Zr-Metallpulver mit ca. 2 % Hf-Verunreinigung versucht. Aufgrund der Wahl einer zu hohen Löttemperatur kam es zu starken Reaktionen am HPSN, die zu einem mangelhaften Verbund führten. Ein Versuch mit hochreinem Zr brachte keinen Erfolg (Bild 12b).

Nach einigen Optimierungsschritten für die Lötparameter wurde mit einem Lot TiCuBe + 10 % Zr (Hf-verunreinigt) ein befriedigendes Lötergebnis erreicht (Bild 12c).

Unangenehm an dieser Lötung, die gute Hochtemperatureigenschaften aufweist, ist, daß es offenbar zu Reaktionen kommt, die zu einer Anreicherung von Hafnium in der Lötzone und zu einem Verdampfen von Zirkon-Metall und Titan führen (Bild 13). Zirkonium und Titan bildeten einen Niederschlag auf den Proben- bzw. Bauteiloberflächen und auf der Ofenkammerwandung.

Erwähnenswert ist auch der Versatz von Loten für Si_3N_4-Werkstoffe mit nichtmetallischen Pulvern ($ZrSiO_4$, Al_2O_3, Cermischmetalloxid, SiC, B_4C), die in einigen Fällen mit bis zu 50 Gew.-% zugesetzt wurden. Damit konnte z. T. das Benetzungsverhalten der Lote verbessert werden und ein für Si_3N_4 an sich ungeeignetes Lot (TiNi) einsatzfähig gemacht werden.

542

Eines der interessantesten Entwicklungsbeispiele zum Löten von Si_3N_4-
Werkstoffen ist in <u>Bild 14</u> gezeigt. Hier wurde ausgehend von einer Alu-
miniumfolie eine Si-Verbundzone erzeugt, die im wesentlichen über eine
Austauschdiffusion mit dem RBSN entstanden ist. Die Verbindung zum
RBSN wird durch eine Sialon-Übergangsschicht gebildet.

5.3.1.3 <u>Anmerkungen zum Löten von Si_3N_4 und Bauteilergebnisse</u>

Beim Löten wie auch bei den Schweißverfahren ist je nach Zusammensetzung der beteiligten Partner mit der Entstehung einer Vielzahl neuer
Phasen zu rechnen (Carbide, Silizide, Nitride, Oxide, Silikate). Diese
können ungünstige thermochemanische Eigenschaften haben, die zu hohen
Eigenspannungen in den Verbundzonen führen. Aufgrund dieser Eigenspannungen versagen Lötungen im Bauteil (z. B. Duo Density Rotor), wenn
sie nicht schon nach der Abkühlung aufreißen, bei der geringsten zusätzlichen Belastung.

Eine z. T. entscheidende Rolle beim Lötverbund spielen Zuschlagstoffe
und Verunreinigungen der Si_3N_4-Materialien. Als Beispiel sei hier nur
ein Effekt angeführt, der bei HPSN-Werkstoffen auftrat. An zwei HPSN
wurde beobachtet, daß jeweils an einem Werkstoff erprobte Lötungen am
anderen nicht brauchbar waren. Es zeigte sich, daß ein HPSN aufgrund
der Mahlung der Ausgangspulver mit Wolfram verunreinigt ist, während
das andere einen erhöhten Eisengehalt aufweist.

Insbesondere das Wolfram war bei einigen Lotvarianten entscheidend an
den Vorgängen in den Verbundzonen beteiligt (s. <u>Bild 15</u>).

Die Si_3N_4-Lötverfahren wurden für die Herstellung von Verbundrotoren
(Duo Density) angewendet. Es zeigte sich auch hier, daß die Übertragung von Ergebnissen an relativ kleinen Proben auf großflächige Bauteile problematisch ist, da schon Flächenanteile von 3 bis 5 mm^2 mit
mangelnder Haftung zum frühzeitigen Ausfall im Kaltschleuderversuch
führen. Die maximalen erreichten Drehzahlen mit gelöteten Duo-Density-
Rotoren liegen um n = 50 000 1/min. <u>Bild 16</u> zeigt einen gelöteten Rotor zum Zeitpunkt des Bruches.

Ein weiterer negativer Effekt ist, daß der RBSN-Schaufelkranz durch die
Temperaturbeaufschlagung im Hochvakuum ebenfalls geschädigt wird, was
sich im dynamischen Thermoschocktest (n $\leq$ 20 000 1/min.) durch Abfal-

543

len von einzelnen Schaufeln äußert.

Im statischen Thermoschocktest zeigten gelötete Rotoren jedoch positive Ergebnisse. Im Schaufelkranzring ohne Entlastungsschnitte kommt es zwar zur Rißbildung bei T_{kranz} = 1 200 °C, die Kranzsegmente sitzen jedoch im Gegensatz zum Zementverbund noch fest (s. a. Bild 16).

Bei der Lotentwicklung wurde davon ausgegangen, daß die Anwendungstemperaturen der Lötungen 0,6 ... 0,8 x $T_{löt}$ nicht übersteigen dürfen, um eine weitere Reaktion der Lot- und Keramikkomponenten auszuschließen. Es wurde aber festgestellt, daß eine Reihe von Lötungen unter Normaldruck und in oxydierender Atmosphäre eine sehr gute Temperaturbeständigkeit aufweisen, die es erlaubt, sie in statischen Versuchen weit oberhalb der Löttemperatur zu beaufschlagen. Außer in den der Atmosphäre ausgesetzten Lotbereichen feststellbarer Oxydation konnten auch nach mehreren Stunden keine offensichtlichen Veränderungen in der Lötzone bemerkt werden.

5.3.2 Lötverbund Keramik-Metall

Beim Lötverbund Si_3N_4/SiC-Metall wird die Lösung des Problems der Anbindung einer metallischen Turbinenwelle an einen keramischen Rotor angestrebt. Wie schon in Bild 1 aufgezeigt, gibt es hier die Möglichkeiten der direkten Lötung, wobei das Lot mit dem Metall und der Keramik kompatibel sein muß, und der indirekten Lötung, unter der alle denkbaren Varianten von Schrumpfverbindungen verstanden werden können, wobei dem Lot in einigen Fällen nur die Aufgabe der Spaltfüllung im heißen Zustand zukommt.

5.3.2.1 Direkte Lötung Keramik-Metall, Zapfenrotoren

Bild 17 zeigt einen Zapfenrotor und einige Versuche zum Anlöten einer Zapfenhülse im kombinierten direkten und Schrumpfverbund. Es erwies sich, daß diese Lösung bei richtiger Wahl von Lot und Hülsenwerkstoff und abgestimmten Materialquerschnitten nur bei HPSN praktikabel ist. SiC- und RBSN-Zapfen werden durch die Schrumpf- und Löteigenspannungen zerstört.

Zur Überwindung dieser Schwierigkeiten wurden in weiteren Entwicklungsschritten Federelemente zwischen Metallhülse und Keramikzapfen eingeführt (Bild 18). Rißfrei ließen sich damit aber auch nur HPSN- und vereinzelt auch RBSN-Werkstoffe löten. Dies wurde durch eine Eigenspannungsanalyse (<u>Bild 19</u>) mit vereinfachten Randbedingungen in einer Finite-Elemente-Rechnung bestätigt. Für die Anwendbarkeit am Bauteil ist aber entscheidend, daß sich addierende Eigen- und Betriebsspannungen nicht die Festigkeit der Keramik übersteigen.

Eine Minimierung der Betriebsspannungen ist durch entsprechende Auslegung der Anbindung möglich, wie <u>Bild 20</u> zeigt. Die Rechnung ging hierbei vom spannungslosen Zustand der Verbindung aus.

5.3.2.2 <u>Schrumpfverbindungen, Ankerlötungen</u>

Bei Rotoren mit Nabenbohrung bietet es sich an, unter Ausnutzung der Wärmeausdehnungsdifferenz zwischen keramischem Rotor und metallischer Welle die Welle über einen Zuganker einzuschrumpfen. <u>Bild 21</u> zeigt einen Lösungsverschlag und eine Ausführungsvariante für einen Axialturbinenrotor. Die direkte Lötung zwischen den Druckflanschen und Nabe wurde zur Sicherstellung der Zentrierung und der Momentübertragung für den gesamten Arbeitstemperaturbereich (Si_3N_4: bis ca. 500 °C, SiC: bis ca. 750 °C) vorgesehen, kann aber u. U. entfallen. Finite-Element-Rechnungen ergaben für diese Ausführung der Fügestelle eine teilweise Kompensation der kritischen Betriebsspannungen in der Nabenbohrung durch die aufgebrachten Druckspannungen. Die aus den Schrumpfspannungen resultierenden Zugeigenspannungen können in Nabenbereiche geleitet werden, die durch Betriebsspannungen nur gering beaufschlagt sind.

Auch bei diesen Lötungen hat sich gezeigt, daß Si_3N_4-Werkstoffe durch den Lötprozeß geschädigt werden können. In einem Fall konnte sogar eine starke Verformung einer HPSN-Nabe festgestellt werden, die im Kaltschleuderversuch zum Ausfall bei n = 52 000 1/min. führte. Sonst lagen die Berstdrehzahlen im Streubereich entsprechender Naben ohne Lötung.

<u>Bild 22</u> zeigt einige Iterationsschritte für Ankerlötungen an SSiC-Spritzguß-Radialrotoren. Die Ausführung III hat sich für SiC-Werkstoffe als am günstigsten erwiesen.

Für alle Ankerlötungen wurde nachgewiesen, daß bei Betriebstemperatur kein Lösen der Verbindung eintritt und die erforderlichen Momente übertragen werden können. Für Heißversuche mit hohen Drehzahlen stehen z. Z. leider noch keine Keramik-Gutteile vom Hersteller zur Verfügung.

545

6. <u>Schlußbemerkungen</u>

Mit den Lötverfahren konnten einige vielversprechende Möglichkeiten
entwickelt werden, Si_3N_4- und SiC-Werkstoffe jeweils untereinander zu
verbinden. Problematisch ist jedoch noch die Übertragung von Ergebnissen an relativ kleinen Probekörpern auf großflächige Lötungen, wie sie
für Duo-Density-Axialrotoren notwendig sind.

Auch für die Herstellung von Verbindungen von Keramik- und Metallbau-
teilen (z. B. Wellenanbindungen) ist Löten eine einfach anzuwendende
Technik. Hier ist eine Vielzahl von verschiedenen Lösungsmöglichkeiten
denkbar. Einige der in dieser Arbeit vorgestellten Beispiele erfordern
jedoch noch konstruktive Verbesserungen, insbesondere bei SiC-Bauteilen.

Die Reaktionen zwischen Verbindungsschichtwerkstoffen und den zu verbindenden Werkstoffen werden inzwischen weitgehend beherrscht, wenn
auch einige Vorgänge noch näherer Untersuchung bedürfen. Die Versprödung der Zwischenschichten durch Bildung intermetallischer Phasen hat
sich bisher nicht als negativ erwiesen, da auch immer mindestens ein
Partner spröde ist.

Unter statischen Bedingungen haben gelötete Proben und Bauteile schon
einige notwendige Prüfungen erfolgreich überstanden. Ein Test unter Betriebsbedingungen steht für einige Bauteile noch aus.

Als besonders kritisch hat sich bei Verbunden, die für hohe Anwendungstemperaturen ausgelegt sind und somit in der Regel hohe Prozeßtempe-
raturen erfordern, die thermische Instabilität, insbesondere von
Si_3N_4-Werkstoffen, erwiesen. Daher muß, auch im Hinblick auf eine prak-
tikable Fügetechnik, noch einiges zur Entwicklung langzeitstabiler
Keramikwerkstoffe getan werden, die z. B. einen Lötprozeß ohne entscheidende Schädigung überstehen.

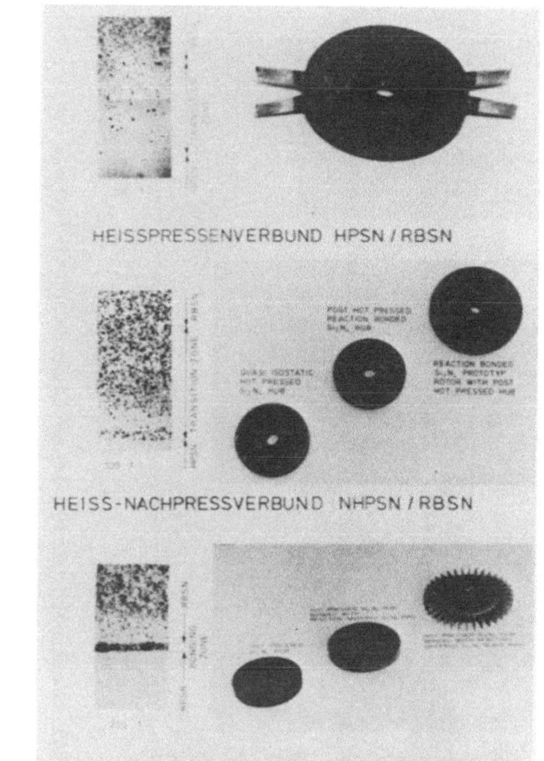

Bild 1: Fügestellen an Turbinenrotoren

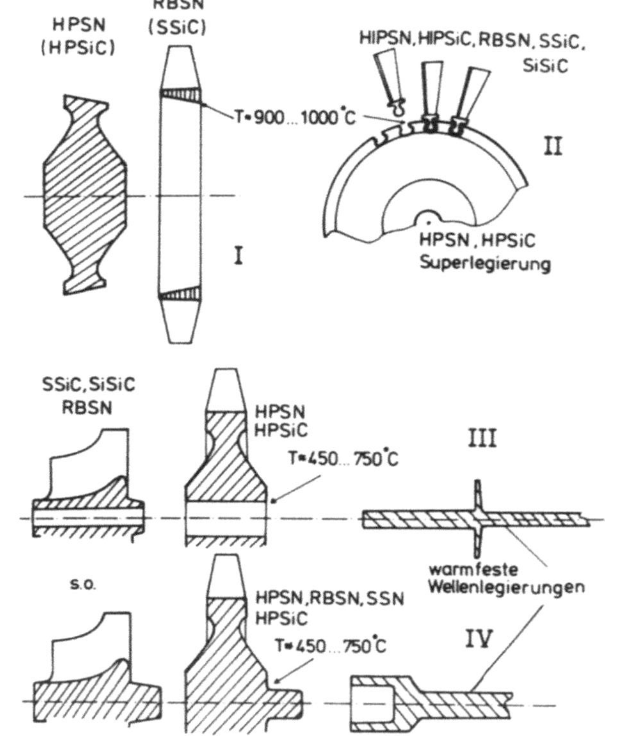

Bild 2: Verbundstudien für Duo-Density-Rotoren
(HPSN-RBSN)

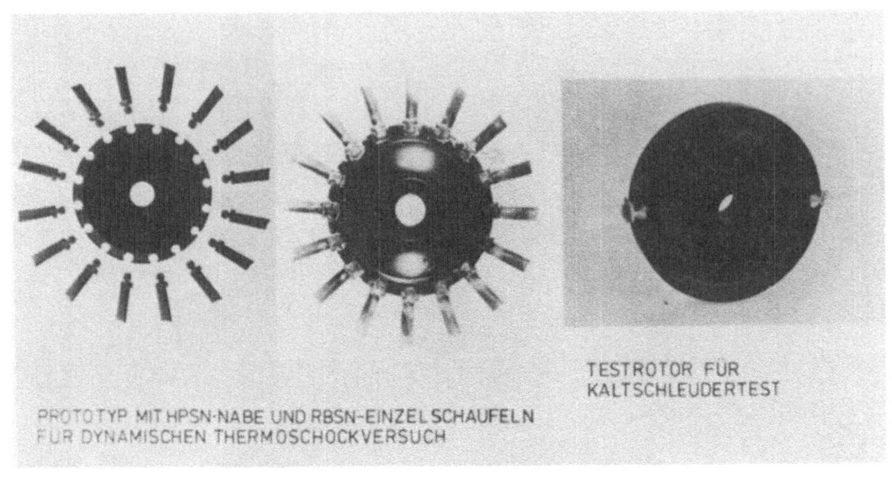

Bild 3: Vollkeramischer Rotor in Schlickereinbett-Technik

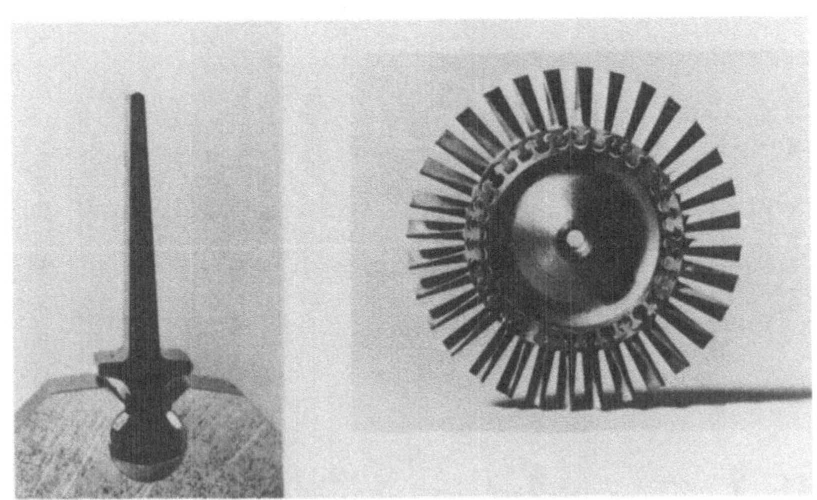

Bild 4: Beispiel für mechanisches Fügen: Metall-Keramik-Rotor mit
RBSN-Einzelschaufeln

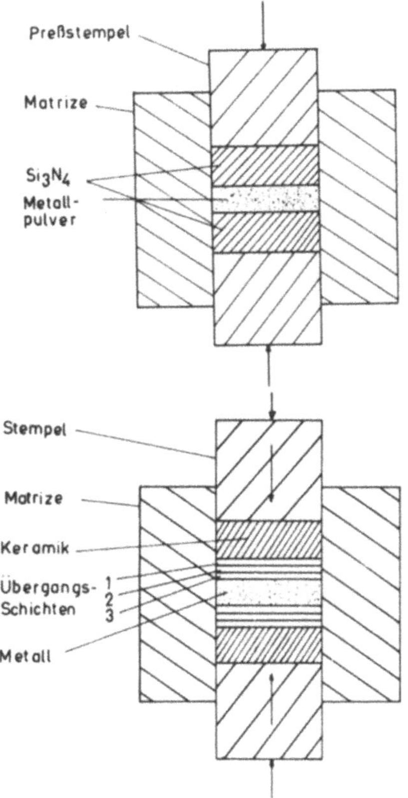

<u>Bild 5:</u> Prinzip des Preßschweißens in direktem Kontakt und mit Über-
gangsschichten

PRESSSCHWEISSVERFAHREN

Tabelle 1: Versuchsübersicht für Preßschweißverbindungen

A. SILIZIUMKARBID

DIREKTER KONTAKT	ÜBERGANGSMISCHSCHICHTEN	MATERIELLE ZWISCHENSCHICHTEN
SiC HPSC HPSC Me.-P. Me.-P. Me.-P. bzw. Leg. SiC HPSC HPSC	SiC HPSC Übergangsmischschichten Me.-P. Me.-P. Übergangsmischschichten SiC HPSC	SiC HPSC WC WC Me.-P. Leg. WC WC SiC HPSC

B. SILIZIUMNITRID

DIREKTER KONTAKT	ÜBERGANGSMISCHSCHICHTEN	MATERIELLE ZWISCHENSCHICHTEN
Si_3N_4 HPSN HPSN Me.-P. Me.-P. Leg. Si_3N_4 HPSN HPSN	Si_3N_4 HPSN HPSN Übergangsmischschichten Me.-P. Me.-P. Leg. Übergangsmischschichten Si_3N_4 HPSN HPSN	Si_3N_4 HPSN Si_3N_4 HPSN Oxidgemische WC WC Me.-P. Leg. Me.-P. Leg. Oxidgemische WC WC Si_3N_4 HPSN Si_3N_4 HPSN

Tabelle 1: Versuchsübersicht für Preßschweißverbindungen

FESTKÖRPERVERSCHWEISSEN

A. SILIZIUMKARBID

DIREKTER KONTAKT	ÜBERGANGSMISCHSCHICHTEN	MATERIELLE ZWISCHENSCHICHTEN
HPSC HPSC akt. Leg.-P. Leg. Leg. HPSC akt. Leg.-P. HPSC	HPSC Übergangsmischschichten Leg. Übergangsmischschichten HPSC	HPSC WC Leg. WC HPSC

B. SILIZIUMNITRID

DIREKTER KONTAKT	ÜBERGANGSMISCHSCHICHTEN	MATERIELLE ZWISCHENSCHICHTEN
HPSN HPSN akt. Leg.-P. Leg. Leg. HPSN akt. Leg.-P. HPSN		HPSN WC Leg. WC HPSN

Tabelle 2: Versuchsübersicht zum Festkörperverschweißen

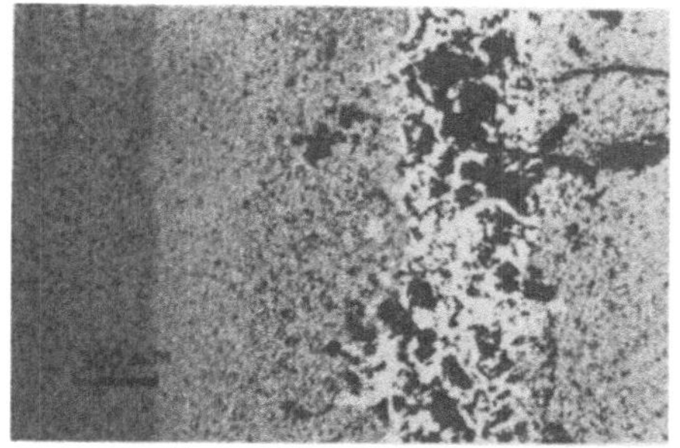

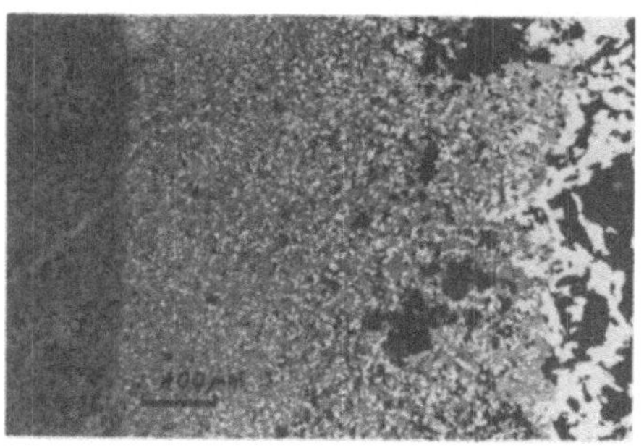

Verbundprobe SiC-Molybdän

Bild 6: Preßschweißverbund von
SiC in direktem Kontakt
mit Molybdän

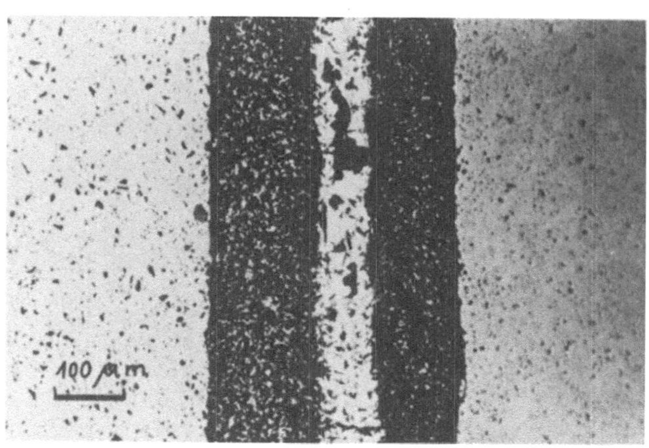

Bild 7: Preßschweißverbundzone einer FeNiCr-Legierung mit SiC

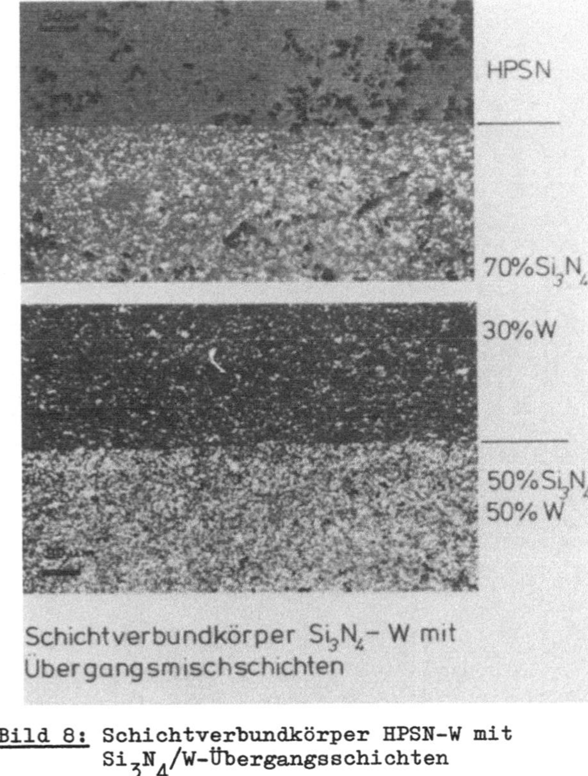

Bild 8: Schichtverbundkörper HPSN-W mit
Si$_3$N$_4$/W-Übergangsschichten

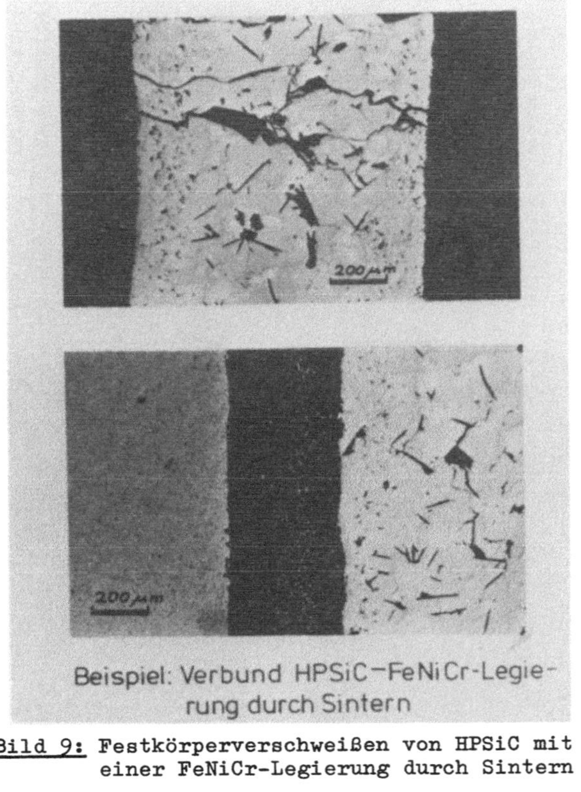

Bild 9: Festkörperverschweißen von HPSiC mit
einer FeNiCr-Legierung durch Sintern

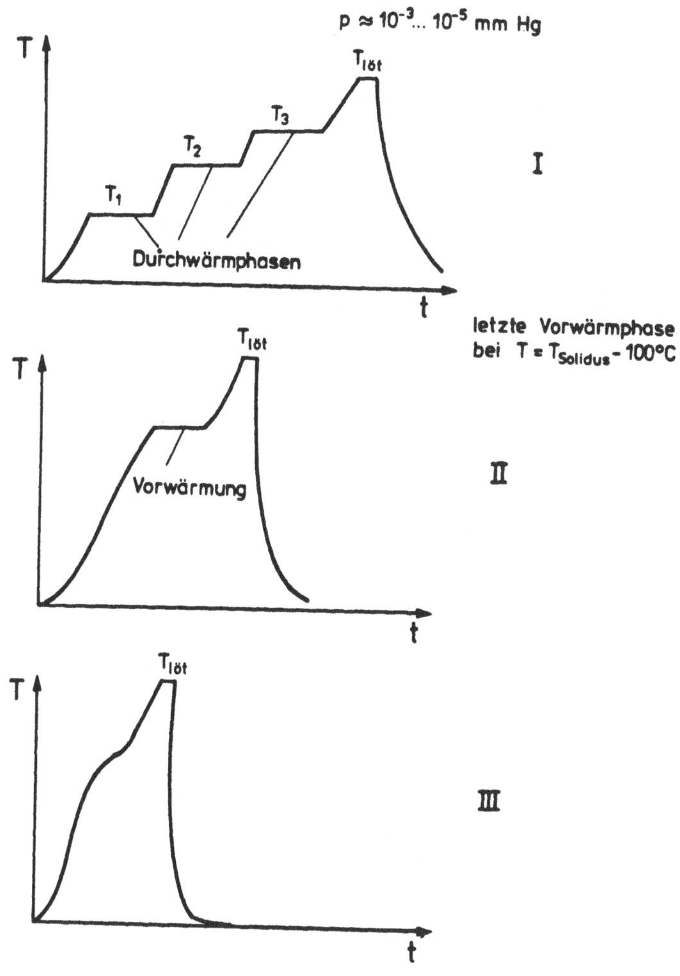

Verschiedene Temperaturführungen für Lötungen an Keramik: I für große Keramikteile; II für mittlere bis kleine Bauteile; III für kleine Proben und Benetzungsversuche.

Bild 10: Schematische Temperaturführungen für das Löten von nichtoxidischen Keramiken

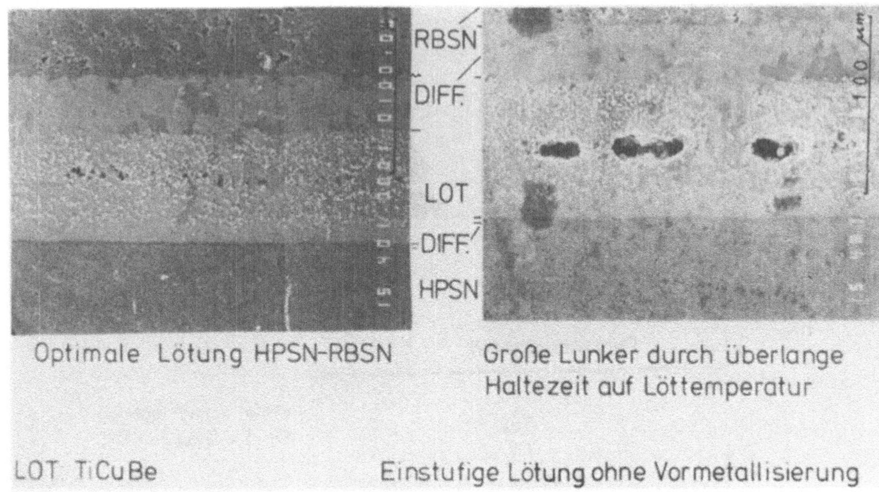

Optimale Lötung HPSN-RBSN

Große Lunker durch überlange
Haltezeit auf Löttemperatur

LOT TiCuBe

Einstufige Lötung ohne Vormetallisierung

Bild 11: Beispiele für Aktivlötungen an Siliziumnitrid

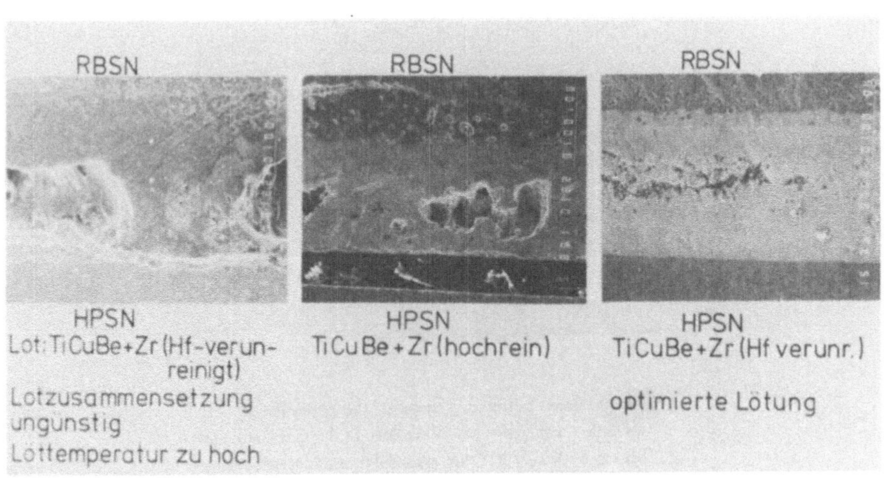

Bild 12: Aktivlötungen mit verschiedenen Lotmischungen und Lötparame-
tern

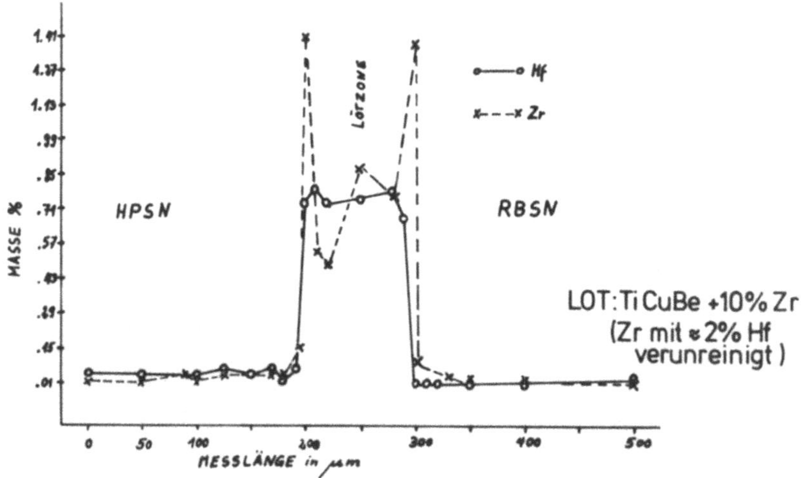

Bild 13: Verhalten von Zirkonium und Hafnium in einer Aktivlötung

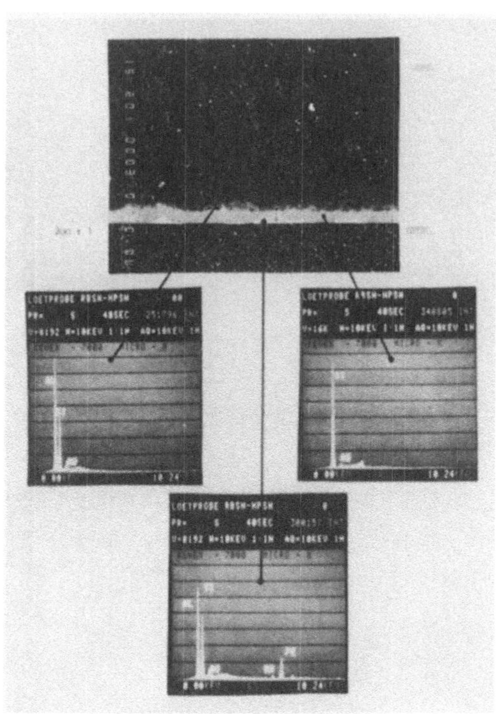

Bild 14: Erzeugung einer Siliziumverbundschicht aus einem Aluminiumlot (Verbund HPSN-RBSN, Vakuumlötung)

555

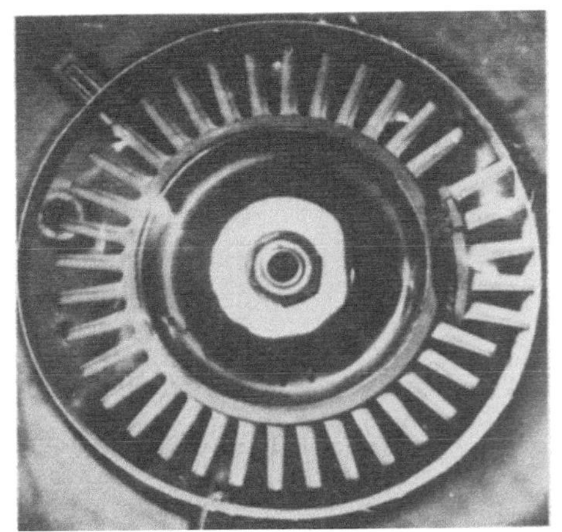

Bild 15: Beteiligung von Wolfram als Verunreinigung im HPSN an den Reaktionen in einer Aktivlötung

Bruchzeitpunkt im Kaltschleudertest

Thermoschockrisse im RBSN-Kranz

Bild 16: Testschäden an gelöteten Duo-Density-Rotoren

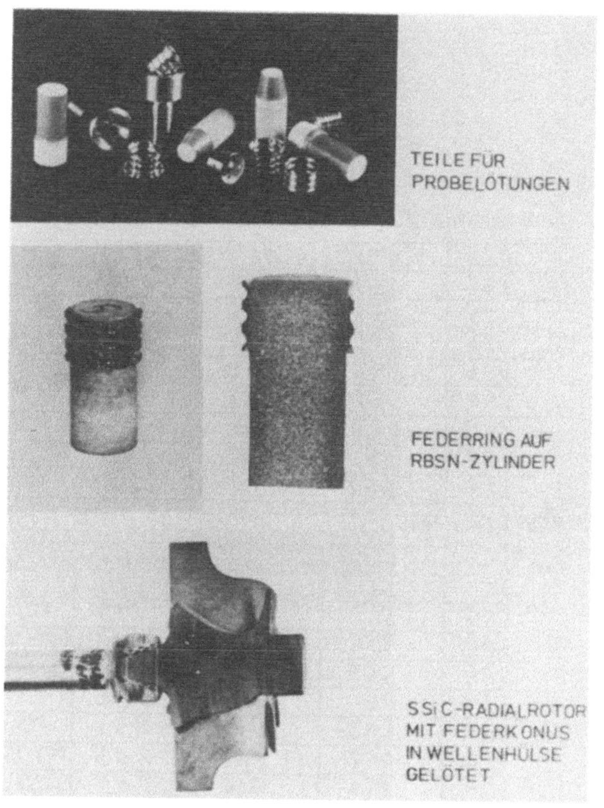

Bild 17: Beispiele für Zapfenlötungen; metallische Wellenhülse – keramischer Rotorzapfen

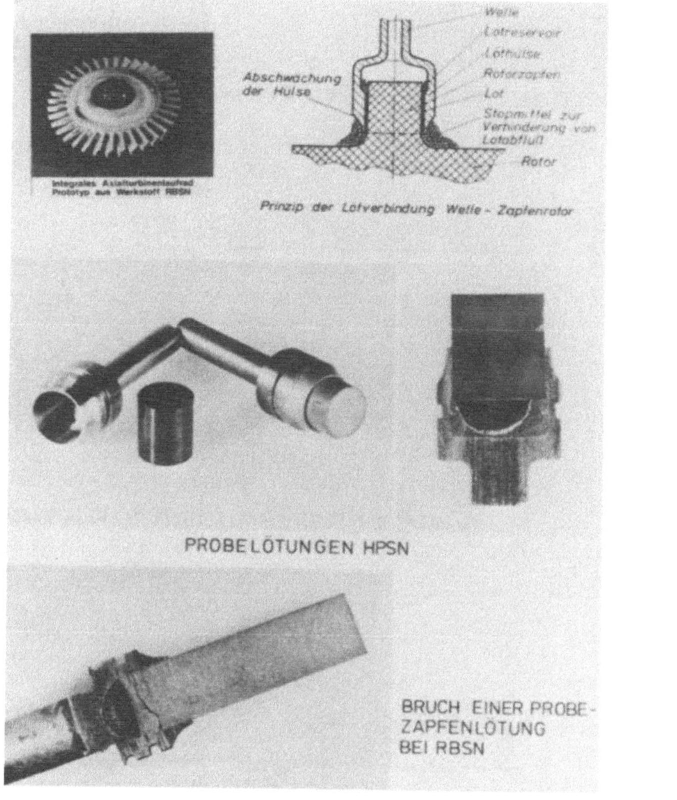

Bild 18: Beispiele für Metall-Keramik-Lötungen mit Federelementen

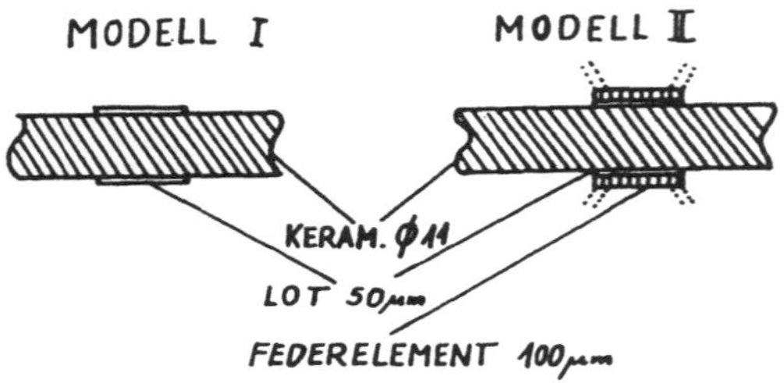

SPANNUNGEN DURCH LOT (50 μm dick)

MODELL I

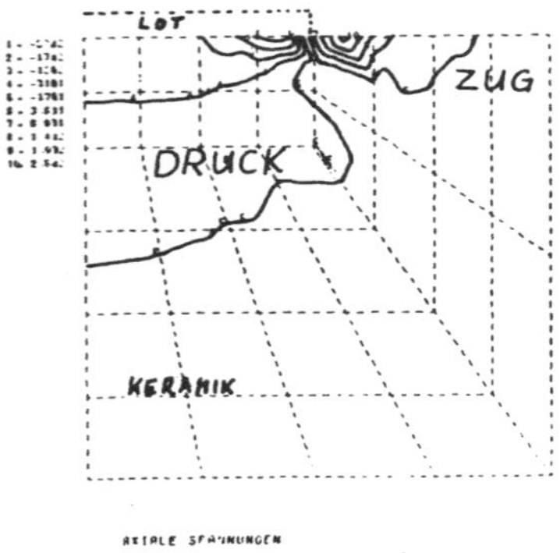

KERAMIK	LOT	σ_z	σ_r	σ_t	σ_v N/mm²
SSiC	Ni	542	149	138	656
	Ni-Leg.	902	247	230	1091
HPSN	Cu	558	180	201	623
	Ti	250	81	90	279
	CuTi	430	139	155	480
RBSN	Ni-Leg.	995	318	356	1105
	Cu	516	160	175	583
	Ti	223	69	75	251
	CuTi	394	122	133	445

SPANNUNGEN DURCH LOT (50 μm) UND FEDERELEMENT (100 μm)

MODELL II

KERAMIK	LOT	σ_z	σ_r	σ_t	σ_v
SSiC	Ni	582	271	149	621
	Ni-Leg.	767	294	195	864
HPSN	Cu	625	300	221	632
	Ti	479	292	196	453
	CuTi	565	296	202	556
RBSN	Ni-Leg.	867	354	308	911
	Cu	540	239	180	561
	Ti	408	240	153	393
	CuTi	485	240	162	489

FE - BERECHNUNG MIT VEREINFACHTEN RANDBEDINGUNGEN

Bild 19: Zugeigenspannungen bei der Direktlötung Keramik-Metall

MODEL	POINT	MAJ. PRINC. STRESS MPa
A	1	262
	2	249
	3	250
	4	324
	5	—
	6	>450
B	1	260
	2	245
	3	220
	4	284
	5	—
	6	200
C	1	250
	2	234
	3	217
	4	216
	5	—
	6	130

MINIMIERUNG DER BETRIEBSSPANNUNGEN DURCH OPTIMALE AUSLEGUNG DER FÜGE-STELLE. BEISP.:SSiC-RADIALROTOR

Bild 20: Konstruktive Optimierung der Fügestellen Metall-Keramik

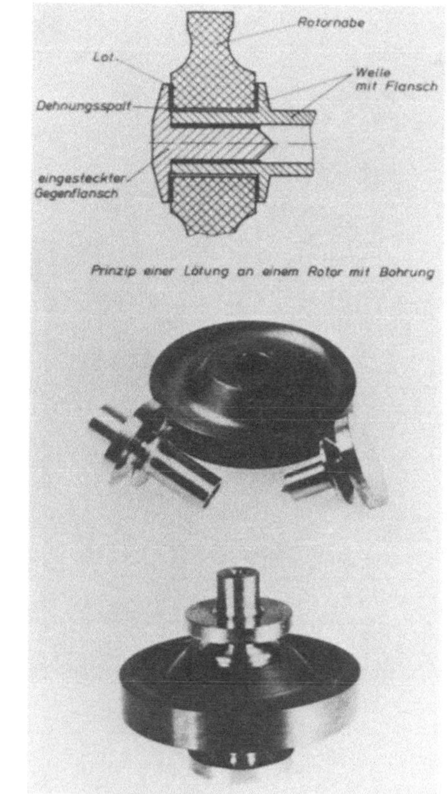

Bild 21: Anbringung einer metallischen Welle an
einem HPSN-Rotor mit Nabenbohrung durch
Löten

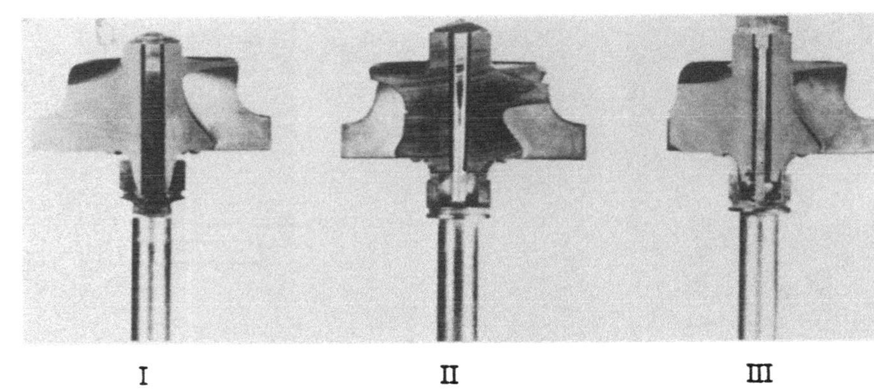

Rotoren aus SSiC

Bild 22: Zugankerlötungen an SSiC-Radialrotoren

Förderungsprogramm
"KERAMISCHE BAUTEILE FÜR FAHRZEUG-GASTURBINEN"
Zusammenfassung - Rückblick - Ausblick

M. Böhmer
DFVLR Deutsche Forschungs- und Versuchsanstalt
für Luft- und Raumfahrt e.V.
- Institut für Werkstoff-Forschung -
Köln-Porz

Meine sehr verehrten Damen und Herren,

In den drei Tagen des Status-Seminars wurde Ihnen von den am
Programm "Keramische Bauteile für Fahrzeug-Gasturbinen" beteiligten Firmen und Instituten ein Bericht über die in den vergangenen drei Jahren erzielten Ergebnisse gegeben. Unter Berücksichtigung der Tatsache, daß bereits zu Beginn des Status-Seminars eine Zusammenfassung der wesentlichsten Ergebnisse des Programms im Status-Bericht der Projektbegleitung gegeben wurde,
möchte ich es Ihnen ersparen, an dieser Stelle nochmals eine
Zusammenfassung zu hören. Statt dessen möchte ich hier lieber
einen Rückblick und einen Ausblick auf die Zukunft geben.

Sechs Jahre Förderungsprogramm "Keramische Bauteile für Fahrzeug-Gasturbinen". Unsere ursprüngliche Planung hatte vorgesehen, daß zum jetzigen Zeitpunkt die Komponentenentwicklung
und -erprobung abgeschlossen sein sollte. In meiner Einleitung
habe ich Ihnen erläutert, daß nunmehr drei weitere Jahre vorgesehen und bewilligt worden sind, um das Programm zu einem erfolgreichen Abschluß zu bringen.

Wenn die Frage gestellt wird, warum eine solch lange Förderungszeit für ein einziges Forschungsprojekt erforderlich ist, muß
man sich vor Augen führen, daß das Programm "Keramische Bauteile
für Fahrzeug-Gasturbinen", wie Ihnen das Seminar gezeigt hat,
ein außerordentlich breites Gebiet umfaßt. Angefangen von der
Pulverherstellung über die Werkstoffentwicklung bis zur Werk-
stoffprüfung oder begonnen von den Werkstoffgrundlagen über die
Konstruktion und Bauteilentwicklung bis zum Test der einzelnen
Komponenten in den verschiedenen Prüfständen ist doch ein sehr

weiter und komplizierter Weg. Wir haben uns vor sechs Jahren ein
sehr hohes Ziel gesteckt und sind nach wie vor der Ansicht, daß
wir dieses Ziel auf dem richtigen Weg versucht haben zu erreichen und daß der Aufbau unseres Programms mit der Kombination
von Forschungsinstituten, Werkstoffherstellern und Konstrukteuren
richtig gewählt gewesen ist. Vielleicht haben wir vor sechs Jahren zu Beginn des Programms die Erreichung des Ziels innerhalb
der vorgegebenen Zeit zu optimistisch gesehen und dabei übersehen, wie viele Iterationsschritte notwendig sind, um dieses
Ziel zu erreichen. Die mehrfach innerhalb des Seminars ange-
sprochene Problematik mit dem Werkstoff RBSN sowie die Schwierigkeiten beispielsweise bei der Realisierung eines rekuperativen
Wärmetauschers sind Beispiele dafür. Es sei übrigens an dieser
Stelle betont, daß normalerweise daraus resultierende Programm-
verzögerungen nicht irgendeiner Firma, einem Institut oder einer
Person anzulasten sind, sondern, im nachhinein gesehen, in der
Natur der Dinge liegen. Diese auch noch nach sechs Jahren nach
wie vor außerordentlich hohen Risiken bei der Realisierung eines
solchen Projekts sind der Grund dafür, daß man die Durchführung
des Programms aus finanziellen Gründen auch nicht allein der
Industrie überlassen kann, sondern daß das Bundesministerium
für Forschung und Technologie weiterhin Förderungsmittel dafür
zur Verfügung stellt.

Es soll an dieser Stelle vor allem aber noch einmal darauf hingewiesen werden, welche Erfolge in der bisherigen Förderungszeit des Programms erzielt werden konnten. Wenn die Werkstoffe
Siliziumnitrid und Siliziumkarbid auch schon seit langer Zeit
bekannt sind, wie Sie dem Beitrag von Herrn Professor Gugel entnehmen konnten, so hat die Weiterentwicklung dieser Werkstoffe
für eine großtechnische Anwendung im Maschinenbau jedoch erst
im letzten Jahrzehnt begonnen. Ein Rückblick zum Beginn unseres
Programms zeigt uns, daß beispielsweise die Biegefestigkeit des
Werkstoffs RBSN damals bei etwa 150 N/mm^2 lag. Aus den Beiträgen
des Seminars haben Sie entnommen, daß heute Festigkeitswerte von
300 N/mm^2 Stand der Technik sind, was eine Verbesserung um 100 %
bedeutet. Ähnlich ist die Situation beim heißgepreßten Siliziumnitrid, wo ausgehend von etwa 400 N/mm^2 Biegefestigkeit in den
sechs Jahren Laufzeit des Programms eine Steigerung auf minde-

stens 700 N/mm^2 zu verzeichnen ist. Entsprechende Werte und Verbesserungen für Siliziumkarbid haben Sie in den Siliziumkarbid-Vorträgen ebenfalls gehört. Solche Festigkeitssteigerungen innerhalb von sechs Jahren auf die doppelten Werte sind sicher schon bemerkenswert genug, daneben erfolgen jedoch auch noch Entwicklungen von Werkstoffen, die bei Programmbeginn überhaupt noch nicht bekannt waren. Das gesinterte Siliziumkarbid kam zu der Zeit gerade erst ins Gespräch, vom Siliziumnitrid jedoch sagte man damals noch, daß eine drucklose Sinterung nicht möglich ist. Gesintertes Siliziumkarbid ist heute Stand der Technik, die Entwicklung des gesinterten Siliziumnitrids ist so weit, daß auch aus diesem Werkstoff schon großvolumige Bauteile hergestellt werden wie verschiedene Beiträge des Seminars, vor allem aus USA, haben erkennen lassen. Durch die Entwicklung geigneter Apparaturen kam während der Laufzeit des Projekts auch das heiß-isostatische Pressen von Siliziumkarbid und Siliziumnitrid ins Gespräch. Wie die beiden letzten Beiträge des Seminars Ihnen gezeigt haben, sind auch die Ergebnisse auf diesem Sektor außerordentlich erfolgversprechend und bieten gegebenenfalls für die Zukunft preiswerte Herstellungsverfahren für kompliziert geformte, hochbeanspruchte Bauteile. Wenn man weiterhin die Ergebnisse bei der Entwicklung zerstörungsfreier Prüfverfahren, bei der Optimierung von Rechenverfahren für die Auslegung von Bauteilen und die zahlreichen positiven Testergebnisse der Turbinenbauer berücksichtigt, so kann man getrost behaupten, daß wir ein gutes Stück unseres Weges zurückgelegt haben. Selbstverständlich ist es erforderlich, gerade auf den zuletzt genannten Gebieten der neu entwickelten Werkstoffe noch intensive Entwicklungsarbeit zu leisten, aber Rotortests beinahe bis zu Betriebstemperaturen und -drehzahlen, betriebsnahe zyklische Erprobung von Brennkammern und Statoren geben Anlaß zu der Hoffnung, daß bei Ende des Programms auf unserem nächsten Status-Seminar im Jahre 1983 die keramischen Komponenten der Kraftfahrzeug-Gasturbine die in sie gesetzten Erwartungen erfüllt haben.

Auch ein Blick ins Ausland, nicht nur in die Vereinigten Staaten, wo schon seit langen Jahren die keramische Kraftfahrzeug-Gasturbine mit höchster Priorität entwickelt wird, sondern vor allem

auch nach Japan und nach Schweden, wo ebenfalls seit kurzem mit
Regierungsunterstützung außerordentlich interessante Entwicklungen erzielt werden, bestärkt uns in dem geäußerten Optimismus.

Ein weiterer Punkt darf nicht übersehen werden: Die Entwicklung
der Werkstoffe Siliziumnitrid und Siliziumkarbid für die Kraftfahrzeug-Gasturbine hat Ergebnisse gebracht, welche auch andere
Industriefirmen, die nicht an der Gasturbine arbeiten, bewogen
haben, die Werkstoffe in ihre Produkte zu integrieren. Ein Blick
über die Ausstellung in diesem Saal hat Ihnen gezeigt, daß auch
Bauteile entwickelt wurden, welche nicht in die Gasturbine gehören. Außer diesen Bauteilen, welche wegen der Thematik des
Status-Seminars bewußt auf das Kraftfahrzeug ausgerichtet waren,
gibt es Anwendungen mittlerweile überall im Maschinenbau. Es erschien uns bei der diesjährigen Veranstaltung noch zu früh, einen
Querschnitt über diese Anwendungen zu geben. Es ist jedoch beab-
sichtigt, beim nächsten Status-Seminar auch solchen Bauteilen
einen größeren Platz einzuräumen.

Wir hoffen jedoch, daß wir mit dieser Präsentation nicht nur den
nicht am Programm beteiligten Keramik- und Kraftfahrzeug-Firmen
neben einem Einblick in unsere Arbeit auch Anregung für ihre
eigenen Arbeiten gegeben haben, sondern daß wir auch die verschiedensten Anwender ansprechen konnten, die Eigenschaften der
Werkstoffe Siliziumnitrid und Siliziumkarbid bei der Weiterentwicklung ihrer Produkte in die ingenieurmäßigen Überlegungen mit
einzubeziehen. Weiterhin hoffen wir, daß die große, vor allem
auch internationale Beteiligung an diesem Seminar geholfen hat,
Kontakte zu pflegen und neue erfolgversprechende Kontakte zu
knüpfen.

Im Namen der Projektträgerschaft und Projektbegleitung möchte
ich mich bei allen Vortragenden und Autoren für die Mitgestal-
tung dieses Status-Seminars bedanken, vor allem jedoch danke
ich Ihnen allen, meine Damen und Herren, für Ihr Interesse an
unserer Arbeit.

Zum Schluß möchte ich im Namen aller am Projekt beteiligten
Institute und Industrie-Firmen dem Bundesministerium für For-
schung und Technologie für die gewährte Unterstützung unserer
Arbeiten danken.

G. Sievers
Bundesministerium für Forschung und Technologie
Bonn

Meine sehr verehrten Damen und Herren,

Zu Beginn der Veranstaltung hat Herr Dr. Schmidt-Küster dargelegt, wie das Bundesministerium für Forschung und Technologie
Ihr Programm sieht und bewertet. Aus Ihren Reihen heraus wurde
dann an den folgenden Tagen über die bisher erzielten Ergebnisse berichtet, und Herr Dr. Böhmer hat gerade alles noch einmal sehr klar zusammengefaßt.

Ich bin der Meinung, daß es ein sehr gutes Seminar war. Es war
insgesamt gesehen wesentlich lebhafter als die Veranstaltung vor
zwei Jahren. Sie haben sehr offen berichtet, und die Diskussionen
standen durchweg auf einem hohen Niveau.

Wenn das Programm nunmehr in seine dritte Phase eintritt, sollte
an deren Ende eigentlich eine funktionsfähige Fahrzeug-Gasturbine
aus Keramik stehen. Ob Sie dieses Ziel erreichen werden, kann man
jetzt noch nicht beurteilen. Aber selbst wenn dieses dann nicht
der Fall sein sollte, bin ich der Meinung, daß Ihre Arbeiten sich
außerordentlich befruchtend auf die gesamte Keramikforschung aus-
gewirkt haben. Ich möchte daher auch an dieser Stelle noch einmal
die Bitte äußern, beim nächsten Status-Seminar auch über Nebener-
gebnisse zu berichten soweit diese in andere Bereiche der Technik
bereits Eingang gefunden haben.

Mit dieser Anregung schließe ich das 2. Status-Seminar "Keramische
Bauteile für Fahrzeug-Gasturbinen". Ich danke Ihnen allen- insbesondere aber den Vortragenden - für Ihre Mitarbeit. Ihnen, Herr
Professor Bunk, sowie Ihren Mitarbeitern danke ich für die hervorragende Organisation und Durchführung der Veranstaltung. Ich
wünsche Ihnen eine gute Heimfahrt.

To our friends from the United States of America and other
countries I would like to say that we appreciate it very much
that you have been with us. I hope that we will see you again
at our next meeting.

A U T O R E N V E R Z E I C H N I S
=======================================

Böder, Horst, Dr.rer.nat.
Sigri Elektrographit GmbH, Meitingen

Böhmer, Manfred, Dr.-Ing.
Deutsche Forschungs- und Versuchsanstalt für Luft- und Raumfahrt e.V., Institut für Werkstoff-Forschung, Köln-Porz

Bunk, Wolfgang, Prof. Dr.rer.nat.
Deutsche Forschungs- und Versuchsanstalt für Luft- und Raumfahrt e.V., Institut für Werkstoff-Forschung, Köln-Porz

Cohrt, Henri, Dipl.-Ing.
Institut für Werkstoffkunde II der Universität (TH) Karlsruhe

Davidson, Wenzel E.
Department of the Army, Army Materials and Mechanics Research Center, Watertown/Massachusetts

Dworak, Ulf, Dr.
Feldmühle AG, Werk Südplastik und -keramik, Plochingen

Eggebrecht, Reiner
Motoren- und Turbinen Union München GmbH, München

Gebhard, Werner, Ing. (grad.)
Deutsche Forschungs- und Versuchsanstalt für Luft- und Raumfahrt e.V., Institut für Werkstoff-Forschung, Köln-Porz

Goebbels, Klaus, Dr.
Fraunhofer-Gesellschaft, Institut für Zerstörungsfreie Prüfverfahren, Saarbrücken

Grathwohl, Georg, Dr.-Ing.
Universität Karlsruhe, Institut für Maschinenkonstruktionslehre, Karlsruhe

Grellner, Wolfgang, Dr.
Elektroschmelzwerk Kempten GmbH, Kempten

Gugel, Ernst, Prof. Dr.-Ing.
Annawerk Keramische Betriebe GmbH, Bereich Ceranox, Rödental

Hausner, Hans, Prof. Dr.rer.nat.
TU Berlin, Institut für Nichtmetallische Anorganische Werkstoffe

Heider, Wolfgang, Dipl.-Ing.
Sigri Elektrographit GmbH, Meitingen

Heinrich, Jürgen, Dr.-Ing.
Deutsche Forschungs- und Versuchsanstalt für Luft- und Raumfahrt e.V., Institut für Werkstoff-Forschung, Köln-Porz
seit 1.1.1981 Rosenthal Technik AG, Werksgruppe IV, Selb

Heinze, Reinhart, Dipl.-Ing.
Daimler-Benz AG, Stuttgart

Hennicke, Hans-Walter, Prof. Dr.
Technische Universität Clausthal, Lehrstuhl für Glas und Keramik
Institut für Steine und Erden

Hüther, Werner, Dr.-Ing.
Motoren- und Turbinen Union München GmbH, München

Hunold, Klaus, Dr.
Elektroschmelzwerk Kempten GmbH, Kempten

Ilschner, Bernhard, Prof. Dr.
Friedrich-Alexander-Universität Erlangen-Nürnberg, Institut
für Werkstoffwissenschaften, Lehrstuhl I: Allgemeine Werkstoffeigenschaften

Iwanek, Helmut, Ing. (grad.)
Universität Karlsruhe, Institut für Maschinenkonstruktionslehre

Keller, Harmut, Dr.
Rosenthal Technik AG, Werksgruppe IV, Selb

Kessel, Heinz, Ing. (grad.)
Annawerk Keramische Betriebe GmbH, Bereich Ceranox, Rödental

Krauth, Axel, Dr.
Rosenthal Technik AG, Werksgruppe IV, Selb

Križ, Karel, Dipl.-Ing.
Friedrich-Alexander-Universität Erlangen-Nürnberg, Institut
für Werkstoffwissenschaften, Lehrstuhl I: Allgemeine Werkstoffeigenschaften

Landfermann, Heide, Dipl.-Ing.
TU Berlin, Institut für Nichtmetallische Anorganische Werkstoffe

Lange, Ekkehard, Ing. (grad.)
Degussa Wofgang, Hanau

Langer, Manfred, Ing. (grad.)
Volkswagenwerk AG, Wolfsburg

Leimer, Gerhard, Dr.-Ing.
Annawerk Keramische Betriebe GmbH, Bereich Ceranox, Rödental

Lenoe, Edward M., Dr.
Department of the Army, Army Materials and Mechanics Research
Center, Watertown/Massachusetts

Lorenz, Josef, Dipl.-Ing.
Max-Planck-Institut für Metallforschung, Institut für Werkstoffwissenschaften, Pulvermetallurgisches Laboratorium, Stuttgart

Maier, Horst R., Dr.
Rosenthal Technik AG, Werksgruppe IV, Selb

McLean, Arthur F.
Ford Motor Company, Ceramic Materials Department, Dearborn/Michigan

Mörgenthaler, Klaus, Dr.
Daimler-Benz AG, Stuttgart

Müller, Norbert, Dr.rer.nat.
Degussa Wolfgang, Hanau

Müller-Zell, Axel, Dr.
Technische Universität Clausthal, Lehrstuhl für Glas und Keramik
Institut für Steine und Erden

Olapinski, Hans, Dr.rer.nat.
Feldmühle AG Werk Südplastik und -keramik, Plochingen

Petzow, Günter, Prof. Dr.
Max-Planck-Institut für Metallforschung, Institut für Werkstoffwissenschaften, Pulvermetallurgisches Laboratorium, Stuttgart

Porz, Franz, Dipl.-Ing.
Universität Karlsruhe, Institut für Maschinenkonstruktionslehre,
Karlsruhe

Reiter, Holger, Dr.
Fraunhofer-Gesellschaft, Institut für Zerstörungsfreie
Prüfverfahren, Saarbrücken

Rottenkolber, Paul, Ing. (grad.)
Volkswagenwerk AG, Wolfsburg

Rühle, Manfred, Dr.
Max-Planck-Institut für Metallforschung, Institut für Werkstoffwissenschaften, Pulvermetallurgisches Laboratorium, Stuttgart

Schmidt-Küster, Wolf-J., Dr., Ministerialdirektor
Bundesministerium für Forschung und Technologie, Bonn

Schwier, Gerd, Dr.
Hermann C. Starck Berlin, Werk Goslar

Siebels, Johann, Dipl.-Geophys.
Volkswagenwerk AG, Wolfsburg

Sievers, Günther, Dr.-Ing., Regierungsdirektor
Bundesministerium für Forschung und Technologie, Bonn

Steinmann, Detlef, Dipl.-Ing.
Annawerk Keramische Betriebe GmbH, Bereich Ceranox, Rödental

Thümmler, Fritz, Prof. Dr.-Ing.
Institut für Werkstoffkunde II der Universität (TH) Karlsruhe;
Institut für Material- und Festkörperforschung des Kernfor-
schungszentrums Karlsruhe

Tiefenbacher, Eberhard, Dipl.-Ing.
Daimler-Benz AG, Stuttgart

Walzer, Peter, Dr,-Ing.
Volkswagenwerk AG, Wolfsburg

Weiss, Johannes, Dr.
Max-Planck-Institut für Metallforschung, Institut für Werkstoffwissenschaften, Pulvermetallurgisches Laboratorium, Stuttgart

Wirth, Günter, Dr.-Ing.
Deutsche Forschungs- und Versuchsanstalt für Luft- und Raumfahrt e.V., Institut für Werkstoff-Forschung, Köln-Porz

Wötting, Gerhard, Dipl.-Ing.
TU Berlin, Institut für Nichtmetallische Anorganische Werkstoffe
seit 1.1.1981 Deutsche Forschungs- und Versuchsanstalt für Luft-
und Raumfahrt e.V., Institut für Werkstoff-Forschung, Köln-Porz